水利水电工程质量检测人员职业水平考核培训系列教材

（第3版）

岩土工程

（岩石、土工、土工合成材料）

中国水利工程协会
丁　凯　　阳小君　主编

黄河水利出版社
·郑州·

图书在版编目(CIP)数据

岩土工程. 岩石、土工、土工合成材料/丁凯,阳小君主编.
—3 版. —郑州:黄河水利出版社,2019.6
水利水电工程质量检测人员职业水平考核培训系列教材
ISBN 978 - 7 - 5509 - 2430 - 7

Ⅰ. 岩…　Ⅱ. ①丁…　②阳…　Ⅲ. ①岩土工程 - 技术培训 - 教材②土木工程 - 合成材料 - 技术培训 - 教材　Ⅳ. ①TU4 ②TU53

中国版本图书馆 CIP 数据核字(2019)第 129036 号

出 版 社:黄河水利出版社

地址:河南省郑州市顺河路黄委会综合楼 14 层　　邮政编码:450003

发行单位:黄河水利出版社

购书电话:0371 - 66022111

E-mail:hhslzbs@126.com

承印单位:河南承创印务有限公司

开本:787 mm×1 092 mm　1/16

印张:26.75

字数:618 千字　　印数:1—2 000

版次:2019 年 6 月第 3 版　　印次:2019 年 6 月第 1 次印刷

定价:136.00 元

水利水电工程质量检测人员
职业水平考核培训系列教材

岩土工程(岩石、土工、土工合成材料)

(第3版)

编写单位及人员

主持单位　中国水利工程协会

编写单位　北京海天恒信水利工程检测评价有限公司
长江水利委员会长江科学研究院
中国科学院武汉岩土力学研究所
南京水利科学研究院
黄河水利委员会黄河水利科学研究院
黑龙江省水利科学研究院
北京工业大学
上海勘测设计研究院

主　　编　丁　凯　阳小君

编　　写　(以姓氏笔画为序)
丁　凯　王正宏　王　芳　白世伟　阳小君
李　杰　李　迪　邬爱清　迟景魁　何沛田
陈守义　张　滨　周火明　钟作武　赵寿刚
陶秀珍　徐　平　聂运均　龚壁卫

统　　稿　周火明　王正宏　陶秀珍　阳小君

工作人员　陶虹伟　王　宇

第3版序一

水利是国民经济和社会持续稳定发展的重要基础和保障，兴水利、除水害，历来是我国治国安邦的大事。水利工程是国民经济基础设施的重要组成部分，事关防洪安全、供水安全、粮食安全、经济安全、生态安全、国家安全。百年大计，质量第一，水利工程的质量，不仅直接影响着工程功能和效益的发挥，也直接影响到公共安全。水利部高度重视水利工程质量管理，认真贯彻落实《中共中央国务院关于开展质量提升行动的指导意见》，完善法规、制度、标准，规范和加强水利工程质量管理工作。

水利工程质量检测是“水利行业强监管”确保工程安全的重要手段，是水利工程建设质量保证体系中的重要技术环节，对于保证工程质量、保障工程安全运行、保护人民生命财产安全起着至关重要的作用。近年来，水利部相继发布了《水利工程质量检测管理规定》（水利部第36号令，2009年1月1日执行）、《水利工程质量检测技术规程》（SL 734—2016）等一系列规章制度和标准，有效规范水利工程质量检测管理，不断提高质量检测的科学性、公正性、针对性和时效性。与此同时，着力加强水利工程质量检测人员教育培训，由中国水利工程协会组织专家编纂的专业教材《水利水电工程质量检测人员从业资格考核培训系列教材》第1版（2008年11月出版）和第2版（2014年4月出版），对提升水利工程质量检测人员的专业素质和业务水平发挥了重要作用。

2017年9月12日，国家人社部发布《人力资源社会保障部关于公布国家职业资格目录的通知》（人社部发〔2017〕68号），水利工程质量检测员资格列入保留的140项《国家职业资格目录》中，水利工程质量检测员资格作为水利行业水平评价类资格获得国家正式认可，水利部印发了《水利部办公厅关于加强水利工程建设监理工程师造价工程师质量检测员管理的通知》（办建管〔2017〕139号）。为了满足水利工程质量检测人员专业技能学习，配合水利部对水利工程质量检测员水平评价职业资格的管理工作，最近，中国水利工程协会又组织专家，对原《水利水电工程质量检测人员从业资格考核培训系列教材》进行了修编,形成了新第3版教材,并更名为《水利水电工程质量检测人员职业水平考核培训系列教材》。

本次修编,充分吸纳了各方面的意见和建议,增补了推广应用的各种新方法、新技术、新设备以及国家和行业有关新法规标准等内容,教材更加适应行业教育培训和国家对质量检测员资格管理的新要求。我深信,第3版系列教材必将更加有力地支撑广大质量检测人员系统掌握专业知识、提高业务能力、规范质量检测行为,并将有力推进水利水电工程质量检测工作再上新台阶。

水利部总工程师 刘伟平

2019年4月16日

第3版序二

水利水电工程是重要的基础设施，具有防洪、供水、发电、灌溉、航运、生态、环境等重要功能和作用，是促进经济社会发展的关键要素。提高工程质量是我国经济工作的长期战略目标。水利工程质量不仅关系着广大人民群众的福祉，也涉及生命财产安全，在一定程度上也是国家经济、科学技术以及管理水平的体现。"百年大计，质量第一"一直是水利水电工程建设的根本遵循，质量控制在工程建设中显得尤为重要。水利工程质量检测是工程质量监督、管理工作的重要基础，是确保水利工程建设质量的关键环节。提升水利工程质量检测水平，提高检测人员综合素质和业务能力，是适应大规模水利工程建设的必然要求，是保证工程检测质量的前提条件。

为加强水利水电工程质量检测人员管理，确保质量检测人员考核培训工作的顺利开展，由中国水利工程协会主持，北京海天恒信水利工程检测评价有限公司组织于2008年编写了一套《水利水电工程质量检测人员从业资格考核培训系列教材》，该系列教材为开展质量检测人员从业资格考核培训工作奠定了坚实的基础。为了与时俱进、顺应需要，中国水利工程协会于2014年组织了对2008版的系列教材的修编改版。2017年9月12日，根据国务院推进简政放权、放管结合、优化服务改革部署，为进一步加强职业资格设置实施的监管和服务，人力资源社会保障部研究制定了《国家职业资格目录》，水利工程质量检测员纳入国家职业资格制度体系，设置为水平评价类职业资格，实施统一管理。此类资格具有较强的专业性和社会通用性，技术技能要求较高，行业管理和人才队伍建设确实需要，实用性更强。在此背景下，配套系列教材的修订显得越来越迫切。

为提高教材的针对性和实用性，2017年组织国内多年从事水利水电工程质量检测、试验工作经验丰富的专家、学者，根据国家政策要求，以符合工程建设管理要求和社会实际要求为宗旨，修订出版这套《水利水电工程质量检测人员职业水平考核培训系列教材》。本套教材可作为水利工程质量检测培训的教材,也可作为从事水利工程质量检测工作有关人员的业务参考书,将对规范水利水电工程质量检测工作、提高质量检测人员综合素质和业务水平、促进行业技术进步发挥积极作用。

中国水利工程协会会长 孙继昌

2019年4月16日

第1版序

水利水电工程的质量关系到人民生命财产的安危,关系到国民经济的发展和社会稳定,关系到工程寿命和效益的发挥,确保水利水电工程建设质量意义重大。

工程质量检测是水利水电工程质量保证体系中的关键技术环节,是质量监督和监理的重要手段,检测成果是质量改进的依据,是工程质量评定、工程安全评价与鉴定、工程验收的依据,也是质量纠纷评判、质量事故处理的依据。尤其在急难险重工程的评价、鉴定和应急处理中,工程质量检测工作更起着不可替代的重要作用。如近年来在全国范围内开展的病险水库除险加固中对工程病险等级和加固质量的正确评价,在今年汶川特大地震水利抗震救灾中对震损水工程应急处置及时得当,都得益于工程质量检测提供了重要的检测数据和科学评价意见。实际工作中,工程质量检测为有效提高水工程安全运行保证率,最大限度地保护人民群众生命财产安全,起到了关键作用,功不可没!

工程质量检测具有科学性、公正性、时效性和执法性。

检测机构对检测成果负有法律责任。检测人员是检测的主体,其理论基础、技术水平、职业道德和法律意识直接关系到检测成果的客观公正。因此,检测人员的素质是保证检测质量的前提条件,也是检测机构业务水平的重要体现。

为了规范水利水电工程质量检测工作,水利部于2008年11月颁发了经过修订的《水利工程质量检测管理规定》。为加强水利水电工程质量检测人员管理,中国水利工程协会根据《水利工程质量检测管理规定》制定了《水利工程质量检测员管理办法》,明确要求从事水利水电工程质量检测的人员必须经过相应的培训、考核、注册,持证上岗。

为切实做好水利水电工程质量检测人员的考核培训工作,由中国水利工程协会主持,北京海天恒信水利工程检测评价有限公司组织一批国内多年从事检测、试验工作经验丰富的专家、学者,克服诸多困难,在水利水电行业中率先编写成了这一套系列教材。这是一项重要举措,是水利水电行业贯彻落实科学发展观,以人为本,安全至上,质量第一的具体行动。本书集成提出的检测方法、评价标准、培训要求等具有较强的针对性和实用性,符合工程建设管理要求和社会实际需求;该教材内容系统、翔实,为开展质量检测人员从业资格考核培训工作奠定了坚实的基础。

我坚信,随着质量检测人员考核培训的广泛、有序开展,广大水利水电工程质量检测从业人员的能力与素质将不断提高,水利水电工程质量检测工作必将更加规范、健康地推进和发展,从而为保证水利水电工程质量、建设更多的优质工程、促进行业技术进步发挥巨大的作用。故乐为之序,以求证作者和读者。

时任水利部总工程师

2008年11月28日

第3版前言

2017年9月12日国家人社部《人力资源社会保障部关于公布国家职业资格目录的通知》(人社部发〔2017〕68号)发布,水利工程质量检测员资格作为国家水利行业水平评价类资格列入保留的140项《国家职业资格目录》中,水利工程质量检测员资格的保留与否问题终于尘埃落定。

为了响应国家对各类人员资格管理的新要求以及所面临的水利工程建设市场新形势新问题,水利部于2017年9月5日发出《水利部办公厅关于加强水利工程建设监理工程师造价工程师质量检测员管理的通知》(办建管〔2017〕139号),在取消原水利工程质量检测员注册等规定后,重申了对水利工程质量检测员自身能力与市场行为等方面的严格要求,加强了事中"双随机"式的监督检查与违规处罚力度,强调了水利工程质量检测人员只能在一个检测单位执业并建立劳动关系,且要有缴纳社保等的有效证明,严禁买卖、挂靠或盗用人员资格,规范检测行为。2018年3月水利部又对《水利工程质量检测管理规定》(水利部令第36号)及其资质等级标准部分内容和条款要求进行了修改调整,进一步明确了水利工程质量检测人员从业水平能力资格条件。

为了配合主管部门对水利工程质量检测人员职业水平的评价管理工作、满足广大水利工程质量检测人员检测技能学习与提高的需求,我们组织一批技术专家,对原《水利水电工程质量检测人员从业资格考核培训系列教材》第1版(2008年11月出版)和第2版(2014年4月出版)再次进行了修编,形成了新的第3版《水利水电工程质量检测人员职业水平考核培训系列教材》。

自本教材第1版问世11年来,收到了业内专家学者和广大教材使用者提出的诸多宝贵意见和建议。本次修编,充分吸纳了各方面的意见和建议,并考虑国家和行业有关新法规标准的发布与部分法规标准的修订,以及各种新方法、新技术、新设备的推广应用,更加顺应国家对各类人员资格管理的新要求。

第3版教材仍然按水利行业检测资质管理规定的专业划分,公共类一册:

《质量检测工作基础知识》;五大专业类六册:《混凝土工程》、《岩土工程》(岩石、土工、土工合成材料)、《岩土工程》(地基与基础)、《金属结构》、《机械电气》和《量测》,全套共七册。本套教材修编中补充采用的标准发布和更新截止日期为2018年12月底,法规至最新。

因修编人员水平所限,本版教材中难免存在疏漏和谬误之处,恳请广大专家学者及教材使用者批评指正。

编　者

2019年4月16日

目 录

第二篇　土　工

第三篇 土工合成材料

第一篇　岩　石

第一章 岩石概述

第一节 基本概念

一、岩石和岩体

岩石是一种自然造物,其形成受地质作用支配,这是岩石与其他人工制造的材料和结构物根本不同之处。由于岩石是地质历史的产物,在漫长的地质历史中,建造之后又经历了多次改造,形成了各种地质构造形迹,如断层、节理、裂隙等。我们把结构面和结构体的组合称为岩体,而把不包含结构面的结构体称为岩块,显然这种划分具有相对性,从宏观上看,不包含结构面的岩块内部,仍然有微观结构的存在。

由于岩块相对完整,因此可以近似作为一种均质材料,即具有连续性、均匀性、各向同性。而岩体由于包含了结构面,不是一种均质材料,因此岩体的基本属性是非连续、非均匀、各向异性的。另外,岩体赋存于地应力和地下水环境中,这也是岩体不同于一般材料的重要特征。

二、岩体基本力学性质

岩体基本力学性质是岩体在简单载荷(应力)条件下的变形、强度和破坏特性,所谓简单载荷条件指的是单轴压缩或拉伸、剪切(包括压剪和拉剪)以及等围压下的压缩加载。对岩体力学性质的研究可分成岩块、结构面的力学性质研究以及岩(岩块和结构面的结构体)的力学性质研究。一般来说,结构面的强度最低,完整岩块的强度最高,包含结构面的岩体强度在两者之间。

岩体基本力学性质包括:岩体的变形性质——岩体在载荷作用下的应力应变(变形)关系,表现为施加载荷时的应力(压力)—应变(位移)关系曲线;岩体的强度性质—岩体对应于各种载荷条件下的承载能力;岩体的破坏特性——岩体超过承载能力后发生大变形或破坏的形式。

描述岩体变形特征的力学参数主要有弹性模量(变形模量)和泊松比,其分别表示在轴向应力作用下的轴向变形响应和横向变形响应。描述岩体强度特征的力学参数有单轴抗压强度、单轴抗拉强度、三轴抗压强度和抗剪强度,通常用黏聚力 c 和摩擦角 ϕ(或摩擦系数 f)表达剪切强度参数。由于工程岩体强度较高,岩体的破坏形式主要为拉破坏和剪破坏,因此抗拉强度和剪切强度是测试的重点。由于结构面的存在,工程岩体的破坏在很多情况下表现为沿软弱结构面的剪切破坏,因此对结构面的剪切强度的测试又是研究工作的重点。

三、水对岩体力学性质的影响

水对岩体的物理化学作用包括风化、软化、泥化、崩解、膨胀和溶蚀等,在水利工程建设中,由于岩体长期处于泡水状态,岩体强度和变形模量降低。水对岩浆岩、变质岩的软化影响较小,而对沉积年代较新、成岩程度较差、含黏土成分较多的黏土岩、黏土质粉砂岩,尤其对软岩和具有充填的软弱结构面软化影响较大。岩石中蒙脱石成分较多时,遇水膨胀并产生膨胀力,引起变形增加,这些都会使岩体的力学性质产生很大变化。

第二节　工程岩体分类

岩石工程影响范围内的岩体称为工程岩体。对于水利工程,比较常用的工程岩体分类方法主要有《水力发电工程地质勘察规范》(GB 50287—2016)"坝基岩体工程地质分类"以及《工程岩体分级标准》(GB 50218—2014)。

岩体基本质量是指岩体所固有的、影响工程岩体稳定性的最基本属性,由岩石的坚硬程度和岩体的完整程度所决定。《工程岩体分级标准》采用分两步走的方法进行工程岩体分级,先对岩体进行基本质量分级,再根据岩体的具体工程条件做出修正,对各类型工程岩体作详细定级。岩体基本质量分级主要考虑岩石的坚硬程度和岩体的完整程度两个分级因素,采用定性与定量相结合、经验判断与测试计算相结合的方法进行。

岩石的坚硬程度分类。岩石的坚硬程度是岩体最基本的性质之一,表征为岩石在外部载荷作用下,抵抗变形直至破坏的能力,它与岩石的矿物成分、结构、致密程度、风化程度以及软化程度有关。表征岩石坚硬程度的定量指标有岩石单轴抗压强度、弹性(变形)模量等。在这些力学指标中,单轴抗压强度容易测得,代表性强,使用最广,与其他强度指标相关密切,同时又能反映出岩石遇水软化的性质。所以,一般采用岩石单轴饱和抗压强度作为岩石的坚硬程度分类的定量指标,见表1-1。现场鉴别岩石的坚硬程度可根据岩石的锤击难易程度、回弹程度、手触感觉和吸水反映来为岩石的坚硬程度做定性鉴定。

表1-1　岩石的坚硬程度分类

岩石的坚硬程度	硬质岩		软质岩		
	硬质岩	较硬质岩	较软岩	软岩	极软岩
岩石单轴饱和抗压强度 R_c(MPa)	>60	60~30	30~15	15~5	<5

岩体的完整程度分类。在岩性相同的条件下,岩体完整性系数 K_v 值既反映了岩体结构面的发育程度,又反映了结构面的性状,是一项能较全面地从量上反映岩体完整程度的指标。分级标准将 K_v 值作为反映岩体完整程度的定量指标,按表1-2作定量划分。

表1-2　岩体的完整程度分类

岩体的完整程度	完整	较完整	较破碎	破碎	极破碎
完整性系数 K_v	>0.75	0.75~0.55	0.55~0.35	0.35~0.15	<0.15

岩体基本质量分级。岩体基本质量指标(BQ)采用岩石的坚硬程度和岩体的完整程度两个定量指标确定。以两个分级因素的定量指标 R_c 及 K_v 为参数,按式(1-1)计算 BQ 值,根据 BQ 值进行岩体基本质量分级。

$$BQ = 90 + 3R_c + 250K_v \tag{1-1}$$

当 $R_c > 90K_v + 30$ 时,以 $R_c = 90K_v + 30$ 和 K_v 代入上式计算 BQ 值;当 $K_v > 0.04R_c + 0.4$ 时,以 $K_v = 0.04R_c + 0.4$ 和 R_c 代入上式计算 BQ 值。

根据岩石坚硬程度、岩体完整程度以及 BQ 值,按表 1-3 可分别得到岩体基本质量的定性和定量级别。定性分级与定量分级相互验证,可以获得较准确的岩体基本质量定级。

表 1-3　岩体基本质量分级标准

基本质量级别	岩体基本质量的定性特征	岩体基本质量指标(BQ)
Ⅰ	坚硬岩,岩体完整	>550
Ⅱ	坚硬岩,岩体较完整;较坚硬岩,岩体完整	550~451
Ⅲ	坚硬岩,岩体较破碎;较坚硬岩或软硬岩互层,岩体较完整;较软岩,岩体完整	450~351
Ⅳ	坚硬岩,岩体破碎;较坚硬岩,岩体较破碎—破碎;较软岩或软硬岩互层,且以软岩为主,岩体较完整—较破碎;软岩,岩体完整—较完整	350~251
Ⅴ	较软岩,岩体破碎;软岩,岩体较破碎—破碎;全部极软岩及全部极破碎岩	≤250

第三节　相关规程规范

为了统一岩石试验方法和技术标准,我国从 20 世纪 50 年代开始制订适合我国国情的岩石试验规程。1950 年,中国水利水电科学研究院等单位编制了《岩石试验操作规程(试行本)》;1981 年,原电力部和水利部行业标准《水利水电工程岩石试验规程》(DLJ 204—81、SLJ 2—81)(试行)颁布施行;1992 年,《水利水电工程岩石试验规程(补充部分)》(DL 5006—92)颁布施行。1999 年 5 月,国家标准《工程岩体试验方法标准》(GB/T 50266—99)由国家质量技术监督局、中华人民共和国建设部作为国家标准联合发布实施,该标准总结了我国自 20 世纪 50 年代起 40 多年岩石试验经验,统一了我国岩石试验方法。

2001 年 4 月,为统一水利水电工程岩石试验方法,提高试验成果质量及其可比性,水利部颁布实施了水利水电行业标准《水利水电工程岩石试验规程》(SL 264—2001),其内容包括岩石物理力学性质、岩体强度和变形特性、地应力测试、工程岩体观测以及岩体声波测试等,适用于水利水电工程的岩石试验工作。

相关规程规范及参考书目如下:

[1]　水利水电工程岩石试验规程(SL 264—2001)[S]. 北京:中国水利水电出版社,2001.

[2] 工程岩体试验方法标准(GB/T 50266—2013)[S]. 北京:中国计划出版社,2013.

[3] 水力发电工程地质勘察规范(GB 50287—2016)[S]. 北京:中国计划出版社,2017.

[4] 工程岩体分级标准(GB 50218—2014)[S]. 北京:中国计划出版社,2015.

[5] 董学晟. 水工岩石力学[M]. 北京:中国水利水电出版社,2004.

[6] 蔡美峰. 岩石力学与工程[M]. 北京:科学出版社,2002.

[7] 沈明荣. 岩体力学[M]. 上海:同济大学出版社,1999.

[8] 陈德基. 中国水利百科全书——水利工程勘测分册[M]. 北京:中国水利水电出版社,2004.

[9] 刘允芳. 岩体地应力与工程建设[M]. 武汉:湖北科技出版社,2000.

[10] 李迪. 岩体变形试验与分层弹模计算[M]. 武汉:湖北科学技术出版社,2005.

第四节　水利工程岩石试验基本规定

水利工程岩石试验包括岩石物理力学性质试验、岩体强度和变形试验、岩体应力测试、岩石声波测试以及工程岩体观测等内容。岩石试验工作应在详细了解工程规模、工程地质条件、设计意图、建筑物特点和施工方法的基础上进行,试验内容、试验方法、试验数量等应与工程建设的各个勘察设计阶段的深度相适应,并应符合下列规定:

(1)规划阶段应充分利用与建筑物地段工程地质条件相类似工程的岩石试验成果。根据实际情况,可布置少量室内岩块试验。对近期开发工程,可布置少量现场点荷载试验及声波测试。

(2)可行性研究阶段应根据划分的工程地质单元布置室内岩块试验和现场岩体声波测试。对坝址和其他建筑物方案选择起重要作用的主要岩石力学问题,应布置现场岩体试验项目。

(3)初步设计阶段应根据工程岩体条件及建筑物特点,拟定出关键的岩石力学问题,采取岩块和岩体试验相结合的原则,并满足试验数量的要求,进行深入的试验研究。

(4)技施设计阶段应根据初步设计审查后新发现的工程地质问题和新提出的岩石力学问题以及建筑物基础加固与处理的需要,进行专门性岩石试验。

(5)工程施工和运行期间,应对主要建筑物部位的工程岩体进行工程岩体原位观测。

水利水电工程各勘察设计阶段的岩石试验工作,应根据岩石试验任务书或合同的要求确定。

在开展岩石试验工作之前,应收集和分析工程地质资料,结合设计方案和勘察工作编制岩石试验大纲,在执行过程中可根据地质条件和设计情况的变化适当进行调整修改。岩石试验大纲应包括下列内容:

(1)工程概况及地质条件;

(2)水工建筑物特点和主要岩石力学问题;

(3)试验目的、试验内容和技术要求;

(4)试验布置;

(5)仪器设备和人员安排;

(6)计划进度;

(7)提交的试验成果。

岩块试验的试件可在钻孔、平洞、竖井、坑槽中或岩石露头处采取,同组试件的岩性应基本相同。取样位置和数量应根据地质条件、工程特点和试验要求由试验人员和地质人员共同研究确定。

岩体现场试验应当布置在建筑物所在位置或附近的具有代表性的岩体中,宜在试验洞中进行,并进行试点和试验洞段的地质描述。岩体本身和结构面直剪试验应根据建筑物特点,在分析研究影响抗滑稳定主要因素和可能破坏形式的基础上进行布置;混凝土与岩体接触面的直剪试验应布置在与建筑物直接接触或与其岩层、岩性相同的岩体上;岩体应力测试应根据工程的区域地质构造、构造应力场分析、建筑物类型和设计要求进行布置,并选择试验方法。试验工作完成后对试验成果进行整理和综合分析,并编制和提交试验成果报告。报告正文内容应包括工程概况、工程地质条件、主要岩石力学问题、试验目的、试验内容、试验布置、试验方法、试验数量、试验成果整理与分析、提供的试验值及主要结论等。报告附图包括地质图、试验洞(坑、槽)或露头的展示图、钻孔柱状图、试件或试点(体)地质描述图、试验布置图、试验安装图、各项试验曲线等。

岩石试验成果整理和综合分析要在充分了解水工建筑物布置方案、工程建筑类型、持力方向、载荷大小以及地基、边坡和地下洞室岩体工程地质条件与设计技术要求基础上,对试验资料进行逐项检查和核对,分析试验成果的代表性、规律性和合理性,并按岩体类别、工程地质单元、区段或层位进行归类、数理统计和综合分析,提出试验成果标准值。

(1)岩石的密度、单轴抗压强度、抗拉强度、点荷载强度、波速等物理力学参数采用试验成果的算术平均值作为标准值。

(2)岩体变形模量采用原位变形试验成果的算术平均值作为标准值。

(3)软岩的容许承载力采用载荷试验极限承载力的1/3与比例极限二者中的较小值作为标准值;无载荷试验成果时,可按岩石单轴饱和抗压强度的1/5～1/10取值,或通过三轴压缩试验确定。坚硬岩、半坚硬岩可按岩石单轴饱和抗压强度折减后取值:坚硬岩取岩石单轴饱和抗压强度的1/20～1/25,中硬岩取岩石单轴饱和抗压强度的1/10～1/20。

(4)混凝土坝基础底面与基岩间抗剪断强度参数可采用峰值强度参数的平均值作为标准值,抗剪断强度参数采用残余强度参数与比例极限强度参数二者中的较小值作为标准值。

(5)岩体抗剪断强度参数采用峰值强度参数的平均值作为标准值。岩体抗剪断强度参数取值:对于脆性破坏岩体采用残余强度参数与比例极限强度参数二者中的较小值作为标准值,对于塑性破坏岩体采用屈服强度参数作为标准值。

(6)硬性结构面抗剪断强度参数采用峰值强度参数的平均值作为标准值,抗剪断强度参数的采用残余强度参数的平均值作为标准值。

(7)软弱结构面抗剪断强度参数采用峰值强度参数小值的平均值作为标准值,抗剪断强度参数的采用屈服强度参数的平均值作为标准值。

第二章　岩石物理性质试验

岩石物理性质是指岩石固有的物质组成和结构特征所决定的基本物理属性,包括含水率、吸水率、颗粒密度、块体密度、膨胀性、耐崩解性和抗冻性等。相应的岩石物理性质试验包括含水率试验、吸水性试验、颗粒密度试验、块体密度试验、膨胀性试验、耐崩解性试验、冻融试验等。对于膨胀岩要做膨胀性试验,对于在干湿交替状态下的黏土岩类和风化岩石要做耐崩解性试验,对于经常处于冻结和融解条件下的工程岩体,要进行冻融试验。

第一节　岩石含水率试验

岩石含水率是岩石试件在105~110 ℃温度下烘干至恒量时所失去水的质量与试件干质量的比值,以百分数表示。岩石含水率在实验室采用烘干法测定,按式(2-1)计算:

$$\omega_0 = \frac{m_0 - m_d}{m_d} \times 100\% \tag{2-1}$$

式中　ω_0——岩石天然含水率(%);

m_0——试件烘干前的质量,g;

m_d——试件烘干后的质量,g。

岩石含水率试验方法详见《水利水电工程岩石试验规程》(SL 264—2001)第7~8页,主要试验仪器和设备包括烘箱、干燥器、天平(感量0.01 g)、有密封盖的试件盒等。试验记录包括工程名称、岩石名称、试件编号、试件描述、试件烘干前后的质量、试验人员、试验日期等。

岩石的天然含水率反映了岩石在天然状态下的实际情况。含水量是指含水数量多少,是有单位的量,而含水率是一个比值,是无单位的量。含水率试验主要是针对黏土质、粉砂质和风化的软弱岩石在天然状态下的含水多少而制定的,对于坚硬或较坚硬的岩石,测定天然含水率的工程意义不大。

影响岩石试件天然含水率因素很多,能否反映岩石在天然状态下的实际情况,取决于岩石试件取样、运输、储存和试件制备过程中保存试件的方法。一般采用蜡封法或高分子树脂胶涂料法对岩石试件进行封闭,尽量减少其含水量的损失,保持其天然含水状态。

烘干标准对岩石试件天然含水率测定的影响比较明显。关于试件的烘干标准,目前国内外有关规程有两种规定:一种是时间控制,规定在指定的温度下烘若干小时;另一种是称量控制,规定在指定温度下烘至恒量。由于烘干时间受岩石类型、试件尺寸、原始含水状态、烘箱的类型和容积、烘烤温度等因素影响(特别是软质岩类,试件尺寸不一,原始含水量差别较大,目前对这类岩石没有进行大量的研究),难以取得标准烘干时间的论证,因此在试验中一般采用称量控制,并规定烘烤的试件在两次相邻称量之差不超过后一

次称量的0.1%即为完全烘干。对于不同岩性的岩石试件，每次称量的烘干温度也不同，不含结晶水矿物岩石试件在105～110 ℃恒温下烘24 h；对于含结晶水矿物的岩石试件，国际材料试验研究协会规定干燥温度不应超过40 ℃，环境的湿度为40%～55%，美国试验与材料协会认为温度保持在60±5 ℃或用抽气干燥缸在真空度约1 333 Pa及23～60 ℃温度下更为合适，为了统一这类岩石的烘烤温度，我国规定是应在40±5 ℃恒温下烘24 h。试件烘干时间比较见表2-1～表2-3。

表2-1　不同岩体的试件烘干时间比较

岩石名称	烘前质量(g)	烘干总失水质量(g)	烘烤6 h		烘烤8 h		烘烤10 h		烘烤12 h		烘烤14 h	
			失水质量(g)	失水率(%)	失水质量(g)	失水率(%)	失水质量(g)	失水率(%)	失水质量(g)	失水率(%)	失水质量(g)	失水率(%)
白云岩	423.49	1.27	1.27	100	1.27	100	1.27	100	1.27	100	1.27	100
	425.49	1.42	1.42	100	1.42	100	1.42	100	1.42	100	1.42	100
灰岩	406.02	0.40	0.33	82.6	0.35	87.5	0.37	92.5	0.38	95.0	0.40	100
砾岩	380.75	6.45	6.40	99.2	6.45	100	6.40	99.5	6.45	100	6.45	100
	379.61	5.57	5.51	99.2			5.57	100	5.57	100	5.57	100
	387.23	4.28	4.26	99.7			4.25	99.4	4.23	98.8	4.28	100
花岗岩	342.19	5.97	5.89	98.5	5.96	99.9	5.89	98.5	5.97	100	5.97	100
	341.33	6.14	6.08	99.1	6.14	100	6.09	99.2	6.14	100	6.14	100
红砖	321.75	33.15	33.15	99.2	33.2	99.6			33.28	100	33.28	100
	312.07	44.5	44.34	99.3	44.4	99.5			44.48	99.7	44.50	100

注：①试件尺寸为边长5 cm的立方体，烘干温度为105 ℃；②失水率是指试件烘至规定时间的失水质量与总的失水质量的比值。

表2-2　同种岩体的试件烘干时间比较

编号	试件质量(g)	烘干失水质量(g)			编号	试件质量(g)	烘干失水质量(g)		
		0～24 h	24～48 h	48～60 h			0～24 h	24～48 h	48～60 h
$ZK_{01}-4$	287.47	0.45	0.16	0.03	404－5	250.25	0.21	0.06	0
$ZK_{01}-5$	268.65	0.25	0.14	0.04	404－6	246.32	0.69	0.07	0.03
$ZK_{01}-6$	260.01	0.26	0.15	0.03	15－1－4	263.02	0.25	0.11	0.01
$ZK_{02}-4$	257.30	0.33	0.16	0.07	15－1－5	250.23	0.14	0.08	0.01
$ZK_{02}-5$	270.88	0.35	0.15	0.22	15－1－6	231.90	0.65	0.14	0.01
$ZK_{02}-6$	269.18	0.41	0.12	0.03	16－1－4	276.01	0.18	0.08	0.01
$ZK_{03}-4$	288.72	0.59	0.18	0.03	16－1－5	256.34	0.52	0.17	0.03
$ZK_{03}-5$	279.65	0.59	0.13	0.03	16－1－6	257.28	0.15	0.08	0
$ZK_{03}-6$	243.51	0.39	0.24	0.03	17－1－4	256.91	0.12	0.06	0.02
401－4	276.70	0.55	0.11	0.01	17－1－5	248.13	0.48	0.17	0.04
401－5	275.94	0.53	0.10	0.01	17－1－6	258.22	0.29	0.10	0.02
401－6	237.72	0.72	0.05	0	17_2-1-4	266.33	0.11	0.07	0
404－4	228.23	0.47	0.04	0	17_2-1-5	247.33	0.23	0.05	0.01

续表 2-2

编号	试件质量(g)	烘干失水质量(g)			编号	试件质量(g)	烘干失水质量(g)		
		0～24 h	24～48 h	48～60 h			0～24 h	24～48 h	48～60 h
17_2-1-6	246.00	0.55	0.22	0.04	19－1－6	243.47	0.37	0.14	0.05
18－1－4	294.33	0.25	0.05	0	19_2-1-4	287.28	0.26	0.07	0.02
18－1－5	270.55	0.29	0.11	0.02	19_2-1-6	235.49	0.44	0.12	0.03
18－1－6	250.60	0.36	0.12	0.02	20－1－5	237.71	0.59	0.12	0.05
18_2-1-4	268.60	0.13	0.07	0	20－1－6	254.75	0.19	0.06	0.01
18_2-1-5	243.02	0.35	0.12	0.03	20－1－7	273.42	0.35	0.04	0.02
18_2-1-6	275.36	0.14	0.05	0.02	20－1－8	282.05	0.13	0.07	0.02
19－1－4	271.50	0.17	0.08	0	平均	260.60	0.35	0.11	0.03
19－1－5	246.25	0.14	0.06	0.01					

注：试件为 ϕ5 cm×5 cm 的花岗岩，烘干温度 105～110 ℃。

表 2-3　相同形状、不同岩体的试件烘干时间比较

岩石名称	编号	试件质量(g)	烘干失水质量(g)		岩石名称	编号	试件质量(g)	烘干失水质量(g)	
			0～24 h	24～32 h				0～24 h	24～32 h
石灰岩	1	275.94	0.09	0.01	粉砂岩(Ⅰ)	1	532.58	1.41	0.06
	2	279.39	0.07	0		2	548.94	1.69	0.05
	3	279.12	0.12	0		3	563.28	1.70	0.10
	4	270.46	0.11	0		4	533.17	1.65	0.06
	5	277.33	0.07	0.01		5	580.24	1.79	0.05
	平均	276.45	0.09	0.01		平均	551.64	1.65	0.06
麻岩	1	260.62	1.08	0.06	花岗岩	1	297.14	0.14	0
	2	261.43	1.10	0.06		2	288.58	0.08	0.02
	3	275.41	1.26	0.09		3	283.35	0.25	0.02
	4	270.02	1.15	0.09		4	290.64	0.19	0.02
	5	274.35	0.70	0.03		5	273.05	0.16	0.02
	平均	268.37	1.06	0.07		平均	286.55	0.16	0.02
石英斑岩	1	393.55	0.21	0.02	粉砂岩(Ⅱ)	1	262.38	1.48	0.10
	2	397.10	0.14	0.02		2	262.28	0.84	0.03
	3	396.33	0.21	0.01		3	264.57	0.88	0.04
	4	411.74	0.23	0.01		4			
	5	424.98	0.19	0.02		5			
	平均	404.74	0.20	0.02		平均	263.08	1.06	0.06

注：试件为 ϕ5 cm×5 cm 的圆柱体，烘干温度 105～110 ℃。

第二节 岩石吸水性试验

岩石吸水性采用自然吸水率、饱和吸水率和饱水系数等指标表示。

岩石自然吸水率是岩石在常温、常压条件下最大自由吸入水的质量与试件固有质量的比值,以百分数表示。岩石自然吸水率的大小取决于岩石中孔隙的大小及其连通性,岩石的自然吸水率越大,表明岩石中孔隙越大,连通性越好,岩石力学性质越差。

岩石饱和吸水率是试件在强制饱和状态下的最大吸水量与试件固有质量的比值,以百分数表示。一般采用煮沸法或真空抽气法测定。饱和吸水率反映岩石内部的张开型孔隙和裂隙的发育程度,对岩石的抗冻性和抗风化能力有较大影响。

岩石饱水系数是指岩石自然吸水率与饱和吸水率的比值,以百分数表示。

岩石吸水性对岩石的风化程度比较敏感,在国外常作为风化指标,广泛地与其他物理力学特征值建立相关关系,并能有效地反映岩石微裂隙的发育程度。部分岩石的吸水率见表2-4。通过岩石的吸水性试验,可以计算岩石的空隙率,部分岩石的空隙率见表2-5。

表2-4 部分岩石的吸水率

岩石名称	吸水率(%)	岩石名称	吸水率(%)	岩石名称	吸水率(%)
花岗岩	0.1~4.0	砾岩	0.3~2.4	石英片岩及角闪片岩	0.1~0.3
闪长岩	0.3~5.0	砂岩	0.2~9.0		
辉长岩	0.5~4.0	泥岩	0.5~3.2	云母片岩及绿泥石片岩	0.1~0.6
玢岩	0.4~1.7	页岩	0.5~3.2		
辉绿岩	0.8~5.0	石灰岩	0.1~4.5	板岩	0.1~0.3
安山岩	0.3~4.5	泥灰岩	0.5~3.0	大理岩	0.1~1.0
玄武岩	0.3~2.8	白云岩	0.1~3.0	页英岩	0.1~1.5
火山集块岩	0.5~1.7	片麻岩	0.1~0.7	蛇纹岩	0.2~2.5
火山角砾岩	0.2~5.0	花岗片麻岩	0.1~0.85		
凝灰岩	0.5~7.5	千枚岩	0.5~1.8		

引自蔡美峰主编,《岩石力学与工程》. 北京:科学出版社,2002。

表2-5 部分岩石的空隙率

岩石名称	空隙率(%)	岩石名称	空隙率(%)	岩石名称	空隙率(%)
花岗岩	0.5~4.0	砾岩	0.8~10.0	石英片岩及角闪岩	0.7~3.0
闪长岩	0.18~5.0	砂岩	1.6~28.0		
辉长岩	0.29~4.0	泥岩	3.0~7.0	云母片岩及绿泥石片岩	0.8~2.1
辉绿岩	0.29~5.0	页岩	0.4~10.0		
玢岩	2.1~5.0	石灰岩	0.5~27.0	板岩	0.1~0.45
安山岩	1.1~4.5	泥灰岩	1.0~10.0	大理岩	0.1~6.0
玄武岩	0.5~7.2	白云岩	0.3~25.0	石英岩	0.1~8.7
火山集块岩	2.2~7.0	片麻岩	0.7~2.2	蛇纹岩	0.1~2.5
火山角砾岩	4.4~11.2	花岗片麻岩	0.3~2.4		
凝灰岩	1.5~7.5	千枚岩	0.4~3.6		

引自蔡美峰主编,《岩石力学与工程》. 北京:科学出版社,2002。

岩石的自然吸水率、饱和吸水率和岩石饱水系数分别按式(2-2)~式(2-4)计算:

$$\omega_a = \frac{m_a - m_d}{m_d} \times 100\% \tag{2-2}$$

$$\omega_s = \frac{m_s - m_d}{m_d} \times 100\% \tag{2-3}$$

$$k_w = \frac{\omega_s}{\omega_a} \times 100\% \tag{2-4}$$

式中 ω_a——岩石自然吸水率(%);

ω_s——岩石饱和吸水率(%);

k_w——岩石饱水系数(%);

m_d——试件烘干后的质量,g;

m_a——试件浸水48 h后的质量,g;

m_s——试件强制饱和后的质量,g。

岩石吸水性试验方法详见《水利水电工程岩石试验规程》(SL 264—2001)第8~10页,主要仪器和设备包括烘箱、干燥器、天平(感量0.01 g)、真空抽气设备和煮沸设备等。试验记录包括工程名称、岩石名称、试件编号、试件描述、试验方法、干试件质量、浸水后试件质量、强制饱和后试件质量、试验人员、试验日期等。

岩石的自然吸水率与饱和吸水率之间存在着一定的差别,其差值的大小取决于岩性和吸水方式,因此在岩石试验中,应该将两者加以区别。岩石饱和吸水率试验目前采用真空饱和或煮沸饱和方法进行,适用于遇水不崩解、不溶解和不干缩湿胀的岩石。试件可采用规则试件或不规则试件,规则试件可采用圆柱体或方柱体,其尺寸为48~54 mm,不规则试件采用40~50 mm的浑圆形或圆柱体岩块,试件质量宜为150~200 g。

岩石吸水性试验每组试件块数不少于3块。自然吸水率采用在大气压力和室温条件下自然吸水法测定,试件全部浸入在水中自由吸水48 h。岩石饱和吸水率采用煮沸法或真空抽气法测定,煮沸法煮沸时间不少于6 h,真空抽气法真空压力宜为100 kPa,抽气时间不少于4 h。

岩石吸水性试验程序对试验成果的影响十分显著,采用自由吸水法测定岩石自然吸水率时,首先淹没试件高度的1/4,然后每隔2 h分别升高水面至试件的1/2和3/4处,6 h后水面全部浸没试件,其目的是让空气能逐渐被排出。测定岩石饱和吸水率时,首先应按自由吸水法排出试件空气,再使容器内的水面高出试件,然后用煮沸法或真空抽气法进行饱和试验。

岩石吸水性试验的吸水时间对其成果的影响不能忽视,从大量的试验资料分析,采用自由吸水进行吸水性试验时,当浸水时间为24 h,岩石试块平均吸水量一般可达到绝对吸水量的85%,当浸水时间为48 h,岩石试块平均吸水量一般可达到绝对吸水量的94%,继续浸水的吸水量很小。原水利部东北科研院对花岗岩的试验结果表明,浸水24 h,吸水量平均为0.44 g,24~48 h增加了0.08 g,48~72 h只增加了0.02 g,计算48 h和72 h的吸水率时,两者之差不大于0.01%。由此看来,继续增加吸水时间的意义不大,所以规程规定吸水性试验浸水时间为试件全部被水淹没后48 h。对于亲水性较强、吸水时间较长的黏土质岩石,可以作为特殊问题处理。岩石不同浸水时间吸水率、煮沸时间及抽气时间比较见表2-6~表2-8。

表 2-6　岩石不同浸水时间吸水率比较

资料来源		岩石名称	统计次数	吸水率(%)	浸水时间(h) 24	48	72	96	120	144	168	192	216	240	264	288
					吸水百分比(%)											
陕西省水电局	姚家湾水库	中砂岩	9	4.91	83.2	85.7	87.9	90.4	91.0	93.0	96.1	96.7	97.6	98.8	99.8	100
	姚家湾水库	砂 岩	9	4.44	84.7	89.7	91.2	93.4	94.0	95.1	97.1	97.9	98.5	99.7	100	100
	姚家湾水库	砂页岩	6	3.76	75.3	85.1	89.0	94.5	95.9	97.0	98.6	99.2	99.5	99.9	100	
	小水河水库	砂砾岩	20	1.83		97.6	99.4	100								
	小水河水库	砂砾岩	4	1.80		97.2	99.3									
	小水河水库	砂砾岩	50	1.97	97.3	98.9	99.5	99.9								
	石头河水库	辉长岩	32	0.22	89.2	97.5	100									
	石头河水库	绿泥石云母石英片岩	68	0.32	95.9	100										
	石头河水库	绿泥石云母石英片岩	83	0.68	92.7	99.2	100									
	汤峪水库	云母角闪石石英片岩	15	0.31	89.2	98.2	100									
	桃曲坡水库	石灰岩	8	0.16	89.6	100	100									
黄委水科所		石灰岩	5	0.34	92.6	98.9	100	100								
		片麻岩	5	1.05	85.2	97.3	98.5	100								
		粉砂岩(Ⅰ)	5	0.13	83.4	98.5	99.2	100								
		花岗岩	5	0.19	84.4	97.7	100	100								
		粉砂岩(Ⅱ)	5	1.01	68.1	91.9	98.7	100								

注:吸水百分比是指试件在规定时间内的吸水量与其绝对吸水量的比值,以下表同。

表2-7　岩石不同煮沸时间吸水情况比较

岩石名称	编 号	煮沸9 h的总吸水质量(g)	3 h		6 h		9 h	
			吸水质量(g)	吸水百分比(%)	吸水质量(g)	吸水百分比(%)	吸水质量(g)	吸水百分比(%)
白云岩	114－1	2.25	2.19	97.1	2.25	100	2.25	100
	114－2	1.83	1.69	92.5	1.70	92.9	1.83	100
灰岩	115－1	0.43	0.40	93.0	0.40	93.0	0.43	100
	115－2	0.55			0.55	100	0.55	100
砾岩	116－1	7.27			7.27	100	7.27	100
	116－2	6.91	6.81	98.5			6.91	100
花岗岩	117－1	6.38	6.36	99.7	6.38	100	6.38	100
	117－2	6.63	6.56	99.2	6.60	99.5	6.63	100
砾岩	120－1	4.75	4.67	98.4	4.72	99.6	4.75	100
	120－2	5.06			5.04	99.4	5.06	100
红砖	118－1	40.10			40.1	100	40.10	100
	118－2	48.23			48.18	99.7	48.23	100

注:试件为边长5 cm的立方体。

表2-8　岩石不同抽气时间吸水情况比较

岩石名称	编 号	抽气1 h与4 h之间吸水质量(g)	1 h		2 h		3 h		4 h	
			称量(g)	吸水百分比(%)	称量(g)	吸水百分比(%)	称量(g)	吸水百分比(%)	称量(g)	吸水百分比(%)
砂岩	黑4－1－1	8.91	832.440	0	834.885	27.4	841.290	99.3	841.290	100
	黑4－1－2	6.44	835.150	0	836.055	14.1	841.440	97.7	841.590	100
	黑4－1－3	10.30	827.700	0	830.100	23.3	837.840	98.4	838.000	100
	黑3－1－1	3.395	714.550	0	715.530	28.9	717.600	89.9	717.945	100
	黑3－1－3	7.645	804.855	0	806.705	24.2	812.200	96.1	812.500	100
	黑3－1－4	3.200	814.000	0	815.375	43.0			817.200	100
含泥质砂岩	后3－1	1.435	852.255	0	852.905	45.3	853.070	56.8	853.690	100
	后3－2	1.730	803.715	0	804.345	36.4	805.290	91.0	805.445	100
	康1－1	0.34	183.530	0	183.685	45.6	183.860	97.1	183.870	100
	鞠1－2－4	0.34	444.095	0	444.150	16.2	444.295	58.8	444.435	100

注:因缺乏抽气前的试件质量,只能对比1 h和4 h之间的吸水关系。

试件的形态对岩石吸水率试验成果有一定的影响,水利部水利水电科学研究院对不同试件形态石灰岩吸水率的研究结果表明:不规则试件的吸水率是规则试件的2倍多,见表2-9。

表 2-9　不同试件形态的石灰岩吸水率测定成果比较

试件形态	试件质量(g)	浸水时间	浸水后试件质量(g)	吸水质量(g)	吸水率(%)	附注
5 cm×5 cm×5 cm	337.72	浸水饱和至恒重	338.30	0.58	0.17	平均吸水率为0.13%
	338.00		338.23	0.23	0.07	
	337.60		338.00	0.40	0.12	
	356.14		356.56	0.42	0.12	
	333.43		334.05	0.62	0.19	
ϕ5 cm×5 cm	250.11	浸水饱和至恒重	250.45	0.34	0.14	平均吸水率为0.13%
	249.34		249.70	0.36	0.14	
	249.19		249.47	0.28	0.14	
	259.38		259.75	0.37	0.11	
碎石	2 003.32	浸水 30 min	2 005.97	2.75	0.14	
		浸水 24 h	2 007.48	4.26	0.21	
		浸水 29 h	2 008.28	5.06	0.25	
碎石	2 022.86	浸水 24 h	2 026.83	3.97	0.20	
		浸水 309 h	2 028.45	5.59	0.28	

采用真空饱和吸水性试验时,从有关资料分析,抽气 3 h 和 4 h 均未达到完全吸水稳定,但抽气 3 h 与抽气 4 h 两者之间的吸水率差值不大,所以规定抽气时间不得少于 4 h。采用煮沸饱和吸水性试验时,煮沸 6 h 并未达到完全吸水稳定,但煮沸 9 h 相对吸水量较小,所以规定煮沸时间不得少于 6 h。岩石吸水率和饱和吸水率比较见表 2-10。

表 2-10　岩石吸水率和饱和吸水率比较

资料来源	岩石类型	试验数量	吸水率与饱和吸水率的比值		备注
			平均值	变化范围	
成都院科研所	砂岩	30	0.97	0.8～1.0	煮沸饱和
东北院科研所	花岗岩	42	0.86	0.64～0.92	真空饱和
浙江省水科所	凝灰岩	81	0.88	0.35～1.00	真空饱和
黄委水科所	石灰岩	5	0.97	0.93～1.00	真空饱和
	片麻岩	5	0.97	0.95～1.00	
	石英斑岩	5	0.92	0.87～1.00	
	花岗岩	5	0.97	0.94～1.00	
	粉砂岩(Ⅰ)	5	0.92	0.32～0.98	
	粉砂岩(Ⅱ)	3	0.87	0.73～0.94	

在大气压下吸水稳定标准,目前有时间控制和称量控制两种标准。经比较,这两种标准都能满足吸水性试验要求,但前者操作较为简单。

第三节　岩石颗粒密度试验

岩石颗粒密度是岩石固相物质的质量与体积的比值,采用比重瓶法或水中称量法测定,分别按式(2-5)或式(2-6)计算。

$$\rho_p = \frac{m_d}{m_1 + m_d - m_2} \cdot \rho_w \tag{2-5}$$

$$\rho_p = \frac{m_d}{m_d - m_w} \cdot \rho_w \tag{2-6}$$

式中　ρ_p——颗粒密度,g/cm^3;

m_d——试件烘干后的质量,g;

m_1——瓶和试液总质量,g;

m_2——瓶、试液和岩粉总质量,g;

ρ_w——试验温度下试液密度,g/cm^3;

m_w——强制饱和试件在水中的称量,g。

岩石颗粒密度试验方法详见《水利水电工程岩石试验规程》(SL 264—2001)第10~12页。主要仪器和设备包括粉碎机、瓷研钵或玛瑙研钵、磁铁块、筛(孔径0.25 mm)、天平(感量0.001 g)、烘箱、干燥器、真空抽气设备或煮沸设备、短颈比重瓶(容积100 mL)、温度计(量程0~50 ℃)、水中称量装置等。试验记录包括工程名称、岩石名称、试件编号、试件描述、试验方法、试验人员、试验日期等;比重瓶法试验还应记录比重瓶编号、试液温度、试液密度、干岩粉质量、瓶和试液总质量、瓶和试液及岩粉总质量;水中称量法试验还应记录试件干质量、浸水后质量、强制饱和后质量、试件在水中称量和水的密度。

部分岩石的颗粒密度见表2-11。

表2-11　部分岩石的颗粒密度

岩石名称	颗粒密度(g/cm^3)	岩石名称	颗粒密度(g/cm^3)	岩石名称	颗粒密度(g/cm^3)
花岗岩	2.50~2.84	砾岩	2.67~2.71	片麻岩	2.63~3.01
闪长岩	2.60~3.10	砂岩	2.60~2.75	花岗片麻岩	2.60~2.80
橄榄岩	2.0~3.40	细砂岩	2.70	角闪片麻岩	3.07
斑岩	2.60~2.80	黏土质砂岩	2.68	石英片岩	2.60~2.80
玢岩	2.60~2.90	砂质页岩	2.72	绿泥石片岩	2.80~2.90
辉绿岩	2.60~3.10	页岩	2.57~2.77	黏土质片岩	2.40~2.80
流纹岩	2.65	石灰岩	2.40~2.80	板岩	2.70~2.90
粗面岩	2.40~2.70	泥质灰岩	2.70~2.80	大理岩	2.70~2.90
安山岩	2.40~2.80	白云岩	2.70~2.90	石英岩	2.53~2.84
玄武岩	2.50~3.30	石膏	2.20~2.30	蛇纹岩	2.40~2.80
凝灰岩	2.50~2.70	煤	1.98		

引自蔡美峰主编,《岩石力学与工程》.北京:科学出版社,2002。

岩石颗粒密度试验方法可分为两种:即比重瓶法和水中称量法。比重瓶法适用于各类岩石,水中称量法适用于除遇水崩解、溶解和干缩湿胀以及密度小于 1 g/cm^3 的其他各类岩石。

比重瓶法测定岩石的颗粒密度,又分为土工试验方法、岩石试验方法和建筑材料试验方法三种。建筑材料试验方法又称李氏比重瓶法,这种方法用煤油作为测定液,观察试件放入液体后体积的变化,以此来计算岩石颗粒密度。土工试验方法和岩石试验方法主要区别在于,前者是在空气中称量,后者是在水中称量,两者的测试成果差别不大,但比建筑材料试验方法所得到的结果略偏大,见表 2-12。

表 2-12 不同颗粒密度试验方法所测的颗粒密度成果比较 (单位:g/cm^3)

岩石名称	试件数量(组)	土工试验方法(平均值)		建筑材料试验方法(平均值)
		用煤油	用蒸馏水	
片麻岩	6	2.77	2.74	2.74
砂 岩	10	2.68	2.67	2.65

水中称量法是分别称取岩石试件的烘干质量和强制饱和后在水中的称量,两者相减来确定固相物质的体积,烘干质量与固相物质的体积之比即为岩石的颗粒密度。经过多年的试验研究,水中称量法测定岩石的颗粒密度方法操作比较简单,且可以采用不规则试件,与比重瓶法测定的颗粒密度值相比略偏小。

关于代表性试件的选择:试件的代表性是反映测试成果正确与否的关键,特别是对于不均一的层状、晶粒或粗粒结构的岩石尤为重要。可以用块体密度试验的试件,即选用较大的试件制成岩粉,由此测定的岩石颗粒密度才更具有代表性,根据实测岩石颗粒密度和块体密度所计算的空隙率才能比较真实地代表岩石的空隙情况。

粉碎试件的方法:对于非磁性岩石试件,采用高强度耐磨优质钢磨盘粉碎,并用吸铁石吸出铁屑;对于磁性岩石试件应根据岩石的坚硬程度分别采用瓷研钵或玛瑙研钵粉碎。采用这些规定,其目的在于防止铁屑对测试成果的影响。湖北省地质局进行了不同粉碎方法的比较试验结果也证实了这一点,见表 2-13。

表 2-13 不同粉碎方法的试验成果比较

岩 性	(抗压)强度(MPa)	颗粒密度(g/cm^3)				Fe_2O_3 含量(%)		
		瓷球粉碎	磨盘粉碎		玛瑙钵研碎	瓷球粉碎	磨盘粉碎	
			未吸铁	吸铁			未吸铁	吸铁
栖霞灰岩	—	2.760	2.766			0.25	0.46	
黄龙灰岩	—	2.706	2.715			0.25	0.32	
石英砂岩	210.0	2.599	2.711	2.702	2.689	0.32	1.69	0.9
大理岩	127.1	2.844	2.852			0.07	0.14	
变粒岩	149.5	2.704	2.719			2.41	2.88	
片麻岩	187.4	2.653	2.659	2.650		1.07	1.87	1.4
粉砂质泥	13.8	2.761	2.774			3.43	3.85	
红色砂岩	10.1	2.687	2.688			1.11	1.08	

注:①瓷球粉碎是将试件和直径为 1 ~ 3 cm 瓷球放入瓷罐内,研磨粉碎;②磨盘粉碎是用锰质磨盘粉碎机磨碎;③密度试验按土工试验方法进行;④ Fe_2O_3 含量用化学分析方法测定。

试件粒径规定:试件粉碎后的最大粒径应当不含闭合空隙。为此,全部颗粒应通过0.25 mm筛孔。经成都勘测设计院科研所对不同岩性的岩石进行的对比试验(见表2-14),当最大粒径加大到1.0 mm和0.5 mm时,与标准粒径(0.25 mm)相比,其差值不超过0.012 g/cm^3,说明稍许加大粒径对测试成果影响不大,因此没有必要进一步减小试件粒径。

表2-14　试件不同粒径大小测定的颗粒密度

岩石名称	试样粒径(mm)		
	<1.0	<0.5	<0.25
	颗粒密度(g/cm^3)		
石灰岩	2.896	2.893	2.891
石灰岩	2.896	2.902	2.888
石灰岩	2.841	2.836	2.843
页岩	2.736	—	2.732
页岩	2.705	—	2.703
页岩	2.838	2.830	2.841
花岗岩	2.695	2.694	2.705
流纹岩	2.710	2.712	2.710
玄武岩	2.874	—	2.868
砂岩	2.674	—	2.686
泥质页岩	2.720	2.720	2.720
砂质页岩	2.725	2.725	2.725
细沙岩	2.725	2.720	2.715
砂岩	2.720	—	2.720

试件烘干时间规定:根据成都勘测设计院科研所对不同烘干时间、不同岩性的岩石进行的比较试验成果(见表2-15),采用比重瓶法测定岩石颗粒密度时,岩粉的烘干时间可根据不同岩性的岩石而定,规定其烘干时间不得少于6 h,一般坚硬岩类为6~8 h,黏土岩类软质岩为8~10 h。

表2-15　不同烘干时间的成果比较　　(单位:g)

编号	岩石名称	烘干时间(h)		
		7	12	26
0-1	砂岩	330.87	330.84	330.82
1-2	砂岩	—	—	—
1-4	红色砂岩	308.36	308.28	308.26
1-5	红色砂岩	—	—	—
2-4	红色砂岩	322.11	322.03	321.99
2-5	红色砂岩	304.55	304.47	304.45
3-4	红色砂岩	334.44	334.36	334.36
3-5	红色砂岩	287.27	—	287.20
4-4	红色砂岩	342.58	342.54	342.51
4-5	红色砂岩	309.88	309.84	309.84

续表 2-15

编号	岩石名称	烘干时间（h）		
		7	12	26
5－4	红色砂岩	280.90	280.84	280.84
5－5	红色砂岩	312.74	312.69	312.66
6－4	灰白色砂岩	331.20	331.17	331.15
7－4	土黄色砂岩	326.94	326.83	326.80
7－5	土黄色砂岩	317.74	317.62	317.58
8－4	红色砂岩	315.21	315.12	315.10
9－4	红色砂岩	337.69	337.57	337.55
10－4	红色砂岩	—	—	—
7－6	土黄色砂岩	320.67	320.57	320.56

注：①试件过 1 mm 筛孔；② 试件在 105 ± 5 ℃下烘干。

比重瓶的大小一般对测试成果影响不大。原长春综合研究院的比较试验成果说明了这一点(见表 2-16)，据此，规程规定 100 mL 的短颈比重瓶作为试验标准瓶。

表 2-16　不同容积比重瓶测定的颗粒密度

土的名称	50 mL 比重瓶	100 mL 比重瓶
	颗粒密度（g/cm^3）	
黏土	2.739	2.734
黏土	2.765	2.755
砂质黏土	2.672	2.674
砂质黏土	2.634	2.635
砂壤土	2.620	2.620
砂土	2.604	2.600

比重瓶的校正对测定颗粒密度成果精确程度有一定的影响，对新购置的比重瓶在试验前应进行校正，对长期使用的比重瓶应该使用一段时间后校正一次。比重瓶的校正有两种方法，即称量校正法和计算校正法，据南京水科院的比较试验资料，见表 2-17，两者误差不大，因此规程推荐使用计算校正法。

表 2-17　比重瓶校正法和计算法成果比较

试件编号	比重瓶编号	试验时温度（℃）	实测的 W_2 值	计算的 W_2 值	实测的颗粒密度（g/cm^3）	计算的颗粒密度（g/cm^3）
6－5	3	7	141.980	141.995	2.774	2.766
8－4	39	7.3	143.347	143.356	2.755	2.750
4－1－1	3	11.7	141.956	141.968	2.770	2.763
2－3－2	15	12.0	138.700	138.713	2.789	2.780
2－1－1	39	12.0	143.320	143.327	2.781	2.757

用水中称量法计算岩石的颗粒密度,是假定水全部充满岩石试件的空隙。但实际上岩石是由矿物颗粒、闭合空隙和开敞空隙3部分组成,水只能充满其中开敞空隙部分。经比较,水中称量法计算的颗粒密度略小于比重瓶法测定的颗粒密度值,其差别随闭合空隙的增大而增加。经大量的试验研究资料分析,水中称量法计算的颗粒密度与比重瓶法测定的颗粒密度值存在着一定差别,但差值不大,其测定值可以满足中小型水利工程各设计阶段以及大型水利工程前期可行性和初步设计阶段的需要,见表2-18。水中称量法还可以连续测定岩石的颗粒密度、块体密度、含水率、自然吸水率和饱和吸水率,对简化测试手续有较多的优点。所以,规程将此法列入测定岩石颗粒密度和块体密度的测试方法。

第四节　岩石块体密度试验

岩石的块体密度是指单位体积的岩石质量,是岩石试件的质量与其体积之比。根据岩石试件含水状态,岩石的块体密度可分为烘干密度、天然密度和饱和密度三种。岩石块体密度采用量积法、水中称量法或密封法测定。水中称量法岩石块体密度按式(2-7)~式(2-9)计算:

$$\rho_0 = \frac{m_0}{m_s - m_w} \cdot \rho_w \tag{2-7}$$

$$\rho_d = \frac{m_d}{m_s - m_w} \cdot \rho_w \tag{2-8}$$

$$\rho_s = \frac{m_s}{m_s - m_w} \cdot \rho_w \tag{2-9}$$

式中　ρ_0——岩石块体天然密度,g/cm^3;

ρ_d——岩石块体干密度,g/cm^3;

ρ_s——岩石块体饱和密度,g/cm^3;

其余符号含义同前。

岩石块体密度试验方法详见《水利水电工程岩石试验规程》(SL 264—2001)第12~16页。主要仪器和设备包括钻石机、切石机、磨石机、车床、烘箱、干燥器、天平(感量0.01 g)、测量平台、石蜡及融蜡设备、水中称量装置、高分子树脂胶涂料及配制涂料的用具等。试验记录包括工程名称、岩石名称、试件编号、试件描述、试验方法、试件在各种含水状态下的质量、试件水中称量、试件尺寸、水的密度、石蜡或高分子树脂胶的密度、试验人员、试验日期等。

部分岩石块体天然密度见表2-19。

岩石的块体密度试验量积法适用于能制备成规则试件的岩石;水中称量法适用于除遇水不崩解、不溶解和不干缩湿胀的其他各类岩石;密封法适用于不能用量积法或直接在水中称量进行试验的岩石。当采用密封法进行块体密度试验时,应同时测定岩石的天然含水率,密封材料可选用石蜡或高分子树脂胶涂料。当采用水中称量法测定岩石块体密度时,一般用测定岩石含水率、自然吸水率和饱和吸水率的同一个试件。为了避免量积法测定岩石的块体密度时试件的体积误差影响试验成果,规程对标准试件的尺寸、偏差和测量精度均作了详细的规定。

表 2-18　比重瓶法与水中称量法试验成果比较

资料来源		岩石类型	统计次数	比重瓶法大于水中称重法							比重瓶法小于水中称重法								差值在±0.01 mm范围内的概率(%)
				差值出现的概率(%)							差值出现的概率(%)								
				>0.1	0.1~0.06	0.05	0.04	0.03	0.02	0.01	0	0.01	0.02	0.03	0.04	0.05	0.06~0.10	0.10	
广西水科所	下桥电站	灰岩	133	0.8	6.1	2.2	8.2	4.5	21.8	18.8	18.8	7.5	1.5	2.3					45.1
	岩滩电站	辉绿岩	188	1.10	8.5	4.8	3.7	5.3	9.0	9.6	20.2	16.5	6.4	5.8	2.7	2.7	2.6	1.1	46.3
	大化电站	泥灰岩	151			1.4	2.0	4.6	4.0	16.6	21.2	25.8	16.0	7.3	0.7				63.6
	小盘洞水库	砂岩	26		7.6	7.7	7.7	23.2	15.4	19.2	0	11.5	7.7						30.7
	百马电站	灰岩	28					21.6	21.6	49.6	3.6	3.6							56.8
	百马电站	页岩	65		7.7	3.1	4.6	6.2	13.9	24.6	35.3	3.1	1.5						63.0
	龙滩电站	粉砂岩	22		9.1	4.5	4.6	9.1	4.6	13.6	13.6	13.6	4.5	9.1	4.6	9.1			40.8
成都地质学院		砂岩	68	7.4	36.8	14.7	11.8	10.2	5.9	88	0	1.5	0	2.9					10.3
黄委水科所	石渠水库	砂岩	34	3.0	23.0		9.0	9.0	6.0	20.3	14.7	3.0				3	3	6	38.0
	故县水库	火成岩	110	5.5	27.8	8.1	10.0	6.3	10.7	10.0	7.2	6.4	2.0	1.0	1.0	1.0	3.0		23.6
四川省水利院		砂岩	45	6.7	6.7	2.3		8.8	11.1	13.3	20.0	15.5	8.8	4.5				2.3	48.8
长科院		灰岩、砂岩、流纹岩	31						3.0	36.0	39.0	19.0	3.0						94.0
湖南省水电院		花岗岩、砂岩、灰岩等	42				7.2	4.8	16.6	19.0	40.4	9.6	2.4						69.0
成都院科研所		砂岩	17	41.0	59.0														0
东北院科研所		花岗岩、混合岩	13		15.4	7.7	7.7	23.1	7.7	0	30.7	7.7							38.4
河南省水科所		灰岩	19				5.3	10.5	26.3	31.5	5.3	21.1							57.9

表2-19 部分岩石块体天然密度

岩石名称	天然密度 (g/cm³)	岩石名称	天然密度 (g/cm³)	岩石名称	天然密度 (g/cm³)
花岗岩	2.30~2.80	砾岩	2.40~2.66	新鲜花岗岩片麻岩	2.90~3.30
闪长岩	2.52~2.96	石英砂岩	2.61~2.70	角闪片麻岩	2.76~3.05
辉长岩	2.55~2.98	硅质胶结砂岩	2.50	混合片麻岩	2.40~2.63
斑岩	2.70~2.74	砂岩	2.20~2.71	片麻岩	2.30~3.00
玢岩	2.40~2.86	坚固的页岩	2.80	片岩	2.90~2.92
辉绿岩	2.53~2.97	砂质页岩	2.60	特别坚硬的石英岩	3.00~3.30
粗面岩	2.30~2.67	页岩	2.30~2.62	片状石英岩	2.80~2.90
安山岩	2.30~2.70	硅质灰岩	2.81~2.90	大理岩	2.60~2.70
玄武岩	2.50~3.10	白云质灰岩	2.80	白云岩	2.10~2.70
凝灰岩	2.29~2.50	泥质灰岩	2.30	板岩	2.31~2.75
凝灰角砾岩	2.20~2.90	灰岩	2.30~2.77	蛇纹岩	2.60

引自蔡美峰主编,《岩石力学与工程》.北京:科学出版社,2002。

用量积法测定岩石的块体密度,方法简易,计算成果准确,不受试验环境的影响,且可以作为饱和抗压强度试验的试件,但是采用量积法时,对岩石试件的制备精度要求很高。之所以量积法没有得到广泛的推广,主要是目前岩石试验的加工设备和加工方法以及岩石的性状等因素影响了岩石试件的精度。

水中称量法的优点有:一是对岩石试件的精度没有要求;二是可连续测定岩石含水率、自然吸水率和饱和吸水率等指标,且水中称量法操作较为简便,并对试件的形状是否规则没有限制。原水利部东北勘测设计院科研院对不规则和规则试件进行了比较试验,研究结果表明,规则试件所测定的块体密度比不规则试件高0.02 g/cm³ 左右,见表2-20。另需注意的是,使用不规则试件测定岩石的块体密度时,不允许采用边角废料。规则试件可以作为饱和抗压强度试验的试件,但适应范围受岩性的限制,对于遇水易崩解、溶解和干缩湿胀的岩石,不使用水中称量法,同时试验环境对该试验方法也会产生一定的影响。需要利用该试验方法获得黏土质岩石的某些水理性指标时,可以采用先浸水饱和后烘干的方法,对于具有颗粒脱落现象的岩石,水中的干燥残留物应作为试件的烘干质量参加计算。

密封法测定岩石的块体密度时,应注意密封材料的选择,可选用石蜡或高分子树脂胶涂料,在使用石蜡作密封材料时,由于石蜡的熔点较高,在蜡封的过程中,会引起岩石试件含水量的变化,同时会使试件产生干缩,这将影响岩石在天然含水率和块体密度计算的准确性。高分子树脂胶是常温下的涂料,能保证岩石的天然含水量和试件体积的不变,因此对于具有干缩湿胀性能的岩石宜采用高分子树脂胶涂料来密封试件。石蜡的密度采用水中称量法测定,高分子树脂胶涂料的密度可按涂料的配合比确定。

表 2-20　用规则试件和不规则试件测岩石块体密度的比较

岩石名称	块体密度(g/cm³)		岩石名称	块体密度(g/cm³)	
	规则试件	不规则试件		规则试件	不规则试件
花岗岩	2.65 2.65 2.65 2.59 2.61	2.64 2.64 2.64 2.58 2.59	混合岩	2.71 2.72 2.71 2.70 2.72 2.75	2.68 2.72 2.69 2.72 2.68 2.70
平均	2.63	2.62	平均	2.72	2.70

第五节　岩石膨胀性试验

岩石膨胀性是指含亲水易膨胀的矿物(蒙托石类)的岩石在水的作用下,吸收无定量的水分子,产生体积膨胀的性质。发生膨胀的岩石,绝大多数属于黏土质类的岩石,这类岩石中含有蒙托石类的矿物,只要改变其含水状态,就会使其晶格膨胀松动和崩解,造成地表和地下建筑物的破坏,特别是对隧道、地下洞室、边坡挡墙和水池底板的毁坏尤为明显。

表征岩石膨胀特性的指标有岩石自由膨胀率、侧向约束膨胀率和体积不变条件下膨胀压力。岩石自由膨胀率是岩石试件吸水后产生的径向和轴向变形分别与原试件直径和高度之比,以百分数表示。岩石侧向约束膨胀率是岩石试件在有侧向约束不产生侧向变形的条件下,轴向受有限压力(5 kPa)时,吸水后产生的轴向变形与试件原高度之比,以百分数表示。岩石膨胀压力是岩石试件吸水后保持原体积不变所产生的压力。

岩石膨胀性试验方法详见《水利水电工程岩石试验规程》(SL 264—2001)第 16 ~ 20 页。主要仪器和设备包括钻石机、切石机、磨石机和车床、测量平台、角尺、千分卡尺、放大镜、天平(称量大于500 g、感量为0.01 g)、自由膨胀试验仪、侧向约束膨胀率试验仪、膨胀压力试验仪、千分表、压力传感器、温度计等。试验记录包括工程名称、岩石名称、试件编号、试件描述、试验方法、试件尺寸、试液温度、径向变形、轴向变形、轴向载荷、试验人员、试验日期等。

岩石自由膨胀率试验是测定岩石不受约束的情况下,浸水后的轴向和径向膨胀变形。自由膨胀率是指岩石试件的轴向和径向膨胀变形与其原试件高度和直径之比,用百分数表示。此试验方法适用于遇水不易崩解的岩石。岩石自由膨胀率试验装置见图 2-1。

岩石侧向约束膨胀率试验是测定岩石试件有侧向约束而不产生侧向变形的条件下,轴向固定载荷(5 kPa)时,浸水后产生的轴向膨胀变形。侧向约束膨胀率是指岩石试件在此条件下产生的膨胀变形与其原高度之比,用百分数表示。此试验方法适用于各类岩石。

岩石体积不变条件下膨胀压力试验装置见图2-2。岩石体积不变条件下膨胀压力试验采用平衡—加压法,测定试件浸水后保持原体积不变所需要的压力。为了尽量减少岩石试件在加工时含水率的增加而导致试件过早产生膨胀,进行岩石自由膨胀率试验时,应对岩石试件的加工精度有所放宽,只要求两端面的不平行度允许偏差为±0.05 mm,垂直度允许偏差为±0.25°,对岩石试件直径和高度未作明确要求。

图2-1　岩石自由膨胀率试验仪

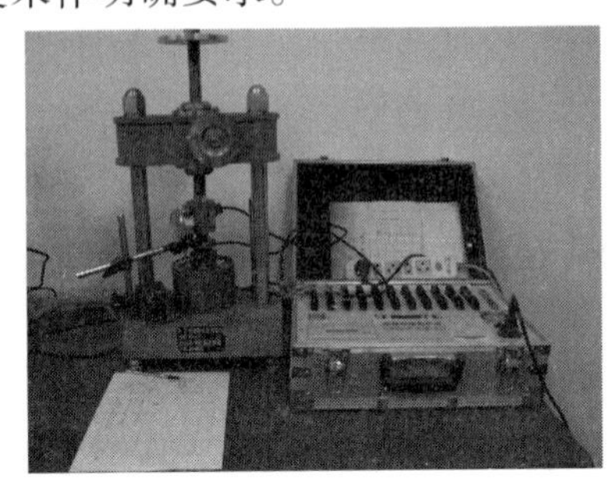

图2-2　岩石膨胀压力试验仪

在进行岩石侧向约束膨胀率试验和岩石体积不变条件下膨胀压力试验时,岩石试件尽量使用规则试件,试件直径为50±0.1 mm。

进行膨胀试验时,稳定标准规定为:自由膨胀率试验在开始1 h内,每隔10 min读变形测表一次,以后每隔1 h测读一次,直到相邻三次读数差不大于0.001 mm,即可认定为稳定。侧向约束膨胀率试验和岩石体积不变条件下膨胀压力试验,在开始时每隔10 min读变形测表一次,连续三次读数差不大于0.001 mm时,改为每隔1 h测读一次,连续三次读数差不大于0.001 mm时,即可认定为稳定。规程还明确规定自由膨胀率试验、侧向约束膨胀率试验和岩石体积不变条件下膨胀压力试验的浸水时间都不得少于48 h。为了便于分析,试验结束后,应描述试件表面的泥化和软化现象。另外,可根据需要对试件进行矿物镜鉴、X光衍射分析和差热分析。

测定岩石膨胀压力的试验方法有平衡—加压法、膨胀—加压恢复法和加压—膨胀法三种试验方法。平衡—加压法是先测膨胀压力,即通过加压装置,使岩石试件的体积在整个试验过程中保持不变,所测的压力为膨胀压力;膨胀—加压恢复法是先让试件浸水后在受压下膨胀,测定侧向约束下的膨胀率,然后逐次加压,每增加一级压力,都让膨胀达到稳定,以测定不同压力的膨胀率,最后加压使试件恢复到浸水前的厚度,此时的压力为膨胀压力;加压—膨胀法是在试件浸水前预加较大的压力,受压稳定后再浸水膨胀,待膨胀变形稳定后,逐次减压,测定不同压力下的膨胀率,当膨胀率为零时的压力为膨胀压力。以上三种方法测定的结果相差较大,膨胀—加压恢复法所测定的膨胀压力比平衡—加压法大20%~40%,有的大1~4倍。第一种试验方法由于是等体积过程作功,岩石试件在整个试验过程中体积和结构不发生变化,因此所测的膨胀压力能比较真实地反映岩石自然状态的膨胀特性;第二种和第三种试验方法无论是先膨胀后加压或先加压后膨胀,都会引起岩石试件的体积和结构发生变化,因此所测定的膨胀压力为特定情况下的膨胀特性。由此可见,第一种试验方法与工程岩体实际情况大致相符,所以规定第一种试验方法为膨胀压力测试方法。

岩石试件的含水率对测试成果的影响尤为明显，因为具有膨胀特性的岩石，一般都含有蒙托石类亲水矿物，其活动能力很强，分子结构极不稳定，遇水后很快可吸收大量的水分子，产生体积膨胀，造成岩石的晶格错动和移位，使其崩解破坏。从表2-21中可以看出，黏土岩类的岩石试件本身含水率的多少对试验成果有很大的影响，所以在对天然含水率的岩石试件进行膨胀特性试验时，试验前试件的含水率应尽量接近天然含水状态，一般不能超过1%，因此规定在加工岩石试件时实行干法加工。

表2-21　不同含水量试件与膨胀压力、膨胀率的关系

岩性	试验前含水率(%)	膨胀压力(kPa)	膨胀率(%)	备注
土样	16.4 17.3 18.0 20.8 25.8 27.5	595.3 562.9 488.4 441.3 158.9 66.7		湖北勘察院 平衡—加压法， 土容重1.96 g/cm³
小浪底周家庄T_1^5	1.65～2.46	238.3～823.8	2.84～8.4	黄委设计院科研所 平衡—加压法
泥岩及黏土页岩	烘干	747.3～1 451.4	7.6～12.5	
小浪底P_2新鲜	2.97	57.9～170.6	0.03～2.02	
黏土岩	烘干	190.1～411.9	2.99～4.46	
小浪底Ⅱ25 T_1^5－10－2	2.4	168		
粉砂质黏土岩－3	2.4	270.7		
粉砂质黏土岩－5	3.67	69.7		
粉砂质黏土岩－6	3.67	95.7		
粉砂质黏土岩－8	3.67	92.7		

岩石膨胀特性稳定时间：根据膨胀岩石活动能力很强、分子结构极不稳定和吸水后很快发生膨胀变形的特点，规定了观测标准和时间。即在岩石试件浸水后开始1 h内测读的频率较高，以后适当减慢。根据岩石吸水率的统计资料，岩石吸水48 h后能达到94%，黏土岩类的岩石由于亲水性强，吸水稳定时间会长一些，吸水48 h后仍然会继续膨胀变形。从有关实测资料分析，膨胀率试验时间一般在48 h以内，膨胀压力试验则往往超过48 h，见表2-22。规程对观测标准和时间均作了详细的规定。

表2-22　黏土岩膨胀压力稳定时间

岩样编号	膨胀压力稳定时间(h)	岩样编号	膨胀压力稳定时间(h)
T_1^5-12	48	T_1^5-5	13.5
T_1^5-3	50	T_1^5-9	17
T_1^5-1	60	T_1^5-7	14
T_1^5-2	70	T_1^5-11	17
T_1^5-10	65	T_1^5-6	13
T_1^5-2	33	T_1^5-3	21
T_1^5-4	37	T_1^5-6	10
T_1^5-1	17	T_1^5-4	13
T_1^5-2	17	T_1^5-6	13.5

第六节　岩石耐崩解性试验

岩石的耐崩解性是指岩石在干湿交替作用下抵抗崩解的能力。黏土类岩石,特别是含有膨胀矿物的岩石,在干、湿交替作用下容易崩解,若将这类岩石作为建筑材料使用,会因环境改变或受到大气季节干湿变化的影响,使岩石的耐久性改变而崩解碎裂。岩石耐崩解性通常以耐崩解性指数 I_d 表示,它是指岩石试块经过干燥和浸水两个标准循环后试件残留的质量与其原质量之比,以百分数表示。岩石耐崩解性指数 I_d 按式(2-10)计算:

$$I_d = \frac{m_r}{m_d} \times 100\% \tag{2-10}$$

式中　I_d——岩石耐崩解性指数(%);

m_d——原试件烘干质量,g;

m_r——残留试件烘干质量,g。

岩石耐崩解性试验方法详见《水利水电工程岩石试验规程》(SL 264—2001)第20~22页。主要仪器和设备包括烘箱、干燥器、天平(称量大于2 000 g,感量0.01 g)、温度计、耐崩解性试验仪(由动力装置、圆柱形筛筒和水槽组成,其中圆柱形筛筒长100 mm,直径140 mm,筛孔直径2 mm)。试验记录包括工程名称、岩石名称、取样位置、试件编号、试件描述、试验方法、水温、试件在试验前后的烘干质量、试验人员、试验日期等。

岩石耐崩解性试验适用于黏土类岩石和风化岩石。为了操作方便,规程对圆柱形筛筒的转速作了规定,即转动速度为20转/min,还将烘干时间由原规程的10 h改为不少于24 h。为了便于分析,规定试验结束后,应对残留试件、水的颜色和水中沉淀物进行描述。根据需要,对水中沉淀物进行颗粒分析、界限含水率测定和黏土矿物分析。

胶结较好的岩石,并不是一次干燥—浸水循环便能达到浸水崩解的,而往往需要2次以上的循环才能满足,所以规定岩石的耐崩解性由第二次循环的崩解指数来表示。黄委设计院等单位研究的结果证实了这一点,见表2-23。

表2-23　岩石耐崩解性指数与流塑限指标分类成果

试件编号	岩石名称	耐崩解性指数					流限（%）	塑限（%）	塑性指数（%）	耐崩解性分级
		第一循环	第二循环	第三循环	第四循环	第五循环				
586-I-99	粉砂岩	97.3	94.6	91.1	89.2	86.7	24	16	8	中高
586-I-101	粉砂质黏土岩	95.7	91.8	88.5	86.8	84.3	27	17	10	中高
586-I-146	粉砂质黏土岩	99.0	97.1	95.7	93.6	92.6	34	19	15	高
586-I-100	黏土页岩	92.6	75.2	66.1	60.2	57.6	23	15	8	中等
586-I-141	泥岩	94.1	88.3	86.0	83.6	82.6	24	15	9	中高
586-I-142	黏土岩	92.9	82.4	79.7	76.1	73.8	24	15	9	中等
$P_2$4(2)	黏土岩	95.2	84.1	75.1	71.7	67.8	22	16	9	中等

烘干标准有时间控制和称量控制两种,经有关资料分析,烘干的质量损失主要在24 h以内,24 h以后的质量损失很小,不影响计算成果。从对小浪底的黏土岩实测资料来看,用时间控制是可以的,见表2-24,烘干8 h与烘干10 h失水量的误差小于5%,但由于试验的失水量较多,烘干时间规定不少于24 h。

表2-24　烘干失水量与烘干对比

编号	岩石名称	烘前称量（g）	烘干失水量（g）				
			0~4 h	4~6 h	6~8 h	8~10 h	10~12 h
Ⅱ25-10-1	黏土岩	61.45	0.68	0.14	0.10	0.05	0.03
Ⅱ25-10-2	黏土岩	53.37	0.65	0.11	0.06	0.03	0.02
Ⅱ25-10-3	黏土岩	64.13	0.75	0.14	0.10	0.03	0.03
Ⅱ25-10-4	黏土岩	59.81	0.65	0.10	0.08	0.03	0.03
Ⅱ25-10-5	黏土岩	64.37	0.86	0.15	0.10	0.03	0.03
Ⅱ25-10-6	黏土岩	68.77	0.72	0.14	0.09	0.04	0.03

岩石耐崩解性试验一般采用烘干的岩块作为干湿循环的试件。风干的或烘干的岩块均可以作为干湿循环的试件,但由于风干的岩块受环境温度和湿度的影响极大,对风干的标准也难以掌握,且风干需要的时间较长。从黄委设计院对风干或烘干两种状态对比试验的结果分析,采用烘干的岩块作为耐崩解性试验的标准试件是合适的,见表2-25。

表 2-25　粉砂质黏土岩在风干与烘干两种状态下的含水量及吸水率对比

岩样编号	原试样试件质量(g)	风干质量(g)	烘干质量(g)	吸水后试件质量(g)	吸水率(%)	风干含水量(%)	烘干含水量(%)	烘干与风干含水量差值(%)
1#	346.86	344.82	342.15	354.64	3.65	0.59	1.36	0.77
2#	346.29	344.49	341.93	354.23	3.60	0.55	1.26	0.71
3#	379.74	376.77		387.20	2.77			
4#	116.54	115.85		119.10	2.81			

第七节　岩石抗冻性试验

岩石抗冻性是指岩石抵抗冻融破坏的性能,以冻融质量损失率 L_f 和冻融系数 K_f 表示,通常采用直接冻融法测定。冻融质量损失率 L_f 是岩石在 ±20 ℃范围内经过多次(一般为 20~25 次)反复冻融后的质量损失与冻融前的饱和质量之比,按式(2-11)计算,以百分数表示;冻融系数 K_f 是指反复冻融后岩石的饱和单轴抗压强度和冻融前的饱和单轴抗压强度之比,按式(2-12)计算,以百分数表示。

$$L_f = \frac{m_s - m_f}{m_s} \times 100\% \tag{2-11}$$

$$K_f = \frac{\overline{R}_f}{\overline{R}_s} \times 100\% \tag{2-12}$$

式中　L_f——冻融质量损失率(%);

K_f——冻融系数(%);

m_s——冻融试验前试件饱和质量,g;

m_f——冻融试验后试件饱和质量,g;

$\overline{R}_f$——冻融试验后的饱和单轴抗压强度的平均值,MPa;

$\overline{R}_s$——冻融试验前的饱和单轴抗压强度的平均值,MPa。

岩石抗冻性试验方法详见《水利水电工程岩石试验规程》(SL 264—2001)第 22~24 页。主要仪器和设备包括低温冰箱(最低制冷温度不高于 -25 ℃)、钻石机、切石机、磨石机、车床、测量平台、角尺、千分卡尺、放大镜、天平(称量大于 2 000 g,感量 0.01 g)、烘箱、干燥器;试件饱和设备、白铁皮盒(容积 210 mm×210 mm×200 mm)、铁丝架(可放入白铁皮盒中,铁丝架分为 9 格,每格可放一个试件)、材料试验机等。试验记录应包括工程名称、岩石名称、取样位置、试件编号、试件描述、试件尺寸、干试件质量、冻融前后饱和试件质量、破坏载荷、试验人员、试验日期等。

岩石抗冻性试验一般采用直接冻融法,直接冻融是将岩石试件放在空气中(慢冻)或水中(快冻)冻融的方法。冻融循环次数根据工程需要确定,一般为 20 次,严寒地区不应少于 25 次。

与慢速冻融方法相比较,快速冻融法具有试验周期短、劳动强度低等优点,但其最大

的缺点就是需要有较大的冷库和相应的一套设备；而慢速冻融法只需要一个冰箱或较小的冷库就能进行试验。鉴于以上原因，规程推荐采用慢速冻融方法。

冻融试验方法适用于能制备成规则试件的各类岩石。岩石的冻融破坏是由于裂隙中的水结成冰，产生体积膨胀，导致岩石破裂。因此，当岩石的吸水率小于 0.05% 时，不必进行冻融试验。

试件可选用标准试件或非标准的钻孔岩芯，但高径比不宜小于 2∶1。对于遇水崩解、溶解和干缩湿胀的岩石，应采用干法加工制备试件。为了进行数理统计分析，由原规程中的 3 个试件增加到 6 个试件。

岩石冻融损失评价包括两个指标，即冻融的强度损失系数和质量损失系数，规程增加了强度损失系数的计算公式，即为冻融试验前后饱和单轴抗压强度（各 6 个试件）的平均值之比，这样就克服了人为因素或偶然因素等造成的误差。

冻融试验的冻融时间：慢速冻融是先在空气中冻 4 h，然后在水中融 4 h，每一个循环为 8 h。快速冻融是将试件放在装有水的铁盒中，铁盒放在冻融试验槽中，往槽中交替输入冷、热氯化钙溶液，使岩石冻融，每个循环为 2 h。

岩石冻融系数的一个指标为强度损失系数，即在饱和状态下岩石试件冻融试验前后的单轴抗压强度之比。由于烘干状态岩石的抗压强度一般情况下大于饱和状态下的抗压强度，所以采用冻融试验后饱和状态下的抗压强度比较合理。也就是说，在同类岩性和同一条件下（同一组别）的岩石试件的单轴抗压强度一般符合烘干状态下的抗压强度 > 饱和状态下的抗压强度 > 冻融试验后饱和状态下的抗压强度的规律。这样用饱和状态下岩石试件冻融试验前后的单轴抗压强度之比来确定其强度损失，更有利于正确判断岩石的强度特性。

岩石冻融系数的另一个指标为质量损失系数，即在饱和状态下岩石试件冻融试验前后的质量差与岩石试件冻融试验前的质量之比。但必须注意，冻融试验前，岩石试件应充分饱和，即继续浸水到试件不再增加吸水量时，才可进行冻融试验，否则会出现冻融后岩石试件质量大于冻融前试件质量的反常现象。

第三章 岩石力学性质试验

岩石力学性质试验包括单轴压缩变形试验、单轴抗压强度试验、三轴压缩强度试验、抗拉强度试验、直剪强度试验、点荷载强度试验、断裂韧度试验等。

在介绍岩石力学性质试验技术问题之前,先简要介绍岩石强度理论。常用的岩石强度理论主要有库仑强度准则、莫尔强度准则、格里菲斯强度理论等,库仑强度准则和莫尔强度准则统称为 Mohr - Coulomb 准则,简称 C - M 准则。

(1)库仑强度准则。最简单但最重要的岩石强度准则是由库仑(Coulomb)于1773年提出的"摩擦"准则。库仑认为岩石的破坏主要是剪切破坏,岩石的强度等于岩石本身抗剪切的黏结力和剪切面上法向力产生的摩擦力之和,采用式(3-1)表示:

$$|\tau| = c + \sigma\tan\phi \tag{3-1}$$

式中 τ——剪切面上的剪切强度,MPa;

σ——剪切面上的正应力,MPa;

c——黏结力,MPa;

ϕ——摩擦角。

(2)莫尔强度准则。莫尔(Mohr)于1900年把库仑准则推广到三向应力状态,他认为材料性质本身是应力的函数,极限状态时滑动面上的剪应力达到一个取决于正应力与材料性质的最大值,并可用函数关系 $\tau = f(\sigma)$ 表示,在 $\tau - \sigma$ 坐标系中为一条对称于 σ 轴的曲线,称为莫尔强度包络线,由对应于各种应力状态下的破坏莫尔应力圆包络线给定,见图3-1。利用该曲线可以判断岩石中的一点是否发生剪切破坏,如果应力圆位于包络线下方,则研究点不产生破坏;如果应力圆与包络线相切或相割,则研究点产生破坏。应力圆包络线的主要型式有直线型、二次抛物线型、双曲线型等。其中直线型的为库仑准则,它是莫尔准则的一个特例。

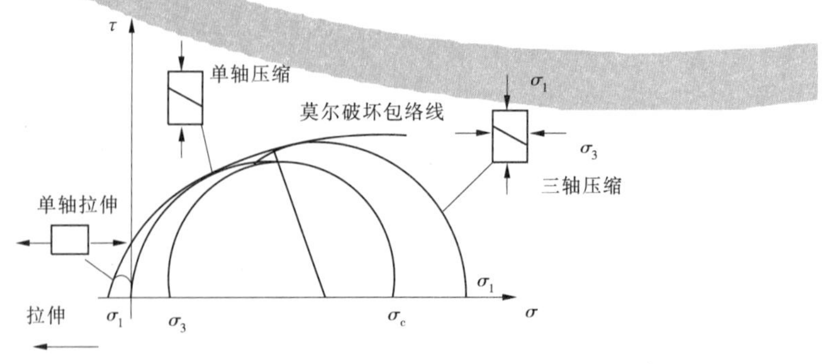

图3-1 岩石的莫尔强度包络线

莫尔强度理论实质上是一种剪应力强度理论,该理论比较全面地反映了岩石的强度特征,它既适用于塑性岩石的剪切破坏,也适用于脆性岩石的剪切破坏,同时亦反映了岩

石抗拉强度远小于抗压强度这一特性。莫尔强度准则的缺点是,忽略了中间主应力的影响,且只适用于剪切破坏,受拉区的适用性需要进一步探讨。

(3)格里菲斯强度理论。格里菲斯(Griffith)于1920年提出脆性材料断裂起因是分布在材料中的微小裂纹尖端拉应力集中所致,并建立了确定断裂扩展的能量不稳定原理。当作用力的势能始终保持不变时,裂纹扩展准则为:

$$\frac{\partial}{\partial c}(W_{d} - W_{e}) \leqslant 0 \tag{3-2}$$

式中 c——裂纹长度参数;

W_d——裂纹表面能;

W_e——储存在裂纹周围的弹性应变能。

当单位厚度板内存在初始长度为 $2C$ 的椭圆形裂纹时,在拉伸应力作用下裂纹扩展准则为:

$$\sigma \geqslant \sqrt{\frac{2Ea}{\pi C}} \tag{3-3}$$

式中 σ——拉应力,MPa;

a——裂纹表面单位面积的表面能;

E——未破裂材料的弹性模量。

双向压缩应力条件下(见图3-2),在不考虑摩擦对闭合裂纹的影响并假定椭圆形裂纹将从最大拉应力集中点开始扩展,裂纹扩展准则(即格里菲斯强度准则)为:

$$\frac{(\sigma_1 - \sigma_3)^2}{\sigma_1 + \sigma_3} = 8\sigma_t \quad (\sigma_1 + 3\sigma_3 > 0) \tag{3-4}$$

$$\sigma_3 = -\sigma_t \quad (\sigma_1 + 3\sigma_3 \leqslant 0) \tag{3-5}$$

式中 σ_t——单轴抗拉强度,MPa。

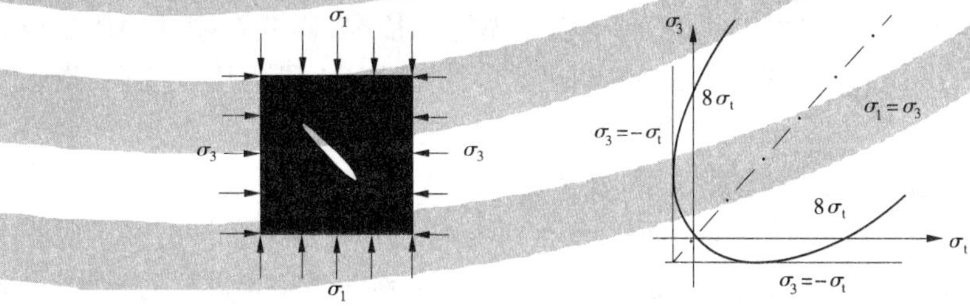

图3-2 平面压缩条件Griffith裂纹模型和强度曲线

第一节 岩石单轴压缩变形试验

岩石变形性质是指岩石在载荷作用下发生形状和大小改变的力学属性。在外力作用下,岩石内部结构和晶格受到压缩而产生变形。岩石是由多种造岩矿物组成的非弹性、非塑性和非均质的多种介质的集合体,其力学属性十分复杂,往往表现出弹性、塑性和黏性等复合性质。由岩石压缩试验取得的应力—应变关系曲线可见,其切线斜率不是一个常数;逐级一次循环加卸载应力—应变关系曲线显示,加载线与卸载线不重合,存在着一定量的残余变形。因此,岩石具有与金属类弹性材料不同的独特的变形特性,这种变形特性用变形模量、弹性模量和泊松比等参数表示。

常见岩石的变形模量和泊松比见表3-1。

表3-1 常见岩石的变形模量和泊松比

岩石名称	变形模量(GPa)		泊松比	岩石名称	变形模量(GPa)		泊松比
	初始模量	弹性模量			初始模量	弹性模量	
花岗岩	20~60	50~100	0.2~0.3	千枚岩、片岩	2~50	10~80	0.2~0.4
流纹岩	20~80	50~100	0.1~0.25	板岩	20~50	20~80	0.2~0.3
闪长岩	70~100	70~150	0.1~0.3	页岩	10~35	20~80	0.2~0.4
安山岩	50~100	50~120	0.2~0.3	砂岩	5~80	10~100	0.2~0.3
辉长岩	70~110	70~150	0.12~0.2	砾岩	5~80	20~80	0.2~0.35
辉绿岩	80~110	80~150	0.1~0.3	石灰岩	10~80	50~190	0.2~0.35
玄武岩	60~100	60~120	0.1~0.35	白云岩	40~80	40~80	0.2~0.35
石英岩	60~200	60~200	0.1~0.25	大理岩	10~90	10~90	0.2~0.35
片麻岩	10~80	10~100	0.22~0.35				

引自蔡美峰主编,《岩石力学与工程》. 北京:科学出版社,2002。

岩块变形参数主要采用岩块单轴压缩变形试验方法取得。岩块的变形模量是指岩石试件在轴向应力作用下,轴向应力与相对应的轴向应变的比值,也称割线模量,一般用E_{50}表示,即应力—应变曲线原点与抗压强度50%处应变点连线的斜率。岩石的弹性模量是指岩石试件在轴向应力作用下,应力与相对应的轴向弹性应变之比的比值,一般由应力—应变曲线直线段的斜率表示。岩石的泊松比是指岩石试件在轴向应力作用下,所产生的横向应变与相对应的轴向应变的比值。

岩石应力—应变全过程曲线是研究岩石本构模型的依据,需要在刚性伺服试验机上进行试验才能获得(见图3-3、图3-4)。曲线分为4个阶段:*OA*段为压密阶段,微裂隙压密,体积缩小;*AB*段为弹性变形段,岩石基本呈弹性性质,但可能出现细微的开裂,这两个阶段中,岩石的结构和性质并无大的改变,残余变形不大。*BC*段为裂隙产生、张开和扩展阶段,从*B*点开始出现所谓剪胀现象(即在剪应力作用下出现体积膨胀),并产生永久变形,该阶段属于塑性强化阶段,岩石出现不可逆变形,在连续加载卸载循环过程中,出现较大的残余变形,*C*点为加载的峰值点;*CD*段为岩体不稳定阶段,亦称应变软化阶段或破裂阶段,承载能力随变形的增大而减小,体积应变不断增大,岩石强度从峰值强度下降至残余强度,此时应力—应变曲线的斜率为负值,卸载时产生较大的永久变形。以上四个阶段基本可以描述岩石的弹塑性力学特性。

岩石单轴压缩变形试验方法详见《水利水电工程岩石试验规程》(SL 264—2001)第25~29页。主要仪器和设备包括钻石机、锯石机、磨石机、测量平台、烘箱、饱和设备、万用电表、静态电阻应变仪、千分表、百分表、测量表架、材料试验机等。试验记录包括工程名称、岩石名称、取样位置、试件编号、试件描述、试件尺寸、试验方法、三向(载荷、纵向、横向)应变值或测表读数、试验人员、试验日期等。

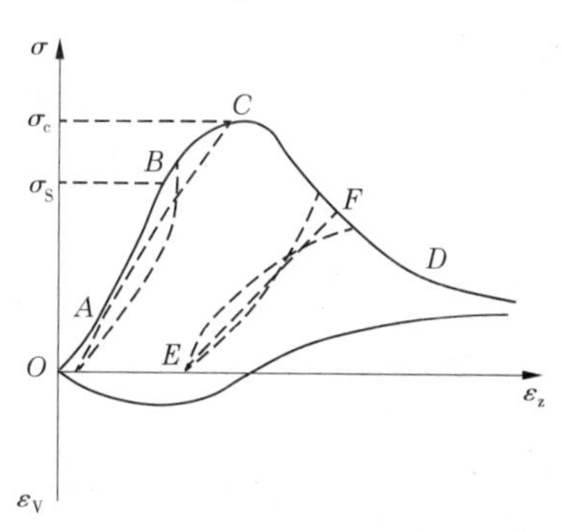

图 3-3 岩石应力—应变全过程曲线

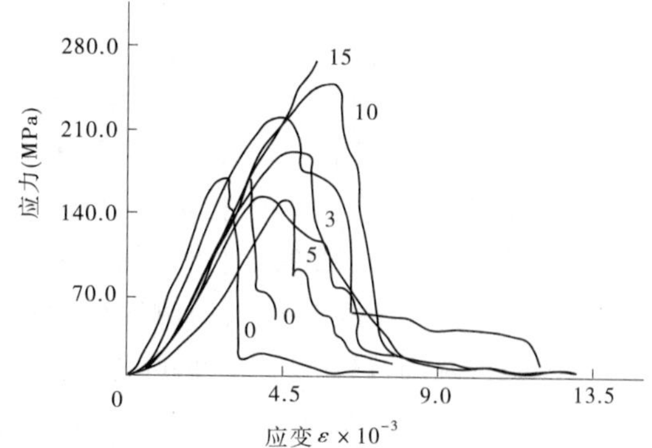

图 3-4 花岗岩三轴应力—应变全过程曲线

岩石压缩变形试验常用的方法有电阻应变片法和千分表法两种,两种方法均适用于能制成规则试件的各类岩石。对于坚硬和较坚硬岩石宜采用电阻应变片法;较软岩宜采用千分表法,对变形较大的软岩和极软岩,可选用百分表测量变形。根据多年经验,用千分表法测量岩石的变形特性,具有操作比较简单、试验时间周期较短的优点。千分表法在测量岩石的变形时,其测距一般为 70 ~ 100 mm,为了消除端部约束的影响,上下表架固定在距岩石试件两端部的 1/2 直径处,这样所测定的变形为岩石试件中间部分段的变形特性,能够比较理想地反映具有内部缺陷的非弹性、非塑性和非均质岩石的实际变形特性。由于千分表法的测距较之电阻应变片法要长得多,所以对于软岩和较软岩,特别是层状和各向异性岩石,千分表法的测试效果明显优于电阻应变片法,但千分表法只能测定岩石在非破坏阶段的变形。

加载速率和时间的选择:加载的控制时间对试验成果有一定的影响,岩石单轴压缩变形试验为瞬时变形试验,对岩石的变形特性试验来讲,主要是时间控制。对于时间控制一般采用与岩石单轴抗压强度试验的加载速率一致为宜,即以每秒 0.5 ~ 1.0 MPa 加载速率比较合理。有关资料表明,当加载速率比较慢,如每秒 0.03 MPa 时,会对软弱岩石产生显著的时间效应,混淆瞬时变形与蠕变之间的区别;当加载速度较快时,难以反映出岩石应力和变形的滞后问题(由于岩石的特性,会产生应力和变形的滞后)。

岩石的变形试验要根据岩性来确定其加载方式。加载方法分为逐级一次连续加载法和逐级一次循环(或逐级多次循环)加载法两种。逐级一次循环加载法的循环次数规定为五个循环(即最大循环载荷为预估极限载荷的 50%,等分五级施加),加至最大循环载荷后继续逐级加载直至破坏。人们往往认为岩石变形试验试件小,将其作为一个单元体看待,视为均质体,可采用材料试验方法,其实不然,当岩石试件脱离母岩后,试件虽小,但仍然具有非均质性的特征,即层理、片理、节理、裂隙、孔隙和空隙等,所以加载方式与其岩石非均质性特征和岩石的实际情况存在着相关关系。如果对岩石进行分类和质量评价,一般采用逐级一次连续加载法,最好能达到破坏阶段,以取得较全面的变形特性资料;对于微裂隙较发育的岩石试件,且考虑工程条件和作为建筑材料使用,在非破坏变形阶段时,应采用逐级一次循环(或逐级多次循环)加载法,在破坏变形阶段采用逐级一次连续加载更为理想。采用逐级一次循环(或逐级多次循环)加载法进行变形特性试验研究,不仅反映了岩石的本构特征,还与岩体抗压试验有机地结合起来。

岩石的应力—应变关系曲线是岩石本身性质的反映,但试件的形态和测试条件也会对曲线形态产生影响。圆柱体试件具有轴对称的特点,应力分布比较均匀,且试件制备和加工比较简单,所以在试验中一般采用圆柱体试件。

对于均质材料而言,试件尺寸的影响可以忽略不计。但岩石是具有非均质性特征,是有内部缺陷的介质材料,试件尺寸效应对其变形特性影响不能忽视,有关研究资料表明,当试件的高径比为2:1和3:1时,所测得的变形参数比较接近,其结果相差在1%以内。铁道部第二设计院用直径约为90 mm的砂岩试件,采用两端逐段切除的方法进行变形特性试验研究,取得不同高径比的变形参数(见表3-2),由表3-2可知,只要高径比在1.6:1以上时,其变形参数值趋于稳定,故规程把试件高径比定为2:1是比较合理的,进一步增大高径比似乎没有必要。

表3-2　不同高径比测定的弹性模量值

试件	高径比	纵向应变	弹性模量(GPa)	试件	高径比	纵向应变	弹性模量(GPa)
A	3.22:1	$1\,290\times10^{-6}$	36.6	B	2.90:1	$1\,535\times10^{-6}$	28.8
	2.31:1	$1\,290\times10^{-6}$	36.6		2.04:1	$1\,535\times10^{-6}$	28.8
	1.71:1	$1\,290\times10^{-6}$	36.6		1.62:1	$1\,535\times10^{-6}$	28.8
	1.52:1	$1\,250\times10^{-6}$	37.6		1.49:1	$1\,385\times10^{-6}$	31.9
	1:1	995×10^{-6}	47.4		1:1	$1\,190\times10^{-6}$	37.1

水利工程建设中,研究不同含水状态下岩石的变形性质,具有较为重要的意义。使用电阻应变片法测定岩石变形特性时,应对试件进行防潮处理,当试件的防潮处理不好,会造成电阻率不稳定,难以进行试验。另外,电阻片粘贴位置也十分重要,要尽量避开岩石试件的内部缺陷和介质结核透镜体,以保证测试成果的准确性。

采用千分表法测定岩石的变形特性时,开始阶段应注意小心细致地调整仪表,使起始的纵向变形值具有大致相同的变化,这样测试成果不会产生较大的偏差。

岩石变形参数的确定。选择割线模量E_{50}作为评价岩石的质量标准,一方面照顾到目前的实际情况,另一方面也考虑了国际上双指标分类法的应用。国际上的割线模量多以抗压强度50%时的变形作为计算基础,其原因是在此应力下岩石尚未进一步发生破裂,属非破坏性变形阶段,另外认为E_{50}与岩石抗压强度的关系比较密切。

第二节　岩石单轴抗压强度试验

岩石单轴抗压强度是岩石试件在无侧限条件下受轴向力作用破坏时单位面积所承受的载荷。岩石抗压强度是反映岩石力学特征的重要参数,是划分岩石级别和评定岩石质量的重要指标,也是岩体工程和建筑物基础设计的重要参数。不同岩石的抗压强度不同,根据岩石单轴抗压强度可进行岩石坚硬程度划分,单轴抗压强度$R_c>60$ MPa为坚硬岩,30 MPa $<R_c\leqslant60$ MPa为较坚硬岩,15 MPa $<R_c\leqslant30$ MPa为较软岩,5 MPa $<R_c\leqslant15$ MPa

为软岩，$R_c < 5$ MPa 为极软岩。

某些岩石的干抗压强度、饱和抗压强度及软化系数见表 3-3。

表 3-3　某些岩石的干抗压强度、饱和抗压强度及软化系数

岩石名称	抗压强度(MPa)		
	干抗压强度 R_c	饱和抗压强度 R_b	软化系数 η
花岗岩	40.0~220.0	25.0~205.0	0.75~0.97
闪长岩	97.7~232.0	68.8~159.7	0.60~0.74
辉绿岩	118.1~272.5	58.0~245.8	0.44~0.90
玄武岩	102.7~290.5	102.0~192.4	0.71~0.92
石灰岩	13.4~206.7	7.8~189.2	0.58~0.94
砂岩	17.5~250.8	5.7~245.5	0.44~0.97
页岩	57.0~136.0	13.7~75.1	0.24~0.55
黏土岩	20.7~59.0	2.4~31.8	0.08~0.87
凝灰岩	61.7~178.5	32.5~153.7	0.52~0.86
石英岩	145.1~200.0	50.0~176.8	0.96
片岩	59.6~218.9	29.5~174.1	0.49~0.80
千枚岩	30.1~49.4	28.1~33.3	0.69~0.96
板岩	123.9~199.6	72.0~149.6	0.52~0.82

引自沈明荣主编《岩体力学》，同济大学出版社，1999。

影响岩石抗压强度的因素有矿物成分、结晶大小、颗粒联结、含水量、加压方向、加载速率等。岩石抗压强度按岩石试件的含水状态可划分为天然状态、饱和状态和烘干状态三种，岩石试件的含水状态不同，其单轴抗压强度值不同，一般为烘干状态 > 天然状态 > 饱和状态。岩石饱和抗压强度与干抗压强度的比值称为岩石的软化系数，其值小于 1，它取决于岩石矿物成分及其亲水性、岩石孔隙和裂隙状况等因素。当岩石具有定向结构时，不同方向岩石的抗压强度不同，表现为岩石的各向异性特征。

岩石单轴抗压强度试验方法详见《水利水电工程岩石试验规程》(SL 264—2001)第 29 ~ 30 页。主要仪器和设备包括钻石机、锯石机、磨石机、车床、测量平台、角尺、千分卡尺、放大镜、烘箱、干燥器、饱和设备、材料试验机等。试验记录包括工程名称、岩石名称、取样位置、试件编号、试件描述、试件尺寸、破坏载荷、破坏形态、试验人员、试验日期等。

图 3-5　实验室岩石抗压强度试验

岩石抗压强度在压力机上进行岩石抗压试验取得，见图 3-5，它适用于制备成规则试件的各类岩石。影响岩石单轴抗压强度试验技术方面的因素较多，只有在规范的试验技术条件下进行试验，消除人为因素的影响，才能保证试验成果的可靠性。

加载速率是影响岩石强度的重要因素之一,试验过程中,加载速率对单轴抗压强度影响十分显著,快速加载甚至比慢速加载所测试的强度高10倍左右。岩石试验加载速率的影响,实质上是一个时间效应问题。长江科学院岩基研究所对《岩石力学特性的加载速率效应》研究成果表明,在高应变速率作用下,岩石强度极限随 ε 增大而提高,并呈延迟断裂现象。也就是说,试验加载速率高,甚至超过裂隙发展速率时,对岩石试件产生冲击载荷作用,难以显现出超过非破坏阶段终点后岩石破坏阶段应力—应变的非线性特征,就会造成在破坏阶段时,裂隙不能充分展开和发展,使所测强度值增高。试验表明,当加载速率在0.5~1.0 MPa/s变化时,强度差不会超过2%,因此规程推荐加载速率控制在0.5~1.0 MPa/s。

试件尺寸对岩石抗压强度影响也是十分明显的。一般认为试件的最小尺寸应大于岩石最大矿物颗粒的10倍,这样可以减少应力梯度的影响。有关研究结果表明,不论是圆柱体还是立方体试件,所测得的强度值都是随着试件尺寸的增大而降低,为了使测试成果具有可比性,在统一试件尺寸下进行试验是必要的,见表3-4~表3-7。

表3-4　试件尺寸对抗压强度的影响(一)

试件形状	试件尺寸(cm)	平均抗压强度(MPa)	强度比值
立方体	3.2×3.2×3.2	111.5	1.05
	4.45×4.45×4.45	106.3	1.00
圆柱体	ϕ3.2×3.2	109.5	1.09
	ϕ4.45×4.45	100.3	1.00

注:①平均抗压强度均系10个试件的平均值;②表中数值是K. B. Agarwal对花岗岩的研究成果。

表3-5　试件尺寸对抗压强度的影响(二)

试件尺寸(cm)	2×2×4	3×3×6	4×4×8	6×6×12	10×10×20
抗压强度(MPa)	90.0	89.0	82.7	80.3	81.5
强度比值	1.00	0.990	0.919	0.892	0.906

注:选自K. Mogi对大理石试验研究成果,Mogi据此得到直线关系式 $C=C_0L^{-0.092}$,C_0 为2 cm×2 cm×4 cm试件的抗压强度,C 为其他尺寸的抗压强度,L 为棱柱体侧边尺寸。

表3-6　试件尺寸对抗压强度的影响(三)

棱柱体			圆柱体		
试件尺寸(cm)	试件数量	平均抗压强度(MPa)	试件尺寸(cm)	试件数量	平均抗压强度(MPa)
1.26×2.52×5.04	7	30.4	ϕ2.52×5.04	29	13.2
2.52×5.04×10.08	8	29.0	ϕ3.78×7.56	29	10.69
5.04×10.08×20.16	10	28.9	ϕ5.04×10.08	29	10.03

注:①表中试件水膏比:棱柱体为0.45:1,圆柱体为0.65:1;②表中数据来源于Herberf H. Einsein对水硬性石膏和砂藻土混合物试验研究成果。

表 3-7 试件尺寸对抗压强度的影响(四)

试件尺寸(cm)	抗压强度(MPa)			
	1	2	3	平均
$\phi 5 \times 10$	99.9	8.55	9.02	9.19
$\phi 7 \times 14$	87.1	8.06	7.80	8.18
$\phi 9 \times 18$	97.0	7.55	7.28	8.17

注:①表中试件的水膏比为 0.8:1;②数据来源于黄委设计院对石膏材料的试验研究成果。

试件形态对抗压强度影响也不能忽视。过去有过一些理论分析,认为高径比为 1 的圆柱体和边长等于直径的立方体试件,所测得的强度值应该相同。但大量的研究结果表明,两者之间有明显的差别,见表 3-8;即使是均质材料也是如此,见表 3-9 和表 3-10。表 3-11 的成果还表明了当高径比大于 2:1时,形状因素的影响可以减小。圆柱体试件具有轴对称特征,其应力分布较立方体试件均匀,同时从试件的制备和加工的角度来看,圆柱体试件较立方体试件更为简单,且精度更能满足规程规定的要求。

表 3-8 不同试件(混合岩)形状对抗压强度的影响

顺序	圆柱体 ϕ 5 cm × 5 cm 抗压强度(MPa)	立方体 5 cm × 5 cm × 5 cm 抗压强度(MPa)	立方体的抗压强度与圆柱体的抗压强度的差值(MPa)	差值与立方体抗压强度的比值(%)
1	128.1	138.9	108	7.7
2	152.2	152.1	199	11
3	116.8	159.0	424	26
4	142.4	144.9	25	17
5	124.4	140.7	163	11
6	117.5	110.2	-73	-6.6
7	163.0	149.3	-137	-9.1
8	250.4	223.0	-274	-21
9	143.0	111.3	-317	-28
平均值	148.6	149.9	13	0.87

试件的高径比对抗压强度影响也比较突出,从大量的试验研究中发现,在高径比小于 2 时,影响特别显著,当高径比达到某一值时,强度则趋于一渐近值。如黄委水科院研究的均质材料结果表明(见表 3-11),当高径比在 1.0 ~ 2.0 时,强度差可达 11% 以上,当高径比在 2.0 ~ 3.0 时,强度差不超过 2% 。一般符合高径比越大其强度值越低的规律。由此可见,一般选用岩石试件高径比为 2:1 ~ 2.5:1,考虑取样和试件制备以及便于试验成果的统计分析,选用岩石试件高径比为 2:1是合适的。

表3-9 不同试件形状对抗压强度的影响

资料来源	岩石名称	处理情况	抗压强度(MPa)				立方体与圆柱体比值
			圆柱体 ϕ 5 cm×5 cm		立方体 5 cm×5 cm×5 cm		
			平均值	范围	平均值	范围	
黄委水科院	石灰岩	饱和	136.2(3)	99.1~183.0	113.7(4)	89.8~130.0	0.83
	石灰岩	冻融	132.9(4)	111.6~171.6	105.0(5)	89.5~121.0	0.79
	斑状花岗岩	饱和	182.2(6)	129.8~240.5	171.2(6)	125.4~216.2	0.94
	斑状花岗岩	烘干	244.4(2)	225.7~263.0	229.5(3)	194.4~262.9	0.94
	斑状花岗岩	冻融	159.9(3)	159.4~160.6	155.9(3)	145.4~169.4	0.97
	竹叶状灰岩	饱和	75.0(3)	42.6~99.6	48.7(3)	42.6~99.6	0.65
	鲕状灰岩	饱和	123.4(3)	119.5~126.6	124.2(3)	45.2~53.3	1.01
	石灰岩	饱和	118.9(5)	83.0~166.6	105.3(2)	105.2~136.0	0.88
	泥灰岩	饱和	48.5(5)	37.1~67.6	94.6(3)	101.6~109.0	1.95
	红色页岩	饱和	118.9(3)	88~180.0	180.5(3)	22.8~137.7	1.51
	石英岩	饱和	207.3(3)	159.6~237.8	166.0(3)	157.1~173.6	0.80
	角闪片麻岩	饱和	166.1(3)	152.7~174.3	152.3(3)	133.0~162.2	0.92
K. B. Agarwal	板岩	饱和	82.0(10)		77.5(10)		0.95
	砂岩(Ⅰ)		84.5(10)		90.5(10)		1.07
	花岗岩		100.3(10)		106.3(10)		1.05
	砂岩(Ⅱ)		124.5(10)		120.0(10)		0.95
	云母质石英岩		150.5(10)		153.0(10)		1.02
黄委设计院水科所	模型石膏	烘干	38.3(7)		32.7(5)		0.84

注:①表中括号内数字为试件数量;②K. B. Agarwal 采用的试件尺寸:圆柱体 ϕ 4.45 cm×4.45 cm,立方体 4.45 cm×4.45 cm×4.45 cm。

表3-10 不同试件形状对抗压强度的影响

编号	抗压强度(MPa)	
	棱柱体(5 cm×5 cm×10 cm)	圆柱体(ϕ 5 cm×10 cm)
1	10.82	11.2
2	10.68	11.1
3	10.38	9.38
4	10.08	9.36
5	9.80	9.36
6	8.90	9.30
7	8.57	8.78
平均值	9.89	9.78

注:表中数据为黄委设计院对石膏材料试验研究成果。

表 3-11 用不同高径比试件测定的石膏抗压强度值

试件尺寸（cm）	高径比	抗压强度（MPa）								强度比值	按 Obert 关系式计算的理论值
		1	2	3	4	5	6	7	平均		
$\phi5\times5$	1	43.3	41.8	39.7	39.2	35.8	35	33.1	38.3	1.00	1.00
$\phi5\times10$	2	37.8	37.5	35.3	32.9	27.5			34.3	0.89	0.89
$\phi5\times12.5$	2.5	38.3	37.6	33.9	31.2	30.9	30.9	30.4	33.3	0.88	0.87
$\phi5\times15$	3	39.4	38.6	33.7	27.6	22.9			32.4	0.85	0.85

岩石试件的端部约束对岩石抗压强度试验成果也有一定的影响。当试件直接放入压力机上时，由于压力机上下承压板的尺寸远大于试件直径，就会对试件造成端部约束，如果考虑端部约束的影响，所测定的岩石单轴抗压强度会有所偏大。为消除岩石试件端部约束的影响，在试件上下端部和压力机之间应放置与试件直径相同的辅助承压板，并应涂抹黄油以减小端部摩擦。

关于利用物理试件测定饱和抗压强度的问题。长期以来，对于坚硬岩石的试验研究，认为这种做法不仅节省岩石试件，更重要的是，为建立指标之间的相互关系积累资料，有利于测试成果之间的相互印证。由于在测定岩石的物理指标时，试件需要经过烘干的过程，对于是否产生影响的问题，成都勘测设计院科研所作了先烘干后浸水和不烘干即浸水两种处理方法的比较试验，其结果表明，成果有大有小，最大差值不超过其强度的6%，见表 3-12。据此可以认为，对像砂岩或石灰岩这类较软岩石，其结果影响也不大，对其他坚硬岩石的影响就更小，因此对于坚硬或较坚硬以及较软的岩石，可以利用物理试件测定饱和抗压强度，但对于软岩还需作进一步的研究。

表 3-12 先烘干后浸水和不烘干即浸水两种方式比较

编号	岩石名称	试件状态	湿抗压强度（MPa）			
			1	2	3	平均
680	褐灰色砂岩	直接饱和	81.2	85.4	86.0	84.2
		先烘干后饱和	74.0	80.0	81.9	78.6
681	灰白色砂岩	直接饱和	78.0	84.0	84.7	82.2
		先烘干后饱和	76.6	80.7	91.3	82.9
682	灰白色砂岩	直接饱和	73.2	78.0	85.9	79.0
		先烘干后饱和	76.0	87.7	99.8	87.8
683	褐灰色砂岩	直接饱和	90.0	96.8		93.4
		先烘干后饱和	81.6	88.6	89.6	86.6

第三节 岩石三轴压缩试验

岩石三轴抗压强度是指岩石试件在三向应力状态下受轴向力作用破坏时单位面积所承受的载荷。实际工程中,岩体一般都处于三向应力状态,因此研究岩石在三向应力状态下的破坏准则、强度和变形特性,能较确切地反映出工程岩体本构特征和客观条件,对工程岩体的评价更符合实际情况,特别是对软岩的强度研究更为突出。

岩石三轴压缩试验方法详见《水利水电工程岩石试验规程》(SL 264—2001)第30~32页。主要仪器和设备包括钻石机、锯石机、磨石机、车床、测量平台、角尺、千分卡尺、放大镜、三轴试验机、岩石三轴压力室(见图3-6)。试验记录包括工程名称、岩石名称、取样位置、试件编号、试件描述、试件尺寸、侧向压力、轴向载荷、轴向变形、横向变形、试验人员、试验日期等。

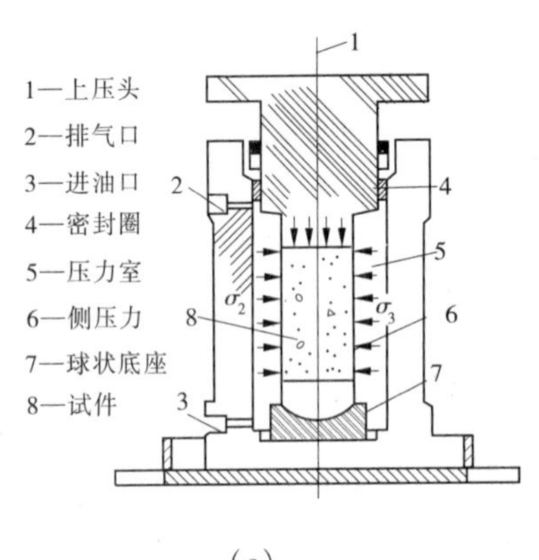

(a)

(b)

图3-6 岩石三轴压力室及试验装置

根据岩石三轴试验成果,可以确定岩石三轴抗剪强度参数。根据岩石试件在不同侧向压力下取得的轴向抗压强度 σ_1,在剪应力 τ 与正应力 σ 的坐标系中,绘制莫尔应力圆簇和莫尔强度包络线,按莫尔—库仑准则确定;也可以根据各试体破坏时轴向应力 σ_1 和对应侧向应力 σ_3,绘制各试体破坏时轴向应力 σ_1 与对应侧向应力 σ_3 的关系曲线,确定 σ_1—σ_3 关系直线的斜率 F 和截距 R,按式(3-6)和式(3-7)计算三向应力状态下岩体抗剪强度参数:

$$f = \frac{F - 1}{2\sqrt{F}} \tag{3-6}$$

$$c = \frac{R}{2\sqrt{F}} \tag{3-7}$$

式中 F——σ_1—σ_3 关系直线的斜率;

R——σ_1—σ_3 关系直线的截距;

f——摩擦系数;

c——黏聚力。

岩石三轴试验所确定的抗剪强度参数在一定程度上消除了直剪试验时剪切面上应力

分布不均匀的缺点，成果规律性较好，且反映了岩体的实际受力状况。但三轴试验和直剪试验的意义和结果不尽相同，这主要是由于直剪试验是预先确定剪切面，而三轴试验破坏面主要由应力控制。从试验结果来看，三轴试验所得到的 c 值大于直剪试验所得到的 c 值，而 f 值大致相同。

岩石三轴试验根据侧向压力加载方式分为真三轴加载和假三轴加载两种，前者侧向压力不相等（$\sigma_1 > \sigma_2 > \sigma_3$），后者侧向压力相等（$\sigma_1 > \sigma_2 = \sigma_3$，未考虑中间主应力 σ_2 的变化对岩石强度变形特性的影响）。岩石三轴试验的侧向压力的选择可按等差级数或等比级数进行分级，分级数一般不少于 5 级，其级差根据岩石的坚硬程度确定，同时还应根据工程需要和岩体应力大小以及岩石强度特性来确定。

岩石试件的防油处理对测试成果的影响非常重要。在试验时，如果对岩石试件不作防油处理，施加侧向压力时，油介质的渗入会产生孔隙压力，造成所测强度偏低，这已经被试验结果所证实，防油处理与未作防油处理试件在三向应力状态下的强度可以相差 2 ~ 3 倍。

对于试件尺寸的选择，从目前的三轴压力机的机型和工程应用以及工程地质勘察时的钻孔岩芯等方面来看，还不能完全达到对试件尺寸进行统一。鉴于目前的实际情况，规程规定试件高径比为 2∶1，其直径应不小于 50 mm，这样有利于试验成果的综合对比分析。

加载速率的选择。岩石在单轴抗压强度试验中，其强度随着加载速率的减慢而降低。大量的试验研究资料表明，在三向应力状态下的岩石的强度特性也反映出与加载速率的关系，由于岩石具有应力和变形的滞后特性，所以强度也随着加载速率的减慢而减少。多纳斯（Donath）和弗鲁斯（Fruth）等对大理岩、灰岩、砂岩和粉砂岩，在室温、烘干试件、侧压力$\sigma_2 = \sigma_3 = 100 \sim 200$ MPa 情况下进行了试验研究，其研究结果表明，当侧压 $\sigma_2 = \sigma_3 = 200$ MPa，应变速率从 10^{-3}/s 降到 10^{-7}/s 和应变为 2% 时，大理岩的强度降低约 33%，砂岩的强度降低约 8.4%；当侧压 $\sigma_2 = \sigma_3 = 100$ MPa 时所作的试验也得出类似的结论；当侧压 $\sigma_2 = \sigma_3 = 200$ MPa，应变速率从 10^{-3}/s 降到 10^{-7}/s 和应变为 10% 时，大理岩的强度降低约 10%。概括来说，强度一般是随着加载速率的增加而增大的。

侧压力的效应对岩石的强度和变形特性的影响尤为重要。在三向应力状态下，岩石的强度和变形特性与单轴应力状态下的情况大不相同。对变形特性来说，首先岩石的总变形大大增加了，其次随着侧压力的增大，岩石逐渐表现出较大的塑性，当侧压力增加到一定程度时，岩石几乎表现出理想的塑性变形。就破坏机理来说，在单轴应力状态下和较低侧压力的三向应力状态下，岩石的破坏受其拉应变或拉应力控制，其破坏机理属于拉张破坏，符合张应变准则，即 $\varepsilon_{max} > \varepsilon_{[\tau]}$ 或 $\sigma_{max} > \sigma_{[\tau]}$。当在较高侧压力的三向应力状态下，岩石的破坏受其剪应力的控制，其破坏机理属于拉剪破坏或剪切破坏，符合库仑准则，即 $\tau_{max} = f\sigma + c > [\tau]$，当在更高侧压力的三向应力状态下，岩石的破坏机理发生了与前面两个阶段不同的变化，属于剪切或塑性流动破坏，即 $\sigma_1 - \sigma_3 = 2\tau$。对于强度来说，在三向应力状态下岩石的强度随着侧压力的增加而提高，大量的试验资料充分证实了这一点。

岩石的极限应力圆包络线能完整地描述岩石在任何应力状态下的强度特性，例如抗拉、抗切、单轴抗压等强度极限都是极限应力圆包络线上的特征点。但由于岩石的不连续性和非均质性，使得同组同类岩性的各试件的初始条件很难一致。故实测的极限应力圆包络线实际上是一条具有一定宽度的条带而非一条直线，不过，高的侧压力在一定程度上恢复了岩石的连续性,从而减小了试验结果的分散性,因此条带的宽度从拉伸区开始,向压缩区逐渐缩小。

岩石在三向应力状态下的应力—应变关系曲线也能完整地描述岩石在任何应力状态下的强度特性。在拉应力状态下、单轴压应力状态下和较低侧压的三向应力状态下,其应力—应变关系曲线显现出双曲线的非线形变化特征,在较高侧压的三向应力状态下,其应力—应变关系曲线显现出良好的线形变化特征;在更高侧压的三向应力状态下,其应力—应变关系曲线显现出抛物线型非线形变化特征。因此,对于强度特性来说,在通常的轴对称三向应力状态下,其强度随着侧压力的增加而增大,但随着侧压力的增加,其强度的增长速率逐渐变缓。此外,在一定的侧压力范围内,岩石的变形模量和弹性模量也随着侧压力的增加而增大,但目前无法确定岩石泊松比的变化和侧压力的关系。

在三向等侧压条件下,一般认为岩石只可能产生弹性变形,而不会导致试件破坏。但事实上,由于岩石本身多具有内部缺陷和裂隙,即使在三向等侧压的加载条件下,也可能导致岩石试件的破坏。

关于电阻片受压力和温度影响的问题是不可忽视的。试验过程中,压力室中的油压对电阻片产生的机械作用、油液受压时温度升高以及外界大气的变化,均会给测试结果带来误差,因此在使用电阻片测量三向应力状态下岩石试件的变形时,需要考虑温度补偿问题。长沙矿冶研究所对压力效应进行了研究,认为在进行三轴试验时,必须先排尽气泡,再作试验,否则在 0 MPa≤σ_3≤60 MPa,可能因压力效应引起误差,而且在整个过程中严防油介质的浸入。至于温度补偿问题,有内补偿和外补偿两种方法,经比较认为,外补偿比内补偿进行温度影响的校正要好一些,且易操作,方法是将补偿电阻片贴在与试件相同岩块上,岩块置于压力室外部,当外界温度不稳定时,需将岩块置于油中。工作电阻片和补偿电阻片是联结在电桥的两个相邻桥臂上,并与电阻应变仪相连。

第四节　岩石抗拉强度试验

岩石的抗拉强度是指岩石试件在外力作用下抵抗拉应力的能力,为岩石试件拉伸破坏时的极限载荷与受拉截面积的比值。岩石的抗拉强度视含水状态的不同分为天然状态、烘干状态和饱和状态三种。

拉伸断裂是岩体破坏的主要类型之一,因此岩石的抗拉强度是岩石的重要特性之一,它是地下洞室、隧道工程和岩质边坡等岩体工程设计的重要参数。岩石抵抗拉伸的能力很小,其抗拉强度远小于抗压强度,一般为抗压强度的1/4～1/25,平均为1/10。

岩石抗拉强度试验方法详见《水利水电工程岩石试验规程》(SL 264—2001)第32～34页。主要仪器和设备包括钻石机、锯石机、磨石机、车床、测量平台、角尺、千分卡尺、放大镜、烘箱、干燥器、饱和设备、材料试验机等。试验记录包括工程名称、岩石名称、取样位置、试件编号、试件描述、试件尺寸、破坏载荷、试验人员、试验日期等。

测试岩石抗拉强度的试验方法很多,分为轴向拉伸法、劈裂法、弯曲试验法和圆柱体或球体的径向压裂法等。在实践中最常用的是劈裂法,轴向拉伸法次之,其他试验方法使用很少。但所有这些试验方法都存在着一定的缺点,并不能保证试验结果真正为单轴应力状态下的抗拉强度。

劈裂法又称巴西法，为间接拉伸法，在一定程度上能反映岩石抗拉强度特性，操作比较简单且实用，因此被广泛采用。劈裂法试验是沿试件直径轴面方向施加一对线载荷，使试件沿直径轴面方向劈裂破坏（见图3-7），按式（3-8）计算岩石的抗拉强度。

$$\sigma_t = \frac{2P}{\pi DH} \tag{3-8}$$

式中 σ_t——岩石抗拉强度，MPa；

P——破坏载荷，N；

D——试件直径，mm；

H——试件高度，mm。

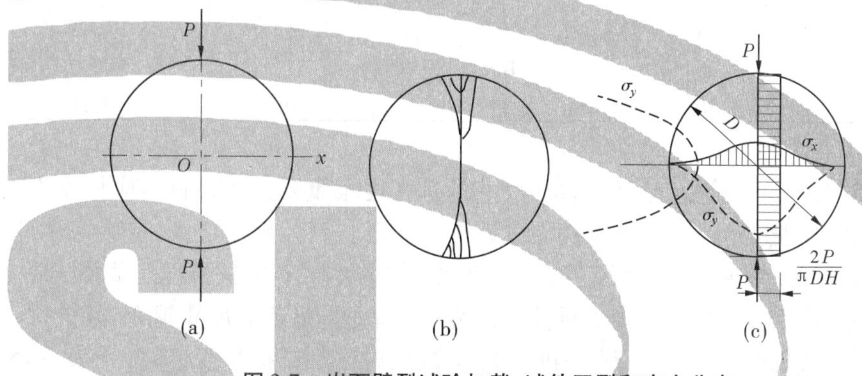

图3-7 岩石劈裂试验加载、试件开裂和应力分布

岩石的抗拉强度远小于抗压强度，之所以出现这种现象，其原因是在压缩条件下，裂缝扩展受阻止的机会比在拉伸条件下要多得多，决定抗压强度的因素不只是岩石颗粒间的黏结力，还有摩擦力。而在拉伸条件下，试件中裂缝扩展速率比压缩时快，因为在拉应力场中，储存能释放速率随裂隙尺寸微量增加而迅速增大，决定抗拉强度的因素主要是岩石颗粒间的黏结力。

从实践中发现，轴向拉伸法试验操作十分复杂，在试件夹持和实现平行于试件施加拉伸载荷两方面都存在困难。若试件夹持不好，会引起试件在夹持处破坏，不能代表岩石真正的抗拉强度；若施加载荷不能与试件平行，则会有引起弯曲的趋势，产生应力集中，给其所测试的抗拉强度带来误差，试验成果亦比较分散。大量的试验研究资料表明，用轴向拉伸法试验和劈裂法试验进行比较，其结果差别不大，而且轴向拉伸法试验对试验仪器设备的影响较大，目前很少采用该方法进行抗拉强度试验。

试件尺寸对抗拉强度试验成果的影响比较明显。黄委水科院采用宽度为5 mm的胶木板作为垫条和用水膏比为0.8:1的石膏作不同厚度的试件，进行抗拉强度试验。试验成果表明（见表3-13）：试件厚度小于0.5倍直径时，其抗拉强度变化较大，且不稳定；当试件厚度在0.5～1.0倍直径时，其强度值比较稳定；当试件厚度大于1.0倍直径时，其强度值稳定性较差，且偏差系数较大。奥西波夫（А. Д. Осипов）研究成果也说明了这一点，见表3-14。长江科学院多年来均采用直径等于厚度的试件进行劈裂法试验，效果较好。因此，规程规定采用直径为48～54 mm，高度与直径之比为0.5～1.0的圆柱体试件作为岩石抗拉强度试验的标准试件。

表3-13　不同试件厚度对抗拉强度的影响

试件尺寸 直径×厚度(cm)	5×1	5×2	5×3	5×4	5×5
抗拉强度 (MPa)	0.74	0.59	0.80	0.82	0.86

表3-14　不同试件长度对测试成果的影响

试件直径 (cm)	试件长度 (cm)	试件数量 (个)	平均抗拉强度 (MPa)	偏差系数 (%)
15	10	6	2.17	17.1
15	15	12	1.96	29.9
15	20	10	1.87	27.7
15	30	9	1.80	20.0

在进行岩石抗拉试验时，垫条材料和尺寸的选择也很重要。垫条材料应根据岩石的坚硬程度选择，其硬度应与岩石试件的硬度匹配。垫条材料的硬度过大，易贯入试件，垫条材料的硬度过低，垫条本身易产生变形，这两者都会影响岩石的抗拉强度试验结果。对于垫条的尺寸，长江科学院和黄委水科院的研究结果表明，垫条的尺寸越大，其抗拉强度越高，用不同材料的垫条对岩石试件进行抗拉试验时，其结果也不相同，见表3-15和表3-16。平松良雄和岗行俊等人采用不同宽度垫条对立方体试件进行劈裂法试验的结果表明，当压条宽度在立方体边长的0.25倍以内时，拉应力实际上并不依赖压条下的压力分布，当压条宽度大于立方体边长的0.25倍时，它的破坏面是不垂直的，与压条宽度很小时的拉伸破坏比较，属于剪切破坏类型。鉴于以上情况，不同岩性和不同直径的岩石试件应选择不同材料和不同尺寸的垫条。对坚硬和较坚硬的岩石选用直径为1 mm的钢丝作为垫条，对于软岩和较软岩选用宽度与试件直径之比为0.08～0.1的硬纸板或胶木板作为垫条。

表3-15　不同垫条尺寸对抗拉强度的影响

垫条直径(mm)	抗拉强度(MPa)				
	1	2	3	4	5
3.0	8.34	8.38	7.99	6.95	8.04
1.5	950	8.13	7.46	5.87	7.14

表3-16　不同垫条材料测定的抗拉强度值

压条材料和宽度	铅丝	胶水条宽度(mm)			硬纸板宽度(mm)		
		5	7.5	10	5	7.5	10
圆盘式样的抗拉强度 (MPa)	0.47	0.97	1.15	1.53	0.95	1.17	1.13
立方体试件的抗拉强度 (MPa)	0.51	0.83	1.10	1.21			

第五节　岩石直剪试验

岩石抗剪强度是指岩石在剪切载荷作用下破坏时所能承受的最大剪应力，按试验方法的不同分为岩石直剪强度和岩石三轴抗剪强度。岩石直剪强度又分为抗剪断强度和抗剪（摩擦）强度，抗剪断强度指岩石受剪断破坏时的强度，抗剪（摩擦）强度则是岩石剪断后所进行摩擦试验时所具有的抗剪强度。研究岩石抗剪强度的目的主要是为大坝、边坡和地下洞室岩体稳定性分析提供抗剪强度参数。

岩石抗剪试验方法主要有直剪试验和三轴试验，岩石三轴抗剪强度试验前面已作介绍，岩石直剪强度试验方法详见《水利水电工程岩石试验规程》（SL 264—2001）第 34 ~ 36 页。主要仪器和设备包括锯石机、钢模具、试件养护设备、直剪试验仪、位移测表等。试验记录包括工程名称、岩石名称、取样位置、试件编号、试件描述、剪切面积、法向位移、剪切位移、试验人员、试验日期等。

岩石直剪试验是指岩石试件在不同的法向应力作用下进行直接剪切，在实验室中型剪力仪上进行，试验装置如图 3-8 所示。根据岩石试件在不同法向载荷下相应剪切强度按库仑准则确定岩石的抗剪强度参数（包括摩擦系数 f 和黏聚力 c）。岩石直剪试验采用平推法，适用于岩块、结构面和混凝土与岩石接触面，可以针对不同的工程地质条件和模拟条件进行大量的室内试验研究，以弥补现场试验数量的不足。

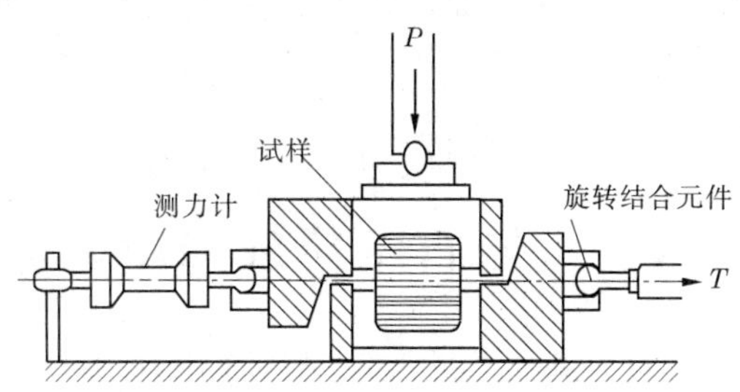

图 3-8　实验室岩石直剪试验

岩石直剪试验尺寸和形状的选择。受试验设备条件的限制，目前对试件比尺效应的研究不多，因此规程未对试件尺寸和形状作严格的规定，一般采用边长不小于 150 mm 的立方体或直径不小于 150 mm 的圆柱体试件。对岩石本身来说，由于室内直剪试件的尺寸小于现场原位试验尺寸，且试件的完整程度明显优于现场试验，裂隙的影响小于现场试验，因此其试验结果比现场试验高。对于混凝土与岩石接触面，在岩面粗糙度和试验条件近似的情况下，室内采用 300 mm × 300 mm 的试件与现场原位直剪试验结果较为接近。应注意在室内进行混凝土与岩石接触面直剪试验时，由于与现场的粗糙度不一致，会造成试验成果的黏结力与现场试验相差不大而内摩擦角要高，还应注意混凝土的配合比，特别是粗骨料的影响。对结构面的抗剪试验而言，试件尺寸的影响与结构面的产状有关，对于夹泥或不夹泥的层面，剪切面积的大小对试验成果的影响较其他试验为小。具有软弱夹泥时，夹泥的颗粒成分将起控制作用，比尺效应和裂隙的分布影响不显著。对于节理、裂隙等结构面，特别是当起伏差较大时，比尺效应将明显地影响到测试成果，故对试验尺寸的选择应予以充分重视。

混凝土与岩石接触面试件的制备。首先是岩石试件面的粗糙度一般不大于试件边长(或直径)的1% ~2%,这是为了取得与现场试验一致的条件。其次是浇筑在岩面上的胶结材料是采用混凝土还是砂浆,由试验和设计人员充分考虑设计要求以及施工等因素后确定。当使用混凝土作为胶结材料时,应注意混凝土中粗骨料的影响,按照混凝土配制方法,选择的试件尺寸应大于或等于骨料最大粒径的8倍,如果试件尺寸为300 mm×300 mm时,允许粗骨料的最大粒径为40 mm,试件尺寸为150 mm×150 mm时,允许粗骨料的最大粒径为20 mm。在水工混凝土中,绝大多数情况下,采用三级配或四级配,粗骨料的最大粒径为80 mm,在这种情况下可用湿筛法筛除粗颗粒。当使用砂浆作为胶结材料时,其强度等级、配合比和厚度应按设计要求或配合比设计资料配制。

结构面试件的采取和试件制备。对于夹泥和不夹泥的结构面应对未扰动的原状结构面进行试验,这样首先遇到的问题是如何采取未扰动的原状结构面试件。国外广泛应用钢索锚固法,埋入钢索,两端用胶结材料胶结牢固,然后按规定尺寸取样,试验前再将钢索放松。对于地表和勘探平洞以及钻孔取样都可以采用这种方法。

关于试件剪断破坏的判断标准。当出现下列情况之一,均可判定岩石试件在剪切载荷作用下达到剪断破坏。①剪切载荷加不上或无法稳定;②剪切位移明显变大,在剪应力τ与剪切位移u关系曲线上出现明显的突变段;③剪切位移增大,在剪应力τ与剪切位移u关系曲线上未出现明显的突变段,但总剪切位移已达到试件边长的10%。

在计算直剪强度参数时,有效剪切面积的确定也是不能忽视的问题。当剪切位移量不大时,有效剪切面积可直接采用试件剪切面积;但当剪断后位移量过大时,应采用剪断时试件上下相互重叠的面积作为有效剪切面积。

第六节　岩石点荷载强度试验

岩石点荷载强度试验在点荷载仪上进行(试验装置见图3-9),将岩石试件置于上下2个球端圆锥之间,对其施加集中载荷,直至试件破坏,测定其点荷载强度指数。该试验方法操作方便,适用于除软岩外的各类岩石。点荷载试验的优点是试验设备小型轻便,试验周期短,对岩石试件的要求不高,可以使用岩芯、方块体或不规则岩块进行试验,免去了试件的制备加工程序,还能对常规试验无法进行的软弱和严重风化的岩石进行测试。

图3-9　点荷载试验仪试验装置

岩石点荷载强度试验方法详见《水利水电工程岩石试验规程》(SL 264—2001)第36 ~40页。主要仪器和设备包括点荷载试验仪、游标卡尺等。试验记录应包括工程名称、岩石名称、取样位置、试件编号、试件描述、试件类型、破坏载荷、破坏特征、试验人员、试验日期等。

点荷载试验是为岩石分类而建立的一种指标试验，同时还可以估计与之相关的其他强度参数。大量的试验研究成果表明，岩石的点荷载强度指标与其单轴抗压强度之间的关系为$R_c = 22.82(I_{S(50)})^{0.75}$（中华人民共和国国家标准《工程岩体分级标准》推荐公式）。

点荷载试验是对岩石试件施加集中载荷，使其内部产生拉应力而导致岩石试件发生脆性张裂破坏，实质上是“间接拉伸”试验的一种形式，其基本原理大致与岩石劈裂抗拉试验相同，所不同的是对岩石试件的要求不一样，点荷载试验是对试件施加集中载荷作用使其劈裂，劈裂抗拉试验是对试件沿直径方向施加匀布载荷（线载荷）作用使其劈裂。由于点荷载试验是对岩石试件施加集中载荷使其张裂破坏，抗拉试验是对岩石试件施加均布载荷而使其劈裂破坏，因此岩石点荷载强度指标比抗拉强度小，它们之间的关系为$I_{S(50)} = 0.86\sigma_t$（成都理工学院研究成果）。由此可见，同一类别岩石的抗压、抗拉和点荷载强度指标之间遵循抗压强度 > 抗拉强度 > 点荷载强度这一规律。

试件形态及尺寸是影响点荷载试验成果最关键的因素，因此必须进行尺寸修正。在进行尺寸修正时提出了“参考性直径”为 50 mm，并将岩芯直径为 50 mm 时所测得的点荷载强度指数称作标准点荷载强度指数 $I_{S(50)}$。对于任何直径岩芯或者所测得的点荷载强度指数 I_S 均应修正为 $I_{S(50)}$。试件形态和尺寸对试验成果的影响有：①试件长半轴 L 与直径 D 之比的变化（圆柱状试件）或试件最长半轴 L 与最短直径 D 之比的变化（方块体或不规则块体）；②L/D 比值不变，L 和 D 发生变化。关于径向试验的尺寸效应，布劳奇等人和长江水利委员会三峡勘测研究院以及成都理工学院等单位研究的成果表明，当 $L/D \geqslant 0.5$ 时，I_S 基本保持不变；当 $L/D < 0.5$ 时，则 I_S 值偏低。因此，规程规定采用 50 mm 作为“参考性直径”，其他尺寸的试件所测得的强度值应修正到“参考性直径”的强度值。关于轴向试验的尺寸效应，方块体或不规则块体试验中尺寸的影响问题，由于各研究者的研究方法和出发点不同，主张和研究成果也各异，所以规程综合各研究者的研究成果，对轴向、方块体或不规则块体试验的试件、尺寸和加荷方向的规定是以“等价岩芯直径 D_e”的概念为根据的。从而使轴向、方块体或不规则块体试验同径向试验一样，其试验成果均为等效的。

试件含水状态对测试成果的影响尤为明显。点荷载强度指数与岩石试件的含水状态密切相关，烘干试件通常比饱和试件的强度高。布劳奇和富兰克林等人建议，在对岩石进行标准强度分类时，除专门要求用于烘干状态下的岩石试件进行试验外，通常应采用饱和状态岩石试件进行试验。在天然含水状态下进行试验时，应提供试验时的含水量。

关于试验的数量。为了保证试验成果的精度和质量，应有一定的试验数量，布劳奇和富兰克林等人用直径 25 mm 的砂岩岩芯进行了大量的试验，当试验数量超过 10 ~ 15 块以后，再增加试验数量对提高成果精度的意义不大，因此规程规定一组试验的岩芯试件数量为10 ~ 15 块，不规则岩石试件应在 20 块以上。

计算点荷载强度时，应确定破裂最小横截面面积，因为破坏载荷是由最小横截面面积所控制。当破坏面未通过两加载点时，所测得的试验数据无效。

对软岩进行点荷载试验时，在加载过程中，上下两个球端圆锥容易贯入，当贯入深度较大时，用于计算的 D_e 值应取试件破坏瞬间加载点间的距离 L'值。

第七节　岩石断裂韧度试验

岩石的断裂韧度是表征岩石材料阻止裂缝扩展的能力,是岩石抵抗断裂的力学指标,用 K_{IC}表示。线弹性断裂力学中的应力强度因子 K_I是表示裂纹尖端的应力场强弱的物理量,其临界值称作断裂韧度 K_{IC}。

岩石断裂韧度的重要用途是作为描述岩石破裂过程的一个指标,应用于岩石的断裂预测与控制(如边坡及洞室开挖问题、地震预测、避免冲击地压和岩石爆破以及工程爆破的减震等方面)、岩石裂纹的形成与扩展研究(如油气田开发中的水压或气压致裂)、岩石切割与破碎研究、地震机制分析、多裂隙岩体断裂扩展模型分析等。

岩石断裂韧度试验方法详见《水利水电工程岩石试验规程》(SL 264—2001)第 40 ~ 44 页。主要仪器和设备包括钻石机、锯石机、磨石机、锯缝机、测量平台、游标卡尺、放大镜、烘箱、干燥器、材料试验机、三点弯曲试验夹具、载荷传感器、位移传感器、夹式引伸计、自动记录系统等。试验记录包括工程名称、岩石名称、取样地点、试件编号、试件尺寸、试件描述、含水状态、切口形式、切口尺寸、支承点间距、载荷、载荷点位移、切口张开位移、试验人员、试验日期等。

测定岩石的断裂韧度方法很多,采用的试件形状也很多,如短棒试件、双悬臂梁试件、双扭试件、双切口试件等。1985 年 10 月由龚绍平执笔编写的"岩石断裂韧度测试(直切口三点弯曲梁)建议方法"中采用的是矩形梁试件和圆柱梁试件。由于地质勘探中钻取大量岩芯,岩块钻取岩芯试件也较容易,因此规程规定采用圆形断面试件。综合国内建议方法和国际岩石力学学会(ISRM)建议方法,兼顾到 V 形切口的优点和弯曲梁的优点,规程推荐采用直切口或 V 形切口圆柱梁试件三点弯曲法,见图 3-10 和图 3-11。试件采用带直切口或 V 形切口的圆柱体,直径为 48 ~ 54 mm,长度与直径之比为 3.5 ~ 4.0。

图 3-10　岩石断裂韧度试验

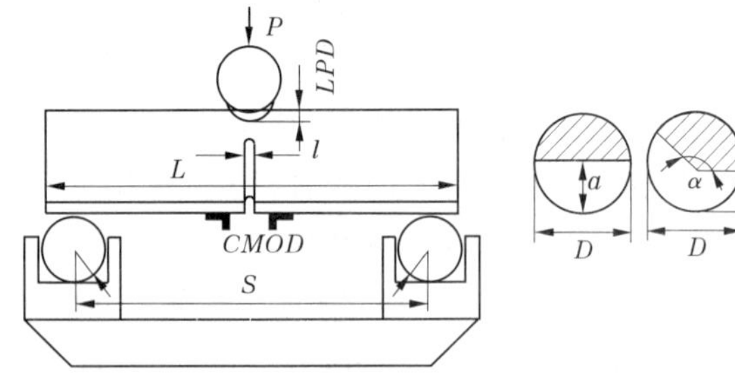

图 3-11　岩石断裂韧度试验

影响断裂韧度试验成果的因素有试件的各向异性、试件的尺寸、试件的含水状态、加载速率以及切口形式等。试件只有满足规程中的几何形状和尺寸以及加载速率要求,才能得到较合理的断裂韧度。

关于岩石试件的各向异性,Schmidt 和 Costin 对按不同方向切成的灰岩和油页岩试件进行了断裂韧度测试,结果表明,裂纹沿层面扩展时的断裂韧度最小。一般认为花岗岩是

各向同性的，Peng 和 Johnson 在三个垂直方向上测得的断裂韧度值仅相差 4%，但当存在裂隙面时，花岗岩也表现出各向异性。Halleck 和 Kumuick 测得最小断裂韧度是沿裂隙面扩展时的韧度，当裂纹沿其他方向扩展时，K_{IC} 值要高出 40% ~81%。

关于试件的含水状态，岩石断裂韧度与试件的含水状态有关，干试件的断裂韧度通常较湿试件要高。若试验要求在天然含水状态下进行，应提供试件的含水率。规程要求同一含水状态下每组试件数量不应少于 3 个，断裂韧度值取其平均值。

关于切口形式，对直切口试件，根据大量试验统计结果，不预裂的岩石试件的近似断裂韧度要低于预裂试件的测试结果。以花岗岩试件为例，前者要比后者小 24%，其他岩石也类似，只是差别不同而已。规程未对预裂作具体要求，但在应用测试结果时要考虑此因素。

夹式引伸计包括 2 根悬臂梁和 1 块隔离块，电阻应变片贴在每根悬臂梁的拉伸面和压缩面上，联接成包括一个合适的平衡电阻的惠斯顿电桥（见图 3-12），梁和隔离块尺寸见图 3-13。

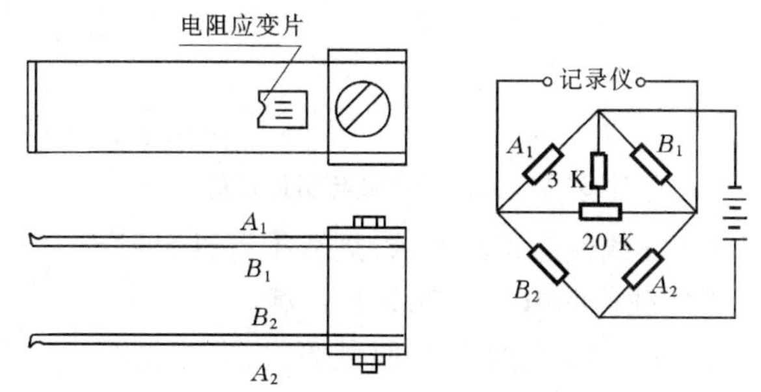

图 3-12　引伸计电阻应变片的贴法和联接

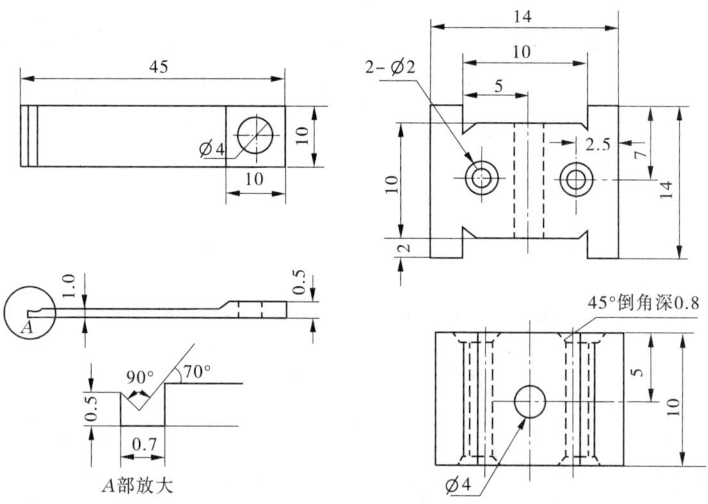

图 3-13　引伸计的梁和隔离块尺寸　（单位：mm）

试验时可以采用其他形式的引伸计和固定装置。但每个引伸计必须用引伸仪标定或其他装置校核其线性特征。将读数取在引伸计工作范围内的 10 个等分点，在每个位移点上，标定器的重复性均应在 0.000 5 mm 以内。重复标定 3 次，每次均应将引伸计从标定器上拆下并重新装上。要求的线性特性应满足每个位移读数和通过标定数据的最小二乘法逼近直线之间的最大偏差不超过0.002 5 mm。

载荷与位移测量设备近年来发展较快,精度日益提高,载荷传感器、位移传感器、夹式引伸计一般均可满足规程要求,但记录系统应半年率定一次。使用频繁时,宜适当增加率定次数,引伸计切口长期使用需定期检查。

为了使夹式引伸计能方便地安装在试件上,应加工一对如图3-14(a)所示的刀口,刀口粘贴在试件切口两侧。引伸计安装方式见图3-14(b)。

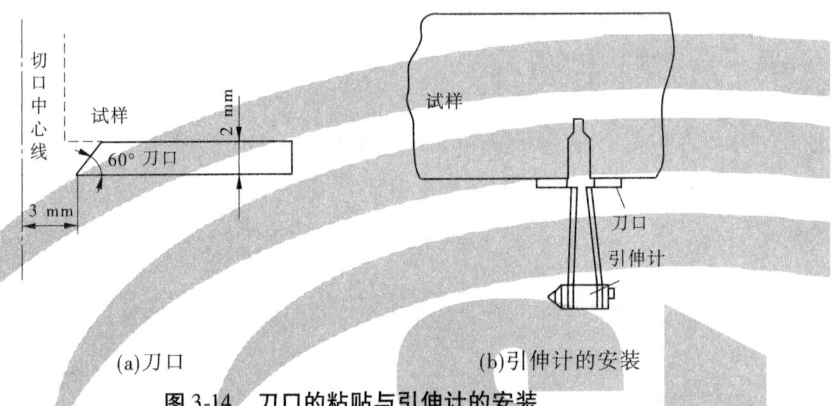

图3-14　刀口的粘贴与引伸计的安装

为满足对断裂韧度作非线性修正的要求,规程推荐试验过程中加卸载循环不应少于4次,每次卸载到最大破坏载荷的10%~20%再加载。

当需要进行位移测量时,宜采用刚性伺服试验机,以控制卸载速率(尤其是稳定的卸载段),从而得到稳定的*P*—*LPD*和*P*—*CMOD*曲线。V形切口试件刚度最小,对试验机要求相对较低。

如河海大学徐道远教授采用圆柱梁直切口三点弯曲试件,对三峡花岗岩进行了断裂韧度试验。试件尺寸$D=40\pm2$ mm,$S_d=3.33D$,$a/D=0.5$,$t=1$ mm。5个试件的断裂韧度K_{IC}平均值为1 461.80 N/cm$^{1.5}$,标准差$\sigma=178.80$ N/cm$^{1.5}$,变异系数$C_v=0.122\ 3$。为了保证试验机具备足够的刚度,设计装配了刚性加载架,并得到了完整的*P*—*LPD*曲线(见图3-15)。

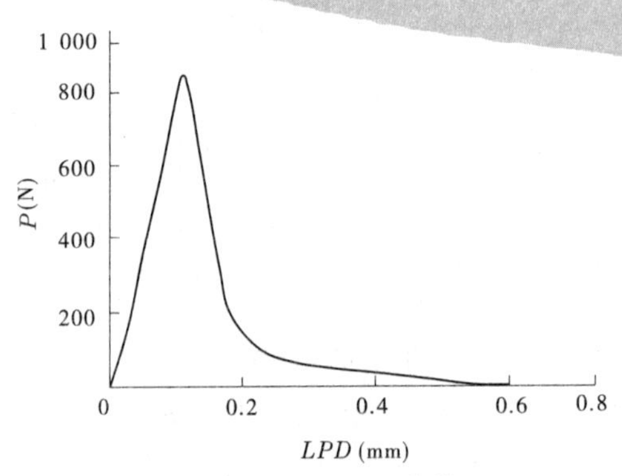

图3-15　*P*—*LPD*曲线

第四章　岩体变形试验

岩体变形试验是指为了研究岩体变形特性，获得岩体变形参数（弹性模量、变形模量）在岩体原位所进行的试验。根据不同的加载方式，岩体变形试验方法分为承压板法、狭缝法、单（双）轴压缩法、钻孔径向加压法、液压枕径向加压法和水压法等，这六种试验方法各有其优点，也都有其应用上的局限性。其中，承压板法使用最普遍，积累的经验和资料也较多，狭缝法和单（双）轴压缩法采用相对少一些。当需要进行深部岩体变形特性试验时，可以采用钻孔径向加压法。对于重要的有压隧洞等水工建筑物，采用隧洞变形试验方法（液压枕径向加压法或水压法），由于隧洞变形试验方法花费较大，试验周期较长，除非确有必要，不轻易采用，即使采用也主要在初步设计或技术设计阶段进行。

国外最早采用承压板法测定岩体变形（弹性）模量应该是阿尔及利亚的灌溉部（1935年）。1944年，奥别尔济在洛维罗用2 000 kN千斤顶对页岩进行了刚性承压板法试验，试验面积为0.9 m×1.7 m。此后，有人于1946年对花岗岩，1947年对片麻岩、云母页岩进行圆形刚性承压板法变形试验。特别是在对云母页岩进行试验时，用了4个3 000 kN的千斤顶，承压板直径为1.3 m，一直压至岩体破坏，最高压力为10 MPa。1948年，有人对玄武岩进行了柔性承压板法试验，承压板直径为25 cm，柔性板是通过调节垫层（一般用厚橡皮板）去实现的。1953年以后，承压板法逐渐成为一些国家的标准试验方法。

承压板法在国内使用最为普遍，方法上比较成熟，测试成果相对狭缝法来说比较准确，岩体受扰动较少（相对于单、双轴压缩法），实测的压力—变形曲线一般都较好，特别是刚性承压板法，当测表布置在承压板上进行测量而又取所有测表变形的平均值计算变形（弹性）模量时，实际上是根据一个承压面（即承压板板面）的平均变形计算的，比起柔性承压板法按一个点（如板中心）或若干个点（板下或板周围）逐点的测量值计算变形特性指标，代表性更好，对于具有节理裂隙的非均质岩体这一点是非常重要的。规程中明确规定，刚性承压板法的测表宜安装在承压板上，并采用测表的平均值计算。承压板法（特别是刚性承压板法）的缺点是设备较笨重、安装不方便、板边缘处产生应力集中等。为满足刚度要求，岩体越坚硬，刚性承压板要求越厚，因此对坚硬岩体，可考虑采用柔性承压板法；对软弱或破碎的岩体，宜采用刚性承压板法。

狭缝法的设备轻便，安装比较简单，对岩体的扰动小，且能适应各种方向加压。但是，从试验原理、计算公式到测试技术都存在着一些问题。该方法是基于半无限平面的平面应力状态下，椭圆孔（长短轴之比视为无限大）孔周的应力和变形计算的理论解，但试验中测量断面是试点的自由端表面，加上试点固定端约束的影响，不能保证测量的平面应力状态，并从测量中发现，变形计算指标随测量位置而异。

钻孔径向加压法是利用钻孔弹模计（也称钻孔膨胀计）在钻孔中进行加压试验，其原理与水压法和径向液压枕法试验基本相同。该方法扰动岩体少，不需要开挖专门的试验平洞，设备简单、轻便，可以大量进行试验，并能在岩体深部特别是在水下进行试验。该方法存在的主要问题是钻孔弹模计的直径仅数厘米，压力影响的范围较小。另外，由于目前国内的勘探钻孔多是垂直地面钻进，因此测量变形(弹性)模量也多是水平方向的。

液压枕径向加压法和水压法是基于弹性理论中的文克尔假定问题解答，该方法可直接测试隧洞洞壁岩体变形参数，其受力面积大，代表性好，缺点是费时费力、花费大，变形测量较困难，适用于地质条件比较复杂的岩体和有压隧洞。

第一节　承压板法试验

岩体变形试验以圆形承压板法应用最早也最普遍，是我国岩石试验国标《工程岩体试验方法标准》(GB/T 50266—2013)推荐的主要方法。该方法模拟地基受压的工作方式，试验和计算简单，多年来对各类岩石进行试验积累了大量数据。本试验方法理论基础是假定承压板所在的平面为半无限平面，承压板下基岩为均匀、连续、各向同性的弹性介质，根据以半无限地基边界上受集中力作用的布辛涅斯克(J. Boussinesg)解答为基础推导的公式计算岩体变形模量。

承压板法岩体变形试验方法详见《水利水电岩石试验规程》(SL 264—2001)第45～54页。主要仪器和设备包括液压千斤顶、液压枕、测力枕、液压泵、管路、压力表、稳压装置、刚性承压板、钢垫板、传力箱、传力柱、楔形垫块、反力装置、测量支架、测表、测量表架、钻孔多点位移计、测量标点、钻机及辅助设备等。试验记录包括工程名称、岩石名称、试点编号、试点位置、试验方法、试点描述、测表布置、测表编号、压力表编号、承压板尺寸、压力、变形、试验人员、试验日期等。

承压板法岩体变形试验按照承压板的刚度分为刚性承压板法和柔性承压板法两种。根据弹性力学理论，刚性承压板下岩体位移均匀分布，但应力呈马鞍形分布；柔性承压板下岩体应力呈均匀分布，但位移呈不均匀分布。由于柔性承压板法测量的是岩体点位移，因此不适用于裂隙岩体和破碎岩体，而刚性承压板法测量承压板下岩体整体位移，只要承压板刚度足够，适用于各类岩体，但对于弹性模量很高的坚硬岩体，由于承压板刚度很难达到要求，建议采用柔性承压板法。

刚性承压板法岩体变形试验安装见图4-1，柔性承压板中心孔法试验安装见图4-2。圆形刚性承压板法试验计算岩体变形模量(或弹性模量)的公式如式(4-1)

$$E = \frac{\pi}{4} \cdot \frac{(1-\mu^2)pd}{W} \tag{4-1}$$

式中　E——岩体变形模量(或弹性模量)，MPa；

W——岩体变形(当 W 为总变形时计算结果为变形模量，当 W 为弹性变形时计算结果为弹性模量)，cm；

p——承压板下单位面积上的压力，MPa；

d——承压板直径，cm；

μ——岩体泊松比。

承压板法试验一直是评价岩体变形特性的主要方法，一般只限于测量岩体表面变形。为了测量加压范围内特别是中心点(岩体表面位移最大处)岩体表面位移的需要，柔性承

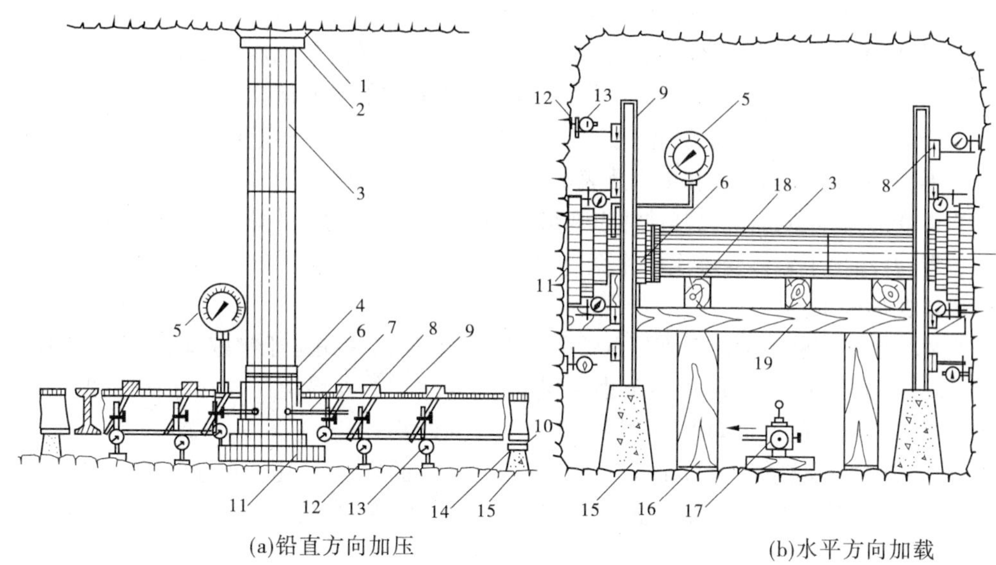

1—砂浆顶板；2—垫板；3—传力柱；4—圆垫板；5—标准压力表；6—液压千斤顶；7—高压管（接油泵）；8—磁性表架；9—工字钢梁；10—钢板；11—刚性承压板；12—标点；13—千分表；14—滚轴；15—混凝土支墩；16—木柱；17—油泵（接千斤顶）；18—木垫；19—木梁

图 4-1　刚性承压板法岩体变形试验安装

压板法可采用双枕法、四枕法、环形枕法。从 20 世纪 60 年代起，国外已陆续开展柔性承压板中心孔法变形试验，国内东北勘测设计院、长江科学院和成都勘测设计院、黄委等单位也先后开展了这项测试工作。柔性承压板中心孔法试验多采用单个环形枕或四个方形枕加压两种方法，环形枕法有计算简单和板下岩体对称中心轴上变形较大的优点，而四枕法则有设备轻便、方便运输和安装、易于扩大加压面积等优点。

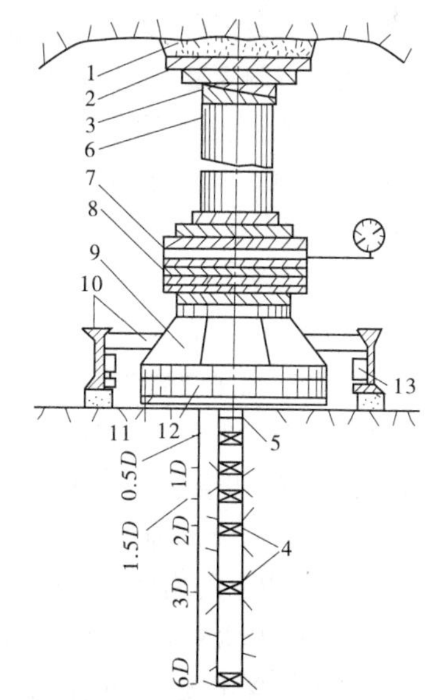

1—混凝土顶板；2—钢板；3—斜垫板；4—多点位移计；5—锚头；6—传力柱；7—测力枕；8—加压枕；9—环形传力箱；10—测架；11—环形传力枕；12—环形钢板；13—小螺旋顶

图 4-2　柔性承压板中心孔法试验安装

承压板法试验选择在平洞内进行主要是考虑反力的施加比较方便，当在露天、竖井或坑槽内进行时，可采用锚杆或堆载作为反力装置。由于岩体具有各向异性特征，加压方向对岩体变形参数的影响较大，应尽可能避免加压方向对岩体变形参数的影响，因此要求制备试点时，试点受力方向与工程实际受力方向一致。

对于较坚硬岩体，岩体变形一般较小，应尽可能减小刚性承压板与岩面之间缝隙变形对岩体变形测量的影响，因此要求清除试点表层受扰动岩体,加凿平整,并用砂轮打磨,以减小试点表面起伏差,且试验完成前不得移动承压板。另外,承压板与岩面之间的水泥浆起着使应力均匀传递到加压表面上的作用,宜尽可能得薄,且应进行养护,如果过厚,水泥浆本身的压缩量将影响测试成果。

对于柔性承压板法试验,理论上中心点位移最大,根据任何一点变形即可计算岩体变形模量。考虑到岩体非均匀性和单个测表的可靠性以及测试误差,可采用中心测点变形为主计算岩体变形模量,同时应以其他测点变形作为校核计算。为了计算方便,规程规定了测点安装位置,并给出了岩体变形模量计算公式,如果测点位置变化,可以根据角点公式为基础计算岩体变形模量。

准确地测定岩体的变形是变形试验的主要目的,但这往往是非常困难的。因为被测岩体(特别是坚硬岩体)的变形量很微小,一些不引人注意的外界干扰,如试点周围温度的变化和测量系统刚度的不足均可导致变形测量的很大误差。

承压板法变形试验主要技术问题有试验边界条件的规定、承压板尺寸的规定、承压板的刚度问题、测量系统刚度的要求、温度对岩体变形测试的影响等。

一、试验边界条件的规定

承压板法变形试验的原理是基于半无限体平面局部受力的布氏公式。理论上除要求岩体是均匀、各向同性的弹性体外,还要求试验点加压表面为半无限平面,加压表面以下的岩体沿深度方向是无限的。这些条件实际上难以满足,而只能达到某种程度的近似。对于既有弹性又有塑性和黏滞性的岩体,目前还没有一种能如实描述这种复杂介质的理论,故需要借用弹性理论作近似计算。为尽量接近计算条件,往往将试验点选择在岩性相对均匀的岩体内,并避免在试点附近有断层、夹层、大的裂隙和溶洞等穿过。现场试验往往在洞室内进行,受洞室尺寸和测试技术条件(如测表支架跨度)等的限制,试验加压表面总是有限的。通常,只要求这个加压表面近似于一个平面,空间范围达到适当大,尽量控制由于这种不完全满足“无限大”这个条件所导致的相对变形误差在允许范围(10%)以内。这个适当大的空间范围,就是通常所说的试点影响范围或者边界条件。加压表面以下的岩体,理论上也要求无限大,这一点往往不为人所注意,而认为已自然满足。人们的肉眼只能观察到加压表面的地质情况,而看不到深部岩体性质的变化。由于深部岩体性质的变化致使试验成果“反常”的现象是经常发生的。当分析试验结果时,应当研究深部岩体性质变化对试验成果的影响,必要时,在试点处切槽察看,以便对试验成果作出正确的评价。

承压板法试验中,合理地规定边界条件,关系到试验成果质量和试验费用等问题。半无限平面和这个平面以下的岩体范围(即应力影响范围)应怎样规定才比较合理?严格来说,应该把边界条件不仅理解为半无限平面内试点范围(承压板边缘到洞壁的最小距离)的规定,而且要扩大到包含半无限平面以下岩体的空间范围。对边界条件要求过高,会增加试验平洞的开挖量,延长制备试点的时间;要求过低,则洞壁的约束影响将使测量到的变形值偏小,变形指标偏高。因此,边界条件的确定是变形试验关键技术之一。

对于边界条件的采用,国内外都极不统一。在国内,过去规定边界条件为不小于承压板直径(或最大边长)的3倍,但实践中通常只达到1.0~2.0倍板的直径。根据调研,边界条件达到3倍直径要求的很少;而小于1.0倍直径的也不多;以1.0~1.5倍直径的为常见。

在国外,日本的要求较高,有达到 6 倍板直径的;在伊朗的卡那迪拱坝现场,采用的是 2.0 ~ 2.25 倍直径;而在某些国家,曾用直径 2 m 和 1.5 m 的锡枕在洞壁进行试验,枕边缘距洞底仅 70 cm。

为比较合理地确定边界条件,可从弹性理论计算和承压板周围岩体变形实测两个方面作一些初步分析。

(一)弹性理论计算

视岩体为理想的均质、各向同性的弹性体,按弹性理论半空间的布西涅斯克解答,可推导得到刚性圆形承压板在平均压力 P 作用下,承压板的均匀位移 W_0 和板外距板中心点距离为 r_n 处的点 N 的位移 W_n 的公式,即式(4-2)和式(4-3):

$$\overline{W}_0 = \frac{P(1-\mu^2)}{2RE} \tag{4-2}$$

$$W_n = \frac{1}{\pi}(\arcsin\frac{R}{r_n})\frac{P(1-\mu^2)}{RE} \tag{4-3}$$

式中 $\overline{W}_0$——刚性板的均匀沉陷,cm;

W_n——板外点 n 处的沉陷,cm;

P——承压板的平均压力,MPa;

E——岩体的变形模量,MPa;

μ——岩体的泊松比;

r_n——板外点 n 距板中心的距离,cm;

R——承压板的半径,cm。

令

$$\delta_w = \frac{W_n}{\overline{W}_0} = \frac{2}{\pi}(\arcsin\frac{R}{r_n}) = 0.64(\arcsin\frac{R}{r_n}) \tag{4-4}$$

δ_w 随$\frac{R}{r_n}$的变化关系列于表 4-1。

表 4-1 板外位移计算结果

$\frac{R}{r_n}$	$\frac{1}{1.5}$	$\frac{1}{3}$	$\frac{1}{5}$	$\frac{1}{7}$	$\frac{1}{9}$	$\frac{1}{11}$	$\frac{1}{13}$	$\frac{1}{30}$	$\frac{1}{40}$
δ_w (%)	46.5	21.6	12.8	9.2	7.2	5.8	4.9	2.1	1.6

从表 4-1 板外位移计算结果可以看到,在承压板边缘附近的沉陷值随距板边距离的增大而剧烈递减;距板中心 5 倍半径以远,随距离增大,沉陷递减较慢。当$\frac{R}{r_n}=\frac{1}{7}$,即板外点距承压板边缘 3 倍直径处,岩体沉陷为承压板位移的 9.2%。因此,当采用 3 倍直径的边界条件时,由于未满足"无限大"这个条件,故带来的影响小于 10%。在此未考虑由于围岩应力集中可能产生的对变形测量的影响。

上述分析是对刚性承压板的情况作出的,对于柔性板,二者沉陷只在板附近有较明显的差别,在总载荷及板面积相同的条件下,二者沉陷的最大相对误差(刚性板与柔性板沉陷之差与刚性板沉陷之比)仅为2.24%,再远将更小。

(二)实测沉陷曲线的分析

理论计算可看出,采用3倍板直径边界条件,可能引起变形的相对误差小于10%。但实测结果表明,岩体变形的影响范围往往比理论计算小,这是因为岩体存在的节理裂隙等阻碍了岩体中应力(特别是剪应力)的传递。节理裂隙越发育,载荷的影响范围越小。

在上述各实测沉陷曲线中,包括较坚硬完整的岩体和断层破碎带,它们相对于承压板的沉陷误差,不超过10%影响范围(一般约为1.5倍承压板直径,按距板边缘起算)。这个范围可视为边界条件的下限。因此,对存在节理裂隙的岩体,其边界条件取1.5倍板直径是适宜的。在当前勘探平洞断面尺寸一般为2 m×2 m的情况下,如果采用直径是50~56 cm的承压板,为满足边界条件,需要增加的扩挖量很少。对于特别完整坚硬的岩体,边界条件可酌情提高。

在半无限平面以下,深部岩体应当满足均匀、各向同性以及具有足够厚度的要求,这一点尚未被普遍重视,下伏岩层的岩体性质变化,对岩体变形性质和试验成果均有明显的影响。如湖北某工程黏土质粉砂岩,试点E_{8-1}的变形模量为2.64×10^4 GPa,而与其相距仅2~3 m远的试点E_{8-2}变形模量却为0.57×10^4 GPa。经对后者切槽查明,在试点加压面以下,约40 cm深处,有包含5条缓倾角层面和厚8 cm的软弱夹层存在。

按弹性理论计算,载荷对承压板以下岩体的影响深度,为其直径的3~3.5倍。为此,要求在这个深度内,岩体的岩性大体一致,避免有不同岩性的岩层、断层、夹层、溶洞和大裂隙等穿过。但问题是,这些断裂构造往往事先不一定能被发现。为查明地质情况,正确评价试验结果,必要时,在试点处切槽是有效措施之一。

与半无限平面影响范围不同,载荷对非均质岩体的实际影响深度,有时可达坝基的3倍,甚至比按弹性均质体计算的深度更大。产生这种现象的可能原因之一,主要是由于岩体中有节理裂隙存在,致使岩体不易传递剪力,应力有向下集中传递的趋势。目前国内岩基变形试验,基本上都是测量岩体表面位移,深部变形规律的资料有待积累,半无限平面以下岩体所应满足的深度要求,可暂按弹性理论计算的3~3.5倍承压板直径考虑。

二、承压板尺寸的规定

承压板的形状通常为圆形、环形和矩形几种。刚性承压板以采用圆形者居多,其优点是计算方便。柔性承压板以环形和矩形的较多。有关承压板的大小,不论国内还是国外,都极不统一。在国内,面积小者仅数百平方厘米,大的达数千平方厘米,也有个别单位使用20 000 cm^2。目前,圆形刚性承压板采用2 000~2 500 cm^2的比较多。

关于承压板面积的确定。国外一般采用直径为1 m的环形液压枕作承压板,如国际建议方法、美国垦务局、意大利结构模型试验研究所(ISMES)的变形试验是在平洞的相对洞壁上放置千斤顶,同时对两块面积约0.8 m^2的试点施加载荷,在受压面的中心钻孔内,以及横跨隧洞的两个受压面之间进行变形量测,并观测岩体的流变特性。香农和威尔逊有限公司在德沃少克坝址为美国工程兵团进行了24个垂直的和水平的承压板试验,液压枕直径为86 cm,伸长计埋设从表面以下30.5 cm起至549 cm。ISMES也采用过直径为75 cm的承压板

进行过类似试验。

我国东北勘测设计院在大藤峡坝址采用直径为 50 cm 的承压板，成都勘测设计院和黄委分别在二滩和小浪底坝址采用外径为 1 m 和 0.6 m 的环形液压枕做过这种中心孔承压板法试验。长江科学院在三峡坝址的闪云斜长花岗岩上采用了三种形式的承压板：①外径 64 cm，内径 8 cm 的环形液压枕；② 4 个 40 cm×40 cm 的液压枕并联，对称于中心孔布置成正方形承压面；③采用 30 cm×50 cm 的 2 个液压枕并联，对称布置成矩形承压面。前两者多点位移计锚固点深度分别为 0.5D、1D、1.5D、2D、3D、6D 不等（D 为承压板的直径或宽度）。根据国内目前的实际条件，规程推荐采用环形枕法和四枕法两种方法，承压面积一般为 0.25 m^2 或 0.35 m^2（直径或边长分别为 60 cm），根据工程的重要性和岩性的具体情况，可增大承压板的面积。

在国外，刚性承压板的面积远比柔性板的小。例如，葡萄牙常用的刚性板直径为 20～30 cm，而柔性板直径为 160 cm；在日本，刚性板用直径为 20～60 cm 的圆板，柔性板则用内径 15 cm、外径 80～120 cm 的液压枕，即国外常称的弗里西耐千斤顶（Freyssinetjack）；在某些国家，曾用直径为 2 m 的圆锡枕；在罗马尼亚，刚性承压板直径较大，一般为 50～80 cm；在美国则有用直径为 60 cm 的混凝土垫层作承压板。

国外一些专家认为，直径为 24 in（约 61 cm）的承压板面积还是太小了，为此，罗恰等提出在 1 m^2 面积上加 3 000 kN 压力的意见；K. G. 斯塔格在 1.2 m^2 的面积上曾加载压力达 7 000 kN。但 1 m^2 左右的承压板是否就够了呢？奥地利缪勒认为：试验范围内应包含不少于 100～200 块由裂隙分割成的小岩块（如按正方形考虑，每项边至少应包括 10 块）；苏联人曾用石膏砂浆进行模型试验，研究块体（立方体）尺寸与承压板大小的关系，发现当承压板边长为块体边长的 5 倍时，块体尺寸对块体组合的弹性模量没有影响。实际操作起来往往是很困难的，主要裂隙的间距常常不一，每次试验都需根据试点具体情况配备各种不同尺寸的承压板，这就给试验工作带来很大麻烦，另外，当裂隙间距为 1 m 或更大时，需要很大尺寸（直径 3～5 m）的承压板，显然是不现实的。因此，在国外承压板面积一般为 1 m^2 左右，很少有更大的。

国际岩石力学试验建议方法（CFT 文件）建议：现场岩体变形试验面积应该尽可能大，但是，既要经济而实际上又能办到。在受荷的岩体体积内，应包含有地质上的一些弱面，诸如节理、层面、片理等，这是十分重要的。事实上，承压板面积的大小，不仅有理论上的论证问题，而且还有实际操作可能性的问题。在目前论证尚不充分的情况下，应本着从实际可能性出发，采用比较合适的尺寸为宜。从国内目前勘探手段和勘探平洞断面尺寸多为 2 m×2 m的现实来看，要求承压板为 1 m^2 左右的面积显然是不合适的。为便于试验成果的比较，不致使试验设备过于笨重，规程中建议承压板面积原则上以 0.2～0.25 m^2 作为标准化是恰当的。特殊情况下，或为进行专门研究，且条件允许时，可采用尺寸更大的承压板。

三、承压板的刚度问题

刚性承压板法试验采用的承压板应有足够的刚度，或者，严格地说，承压板的刚度相对试验岩体来说是绝对刚性的。在研究这个问题时，要借助原苏联学者戈尔布诺夫—波萨道夫的判别公式判别承压板的绝对刚性和绝对柔性，即式(4-5)：

$$S = 3 \times \frac{1-\mu_1^2}{1-\mu_0^2} \times \frac{E_0}{E_1} \times \frac{R^3}{h^3} \tag{4-5}$$

式中　S——圆形承压板柔性指数;

μ_0、μ_1——岩体、承压板的泊松比;

E_0、E_1——岩体、承压板的弹性模量,MPa;

R——承压板半径,cm;

h——承压板厚度,cm。

由式(4-5)中计算结果:当$S<\frac{1}{2}$时,承压板为绝对刚性;当$\frac{1}{2}\leqslant S\leqslant 10$时,承压板为有限刚性;当$S>10$时,为绝对柔性。

从式(4-5)可以看出,承压板的柔性指数S除与板的材料性质有关外,还与板的尺寸有关。岩体弹模越高,承压板的半径越大,要求板的弹模越高,厚度越大。可见,刚性承压板一律采用厚度为6 cm的钢板对于坚硬岩体是远远不够的。

综上所述,不论理论计算还是实际测量,都说明了承压板的刚度在刚性承压板法试验中,始终是应予以重视和加以保证的一个重要问题。根据式(4-5)计算,对于弹性模量为20 GPa、μ为0.3的岩体,采用直径为50.5 cm的钢质承压板时,板厚必须大于21.2 cm时才符合绝对刚性的条件。在实际中,整块21.2 cm厚的承压板显然不便搬运,为此,提出采用由下至上、由大到小的圆形承压板叠置的形式,这样既可保证板的绝对刚性,又方便搬运。

长江科学院在湖北丹江口工程进行岩体变形试验的一个实例如下所述。

试验基岩为坚硬灰岩,室内试验测定岩块变形模量约45×10^3 MPa。现场试验时,采用圆形承压板,在同一试点上进行了不同板厚的比较试验。承压板采取多块叠置的形式,厚度依次为30 cm、22 cm、16 cm和6 cm,但每次紧贴岩面的承压板不动,保持承压板面积为0.25 m²。第一次和第四次(即最后一次)试验的压力—变形曲线分别见图4-3和图4-4中。

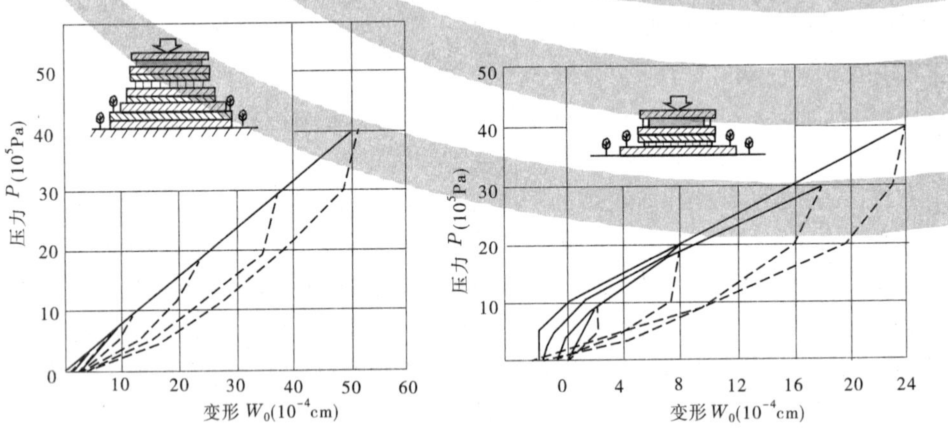

图4-3　足够刚度下的压力—变形曲线　　　　图4-4　刚度不足时的压力—变形曲线

由图4-3可以看出,当承压板厚达到30 cm时,压力—变形曲线呈现明显线性、弹性性质,计算得出的变形模量值、弹性模量值分别为36×10^3 MPa和38×10^3 MPa。但是,当承压板厚降到6 cm时,压力—变形曲线不再有良好的线性,不仅变形曲线在小压力(小于1.0

MPa)阶段呈明显的向上凸,如图4-4所示,而且发现承压板边缘发生了明显的翘曲现象,说明承压板刚度明显不足,计算得出的变形模量值、弹性模量值升高,分别为60×10^3 MPa和66×10^3 MPa。事实上,根据式(4-5)计算,假定上述岩体泊松比$\mu=0.2$,弹性模量为40×10^3 MPa的岩体为保证承压板的绝对刚性,承压板厚度应大于$1.04R$(R为承压板的半径),相应承压板面积为0.25 m^2的板半径为28 cm。因此,为保证承压板的绝对刚性,钢质承压板厚度应大于29.12 cm,上述30 cm厚的承压板已完全满足要求。可见,保证刚性承压板的刚度是保证变形试验质量的必备条件。

(一)刚性承压板形式

为保证承压板有足够的刚度,又便于搬运,国内通常采取若干块承压板由大而小呈宝塔式叠置形式,有的则采用加肋板的形式,以减轻钢板的重量。在原苏联、美国、捷克等国也有采用混凝土块作承压板的。例如美国采用厚5 in的混凝土块。我国目前采用混凝土墩作承压板的很少。

采取上述形式的承压板,如何计算刚度是一个有待进一步研究的问题。在两块板叠置的情况下,有人提出如下的计算叠置垫板刚度的方法:按板的最大厚度和最小厚度分别求出柔性指数S_1和S_2(计算时二者采用的半径R相同),同时需要列出S_1板的半径R_1与整板的半径R的比值$\gamma=\frac{R_1}{R}$。当$S_1<\frac{1}{2}$并符合下列三个条件之一时,可以把整个叠置板作为绝对刚性的,根据式(4-5)计算板的刚度。这三个条件是:

(1)$\gamma\geqslant0.25$,　　$S_2\leqslant1.0$

(2)$\gamma\geqslant0.5$,　　$S_2\leqslant1.5$

(3)$\gamma\geqslant0.75$,　　$S_2\leqslant2$

(二)承压板尺寸h/R的确定

当承压板材料确定之后(例如确定为钢板),为保证承压板的绝对刚性,比值h/R仅与表示岩体弹性性质的常数μ_0、E_0有关。泊松比μ_0对h/R的影响很小,当E_0为定值,相应μ_0值变化于0.1～0.4时,刚性承压板h/R的最大变化值不超过0.08,而柔性承压板不超过0.03;若取$R=25$ cm,相应h的最大变化值分别小于2 cm和0.75 cm。

影响h/R的主要因素,是岩体的弹性模量(在此用变形模量E_0来表示)或者更正确地说是E_0/E_1的比值。当μ_0为定值,E_0变化于$(0.2\sim100)\times10^3$ MPa时,刚性承压板h/R的最大值变化值在1.22～1.29。柔性板为0.45～0.48。取R为25 cm,相应h的最大值变化分别为32～37 cm和11～12 cm。

(三)绝对刚性、柔性板的计算误差

由式(4-5)中的$S<\frac{1}{2}$所确定的绝对刚性与根据$S=0$时的绝对刚性的差别,可以分析如下。

按布西涅斯克公式,$S=0$时,绝对刚性垫板下岩体的沉陷值由式(4-6)计算:

$$W_0=\frac{\pi R(1-\mu_0^2)P}{2E_0}=1.57\frac{1-\mu_0^2}{E_0}RP \tag{4-6}$$

根据文献,$S=\frac{1}{2}$时,圆形垫板的沉陷W_0变化于$(0.813\sim0.830)\frac{R^4}{D}\cdot P$之间。$D$为板

的圆柱刚度。

$$\frac{R^4}{D}=\frac{12(1-\mu_1^2)}{E_1h^3}\times R^4=\frac{12(1-\mu_1^2)}{E_1}\left(\frac{R}{h}\right)^3\cdot R=2\frac{1-\mu_1^2}{E_0}R$$

因此，$S=\frac{1}{2}$ 时，圆垫板的沉陷 W_0 变化于 $(1.626\sim1.66)\times(\frac{1-\mu_0^2}{E_0})PR$ 之间。与式(4-6)比较，可见，将 $S<\frac{1}{2}$ 的承压板视为绝对刚性承压板引起的相对误差小于6%。

分析将 $S>10$ 视为绝对柔性板所导致的误差分析。根据布西涅斯克公式，绝对柔性板的绝对值为：

$$W_0=\frac{2(1-\mu_0^2)PR}{E_0}\text{（板中心处）}\tag{4-7}$$

$$W_s=\frac{4(1-\mu_0^2)PR}{\pi E_0}\text{（板边缘处）}\tag{4-8}$$

按绝对柔性和布西涅斯克公式分别计算的结果列入表4-2。

表4-2　按绝对柔性和布西涅斯克公式计算的比较

	$S=10$	$S=30$	按布西涅斯克公式
$\overline{W}_0$	1.88	1.96	2.0
$\overline{W}_s$	1.52	1.46	1.27

其中 $\overline{W}_0$ 由下式确定：

$$W_0=\overline{W}\frac{(1-\mu_0^2)PR}{E_0}\tag{4-9}$$

由表4-2看出，按 $S>10$ 为绝对柔性计算的中心处沉陷值与按布西涅斯克公式计算的该值相比，相对误差也小于6%，只在板的边缘外二者差别较大。故在柔性板法试验规程中，提出测量变形的测表最好置于板的中心。

四、测量系统刚度的要求

测量系统刚度的影响包括刚性承压板法中承压板刚度的影响和磁性表架、测量支架等测量系统刚度的影响。承压板刚度影响问题已如前述，在此只讨论磁性表架、测量支架的刚度影响。

在岩体变形试验中，国内目前普遍采用千(百)分表等机械式测表测量岩体变形。由于测表构造上的某种原因，安装千分表时，总需要一定的启动力才能使测表指针转动并达到所需的初始读数。由于千分表固定在磁性表架上，而磁性表架又固定在测量支架上，安装测表时的启动力将使磁性表架的支杆和测量支架产生变形，这种变形的一部分或全部，在岩体受压变形后首先恢复，此后的变形才反映在测表上，因而测表上指示的变形只是岩体变形的一部分，而并非全部，即另一部分变形则已损失掉。同理，退压时可恢复的变形也偏小，这就是磁性表架和测量支架“刚度影响”之由来。尽管千分表所需的启动力一般仅为1～2 N，但在磁性表架和测量支架的刚度不足时，很小的外力使其产生的变形，也是不能忽视的。为增大

刚度,可采取如下措施:

(1)将磁性表架支杆由 ϕ1.2 cm 加粗到 ϕ2 cm。

(2)安装测表时,将支杆长度控制在 10 cm 左右。

(3)采用 20 号工字钢作为测量支架。

五、变形稳定标准

岩体具有弹性、塑性和流变性等特性,这些特性的存在使得当岩体受到外载荷作用时,变形表现出如下几种现象:

(1)加压后,有一部分岩体变形立即发生(包括弹性和非弹性的两类),这是主要的;少部分变形需要一定的时间才能逐渐完成,但变形的速率随时间的延续而递减。

(2)当外载荷卸除后,大部分变形能够很快恢复,少部分变形不能恢复,即所谓残余变形,即使在压力不高时退压,也不例外。一般残余变形在低压阶段所占变形中的百分比,较高压下的相应比值大,风化岩体比新鲜完整岩体的大。

从微观分析,岩石通常由具有结晶点阵构造的微粒组成。构成点阵的微粒(离子或原子)之间的吸引力和排斥力,平时处于平衡状态,当受到外力时,平衡遭到破坏,微粒之间距离缩小(当力为受压状态)或增大(当力为受拉状态),岩石便发生变形。当外力消失,微粒恢复原来点阵的位置,这种变形称为弹性变形。当外力增加到某种程度时,可能引起晶格沿晶格平面的滑动。在这种新的位置上,微粒看起来和原先的点阵一样,因而不发生向反方向移动的力,于是出现残余变形。在外力所作的功中,被储存起来的那部分变成弹性能,在外力卸去时能够释放出来,外力所作功的另一部分即属于残余变形的,则被消耗在克服滑动摩擦时发热、发声等物理现象之中。

晶格点阵往往具有缺陷(或缺损),晶格的缺陷,导致应力集中,加剧沿晶格的错动,晶格的倾斜开裂以及顺裂缝尖端的扩大,承受不了的那部分应力就要依次转移到可以承受的邻近更坚硬的部分上。这种屈服和应力转移的过程需要时间,反映在变形试验中,这种岩体变形不是立即完成的。

对于存在节理裂隙的岩体来说,岩体的变形,除块体本身的弹性变形和塑性变形外,还包括岩块之间胶结物的变形以及块体间几何构造上允许的相对位移。对于某些岩体(例如裂隙发育且有充填物或有软弱夹层存在等)和某种受力状态(例如低压阶段),这种变形可能比块体本身的变形还大,其中裂隙的闭合和张开往往是突变的。

从上述可知,岩体在载荷作用下,完成变形需要一定时间。试验中如何控制变形的时间呢?要求每级载荷下变形全部完成显然是很花费时间的,从工程实际来讲,也是不必要的。因此,只要控制变形发展到一定限度,即给出一个关于变形稳定的标准就可以了。按照这种标准,尚未完成的变形部分已经包含在工程的允许误差之内。

通常的岩体变形试验的变形稳定标准有如下三种:

(1)以一定时间内变形的绝对变化值为标准。如每 10 min 读数一次,相邻三次变形读数的变化不超过 1‰ mm 或相邻循环不超过 3‰ mm 即视为变形稳定,继续加(退)压,有的采用最高压力下全变形的 3‰作为稳定标准。每次读数时间,除 10 min 外,还有5 min一次的。在原苏联,有采用 15 ~ 30 min 读数一次,直至相邻 2 ~ 3 次变形完全相同为止。

(2)以一定时间内变形的相对变化为标准。1977年3月,长江科学院编写的《现场岩体变形试验操作规程》(征求意见稿)中曾建议对半坚硬岩石采用这种稳定标准,即加压后立即读数一次,此后每隔10 min读数一次,当所有承压板上测表相邻两次读数差与相邻两级压力下总变形差之比不超过5%,视为该级压力变形稳定,继续进行下一次加(退)压。湖南省水电院1970年在江垭电站,1971年在凤滩电站工地采用过如下的相对稳定标准:每5 min读数一次,相邻两次读数差不超过该级压力下全部变形的2%~3%。在凤滩,采用这种标准后,在逐级多次循环加压的情况下,完成一个试点的试验时间不超过8 h。

(3)以时间作为变形稳定标准。早在1966年,东北勘测设计院科研所曾建议:在循环法加压时,各级压力下的读数时间定为30 min;对于逐级一次循环只要求读数20 min。根据其统计资料,加压后20 min的变形均在本级压力下稳定变形的95%以上,国内其他一些单位有时也采用这种按绝对时间作为变形稳定标准。

上述三种变形稳定标准中,第(1)种不宜采用,它存在一个明显缺陷,用同一个变形变化量去衡量千变万化的岩石的变形性质和不同压力作用下岩体的变形变化情况。例如,同为中粒似斑状花岗岩,由于岩体质量上差别,在2 MPa压力作用下,变形量为11~2 167μm(15组资料统计)。因此,按相邻两次读数差不超过某一变形变化值(不管是1‰ mm、5‰ mm或1% mm)作为变形稳定标准都不能适应这样大的差别。

不同压力下的不同稳定标准是不同的。低压力下要求过低,变形稳定性差;高压力下,要求严些,变形稳定性较好。为克服这一缺点,规程建议采用如下计算相对变形的方法;以相邻两次读数差为分子,用后一级压力下第一次读数的变形值减去前一级压力下变形的稳定值作为分母,以保证所采用稳定标准对不同压力的一致性,见式(4-10)。采用相对变形稳定标准之后,可以使逐级多次循环的变形稳定标准统一起来。

$$A\% = \frac{\text{相邻两次读数差}}{\text{前后相邻两级压力下的读数差}} \times 100\% \tag{4-10}$$

采用$A\%$作相对变形稳定标准时,关键问题在于确定A值。经分析比较以及多年的经验总结,取5%是适当的,见图4-5。实践证明,采用上述相对变形稳定标准不仅合理,而且节省试验时间。采取这种相对变形稳定标准是我国岩石试验技术的一大进步。

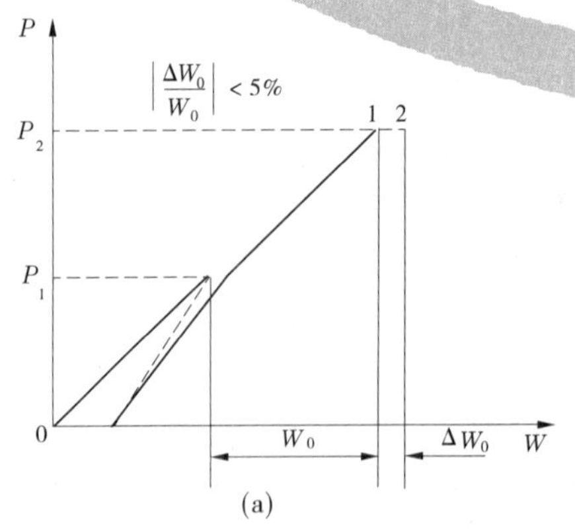

(a)

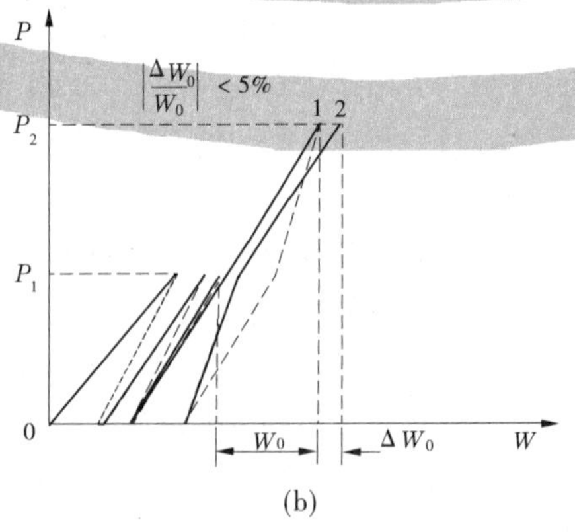

(b)

图4-5 变形稳定标准

六、加压方式

岩体变形在宏观上的特征,除在前述中指出的以外,还有一个特征值得指出,即岩体在反复加(退)压循环中,对于同一级压力,不同加(退)压循环对应不同的变形,一般表现为后一循环的变形比前一循环的大。这是因为岩体中存在有裂隙、片理、层理等所致。每一次加压中都或多或少地有残余变形产生,而后一循环的变形总是在前一加压循环的残余变形的基础上积累的;前后两循环之间相隔有一定的时间,时间效应也可能是造成不同循环变形差别的一个原因,因而相邻两个加压循环曲线是不重叠的。

每一种加压方式应理解为包括如下诸环节:

(1)将最大压力分成若干压力级,分级施加压力,求出不同压力下的变形;

(2)由加压和退压过程求出岩体的弹性、塑性等变形特性;

(3)反映水工建筑物载荷重复作用的加(退)压循环。

上述环节的主要加压方式有如下几种(见图 4-6):

(1)逐级一次循环加压法;

(2)逐级多次循环加压法;

(3)大循环加压法。

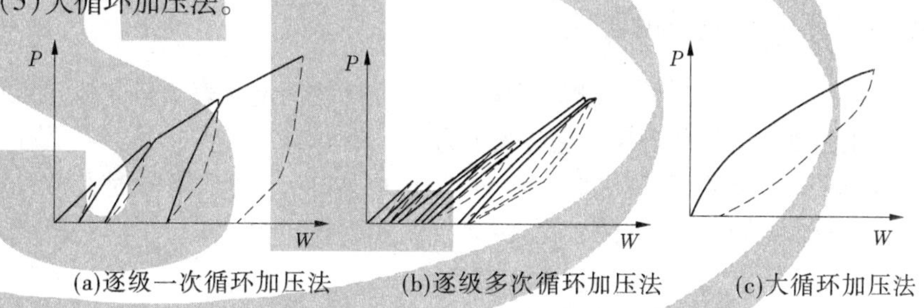

(a)逐级一次循环加压法　(b)逐级多次循环加压法　(c)大循环加压法

图 4-6　加压方式

这里说的是一些主要的加压方式,其他的一些加压方式局部有些不同。例如加压过程中进行一定时间的蠕变观测,在逐级一次循环之后,进行 2 ~ 3 次反复循环等。由于加压方式的不同,完成一次试验的历时也不一致,短的仅数小时,长者达数天,甚至 10 余天。

在国内,加压方式用得较多的是逐级一次循环加压法;在其他一些国家,也多采用逐级一次循环加压法;在日本,不同部门各行其是,例如,有的主张以分级加压查明存在于岩基内的断层和裂隙等对岩体变形的影响,以持续压力查明岩体的蠕变性质,以反复施加最后一级压力的方法得到充分弹性状态下的变形曲线。

逐级一次循环加压法的优点是既便于确定不同压力下的变形特性(诸如变形、弹性模量等),试验时间也不很长。逐级多次循环加压法主要是为研究重复载荷对岩体的变形影响而设计的,它具有逐级一次循环加压法的第一个优点,但一般历时较长,采用绝对变形稳定标准时,完成逐级多次循环加压法一个试点需时 1 ~ 3 d,长的达 10 余天;大循环加压法相对于逐级多次循环法,节省很多时间,但没有考虑最高压力以下各级压力的变形随压力反复加(退)压的变化情况,国内目前采用这种方法的也不多见。

总结并分析相关试验资料可以看出:

(1)随反复循环次数的增多,相邻两次循环的变形差一般逐渐减小,多数情况下第1~2循环和第2~3循环变形差较大。

(2)软硬不均、互层明显的挤压破碎带或裂隙带,反复载荷循环对变形的影响不容忽略,一般都在10%以上,多数为20%~30%,高的可达60%~80%。

此外,应力的大小对重复载荷下变形的变化有明显影响。日本在黑部川Ⅳ坝进行这方面的比较试验,重复次数达200次,发现应力在P_P(相当于比例极限)以下,循环次数几乎对变形无影响(实际增大4%左右的变形);当应力在$P_P \sim P_Y$(P_Y相当于屈服应力)之间反复时,对变形的影响也只在10%左右。但这是在三轴试验上进行的,应力分布比承压板法均匀,这可能是反复加压对变形影响较小的原因之一。

因此,考虑重复载荷对变形的影响时,至少应区别以下情况:

(1)对裂隙不发育、完整性较好、均质性较好、致密坚硬的岩体来说,在应力小于比例极限以下反复加压时,循环次数对变形的影响一般较小(小于10%),可不予考虑。

(2)对互层明显、软硬不均、裂隙发育、破碎的岩体,必须考虑它们在重复载荷作用下对其变形的影响。影响大小可在现场进行逐级多次循环加压法试验进行实际测定,或在进一步积累资料的基础上,对逐级一次循环加压法确定的变形(弹性)模量进行折减。

七、温度对岩体变形测试的影响

温度影响是指在现场变形试验中,测量岩体变形装置(即固定测表测量支架)随试点周围环境温度的变化而发生变形的现象。它常表现为:

(1)压力—变形曲线杂乱无章,对应加压时,变形可能减小;对应退压时,变形可能增大;低压力下的变形有时比高压力下的大;逐级多次循环中,后一个循环的变形反而比前面循环的变形小。

(2)加(退)压过程中,变形长久不能稳定,且时大时小,毫无规律。

(3)甚至未加压时,变形也会不断变化。

1962年,长江科学院曾在三峡某坝对刚性承压板试验条件下的温度影响做过系统观测。

试验基岩为灰岩,变形模量约23×10^3 MPa;刚性承压板的面积为2 500 cm^2,测量支架为厚0.5 cm、长4 m的钢管,两端固定。试验最高压力为6.0 MPa,分级施加,每级1.0 MPa。在没有采取严密保温情况下,压力—时间、温度—时间和变形—时间过程曲线见图4-7。

从图4-7可以看到:

(1)变形随时间呈周期性的变化,周期约为24 h;

(2)温度过程线的波峰、波谷大致分别对应变形过程线的波谷、波峰,但温度过程线的波峰、波谷超前变形过程线波谷、波峰一段时间。

这种以24 h为周期的变形变化现象,明显表现出一天24 h内温度变化对变形的影响,尽管试验是在试验平洞内进行,试洞内的温度在21 ℃上下起伏不大(1~2 ℃)。可见试验环境温度变化对变形试验的影响不容忽视。

2年以后,即1964年在上述同一试点处、同一试验条件下,在采取20号工字钢梁作测量支架和采取保温措施后再次试验,得到的压力过程线、温度过程线和变形过程线如

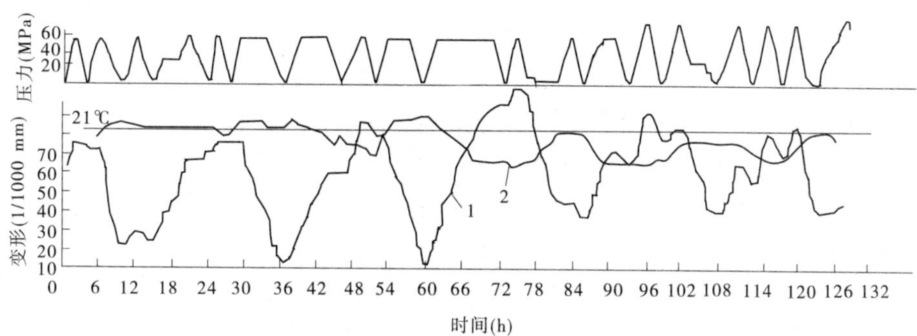

图 4-7 压力、变形、温度与时间关系曲线图(受温度影响)

图 4-8 所示。图 4-8 显示,温度影响已基本消除,变形过程曲线已完全与压力过程线同步,即变形过程线的波峰与波谷完全对应压力过程线的波峰与波谷。

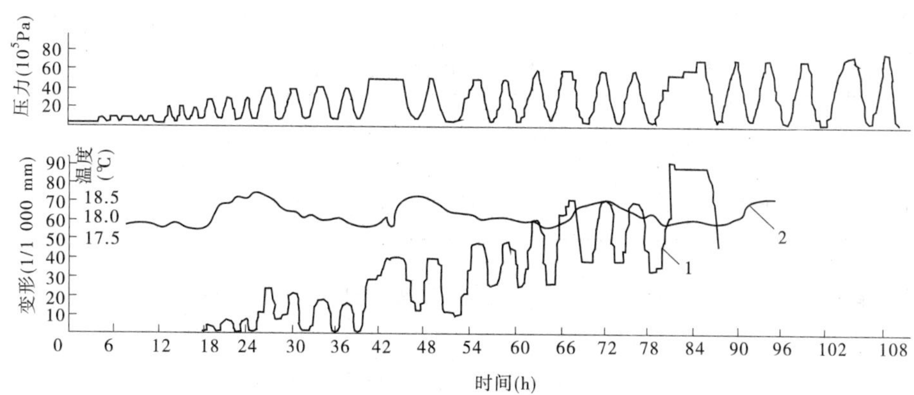

图 4-8 压力、变形、温度与时间关系曲线图(消除温度影响后)

为了认识温度影响的机理,现作如下简要分析。一般情况下,测量变形的测微表(如千分表)是通过磁性表架(或万能表架)固定在测量支架上的。水平放置的测量支架,因自重总是具有一定的挠度。当支架两端固定,由于温度变化,支架将伸缩,支架的挠度将随支架伸长而增加,随支架缩短而减少。支架上固定测表的 M_1、M_2 点的挠度变化就要牵动测表指针上、下移动。如果水平置放的支架为简支梁,当温度变化时,支架各点挠度的变化 Δf 虽不及两端固定时那样明显,但水平方向将发生一定的位移 Δl,支架的水平移动将带动测表的水平移动。如果测量支架与承压板不平行,承压板不光滑平整或者简支端不平,都可能引起测表读数变化。

温度影响的计算如下所述。

假定测量支架为 4 m 长的钢管,直径为 6 cm,厚 0.5 cm;灰岩的变形模量为 2.3×10^4 MPa,钢管弹模为 2.1×10^5 MPa,泊松比为 0.3,线密度 δ 为 7.85×10^{-4} MPa/ cm,单位长自重 g 为 6.8×10^{-3} MPa,线膨胀系数为 1.2×10^{-5},挠度 f 计算如下:

$$f=\frac{5\times\delta\times(2l)^4}{384EJ}=0.328\ (\text{cm}) \tag{4-11}$$

按两端固定的圆拱,不难按结构力学方法计算出温度变化 t 时钢管挠度的变化 Δf 如

下:

$$\Delta f = \alpha \times t \times E \times F \cdot \frac{l^3}{24EJ} \cdot \varphi_0 = 34.5 \times 10^{-4} \times t(\mathrm{cm}) \tag{4-12}$$

其中,α、E、F 和 J 分别为钢管的线膨胀系数、弹性模量、断面面积和惯性矩。图4-9中的 φ_0、R 分别为

$\varphi_0 = 2f/l = 3.28 \times 10^{-3}$ (rad)　$R = l/\sin\varphi_0 = 6.1 \times 10^4$(cm)

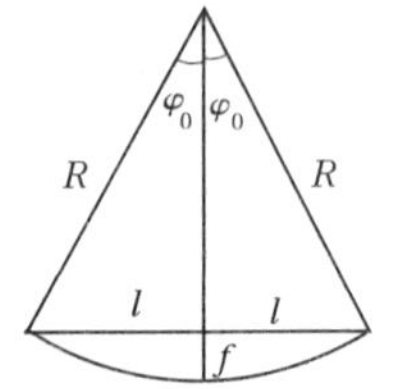

图4-9　测量支架挠度计算示意

由式(4-12)得,温度变化1 ℃时,挠度约变化 34.5×10^{-3} mm。可见,温度影响是不容忽视的。假定承压板面积为2 500 cm^2,岩体变形模量为 23×10^3 MPa,不同压力下岩体的沉降见表4-3。

由表4-3可见,假定试验最高压力为6.0 MPa,当温度变化1 ℃时,受温度影响的变形可以达到岩体变形的32.8%,即近似1/3。压力低时,温度相对影响将更大。

表4-3　不同压力下岩体的沉陷(岩体 E_0 = 23 GPa)

压力(10^5 Pa)	10	20	30	40	50	60
变形(10^{-3} mm)	17.5	35	52.5	70	87.5	105

为减少温度影响,可以从控制试验地段温度变化和减少测量支架变形两方面着手。控制试验地段温度变化的有效措施有:

(1)试验宜在远离洞口或在试洞拐弯以后的地段进行。

(2)在洞口至试点处用木料、油毡或帆布等分别设置彼此错开的2~3道保温门。

(3)试验期间,尽可能减少照明电灯的数量,固定其位置;洞内不生火,尽量避免试验人员的更变、进出洞等。

实践证明,采取上述措施后,有时洞外温度变化虽高达10~15 ℃,但洞内温度变化不超过0.4 ℃。

八、关于试点松弛带对变形测量成果的影响

在开挖变形试验洞时,为减少爆破影响,需要采取防震措施,如布置防震孔,采取小药量爆破,使掏心孔倾斜,掏心孔与爆破孔先后爆破等。一般说,防震孔孔距为15~20 cm,深70~100 cm,防震孔布置距开挖线15 cm左右。爆破孔与防震孔相间布置。尽管如此,爆破使岩体松动的影响或多或少地仍然存在。因此,试验前,必须设法将岩体表面受爆破扰动的岩层清除,通常以清除到锤击岩面没有空洞声为准。

由于爆破松动、卸荷回弹等因素,会造成表层岩体比未受扰动时变形模量偏低。国内外资料表明,用超声波法估计松弛带的厚度是行之有效的方法。长江科学院在三峡坝址花岗岩体中,采用严格防震措施开挖试验洞,再用人工凿除20~30 cm表层,然后布置中心孔,在中心孔中隔20 cm作一次波速测量。试点四周对称中心孔钻四个孔,钻孔平行于

中心孔，孔深约 3 m，利用中心孔与周围 4 孔作对穿声波波速测量。结果表明，仍有 30 ~ 50 cm 厚的松弛层。松弛层波速比深部岩体的波速约低 20%。

意大利国家土木技术部和 ENE 设计中心采用有限元法的计算表明，松弛层即使厚度很小，也可引起承压板下沉量明显增加。松弛带的存在使得试验成果的整理复杂化，设岩体为由两层各自有变形模量 E_A 和 E_B 的岩层组成，在轴对称条件下采取有限元法，能容易地得到接近于实际情况的解答。

九、岩体变形试验资料的整理

岩体变形试验一般都按最高压力等分成若干压力级，每级都有加退压过程，逐级施加，形成若干个循环。压力—变形循环曲线的外包络线因岩体性质各异。岩体变形试验所得到的压力—变形曲线的加压曲线（或称外包线），一般可归纳为五种基本类型，如图 4-10所示。其他类型的一些曲线，可视为这五种基本类型的某些组合。这些曲线中的某些曲线反映了岩体变形的本质，有的则是外界干扰因素所造成的。

对于这五类曲线，作如下简要说明：

（1）第Ⅰ类为“直线”型：曲线方程为 $P = f(W_0) = KW_0$，$\frac{dP}{dW_0} = K$（K 为常数），$\frac{d^2P}{dW_0^2} = 0$。它是经过原点的直线，反映岩体有较好的均质性。在完整、致密的岩体中，被多组不定向裂隙切割而破碎的岩体中，或成层的岩体平行于层理加压时，均有可能呈这种形状的曲线。

（2）第Ⅱ类为“上凹”型：曲线方程为 $P = f(W_0)$，$\frac{dP}{dW_0}$ 递增，$\frac{d^2P}{dW_0^2} > 0$，这是具有层理、裂隙等结构面的非均质岩体的特征。在软硬岩层互层、含夹层、裂隙等结构面的岩体中，且垂直结构面加压时可出现这种类型的曲线，有时在靠近加压面处为一较软的夹层，或在下卧层较坚硬、裂隙较少，但上覆岩层裂隙较发育或较疏松的岩体中，且垂直结构面加压时，均可能出现这类曲线。它反映出随压力增高，结构面有逐渐被压密，模量逐渐增大的趋势。

（3）第Ⅲ类为“下凹”型：曲线方程为 $P = f(W_0)$，$\frac{dP}{dW_0}$ 递减，$\frac{d^2P}{dW_0^2} < 0$。这是岩体具有层理、裂隙且随深度增加的岩体刚度减弱的特征，当垂直结构面加压时可出现此类曲线。此外，随压力增加，岩体的裂隙张开或产生新的裂缝，如隧洞变形试验那样，也常出现这类曲线。

（4）第Ⅳ类为“长尾”型：曲线方程为 $P = f(W_0)$，

$$\frac{dP}{dW_0} = \begin{cases} K_1, 当\ P < P_1 \\ K_2, 当\ P > P_1 \end{cases} \quad (0 < K_1 < K_2),\ \frac{d^2P}{dW_0^2} = 0$$

加压开始段变形较大，随后沿坡度较陡的直线变化，岩体刚度增大，表明岩体表层的裂隙等结构面在低压时很快被压密。当岩体受到爆破松动，卸荷松弛或周边应力集中作用下引起原有裂隙张开，新裂缝产生时，可出现这种曲线。

（5）第Ⅴ类为“陡坎”型：曲线方程为 $P = f(W_0)$，

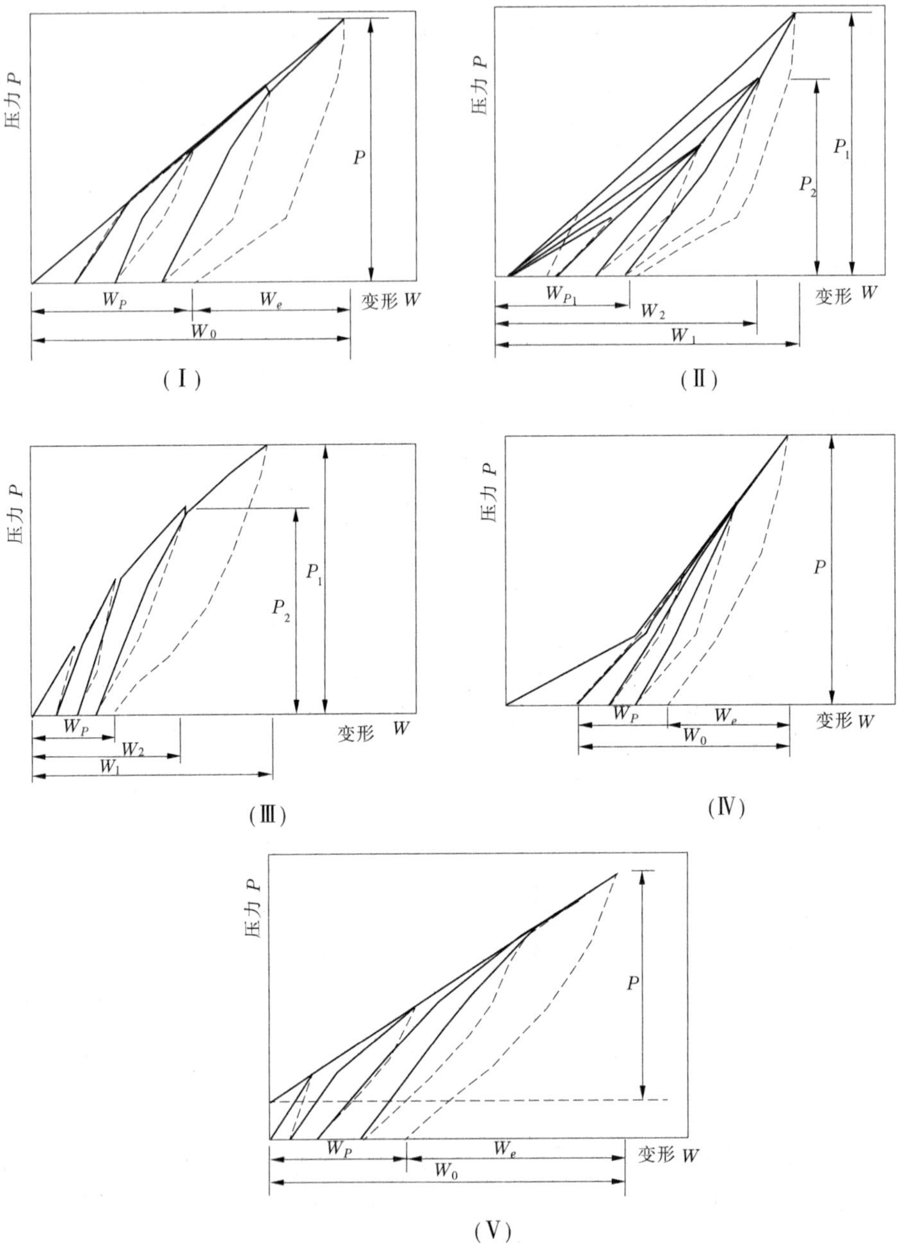

(Ⅰ)

(Ⅱ)

(Ⅲ)

(Ⅳ)

(Ⅴ)

图4-10　压力—变形曲线基本类型

$$\frac{\mathrm{d}P}{\mathrm{d}W_0}=\begin{cases}K_1, 当\ P<P_1\\K_2, 当\ P>P_1\end{cases}\quad(K_1>K_2>0),\frac{\mathrm{d}^2P}{\mathrm{d}W_0^2}=0$$

加压开始段只有较小变形,随后为坡度较缓的直线,这类曲线比较常见。对这种曲线在低压时有一明显转折的解释很多,如初始应力的存在,冻结应力的作用或岩体具有自己的“结构强度”等。此外,在下面指出的两种情况下,也可出现这种形式的曲线:①存在于岩层中的软弱带,在低压力下被压屈时;②变形测量系统的刚度影响(包括测微表启动不

灵,磁性表架、测表支架以及承压板的刚度不足导致的变形测量值偏小),是出现这种曲线的更为常见的原因。

从上面的分析可以看出,对试验中得到的压力—变形曲线,必须作具体分析,首先应把测试技术上的不当所引起的变形现象和岩体变形的本质区别开来,然后确定试验成果的整理方法。对于"长尾"型曲线岩体,如系岩体受扰动引起,应按反映岩体受扰动前的较大斜率的直线段计算岩体变形模量;对基本类型中的其他三种形式的曲线可按通常采用的原点割线法计算。

第二节 狭缝法试验

狭缝法又称刻槽法,是通过埋设在狭缝中的液压枕对狭缝两侧岩体施加压力,测量岩体变形,并近似地按无限弹性平板中有限长狭缝加压的平面应力问题的解析解来计算岩体变形参数。如果试验过程狭缝两侧出现拉裂缝时,不能采用规程中的公式计算岩体变形参数。

狭缝法岩体变形试验详见《水利水电工程岩石试验规程》(SL 264—2001)第 54 ~ 57 页,试验安装见图 4-11。主要仪器和设备包括矩形液压枕(宽长比不宜小于 0.6)、液压泵、管路、压力表、稳压装置、测量支架、测表、测量表架、测量标点等。试验记录包括工程名称、岩石名称、试点编号、试点位置、狭缝尺寸、试验方法、试点描述、测表布置、测表编号、压力表编号、液压枕尺寸、压力、变形、试验人员、试验日期等。

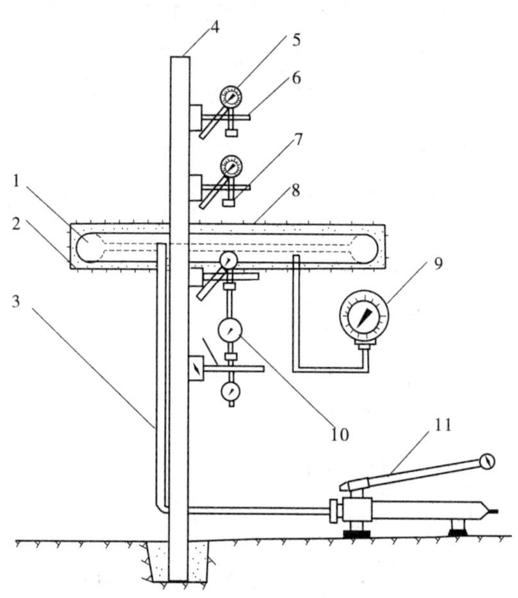

1—液压枕;2—槽壁;3—管路;4—测杆;5—绝对位移测表;6—表架;7—测量标点;
8—砂浆;9—压力表;10—相对位移测表;11—液压泵

图 4-11 狭缝法试验安装示意

第三节 单(双)轴压缩法试验

单(双)轴压缩法试验是在岩体的周围用两对正交的狭槽将岩体切开,在狭槽内埋设液压钢枕,沿一对槽加压试验时,称为单轴压缩法试验;两对槽同时加压时,称为双轴压缩法试验。这种试验假定试验范围内的岩体为均匀、各向同性的弹性体,按弹性介质单、双向受压公式计算弹性模量和泊松比μ:

$$E = \frac{\sigma_x^2 - \sigma_y^2}{\bar{\varepsilon}_x\sigma_x - \bar{\varepsilon}_y\sigma_y}$$

$$\mu = \frac{\bar{\varepsilon}_x\sigma_y - \bar{\varepsilon}_y\sigma_x}{\bar{\varepsilon}_x\sigma_x - \bar{\varepsilon}_y\sigma_y} \tag{4-13}$$

式中 σ_x——x方向岩体所受的应力,MPa;

σ_y——y方向岩体所受的压力,MPa;

ε_x——x方向岩体平均应变;

ε_y——y方向岩体平均应变。

单(双)轴压缩法试验有岩体受扰动较大和固定端对岩体变形有一定约束的缺点,但由于本方法简单直观,可用于不能采用其他试验方法的断层、软弱夹层的变形试验。

岩体单(双)轴压缩法试验方法详见《水利水电工程岩石试验规程》(SL 264—2001)第57~59页,试验安装见图4-12。主要仪器和设备包括矩形液压枕(宽长比不宜小于0.6)、液压泵、管路、压力表、稳压装置、测量支架、测表、测量表架、测量标点等。试验记录包括工程名称、岩石名称、试点编号、试点位置、狭缝尺寸、试验方法、试点描述、测表布置、测点编号、压力表编号、液压枕尺寸、压力、变形、试验人员、试验日期等。

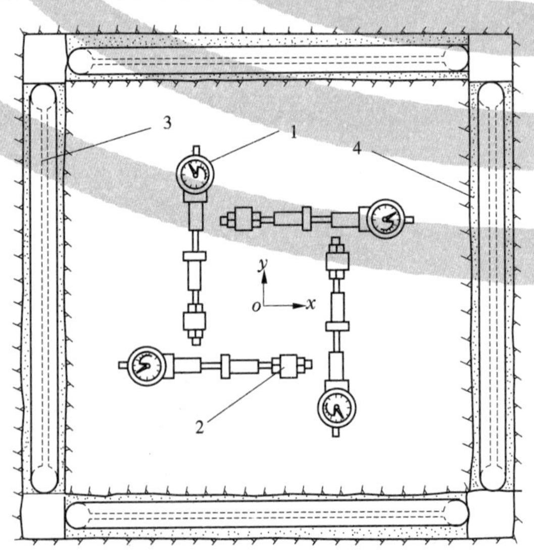

1—测表;2—标点;3—液压枕;4—砂浆

图4-12 单(双)轴压缩法变形试验安装示意

第四节　钻孔径向加压法试验

钻孔径向加压法试验是指假定钻孔的围岩(无限或试验压力影响范围内的岩体)为均匀、各向同性的弹性介质,利用在钻孔中加压装置施加径向压力,同时测量钻孔围岩径向变形,计算围岩弹性模量的方法。按加压装置的性质有柔性加压和刚性加压之分。柔性加压直接测量岩体变形的仪器称为钻孔压力计,柔性加压通过体积变化换算孔径向变形的称为钻孔膨胀计;刚性加压的称为钻孔千斤顶法。

柔性加压条件下,钻孔变形试验弹性(或变形)模量的计算如式(4-14):

$$E = \frac{Pd(1+\mu)}{\Delta d} \tag{4-14}$$

式中　E——岩体弹性(变形)模量,MPa;

Δd——钻孔径向弹性变形(或全变形),cm;

μ——岩体泊松比;

P——最大压力与初始压力差,MPa;

d——实测点钻孔直径,cm。

钻孔径向加压法试验详见《水利水电工程岩石试验规程》(SL 264—2001)第59~61页。主要仪器和设备包括钻孔膨胀计、钻孔压力计或钻孔千斤顶(见图4-13)、液压泵及高压软管、压力表、扫孔器、模拟管、校正仪、起吊设备等。试验记录应包括工程名称、岩石名称、钻孔编号、钻孔位置、钻孔直径、钻孔柱状图、测点编号、测点深度、试验方法、钻孔千斤顶、钻孔膨胀计或钻孔压力计率定资料、测点方向、压力、变形、试验人员、试验日期等。

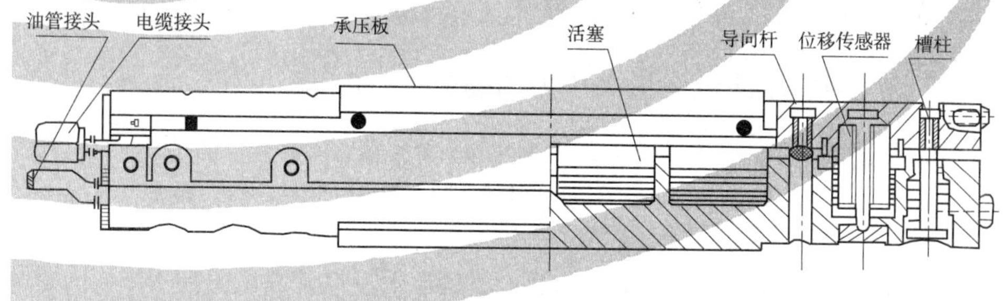

图4-13　BJ－76A 钻孔弹模计

与其他岩体变形试验方法相比,钻孔变形试验方法具有如下优点:

(1)设备轻,便于携带;

(2)可在一个孔中进行多点试验,获得不同深度的岩体变形特性参数;

(3)操作简便。

钻孔变形试验方法存在缺点主要有:

(1)影响岩体的范围小,不能全面反映足够多的裂隙岩体变形特性,因而代表性不强;

(2)仪器的测试精度直接影响试验成果的准确性,对于弹性模量值较高的坚硬岩体,必须保证仪器具有足够的测试精度;

(3)岩体受力条件复杂,试验成果的整理困难。

钻孔变形试验得到的岩体弹性(变形)模量,与用其他方法(如承压板法)得到的岩体弹性(变形)模量相比,从物理意义上没有什么区别,但由于试验方法不同,受力状态不同,所以整理出的试验成果不尽一致。此外,岩体中地应力的存在,对试验结果也有较大影响。

一、钻孔径向加压法试验适用范围

钻孔径向加压法试验由于其扰动岩体范围小,对同一种岩体,测得的变形量与承压板法相比小得多,因而试验结果对量测误差很敏感。目前常用的钻孔压力计(或膨胀计),其绝对精度一般在0.01~0.001 mm,因此钻孔变形试验的适用范围就必然受精度的影响。在钻孔径向加压法试验中,目前国内常见的仪器精度在0.01~0.001 mm,产生0.01 mm的量测误差是经常的。因此,就目前的仪器状况,钻孔变形试验仅适用于软岩或半坚硬岩体。

钻孔直径的大小,对试验结果有一定影响,从式(4-15)中可以看出,在同样的压力下,孔径越大,应力的影响范围越大,试验影响的岩体范围也就越大,对于裂隙岩体而言,存在孔径效应问题。岩体内某点的应力与该点距离的关系可由下式表示:

$$\sigma_r = \frac{a^2}{r^2}P \tag{4-15}$$

式中 σ_r——岩体中某点的径向应力,MPa;

a——钻孔半径,cm;

P——孔内径向压力,MPa;

r——岩体中某一点至钻孔中心距离,cm。

二、钻孔径向加压法试验最大压力的确定

最大试验压力一般取岩体设计承载力的1.2~1.5倍,但由于岩体结构、地应力及孔壁光滑程度等因素的影响,最大试验压力往往要进行调整。需要进行调整的情况大致如下:

(1)属于块状岩体而且较为坚硬时,可加大试验压力,以扩大压力在岩体中的影响范围。

(2)试验过程中如发现压力或变形很不稳定,如果不是仪器本身的问题,就有可能是孔壁岩体松动、破碎,在这种情况下应适当减小最大压力,防止胶囊破裂。

(3)最大压力不应超过仪器设计工作压力。

三、钻孔径向加压法试验变形稳定标准

钻孔径向加压法试验在我国开展的较晚,对专门适用于该试验的变形稳定标准研究较少,所以变形稳定标准基本参照承压板法变形试验稳定标准。只是在读数时间间隔上有所改动,由每间隔10 min读数一次改为每间隔3~5 min读数一次。作出这种改动主要考虑到:

(1)钻孔径向加压法试验岩体受力范围小,而且处于三维约束状态,所以变形稳定的时间较短。

(2)从长江科学院岩基所以及水利水电科学研究院仪器研究所所做的试验资料分析,采用的稳定时间均不超过3 min,获得的资料基本合理,3 ~5 min 的变形稳定时间是适当的。

(3)对于柔性加压的钻孔径向加压法试验,如果一级载荷下的变形5 min 后仍不稳定,则应考虑胶囊有挤破的可能,所以不宜有过长的变形稳定时间。

第五节 隧洞径向加压法试验

隧洞径向加压法试验是通过对一个圆形断面的试验洞室施加均匀的径向内压的方法来测试岩体的变形特性,测定由此产生的岩石径向位移,据此计算岩体的变形模量或弹性模量。基本原理是弹性理论中的文克尔假定问题的解答。

隧洞径向加压法试验方法详见《水利水电工程岩石试验规程》(SL 264—2001)第61 ~68页。主要仪器和设备包括承力框架、液压枕、液压泵、压力表、测表、测量支架、管路等。试验记录包括工程名称、岩石名称、试验洞位置及编号、测量断面位置及编号、试验洞描述、试验洞半径、混凝土条块厚度、试验方法、测表布置、测表编号、压力表编号、压力、变形、试验人员、试验日期等。

隧洞径向加压法试验可对较大的岩体范围加压,因此更多地考虑了节理、裂隙的影响,并能研究岩体的各向异性特征,试验成果主要用于隧洞衬砌设计。对于圆形压力隧洞而言,抗力系数 K 值不是常数,它随隧洞直径增大而减小,为此,引入了一个半径为1 m时的圆形隧洞的 K 值作为抗力系数的比较标准,这个抗力系数称为单位抗力系数 K_0。隧洞变形试验的目的就是通过直接对原型试洞围岩施加径向载荷来测试岩体的 K_0,在设计压力隧洞衬砌时,还可以研究衬砌结构与围岩联合受力的工作状况。

隧洞径向加压法变形试验将充油的液压钢枕沿隧洞围岩周边(或沿隧洞衬砌周边)布置,在反力架支撑下向围岩加压。试验如图4-14 所示。

隧洞径向加压法试验主要试验技术问题有试验洞直径选择、试验加压段长确定、试验边界条件的确定、测量中心轴支点位置的确定、温度影响等。

图4-14 径向液压枕法变形试验

一、试验洞直径选择

试验洞直径的大小,对于测试 K 值的准确性有很大的影响。以往进行的试验,由于受到测试技术的限制,多采用双筒法或三筒法,洞径多在1 m以内,长度较短,一般均在2 ~3 m,这些方法设备笨重,安装困难,更重要的是,由于洞径过小,很难反映实际情况,所测得的结果与工程实际偏离较大。为了较为真实地测得围岩的抗力,研究有压隧洞的工作特点,充分发挥围岩的承载能力,进行较大洞径的试验是必要的。同时,测试技术的发展也为进行较大洞室的试验提供了条件。加大试验洞的直径后,使测得结果的真实性大为提高。一般认为洞径越大,代表性越好,能与实际洞径大小一致最好,但试验工程量大,且有许多测试技术问题难以解决。

为了不使试洞的开挖量增加过多,隧洞径向加压法试验可利用地质勘探平洞进行,但必须满足试验要求。反力支撑架的外径应设计与目前地质探洞直径(2 m左右)相接近。国内有的单位取反力支撑外径为1.9 m。为浇筑混凝土时操作方便,需要20~30 cm的活动范围,加上混凝土与支撑之间需埋设4~6 cm厚的液压枕(包括两面凹槽内填的砂浆),故试洞直径以2.2~2.3 m为宜。采用其他形式和大小的反力支撑,洞径可类似地确定。目前,国内进行隧洞径向加压法试验的洞径一般都在2~3 m。

由于国内隧洞径向加压法试验的经验不多,尤其是洞径大小对试验成果实际影响程度的资料几乎没有,规程参考了以往试验的经验,考虑到国内当前的测试技术水平,为减少试验工作量,缩短试验周期,在一般工程中,试洞直径采用2~3 m,在一些重要且地质条件又比较复杂的工程中,对必须进行综合性试验的有压隧洞,洞径也可以超过3 m。

二、试验加压段长度确定

隧洞径向加压法试验的基本假定是1867年文克尔将富斯假定加以推广,为地基单位面积上所受的压力与地基沉陷成正比,即:

$$q = K \cdot \Delta R \tag{4-16}$$

式中 q——地基单位面积上所承受的压力,MPa;

ΔR——地基的沉陷,cm;

K——地基系数(或机床系数),MPa/cm。

按照弹性理论,沉陷也发生在受压范围以外。同一地基在同样强度的基础压力下,沉陷的大小还与基础尺寸有关(基础愈大,沉陷也愈大)。这就是说,压力强度 q 与沉陷 ΔR 的比值 K 并不是一个常数。

试洞变形观察段应当满足平面应变问题的条件,为此试洞必须有足够的长度。关于这一问题,一些单位进行了理论计算,也有一些单位根据实测资料分析了洞长和直径的关系。如果采用圆柱孔的空间问题解来计算最大位移,则试洞受力段长度为洞径的2.0~2.5倍时,其位移值可达到平面应变问题位移的95%~97%。因此,当试洞受力段长度小于洞径的2.0~2.5倍时,应对试验成果进行修正,规程第65~67页详细规定了修正方法。

三、试验边界条件的确定

为了确定试验洞上覆岩层的最小厚度、试洞间距及距临空面的最大距离,按弹性理论进行了粗略分析。位于均匀、各向同性的弹性介质中的无限长圆洞,当洞内表面受到均布载荷 q 作用时,距洞中心的径向变形和应力按式(4-17)和式(4-18)计算:

$$\Delta R_i = \frac{1+\mu}{E} \cdot \frac{qR^2}{R_i^2} \tag{4-17}$$

$$\sigma_{R_i} = \frac{qR^2}{R_i^2} \tag{4-18}$$

由式(4-17)和式(4-18)可以得到不同深处的变形、应力与洞内表面变形、应力的比值：

$$\frac{\Delta R_i}{\Delta R} = \left(\frac{R}{R_i}\right)^2 \tag{4-19}$$

$$\frac{\sigma_{R_i}}{\sigma_R} = \left(\frac{R}{R_i}\right)^2 \tag{4-20}$$

可以看出，当 R 不变时，不论变形还是应力，均与距离平方成反比。如果按变形、应力相对值不超过2%考虑，加压段的影响范围可定为3倍试验洞直径，即覆盖层最小厚度，试洞间距及距临空面的最小距离不应小于3倍洞的直径，规程要求大于6倍洞径。

四、测量中心轴支点位置的确定

确定测量中心轴支点位置的目的是为了确保支点不受载荷引起的变形的影响，以达到准确测量隧洞各个方向位移的目的。通过弹性理论计算，当加载长度为2倍半径时，在加压端以外1.5倍试洞半径处，表面的变形值约为加压中心变形的4.4%，某水电站实测值为3%。

在加压段以外，岩体表面的位移总是比附近深处岩体的位移小。因此，中心轴支点只要固定在加压段以外距加压端一定距离处的洞壁表面即可。为兼顾既不使中心轴太长，又确保中心轴支点处的变形足够小(相对于加压段中心的变形小于5%)而不影响测试结果，当 $L=2R$ 时，即中心轴支点距加压端距离为1.5倍试洞半径处是适宜的。

五、隧洞径向加压法试验混凝土浇筑

混凝土标号视试验压力值而定。为缩短养护时间，混凝土标号可适当提高。通常混凝土的配合比为1:3:5.6(水泥:砂:石)，水泥为400～500号，砂子为中粗砂，石子为1～2 cm的小砾石或卵石，水灰比0.6，砂石均应洗净。为缩短养护期，可加入2%～3%(质量比)的氯化钙，养护7～14 d，混凝土标号可达最终强度的70%～80%。混凝土的浇筑必须认真、仔细，有条件时应采用机械振捣。中间观测断面和两端的木模务必不使漏浆。顶部一块混凝土，往往容易产生收缩缝，致使液压枕因变形过大而破裂，因此要特别小心，应尽可能进行回填灌浆。

由于采用了12支(或16支)液压枕加压，为使传力的单块长条形混凝土能适应岩体的各向异性，并使其不受拉应力的影响而使载荷的传递复杂，故沿各混凝土条块的纵向两侧，均须设置分块缝。实践证明，采用油毛毡作分块材料，既经济又方便。其做法是：在每一块混凝土初凝后，将依据地形起伏而裁好的油毛毡，一面涂上一层厚约2 mm的黄油与黄泥混合的润滑剂，将其贴置于初凝的混凝土表面，然后开始第二块混凝土的浇筑工作。在振捣时须注意勿将油毛毡弄破。

由于反力支撑的外缘为一平整面，而液压枕为凹形，为使两者很好接触，可用砂浆将液压枕表面填平。这样既能使两者接触，又解决了反力支撑的拆卸问题。具体做法如下：首先，将检查合格的液压枕，用20～40号铅丝进行缠绕，其目的是加强砂浆的整体性，不致搬动时脱落；然后用一高出枕平面约2 cm、与液压枕同一尺寸的木框置于平放的液压枕上,倒入拌和好的50~100号砂浆,振捣密实,抹平,养护3 d后即可安装。

将已浇有砂浆的一面,贴置在已排列好的反力支撑上,用10~12号铅丝,将其提手紧紧捆扎在反力支撑的固定环上,液压枕的进油口方向,应根据管路联结的要求排列,若发现支撑的外平面彼此参差不齐,或砂浆面没有抹平而造成两者之间有空隙存在时,应采用砂浆予以充填。

当试验结束,所有仪表及管路均已拆除后,才可拆除支撑。

测点埋设:安装仪表的测点,为不受传力混凝土的影响(若用深孔量测仪表,则无此问题),在浇筑混凝土时,需用空心管或木棒,形成预留孔。孔的方向均应对准试洞圆心,在立模时,用中部钻有ϕ5 cm的木板,将每米段支撑间5~20 cm的空隙封严,然后插入木棒或空心管,一头嵌入洞壁上已凿好的深为5 cm的浅孔内,另一头伸出模板外10 cm左右,混凝土初凝后拔出,如有风钻,则待混凝土初凝后,安装测点时再钻孔;若使用深孔多点位移计测变形时,应在仪表安设完毕后方能浇筑混凝土。

测点一般采用ϕ24 mm,一端车有螺纹的钢筋(考虑测点本身自重及测杆的重量所要求的刚度)或ϕ1 in的水管,其长度根据不同方向实测的尺寸选定,预先配好,作为固定测杆的锚固点,先将砂浆置入预留孔内,再插入测点,但砂浆不可太多,以免测点、混凝土和岩壁粘连。为保证两对应的测点在同一直径上,可采用定位杆定位,并用空心圆板托住未凝的砂浆。

为加速测点的固定和提高其黏结力,可用环氧砂浆,在浇筑前须用丙酮冲洗孔壁(宜于干燥的试洞)。如采用普通砂浆黏结测点,养护7 d后,方可安装测杆。因液压枕纵向对称中轴处变形最大,故测点均应设置在各块混凝土的中心处。

六、反力支撑框架

反力支撑框架的形式较多,有分块拼装式、整体单件式等,经实际使用比较后,认为分块拼装虽然能减轻单件的重量,但带来安装工作的繁杂以及加工制作的困难甚多,而整体工件虽稍重有搬动不便的缺点,但安装快捷,且制造加工精度要求较低。如有条件能用高强度合金钢、玻璃钢等优质材料制作,则在同等受力条件下重量将大为减轻,因而建议采用整体式反力支撑框架。

整体式反力支撑框架的加工精度要求为±5 mm。承载能力视工程需要而定。所用材料可采用标准型钢(工字钢或槽钢),也可用钢板焊成最佳受力型式。

为使洞周受力较为均匀,但又不致过多地增加设备,经综合考虑,建议采用12边形的反力支撑框架。

七、变形稳定标准

岩体的变形包括弹性、塑性、黏性以及它们的组合型等多种特性。因此,相应于某一载荷下的变形,往往需要一段时间才能完成。同一变形过程的不同压力阶段,其变形增量也不同,有线性和非线性阶段之分,应力—变形曲线的导数不是常数。基于这种情况,要判断某一压力阶段的变形是否基本完成,就需有一个标准,我们称它为变形稳定标准。这种标准通常有两种,一是绝对标准,二是相对标准。所谓绝对标准,就是在每级载荷下,变

形须小于某一给定的标准值。这种标准用来对应力—变形曲线为直线型的情况进行判别。对于应力—变形曲线不呈直线型的变形稳定,如仍用绝对标准,则在变形的各压力阶段中,对于变形增量大的阶段,该标准偏高,所以应使用相对标准,即变形的相邻两次读数差同其相邻压力级的总变形之比不大于某一规定的百分数,它可以使得各压力阶段的变形稳定标准基本一致,即

$$\frac{\delta_1}{\Delta R_1} \approx \frac{\delta_2}{\Delta R_2} \approx \cdots \approx \frac{\delta_n}{\Delta R_n} \approx 常数$$

式中 δ_1、δ_2…、δ_n ——不同压力阶段变形稳定时相邻两次读数差(读数间隔时间相同);

ΔR_1、ΔR_2…、ΔR_n——该阶段与相邻压力阶段的总变形之差。

由此,当取$\frac{\delta}{\Delta R}\leqslant 5\%$作为变形的稳定标准时,则对于各阶段的变形稳定标准基本是5%。

八、K_0 与试验压力和施压方式的关系

实测资料表明,试验压力和施压方式对围岩抗力系数的大小有直接关系。在有裂隙的岩体内进行变形试验时,加压和退压曲线并不重合,而是出现有滞后现象的环形曲线。加压时,在岩体发生弹性变形的同时,也发生塑性变形。随着反复加压次数的增加,塑性变形逐渐减少,相应的弹性变形则逐渐趋于稳定。

岩体在长期加压时,具有蠕变性质,有人用 3 MPa 压力作用于较坚硬的岩体上,2.5月以后,沉陷量从 0.36 mm 增加到 0.61 mm,即增加了 70%,同时变形增长持续了约 1 个月。由此可见,载荷作用的次数和持续的时间长短对 K_0 值的影响十分明显,因此根据需要,应进行反复加压和在高压下进行较长时间的变形观测。

就 K_0 与压力的关系而言,在完整坚硬的岩体中,如果隧洞的设计压力不大,且 K_0 值与压力大小的关系不明显时,可以近似地将 K_0 看做是一个常数。

在裂隙发育的岩体中,随着压力的增加,K_0 值可以大幅度地降低,具有这种现象的岩体很多。裂隙发育的岩体,要逐渐增加压力,同时要严格区分每一压力阶段。总之,试验压力和施压方法的合理选择,有利于 K 值的选用和了解实际的各种变形规律,充分利用岩体的抗力。

九、试验成果整理

K_0 值随压力的增大而减少,随加压、退压循环次数的增多而降低的事实,说明岩体具有弹塑性变形的特征。在同一压力下,第二次加压总变形比第一次大,多次加压、退压以后,总变形才能达到一个稳定值。一般来说,在第一次加压的总变形中,就有很大一部分不可逆变形,到总变形趋向稳定值以后,不可逆变形部分也接近于某一定值,最后一次循环只剩下可逆变形了。根据 K 值的定义,只有可逆变形部分与相应的压力之比,才能真正代表抗力系数 K,或称弹性抗力系数。因此,有人建议应取最后一次退压曲线的斜率来计算 K 值,可是实际上衬砌是在总变形发生以前就已形成,用最后一次退压曲线来计算抗力系数势必把过大的内水压力分摊到衬砌上,因此仍应以总变形计算 K 值较为妥当,

理由是考虑压力隧洞实际的工作过程,压力隧洞衬砌形成之后,内水压力的升降及放空等多次循环,相当于最大压力加压多次循环。洞壁的变形是在衬砌形成以后发生的,若不把它计算到岩体的抗力系数中去,就会过高地估计了这个具体条件下围岩的抗力。

另一种意见是,主张取最后几个循环的平均值作为变形值。其理由是开始几个循环的变形,主要是由于岩体中的裂隙等在压力下闭合而产生的,这些裂隙有些是由于开挖爆破的影响造成的,而在岩体深处就没有这种影响。如果围岩在施工中采用灌浆方法固结的话,这些裂隙被回填之后就不会再产生这些变形。这种意见的问题在于,如果要考虑到灌浆的效果,就必须进行具体的试验,以比较灌浆前后岩体变形性质的改变,不能加以推断。

T. T. 祖拉波夫认为,根据试验资料确定单位抗力系数值时,应当利用第一次加压的结果。按退压曲线或重复加压曲线所确定的单位抗力系数将大于按初次加压曲线所求的相应值。因为初次加压的塑性变形所占百分比很大,而重复加压时则几乎完全没有塑性变形。当隧洞投入运行时,衬砌初次承受水压,其周围岩体将发生弹性变形,同时也会发生塑性变形,而反复加压后,K_0 增大是肯定的,所以抗力系数必须用初次加压曲线来确定。

随着内水压力的增加,按公式计算出来的抗力系数也会减少,这是许多资料都具有的现象。有人提出,在选定 K_0 值时,应根据隧洞最大设计压力来确定。否则,对衬砌的安全是不利的,因为较小压力时得出过大的 K_0 值。在少数情况下,也有 K_0 不随压力而变化的,甚至还有 K_0 随压力增大而增大的情况,那就应该具体分析,必要时,还应从最安全的角度取其低值。

目前,比较合理的方法是,根据第一次压力循环的 $q—\Delta R$ 曲线的类型,分别取值来计算 K 值:

(1)直线型,取其最后一级压力的总变形;

(2)上凹型,按不同压力级的平均坡度分别取值计算 K 值,当 K 值随压力增大而增大时,选用较小的数值;

(3)下凹型,按不同压力级的平均坡度分别取值计算 K 值,选用最后一级压力的总变形来计算 K 值;

(4)其他型,曲线开始一小段斜率很陡或很缓,即低压力级时曲线的斜率变大或变小,一律按最后一级压力的总变形取值计算 K 值。

第六节 隧洞水压法试验

隧洞水压法试验条件与水工隧洞运行情况更具有力学上的相似性,是一种较为真实地反映建筑物工作特性并测定围岩抗力系数的较为可靠的方法,也是研究压力隧洞岩体抗力和其静力工作条件的比较合理的方法。但该方法较其他试验方法费用大、周期长。水压法试验目前国内尚无成套的仪器设备及完善的试验方法,规程是根据国内一些单位的经验提出的。

水压法试验是通过充满隧洞中的压力水对围岩施加压力。与隧洞径向加压法相比,

水压法有更接近水工隧洞运行实际条件、受力面积大、代表性好且还可以进行衬砌结构试验等优点。对于水压法试验，为了满足平面应变条件，要求隧洞变形试验洞加压段长度不小于 3 倍洞直径。此时，抗力系数 K、单位抗力系数 K_0、变形模量 E 由式(4-21)计算：

$$K = P/\Delta R$$

$$K_0 = K \cdot R/100$$

$$E = P(1+\mu) \cdot \frac{R}{\Delta R} \tag{4-21}$$

式中 K——岩体抗力系数，MPa/cm；

P——作用于围岩岩体表面上的压力，MPa；

ΔR——围岩表面径向变形，cm；

K_0——岩石单位抗力系数，MPa；

R——试洞半径，cm；

μ——岩体泊松比；

E——岩体变形模量。

隧洞水压法试验方法详见《水利水电工程岩石试验规程》(SL 264—2001)第 68 ~ 71 页。主要仪器和设备包括测表、渗压计、液压泵、压力表、温度计、流量计等。试验记录应包括工程名称、岩石名称、试验洞位置及编号、测量断面位置及编号、试验洞描述、试验洞尺寸、试验方法、衬砌厚度、测表布置、压力、变形、渗压计读数、流量、温度、试验人员、试验日期等。

隧洞水压法变形试验主要试验技术问题有试验洞的衬砌和水温对位移测试的影响。

一、试验洞的衬砌

水压法的试验洞一般是有衬砌的，但也有不衬砌的。不衬砌的试洞，要求围岩比较完整，没有过多的裂隙，洞壁应该是不透水的。因为漏水会使压力升高困难，同时因水外渗，会将压力传到围岩的深处，这时若只测量洞壁的径向位移，是不能反映围岩的变形性能的，相反，当减少压力时，将有很大的外水压力，以致引起显著的指向洞内的变形。

一般情况下，试洞均采用混凝土衬砌或涂柔性防渗层，以防内水外渗，避免内压向围岩内传递。混凝土衬砌有整体式和分块式之分，前者在围岩为坚硬均匀的试洞中应用；后者多用在围岩软弱且各向异性明显的试洞内。为了避免衬砌与围岩接触产生对洞壁变形的切向约束作用，并使所测定的变形能反映出围岩的各向异性特征，衬砌的分块，宜多一些，厚度宜薄一些，最好是使衬砌与洞壁不黏结。规程中规定，一般要求分成 8 块，至少是 4 块，这是指直径为 2 ~ 3 m 的试洞而言，当洞径增大后，块数亦应增多。每块弧长究竟以多大为宜，有待进一步研究。不过，如果用半无限弹性体表面受均布压力的长条形基础理论来进行分析，在其他条件相同的情况下，分块越多，中心点的位移值越接近于常数。

二、水温对位移测试的影响

水压法试验试洞内供施压用的水，其温度要求与洞温一致，并且恒定。否则温度的变化将引起测量的误差。实测表明，洞径为 2 m 的试洞，当水温变化 1 ℃时，径向位移计测量位移值变化为 10 ~ 20 μm。该值与用线膨胀系数计算出的测杆(铜材)的变形量 10 μm /℃相接近。

减小水温影响的措施。试验前将水充入试洞内,使水温达到洞温时可开始试验。试验过程中不断补充的水源,也应使其温度达到洞温后再使用。为此须备有蓄水池,事先将补充水的温度调节好。这种温度调节工作,随时都要进行,因为池内要经常补充水,而池水在管路循环时温度会变化。水温调节工作可以采用电热(水温低于洞温时)或制冷(水温高于洞温时)等办法。

第五章　岩体强度试验

岩体强度试验包括混凝土与岩体接触面直剪试验、岩体本身直剪试验、结构面直剪试验、结构面直剪蠕变试验、岩体直剪试验、岩体三轴压缩试验及岩体载荷试验等。试验的主要目的是研究岩体破坏规律和强度性质，为水工建筑物地基的浅层滑动和深层滑动稳定分析、地下洞室围岩及岩质边坡稳定分析以及软弱岩体承载能力提供岩体强度参数。

直剪试验是国内外现场测定岩体抗剪强度最常采用的方法，在平洞、基坑甚至在大口径钻孔中均可进行。试验前，可预先选择破坏面的位置，剪切载荷可按所需要的方向施加，试验方法比较简单，因此特别适用于测定岩体软弱结构面的抗剪强度。岩体三轴压缩试验是现场测定三向应力状态下岩体的强度和变形特性，确定岩体抗剪强度参数，进行这项试验的仪器设备、技术条件都比较复杂，一般只应用于大型水工建筑物。岩体载荷试验主要目的是确定在法向载荷作用下地基的承载能力，通常适用于破碎岩体或软弱岩体。

第一节　混凝土与岩体接触面直剪试验

混凝土与岩体接触面直剪试验是研究在外力作用下混凝土与岩体接触面之间所具有的抵抗剪切的能力。试验成果主要应用于水利水电工程坝基稳定分析，研究混凝土与岩体接触面受剪切载荷时的变形破坏规律，为校核大坝沿基岩接触面抗滑稳定性提供抗剪强度参数和剪应力—剪位移关系曲线。

混凝土与岩体接触面直剪试验方法详见《水利水电工程岩石试验规程》(SL 264—2001)第 72 ~77 页。主要仪器和设备包括液压千斤顶、液压泵及管路、压力表、钢垫板、滚轴排、传力柱及传力块、斜垫板、测量支架、测量表架、测表等。试验记录包括工程名称、岩石名称、试件编号、试件位置、试验方法、混凝土强度、剪切面面积、测表布置、法向载荷、剪切载荷、法向位移、剪切位移、试验人员、试验日期等。

混凝土与岩体接触面直剪试验通常采用平推法(见图 5-1)或斜推法(见图 5-2)，试验尺寸一般采用 50 cm × 50 cm ~ 70 cm × 70 cm。根据一组试验(一般 5 ~ 6 块)取得的正应力和剪应力试验成果，按库仑直线方程拟合，确定摩擦系数(f)和黏聚力(c)。影响混凝土与岩体接触面抗剪强度主要因素有试件尺寸、基岩面起伏差、混凝土抗压强度、岩石风化程度以及岩体结构类型等。

一、试件尺寸

为了充分反映岩体受力后的应力状态和裂隙分布的不均一性，应考虑采用较大尺寸的试件进行试验，通常认为试件的尺寸取决于岩体中单个岩块的大小。对于试件尺寸问题，有下列几种不同的观点：

奥地利学派缪勒(L. Müller)认为：对裂隙岩体，试件应包括的裂隙至少是 100 条，最

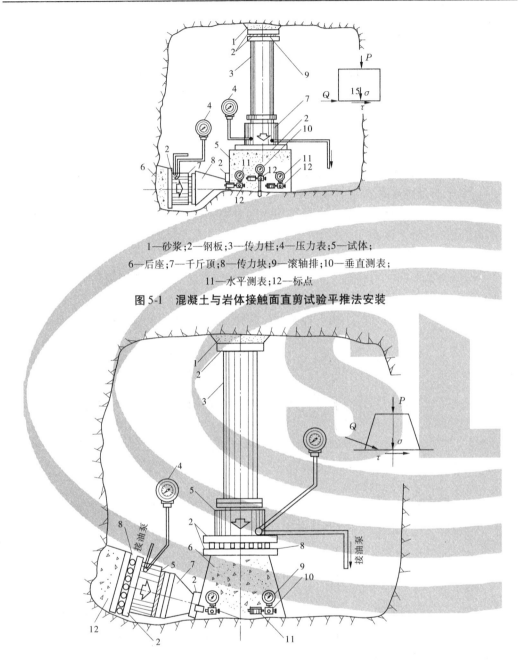

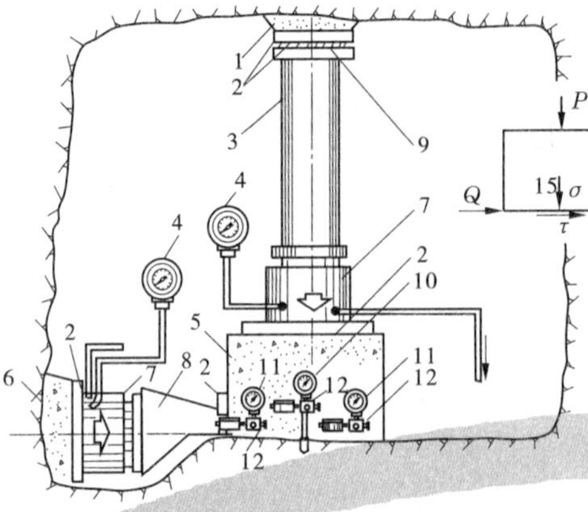

1—砂浆;2—钢板;3—传力柱;4—压力表;5—试体;
6—后座;7—千斤顶;8—传力块;9—滚轴排;10—垂直测表;
11—水平测表;12—标点

图5-1　混凝土与岩体接触面直剪试验平推法安装

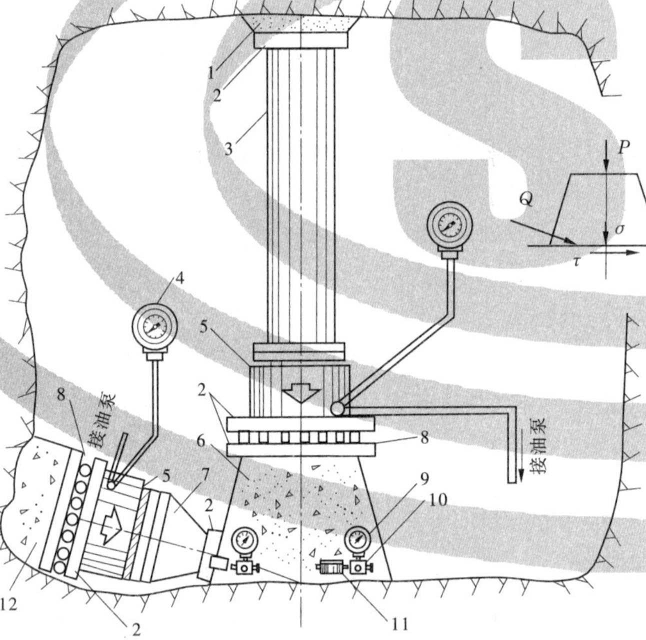

1—砂浆;2—垫板;3—传力柱;4—压力表;5—液压千斤顶;6—混凝土试体;
7—传力块;8—滚轴排;9—垂直位移测表;10—测量标点;11—水平位移测表;12—混凝土后座

图5-2　混凝土与岩体接触面直剪试验斜推法安装

好200条,试件边长必须超过裂隙平均间距的10倍,才能把岩体作为一种均质体来看待,试验结果才能符合统计规律。原苏联普拉楚汉认为:试件边长应大于裂隙平均间距的20倍;罗查则提出试件边长大于裂隙平均间距的4~5倍即可。

日本《岩盘力学》一书提出,剪切面积应足够大,以便包括更多的节理裂隙。一般情

况下采用 0.36 ~ 1.5 m^2。林克提出，常规试验的面积为 0.25 ~ 1 m^2，通常为 0.7 m × 0.7 m或0.5 m×0.5 m。

上面所说的一些标准，只考虑到试验对象的几何尺寸，对裂隙岩体来讲，显然是不够的。乌霍夫(C. B. Y XOB)不但考虑到裂隙的尺寸、裂隙之间的距离，而且考虑了裂隙及被裂隙切割的岩块的变形模量等诸多因素，提出下列标准：

$$n = \frac{m[(100 + K)(A + 1)B - 100(A + mB)]}{K(A + 1)(A + mB)}$$

$$A = \frac{d}{\Delta d}$$

$$B = \frac{E_a}{E_T}$$

式中　n——试件边长 L 与裂隙间距 d 之比；

m——1、2、3 分别对应一维、二维、三维问题；

d——裂隙之间的距离；

Δd——裂隙的宽度；

E_a，E_T——岩块及裂隙的变形模量；

K——试验精度。

美国材料和试验协会认为，单靠加大试件尺寸，未必能解决所有问题，在某些情况下，远不如用数量较多的小型试验进行单块岩石测定，然后把成果进行数学处理更恰当一些。但他们并不否定现场大面积试验，并认为现场试验的试件尺寸可以随要求而改变，但面积不应小于 16 in×16 in(40.6 cm×40.6 cm)，高度不应小于 8 in(20.3 cm)。不论所选具体尺寸如何，长、宽、高之比均应为2∶2∶1。

国际岩石力学学会的建议方法中建议试件面积为 70 cm×70 cm，如试验面平整光滑，可采用较小的试件，否则试件尺寸应加大。

国内对试件尺寸的论点与国外大同小异，都认为试件尺寸主要取决于裂隙的切割密度。如果裂隙密集而且比较均匀，可以用小尺寸试件进行试验，反之，则应适当加大。如原北京水电勘测设计院 1963 年编的规程草案中提出“试件尺寸应大于裂隙平均间距的2~3 倍……最低不得小于50 cm×50 cm”。成都勘测设计院科研所等单位也提出过类似的观点。

综上所述，可以认为：增大试件尺寸，可以将较多的地质因素包括在内，具有较好的代表性，然而试验难度和花费增加，考虑到过分增大试件尺寸，对工程而言，也不能解决所有问题，同时一些试验资料表明，当剪切面积大于2 500 cm^2 时，成果比较稳定，并能满足按断裂力学进行计算的要求，因此规程规定剪切面积不小于 2 500 cm^2，最小边长不小于50 cm。若需与国际规程建议方法接轨，可以采用 70 cm×70 cm。今后应在统一试验方法的基础上多做一些比较试验，以解决岩体尺寸问题。对于重要工程，在进行现场大型试验的同时，应进行相应的中小型抗剪试验。

二、基岩面的起伏差对抗剪强度的影响

室内试验结果表明，当剪切面起伏程度比较规则时，起伏差对抗剪强度的影响表现出

一定的规律性。在现场试验中,除起伏差这一因素外,抗剪强度还取决于裂隙切割条件、剪切破坏形式、正应力大小、基岩类型、强度以及混凝土与基岩强度等一系列因素。从目前掌握的国内外资料来看,试验成果往往是不一致的,有的认为起伏差与岩石强度两个因素对抗剪强度的影响以岩石强度为主,有的认为以起伏差为主,但总的趋势是抗剪强度大致随地基起伏差加大而增加。

考虑到上述情况,规程规定,对常规试验,地基面起伏差控制在试件边长的1% ~2%以内(试件尺寸为50 cm×50 cm时,起伏差为0.5 ~1 cm)。这种起伏差是国内各单位近年来经常采用的,所取得的抗剪强度偏于安全。如岩体被多组裂隙切割,可尽量按上述规定加工基岩面,达不到要求时可对其进行详细描述和测量,以探讨其对抗剪强度的影响。

三、垂直载荷的施加方法

(一)最大垂直载荷的确定

抗剪试验中,施加试件上的最大垂直载荷或最大正应力 σ_{max} 应满足大坝地基工作条件的要求,即与设计正应力相适应。根据目前掌握的资料,除原苏联在布拉茨克水电站采用设计平均正应力外(按偏心受压公式计算),其他均使用正应力稍大于设计的最大正应力。

(二)垂直载荷的分级

原北京水电勘测设计院提出垂直载荷分5级施加到试验载荷,然后退压再重复加压。这样做的好处是可以获得垂直载荷下基岩或混凝土的变形性能,综合利用一块试件,得到更多的资料。原北京水电勘测设计院在黄壁庄水库,原苏联在克拉斯诺雅尔水电站等都曾这样做过。规程中提出分3 ~5级加至预定载荷,如需进一步研究岩体的变形特性,可再进行退压、加压循环。

(三)斜剪过程中垂直应力的调整

采用斜推方案时,一旦加上斜向剪切载荷,垂直应力必然会随之而增加,引起垂直应力的处理问题,即在剪切过程中,垂直应力是保持常数或是变数的问题。国外对这个问题也有不同的看法。国内在实践中大致采取两种方式来处理:

(1)随着斜向载荷的施加,同步调整垂直压力表读数,使剪切面上的正应力在整个剪切过程中始终保持为常数,称为常正应力法。

(2)在施加斜向剪切载荷时,不调整垂直压力表读数,此时正应力是变数,称为变正应力法。

采取变正应力法的主要缺点是,当正应力为变数时,剪切面上的应力条件比较复杂,而且增加了正应力这个变量之后,会使剪应力—剪切变形曲线失真。

黄委勘测院水科所曾采用以上两种方法对石英斑岩岩体本身及沿倾向下游的节理面做过比较试验。该试验的报告还列出了正应力为常数时粉砂岩层面、页岩层面(包括夹泥和不夹泥的)、混凝土/白云质灰岩的试验资料。主要研究成果如下:

(1)不同方法所取得的应力—变形曲线不同,采用常正应力法时,石英斑岩、石英斑岩裂隙面以及混凝土与岩体接触面的应力—变形曲线具有脆性破坏型特征,反映出明显的直线段;沿岩体层面的应力—变形曲线表现出塑性破坏型特征,可以看出明显的屈服

段。但在变正应力法中，石英斑岩和层状岩体的应力—变形曲线大部分都表现为阶梯状上升的曲线，没有或较少直线段；在混凝土与岩体接触面抗剪试验中，虽然部分具有直线段，但直线段与峰值强度之比不超过50%，而在常正应力法中这个比值平均为83%。

（2）不同方法所取得的剪切变形是不一样的。所有资料反映出正应力为常数时，剪切变形小；正应力为变数时，剪切变形大。如对石英斑岩本身，当正应力为常数时，平均峰值变形为1.41 mm；正应力为变数时，平均峰值变形则达到5.62 mm。

（3）两种方法所取得的抗剪强度不同，大体的趋势是常正应力法所得抗剪强度大于变正应力法的抗剪强度。

（4）按照直剪试验原理，抗剪强度随正应力的增加而增加。如果同一试件在不同正应力下剪切，势必出现在逐渐剪损过程中，降低强度，增加剪切变形。

国外资料也说明，采用变正应力法进行试验时，由于发生剪切破坏的应力路径不同，所取得的应力—变形曲线与抗剪试验成果均不同于常正应力法。

为了简化剪切面上的应力条件，准确反映岩体的应力—变形曲线（这在有限单元法的应用中非常重要），因此规程提出在整个剪切过程中正应力应始终保持为常数。为了达到上述目的，要求施加斜向载荷时同步调整垂直载荷，使剪切面上的正应力在剪切过程中始终保持为常数。

四、剪切载荷的施加方法

平推法或斜推法都希望剪切面上的应力分布是均匀的。但从目前掌握的试验资料看，要全面肯定或否定某一试验方法，条件还不够成熟。

规程并列推荐平推法与斜推法两种方案。进行平推试验时，应尽可能减小倾覆力矩或将力臂降低到最低限度，每次试验要求实测水平着力点与剪切面之间的距离。

（一）剪应力的分级

除快剪试验中剪应力可以持续不断地施加到试件发生剪切破坏外，一般剪应力都是分级施加的。分级施加的目的是取得较准确的应力—变形曲线。美国ASTM岩石试验规程中，对剪切载荷的分级做了原则性规定，即分级施加，级数不少于10级。

无论采用哪一种控制标准施加剪切载荷，通常认为开始施加的载荷级别可以大一些，以后宜逐级减小，临近破坏时，载荷级别应是最小的。按最大剪力分级时，需事先估计f和c值并计算出极限破坏载荷，如估计不准，可能带来一定的误差，但不论采用哪种方法来分级，对抗剪强度不会带来本质上的差别。

规程规定按预估最大剪切应力分8～10级逐级均匀等量施加剪切应力，当试件产生显著剪切变形时（即后一级剪切应力引起的变形为前一级引起的变形的1.5倍以上时），剪切应力减半施加，直到剪断。这样做，剪切载荷都大于10级，同时可以简化试件受力条件，有利于应力—变形曲线上判断出各剪切阶段的特征点。

（二）剪切应力的施加速率

为了使试验条件尽可能接近于水工建筑物和地基的工作条件，应该根据岩体的强度、透水情况、工程的施工速度和运行条件等，在剪切试验中确定一个适当的剪切速率。除剪切流变试验外，在常规的岩石剪切试验中，大致分3种方法施加剪切载荷。

(1)快速剪切法:在施加正应力以后,立即均匀地施加剪应力,直至破坏。快速施加剪应力容易在应力—变形曲线上出现人为的硬化现象,故规程不推荐这种方法。

(2)时间控制法:在施加正应力之后,分级施加剪应力,每级剪应力施加之后,立即测读剪切变形,间隔一定时间,不计变形是否稳定,再测读一次变形,即可施加下一级剪应力,直至破坏。

(3)变形控制法:方法同前,但每级剪应力施加以后,每隔一定时间读数一次,直到最后相邻两次或三次测读的变形小于某一规定数值,认为稳定,方可施加下一级剪应力,直至破坏。

五、抗剪试验成果的整理

(一)关于库仑方程式的说明

常规方法进行大坝抗滑稳定计算时,普遍应用的是库仑方程式。这个方程式首先由库仑在18世纪提出,后经纳维尔加以发展而成,即库仑—纳维尔(Coulomb - Navier)抗剪强度表达式,简称库仑方程式:

$$\tau = \sigma \cdot \tan\varphi + c \tag{5-1}$$

式中 τ——剪切面上的极限抗剪强度,MPa;

σ——剪切面上的正应力,MPa;

$\tan\varphi$——剪切面上的摩擦系数;

c——剪切面上黏聚力,MPa。

如果考虑岩体中孔隙水压力的影响,应将上述以总应力表达的方程式改为以有效应力表达的方程式:

$$\tau' = \sigma' \cdot \tan\varphi' + c' \tag{5-2}$$

式中 τ'——有效抗剪强度,MPa;

σ'——有效正应力,为正应力 σ 与孔隙水压力 u_w 之差,即 $\sigma' = \sigma - u_w$;

$\tan\varphi'$、c'——有效抗剪强度参数。

裂隙岩体的强度是一个极其重要而又研究得很不够的问题。根据库仑提出的极限剪应力理论,认为岩石稳定受最大剪应力控制,将岩体视为破坏前绝对静止,破坏后则突然运动的物体。这显然忽视了剪应力随剪切变形而变化的客观事实。库仑方程式不能完美地反映岩体的破坏过程,利用它求出 f、c 值的物理意义也不明确,它们只是库仑直线方程式的两个参数。近年来提出了一系列评价岩体强度的新方法,例如认为极限剪应力与正应力之间呈非线性关系,即 $\tau = a \cdot \sigma^n$ 的指数关系或具有不同 f、c 值的折线关系等。不过这些建议还值得进一步研究和发展。规程提出,除用常规办法按库仑表达式提供 f、c 值外,同时强调了绘制剪应力—剪切变形的全过程曲线(包括加压和退压过程),以便于建立数学模型供有限单元分析应用。

(二)剪切强度特征点的确定

在外载荷作用下,一般材料性能可表现出三种状态:首先是可逆的弹性状态,接着是不可逆的屈服状态,最后是破坏状态。因此,有弹性极限(或比例极限)强度,屈服(或塑性)强度与极限(峰值)强度之分。以上三种状态都可能出现的材料,称为塑性材料或韧

性材料。没有进入屈服状态或很少进入屈服状态就发生破坏的材料称为脆性材料。

在典型的脆性破坏岩体和典型的塑性破坏岩体之间,存在着各种不同的也是大量的过渡类型。由于实测曲线往往不那么典型,这就给确定各特征点时带来许多困难。

根据岩体(包括混凝土与岩体接触面)的破坏机理及应力—变形关系,有的文献将岩体划分为脆性破坏型及塑性破坏型,并且提出:对于脆性破坏岩体,取比例极限作为剪切破坏准则,对塑性破坏岩体,取屈服极限作为剪切破坏准则。同时,论述了上述两个特征点的确定方法:

(1)比例极限 τ_p 的确定可由应力—变形曲线直线段的末端直接量得,如有困难,可借助以下辅助手段。①根据在比例极限前退压后变形可以基本恢复这一原则,利用反复加压、退压循环求比例极限;②在比例极限以前,试件受力后连同基岩一起位移,从而可利用实测的水平向绝对变形和相对变形,换算出基岩变形和试件变形;③绘制剪应力(τ)—绝对变形(u_A)关系曲线,则比例极限点有时会变得更为明显。

(2)屈服强度 τ_y 的确定,绘制剪应力(τ)—绝对变形(u_A)—相对变形(u_R)关系曲线,在 A 点以前,基岩变形逐渐减少,相对变形逐渐增加,到达 A 点后,基岩变形趋近于零,相对变形与绝对变形相等,试件濒于塑流状态。

(三)国外对剪切强度特征点的划分

综上所述,在现场直剪试验中,代表岩体不同工作状态的大致有 7 个剪切强度特征点,分别是比例极限点、剪胀点、屈服极限点、剪切变形速度急剧转折点、允许位移量点、峰值强度点、残余强度点运用哪一种方法更好,尚需在今后的工作中进一步探索。

为了进一步探讨岩体的剪切破坏机理,确定剪切位移曲线上各特征点的位置,建议尽可能多布置一些测表,除测量试件和基岩的水平变形(包括绝对的和相对的)外,还要测量垂直变形。

最后应当指出,上述各种准则都不是一成不变的。随着岩体力学试验研究的发展,也出现了其他一些准则,如湖南省水利电力勘测设计院对混凝土重力坝在岩基上的抗滑稳定用断裂力学方法进行了探讨,在研究过程中,他们采用了常规直剪试验方案,并在混凝土与基岩接触面上预埋测量裂纹发展过程的元件。在每级剪力作用下,反复加压退压,观测裂纹扩展规律。在这个基础上,提出将断裂力学中的应力强度因子或裂纹扩展力作为断裂准则,进而应用于混凝土重力坝的断面设计的建议。再如付里德曾提出岩体的破坏受试件底部的最小主拉应力控制的论点,并从这种观点出发,提出了另外的破坏标准。因此,在研究工作中,不应受已有研究成果的限制。

六、单点法抗剪试验

利用同一个试件在几级不同的垂直载荷下进行剪切并测求其相应的抗剪参数,这种方法称为单点法抗剪试验。

在常规试验中,一般把 4 个以上的试件作为一组进行试验。有时由于地质代表性不足,其成果仍然十分分散,不得不增加试验工作量,因此可利用单点法进行抗剪试验,力求一点多用,尤其当试验段有限时,利用一个试件推求抗剪强度参数,可以大大减少试件的制备数量。

国外把单点法试验叫重复试验。在单点法抗剪试验中,首先将试点加压至临近剪断状态,然后退压至零,使试件在逐级增加或逐级减少的正应力下重复剪切。有时候为避免剪切面积变化过大,也有将试件推回到重复剪切前的位置再进行剪切的。

国内常用的单点法抗剪试验大体有如下几种:

(1)近似比例极限单点法:在某一级起始正应力作用下,逐级施加剪应力至近似比例极限即退压至零,然后加大正应力,按上述同样步骤,重复进行多次,在最后一级正应力下,才将试件剪断,这样就可以取得相当于近似比例极限的抗剪强度参数。

(2)临近破坏极限单点法:在某一级起始正应力作用下,逐级对试件施加剪应力。当试件发生显著变形,临近塑流破坏时,停止加压,然后退压至零,再在高一级正应力下,重复上述步骤,直到最后一级正应力下,才把试件剪断,得到的是相当于临近塑流破坏时的抗剪强度参数。目前这项试验在国内的称谓还不统一,有的称临近破坏极限单点法,有的称单点抗剪断试验或单点屈服值抗剪试验。

(3)单点摩擦试验:先进行一个试件的常规抗剪断试验,然后在不同的正应力作用下进行摩擦试验,得到的是试件破坏以后重复摩擦所得到的抗剪强度参数。

此外,有的文献建议,在每一个试件上首先进行临近破坏极限单点法试验,但各试件最后剪断一级的正应力不应相等,而是逐个递增或递减。然后在同一试件上作单点摩擦试验,这样就把常规抗剪断试验,临近极限单点法试验和单点摩擦试验三种方法结合起来,如一组4个试件,可以取得1组常规抗剪断,4组临近破坏单点法试验,4组单点摩擦试验,即9组试验成果,这将有助于资料的相互验证,分析对比。

第一种方法的特点是,在近似比例极限以内,经过反复加压、退压过程,岩体基本上在弹性状态下工作,不会导致岩体"疲劳"而影响试验成果。对某些坚硬脆性岩体,当以比例极限为选择计算指标的基础时,采用这个方法是恰当的。而第二种、第三种方法分别是在临近塑流破坏以及破坏以后的状态下进行的。对于后两种情况,由于每次退压都产生一定的塑性变形,每经过一次剪切,试件的位置就变化一次,因而在某些情况下(如当剪切面不规则时),会给试验成果带来一定的影响。

在第一种和第二种方法中,都存在着如何准确确定比例极限点及临近破坏点的问题。一般在试验时,应采取边试验边绘制曲线的办法来寻找各特征点以指导试验工作的进行,而且加压级数要尽量小一些(如按最大剪切载荷的5%施加)。至于正应力的施加,根据云南电力设计院的经验,应该采取由小到大逐渐递增的方式进行,否则会影响试验成果。

国外的研究资料表明,单点试验的破坏包络线通常介于最大(峰值)强度和残余强度包络线之间。单点试验的剪切破坏曲线的形状特性还与所采用的垂直载荷是逐级增加还是逐级减少有关。国际岩石力学学会建议的方法指出,在抗剪断试验中,确定残余强度之后,可在法向应力增加或减少(尽可能递增,而不是递减)情况下继续进行剪切,以取得额外的残余强度值。当进行单点试验时,建议不用反向剪切或重新将试件推回原位再行剪切的方法。

国内近年来的实践经验表明,对于某些软弱夹层,采用第三种方法进行单点法试验所得成果与多点法成果近似。有的文献认为,对于塑性饱和黏土夹层,其抗剪断强度与抗剪强度(重复剪切的摩擦强度)大致相等。有的文献也获得了岩体沿比较平整的弱面进行

摩擦试验时,成果很有规律的结论。

国外资料也说明用单点法测定岩体残余强度是方便而有效的。

综合以上各种观点,进行单点法抗剪试验时应当注意:

(1)对于具有平整剪切面的软弱夹层进行单点法试验时,基本上可以利用改变起始正应力进行不同正应力下的重复摩擦试验来代替一组抗剪断成果,建议试用该方法,并对试验结果进一步加以探索。

(2)对于以脆性破坏为主的坚硬岩体,当以比例极限作为剪切破坏的准则时,以采用近似比例极限单点法为宜;对于以塑性破坏为主的软弱岩体,当以屈服极限作为剪切破坏的准则时,以采用屈服极限单点法为宜。

(3)对于剪切面不平整的弱面,脆性物质组成的夹层以及介于典型脆性与典型塑性岩体之间的一些过渡类型岩体,采用哪一种方法有待今后进一步论证。

(4)无论对于坚硬岩体或软弱夹层(尤其是制备试件比较困难的软弱夹层),建议对单点法进行探索和试验研究,尽量做到综合利用一个试件,一点多用,以取得更多的资料。

例如,在三峡工程大坝混凝土与岩体接触面抗剪强度试验研究中,为了研究三峡大坝与微风化基岩接触面抗剪强度参数以及利用弱风化带(下部)岩体作为大坝建基面的可行性,分别针对微风化岩体和弱风化带(下部)岩体进行了 4 组和 5 组混凝土与基岩接触面抗剪试验。试验成果表明:接触面是比混凝土和岩石强度更弱的控制面,不能用混凝土的抗剪强度代替接触面的强度。影响混凝土与岩体接触面抗剪强度的主要因素包括岩体结构、风化程度、混凝土抗压强度以及接触面起伏差等。对于块状与次块状结构类型岩体,接触面抗剪强度参数无明显差异;对于镶嵌结构岩体,接触面抗剪强度参数略有降低(f 降低 9%、c 降低 7%);弱风化下部岩体与微风化岩体比较,接触面抗剪强度参数 f 降低 3%、c 降低 13%;混凝土抗压强度对接触面抗剪强度参数影响明显,对微风化岩体拟合关系式为 $\tau/R_c=0.91(\sigma/R_c)^{0.62}$,对弱风化下部岩体拟合关系式为 $\tau/R_c=1.05(\sigma/R_c)^{0.88}+0.079$;起伏差对接触面抗剪强度有较大影响,当起伏差从 0.5~1.0 cm 增大到 2 cm 时,摩擦系数 f 值增加 33%。取概率为 0.05 分位值,混凝土与弱风化带下部岩体接触面抗剪断强度参数标准值为 $f=1.20$,$c=1.60$ MPa。

第二节　结构面直剪试验

结构面直剪试验的主要目的是测定结构面的抗剪强度参数和剪应力—剪位移关系曲线,研究结构面受剪切载荷时的变形破坏规律,为坝基、边坡、地下洞室岩体变形稳定分析提供结构面抗剪强度参数。

岩体的稳定性往往取决于其中的结构面,尤其是软弱结构面的性质、分布及组合方式,这已为国内外的工程实践所证实。在某些情况下,研究软弱结构面的抗剪强度比研究混凝土与岩体接触面的抗剪强度更为重要。法国马帕塞薄拱坝坝肩、意大利瓦依昂大滑坡等均系沿岩体中的软弱结构面失事。国际岩石力学学会提出把岩体沿软弱结构面的抗剪强度试验规定为重力坝、拱坝、其他大型建筑物、天然和人工边坡、大型地下洞室等详测阶段必须进行的项目。国内在 20 世纪 50 年代对此问题研究得不够,60 年代以后,上述问题逐渐引起重视。应该注意的是,软弱结构面是控制岩体稳定的主要因素,但不是唯一的因素。在外力作用下,岩体中的实际破坏面取决于应力分布状态和软弱结构面本身,也可能通过结构面之间的坚硬岩体。

现场测定软弱结构面抗剪强度最常用的方法是直剪试验,详见《水利水电工程岩石试验规程》(SL 264—2001)第77~81页。主要仪器和设备同混凝土与岩体接触面直剪试验。试验记录包括工程名称、岩石名称、试件编号、试件位置、试验方法、剪切面面积、位移测表布置、法向载荷、剪切载荷、法向位移、剪切位移、试验人员、试验日期等。

当软弱结构面(夹层)充填物较厚时存在一些复杂的试验技术问题,包括在较高法向载荷作用下夹层挤出问题,试件制备中对夹层的扰动影响问题,特别是扰动后夹层物质遇水膨胀问题等。因此,结构面直剪试验主要技术问题一是如何保持试件为原状,二是控制法向应力,避免夹泥挤出,三是控制剪切速率,保证试件充分排水。

一、试验布置

为了简化试件的受力条件,便于操作和计算,应尽量按照混凝土与岩体接触面直剪试验的平推法或斜推法方案布置结构面的试验工作。在实际工作中,当不能满足上述条件时,可采取其他方案,如陡倾角或缓倾角试验方案等。单千斤顶加压方案缺点是,在整个剪切过程中剪切面上的正应力和剪应力都是变数,故规程未予推荐。

规程规定在现场结构面抗剪试验中,试件尺寸不得小于50 cm×50 cm,尽可能采用70 cm×70 cm,以便与国际建议方法一致。较小尺寸的试验可在室内中型剪力仪上进行。

二、垂直载荷施加方法

施加到结构面上垂直载荷的大小,原则上应根据结构面的实际受力情况而定,若夹层的物质松软,含水量高,当施加垂直载荷过大会引起很大的压缩变形时,则以不挤出夹层物质为限。

垂直载荷的分级和施加速率及稳定时间:规程提出分4~5级施加垂直载荷,这样可以获得软弱夹层在垂直载荷下的正应力—变形关系曲线。对于高塑性、低密度、含水量大的夹层,垂直载荷尤应分级缓慢施加;否则,会因剧烈的触变而破坏其结构,得到较小的空隙比,从而影响试验成果。

对于垂直载荷的施加速率,建议每隔5 min均匀施加,并要求在垂直载荷达到固结后再进行剪切。

关于压缩稳定时间,对于无充填结构面或非黏性土的软弱夹层,其抗剪强度基本上不受稳定时间长短的影响;对于黏土夹层,则其抗剪强度将随压缩稳定时间的延长而增大。

三、剪切载荷的施加速率

对于坚硬岩石,在同一正应力作用下,剪切载荷的加载速率对抗剪强度没有多大影响。中国科学院地质研究所在室内通过6种不同的加载速度,对砂岩、张夏鲕状灰岩、固

山鲕状灰岩进行过双面剪切试验，剪切载荷的最快速率与最慢速率相差达两个数量级，而抗剪强度无明显变化。

在软弱夹层的抗剪试验中，剪切载荷的分级和施加速率是影响抗剪强度的主要因素之一，因为它直接关系到试件的排水多少、塑性阻力的大小和振动触变强度等，因此有快剪、慢剪之分。

在慢剪（或排水剪）试验中，剪切历时即达到最大抗剪强度所需要的时间，取决于夹层的成因、类型、结构特性及夹层的厚度等因素。根据室内试验结果，一般情况下，剪切历时越长，即剪切速率越小，则试件排水越充分，抗剪强度越高，而剪切速率到达某一极限后，抗剪强度则接近于一个常数。

规程建议在现场对抗剪强度较高的低塑性夹层按预估最大剪切载荷的10%、对抗剪强度低的高塑性夹层按5%分级施加，当剪切变形明显增加时减半施加，直到剪断，以便更准确地反映夹层的应力—变形关系。在现场试验中，考虑到试件尺寸较大，排水不畅，建议每10 min测读变形一次，两次相邻间隔所测变形小于0.1 mm/min，即认为稳定。

工程应用之一：葛洲坝工程202#泥化夹层剪切强度试验研究

葛洲坝水利枢纽工程主要岩性为白垩系下统黏土岩及粉砂质黏土岩，岩层走向20°～40°，与坝轴线夹角70°，倾角4°～8°。其间存在大量的软弱夹层，尤其是202#层间错动泥化夹层为0.1～0.5 cm厚的塑性泥，上下两侧有2～5 cm的软化带和10～20 cm厚的破碎带，力学强度低。如何确定泥化夹层的剪切强度，成为大坝稳定分析的主要岩石力学与工程问题。为此，长江科学院采用多种方法进行了现场直剪试验研究，为大坝抗滑稳定分析提供泥化夹层的剪切强度参数。

现场快剪试验剪切面积50 cm×60 cm，取得抗剪强度参数$f=0.225$，$c=0.063$ MPa。现场剪切流变试验，每级剪切应力施加后位移观测时间3～4 d，最长8 d，每个试件历时1～1.5月，取得长期剪切强度参数$f=0.19$，$c=0$ MPa。现场大面积剪切试验面积达18 m^2，剪切强度参数$f=0.19$，$c=0.005$ MPa。

试验成果表明，泥化夹层具有明显的塑性破坏特征，当剪应力增加到峰值的60%～70%时，位移速率明显增大，此后呈塑性流动。流变试验则表明泥化夹层具有明显的流变特征，位移随时间的关系可采用对数关系$u=u_0+a\ln(t+1)$描述，位移随时间的增长可达到瞬时位移的30%～200%，同时长期剪切强度降低，在$\sigma=0.3$ MPa时，瞬时剪切强度$\tau=0.134$ MPa，长期剪切强度降低至$\tau_\infty=0.10$ MPa，即降低25%。快剪试验屈服极限与峰值强度比值为0.6～0.7，长期强度与峰值强度比值为0.3～0.6，长期强度参数$c_\infty=0$ MPa，$f_\infty/f=0.84$。由于水工建筑物承受长期载荷，因此稳定分析不宜采用瞬时强度参数，而应采用长期强度参数。根据试验成果的综合分析，提出202#泥化夹层剪切强度参数设计采用值$f=0.20$，$c=0$ MPa。

工程应用之二：黄河小浪底水利枢纽工程泥化夹层限胀直剪试验

黄河小浪底水利枢纽T_1^4黏土岩、粉砂质黏土岩层中含7层主要泥化夹层，泥化程度高，连续性好，厚度为0.1～10 cm，抗剪强度低。为此，黄委在1980年进行了常规和限制夹泥膨胀的快剪试验,1988年又进行了限制夹泥膨胀的慢剪试验,取得了明显的效果。限制夹泥膨胀的外锚筋挡梁法试验安装见图5-3,试验成果见表5-1,在剪应力—剪切位移曲线形态上呈现了明显的峰值和残余值,抗剪强度比常规方法有一定程度的提高,摩擦系数f值从0.19提高至0.23。慢剪试验取得抗剪强度参数$f=0.25$,$c=0.005$ MPa,与常规方法比较,f值提高31.6%。

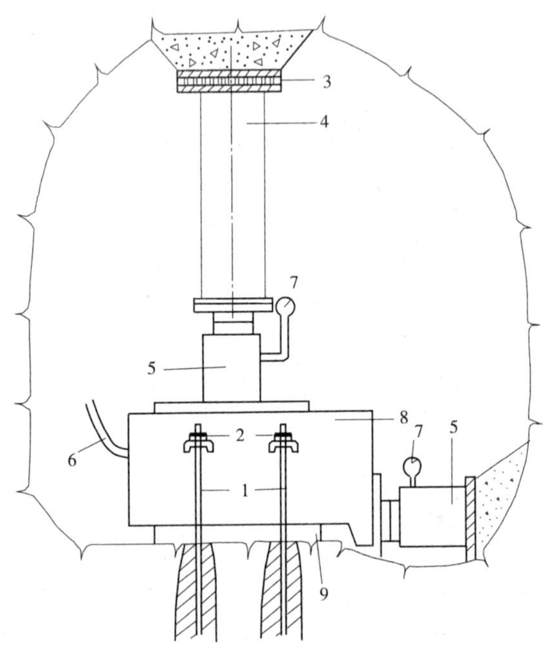

1—外锚筋;2—挡梁;3—滚轴;4—传力柱;5—千斤顶;6—中心注水管;7—压力表;8—试件;9—夹泥

图5-3 外锚筋挡梁法限制夹泥膨胀试验安装

表5-1 黄河小浪底水利枢纽 T_1^4 岩组泥化夹层抗剪强度试验成果对照

试验	项目										强度
饱和固结快剪(常规试验)(1980年)	σ(MPa)	0.27	0.55	0.91							峰值强度
	τ_p(MPa)	0.035	0.10	0.175							$c=0$ MPa
	u(mm)	4.1	10.45	4.0							$f=0.19$
饱和固结快剪(控制膨胀试验)(1980年)	σ(MPa)	0.34	0.61	0.82	0.82	1.0	1.24	1.33	1.44	1.63	峰值强度
	τ_p(MPa)	0.085	0.118	0.192	0.18	0.294	0.18	0.292	0.291	0.278	$c=0.004$ MPa $f=0.23$
	τ_c(MPa)		0.106		0.166	0.287		0.278	0.281		残余强度
	u(mm)	6.43	10.95	9.4	2.9	9.1	8.3	3.4	8.72	11.9	$c=0$ MPa $f=0.19$
饱和固结慢剪(常规试验)(1988年)	σ(MPa)	0.228	0.226	0.429	0.654	0.832	0.842				稳定强度
	τ_p(MPa)	0.075	0.044	0.103	0.164	0.271	0.19				$c=0.005$ MPa
	u(mm)	6.18	6.69	17.81	8.0	7.81	4.87				$f=0.25$

第三节　结构面直剪蠕变试验

结构面直剪蠕变试验的主要目的是研究软弱结构面长期强度,论证坝基或边坡的长期稳定性。在载荷作用下,结构面的滑移、位错、变形都遵循随时间而变化的规律。

我国在岩体蠕变试验方面,早在1959年三峡工程现场试验平洞内对花岗岩体进行了蠕变观测。1972年,为论证葛洲坝工程复杂岩基的稳定性,长江科学院在现场进行了层间泥化夹层的现场蠕变试验,试件面积为50 cm×60 cm,历时长达1～1.5个月。此外,还对混凝土/黏土岩试件进行了一系列蠕变研究。在抚顺露天煤矿、金川镍矿等现场也进行过弱面的蠕变试验研究。此外,成都勘测设计院在二滩水电站对软弱的绿泥石化玄武岩也进行过许多蠕变试验研究,使用的承压板直径为1 m,最高载荷为10 MPa。

结构面的直剪蠕变试验方法详见《水利水电工程岩石试验规程》(SL 264—2001)第81～83页。试验方法要点与结构面直剪试验基本相同,但需要配备稳压装置,保持温度相对稳定,延长位移观测时间。

一、关于稳压设备

具有提供恒定载荷的稳压设备是进行蠕变试验的必要条件。以往进行蠕变试验时,都使用瓶式稳压器(上部装氮气、下部装油),以气体为稳压介质。气瓶的容量比油罐容量大数十倍,以保证稳压性能良好。稳压装置的设计压力值一般为8～10 MPa,装置是按照波义尔定律设计的。成都勘测设计院科研所曾经研制的稳压器主要由供油和操作控制两大部分组成。供油部分为柱塞式油压泵,操作部分为各类阀体,如调压阀、切止阀、回油阀等。两种型号的稳压器最高工作压力分别可达15 MPa、30 MPa,并能自动补压、降压。

二、关于法向载荷的施加

在软弱结构面直剪蠕变试验中,有的工程采用类似于超压密直剪试验中施加法向载荷的方法。所不同的是,在常规超压密试验时,试件先在同一较大的垂直载荷下进行预压,直到稳定,使一组试件在剪切前尽可能达到相同的密度和含水量,然后退压,再在各级小于或等于预压载荷下进行剪切。而在现场直剪蠕变试验中,开始施加的预压载荷不是较大的一个,而是各级载荷的平均值,如在进行抗剪蠕变之前,一组5块试件的法向应力分别为σ_1、σ_2、σ_3、σ_4、σ_5,则先取其平均值$\bar{\sigma}_0$,然后在各个试件上均施加相当于$\bar{\sigma}_0$的载荷,稳定24 h以上。再退压或加压,而后分别在不同载荷下进行剪切蠕变试验。其目的与常规方法相同,都是期望在施加剪应力之前,使弱面(尤其是软弱夹层)的固结程度一致。规程没有推荐这种方法,如有条件,今后可对法向载荷的施加方法进行一些补充论证。

三、剪切载荷的施加方法及变形测读

剪切载荷的施加基本上可以分为两种加压方法:

(1)根据常规试验的剪应力—剪切位移关系曲线的阶段性,从中选择出相当于线性阶段、屈服阶段和临近破坏阶段的剪应力值,分别逐级施加在试件上进行蠕变观测,每级观测时间是20~30 d。

(2)按预估的抗剪峰值或抗剪极限值将其分为10级左右,由小到大,逐级向试件施加剪切载荷,每级观测时间为1~10 d不等。

显而易见,第二种方法更能反映岩体软弱结构面在不同载荷阶段的蠕变特性,因此规程中推荐使用这种方法。

蠕变变形的测读时间。根据蠕变理论要求,蠕变试验时间应该越长越好,但在工程实践中不可能无限制地延长下去,如何选取合理的试验时间,迄今为止,国内外尚未见到详细的论证。一般情况下,无论国内或国外蠕变试验时间都不是很长,大致历时为10^4~10^5 min,相当于7~70 d。

从满足工程的实际需要出发,考虑到软弱结构面的蠕变过程具有相似性,而且便于将蠕变试验结果外推到更长的时间,规程中推荐每级剪切载荷的稳定时间为5~10 d,为满足特殊科研需要,可延长到20 d、30 d或者45 d。每级载荷下的持续观测时间,在低剪切载荷下可以短一些,随着剪切载荷的提高及蠕变的发展趋势宜适当延长。

四、蠕变试验成果整理(长期强度的确定方法)

在蠕变试验中,要准确确定软弱结构面的长期强度往往是困难的,因此规程中推荐了几种不同的方法。

(1)绘制剪应力—剪切位移等时簇线,确定τ_∞,见图5-4。

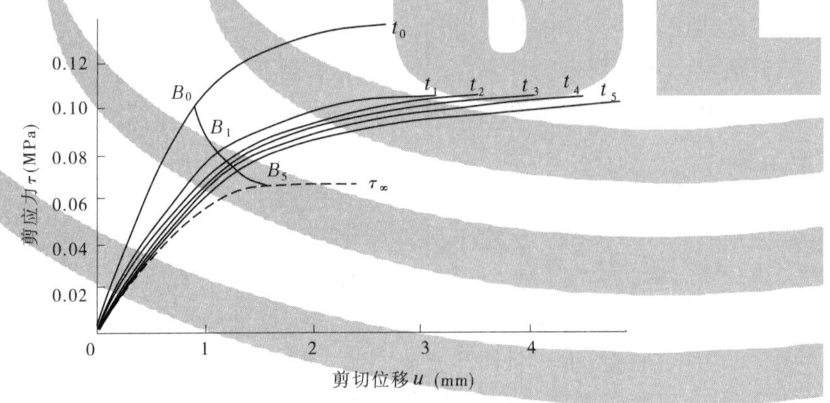

t_1—快剪试验;t_{1-5}—不同历时的流变试验;B_0—快剪屈服极限;

B_{1-5}—流变屈服极限;τ_∞—长期流变强度

图5-4 软弱结构面长期剪切流变试验等时簇曲线

(2)用半对数方程式来描述软弱结构面的稳定蠕变状态,在此阶段其表达式为

$$u = u_0 + A\lg t \tag{5-3}$$

式中 u —— 某一时刻的剪切蠕变位移;

u_0—— 瞬时位移;

A —— 常数,由蠕变曲线确定;

t —— 时间。

据混凝土与黏土质粉砂岩接触面抗剪蠕变试验的结果，当剪应力超过某一定值之后，软弱结构面将由稳定蠕变状态过渡到破坏蠕变状态。蠕变曲线折向上方，如果这一剪应力持续下去，势必导致剪切破坏，相应的临界剪应力即长期强度 τ_∞ 或 f_3，在这一试验中，$\tau_\infty \approx 0.67\tau_f$，式中 τ_f 为同一试件的常规试验峰值强度。

(3)按另一种半对数曲线进行蠕变试验成果的处理：

$$u = u_0 + a\ln(t + 1) \tag{5-4}$$

式中　u —— 某一时刻的剪切位移；

u_0 —— 瞬时剪切位移；

t —— 时间；

a —— 试验常数。

对实测的 $u-t$ 曲线进行拟合，可以得到参数 u_0 和 a 对应于剪应力 τ 的函数曲线以及位移与剪应力及时间的函数关系曲线。

现场蠕变试验所持续的时间与工程建筑物的运行时间相比，仍然是极其短暂的。蠕变试验中的三个阶段也是在有限时间段(如几个月)取得的。如果时间延长，则加速蠕变阶段也可能在等速蠕变阶段里的某一临界应力下产生。此外，在现场进行蠕变试验，虽然无论在理论上和实践上都比较合理，但因历时长，且费用高，只宜在大型工程现场进行，一般可根据经验对常规试验成果乘以折减系数作为其长期强度指标。

第四节　岩体直剪试验

岩体直剪试验研究岩体在外力作用下本身所具有的抵抗剪切的能力的试验。岩体中存在的结构面常常是控制工程岩体稳定的主要因素，但不是唯一因素。在外力作用下，岩体中的实际破坏面取决于应力分布状态或应力轨迹。由于岩体中结构面规模、性状和产状的不同，岩体破坏可能沿结构面、也可能不沿特定的结构面而通过结构面之间的岩体，即所谓"岩桥"问题。在进行工程岩体稳定性核算时，不仅需要结构面抗剪强度参数，也需要岩体本身抗剪强度参数。

坚硬岩体的剪切破坏机理是一个有争议的问题，迄今没有得到圆满的解答，广泛应用的还是 20 世纪 20 年代的格里菲斯理论。格里菲斯理论认为微裂隙的端部为拉应力集中区，当岩石受力超过某一量值时，这些微裂隙将进一步扩展，从而导致岩石破坏。

根据国外的一些研究资料，在通常压力范围内，坚硬岩石是呈脆性破坏的。对于坚硬完整的岩体大都在室内进行三轴试验；对于非均质的岩体，如风化剧烈、裂隙发育的岩体或角砾岩、砾岩等，通常在现场进行抗剪试验。

岩体本身的抗剪强度试验方法，基本上同混凝土与岩体接触面抗剪试验，详见《水利水电工程岩石试验规程》(SL 264—2001)第 83～85 页，试验安装见图 5-5。

试验记录应包括工程名称、岩石名称、试件编号、试件位置、试验方法、剪切面积、位移测表布置、地质素描、法向载荷、剪切载荷、法向位移、剪切位移、试验人员、试验日期等。

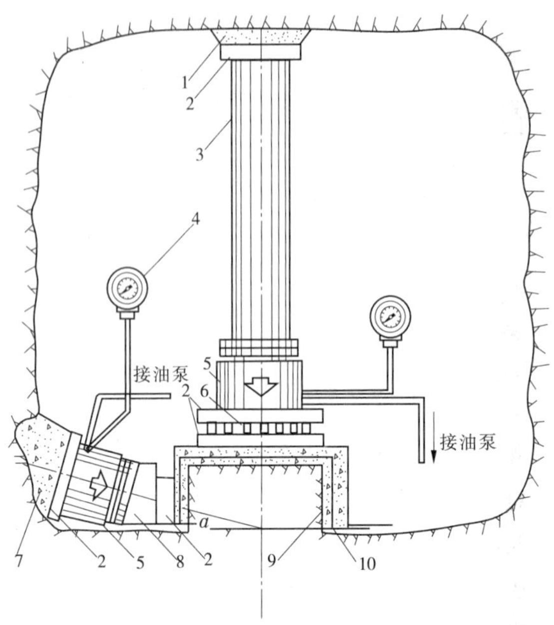

1—砂浆;2—垫板;3—传力柱;4—压力表;5—液压千斤顶;6—滚轴排;
7—混凝土后座;8—斜垫块;9—钢筋混凝土保持罩;10—剪切缝

图5-5　岩体直剪强度试验安装

第五节　岩体三轴压缩试验

岩体三轴压缩试验是研究岩体在三向应力状态所具有的抗压强度的试验。水利水电工程建设中建筑物的地基以及地下洞室围岩多处于三向应力状态,而岩体力学性质通常与所处应力状态有关。与室内岩块三轴试验相比,现场岩体三轴试验由于包含裂隙和层面等不连续面,能更好地反映裂隙岩体的性质,能提供较大尺寸岩体抗压强度、围压系数、岩体内摩擦系数(或内摩擦角)、黏聚力。

现场岩体三轴压缩试验采用等侧压($\sigma_2=\sigma_3$)状态测定岩体强度,试验方法详见《水利水电工程岩石试验规程》(SL 264—2001)第85~89页。试验安装见图5-6和图5-7。

主要试验仪器设备包括千斤顶、液压枕、液压泵和管路、压力表、钢垫板、传力柱、传力架(箱)、侧向反力框架、测量支架、测量表架、测表等。试验记录包括工程名称、岩石名称、试件编号、试件位置、试验方法、试件尺寸、变形测表布置、侧向载荷、轴向载荷、侧向变形、轴向变形、试验人员、试验日期等。

室内岩块三轴压缩试验所反映的强度性质取决于不明显的微裂隙、微小孔隙和软弱胶结物以致颗粒边界,现场岩体三轴试验所反映的岩体强度主要取决于尺寸更大的裂隙和节理等,试验结果更能反映具有地质不连续面的岩体所固有的特性。

世界上首次开展的现场岩体三轴试验是在日本黑部川(Kurobe)四号坝进行的,试件为长方柱体。约翰(John,1961)、缪勒(Müller,1963)的试验装置由一组液压千斤顶组成,

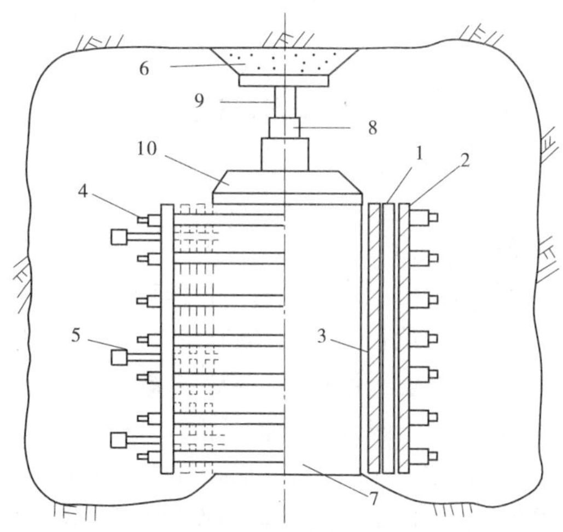

1—液压枕;2—钢板;3—柔性垫层;4—传力框架;5—测量标点;
6—水泥砂浆;7—试体;8—千斤顶;9—传力柱;10—传力架

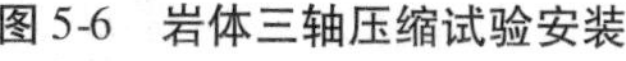
图 5-6　岩体三轴压缩试验安装

图 5-7　岩体三轴压缩试验

其压力作用在长方柱形试件的顶面和侧壁,以围岩构成反力台;劳特司(Logters)和沃尔特(VoorL)于 1974 年在岩体四周挖槽,长宽各 1.1 m,深 1.1 m,制备 1.0 m×1.0 m×1.0 m 立方体,用液压枕插入槽中,低于岩面 10 cm,液压枕与岩体之间的空隙用水泥浆充填,试件顶面用多个压力为 100 t 的千斤顶施加载荷;吉尔格(Gilg,1966)采用过一些圆柱试件,借助环绕试件的弧形千斤顶和一个承受反力的钢制圆筒进行试验。我国最早的现场岩体三轴试验是长江科学院 1972 年在葛洲坝水电工程进行的,其方法是,在平洞底板上刻槽制备 30 cm×30 cm×60 cm 方柱体试件,将与试件侧面同样大小的液压枕埋于刻槽中,试件顶面用千斤顶施加载荷。

岩体三轴压缩试验主要技术问题有试件制备、加压设备的选定、侧压的选取、试件尺寸的确定、试件顶部和侧向摩擦力消除、加压方式等。

一、试件制备

原位三轴试验试件制备方法如下:

(1)开挖支洞预留岩柱制备试件,要设防震孔和保护层,并尽量减少试件处洞顶临空面的跨度,以保证试验安全进行,然后用手工凿制成型。一般尺寸在80 cm×80 cm×160 cm以上的大型试件,采用该方法制备较为可靠,试验安装也较为方便,如长江科学院在葛洲坝、中南院在五强溪都是采用该方法制备试件。

(2)另一种方法是开挖低矮支洞,不留岩柱而抬高支洞底板(高度视试件高度而定)。开挖支洞底板时要有防震措施,然后在平洞底板上凿制试件,并使试件周围临空,宽度以侧压设备安装和方便试验为准。该方法在试件高度不大于100 cm时采用得较多,制备试件较为可靠、安全,并可减少支洞开挖量。

(3)在平洞底板上刻槽(槽宽度以能埋设液压枕为准),形成一个四面临空,底部与基岩相连的试件之后,用与试件侧面尺寸大小相同之液压枕埋设于刻槽中,用液压枕施加侧压,液压枕与四周岩体之空隙用水泥砂浆或细砂均匀、紧密填塞,使其侧面受力均匀。该方法的优点是,设备较少,安装比较简单,试件开挖省工。其不足之处是,试件地质描述困难,难以测量横向变形,轴向变形因埋设槽底的测杆较长,所以量测的轴向变形误差较大,仅能较准确地测得三轴极限强度。

移位三轴试验试件制备。在指定部位采取岩样并加工成试件,置于平洞内专门的试验台上进行试验。长江科学院在葛洲坝工程、乌江彭水工程以及昆明院科研所在鲁布革水电站等工程进行过移位三轴试验,其优点是,能较好地消除端部约束影响,试件岩性均一性较好,试验安装和进行较为方便,所测得岩体力学特性规律性好,但试件不能太大,一般试件横断面最好为30 cm×30 cm~35 cm×35 cm。

二、加压设备的选定

(1)轴向和侧向采用千斤顶施加压力时,必须浇筑反力台,虽然安装时较为笨重,但专用设备较少,试验过程中加压系统出现故障时较易排除,不足之处是:由于采用多台千斤顶并联施加压力,在安装上比较复杂,受力均布性较差,占用场地也较大,而给测杆的安装和试验的进行带来不便。

(2)用液压枕施加轴向和侧向压力时,侧向压力施加要有专用的反力框架设备。其优点是:设备简便、出力较高,标点埋设、测杆安装、试验过程都较方便。但也存在一些缺点:如高压时液压枕漏油,更换液压枕困难;当各级载荷逐渐增加时,其变形逐渐增大,液压枕的膨胀量不断增大,导致液压枕出力的变化,而使所测量应力值不准确;如果侧压是使用单个液压枕时,液压枕中部需要预留圆形孔,以免造成孔洞周围局部无压力,使试件受力不均匀。长江科学院在试验时曾将标准液压枕内部充油量不变与出力液压枕叠置同时使用,用标准液压枕测读压力读数,这样可以有效地校正加压枕单独使用而造成的压力

误差。

三、侧压的选取

现场岩体三轴试验的试件较大,当选取较大的侧压力时,相应的轴向压力要求很大,试验时加压设备的出力设备往往很难达到要求,从而难以测得试件的极限强度。因此,在侧压的选取上应综合考虑岩体的初始应力和工程载荷所产生的侧压力以及加压设备出力的大小。

四、试件尺寸的确定

试件尺寸所涉及的主要是尺寸效应问题,对于均质完整岩体不存在尺寸效应,而裂隙岩体尺寸效应则比较明显。因此,有人主张试件应包括200个岩块单元,或试件体积超过10 m^3,这显然是很难做到的。日本黑部川四号坝曾采用的试件尺寸为280 cm×280 cm×140 cm,共有12块试件,轴向载荷采用20个活塞千斤顶施加,每个千斤顶出力为300 t,共计压力6 000 t,仅有四块试件达到了破坏。我国目前已知的最大试件尺寸为100 cm×100 cm×150 cm,是在低侧压力下进行的试验。

试件较大可以包含更多的结构面,能更客观地反映出节理裂隙带来的不连续性和力学上的各向异性,但是随着试件增大所带来的技术问题更为复杂,因此现场岩体三轴试验试件尺寸一般需要根据岩石强度、岩体的结构情况及加压设备的能力来确定。考虑到在实践中,对于中等强度的岩体要有较高的轴向载荷才能使试件破坏,所以一般试件不宜过大。对于低强度岩体,试件可以大些。长江科学院曾通过对大至1.0 m×1.0 m×1.5 m,小至7 cm×7 cm×14 cm的试件进行单轴试验,并加以比较,认为对所研究的粉砂岩,采用30 cm×30 cm×60 cm的试件就具有足够的代表性。美国芝加哥研究中心对不同尺寸的岩样(直径为2 in、4 in、12 in、22 in、32 in等)进行过系统的室内三轴试验研究,认为直径达12 in后,再加大岩样直径,对力学强度的影响就不明显。规程建议试件尺寸一般采用30 cm×30 cm×60 cm～80 cm×80 cm×160 cm,并希望在今后能对此问题作进一步研究。

在考虑试件尺寸的同时,应考虑试件的高宽比。高宽比的问题实质上是端部效应问题。通常消除端部约束影响的措施不易做得恰当,如果试件底部和基岩相连,则端部约束影响更大,长江科学院经过对比试验后证明了这一点,根据现有的对比资料,建议岩体三轴试验试件高宽比不小于2。

五、试件顶部和侧向摩擦力消除

试件顶部和侧向摩擦力对于试验成果和变形破坏机理有直接影响。由于试件和加压系统的接触摩擦作用,使得试件内应力分布极其复杂,其结果甚至改变试件的破坏方式和形态,对试件的强度影响很大,因此应采取措施减小和消除摩擦力,如在接触面涂黄油或用二层塑料薄膜或两层油毛毡中间夹黄油和黄泥的混合物。长江科学院曾做过上述三种情况的比较试验,其结果是两层塑料薄膜中间夹黄油的效果最佳,可以把摩擦系数降低到0.1以下。

六、加压方式

(1)按比例加压:即侧向应力与轴向压力按一定的比例施加,直至预定的侧向压力,然后保持侧向压力不变,轴向压力继续施加。该加压方式能获得侧压预定值以前的变形特性参数 E、μ(或 K、G)值。但因岩体层理和裂隙的存在,并非完全均质体,所以上述所求 E、μ 值规律性较差。

(2)静水压力加压:三向压力一次同步加到预定值后,侧向压力保持不变,轴向压力继续施加。该加压方式因试件原有裂隙在静水压力下已被压密,静水压力后所取得的变形特性参数规律性较好,因此规程推荐这种加压方式。

(3)轴向压力加压一般采用三种方式:逐级一次循环加压、逐级连续加压以及逐级一次反复循环加压。长江科学院曾经对三种方法做过对比试验,其结果是三种加压方法对强度基本没有影响,但逐级一次反复循环加压的变形参数会相对略低些。由于逐级一次循环加压法能为分析变形、破坏机理,判定各个阶段特征点提供较详细的资料,规程推荐使用这种方法。根据需要也可采用逐级连续加压和逐级一次反复循环加压方法。

七、试验成果的整理(弹性参数计算)

(1)在岩体的弹性阶段,可用弹性方程计算岩体变形模量 E、μ 和 K、G,其中:

$$E = \frac{9KG}{3K + G} \tag{5-5}$$

$$\mu = \frac{3K - 2G}{2(3K + G)} \tag{5-6}$$

式中 E —— 弹性模量,MPa;

μ——泊松比;

K ——体积模量,MPa;

G ——剪切模量,MPa。

当为等侧压三轴应力状态时($\sigma_1 > \sigma_2 = \sigma_3$):

$$G = \frac{\sigma_1 - \sigma_3}{2(\varepsilon_1 - \varepsilon_3)} \tag{5-7}$$

$$K = \frac{\sigma_1 + 2\sigma_3}{3\varepsilon_v} \tag{5-8}$$

式中 ε_1——轴向应变;

ε_3——横向应变;

ε_v——体积应变。

(2)当处于非线弹性阶段时, E 和 μ 应按下式计算:

$$E = \frac{\mathrm{d}\sigma_1}{\mathrm{d}\varepsilon_1} \tag{5-9}$$

$$\mu = \frac{\mathrm{d}\varepsilon_3}{\mathrm{d}\varepsilon_1} \tag{5-10}$$

(3)从工程实用角度考虑,E 和 μ 亦可采用静水压力 σ_0($\sigma_1 = \sigma_2 = \sigma_3$)以上的轴向应

变 ε_1 和横向应变 ε_3(下角表示在 $\sigma-\varepsilon$ 曲线上的对应点)计算:

$$E = \frac{\sigma_{1b} - \sigma_{1a}}{\varepsilon_{1b} - \varepsilon_{1a}} \tag{5-11}$$

$$\mu = \frac{\varepsilon_{3b} - \varepsilon_{3a}}{\varepsilon_{1b} - \varepsilon_{1a}} \tag{5-12}$$

八、单试件方法进行现场三轴试验

现场三轴试验中,一般把5个以上的试件作为一组进行试验。但由于试验洞开挖量大,试件制作困难,且不易找到岩性均匀的试验部位布置足够多的试件,因此国内一些单位,如中科院地质所、中南院科研所曾利用一个试件进行三轴试验,测量同一试件在不同侧压下的变形及强度特性,这种方法还有待进一步研究。

第六节　岩体载荷试验

岩体载荷试验主要是测定半无限岩体表面岩体所能承受的极限载荷。对于很好的和好的岩体,其强度很高,一般不存在由于其承载能力不够而引起工程岩体的稳定问题,因此岩体现场载荷试验通常只针对较破碎和软弱的岩体(如黏土岩、页岩、断层破碎带等)进行。通过岩体载荷试验可确定岩体强度特性的各特征点,包括比例极限、屈服极限、破坏极限和极限承载力,极限承载力表征岩体所能承受的最大承载能力。对岩体进行现场载荷试验没有现场变形和抗剪强度试验那么普遍,只有少数单位积累了为数不多的资料。

岩体载荷试验方法详见《水利水电工程岩石试验规程》(SL 264—2001)第89～90页,基本上与刚性承压板法岩体变形试验类似。试验记录包括工程名称、岩石名称、试点编号、试点位置、试验方法、承压面积、测表布置、载荷、变形、试验前后地质素描图、试验人员、试验日期等。

岩体现场载荷试验通常只对较破碎、软弱的岩体(如黏土岩、页岩、断层破碎带等)进行。其原因有二:一是对于坚硬岩体一般不会担心它所承受的载荷会有不安全的问题,即工程上没有提出进行这种试验的要求;二是由于坚硬岩体强度很高,目前加压设备出力受到限制,一般难以使这类岩体达到破坏,即现场进行这种试验尚有一些困难。

能否在现场加压到使岩体发生破坏,还与所采用承压板的面积大小有关系。规程中关于承压板面积的规定为500～1 000 cm^2,这主要是考虑到目前国内试验设备条件,在使用时须根据岩体的性质、设备的出力情况选定。

承压板的刚度是测试技术上应予以重视的一个问题,与变形试验要求一样,承压板应具有足够的刚度。承压板的刚度与承压板大小、厚度以及岩体性质等有关。使承压板达到足够刚度的形式不强求统一,可用整体式、叠置式或加肋式,也可用混凝土墩。由于载荷试验通常只对较软弱的岩体进行,且承压板的面积比变形试验小,因而对刚度的要求比较容易满足。

结合岩体载荷试验,可同时测量岩体的变形模量,根据压力—变形曲线的比例极限段(或直线段终点)的斜率计算岩体变形模量。

岩体载荷试验的加压方式,采取逐级连续升级(即不退压)直至破坏的加压方法,加压过程中不予退压。规程中未采用逐级一次循环加压退压的方法是因为经过反复加压退压循环后的岩体,在承受极限载荷能力方面是否有变化,有多大的变化,目前还弄不清楚。在达到极限载荷后开始退压,退压过程中变形一般不易稳定,甚至有随着载荷的减小,变形仍有增加的现象,在这种情况下仍要求记录变形读数。

岩体的极限载荷究竟是多少预先无法准确地知道,但可以根据已有的资料(如参考同一工程已作试点的资料,或参考其他工程已有的经验)在试验前进行预估,根据预估的极限载荷值,确定每次加压的大小。如果不结合变形试验,加压量的大小宜按先大后小的原则考虑,在试验过程中需要根据预估值的偏低或偏高情况,酌情调整加压量的大小,以达到既缩短试验时间,又比较准确地测量到反映岩体力学特性的各特征点的目的。如果结合变形试验进行,则在比例极限前宜等荷级施加。

第六章　岩体应力测试

岩体应力泛指岩体内部存在的应力。在天然状态下,岩体内部存在的应力称为岩体初始应力、天然应力或岩体原始应力,在地质学中通常都称为地应力。岩体由于工程施工开挖被扰动后的应力称为二次应力或围岩应力(对地下洞室而言)。岩体初始应力不仅与岩体自重、地质构造运动有关,而且与地形地貌、成岩过程的物理化学变化、地温梯度、岩体特性等有着密切的关系,它随着地壳岩体所处的位置和时间不同而变化,因此它是一种复杂的综合性的应力状态。只有在一定的条件下,可认为它是一种均匀而稳定的应力状态。

地层浅部地应力分布非常复杂,但大量实测结果也显示了一些统计规律。关于浅层地应力空间分布的一些基本特征有以下几点:

(1)实测铅垂应力基本等于上覆岩层重量。H. K. 布朗总结全世界有关铅垂应力 σ_v 资料表明,在深度为 25 ~2 700 m 范围内,铅垂应力 σ_v 随深度大致按岩石重度的比率线性增加(见图 6-1)。

(2)水平应力 σ_h 普遍大于铅垂应力 σ_v。据实测资料统计,最大水平应力与铅垂应力的比值,即侧压系数 λ 一般为 0.5 ~5.5,大部分为 0.8 ~1.2,最大值有的达到了 30 或更大。总的来说,水平应力 σ_h 多数大于铅垂应力 σ_v。

(3)平均水平应力与铅垂应力的比值 λ 是随深度而变化的,E. T. Brown 和 E. Hoek 根据各地实测资料概括为如下经验公式(见图 6-2):

$$100/H + 0.30 \leqslant \lambda \leqslant 1\,500/H + 0.5$$

从已有的资料来看,在深度不大的情况下,λ 的变化范围很大,平均水平应力与铅垂应力之间不存在固定的关系。随着深度的增加,λ 值分散度变小,并且趋向于 1,表明深部极大时岩体可能处于接近于静水压力的状态。

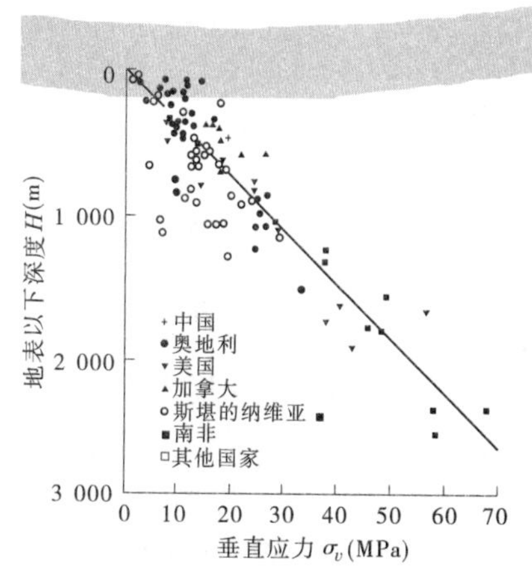

图 6-1　地应力与岩体埋藏深度关系

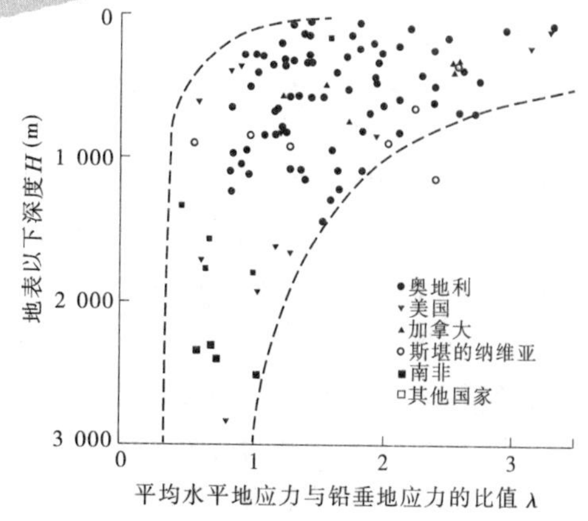

图 6-2　侧压力系数与深度关系

(4)最大水平主应力方向与地质构造密切相关。现代岩体中最大水平主应力方向,主要取决于现代地质构造应力场,与历史上曾经出现过的地质构造应力场不存在必然的联系,它们之间的关系比较复杂,通过对地质结构面的力学性质及其组合关系分析和地质力学分析,才可以初步判断地质构造应力场的主压应力方向。

岩体是一种不同于一般材料的地质介质,它是非均匀、非连续、非线性、各向异性并且赋存初始应力的地质体。岩体应力来自岩体自重、地质构造运动、地形势、剥蚀作用和封闭应力等五个方面,主要组成成分为岩体自重应力和地质构造应力。

(1)岩体自重应力。假定岩体简化为均质半无限弹性体,忽略地质构造和地形变化对岩体初始应力的影响,自重应力引起的应力场随深度的变化如图6-3所示,其量值为

$$\sigma_z' = \gamma H, \sigma_x' = \sigma_y' = \lambda\gamma H$$

式中 λ——侧压系数,可根据半无限体侧向变形为零的条件求得,即 $\lambda = \mu/(1-\mu)$。

(2)地质构造应力。按照板块运动(大陆漂移)学说,地质构造应力一般认为是水平向作用力。假定地质构造应力 S 为沿水平轴 x 方向作用,即坐标轴 x、y、z 都与应力场的主方向一致,它随深度的变化如图6-4所示。

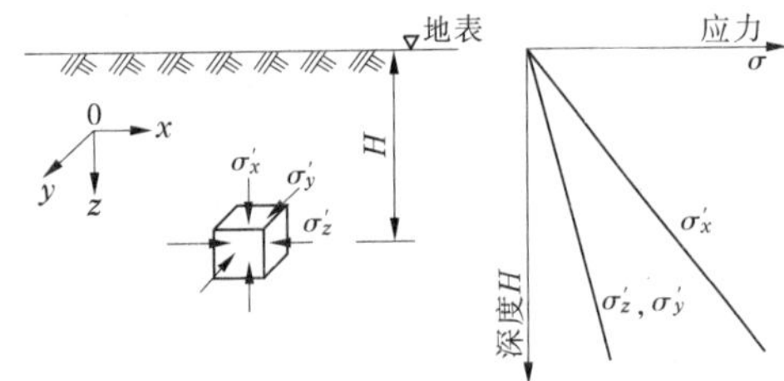

图6-3 自重应力场的变化

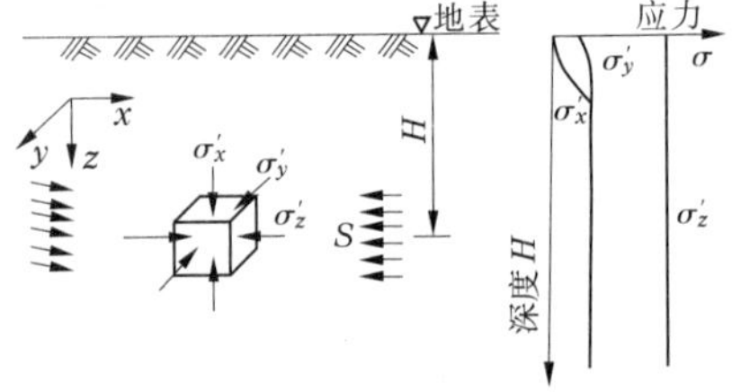

图6-4 地质构造应力场的变化规律

(3)岩体初始应力场。岩体初始应力场为岩体自重引起的应力场与地质构造运动引起的应力场的叠加(忽略岩体初始应力场的次要组成成分),取自重应力场的主轴与地质构造应力场的主轴一致,它随深度变化如图6-5所示,规律如下:

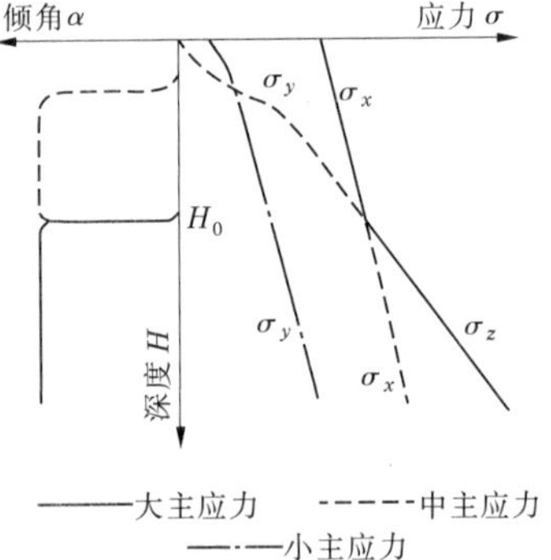

图6-5 初始应力场变化规律

①岩体初始应力场的各应力分量,除靠近地表以外,沿深度的变化均可用线性方程来概化,即沿深度呈直线变化。

②在岩体初始应力场中,主应力量值沿深度呈折线变化,大主应力 σ_1 在浅层为水平向,到达较大深度后转变为铅垂向;中主应力 σ_2 或小主应力 σ_3 在浅层为铅垂向,到达较大深度后转变为水平向。它们由两个直线段组成,其转折点深度为临界深度。

③在临界深度以上,岩体初始应力场是以地质构造应力场为主导,大主应力为水平向,其量值随深度增加的幅度较小。在临界深度以下,就转变以自重应力场为主导,即大主应力为铅垂向,其量值随深度增加的幅度较大。临界深度附近存在一个主应力方向逐

渐调整变化的过渡带。

④近年来对河谷地区地应力场分布规律进行了地应力测量和研究，其分布规律见图6-6。

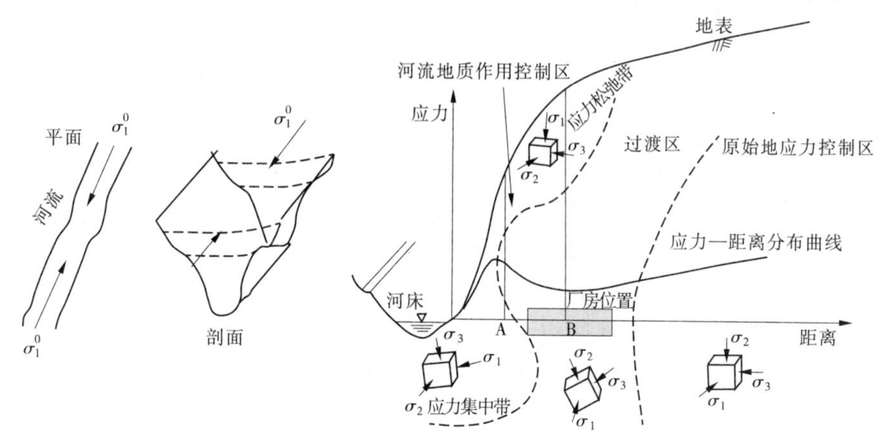

图6-6　河谷地区地应力场分布规律

当在岩体内或在基岩上修建工程时，由于施工开挖，改变了岩体的初始赋存条件，使岩体内的能量得到部分释放，从而引起围岩的应力重分布，形成新的应力状态即二次应力，产生围岩变形或破坏。如在地下工程（地下厂房、矿山、公路、铁路隧道）中，常因开挖而引起围岩失稳；在水工大坝基岩中常因开挖卸荷而造成基岩变形或位错等。只有了解岩体初始应力状态的前提下，才能借助力学理论推测工程扰动产生的二次应力场进而判断岩土工程的稳定性。因此，岩体初始应力是岩体工程勘测设计所必须的基本资料。对大中型水利水电工程，一般都要求进行岩体应力测试，为地下建筑物的布置、隧道轴线的选择等提供依据。

人们认识到地应力还只是近百年的事。1912年瑞士地质学家海姆（A. Heim）在大型越岭隧道的施工过程中，通过观察和分析，首次提出了地应力的概念，并假定地应力是一种静水应力状态，即地壳中任意一点的应力在各个方向上均相等，且等于单位面积上覆岩层的重量，即自重应力。金尼克和朗金（W. J. M. Rankine）分别修正了海姆的静水压力假设，认为地壳中各点的垂直应力等于自重应力，而侧向应力（水平应力）是垂直应力引起的，应为自重应力乘以一个修正系数。许多地质现象如断裂、褶皱等均表明地壳中水平应力的存在。早在20世纪20年代，我国地质学家李四光就指出："在构造应力的作用仅影响地壳上层一定厚度的情况下，水平应力分量的重要性远远超过垂直应力分量。50年代，哈斯特（N. Hast）首先在斯堪的纳维亚半岛进行了地应力测量工作，发现存在于地壳上部的最大主应力几乎处处是水平或接近水平的，而且最大水平主应力一般为垂直应力的1～2倍，甚至更多；在某些地表处，测得的最大水平应力高达7 MPa。这就从根本上动摇了地应力是静水压力的理论和以垂直应力为主的观点。

后来的进一步研究表明，重力作用和构造运动是引起地应力的主要原因，其中尤以水平方向的构造运动对地应力的形成影响最大。当前的应力状态主要由最近一次的构造运动所控制,但也与历史上的构造运动有关。由于亿万年来地球经历了多次构造运动,各次构造运动的应力场也经过多次的叠加、牵引和改造。另外,地应力场还受到其他多种因素的影响,因而造成了地应力状态的复杂性和多变性。即使在同一工程区域,不同点地应力的状态也可能是很不相同的,因此地应力的大小和方向不可能通过数学计算或模型分析的方法来获得。要了解一个地区的地应力状态,最有效的方法就是在现场进行岩体应力测试,包括岩体初始应力测试和洞室围岩应力测试等。

"应力"是一个假设的物理量,它不能直接去度量和观察,而只能通过测量其间接量(例如应变、变形或其他物理量等)来确定。早在20世纪30年代初期,人们就曾利用测量洞壁的应变来计算岩体的初始应力状态,特别是1964年李曼(E. R. Leeman)研究了挡门器和三向应力测量仪器,并为世界各国所采用,开创了岩体应力测试的先河。我国自20世纪60年代初期开始进行岩体应力测试,到现在经历了40多年的发展,在广大科技工作者的努力下,开发和推出了多种测试方法,测试技术也不断改进,测量深度也在不断增加。

早期的地应力测量一般是在岩体的表面进行,分为表面应力恢复法和表面应力解除法两种。扁千斤顶法是表面应力恢复法的代表,而中心钻孔法和平行钻孔法则为表面应力解除法的代表。表面应力测量一般都在开挖洞室岩体表面进行,只能测量岩体表面的一维或二维应力状态,而这种应力状态也受到开挖扰动的影响,并非原岩应力。而且,岩体表面因开挖会受到程度不同的破坏,使它们与未受扰动的岩体的物理力学性质大不相同。同时,洞室开挖对原始应力场的扰动也是十分复杂的,不可能进行精确的分析和计算,因此这类方法不能正确确定测点处的原岩应力状态。为了克服这类方法的缺点,另一类方法是从洞室表面向岩体中打小孔直至原岩应力区,地应力测量是在小孔中进行的。由于小孔对原岩应力状态的扰动可以忽略不计,这就保证了测量在原岩应力区中进行。这类方法称为"钻孔测量法",目前普遍采用的应力解除法和水压致裂法均属此类方法。

岩体应力测试的方法很多,各有利弊。就其测试的物理量来分,有直接法和间接法;就其测量部位来分,有孔内法和表面法;就其测试元件来分,有机械式、电阻式、电感式等。目前测量地应力的主要方法有:岩体表面地应力测量、钻孔套心应力解除法地应力测量、水压致裂法地应力测量和声发射(AE)地应力测量等几大类。各大类又可细分出许多测量方法。如岩体表面地应力测量又可分为岩体表面应力解除法和岩体表面应力恢复法;套钻孔应力解除法地应力测量可分为钻孔孔壁应变法、钻孔孔底应变法和钻孔孔径变形法。随测试原理和测试仪器不同还可分为二维地应力、三维地应力、浅孔地应力和深孔地应力测量。

钻孔套心应力解除法和水压致裂法是目前国内外应用最为普遍、技术发展最为成熟的地应力测量方法。目前国内钻孔套心应力解除法三维地应力测量最大测量深度是长江科学院2001年在广东惠州抽水蓄能电站创造的365 m,此前国内最大测量深度在三峡工程为304 m、广州抽水蓄能电站为307 m、国外最大测量深度为510 m。利用水压致裂法进行地应力测量其深度国内达1 000多米,国外则高达5 000多米。

第一节　孔壁应变法测试

孔壁应变法测试一般采用钻孔套心应力解除法。

一、钻孔套心应力解除技术

钻孔套心应力解除法是利用大口径钻头将岩芯与围岩分离开来，从而使得岩芯内原来承受的应力全部解除，根据此过程中岩芯产生的应变（或变形）和岩石的弹性常数，反演原来的岩体应力状态。按照被测量的物理量及其测量部位的不同，分为钻孔孔壁应变测量法、钻孔孔径变形测量法和钻孔孔底应变测量法。

钻孔套心应力解除技术是岩体应力测试的基本方法。以孔壁应变法为例，套孔应力解除技术工法示意如图6-7所示，钻孔套心过程就是围岩应力释放过程，测量套孔前后中心孔孔壁应变的变化量，计算出测点处岩体的应力状态。

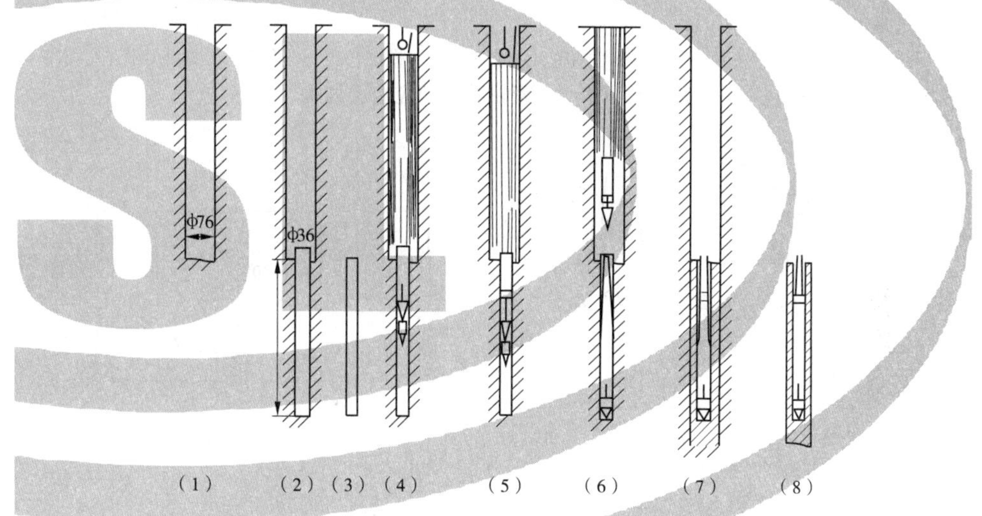

（1）在岩体中钻孔，达到待测应力状态测点的深度。

（2）对孔底作技术处理，磨平（用磨平钻头）为中心孔定位（用锥形钻头在孔底磨成一个喇叭口）。在孔底钻小孔并取岩芯，小孔与同大孔同心，深度由孔壁应变计的长度决定，一般在300 mm以上。

（3）取出岩芯进行地质描述，当岩芯均匀完整、长度超过300 mm时，可以进行套孔应力解除试验。

（4）对小孔清洗干净，埋入测试感器。在此处是把孔壁应变计牢固粘贴在小孔壁上。

（5）测试孔壁应变计埋入小钻孔时各组应变花相对于钻孔坐标系的方位（定向过程）。

（6）将定向装置和粘贴装置从钻孔中退出。

（7）用大钻头在孔底稳定钻进，同时逐段采集孔壁应变计获得的孔壁应变化量，直到深度超过传感器，应变量不再变化。

（8）取出岩芯。

图6-7　套孔应力解除过程

钻孔孔壁应变测量法应用最为广泛，该方法利用安设在小钻孔的孔壁应变法，测量解除应变值，计算初始应力状态，在一个钻孔的一次测量就可以确定岩体的三维应力状态。但是孔壁应变计是不可回收的，每测量一次就要消耗一个应变计。

孔壁应变法测试按其应变计结构和适用环境分为浅孔孔壁应变计、浅孔空心包体孔壁应变计及深孔水下孔壁应变计三类。孔壁应变计应根据工程要求、使用环境及测试方法选用。

(1)浅孔孔壁应变计因直接在孔壁上粘贴应变片,要求孔壁干燥,故适用于地下水位以上完整、较完整细粒结构岩体,孔深不宜超过20 m,为排除孔内积水,钻孔宜向上倾斜3°~5°。

CJS-1型钻孔三向应变计是典型浅孔孔壁应变计,其结构示意如图6-8所示,应变片布置示意如图6-9所示。

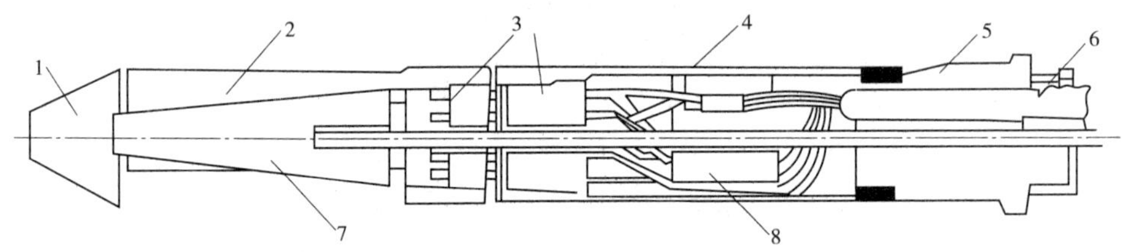

1—导向块;2—橡皮岔;3—16芯插头与插座;4—金属壳;5—橡皮塞;6—电缆线;7—楔头;8—补偿室

图6-8　CJS-1型钻孔三向应变计结构

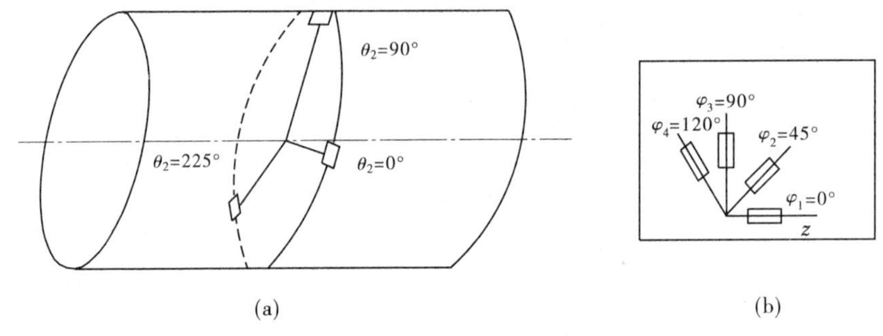

图6-9　CJS-1型钻孔三向应变计应变片布置形式

(2)浅孔空心包体孔壁应变计是将应变计的应变片粘贴在一预制的薄环氧树脂圆筒上,再包裹一层环氧树脂制成,适用于完整、较完整的岩体。

CKX-97型空心包体式钻孔三向应变计结构示意如图6-10所示,CKX-97型空心包体式钻孔三向应变计应变片的布置示意如图6-11所示。

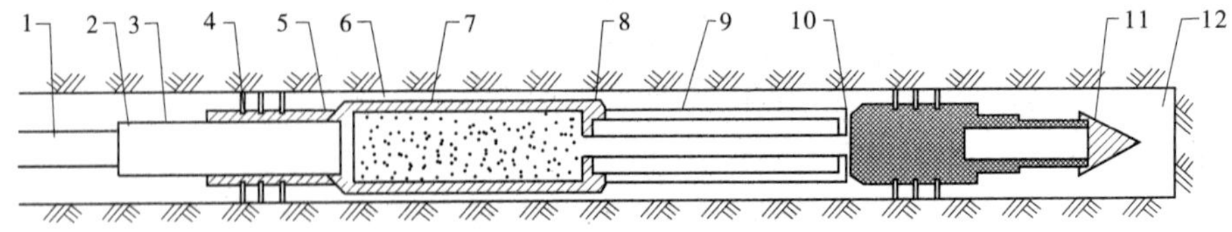

1—电缆;2—安装杆;3—安装定向销钉;4—密封圈;5—补偿室;6—黏结剂;

7—应变丛;8—销钉;9—活塞;10—出胶孔;11—导向棒;12—钻孔

图6-10　CKX-97型空心包体式钻孔三向应变计结构

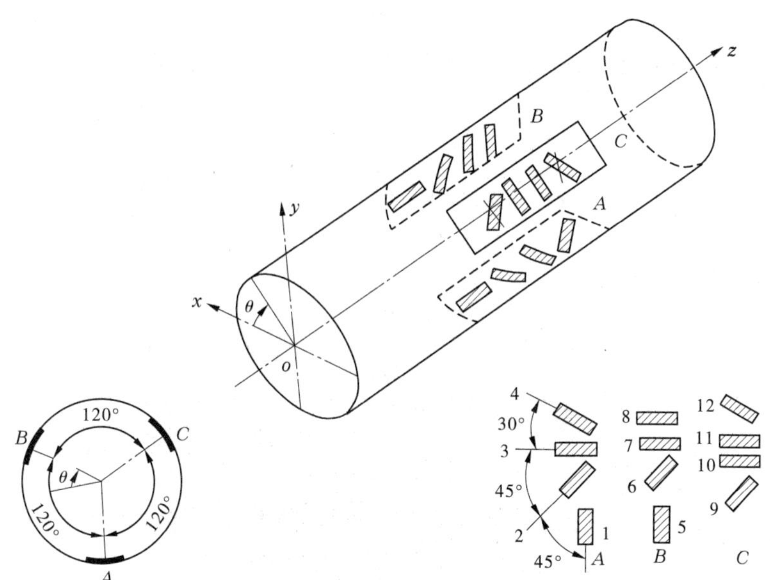

图 6-11　CKX－97 型空心包体式钻孔三向应变计应变片的布置

（3）深孔水下孔壁应变计，由于采用了特殊的水下黏结剂及粘贴工艺，可在水下孔壁上粘贴电阻片，适用于有水的完整、较完整的岩体。深孔水下孔壁应变测量难度很大，有一系列特殊要求，即有能够在深水中工作的深钻孔水下三向应变计，包括配套的应变片水下黏结剂、水下应变计粘贴技术、安装定位的触发装置、深钻孔套钻技术以及井下数据采集系统，可以在深达数百米钻孔中不间断地取得应力解除全过程的解除应变数据。

对测试孔的要求，浅孔应变计及空心包体应变计要求测试孔径为测试元件标准外径（如 ϕ36 mm）加上 0.2 ~0.7 mm，过大过小都将影响安装。三类应变计对测试孔深均要求满足安装长度（即应变计长度加上 100 mm）。采用深孔测试时，为防止残留岩芯掉入孔内，测试前宜用试孔器测量孔深，并一定要控制好孔深。

深孔水下孔壁应变计结构示意如图 6-12 所示。

二、测试方法

（一）测点布置

（1）测段内及测段附近岩性应均一完整。

（2）每一测段内宜布置 2 ~3 个测点，各测点应尽量靠近，避开断层、裂隙等不良地质构造。

（3）在测试岩体初始应力时，钻孔深度一定要超过应力扰动区，对于地下洞室中进行浅孔应力测量时，钻孔深度应大于洞室断面最大尺寸的 2 倍。

（二）地质描述

（1）钻孔钻进过程中的情况。

（2）岩石名称、结构及主要矿物成分。

（3）结构面类型、产状、宽度、充填物性质。

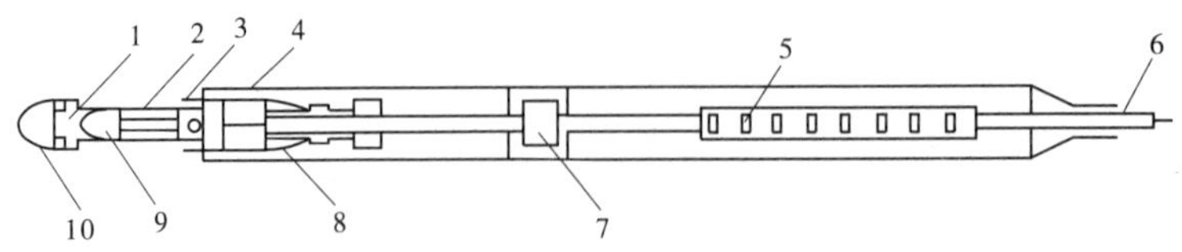

1—三叉应变计;2—三叉托架;3—触针;4—接线室;5—电子转换室;
6—专用电缆;7—定向罗盘;8—触发系统;9—中心圆锥;10—胶罐

(a)安装器内部结构示意图

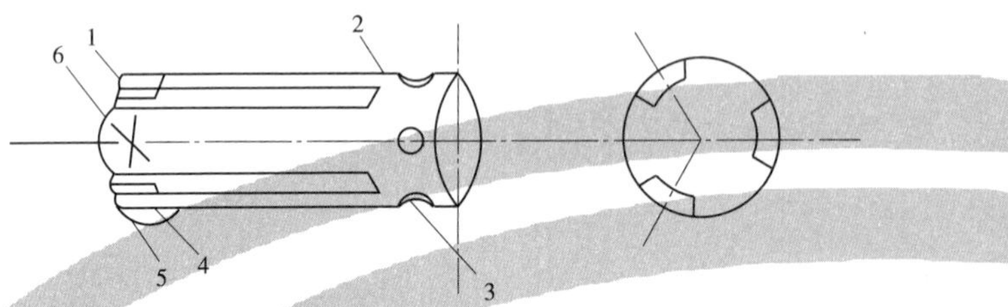

1—内衬;2—玻璃钢三叉托架;3—定位孔;4—橡胶层;5—泡沫层;6—应变丛

(b)玻璃钢三向应变计探头结构图

图 6-12　深孔水下孔壁应变计结构

(4)测点区的地应力现象。

(三)主要仪器设备

主要仪器和设备包括下列各项:

(1)钻机及附属设备。

(2)大、小口径金刚石钻头。

(3)磨平钻头及导向钻头。

(4)孔壁应变计(浅孔孔壁应变计、空心包体孔壁应变计、深孔水下孔壁应变计)。

(5)静态电阻应变仪及接线箱。

(6)安装工具。

(7)清洗及烘烤器具。

(8)岩芯围压率定器。

(四)测试准备应符合的规定

(1)根据工程和测试要求,选择场地安装钻机。

(2)用大口径钻头钻至预定的测试深度(见图 6-7(1))。

(3)用卡簧整齐地拉断岩芯并取出,再用磨平钻头磨平孔底,用导向钻头钻导向孔。

(4)用带扩孔器的小口径金刚石钻头钻测试孔,孔深约 50 cm 并与大孔同轴,两孔孔轴允许偏差为 2 mm,在钻进过程中均匀施压,不应停钻,不得更换钻头(见图 6-7(2))。

(5)取出岩芯进行描述,当岩芯破碎或不能满足测试要求时,应重复本条(2)~(4)款,直至取到完整岩芯并满足测试要求(见图 6-7(3))。

(6)根据所选类型的孔壁应变计,对测孔孔壁进行清洗或干燥处理。

(五)孔壁应变计的安装

1. 浅孔孔壁应变计安装应符合的规定

(1)在试孔孔壁和应变计上均匀涂抹黏结剂。

(2)用安装器将应变计送入测试孔,定向就位,施加并保持一定的预压力,使应变计牢固地黏结在孔壁上(见图6-7(4)和图6-7(5))。

(3)黏结剂充分固化后,检查系统绝缘值,绝缘值不应小于50 MΩ。

(4)取出安装器,记录测点深度及方位(见图6-7(6))。

2. 浅孔空心包体孔壁应变计安装应符合的规定

(1)在应变计内腔的胶管里注满黏结剂。

(2)用安装器将应变计送入测试孔,定向就位,然后推动安装杆,切断定位销钉,挤出黏结剂。

(3)按浅孔孔壁应变计安装规定之条(3)、(4)款的规定测定绝缘值、测点深度及方位。

3. 深孔水下孔壁应变计安装应符合的规定

(1)在应变计前端的胶罐里注满黏结剂。

(2)用安装器将应变计送入测试孔,将应变计牢固地黏结在孔壁上。

(3)接通电源加热定向罗盘,30 min后切断电源,使定向罗盘指针定向。

(4)按浅孔孔壁应变计安装规定之条(3)、(4)款的规定测定绝缘值、测点深度及方位。

(六)孔壁应变法测试及稳定标准

1. 浅孔孔壁应变法或空心包体孔壁应变法测试及稳定标准应符合的规定

(1)应变计电缆从钻具中穿出(这个工序非常难),接通仪器。向钻孔内冲水,每隔5 min读数一次,连续三次相邻读数差不超过5 με且冲水时间不少于30 min时,取最后一次读数作为稳定读数,并记为初始值。

(2)按预定深度分10级,开始每级解除深度可为5 cm,在接近应变片黏结部位时宜为2 cm。逐级钻进,进行套心解除,每解除到一级深度时,停钻不停机连续读数两次。

(3)套钻最终解除深度应超过测孔孔底应力集中影响区,应变计读数趋于稳定时可终止解除。但最终解除深度(即从测点到孔底的距离)不得小于解除孔孔径的2.0倍。

(4)继续向钻孔内冲水,每隔5 min读数一次,当连续三次相邻读数差不超过5 με且冲水时间不少于30 min时,取最后一次读数为稳定读数。

(5)解除过程中发现异常情况时,应及时停机检查并记录。

(6)检查系统缘值,卸下钻具,小心取出带有应变计的岩芯进行描述。

2. 深孔水下孔壁应变法测试及稳定标准应符合的规定

(1)接通仪器,每隔5 min读数一次,当连续三次相邻读数差不超过5 με时,取最后一次读数作为初始稳定读数。

(2)提升安装器,切断应变计与安装托架间的引线,将应变计单独留在测孔中,读取定向罗盘所指示的方位。

(3)进行连续套钻解除,套心解除深度应满足浅孔孔壁应变法测试及稳定标准的第(3)款规定。

(4)取出带有应变计的岩芯,立即将切断的引线再次与安装器托架上的引线连接起来,检查系统绝缘值并保持岩芯的环境温度不变。

(5)接通仪器,读取解除后的应变计读数,每5 min读数一次,连续三次相邻读数差不超过5 με时,取最后一次读数作为稳定读数。

(6)对岩芯进行描述。

(七)岩芯围压试验应符合的规定

(1)现场测试结束后,将解除后带有应变计的岩芯放入围压器中,在现场进行围压试验测定岩芯的弹性模量E。岩芯围压率定器如图6-13所示。

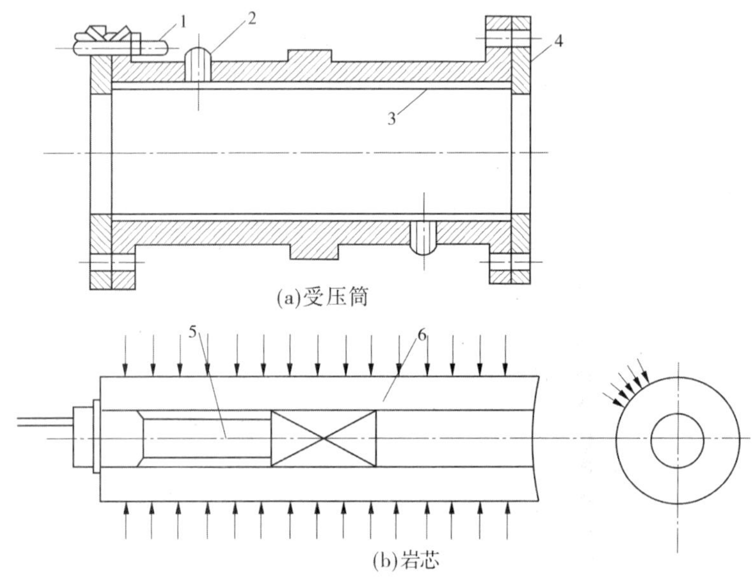

1—螺栓;2—进出油嘴;3—盖板;4—橡皮囊;5—应变计探头;6—岩芯

图6-13　岩芯围压率定器

(2)当采用大循环法加压时,压力宜分5~10级施加。最大压力应大于预估的岩体最大主应力,循环法加压时,每级压力下每隔5 min读数一次,相邻两次读数差不超过5 με时,后一次读数即为稳定读数。

(3)当采用逐级一次循环法加压时,每级压力下每隔5 min读数一次,相邻两次读数差不超过5 με时,后一次读数即为稳定读数。

(4)绘制压力P与应变ε关系曲线,计算岩石弹性模量和泊松比。

按照弹性理论厚壁筒应力分析方法推导出弹性模量的计算公式为:

$$E = \frac{1 - \mu^2}{\varepsilon_\theta + \mu\varepsilon_z}\sigma_\theta \qquad (6\text{-}1)$$

$$\sigma_\theta = \frac{2r_H^2}{r_H^2 - r_B^2}P$$

其中,ε_θ、ε_z分别为围压率定器施加围压时岩芯发生的切向应变和轴向应变;r_H、r_B分别为试验岩芯的外半径和内半径;P为围压。

当把岩芯围压试验作为平面问题处理时,式(6-1)可以简化为:

$$E = \frac{2P}{\varepsilon_\theta} \tag{6-2}$$

(八)测试成果整理及测试记录

(1)根据岩芯解除应变值和解除深度,绘制解除过程曲线,如图6-14所示,选取合理的解除应变值。

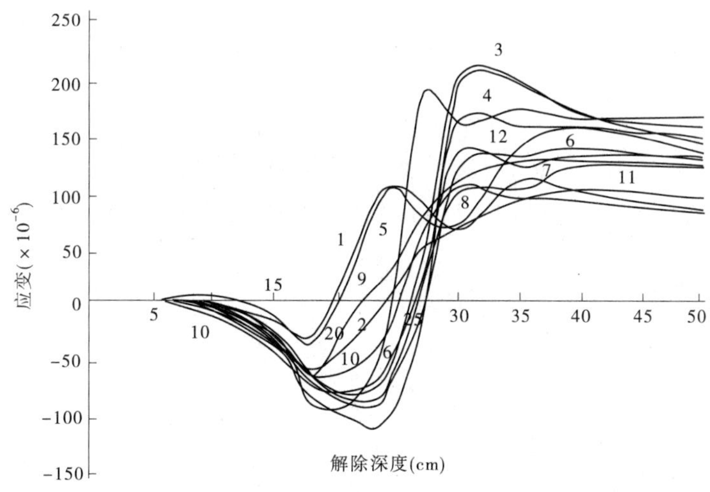

图6-14 岩芯应力解除全过程曲线

(2)根据围压试验或在现场取样进行的室内岩块力学试验,确定岩石的弹性模量和泊松比。

(3)测试记录应包括工程名称、岩石名称、测点编号、测点位置、试验方法、地质描述、测试深度、相应于各解除深度的电阻片的应变值、灵敏系数、系统绝缘值、冲水时间、各电阻片及应变丛布置方向、钻孔轴向方位角、倾角、围压试验资料、测试过程中发生的异常现象、测试人员、测试日期等。

三、实测数据整理分析

(一)坐标系及测量元件序号规定

1. 坐标系应符合的规定

(1)岩体应力测试计算坐标系应采用右手系。

(2)大地坐标系 $O-xyz$:z 轴为铅垂向上,x 轴为建筑物轴线方向或正北向,其方位为 β_0。

(3)钻孔坐标系 $O-x_iy_iz_i$:z_i 轴为钻孔轴向,指向孔口为正,x_i 轴为水平向,以按右手系确定的 y_i 轴位于上半空间的指向为正。

2. 钻孔方向应符合的规定

钻孔倾角 α_i 以仰角为正,方位角 β_i 为钻孔在水平面投影线的方位,如果钻孔为铅垂向,β_i 为轴 x_i 的方位角。

3. 测量元件序号应符合的规定

钻孔孔壁应变计:i 为布置在孔壁上的应变丛序号,j 为应变丛内应变片序号。γ 为应变计安装偏斜角,以水平轴起始逆时针向度量。

(二)孔壁应变测试法应力计算(浅孔孔壁应变测量和深孔孔壁应变测量应力计算相同)

应力解除完成以后,孔壁应变计各应变丛得到一组应变测量值,即观测方程的观测值,从理论上可以证明从孔壁应变计获得的应变观测值有6个线性是独立的,因此将观测结果代入观测方程组,解联立方程就可求得围岩的6个应力分量。

观测方程的表达式为:

$$E \cdot \varepsilon_k = A_{k_1}\sigma_x + A_{k_2}\sigma_y + A_{k_3}\sigma_z + A_{k_4}\tau_{xy} + A_{k_5}\tau_{yz} + A_{k_6}\tau_{zx} \tag{6-3}$$

式中 ε_k——应变观测值;

σ_x、σ_y、σ_z、τ_{xy}、τ_{yz}、τ_{zx}——钻孔坐标系下的六个应力分量;

k——观测方程序号,应变计内布设几个应变丛(3~4个),其序号用i表示,对应的极角为θ_i,每个应变丛由几个应变片组成,其序号用j表示,对应的角度为φ_j。

应力系数A_{k_1}、A_{k_2}、…、A_{k_6}用下式确定:

$$\begin{cases} A_{k_1} = [K_1 + \mu - 2(1-\mu^2)K_2\cos2\theta_i]\sin^2\varphi_{ij} - \mu \\ A_{k_2} = [K_1 + \mu + 2(1-\mu^2)K_2\cos2\theta_i]\sin^2\varphi_{ij} - \mu \\ A_{k_3} = 1 - (1 + \mu K_4)\sin^2\varphi_{ij} \\ A_{k_4} = -4(1-\mu^2)K_2\sin2\theta_i\sin^2\varphi_{ij} \\ A_{k_5} = 2(1+\mu)K_3\cos\theta_i\sin2\varphi_{ij} \\ A_{k_6} = -2(1+\mu)K_3\sin\theta_i\sin2\varphi_{ij} \end{cases} \tag{6-4}$$

对于孔壁应变测量式(6-4)中$K_1 = K_2 = K_3 = K_4 = 1$。

(三)空心包体钻孔三向应变计应力计算

观测方程和应力系数计算分别为式(6-3)、式(6-4),但式(6-4)中的修正系数K_i(i=1,2,3,4)不等于1,其值由钻孔半径R、应变计内半径R_1、应变片嵌固部位的半径ρ、围岩的弹性模量E、泊松比μ和环氧树脂层的弹性模量E_1、泊松比μ_1等确定,计算如式(6-5)~式(6-7):

$$\begin{cases} K_1 = d_1(1-\mu\mu_1)(1-2\mu_1+R_1^2/\rho^2) + \mu\mu_1 \\ K_2 = d_2(1-\mu_1)\rho^2 + d_3 + d_4\mu_1/\rho^2 + d_5/\rho^4 \\ K_3 = d_6(1+R_1^2/\rho^2) \\ K_4 = [\mu_1 - d_1(\mu_1-\mu)(1-2\mu_1+R_1^2/\rho^2)]/\mu \end{cases} \tag{6-5}$$

$$\begin{cases} d_1 = 1/[1-2\mu_1+m^2+\xi(1-m^2)] \\ d_2 = 12(1-\xi)m^2(1-m^2)/(R^2D) \\ d_3 = [m^4(4m^2-3)(1-\xi)+\chi_1+\xi]/D \\ d_4 = -4R_1^2[m^6(1-\xi)+\chi_1+\xi]/D \\ d_5 = 3R_1^4[m^4(1-\xi)+\chi_1+\xi]/D \\ d_6 = 1/[1+m^2+\xi(1-m^2)] \end{cases} \tag{6-6}$$

$$
\begin{cases}
D = (1+\chi\xi)[\chi_1+\xi+(1-\xi)(3m^2-6m^4+4m^6)]+ \\
\qquad (\chi_1-\chi\xi)m^2[(1-\xi)m^6+(\chi_1+\xi)] \\
\xi = [E_1(1+\mu)]/[E(1+\mu_1)] \\
m = R_1/R \\
\chi = 3-4\mu \\
\chi_1 = 3-4\mu_1
\end{cases} \tag{6-7}
$$

(四)钻孔坐标系同大地坐标系的转换

式(6-3)~式(6-7)是在钻孔坐标系下围岩应力的计算公式,为了求得大地坐标系下的围岩应力,必须进行坐标变换。

钻孔坐标系和大地坐标系都采用右手系,钻孔坐标系 $O-x_iy_iz_i$ 与大地坐标系 $O-xyz$ 相互关系如图6-15所示,钻孔坐标系各坐标轴相对大地坐标系的方向余弦如表6-1所示。

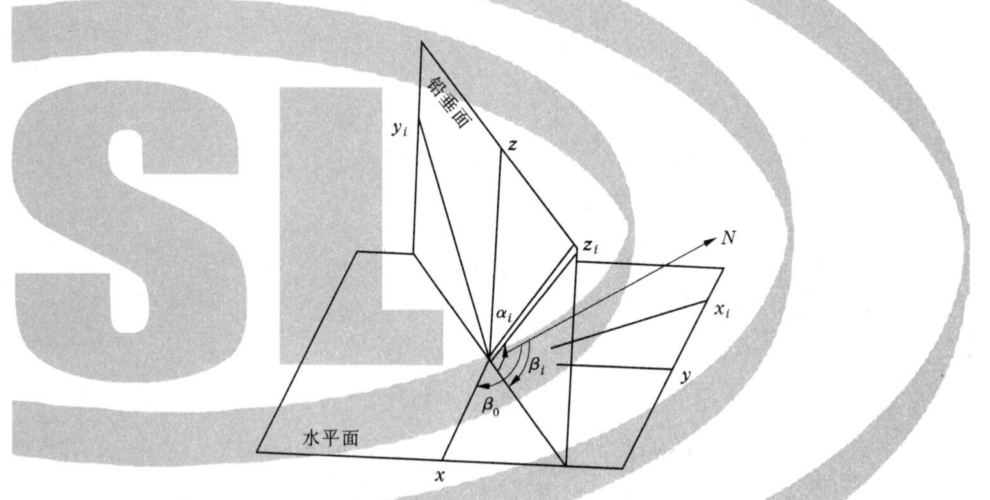

图6-15 钻孔坐标系与大地坐标系的相对关系

表6-1 钻孔坐标系各坐标轴相对大地坐标系的方向余弦

	x	y	z
x_i	$l_1=-\sin(\beta_0-\beta_i)$	$m_1=\cos(\beta_0-\beta_i)$	$n_1=0$
y_i	$l_2=-\sin\alpha_i\cos(\beta_0-\beta_i)$	$m_2=-\sin\alpha_i\sin(\beta_0-\beta_i)$	$n_2=\cos\alpha_i$
z_i	$l_3=\cos\alpha_i\cos(\beta_0-\beta_i)$	$m_3=\cos\alpha_i\sin(\beta_0-\beta_i)$	$n_3=\sin\alpha_i$

在大地坐标系下,以 σ_1、σ_2、…、σ_6 分别表示应力分量 σ_x、σ_y、σ_z、τ_{xy}、τ_{yz}、τ_{zx},则坐标变换后应力分量可按下式计算:

$$
\sigma_j = C_{j1}\sigma_{x_i}+C_{j2}\sigma_{y_i}+C_{j3}\sigma_{z_i}+C_{j4}\sigma_{x_iy_i}+C_{j5}\sigma_{y_iz_i}+C_{j6}\sigma_{z_ix_i}(j=1,2,\cdots,6) \tag{6-8}
$$

$C_{j1}\sim C_{j6}$ 为相对应的应力系数,按下列公式计算:

$$\begin{cases} C_{11} = \cos^2\gamma_i\sin^2(\beta_0-\beta_i) + \sin^2\gamma_i\sin^2\alpha_i\cos^2(\beta_0-\beta_i) + \\ \qquad \dfrac{1}{2}\sin2\gamma_i\sin\alpha_i\sin2(\beta_0-\beta_i) \\ C_{12} = -C_{11} + \sin^2(\beta_0-\beta_i) + \sin^2\alpha_i\cos^2(\beta_0-\beta_i) \\ C_{13} = \cos^2\alpha_i\cos^2(\beta_0-\beta_i) \\ C_{14} = -\sin2\gamma_i[\sin^2(\beta_0-\beta_i) - \sin^2\alpha_i\cos^2(\beta_0-\beta_i)] + \\ \qquad \cos2\gamma_i\sin\alpha_i\sin2(\beta_0-\beta_i) \\ C_{15} = -\cos\gamma_i\sin2\alpha_i\cos^2(\beta_0-\beta_i) + \sin\gamma_i\cos\alpha_i\sin2(\beta_0-\beta_i) \\ C_{16} = -\sin\gamma_i\sin2\alpha_i\cos^2(\beta_0-\beta_i) - \cos\gamma_i\cos\alpha_i\sin2(\beta_0-\beta_i) \end{cases} \tag{6-9}$$

$$\begin{cases} C_{21} = \cos^2\gamma_i\cos^2(\beta_0-\beta_i) + \sin^2\gamma_i\sin^2\alpha_i\sin^2(\beta_0-\beta_i) - \\ \qquad \dfrac{1}{2}\sin2\gamma_i\sin\alpha_i\sin2(\beta_0-\beta_i) \\ C_{22} = -C_{21} + \cos^2(\beta_0-\beta_i) + \sin^2\alpha_i\sin^2(\beta_0-\beta_i) \\ C_{23} = -C_{13} + \cos^2\alpha_i \\ C_{24} = -C_{14} - \sin2\gamma_i\cos^2\alpha_i \\ C_{25} = -C_{15} - \cos\gamma_i\sin2\alpha_i \\ C_{26} = -C_{16} - \sin\gamma_i\sin2\alpha_i \end{cases} \tag{6-10}$$

$$\begin{cases} C_{31} = \sin^2\gamma_i\cos^2\alpha_i \\ C_{32} = \cos^2\gamma_i\cos^2\alpha_i \\ C_{33} = \sin^2\alpha_i \\ C_{34} = \sin2\gamma_i\cos^2\alpha_i \\ C_{35} = \cos\gamma_i\sin2\alpha_i \\ C_{36} = \sin\gamma_i\sin2\alpha_i \end{cases} \tag{6-11}$$

$$\begin{cases} C_{41} = \dfrac{1}{2}(-\cos^2\gamma_i + \sin^2\gamma_i\sin^2\alpha_i)\sin2(\beta_0-\beta_i) - \\ \qquad \dfrac{1}{2}\sin2\gamma_i\sin\alpha_i\cos2(\beta_0-\beta_i) \\ C_{42} = -C_{41} - \dfrac{1}{2}\cos^2\alpha_i\sin2(\beta_0-\beta_i) \\ C_{43} = \dfrac{1}{2}\cos^2\alpha_i\sin2(\beta_0-\beta_i) \\ C_{44} = \dfrac{1}{2}\sin2\gamma_i\sin2(\beta_0-\beta_i)(1+\sin^2\alpha_i) - \cos2\gamma_i\sin\alpha_i\cos2(\beta_0-\beta_i) \\ C_{45} = -\dfrac{1}{2}\cos\gamma_i\sin2\alpha_i\sin2(\beta_0-\beta_i) - \sin\gamma_i\cos\alpha_i\cos2(\beta_0-\beta_i) \\ C_{46} = -\dfrac{1}{2}\sin\gamma_i\sin2\alpha_i\sin2(\beta_0-\beta_i) + \cos\gamma_i\cos\alpha_i\cos2(\beta_0-\beta_i) \end{cases} \tag{6-12}$$

$$\begin{cases} C_{51} = -\sin\gamma_i\cos\alpha_i[\sin\gamma_i\sin\alpha_i\sin(\beta_0-\beta_i)-\cos\gamma_i\cos(\beta_0-\beta_i)] \\ C_{52} = -C_{51}-\frac{1}{2}\sin2\alpha_i\sin(\beta_0-\beta_i) \\ C_{53} = \frac{1}{2}\sin2\alpha_i\sin(\beta_0-\beta_i) \\ C_{54} = -\cos\alpha_i[\sin2\gamma_i\sin\alpha_i\sin(\beta_0-\beta_i)-\cos2\gamma_i\cos(\beta_0-\beta_i)] \\ C_{55} = \cos\gamma_i\cos2\alpha_i\sin(\beta_0-\beta_i)-\sin\gamma_i\sin\alpha_i\cos(\beta_0-\beta_i) \\ C_{56} = \sin\gamma_i\cos2\alpha_i\sin(\beta_0-\beta_i)+\cos\gamma_i\sin\alpha_i\cos(\beta_0-\beta_i) \end{cases} \tag{6-13}$$

$$\begin{cases} C_{61} = -\sin\gamma_i\cos\alpha_i[\sin\gamma_i\sin\alpha_i\cos(\beta_0-\beta_i)+\cos\gamma_i\sin(\beta_0-\beta_i)] \\ C_{62} = -C_{61}-\frac{1}{2}\sin2\alpha_i\cos(\beta_0-\beta_i) \\ C_{63} = \frac{1}{2}\sin2\alpha_i\cos(\beta_0-\beta_i) \\ C_{64} = -\cos\alpha_i[\sin2\gamma_i\sin\alpha_i\cos(\beta_0-\beta_i)+\cos2\gamma_i\sin(\beta_0-\beta_i)] \\ C_{65} = -C_{56}+\cos(\gamma_i-\beta_0+\beta_i)(\cos2\alpha_i+\sin\alpha_i) \\ C_{66} = -C_{55}+\sin(\gamma_i+\beta_0-\beta_i)(\cos2\alpha_i-\sin\alpha_i) \end{cases} \tag{6-14}$$

(五)岩体主应力的大小及方向计算

已知6个应力分量的情况下,主应力的大小按下列公式计算:

当$\left(\frac{P}{3}\right)^3+\left(\frac{Q}{2}\right)^2=0$时

$$\begin{cases} \sigma_1 = 2\sqrt[3]{-\frac{Q}{2}}+\frac{1}{3}J_1 \\ \sigma_2 = \sigma_3 = -\sqrt[3]{-\frac{Q}{2}}+\frac{1}{3}J_1 \end{cases} \tag{6-15}$$

当$\left(\frac{P}{3}\right)^3+\left(\frac{Q}{2}\right)^2<0$时

$$\begin{cases} \sigma_1 = 2\sqrt{-\frac{P}{3}}\cos\frac{\omega}{3}+\frac{1}{3}J_1 \\ \sigma_2 = 2\sqrt{-\frac{P}{3}}\cos\frac{\omega+2\pi}{3}+\frac{1}{3}J_1 \\ \sigma_3 = 2\sqrt{-\frac{P}{3}}\cos\frac{\omega+4\pi}{3}+\frac{1}{3}J_1 \end{cases} \tag{6-16}$$

$$\begin{cases} P = -\frac{1}{3}J_1^2+J_2 \\ Q = -\frac{2}{27}J_1^3+\frac{1}{3}J_1J_2-J_3 \end{cases} \tag{6-17}$$

$$\omega = \arccos\left[-\frac{Q}{2}/\sqrt{-(\frac{P}{3})^3}\right] \tag{6-18}$$

$$\begin{cases} J_1 = \sigma_1 + \sigma_2 + \sigma_3 = \sigma_x + \sigma_y + \sigma_z \\ J_2 = \sigma_1\sigma_2 + \sigma_2\sigma_3 + \sigma_3\sigma_1 \\ \quad = \sigma_x\sigma_y + \sigma_y\sigma_z + \sigma_z\sigma_x - \tau_{xy}^2 - \tau_{yz}^2 - \tau_{zx}^2 \\ J_3 = \sigma_1\sigma_2\sigma_3 = \sigma_x\sigma_y\sigma_z - \sigma_x\tau_{yz}^2 - \sigma_y\tau_{zx}^2 - \sigma_z\tau_{xy}^2 + 2\tau_{xy}\tau_{yz}\tau_{zx} \end{cases} \tag{6-19}$$

主应力的方向按下列公式计算:

$$\begin{cases} \alpha_i = \arcsin n_i \\ \beta_i = \beta_0 - \arcsin \dfrac{m_i}{\sqrt{1 - n_i^2}} \end{cases} \tag{6-20}$$

$$\begin{cases} l_i = A/\sqrt{A^2 + B^2 + C^2} \\ m_i = B/\sqrt{A^2 + B^2 + C^2} \\ n_i = C/\sqrt{A^2 + B^2 + C^2} \end{cases} \tag{6-21}$$

$$\begin{cases} A = \tau_{xy}\tau_{yz} - (\sigma_y - \sigma_i)\tau_{zx} \\ B = \tau_{xy}\tau_{zx} - (\sigma_x - \sigma_i)\tau_{yz} \\ C = (\sigma_x - \sigma_i)(\sigma_y - \sigma_i) - \tau_{xy}^2 \end{cases} \tag{6-22}$$

式中 l_i、m_i、n_i——主应力的方向余弦;

α_i、β_i——主应力的倾角、方位角。

四、关键技术问题

(一)套心解除速率的要求

通过多年的测试经验,在浅孔孔壁应变法和浅孔空心包体孔壁应变法浅孔全过程的测量中,为获取较好的全过程曲线,规程要求按预定深度分10级,开始每级解除深度可为5 cm,在接近应变片黏结部位时宜为2 cm。逐级钻进,进行套心解除,每解除到一级深度时,停钻不停机连续读数两次。

(二)应变计的制作

在岩体应力的测量试验中,对试验的影响因素很多,如温度、湿度、介质和垫层等,这些都要在应变计的制作过程中予以考虑。因此,应变计的制作是十分关键的技术之一。首先是电阻片的选择,同一组试件的工作片与温度补偿片的规格和灵敏系数应相同,电阻值在120 Ω左右,允许偏差为±0.1 Ω。并对温度变化不敏感。其次是制作应变计的底托材料在满足其他要求的基础上,其弹性模量应尽可能低,不致对电阻片随应力解除的变化构成约束影响。

(三)黏结剂的配制

要将制作好的应变计牢固地黏结在测量孔中,就必须选择好的黏结剂。对水平浅孔要求钻孔略向上倾斜5°左右,以便排出岩粉和积水,并对钻孔进行清洗干燥,因而对黏结剂的要求仅限于黏结强度和固化时间。在垂直深孔应力测量中,对黏结剂要求则更高一

些，除需满足以上要求外，还需在水下可固化、耐油、强度高等。长江科学院研制的CKJ－1型水下黏结剂均能满足以上要求，在工程中应用是比较成功的。

（四）钻孔机具的选配

套心解除法一般要求使用金刚石钻头钻孔，每百米倾斜不超过3°，且测量小孔和解除大孔同心度允许偏差不超过2 mm。因此，钻进过程中要求在一定间隔内，在钻杆上加接定向（导向）接头，使用专用的ϕ76 mm（薄壁）和ϕ36 mm的金刚石钻头，且解除钻具有能较完整地取出岩芯，岩芯残留不大于5 cm，起伏差不大于2 cm。

（五）二次仪表的配置和标定

由于地应力测试对成果质量的影响因素较多，现场环境差，因此要求二次仪表具有一定的精度和抗干扰能力，并经过计量部门计量合格。仪器设备运抵现场组装后，应在现场进行检查和标定。

第二节　孔底应变法测试

一、测试原理

孔底应变法测试仍属于应力解除法，是采用电阻应变计（或其他感应元件）作为传感元件，测量套钻解除后钻孔孔底岩面应变变化，根据经验公式，求出孔底周围的岩体应力状态，适用于各向同性岩体的应力测试。主要优点为所需的完整岩芯长度较短，在较软弱或完整性较差的岩体内较易成功。

钻孔孔底应变计结构如图6-16所示，其应变片布置如图6-17所示。

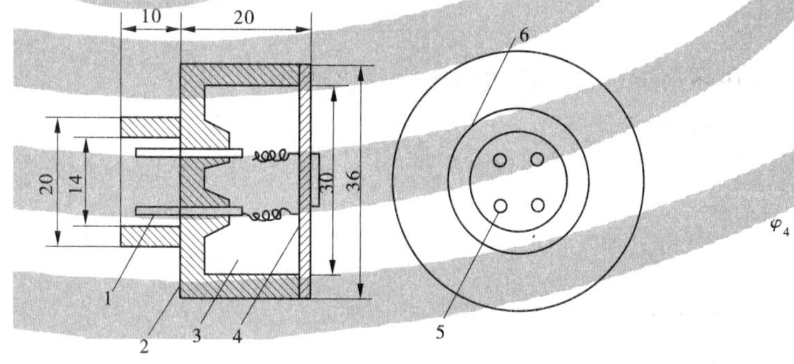

1—插针；2—塑料外壳；3—硅橡胶；4—电阻片；5—电阻片插针；6—键槽

图6-16　钻孔孔底应变计结构示意（单位：mm）

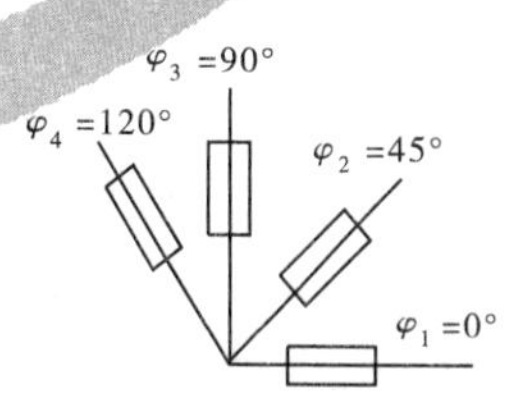

图6-17　孔底应变计应变片布置

孔底应变计的安装工法要求烘烤孔底，需在钻孔无水状态下进行。为排除钻孔孔内积水，钻孔宜向上倾斜3°～5°。孔底应变法应力解除示意如图6-18所示。

二、测试方法

（一）测点布置及地质描述

测点布置同孔壁应变法规定。

当测量岩体中某一点的三向应力状态时,宜在同一平面内,布置交会于岩体某点的三个钻孔(如45°、0°、-45°),如图6-19所示。地质描述与孔壁应变法的规定相同。

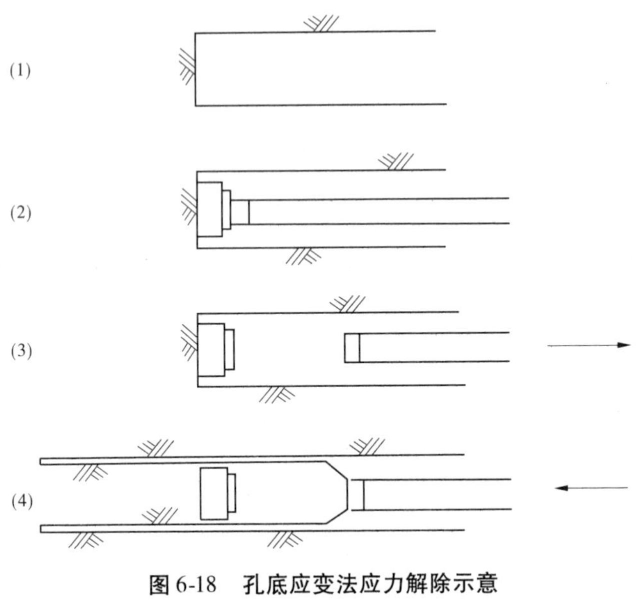

图6-18　孔底应变法应力解除示意

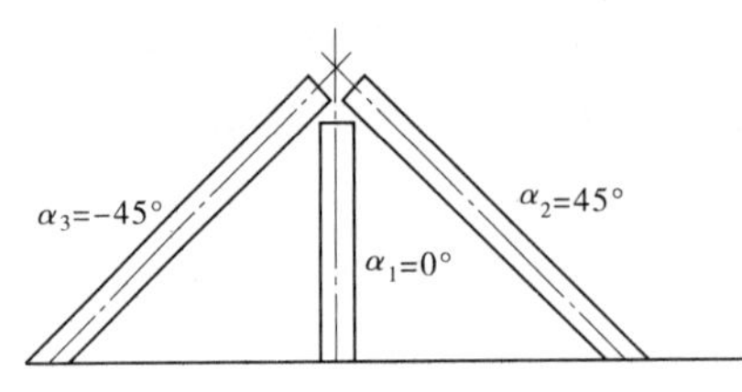

图6-19　三孔交会示意

(二)主要仪器设备及测试准备工作

测试仪器设备与孔壁应变法测试方法相同,只需将孔壁应变计换成孔底应变计即可。

测试准备应符合下列规定:

(1)根据测试要求选择场地,安装钻机。钻进到预定深度,取出岩芯,观察节理、裂隙发育情况,判断是否满足试验条件,否则应继续钻进,直至满足试验条件。

(2)粗磨、细磨孔底至平整光滑。

(3)用清洁剂洗净孔底并用烘烤器烘干。

(三)应变计安装

(1)在孔底及孔底应变计底表面均匀涂上一层黏结剂(见图6-18(1))。

(2)用安装杆将带有孔底应变计的安装器送入孔中,当接近孔底时定向就位,将孔底应变计压贴在孔底平面中部1/3直径范围内,并保持一定的预压力,使应变计与孔底岩面紧密粘贴(见图6-18(2))。

(3)黏结剂固化后,检查系统绝缘值,绝缘值不应小于50 MΩ。

(4)取出安装器(见图6-18(3))。

（四）测试及稳定标准

（1）从钻具中引出测量电缆，接通仪器。向钻孔内冲水，每隔 5 min 读数一次，当连续三次相邻读数差不超过 5 με 且冲水时间不少于 30 min 时，取最后一次读数作为稳定读数，并作为初始值（见图 6-18（4））。

（2）按预定深度逐级钻进，进行套心解除。每级解除深度，开始时宜为 1 cm，当解除孔径 0.6 倍后宜为 2 cm，每解除一级，停钻不停机读数，连续读数两次。

（3）套钻最终解除深度应超过孔底应力集中影响区，最小解除深度应大于解除孔孔径的 1.5 倍。

（4）继续向钻孔内冲水，每隔 5 min 读数一次，当连续三次相邻读数差不超过 5 με 且冲水时间不少于 30 min 时，取最后一次读数作为稳定读数。

（5）在解除过程中，发现异常情况时，应立即停机检查，做好记录。

（6）检查系统绝缘值，卸下钻具，取出带有应变计的岩芯进行描述。

（五）岩芯围压试验、测试成果整理及测试记录

岩芯围压试验、测试成果整理及测试记录与本章第一节相同。

三、应力计算

（一）钻孔孔底平面应力状态的计算

钻孔孔底平面应力分量与岩体应力的关系，没有解析解，目前钻孔孔底应变测量法的应力计算是根据邦内切尔（F. Bonnechere，1968）和范希尔敦（E. W. Van Heerden，1969）等由模型试验得出的经验公式作为基础的。如图 6-20 所示，孔底应力状态（σ_x'、σ_y'、τ_{xy}'）同钻孔坐标系表达的应力状态（σ_x、σ_y、τ_{xy}）之间的关系如式（6-23）。

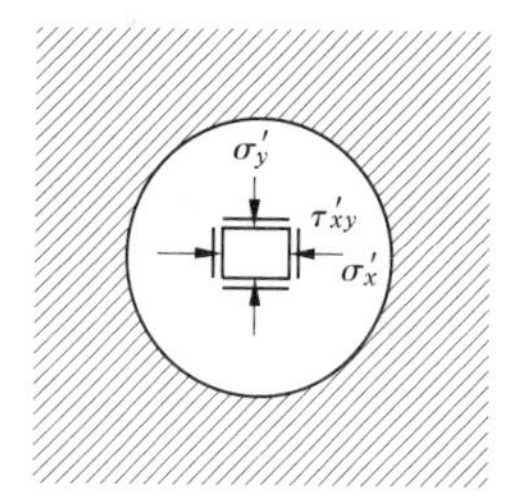

图 6-20　钻孔孔底的应力集中

$$\begin{cases}\sigma_x' = a\sigma_x + b\sigma_y + c\sigma_z \\ \sigma_y' = b\sigma_x + a\sigma_y + c\sigma_z \\ \tau_{xy}' = d\tau_{xy}\end{cases} \tag{6-23}$$

式中，a，b，c，d 为钻孔孔底平面中心点应力集中系数，由试验和有限元计算求得。例如范希尔敦通过试验得到 $a = d = 1.25$，$b = 0$，$c = -0.75 \times (0.65 + \mu)$。

由于钻孔孔底应变片实测值与轴向、切向正应变和剪应变的关系为：

$$\varepsilon_j = \varepsilon_x \cos^2\varphi_j + \varepsilon_y \sin^2\varphi_j + \gamma_{xy}\sin 2\varphi_j \tag{6-24}$$

将孔底应变观测值 ε_j 代入式（6-24），即可求出对应的应变值 ε_x、ε_y、γ_{xy}。

利用应力应变关系的虎克定律，可以求出孔底中心处的应力（σ_x'、σ_y'、τ_{xy}'），代入式（6-23），即可得到孔底钻孔坐标系下应力状态（σ_x、σ_y、τ_{xy}）。

（二）三维应力计算

为了获得三维应力状态，钻孔孔底应变测量需要布置 s 个交会钻孔（$s \geqslant 3$，其中不同方向的钻孔至少为 3 个），其序号用 i 表示，并设钻孔的倾角为 α_i，方位角为 β_i。应变计端面上布置 1 个应变丛，应变丛内由 t 个应变片组成，其序号用 j 表示，对应的角度为 φ_i。由孔底应变测量得到的应变观测值 ε_k（$k = (i-1)t + j$，$i = 1 - s$，$j = 1 - t$）可建立一组观测方

程,解观测方程组即可获得大地坐标系下的围岩应力状态。观测方程组如式(6-25):

$$E\cdot\varepsilon_k = A_{k_1}\sigma_x + A_{k_2}\sigma_y + A_{k_3}\sigma_z + A_{k_4}\tau_{xy} + A_{k_5}\tau_{yz} + A_{k_6}\tau_{zx} \tag{6-25}$$

观测方程的应力系数 $A_{k_1}\sim A_{k_6}$ 可由式(6-26)、式(6-27)求出:

$$\begin{cases} A_{k_1} = B_1 - (B_1 - B_2\sin^2\alpha_i - B_3\cos^2\alpha_i)\cos^2(\beta_0 - \beta_i) + \\ \qquad \dfrac{1}{2}B_4\sin\alpha_i\sin2(\beta_0 - \beta_i) \\ A_{k_2} = B_1 - (B_1 - B_2\sin^2\alpha_i - B_3\cos^2\alpha_i)\sin^2(\beta_0 - \beta_i) - \\ \qquad \dfrac{1}{2}B_4\sin\alpha_i\sin2(\beta_0 - \beta_i) \\ A_{k_3} = B_2\cos^2\alpha_i + B_3\sin^2\alpha_i \\ A_{k_4} = -(B_1 - B_2\sin^2\alpha_i - B_3\cos^2\alpha_i)\sin2(\beta_0 - \beta_i) - \\ \qquad B_4\sin\alpha_i\cos2(\beta_0 - \beta_i) \\ A_{k_5} = -(B_2 - B_3)\sin2\alpha_i\sin(\beta_0 - \beta_i) + \\ \qquad B_4\cos\alpha_i\cos(\beta_0 - \beta_i) \\ A_{k_6} = -(B_2 - B_3)\sin2\alpha_i\cos(\beta_0 - \beta_i) - \\ \qquad B_4\cos\alpha_i\sin(\beta_0 - \beta_i) \end{cases} \tag{6-26}$$

$$\begin{cases} B_1 = (b - \mu a) + (1 + \mu)(a - b)\cos^2\varphi_{ij} \\ B_2 = (a - \mu b) - (1 + \mu)(a - b)\cos^2\varphi_{ij} \\ B_3 = (1 - \mu)c \\ B_4 = (1 + \mu)d\sin2\varphi_{ij} \end{cases} \tag{6-27}$$

如果交会的测量钻孔取在同一水平面上,即 $\alpha_i=0$,则应力系数 $A_{k1}\sim A_{k6}$ 表达式简化成式(6-28)

$$\begin{cases} A_{k_1} = (1 - \mu)c + [(b - c) - \mu(a - c) + \\ \qquad (1 + \mu)(a - b)\cos^2\varphi_{ij}]\sin^2(\beta_0 - \beta_i) \\ A_{k_2} = (1 - \mu)c + [(b - c) - \mu(a - c) + \\ \qquad (1 + \mu)(a + b)\cos^2\varphi_{ij}]\cos^2(\beta_0 - \beta_i) \\ A_{k_3} = (a - \mu b) - (1 + \mu)(a - b)\cos^2\varphi_{ij} \\ A_{k_4} = [-(b - c) + \mu(a - c) - \\ \qquad (1 + \mu)(a - b)\cos^2\varphi_{ij}]\sin2(\beta_0 - \beta_i) \\ A_{k_5} = (1 + \mu)d\sin2\varphi_{ij}\cos(\beta_0 - \beta_i) \\ A_{k_6} = -(1 + \mu)d\sin2\varphi_{ij}\sin(\beta_0 - \beta_i) \end{cases} \tag{6-28}$$

系数 a、b、c、d 由范希尔敦通过试验得到:$a=d=1.25$,$b=0$,$c=-0.75\times(0.65+\mu)$。近年来,随着数值计算的发展,长沙矿冶研究院和兰州大学通过有限元计算得到 $a=1.37$,$b=-0.14$,$c=-0.62$,$d=1.484$。

已知6个应力分量的情况下,求主应力的大小和方向与本章第一节相同。

四、关键技术问题

孔底应变法测量方法的关键在于应变测量元件的制作。由于试验是在钻孔中进行，难以用人工直接将电阻片贴入孔底，为此设计了一种应变盒。预先把电阻片粘贴在应变盒的底平面上，以专用工具将其送入孔底，使它粘贴在孔底平面上。在处理、粘贴、防潮过程中，电阻片表面已形成一层薄膜。塑料壳体对电阻片的正常工作是否有影响，其大小如何，这些均需通过率定确定。由于每个应变元件粘贴后不能重复使用，因此率定工作只能采用抽样率定的方法。

因该测量方法要求钻孔干燥无水，故钻孔应略向上倾斜5°左右。该测量方法在应力解除过程中要求测量孔和解除孔同心度很高，故需配置专用钻孔机具和孔底磨平装置。测量三向应力宜在同一平面内布置交会于岩体某点的三个钻孔(如45°、90°、-45°)。

该方法由于缺乏理论解，孔底应变花贴在不同位置，系数 a、b、c、d 也会变化，因此实测结果误差较大，使用这种方法不能得到理想的结果。

第三节　孔径变形法测试

一、测试原理

孔径变形法测试包括压磁应力计测试和孔径变形计测试两种方法。它是在钻孔预定孔深处安放压磁应力计或四分向环式钻孔变形计，然后套钻解除，测量解除前后的变形或应变差值，按弹性理论建立的孔径变化与应力之间的关系式，计算出岩体中钻孔横截面上的平面应力状态。

典型的钻孔变形计有国家地震局地表应力研究所研制的YJ－81型压磁式应力计和中国科学院武汉岩土力学研究所研制的36－2型钢环式变形计，见图6-21和图6-22。

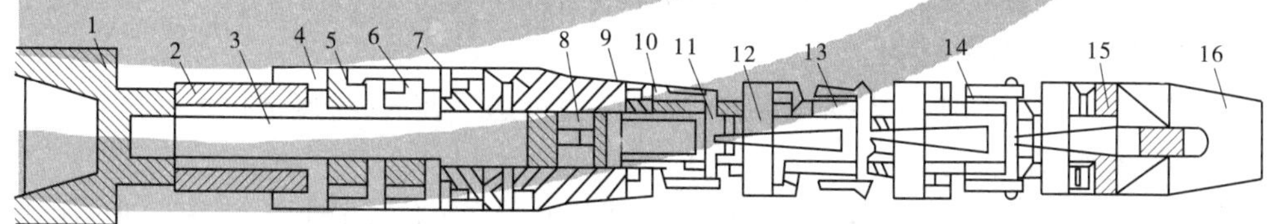

1—接头；2—反螺纹连接筒；3—加力杆；4—加力螺母；5—空心螺丝；6—弹簧销；7—套筒一节；8—套筒二节；9—拉架接头；10—滑楔；11—套筒三节；12—套筒四节；13—定向接头；14—底边；15—弹簧销；16—导向器

图6-21　YJ－81型压磁式应力计结构示意

当需要测求岩体的空间力状态时，应采用三孔交会测试的方法，一般采用两侧测孔与中间测孔分别构成45°夹角的布置方法。其方法与孔底应变法的三孔交会方法相同。

二、测试方法

(一)测点布置及地质描述

测点布置及地质描述与本章第一节孔壁应变法相同。

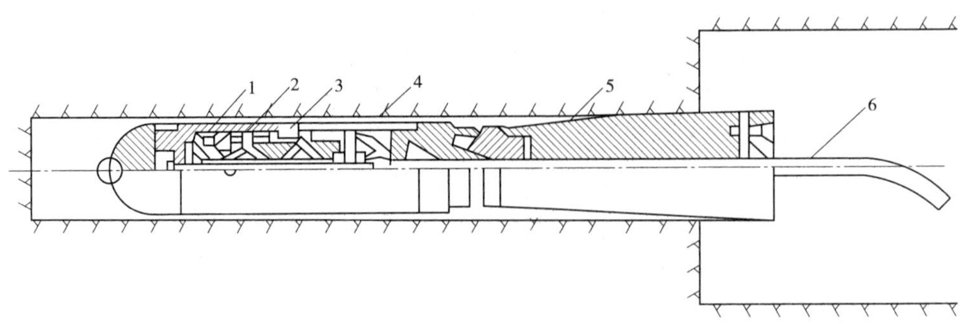

1—钢环架;2—钢环;3—触头;4—外壳;5—定位器;6—测量电缆

图6-22　36－2型钢环式变形计结构示意

(二)主要仪器设备

(1)钻机及其附属设备。

(2)大、小口径金刚石钻头。

(3)磨平钻头及导向钻头。

(4)压磁应力计及读数仪或四分量钢环式变形计及静态应变仪。

(5)围压率定器。

(6)安装设备。

(三)测试准备

(1)选择场地,安装钻机。

(2)用大口径钻头钻至预定部位,取出岩芯。

(3)用磨平钻头磨平孔底,用导向钻头钻深4～5 cm的导向孔。

(4)用测试钻头钻测试孔,孔深约50 cm,要求与大孔同轴,允许偏差为2 mm。取出测试孔岩芯并冲洗钻孔。

(5)观测岩芯并进行描述,当岩芯不满足试验要求时应重复本条(2)～(4)款。

(6)四分量钢环式变形计应在安装前进行率定。

(四)压磁应力计安装

(1)应力计定向底座送入孔底定向,再将应力计送至孔底,将尾部插入底座定向凹槽内,对应力计施加预压力。

(2)对水平测量孔,采用钻杆将应力计和水平定向器送至孔底定向固定,并施加预压力。

(3)预压力的大小宜为应力计最大读数范围的1/3～2/3,并保持该预压力不变。

(4)记录安装定向方向。

(五)压磁应力计法的测试及稳定标准

(1)将应力计导线从钻具中引出并接入二次仪表上,冲水读数,每隔5 min读数一次,连续三次相邻读数差不超过3个仪器最小读数单位且冲水时间不少于30 min时,取最后一次读数作为稳定读数,并记为初始值。

(2)每钻进解除2 cm,停钻不停机读数一次。

(3)最终解除深度(即从测点到孔底的距离)不得小于解除孔孔径的1.5倍。

（六）压磁应力计法测试成果整理

（1）绘制解除深度 h 与应力计各元件读数差 Δu 的解除全过程关系曲线，确定最终稳定值。

（2）绘制应力计各元件率定曲线，各元件率定系数按下式计算：

$$K = \frac{S_w}{\Delta u} \tag{6-29}$$

式中 K——元件率定系数；

S_w——围压器单位压力，MPa；

Δu——仪器读数差。

（3）记录应力值 S_{ij} 按下式计算：

$$S_{ij} = K_i \cdot \Delta u$$

式中 S_{ij}——对于空间问题为 S_{ij}，对于平面问题为 S'、S''和 S'''。

（4）平面应力计算。当符合平面问题假设，且压磁应力计各元件互成 60°布置时，平面应力按下式计算：

$$\sigma_{1,2} = \frac{1}{3}(S' + S'' + S''') \pm \frac{2}{3}\sqrt{(S' - S'')^2 + (S'' - S''')^2 + (S''' - S')^2} \tag{6-30}$$

$$\tan 2\theta = -\frac{\sqrt{3}(S'' - S''')}{2S' - S'' - S'''} \tag{6-31}$$

式中 σ_1、σ_2——最大、最小主应力，MPa；

S'、S''、S'''——三个测试方向的记录应力，MPa；

θ——主应力与记录应力间的夹角，当$\frac{(S'' - S''')}{2S' - S'' - S'''} < 0$ 时，取最大主应力 σ_1 与记录应力 S'的夹角；当$\frac{(S'' - S''')}{2S' - S'' - S'''} > 0$ 时，取最大主应力 σ_2 与记录应力 S'的夹角。

（5）空间应力计算。根据三个不同方向的钻孔测试所取得的各个应力值 S_{ij}，空间应力分量 σ_x、σ_y、σ_z、τ_{xy}、τ_{yz}、τ_{zx} 按下列公式计算：

$$S_{ij} = \frac{1}{3}(A_{ij}\sigma_x + B_{ij}\sigma_y + C_{ij}\sigma_z + D_{ij}\tau_{xy} + E_{ij}\tau_{yz} + F_{ij}\tau_{zx})$$

$$\begin{cases} A_{ij} = a_{ij}l_{i1}^2 + b_{ij}l_{i2}^2 + c_{ij}l_{i3}^2 + d_{ij}l_{ij}l_{i3} \\ B_{ij} = a_{ij}m_{i1}^2 + b_{ij}m_{i2}^2 + c_{ij}m_{i3}^2 + d_{ij}m_{ij}m_{i3} \\ C_{ij} = a_{ij}n_{i1}^2 + b_{ij}n_{i2}^2 + c_{ij}n_{i3}^2 + d_{ij}n_{ij}n_{i3} \\ D_{ij} = 2(a_{ij}l_{i1}m_{i1} + b_{ij}l_{i2}m_{i2} + c_{ij}l_{i3}m_{i3}) + d_{ij}(l_{i1}m_{i3} + l_{i3}m_{i1}) \\ E_{ij} = 2(a_{ij}m_{i1}n_{i1} + b_{ij}m_{i2}n_{i2} + c_{ij}m_{i3}n_{i3}) + d_{ij}(m_{i1}n_{i3} + m_{i3}n_{i1}) \\ F_{ij} = 2(a_{ij}n_{i1}l_{l1} + b_{ij}n_{i2}l_{i2} + c_{ij}n_{i3}l_{i3}) + d_{ij}(n_{i1}l_{i3} + n_{i3}l_{i1}) \end{cases} \tag{6-32}$$

$$\begin{cases} a_{ij} = 1 + 2\cos 2\theta_{ij} \\ b_{ij} = -\mu \\ c_{ij} = 1 - 2\cos 2\theta_{ij} \\ d_{ij} = 4\sin 2\theta_{ij} \end{cases} \tag{6-33}$$

式中 i——钻孔序号；

j——测试方向序号;

θ——钻孔内某点测试方向与钻孔坐标系 ε_{ij} 的夹角;

l_{i1}、m_{i1}、n_{i1}、l_{i2}、m_{i2}、n_{i2}、l_{i3}、m_{i3}、n_{i3}——相应测点钻孔坐标系各轴对大地坐标系的方向余弦。

(七)四分量钢环式变形计安装

(1)将变形计中各组钢环的引出线按顺序连接在应变仪的接线箱上,并预调平衡。

(2)接上定向器,与变形计一起用安装杆缓慢送入测量孔内,并不断监视应变仪,读数压缩值宜控制在 2 000 με。

(3)用铁锤轻击安装杆端部,使变形计锥体与测量孔孔口紧密接触。

(4)将安装计及定向器从钻孔中退出,记录安装定向方向。

(八)四分量钢环式变形计法的测试及稳定标准

(1)将应变计导线从钻具中引出,接入二次仪表上,冲水读数,每隔 5 min 读数一次,连续三次相邻读数差不超过 5 με 且冲水时间不少于 30 min 时,到最后一次读数作为稳定读数,并记为初始值。

(2)每钻进 2 cm,停钻不停机读数一次。

(3)最终解除深度(即从测点到孔底的距离)不得小于解除孔径的 1.5 倍。

(4)解除过程钻孔孔径变形同钻进深度变化曲线如图 6-23 所示。每条曲线最终都要趋于稳定。

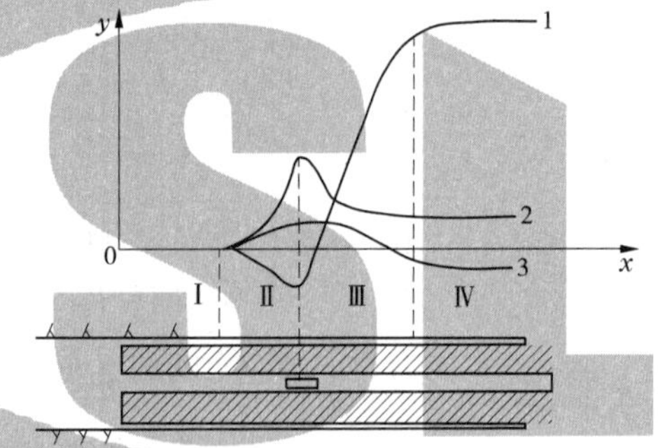

图 6-23　孔径变形法应力解除应变全过程曲线

(九)四分量钢环式钻孔变形计法测试成果整理

(1)绘制解除深度 h 与各钢环应变 ε_i 关系曲线。

(2)根据 h—ε_i 关系曲线,参照地质条件和试验情况,确定最终稳定读数 ε_{ni}。

(3)绘制各元件率定的孔径变形量 S_i 与电阻应变仪读数 ε_i 的关系曲线。各元件率定系数按下式计算:

$$K_i = \frac{\varepsilon_i}{S_i} \tag{6-34}$$

式中　K_i——元件 i 的率定系数,1/mm;

ε_i——各元件的应变值;

S_i——孔径变形量,mm。

(4)钻孔径向变形按下式计算:

$$\Delta d = \frac{\varepsilon_{ni} - \varepsilon_{0i}}{K_i} \tag{6-35}$$

式中　Δd——钻孔径向变形,mm;

i——测试元件的序号;

ε_{0i}——元件 i 的初始应变值;

ε_{ni}——元件 i 的最终稳定应变值。

(5)四分量钢环式应变计在单钻孔中进行二维应力测试时的应力计算：

在钻孔岩壁上，变形计的第j对触头测得的相对孔径变形u_j/d，与钻孔坐标系表的地应力关系为：

$$Eg(u_j/d) = [1+2(1-\mu^2)\cos2\theta_j]\sigma_x + [1-2(1-\mu^2)\cos2\theta_j]\sigma_y - \mu\sigma_z + 4(1-\mu^2)\sin2\theta_j g\tau_{xy} \tag{6-36}$$

令$\Delta d_j = u_j/d$，测试所用变形计上的钢环各互成45°。在解除时测得$\Delta d_j(j=1,2,3,4)$，取0°、45°、90°三个方向上测得$\Delta d_{0°}$、$\Delta d_{45°}$、$\Delta d_{90°}$，则可计算垂直于钻孔平面的主应力的大小和方向，其平面应力计算公式为：

$$\begin{cases}\sigma_{1,2} = \dfrac{E}{4a}\left[(\Delta d_{0°}+\Delta d_{90°}) \pm \dfrac{1}{\sqrt{2}}\sqrt{(\Delta d_{0°}+\Delta d_{45°})^2+(\Delta d_{45°}-\Delta d_{90°})^2}\right] \\ \tan2\alpha = \dfrac{2\Delta d_{45°}-\Delta d_{0°}-\Delta d_{90°}}{\Delta d_{0°}-\Delta d_{90°}} \\ \dfrac{\cos2\alpha}{\Delta d_{0°}-\Delta d_{90°}} \quad (\text{判别式})\end{cases} \tag{6-37}$$

式中　σ_1,σ_2——垂直于钻孔平面的最大和最小主应力；

α——Δd_0与主应力间的夹角，当判别式大于0时，为Δd_0与σ_1之间的夹角，当判别式小于0时，则为Δd_0与σ_2之间的夹角；

d——钻孔直径，cm；

z——岩石弹性模量，MPa。

(6)四分量钢环式变形计三维应力计算。

为了获得三维应力，通常采用四分量钢环式变形计在3个互不平行的钻孔中进行测量，每个钢环测得第i个钻孔中第j个孔径变形Δd_{ij}，观测方程的一般表达式可以写成

$$Eg\Delta d_k = A_{k_1}\sigma_x + A_{k_2}\sigma_y + A_{k_3}\sigma_z + A_{k_4}\tau_{xy} + A_{k_5}\tau_{yz} + A_{k_6}\tau_{zx} \tag{6-38}$$

而应力系数A_{k_1}、A_{k_2}、…、A_{k_6}用下式确定：

$$\begin{cases}A_{k_1} = 1-(1+\mu)\cos^2\alpha_i\cos^2(\beta_0-\beta_i) + \\ \quad 2(1-\mu^2)\cos2\theta_j[1-(1+\sin^2\alpha_i)\cos^2(\beta_0-\beta_i)] + \\ \quad 2(1-\mu^2)\sin2\theta_j\sin\alpha_i\sin2(\beta_0-\beta_i) \\ A_{k_2} = 1-(1+\mu)\cos^2\alpha_i\sin^2(\beta_0-\beta_i) + \\ \quad 2(1-u^2)\cos2\theta_j[1-(1+\sin^2\alpha_i)\sin^2(\beta_0-\beta_i)] - \\ \quad 2(1-u^2)\sin2\theta_j\sin\alpha_i\sin2(\beta_0-\beta_i) \\ A_{k_3} = (1+\mu)[1-2(1-\mu)\cos2\theta_j]\cos^2\alpha_i - \mu \\ A_{k_4} = -(1+\mu)[\cos^2\alpha_i+2(1-\mu)(1+\sin^2\alpha_i)\cos2\theta_j]\cdot \\ \quad \sin2(\beta_0-\beta_i) - 4(1-\mu^2)\sin2\theta_j\sin\alpha_i\cos2(\beta_0-\beta_i) \\ A_{k_5} = -(1+\mu)[1-2(1-\mu)\cos2\theta_j]\sin2\alpha_i\sin(\beta_0-\beta_i) + \\ \quad 4(1-\mu^2)\sin2\theta_j\cos\alpha_i\cos(\beta_0-\beta_i) \\ A_{k_6} = -(1+\mu)[1-2(1-\mu)\cos2\theta_j]\sin2\alpha_i\cos(\beta_0-\beta_i) - \\ \quad 4(1-\mu^2)\sin2\theta_j\cos\alpha_i\sin(\beta_0-\beta_i)\end{cases} \tag{6-39}$$

当交会测量的3个钻孔处于同一水平面上(即 $\alpha_i=0$),则应力系数 A_{k_1}、A_{k_2}、…、A_{k_6}用式(6-40)表达:

$$\begin{cases} A_{k_1}=(1+\mu)[1+2(1-\mu)\cos2\theta_j]\sin^2(\beta_0-\beta_i)-\mu \\ A_{k_2}=(1+\mu)[1+2(1-\mu)\cos2\theta_j]\cos^2(\beta_0-\beta_i)-\mu \\ A_{k_3}=1-2(1-\mu^2)\cos2\theta_j \\ A_{k_4}=-(1+\mu)[1+2(1-\mu)\cos2\theta_j]\sin2(\beta_0-\beta_i) \\ A_{k_5}=4(1-\mu^2)\sin2\theta_j\cos(\beta_0-\beta_i) \\ A_{k_6}=-4(1-\mu^2)\sin2\theta_j\sin(\beta_0-\beta_i) \end{cases} \tag{6-40}$$

三、关键技术问题

(一)应变元件的制作

孔径变形测试法一般采用四分量钢环式钻孔变形计。钢环处理是影响变形计质量好坏的关键,应按下列方法和步骤进行。

(1)选用胶基丝绕式电阻片或箔式电阻片,尺寸不大于3 mm×5 mm(越小越好)。电阻值不小于80 Ω(越大越好),电阻值允许偏差不大于±0.1 Ω。

(2)全部应变钢环经零号砂纸打磨光滑后,用纱布蘸丙酮清洗至少3次。

(3)室温下,用宽约5 mm的软排笔,蘸上KY—1聚乙烯醇缩甲乙醛酸,均匀地涂敷到整个钢环上,要求涂敷层尽量要薄。每隔15 min涂刷1次,反复涂刷4次。

(4)将涂过胶水的钢环放入烘箱,进行固化处理。

(5)在贴片处涂刷底胶。

(6)取出钢环套,在专用加温架上,保持约60 ℃温度。在电阻片背面及钢环贴片处各涂一层胶,粘贴电阻片。

(7)贴片后,用特制夹具对电阻片均匀加压,压力控制在0.1 MPa左右。

(8)按规定进行固化处理,但最高温度不得超过(180±2)℃。

(9)应变钢环经过固化处理后,逐一检查各电阻片的电阻值及绝缘度,剔除不合格者。

(10)在电阻片上再涂2~4层胶水,并作同样的固化处理。

(11)用7×0.7 mm塑料线作引线,联成全桥或半桥,将引线固定在钢环上。

(12)接通电阻应变仪,检查调零效果,并复查其绝缘度。

(13)检验符合要求后,用环氧树脂胶在电阻片及引线处(特别是引线处)反复涂刷2~4次,胶层宜薄而匀。

(14)待环氧树脂胶在室温下固化后,将钢环置于水中,测其绝缘度。若绝缘度在4 h内小于50 MΩ,即为合格。

(15)将应变钢环放入烘箱,在60~80 ℃温度下烘烤2~14 d;或在-40~+50 ℃温度范围内使其骤冷骤热,反复10余次,进行温度老化处理。

(二)变形计组装

(1)按顺序在钢环架上装上处理好的钢环。旋紧钢环架,沿凸齿方向轻轻移动钢环,检查其是否灵活。

(2)将钢环电阻片引线分别焊在测量导线上,再次测量其电阻值及绝缘度,并检查桥路。

(3)将16芯屏蔽电缆穿入变形计锥形塞孔中,并按组分别焊在接线室中。

(4)接通电阻应变仪,检查应变钢环是否正常。

(5)将已经装好且符合要求的应变钢环及其钢环架装入外壳,插进销钉定位。

(6)旋紧螺杆,卡紧电缆,嵌上触头。

(7)将纯净凡士林加热熔化,在60~80 ℃温度下,用注射器将其从外壳触头孔注入变形计内,排出空气,最好是真空灌注。

(8)装上保护套,将钢环压缩量控制在0.4~0.6 mm。

(9)接通电阻应变仪,观测各钢环随时间的应变变化情况,绘制常温下电阻片应变蠕变曲线。要求24 h内相对蠕变量不大于0.5%。

(三)四分向环式钻孔变形计的率定

为求出各钻孔变形计的率定系数,需对钻孔变形计进行率定。率定程序如下:

(1)将应变计与电阻应变仪接通、调零。

(2)将变形计安装在率定架上,触头、移动滑块、千分表(或位移计)应保持在同一轴线上。

(3)千分表(或位移计)调整指针至0.2 mm左右。

(4)首先对钢环预先压缩0.5 mm,再放松。重复3~4次。然后每增加0.1 mm,记录应变值1次。

(5)压缩至0.5 mm后逐级放松,至少重复进行3个循环。加压、卸压时,读数差不得超过20 $\mu\varepsilon$。

第四节　水压致裂法测试

一、测试原理及基本公式

钻孔套心应力解除技术在工程岩体应力测量中有广泛的应用并可获得比较准确的应力量值,但钻孔套心工法十分复杂,测试成本较高,比较适合在不太深的钻孔中进行,对于深度较大岩体中的初始应力测量(如深度大于300 m或超过1 000 m深孔中)比较常用的方法是水压致裂法。

水压致裂法在深钻孔中进行,是迄今为止进行深部地应力测量最有效的手段,国外最大测量深度达5 105 m。除此之外,该方法还具有钻孔套心应力解除法无法比拟的突出优点:①资料整理不需要岩石弹性常数参与计算,避免因弹性常数取值不准确而引起的误差;②岩壁受力范围较大,避免点应力状态的局限性和地质条件不均匀性的影响;③可以利用现有地质勘探钻孔进行测量,不需要专门钻孔;④操作简易,测量周期短。

该方法主要设备由三部分组成:钻孔承压段的封隔系统、加压系统和测量、记录系统。利用一对可膨胀的橡胶封隔器,在预测深度处取一段钻孔进行封隔,然后泵入液体对中间段钻孔施压,加压到钻孔围岩出现破裂缝(此时的压力称破裂压力),立即关闭压力泵,维持裂缝张开(此时的压力称为瞬时关闭压力),最后将压力泵卸压至零。围岩第一次破裂后,重复注液施压至破裂缝继续开裂(这时的压力为重张压力),根据实测压裂过程曲线获得压裂参数,就能计算测段岩体最大和最小水平主应力,根据裂缝张开方向确定主应力方向。

水压致裂法地应力测量场景见图6-24。

图6-24 水压致裂法实测现场

水压致裂法地应力测量原理建立在弹性力学平面问题理论基础上,其经典理论以如下三个假设条件为前提:①围岩是线性、均匀、各向同性的弹性体;②围岩为多孔介质时,注入的流体按达西定律在岩石孔隙中流动;③岩体中初始应力的一个主应力方向为铅垂向,与钻孔方向一致,它的大小近似等于上覆岩层的自重。

水压致裂法地应力测量的力学原理可以简化为弹性平面问题,如图6-25所示,含有圆孔的无限大平板受两向应力 σ_A 和 $\sigma_B(\sigma_A>\sigma_B)$ 的作用,则孔周附近的二次应力状态为:

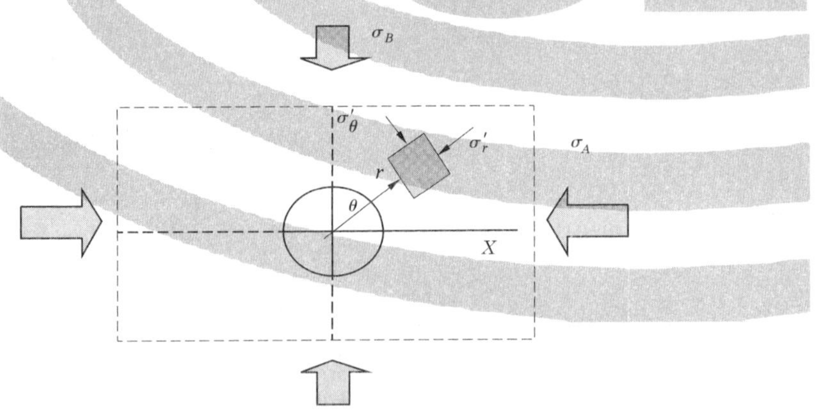

图6-25 含圆孔无限大平面的应力状态

$$\begin{cases}\sigma'_\theta=\dfrac{\sigma_A+\sigma_B}{2}\left(1+\dfrac{R^2}{r^2}\right)-\dfrac{\sigma_A-\sigma_B}{2}\left(1+\dfrac{3R^4}{r^4}\right)\cos2\theta\\ \sigma'_r=\dfrac{\sigma_A+\sigma_B}{2}\left(1-\dfrac{R^2}{r^2}\right)+\dfrac{\sigma_A+\sigma_B}{2}\left(1+\dfrac{3R^4}{r^4}-\dfrac{4a^2}{r^2}\right)\cos2\theta\\ \tau'_{r\theta}=-\dfrac{\sigma_A-\sigma_B}{2}\left(1+\dfrac{3R^4}{r^4}-\dfrac{4R^2}{r^2}\right)\sin2\theta\end{cases}\tag{6-41}$$

式中　R——钻孔半径；

r——径向距离；

θ——极径与轴 x 的夹角；

θ'_r、σ'_θ和 $\tau'_{r\theta}$——径向应力、切向应力和剪切应力；

σ_A、σ_B——钻孔横截面上最大和最小主应力。

在孔周岩壁($r = R$)上由地应力引起的二次应力状态如式(6-42)：

$$\begin{cases}\sigma'_\theta = (\sigma_A + \sigma_B) - 2(\sigma_A - \sigma_B)\cos 2\theta \\ \sigma'_r = 0 \\ \tau'_{r\theta} = 0\end{cases} \tag{6-42}$$

在水压致裂测量时，施加液压 P_W，在孔周附近产生的附加应力如式(6-43)：

$$\sigma''_\theta = -P_W \frac{R^2}{r^2} \quad \sigma''_r = P_W \frac{R^2}{r^2} \tag{6-43}$$

在孔周岩壁($r = R$)的附加应力为：

$$\sigma''_\theta = -P_W \quad \sigma''_r = P_W \tag{6-44}$$

因此，水压致裂法地应力测量钻孔岩壁上的切向应力状态为：

$$\begin{aligned}\sigma_\theta &= \sigma'_\theta + \sigma''_\theta \\ &= (\sigma_A + \sigma_B) - 2(\sigma_A - \sigma_B)\cos 2\theta - P_W\end{aligned} \tag{6-45}$$

破裂缝产生在钻孔壁上拉应力最大的部位，由式(6-45)可见，在孔壁 $\theta = 0$ 或 $\theta = \pi$ 处切向应力为最小，这时

$$\sigma_\theta = 3\sigma_B - \sigma_A - P_W \tag{6-46}$$

由式(6-46)可见，在水压致裂测试过程中，随着压力段的液压增大(P_W 增加)，孔壁上切向应力 σ_θ 逐渐下降，最终变为拉应力。液压继续增大，拉应力也逐渐增加，当拉应力等于或大于岩石的抗拉强度 σ_t 时，孔壁上开始出现裂缝。这时承压段的液压就是破裂压力 P_b，由于深孔围岩存在着孔隙压力 P_0，实际岩体的有效应力为岩体地应力和孔隙压力 P_0 两部分组成，即 $\sigma_A = S_A - P_0$、$\sigma_B = S_B - P_0$ (S_A 和 S_B 为钻孔横截面上最大和最小的应力分量)，考虑有效应力和孔隙压力，海姆森由式(6-46)导出了如下关系式：

$$P_b - P_0 = \frac{3\sigma_B - \sigma_A + \sigma_t}{K} \tag{6-47}$$

式中，K 为孔隙渗透弹性系数，可在实验室内确定，其变化范围为 $1 \leqslant K \leqslant 2$。对非渗透性岩石，$K$ 值近似等于 1，故上式可简化为：

$$P_b - P_0 = 3\sigma_B - \sigma_A + \sigma_t \tag{6-48}$$

若以地应力代替上式中的有效应力，可得出：

$$P_b = 3S_B - S_A + \sigma_t - P_0 \tag{6-49}$$

根据破裂缝沿最小阻力路径传播的原理。关闭压力泵后，维持裂隙张开的瞬时关闭压力 P_s 就等于垂直破裂面方向的压应力，即钻孔横截面上最小主应力为：

$$S_B = P_s \tag{6-50}$$

按式(6-49)、式(6-50)确定钻孔横截面上最大主应力：

$$S_A = 3S_B - P_b - P_0 + \sigma_t \tag{6-51}$$

式(6-50)和式(6-51)即为水压致裂法确定钻孔横截面上最小主应力和最大主应力的基本公式。式中的抗拉强度 σ_t 可以取样作岩石力学试验求得,也可从水压致裂全过程曲线参数求得。

在第一次加压循环过程中,使完整的孔壁围岩破裂,出现明显的破裂压力 P_b,而在以后的加压循环过程中,因岩石已破裂,故其抗拉强度 $\sigma_t=0$,根据式(6-49)、式(6-50)可知重张压力 P_r 为:

$$P_r = 3S_B - S_A - P_0 \tag{6-52}$$

这样,在求解钻孔横截面上最大主应力时,也可以直接采用重张压力计算:

$$S_A = 3S_B - P_r - P_0 \tag{6-53}$$

比较式(6-51)和式(6-53)可得到岩石的抗拉强度:

$$\sigma_t = P_b - P_r \tag{6-54}$$

经上面的推导可知,垂直于钻孔轴平面上的两个地应力分量 S_A、S_B,可由式(6-50)和式(6-51)或式(6-53)求出。公式中的压力参数从压裂过程曲线得到,岩体孔隙水压力 P_0 可采用孔隙水压力计测量确定。一般情况下,P_0 大体相当于静水压力,在没有测试条件时,常可用 $P_0=\gamma_{水}H$ 表示。

水压致裂破裂面一般沿垂直于最小主应力方向的平面扩展(形成平行于钻孔轴线的裂缝),其延伸方向就是钻孔横截面上的最大主应力方向。

由于测量仪表放置在钻孔孔口地面,所测的岩体地应力 S_A、S_B 还需加上钻孔的静水压力 P_H。

二、测试方法

(一)钻孔测试段布置

(1)在测试段上下 1.5 m 范围内,岩性应均一完整。

(2)由于水压致裂法需对测试孔压裂段加压直至岩壁破裂,故要求测试段串接起来的封隔器加上压裂段共约 3 m 长的岩体透水性小,根据计算公式的假定及目前工程实例统计岩体渗透系数应小于1个吕容值。

(3)地质描述除应与本章第一节相同外,还应该提供钻孔柱状图,包括岩性、裂隙密度、岩芯获得率、RQD 及岩体渗透系数 ω 值。

(二)主要仪器设备

(1)钻机及附属设备。

(2)橡胶封隔器(与钻孔孔径匹配)及高压软管。

(3)压力传感器和流量传感器。

(4)函数记录仪。

(5)高压大流量电动压力泵,压力泵的选择宜采用大流量和高压力的电动压力泵,考虑到测试设备的轻便化和适用性,本方法要求泵压不小于 40 MPa,流量不小于 8 L/min,可两台并联。

(6)印模器或钻孔电视录像设备。

（三）测试准备

（1）根据钻孔地质资料或钻孔录像资料选择测段。

（2）清洗钻孔。

（3）率定传感器，并进行封隔器预压试验。

（4）对加压管路进行高压密封试验，试验压力不应小于 20 MPa。

（5）检查定向设备。

（四）测试步骤

（1）串接两个橡胶封隔器，用安装工具放至选定的压裂段，加压至预定的座封压力，使封隔器膨胀座封于孔壁上。座封压力的确定，原则上座封压力应大于橡胶封隔器的扩张压力并小于测试岩体破裂缝的重张压力，宜在现场通过试验或用同类岩体测试的经验确定。

（2）对压裂段注水加压，打开函数记录仪连续记录压力 P 与时间 t 关系曲线和流量 Q 与时间 t 关系曲线。

（3）从函数记录仪上观察时间与压力关系曲线走势，当泵压上升至某一临界值 P_b 时，曲线出现拐点，岩壁破裂，立即关闭压力泵停止加压。

（4）当曲线下拐并逐步趋于稳定后，打开压力泵阀门卸压，并关闭记录仪。

（5）按本条（2）～（4）款连续进行 3～4 次加压循环。

（6）测试完毕后，封隔器卸压，排出封隔器内的液压剂，从钻孔中移动封隔器，按本条（1）～（5）款进行下一测试段测试，直至全孔测试完成后，从钻孔中取出封隔器。

（7）用定向印模器或钻孔录像仪记录压裂缝。当使用定向印模器记录压裂缝时，应选择破裂压力明显的压裂段。

（五）测试成果整理

（1）根据实测压裂过程曲线（见图 6-26），确定压裂过程中各特征点参数。具体步骤如下：

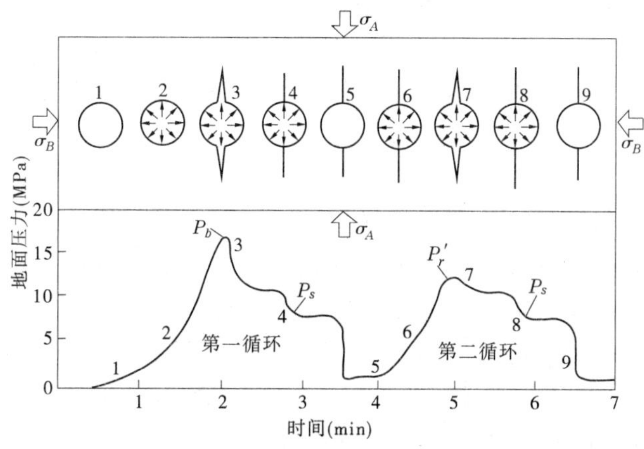

图 6-26　水压致裂过程与工程岩体应力的关系

①利用两个串联的可膨胀橡胶封隔器（中间以花管和高压油管联接）加压座封于孔壁上，形成压裂段（即花管段）。

②向压裂段注水加压，使其孔壁承受着逐渐增强的液压作用。

③当泵压上升至某一临界值 P_b(称为破裂压力)时,由于岩石破裂导致泵压值急剧下降而流量值急剧上升。

④关闭压力泵,当泵压开始趋向稳定时,此段压裂过程曲线的拐点即为瞬时关闭压力 P_s。

⑤当泵压趋向稳定时,打开压力泵阀卸压,压裂段液压作用被解除后破裂缝完全闭合,泵压降为零。

⑥重张。连续多次(宜为3~4次)加压循环(此时压力与时间关系曲线上的最高点即为重张压力 P_r),以便取得合理的压裂参数以及正确地判断岩石破裂和裂缝延伸的过程。

(2)根据印模或钻孔录像资料,绘制压裂缝形状,确定压裂缝方位。

(3)测试成果包括各测试段的破裂压力 P_b、瞬时关闭压力 P_s、重张压力 P_r、孔隙压力 P_0、静水压力 P_h、岩体抗拉强度 σ_t、钻孔横截面上大主应力 S_H 及方位和小主应力 S_h。

(4)按下列公式计算岩体应力:

$$S_h = P_s$$

$$S_H = 3S_h - P_b - P_0 + \sigma_t \tag{6-55}$$

或

$$S_H = 3S_h - P_r - P_0$$

式中 S_H、S_h——钻孔横断面上的大、小平面主应力;

P_b——岩体破裂单位压力,MPa;

P_0——岩体孔隙单位压力,MPa;

σ_t——岩体抗拉强度,MPa;

P_s——瞬时关闭单位压力,MPa;

P_r——岩体重张单位压力,MPa。

当压力传感器安置在地面时,实测的应力还需叠加单位静水压力 P_h(MPa)。

(5)当钻孔为铅直方向时,钻孔横截面上大、小主应力为最大和最小水平主应力,最大水平主应力方向为水平面内破裂缝的方向。

第五节 表面应变法测试

一、测试基本原理

岩体表面应力测试是通过测量岩体表面应变或位移来计算应力,用于测量岩体表面或地下洞室围岩表面受扰动后重新分布的岩体应力状态。本测试方法包括两种:表面应力解除法和表面应力恢复法。

采用电阻应变计的表面应力解除法如图6-27所示,把电阻片粘贴在岩石表面,然后在应变丛周围掏槽,使其应力解除,测量应力解除前后岩壁表面发生的应变变化,根据弹性理论计算出岩体应力。

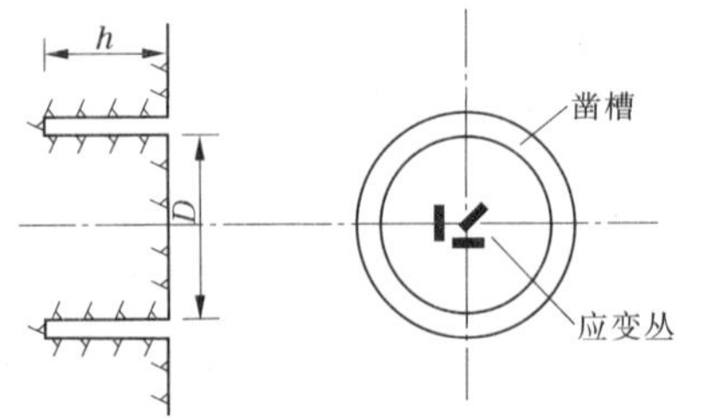

图6-27 表面应力解除法测量布置

采用表面应力恢复法如图 6-28 所示，在岩体表面掏槽，测量掏槽引起槽上下岩体发生的相对位移，通过压力枕油压增加逐步使相对位移减少至零，则可认为此时的油压即为岩体表面该方向的初始应力。

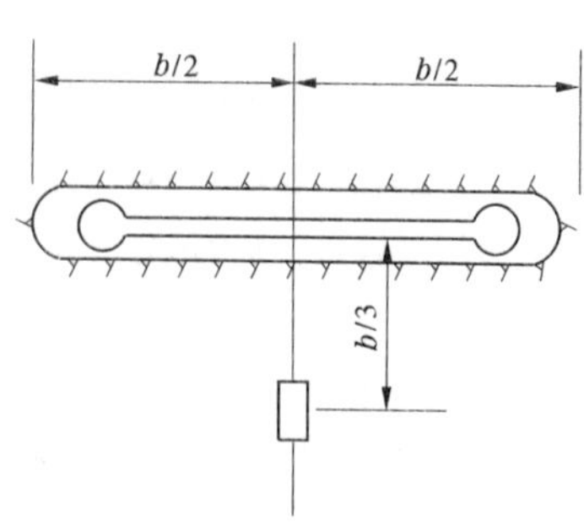

图 6-28　恢复法液压枕及应变计埋设示意

二、表面应力解除法

(一)测区布置

(1)测区及附近岩性应均一完整。

(2)每一测区应布置 2 ~3 个测点，各测点应尽量靠近，并避开断层、裂隙等不良地质构造。

(二)主要仪器和设备

(1)掏槽机具及配套设备。

(2)应变计及读数仪。

(3)防护器具。

(4)率定设备。

(三)测试准备

(1)根据测试要求选择适当场地和试点。

(2)试点周围岩面的修整范围：解除法应大于解除岩芯直径的 2 倍；

(3)在已修整的试点范围内，选定粘贴应变计的位置并进行细加工，其范围应大于应变计长度的 2 倍。

(4)清洗应变计粘贴部位，进行防潮处理并做好粘贴准备。

(5)率定应变计。

(四)仪器安装

解除法仪器安装见图 6-27。

(1)在已处理好的测试面上布置一组应变计，每组应变计不应少于 3 只。

(2)粘贴的应变计及测试系统绝缘度不应小于 50 MΩ。

(3)安装应变计防护罩，引出测量导线。

(五)解除法测试及稳定标准

(1)从钻具中引出应变计电缆并接通仪器，向测试点连续冲水 30 min，检查隔温、防潮效果，并在冲水过程中检查应变计读数有无漂移。

(2)用钻机分级解除，每级深 2 cm 或按 $h/D=0.1$ 分级(h 为解除槽深度，D 为解除岩芯直径)，每级解除后测读应变计稳定读数。

(3)解除结束后，按上述稳定标准测读应变计读数。

(4)最终解除深度不应小于解除岩芯直径的 0.5 倍。

(六)解除法测试成果整理

(1)采用电阻片应变计时按下式计算：

$$\varepsilon_i = \varepsilon_n - \varepsilon_0 \tag{6-56}$$

式中　ε_i——解除应变值，με；

ε_n——与解除深度对应的应变仪读数,με;

ε_0——应变仪初始读数,με。

(2)绘制应变丛各应变计的应变值 ε_i 与相对解除深度 h/D 的关系曲线。

(3)根据 ε_i—h/D 关系曲线,结合试点面地质条件和试验情况,确定各应变计的解除应变值。

(4)平面应力状态的计算:

利用点应变之间的关系,任意方向 φ_i 的应变 ε_i 为

$$\varepsilon_i = \varepsilon_x \cos^2\varphi_i + \varepsilon_y \sin^2\varphi_i + \gamma_{xy}\sin\varphi_i\cos\varphi_i \tag{6-57}$$

只要测得三个以上不同方向的正应变 ε_i,便可求得 x 轴和 y 轴的应变分量 ε_x、ε_y 和 γ_{xy}。

再利用弹性平面应力问题的应力—应变关系的虎克定律

$$\begin{cases}\varepsilon_x = \dfrac{1}{E}(\sigma_x - \mu\sigma_y)\\ \varepsilon_y = \dfrac{1}{E}(\sigma_y - \mu\sigma_x)\\ \gamma_{xy} = \dfrac{2(1+\mu)}{E}\tau_{xy}\end{cases} \tag{6-58}$$

并把它们代入式(6-57),得到观测值方程组

$$Eg\varepsilon_i = A_{i1}\sigma_x + A_{i2}\sigma_y + A_{i3}\tau_{xy} \quad (i = 1,2,\cdots,n;n\text{ 为应变丛中应变片的个数}) \tag{6-59}$$

式中

$$\begin{cases}A_{i1} = \cos^2\varphi_i - \mu\sin^2\varphi_i\\ A_{i2} = \sin^2\varphi_i - \mu\cos^2\varphi_i\\ A_{i3} = (1+\mu)\sin 2\varphi_i\end{cases} \tag{6-60}$$

根据实测的表面应变 ε_i 得到一组观测方程(6-59),解观测方程组即得到岩体表面应力状态(σ_x、σ_y、τ_{xy})。

三、应力恢复法

(一)测区布置

与表面应力解除法相同。

(二)主要仪器和设备

液压枕及压力表,其他与表面应力解除法相同。

(三)测试准备

在掏槽处长、宽应为2倍槽长的范围对岩面进行修整,岩面起伏差不得超过0.5 cm,液压枕应事先率定。

(四)仪器安装

(1)在已处理好的试验面上安装应变计,应变计的方向应与解除槽长轴垂直,应变计

的中心点与解除槽长轴中心线的距离为槽长的1/3。

(2)应变计的安装、防潮及防护处理与解除法仪器安装规定相同。

(3)应变计安装完毕后,每隔5 min读数一次,连续三次相邻读数差,钢弦应变计不大于3 Hz,电阻应变计不超过5 με,即为稳定读数,并记为初始值。

(4)按解除槽预定深度及宽度掏槽,每掏槽2 cm深测读应变计读数一次,直至满足埋设压力枕要求。

(5)最终一次掏槽结束后,每隔5 min读数一次,15 min内,对钢弦应变计,读数差不大于±3 Hz;对电阻片,读数差不大于±5 με,即可认为稳定。

(6)清洗解除槽,埋入液压枕,填筑并捣实砂浆,养护7 d。

(五)液压枕的安装

(1)将液压枕内灌满油,从排气孔排出空气,安装压力表(压力表的量程和等级视解除应变量级大小而定)。

(2)在液压枕表面,涂一层黄油,便于试验后取出。

(3)调制水泥砂浆并灌入槽中,安装液压枕,并捣实砂浆。

(4)砂浆宜养护7 d,达到要求后,接通液压枕油路,并检查各部件是否处于完好状态。

(六)恢复法测试

(1)加压退压一般采用大循环法。压力等级为1.0~2.0 MPa,每次测试不得少于6级。测试时,记录每一级压力下的应变计读数。

(2)最大一级压力,要求大于解除结束时应变计稳定应变值的相应压力。

(七)成果整理

(1)通常认为最大一级压力就是所测岩壁表层的一个主应力(当已知主应力垂直于掏槽方向时)或是与液压枕垂直的法向正应力分量。

(2)大循环法获得准确的应力值的讨论。

①由于实际岩体并不是理想弹性体,岩体变形时存在一定数量的残余变形,因此以恢复凿槽时的局部解除应变来作为欲求的一个主应力的量值肯定会有一定的误差。如图6-29所示,曲线 OA 是岩体承受应力时的应力—应变曲线,这是测量不到的;曲线 AB 是凿槽时所记录到的应力—应变曲线,压力枕施压的应力—应变曲线沿 BCD 变化。如果压力枕施压后的应变恢复到凿槽时的应变,即回复到点 C,由图6-29可见,所测应力小于实际应力(即小于点 A 的应力)。因此,压力枕还需继续加压。由于曲线 AB 为弹性变形,对应的应变记为 ε_e,曲线 BCD 为全变形,对应的应变记为 ε_l,压力枕需要继续加压到凿槽时克服残余变形相对应的压力值,也即加压到凿槽引起的全

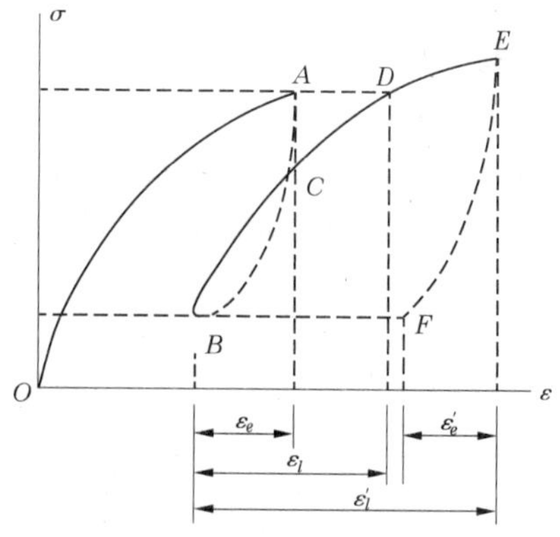

图6-29 表面应力恢复测量法的应力—应变曲线

应变 ε_l 相对应的压力值,这时压力枕里所施加的压力才是真正的实际应力值。具体做法为:继续加压到点 E,曲线 $BCDE$ 为全变形曲线,对应的全应变为 ε_l',然后卸压到零,即点 F,曲线 EF 为弹性变形曲线,对应的弹性应变为 ε_e'。由此求得全应变与弹性应变的比值 $\varepsilon_l'/\varepsilon_e'$,此比值乘上凿槽时所记录的弹性应变值 ε_e 就得到凿槽时的全应变值 ε_l。

②有文献讨论通过应力恢复法或者表面应力解除测量法测定岩体三维应力状态,从理论上说是可以实现的,但是实际上往往无法得到预期的结果。由于岩体表面是受应力扰动最严重的部位,并且岩体表面的凸凹不平和随机分布的节理裂隙使得表面应力测量的结果受到多种因素的干扰,数据非常分散。一般来说,表面应力测量可以得到表面应力数量级的一般概念,而不能期望获得准确的应力值,因此借助表面应力测量的方法,测定岩体三维应力状态往往不能得到满意的结果。

第六节　工程实例

实例一:钻孔套心应力解除法孔壁应变测量

三峡工程永久船闸开挖后,因开挖卸荷的影响,船闸区的岩体应力场受到扰动,岩体应力重新分布。为了解船闸区岩体应力状态的变化情况,长江科学院于1999年8~10月在船闸南坡3号排水洞(底板高程113 m)进行了3个钻孔的岩体应力测量。南坡3号排水洞与闸室边墙相距约40 m,ZK_2 钻孔位于永久船闸二闸室朝南与排水洞相垂直的钻孔,仰角5°(以排除孔内积水),方位角201°,其位置示意图如图6-30所示。

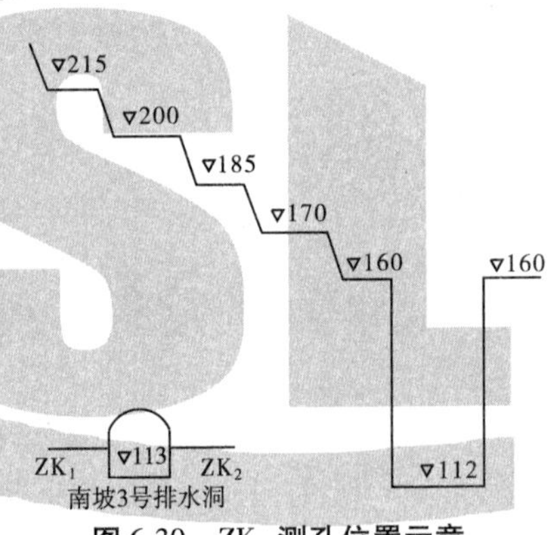

图6-30　ZK_2 测孔位置示意

岩体应力测量设备采用长江科学院自行研制的CKX-97型空心包体式钻孔三向应变计,属钻孔孔壁应变计法的一种。这种应变计布设了等间距3个应变丛,它们的极角 $\theta_i = -90°$、150°、30°,每个应变丛布置4个应变片,它们的布置角随应变丛而异,第1丛($\theta_1 = -90°$),$\varphi_{1j} =$ 0°、45°、90°、120°;第2丛($\theta_2 = 150°$),$\varphi_{2j} = 0°$、45°、90°、90°;第3丛($\theta_3 = 30°$),$\varphi_{3j} = 45°$、90°、90°、120°。3个应变丛按此布置以获取较理想的实测数据。

以 ZK_2 钻孔8.15 m测深的 ZK_{2-3} 测点为例,解除应变全过程曲线如图6-31所示,解除应变观测值列于表6-2。

表6-2　ZK_{2-3} 测点解除应变观测值($\times 10^{-6}$)

ε_1	ε_2	ε_3	ε_4	ε_5	ε_6	ε_7	ε_8	ε_9	ε_{10}	ε_{11}	ε_{12}
136	82	159	145	85	168	131	129	124	122	104	149

由图6-31可知,解除应变全过程曲线,比较符合理论和实测应变值变化规律。解除深度到达应变丛粘贴部位(即深度25 cm左右),实测的解除应变观测值变化剧烈,在这

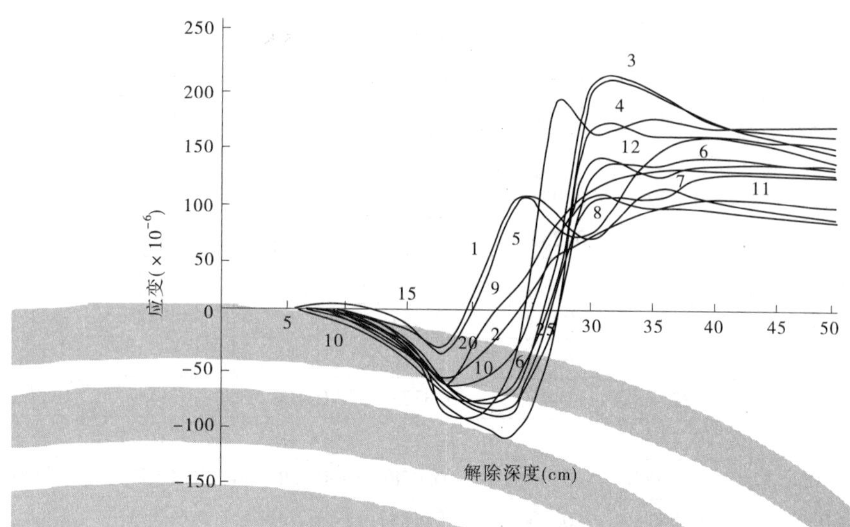

图 6-31　ZK_{2-3}测点解除应变全过程曲线

之后应变观测值逐渐趋于稳定，在这之前应变观测值因钻孔孔底应力集中现象，使附近岩体压缩，应变观测值为负值，在解除深度达 15 cm 之前，应变观测值变化甚小。

由表 6-2 可知，$\theta_2=150°$应变丛的 2 个 $\varphi=90°$的应变片测得比较一致的应变观测值($\varepsilon_7=131\times10^{-6}$，$\varepsilon_8=129\times10^{-6}$)，同样，$\theta_3=30°$应变丛的两个 $\varphi=90°$的应变片也测得比较一致的应变观测值($\varepsilon_{10}=122\times10^{-6}$，$\varepsilon_{11}=104\times10^{-6}$)。这与理论结果相符合。

由此从图 6-31 和表 6-2 的原始资料分析可知，ZK_{2-3}测点实测成果是可信赖的。

把表 6-2 内解除应变观测值输入到数据处理的计算机源程序中进行计算，计算结果的输出资料列于表 6-3。表 6-3 有 7 条纵列，第 1 列表示所有 12 个应变观测值参加统计计算的各项数据，第 2 列表示舍弃残差较大的 5 号应变观测值后，由 11 个应变观测值参加统计计算的各项数据……第 7 列表示依次舍弃了残差较大的 5 号、3 号、11 号、12 号、1 号、7 号 6 个应变观测值以后，由最后的 2 号、4 号、6 号、8 号、9 号、10 号 6 个应变观测值参加统计计算的各项数据。每一纵列包含了舍弃残差较大的解除应变观测值序号(DIS)，观测值的标准误差(RR)，每一个应变观测值的残差($R_1,R_1,\cdots,R_{12}$)，6 个实测的应力分量($XX,YY,\cdots,ZX$)，最大和最小水平主应力及其方向(S_H、S_I、A_H)，三个主应力量值(S_1、S_2、S_3)，每个主应力的倾角和方位角(A_1、B_1、A_2、B_2、A_3、B_3)。

由表 6-3 可知，实测的 ZK_{2-3}测点应力状态各项数据都非常接近，说明 12 个应变片对该岩体应力状态作了相同的描述。从此计算机资料处理结果说明 ZK_{2-3}测点实测成果是可信赖的。最后选第 1 纵列的计算结果作为 ZK_{2-3}测点的岩体应力实测成果。6 个岩体应力分量和 3 个主应力及其方向列于表 6-4。

由表 6-4 可知实测的岩体应力受船闸开挖扰动的影响，大主应力为近似与船闸轴线相垂直的近水平向应力，中主应力为近似与船闸轴线相平行的近水平向应力，而小主应力为近铅垂向应力，它的量值与上覆岩体自重相当(测点上覆岩体厚 120 m，$\gamma H=3.24$ MPa)。

表6-3 ZK_{2-3}测点实测资料整理成果

DIS	0 0 0 0 0 0	5 0 0 0 0 0	5 3 0 0 0 0	5 3 11 0 0 0	5 3 11 12 0 0	5 3 11 12 1 0	5 3 11 12 1 7
RR	1.251	1.069	0.708	0.492	0.158	0.078	0.000
R_1	-1.290	-0.379	0.051	-0.091	-0.121	—	—
R_2	0.666	1.044	0.283	0.236	0.063	0.000	—
R_3	-1.017	-1.234	—	—	—	—	—
R_4	0.912	0.950	-0.189	-0.157	-0.042	-0.000	-0.000
R_5	1.515	—	—	—	—	—	—
R_6	-0.123	0.221	0.446	0.372	0.100	—	0.000
R_7	-0.024	-0.110	-0.167	-0.148	-0.080	-0.055	—
R_8	0.086	-0.000	-0.057	-0.038	0.030	0.055	-0.000
R_9	-0.964	-0.541	-0.304	-0.084	0.100	-0.000	—
R_{10}	0.110	-0.030	-0.094	0.437	-0.050	-0.000	-0.000
R_{11}	1.100	0.960	0.896	—	—	—	—
R_{12}	-0.971	-0.880	-0.867	-0.527	—	—	—
XX	3.699	3.687	3.206	3.258	3.221	3.246	3.240
YY	7.482	8.391	8.723	8.616	8.587	8.349	8.367
ZZ	3.643	3.662	3.661	3.766	3.647	3.644	3.635
XY	0.659	0.647	0.681	0.692	0.742	0.745	0.747
YZ	1.013	1.068	1.094	1.067	0.914	0.896	0.905
ZX	0.102	0.107	0.111	0.050	0.121	0.119	0.112
S_H	7.594	8.478	8.806	8.704	8.688	8.456	8.474
S_I	3.588	3.600	3.123	3.170	3.120	3.140	3.133
A_H	30.608	28.694	27.939	28.240	28.733	29.138	29.126
S_1	7.840	8.707	9.031	8.924	8.851	8.620	8.640
S_2	3.609	3.607	3.437	3.564	3.483	3.480	3.470
S_3	3.376	3.427	3.122	3.152	3.120	3.139	3.132
A_1	13.606	12.009	11.573	11.668	10.051	10.300	10.323
B_1	30.383	28.606	27.895	28.065	28.728	29.121	29.094
A_2	17.007	11.508	77.781	73.311	79.940	79.583	79.301
B_2	296.138	296.124	226.878	254.527	211.146	217.825	224.493
A_3	67.969	73.226	3.893	11.765	0.711	1.588	2.851
B_3	157.120	163.491	118.693	120.530	118.851	119.409	119.614

表 6-4 ZK_{2-3}测点岩体应力实测成果（应力单位：MPa，角度单位：°）

<table>
<tr><td colspan="2">σ_x</td><td colspan="2">σ_y</td><td colspan="1">σ_z</td><td colspan="2">τ_{xy}</td><td colspan="1">τ_{yz}</td><td colspan="1">τ_{zx}</td></tr>
<tr><td colspan="2">3.70</td><td colspan="2">7.48</td><td colspan="1">3.64</td><td colspan="2">0.66</td><td colspan="1">1.01</td><td colspan="1">0.10</td></tr>
<tr><td colspan="3">σ_1</td><td colspan="3">σ_2</td><td colspan="3">σ_3</td></tr>
<tr><td>量值</td><td>倾角</td><td>方位角</td><td>量值</td><td>倾角</td><td>方位角</td><td>量值</td><td>倾角</td><td>方位角</td></tr>
<tr><td>7.84</td><td>13.6</td><td>30.4</td><td>3.61</td><td>-17.0</td><td>116.1</td><td>3.38</td><td>68.0</td><td>157.1</td></tr>
</table>

注：应力分量由船闸坐标系表达，x 轴：111°，y 轴：21°，z 轴：铅垂向上。

实例二：孔径变形法在二滩水电站测试结果及分析

二滩水电站位于四川省攀枝花市，设计装机容量 360 万 kW，坝高 245 m，地下厂房长 240 m、宽 27.5 m、高约 65 m，与主厂房配套的还有主变室及尾水调压室，连同三者间的连通管道，形成一个复杂的洞室群。二滩水电站无疑是 20 世纪 80 年代中国兴建的规模最大、技术难度最高的大型水电工程。

二滩水电站坝址位于雅砻江同金沙河交汇处上游 33 km，二滩—三滩的高山峡谷中。两岸临江坡高 400 ~ 500 m，左岸谷坡 25° ~ 40°，右岸谷坡 30° ~ 45°，呈不对称 V 形河谷，雅砻江顺 NW60°方向流经坝区。

二滩坝址位于川滇南北向构造带中段西侧，由雅砻江断裂带、西番田断裂带、金河—菁河断裂带、华坪—渡口东西向隐伏构造带所包围的共和断块上（见图 6-32）。

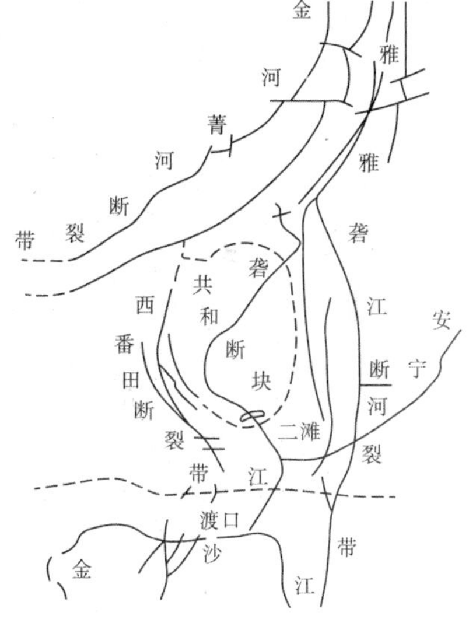

图 6-32 二滩区域构造

共和断块周围的深大断裂具有地质历史上的长期活动性，根据板块理论，二滩地区处于印度板块和欧亚板块的挤压带上，构造运动使岩体内存在着较高的挤压应力。二滩水电站的前期论证工作需要回答这样一些问题：

（1）二滩坝址区位于地质构造运动形成的高应力区，岩体初始应力究竟有多高？它对工程各部位的分布特征是什么？由此对设计产生什么影响，能不能在该区域建成如此巨大和如此复杂的水电站？

（2）前期勘探过程中，在河谷（河床）区域的钻孔中不能取得完整岩芯，大部分钻孔岩芯破裂成厚度相同的薄饼状，人们希望查清钻孔岩芯饼状破裂的力学机制，更想从岩芯饼状破裂现象揭示坝址区岩体应力状态的特征。

（3）深切河谷为高坝建设提供了理想坝址，但电厂不得不置于地下，形成大型地下洞室群，为工程建造增加了技术困难。枢纽布置方案选择阶段，先后对比了重力拱坝和双曲拱坝，坝前式地下厂房和坝肩式地下厂房等多种方案。在查清应力场分布特征的基础上，如何寻求最佳设计方案,成为研究工作的另一个重点。

(4)深山峡谷中建造水电站、大型地下洞室群不得不安排在紧邻大坝的狭窄区域之中。洞室间距应尽可能得小,施工扰动在洞周产生的塑性区或破损区相互叠加,严重威胁地下工程的稳定性,能否找到最佳的施工方案,即优化施工方案,使其产生的破损区最小,支护成本最低,而洞群地下工程最稳定?

为此,在二滩水电站建设的可行性设计阶段采用孔径变形法进行了大量的现场应力测量。

现场应力测量的测点布置在拟议中的坝轴线和地下厂房所在的岩体内。在二号洞的中粒正长岩和四号洞的玄武岩内进行三孔交会的空间应力测量和少量的单孔平面应力测量。在河床基处布置了两个深度约60 m的深孔应力测量。各测点采用的测试手段及提供资料情况见表6-5。

表6-5　二滩坝区现场应力测试状况总表

测点号	测试仪器	测试方法	承担单位	提供资料情况
1~2	36-2型钻孔变形计	单孔、平面应力测量	成都院科研所	走向SN向铅直平面上的应力
3	36-2型钻孔变形计	三孔交会空间应力测量	成都院科研所	三个主应力的大小和方向
4	36-2型钻孔变形计	三孔交会空间应力测量	中科院武汉岩土所	三个主应力的大小和方向
5	YJ-73型压磁应力计	三孔交会空间应力测量	地震地质大队	三个主应力的大小和方向
6~9	YJ-73型压磁应力计	三孔交会空间应力测量	地震地质大队	三个主应力的大小和方向
10~11	36-2型钻孔变形计	深孔应力解除	中科院武汉岩土所	河床深部不同深度上的应力
12~14	36-2型钻孔变形计	单孔平面应力测量	中科院武汉岩土所 成都院科研所	走向SN向铅直平面上的应力

注:测点在水平剖面上的位置及结果示于图6-33。

No.10、No.11号测点进行深孔应力测如图6-34和表6-6所示。当在No.10测点钻孔孔深37.5 m处进行应力解除时,岩芯产生环状裂纹和局部饼状破裂,但根据变形曲线的规律性和四组传感器读数能相互验证说明测量结果仍然可靠。在国内外文献中尚未见到高应力状态下岩芯饼状破裂的同时能测出岩体应力值的实例。

表 6-6 No. 10、No. 11 钻孔试验结果

孔深(m)	No. 10			孔深(m)	No. 11		
	σ_1(MPa)	σ_2(MPa)	σ		σ_1(MPa)	σ_2(MPa)	σ
17.6	1.8	0.5	N78°W	21.9	1.5	-1.0	N6°E
24.5	5.0	1.2	N87°E	26.8	1.1	-2.0	N32°E
30.0	18.0	3.0	N80°E	31.4			
37.5*	65.0	29.1	N34°E	38.0	14.5	12.6	
40.5	65.9	25.9	N50°E	45.0	39.4	24.8	N12°E
45.0	49.4	20.2	N28°E	53.5	40.7	22.6	N32°E
55.3	60.0	31.5		59.4	61.0	32.0	N50°E

注：* 此点岩芯饼状破裂。

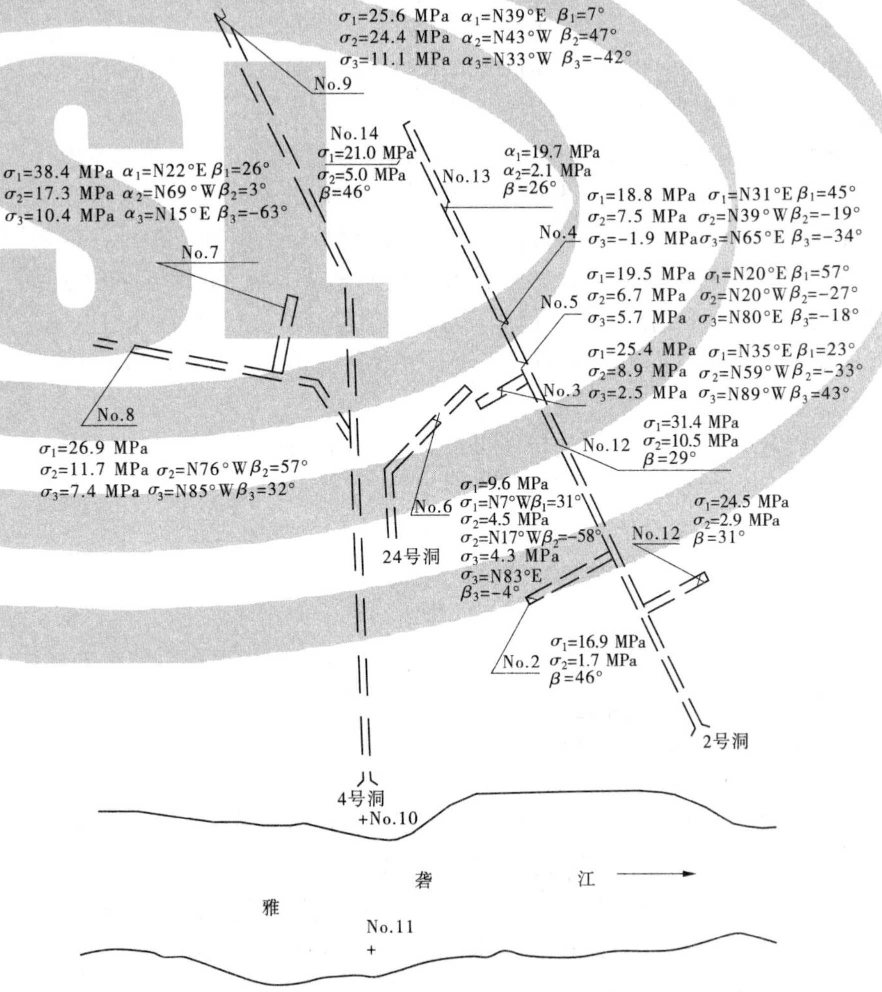

图 6-33 测点位置及测试结果

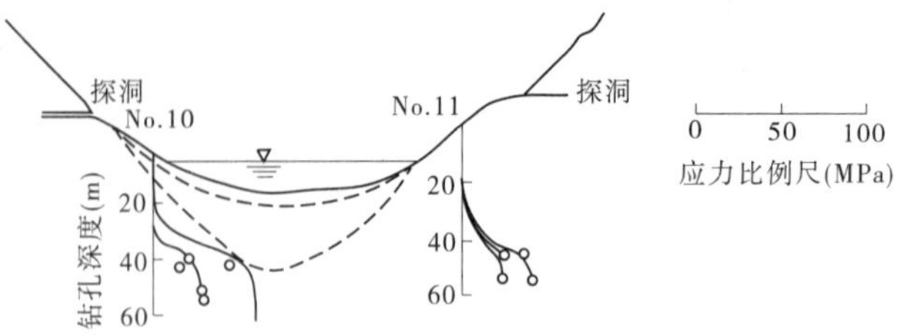

图6-34 深孔应力测试结果

国家地震局地壳应力研究所使用压磁应力计,中科院武汉岩土力学研究所和成都勘测设计院采用钻孔变形计,同时在二滩现场进行了大量的应力实测,获得了大量的资料,从上述测试结果可以得到如下结论:

(1)二滩坝区位于高应力区,在地下厂房区域应力量级为20~30 MPa。这个实测结果可以作为应力分析的基础资料,在初始应力如此之高的岩体中开挖地下工程,在地下洞室周边必将形成高度的应力集中,导致大范围的塑性区和破损区,开展对塑性区分部特征的深入分析,将可作为支护设计的依据。

(2)在地下厂房区域,最大主应力方向同雅砻江河谷走向垂直,约为N30°E。二滩水电站地下厂房的设计方案经过了长期的讨论,由于初期的地下厂房方案洞轴线与最大主应力方向大角度相交,导致厂房围岩塑性区巨大。给稳定分析和支护设计带来了很大的困难,本试验研究结果指出应该调整设计改变厂房轴线方向,使其与主应力方向尽量一致,即N30°E方向就可以极大地改善围岩应力的状态,大大缩小塑性区,这一研究成果使地下厂房设计方案得到了优化,并且这一设计思想在其他的重大工程当中得到应用,取得了明显的成效。

(3)在河谷岸坡及河谷深切处应力高度集中,在垂直钻孔水平面上最大应力值达到60 MPa。这是至今为止在岩土工程当中通过实测得到的最高应力值。如果岩体中的应力非常高,那么通过钻孔方法测试岩体应力时,将出现岩芯的饼状破裂,而出现岩芯饼状破裂将无法实施应力测量,本次测量是在出现岩芯饼状破裂的临界状态下,非常侥幸获得的一次结果,因此很难测得更高的结果。这样给出了应力测量可能获得的一个上限值。

(4)河谷地区的应力场有其独特的分部特征,从河谷向岸坡和岩体深部,应力分部可以大致划分为应力集中区、应力扰动区和应力平稳区。

实例三:水压致裂法应力测量

南水北调西线工程位于青藏高原东北部,从长江上游经巴颜喀拉山输水入黄河,是我国水资源优化配置,解决北方地区缺水的一项战略性基础设施工程,根据规划西线一期工程从雅砻江支流达曲、泥曲,大渡河支流杜柯河、麻尔曲、阿柯河共5条支流调水。为了解输水线路地应力的分布情况,中科院武汉岩土力学研究所对达贾线路上勘探孔XLZK04、XLZK09、XLZK10、XLZK11、XLZK14、XLZK15、XLZK17、XLZK20共8个钻孔采用水压致裂法进行了现场地应力试验。

表6-7示出了XLZK04钻孔的测试结果,该钻孔孔深448.58 m,从277.77 m处作为

第一个压裂段开始试验,共进行了10次有效试验,每次测量的压裂过程曲线示于图6-35。从每条曲线获得破裂压力 P_b、关闭压力 P_s、重张压力 P_r,按 γ_h 估算孔隙压力 P_0,计算不同深度处的最大水平主应力 σ_H 和最小水平主应力 σ_h。压裂过程形成的张裂缝示于图6-36,由该图立刻得到水平面上最大主应力 σ_H 的方向为N64°E,最小主应力 σ_h 的方向为N26°W。

表6-7 XLZK04钻孔水压致裂成果

深度(m)	破裂压力 P_b(MPa)	重张压力 P_r(MPa)	关闭压力 P_s(MPa)	孔隙压力 P_0(MPa)	抗拉强度(MPa)	最大水平主应力 σ_H(MPa)	最小水平主应力 σ_h(MPa)	垂直应力 σ_r(MPa)	最大水平主应力方向	备注
227.77	6.06	5.45	5.29	2.78	0.61	13.20	8.07	6.95		浅变质砂岩夹板岩
287.37	6.37	5.74	5.38	2.87	0.63	13.27	8.25	7.18		浅变质砂岩与板岩互层
338.78	6.30	5.63	5.20	3.39	0.67	13.36	8.59	8.48		浅变质砂岩夹板岩
352.86	6.92	6.01	5.45	3.53	0.91	13.87	8.98	8.83	N64°E	浅变质砂岩
362.26	6.44	5.89	5.27	3.63	0.55	13.55	8.90	9.05		浅变质砂岩夹板岩
392.40	7.24	6.50	5.87	3.92	0.74	15.03	9.79	9.80		浅变质砂岩夹板岩
401.47	6.59	6.01	5.25	4.02	0.58	13.76	9.27	10.05		板岩夹浅变质砂岩
406.47	6.72	6.19	5.38	4.06	0.53	14.01	9.44	10.15		板岩夹浅变质砂岩
434.55	7.96	7.28	6.60	4.35	0.68	16.87	10.95	10.87		浅变质砂岩夹板岩
448.58	8.19	7.45	6.78	4.49	0.74	17.38	11.27	11.23	N66°E	浅变质砂岩夹板岩

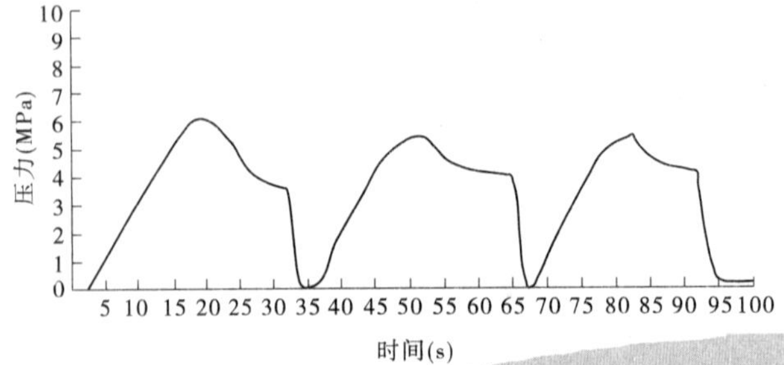

(a)XLZK04-277.77

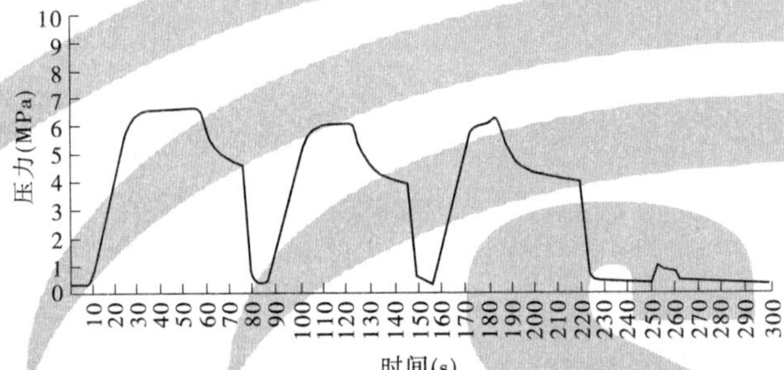

(b)XLZK04-287.37

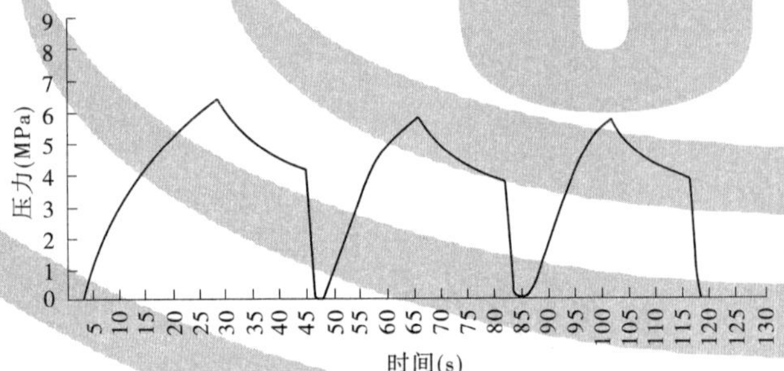

(c)XLZK04-338.78

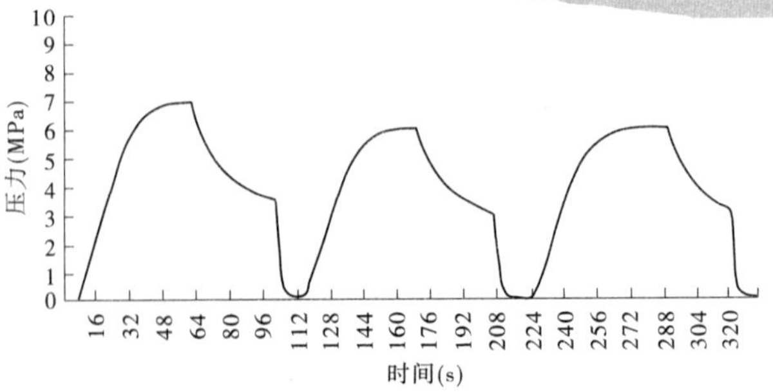

(d)XLZK04-352.86

图 6-35　XLZK04 各测段压裂过程曲线

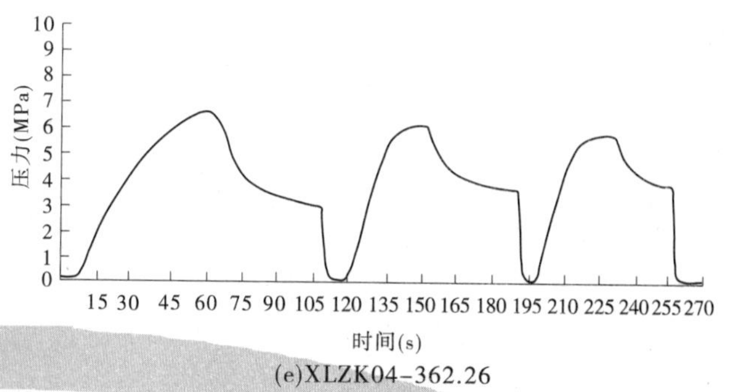

(e)XLZK04-362.26

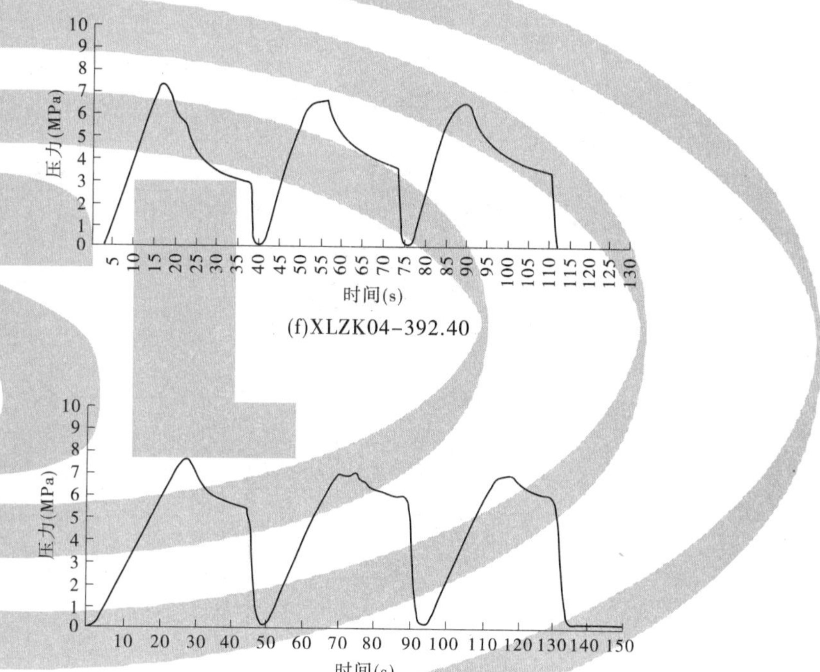

(f)XLZK04-392.40

(g)XLZK04-401.77

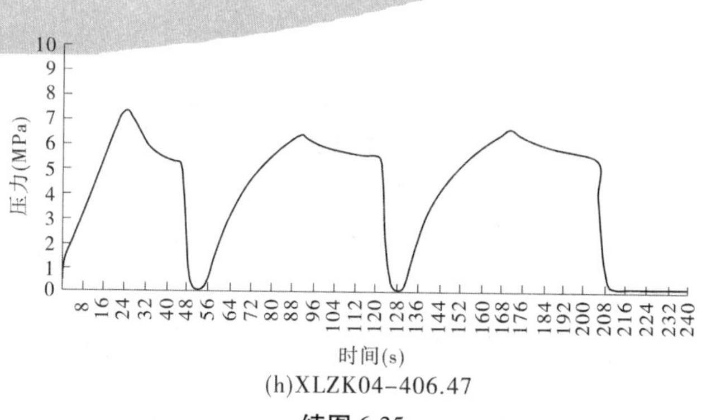

(h)XLZK04-406.47

续图 6-35

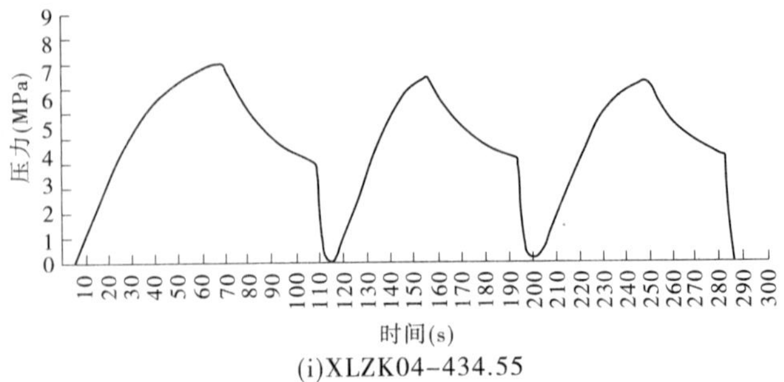

(i)XLZK04-434.55

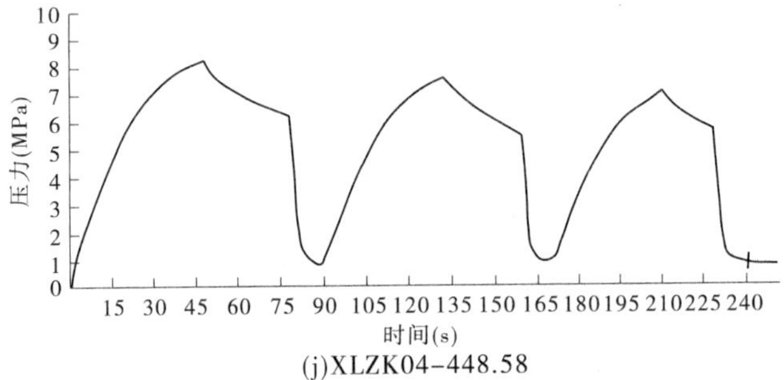

(j)XLZK04-448.58

续图 6-35

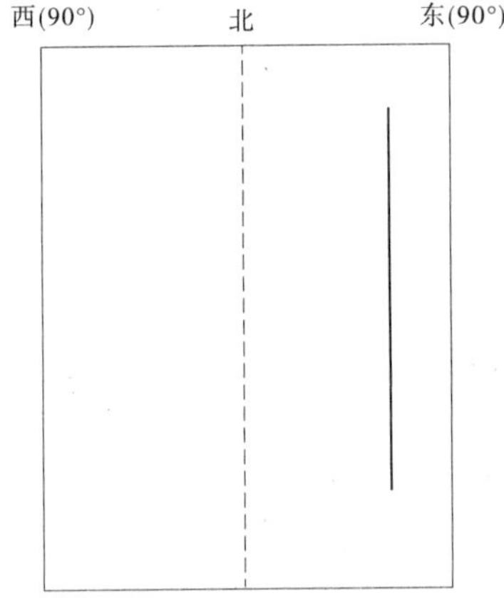

图 6-36 XLZK04 地应力测量破裂缝典型记录

第七章　岩体声波测试

岩体声波测试是以声波在岩体中的传播特性与岩体的物理力学参数相关性为基础，通过测定声波在岩体中的传播特性参数，为评价工程岩体力学性质提供依据。其在岩石工程中应用广泛，主要有工程岩体质量分级、围岩松动圈的测定、大坝基础灌浆效果检测、岩体动静弹性模量对比、建基面基岩质量评价和验收、爆破开挖影响范围检测、测定风化系数、完整性系数和各向异性系数、断层和岩溶等地质缺陷探查等。

岩体不是理想的均质、各向同性介质。但从工程角度考虑，只要当传播的声波波长与岩体空间尺寸满足一定条件时，就可以按声波的传播理论进行计算：

$$v_p = \sqrt{\frac{\lambda_d + 2G}{\rho}} \tag{7-1}$$

$$E_d = \rho v_p^2 \frac{(1+\mu)(1-2\mu)}{(1-\mu)} \tag{7-2}$$

$$v_s = \sqrt{\frac{G}{\rho}} = \sqrt{\frac{1}{\rho} \cdot \frac{E_d}{2(1+\mu)}} \tag{7-3}$$

式中　μ——泊松比；

λ_d——拉梅常数，MPa；

G——剪切模量，MPa。

从上式可看出，无限弹性介质中传播的纵波（压缩波）波速 v_p 和横波（剪切波）波速 v_s 由 E_d、μ、ρ 决定，因此实测 v_p、v_s 值即可了解岩体弹性力学参数。

第一节　岩块声波测试方法

岩块声波测试方法详见《水利水电工程岩石试验规程》（SL 264—2001）第 107 ~ 110 页。主要仪器和设备包括岩石声波参数测试仪、纵波换能器、横波换能器、游标卡尺、标准试棒、测试架。测试记录包括工程名称、岩石名称、取样部位、试件编号、试件描述、试件尺寸、测试方法、换能器间的距离、传播时间、仪器系统的零延时、测试人员、测试日期等。

其主要关键技术问题如下所述。

一、波形识别

岩块声波速度测试一般采用脉冲超声波法，能否正确测读声波到达时间，将直接影响到测量精度，测试工作中应予特别重视。纵波最先到达，较易识别，但纵波往往能量较小，如信号放大倍数选择不当，容易引起掉波现象，造成纵波波速测读不准。而横波是后续波，受到纵波余振及其他因素的干扰，往往难以准确识别初至波到达时间，给时间测读带来困难和误差。采用切变振动和扭转振动模式的专用横波换能器，是测读横波的一种有效方法。

二、测试设备的选择和使用

在小尺寸的岩块试样上进行声波测试时,如要模拟无限介质的条件,则必须配备能满足测量精度的超声仪与其配套的换能器,因此只要满足规程中要求的测试整机或组合配套设备,均可用来进行岩块试样的测试。

测试仪器的使用应视具体情况而定,如同步触发脉冲的重复频率应选择适当。既要保证通过试样的超声波信号不受余振的影响,又要使荧光屏上有足够的亮度。一般同步触发以50 Hz为宜,适当调整激发脉冲电压和脉冲宽度,可使发射换能器输出的功率最大。另外,还要合理调节扫描延时和选择放大器增益,使荧光屏上的波形清晰可见,便于准确判读。

换能器是声波测试中的关键设备,发射换能器将脉冲发射系统输出的电脉冲信号转换成声信号辐射给岩石试样,接收换能器使岩石试样传播来的声信号转换成电信号,送入放大器。换能器的种类很多,用于岩石试样的通常用压电陶瓷晶片做成的压电换能器,专用横波换能器分为切变振动型、扭转振动型、横波转换型等。

利用扭转振动型换能器测试简便可靠,并有以下优点:测得的波速值就是岩块试样横波波速值,无频散现象,测得的波速值与使用的声波频率无关,测量精度高。

接收换能器应具有灵敏度高,频带宽而平坦,指向性好以及有较大的动态范围等特点。发射换能器应使用机械品质系数 Q 值高,额定功率大,电声转换效率高,指向性好以及非线性失真小的换能器。换能器应有各种不同频率的规格,以满足不同要求的测试。

声波在试样中传播时,其波动方程是很复杂的,一般情况下已不符合平面场的理论。若想符合平面场理论,必须提高声波的发射频率,使岩样边界对波速的影响降到可以忽略不计的程度,理论上要求 $D \gg \lambda$ 。对于室内岩样,一般 D 为5 cm,若 $D>10\lambda$,即 $\lambda<0.5$ cm。当 $v_p=5\ 000$ m/s,那么 $\lambda=\frac{v_p}{f}$,则 $f=1$ MHz,一般情况下难以达到。试验研究表明,只要 $D \geqslant (2\sim3)\lambda$ 时,就可以按平面理论计算岩样波速,所测波速可认为是岩样的真正波速。测试中如果还达不到 $D \geqslant (2\sim3)\lambda$ 时,特别是当 λ 接近 D 时,岩样的边界将对声波的传播产生制导,出现制导波。制导波的波速不等于纯纵波和纯横波的速度,它比岩块的波速低。日本国资源研究所绪方义弘等人,用直径为10 mm、20 mm、30 mm、40 mm及80 mm规格的铝棒做过这方面的试验,使用的声波工作频率为200 kHz、100 kHz、50 kHz及40 kHz。试验成果表明,当试样直径逐渐增大时,四种发射频率的波速值逐渐增加,当直径增到80 mm时,各种发射频率的波速值均接近于无限大介质的波速值($v_p=6\ 000$ m/s)。对于同一直径的试样,不同的发射频率有不同的波速值。频率越低,波速值下降的越多。当频率超过100 kHz时,频率变化引起波速值的变化不明显。因此,当 λ 与 D 之比达不到要求时,应采用提高声波发射频率或加大试样几何尺寸等措施。

试验结果是否可靠,可用式(7-4)进行验证

$$\lambda = v_p \cdot T \tag{7-4}$$

式中　T——接收到的信号初至波的周期,s;

λ——波长,m;

v_p——利用式(7-1)求得的岩块波速值,m/s。

对于 λ 与 D 的关系,国内学者进行过许多研究,大多数学者认为,$D \geqslant (2 \sim 3)\lambda$ 时,即可达到要求。

三、纵波、横波测试

岩块试样的声波测试,当采用直达波法测试时,发射换能器与接收换能器应安放在试样的两个端面的中心轴上,端面间的轴线长度即为测距,换能器作用面与中心线的偏差不应大于2°。与平透法相比,直达波法所接收到的信号能量强,因而波幅大,初至波清晰易识别,测试精度高。

在横波测试中,目前普遍采用切变振动模式横波换能器。横波在纵波之后,振幅比纵波大,但初至点受到它前面波的干扰,往往难以识别。在使用切变振动模式换能器测横波时,若将发射换能器或接收换能器转动180°,横波的初至点相位随之变化180°,这样前后两次对比,可较准确地判读横波的初至时间。另外,必须注意接收与发射换能器切变振动方向要一致,否则接收横波的灵敏度也将大大降低。

四、系统零延时测试

换能器的滞后时间 t_0 值是由换能器及电路系统、耦合剂等所造成的,因此计算时必须扣除这一时间,t_0 值测定方法如下:预先把发射与接收换能器的作用面对接,从仪器上读出这一延时,或者利用不同长度的有机玻璃棒测读数,绘制时距曲线,其时间轴截距 t_0 即为延迟时间。

五、应力作用下的声波测试

岩块在受外加载荷作用时,其中的孔隙率、节理裂隙等将随着应力的变化而改变,这些改变将使声波的传播特征产生变化。若在试样的最大与最小主应力方向进行超声波测量,判别试样内部结构变化过程以及最终破坏的信息,会得到良好效果。试验表明,岩块试样在不同应力作用下,声波的振幅变化比波速变化更为敏感。

六、耦合问题

岩块声波测试要求耦合介质有很好的传导超声波能力,并且耦合剂的声阻抗接近被测岩石声阻抗,目前纵波测试一般用黄油、凡士林等作耦合材料,横波测试则利用铝箔或银箔耦合,可以得到较好效果。

七、资料整理

在测得岩块波速后,可根据岩块密度(ρ)和泊松比(μ),计算岩块试样的动力弹性模量(E_d)和泊松比(μ)以及其他参数。在计算时应考虑岩块是否满足各向同性条件。其方法是测量立方体试样在 x、y、z 三个方向的纵波速度,并将测得其中的最大与最小值之差,与这三个方向的平均值相比,其比值小于1%可视为各向同性,如果比值在1%~3%,可近似假定为各向同性介质。

第二节　岩体声波测试方法

岩体声波测试方法详见《水利水电工程岩石试验规程》(SL 264—2001)第110~112页。主要仪器和设备包括岩石声波参数测定仪、增压式柱状换能器、发双收换能器、弯曲式接收换能器、夹心式发射换能器、供水及止水设备、干孔换能器、声波激发装置、换能器扶位器、标准试验棒、钢卷尺、测绳等。测试记录应包括工程名称、岩石名称、测点编号、测点位置、测试方法、测点布置、测点间距、传播时间、仪器系统的零延时、测试人员、测试日期等。

一、主要关键技术问题

(一)声波传播方式

声波在岩体介质中的传播性质与介质的边界条件紧密相关,不同边界条件下,不同类型的声波依一定的速度在介质中传播。当声波在无限介质中传播时,只有纵波和横波两种波;当介质中存在界面时,还会产生其他面波形的波,如瑞利波(R)和兰姆波(L)等。当频率足够高,只要边界尺度(D)满足 $D \geqslant (5 \sim 10)\lambda$ 时,该介质(试体)也可视为无限介质。在岩石工程中,应用较普遍的是纵波和横波的波速。

按波的传播方式分为直透法(直达波法)和平透法(折射波法和反射波法)。按换能器布置方式分为表面测试(发收换能器置于同一平面的共面观测与分别置于不同平面的不共面观测)、内部测试(单孔测试及孔间穿透)及预埋式(收换能器预先埋置于介质内部);按发射及接收换能器的配置数量划分为一发一收、一发双收、多发多收等。

(二)岩体声波测试布置

岩体声波测试的测区布局、测线布置、测点布置以及声学参数的选取等都应当考虑到符合测试目的和要求。为对声波测试结果与静力法测试结果作动静对比,应将声波测点布置在与静力法测点相同的岩体上,并使声波测试方向与静载荷施力方向相同。布置的基本原则如下:

(1)测区布局:除特殊区域的特定测试外,一般场地选择应具有不同的代表性,力求以最少的工作量说明较多的典型问题。

(2)测线及钻孔布置应具有明确的针对性。为了解建筑物基础岩体的沉陷,应布置铅垂向测线;为了解坝基下游岩体的抗力,则应布置水平向测线。在此基础上考虑波的传播特点和边界条件,从而合理选择仪器、试验方法和计算方法。

(3)测点宜布置在岩体均匀、表面光洁、无局部节理裂隙的地方,两测点间介质应是均匀或比较均匀的,只有在为专门了解岩体的异常和缺陷时除外。为了能完整清晰地反映异常,在异常区内应布置足够的测点。

(三)岩体物理力学性质与声波波速的关系

(1)岩石种类、岩性与声波波速有关。新生代沉积岩体波速最低,为 1.5 ~ 3.0 km/s,古生代及中生代沉积岩次之,最高为变质岩 5.5 ~ 6.0 km/s。表 7-1 给出了部分岩石纵波波速参考值。

表 7-1 部分岩石纵波波速参考值

岩石种类	纵波速度 v_p(km/s)	岩石种类	纵波速度 v_p(km/s)
花岗岩、砂砾岩	3.2 ~ 5.8	页岩(第三纪)	2.5 ~ 4.6
玢岩	3.2 ~ 8.5	砂岩(第三纪)	2.7 ~ 4.6
安山岩、玄武岩	3.0 ~ 5.3	火山角砾、角砾、凝灰岩	2.6 ~ 4.6
石英岩	3.0 ~ 5.8	凝灰岩	2.6 ~ 4.3
砂岩(中古生代)	3.0 ~ 5.6	片麻岩	2.8 ~ 5.7
黏板岩(中古生代)	2.8 ~ 5.4	千枚岩、石墨片岩	2.8 ~ 5.2
燧石	3.0 ~ 5.6	石英片岩	2.8 ~ 5.7
辉绿凝灰岩	2.7 ~ 5.4	绿色片岩	2.8 ~ 5.2
石灰岩	3.0 ~ 5.6		

(2)岩体中的裂隙发育程度和风化程度对波速影响也很明显。如中古生代的砂岩、黏板岩等新鲜坚硬而没有裂隙时,波速在 5.0 ~ 6.0 km/s,如果裂隙发育,可降低到 2.0 ~ 3.0 km/s,若岩石风化强烈,则下降幅度更大。

(3)密度与波速的关系。通过对密度与波速之间关系的研究表明,所有岩体从整体分布看,v_p 和 ρ 均分散在两条曲线范围之间。纵波速度 v_p 有随着密度 ρ 增加而增加的趋势,当 $\rho \geq 2.5$ g/cm^3 时,v_p 按对数函数增加;当 $\rho < 2.5$ g/cm^3 时,v_p 则按指数函数增加。

(4)空隙率与声波波速的关系。波速 v_p 随着有效空隙率的增加急剧下降。还有研究表明,当砂岩空隙率约为 3% 时,波速是 6.6 km/s;若空隙率增加到 8% 时,则速度下降到 5.0 km/s。

(5)含水量与波速的关系。含水量对波速的影响是很大的。总的趋势是,波速 $v_p \geq$ 3.0 km/s 的岩体,波速随含水量(孔隙为水所充满)增加而增加;而波速 v_p 约为 6.0 km/s 的岩体,含水量对波速的影响不明显;而 v_p 为 3.0 km/s 以下的岩体,波速随含水量增加反而减小。这种现象对 $v_p \leq 2.0$ km/s 的岩体特别明显。

(四)测试设备的选用

岩体声波试验的仪器种类较多,技术指标、功能、用途不一,表 7-2 是声波测试仪的一些技术指标。岩体声波测试所用换能器主要采用压电式,技术参数主要考虑工作频率、频率特性、阻抗特性、品质因数、电声效率、方向性等。常用压电换能器类型如表 7-3所示。

表7-2　岩体声波试验仪器的主要技术指标

主要参数	性质及使用要求
工作频率	1. 由设备的要求和使用的目的确定 2. 发射:要求工作在它的谐振基频上,以获得最大电声效率和最大发射灵敏度 3. 接收:要求有平坦的接收响应
频率特性	频率特性即换能器的频率响应。起伏越小,则工作频率范围就越宽,其性能就越好
阻抗特性	1. 考虑换能器阻抗特性与发射机,接收放大器进行充分匹配和调谐的性能 2. 对于发射换能器而言,换能器的输入阻抗要最小 3. 对于接收换能器而言,放大器的输入阻抗必须远大于换能器的输出阻抗
品质因数	描述共振峰尖锐程度的量
电声效率	电声效率和机电的乘积,也是衡量一个发射换能器质量的主要标志之一
方向性	1. 对于发射换能器是用来说明换能器向空间辐射声能的分布情况 2. 对于接收换能器是指接收的灵敏度随声波入射方向而变化的特性

表7-3　常用的压电换能器类型

类型	主要用途
喇叭型 (或夹心式)	主要用来做发射换能器,尤其在岩石表面用做对穿测试
单片弯曲式	具有结构简单、轻便、低频、灵敏度高等优点,但强度差,所以一般只作为接收用
增压式	具有轻便、低频、宽频及低于谐振点时有较高接收灵敏度等特点,用于钻孔或风钻孔
圆管式	加工较增压式简单,一般用此代替,用于钻孔
单孔测井式	一发双收、双发双收等型式
高频换能器	用于岩石试样,频率一般大于100 kHz
横波换能器	厚度切变型压电陶瓷,用于室内岩石测试
斜入射换能器	用于地下洞室围岩锚喷混凝土厚度检测

(五)影响波速测试的主要因素

换能器与测试岩体之间的耦合好坏是影响岩体声波测试的一个重要因素,在地表露头、洞壁测试,可用黄油或凡士林作耦合剂,换能器与岩体接触部位要平整,起伏差一般不得超过3 mm,并压紧换能器,使换能器与岩体间的油层减至最薄,使收到的讯号能量增大。为了保证耦合质量,涂抹在换能器上的黄油不应混有砂粒等,并应经常擦洗换能器,换上新黄油。

单孔、双孔测试时,当钻孔为垂直向上孔或斜向倾上的孔,为了保证耦合质量,应采用有效的供水、止水设备。待孔中的空气排出并充满水时方能进行测试。

测试系统的零延时 t_0 值对测试成果也有较大影响,任何电子仪器和换能器都存在一定的响应时间。声波在耦合介质中传播也需要一定的时间。因此,不论直达波法还是平透法,都必须从测得的纵、横波传播时间中扣除仪器、换能器及耦合介质带来的滞后时间 t_0 值。

t_0 的测定可采用时距法或对测法,另外还可用标准试件法。也可将发射换能器固定不动,在一直线上等距离地逐步移动接收换能器,绘制时距曲线,来求 t_0 值。

测时方法和测时标准的影响。声波仪有自动测读和游标测读两种测时方式。在同样的接收波幅的情况下,两种方法测得的波速有时会有差异。一般自动测读方式只宜用于较小测距,采用游标测读计时方式,试验精度相对较高。

国际材料和结构试验协会提出最大振幅法和定振幅测量法两种读时标准,我国目前没有统一读时标准。但不论用哪一种方法,所测结果均因接收波的振幅不同而不同。在有条件的情况下,可采用定振幅测量法,首波幅度限定在 2 ~ 3 cm,这样可以减少振幅影响,并使试验资料有可比性。

(六)孔距校正

现场孔间穿透测试时,由于任意两孔并非真正位于同一平面,因此两孔中任意两点间的距离应当进行校正:

设 A 孔与 B 孔两孔口距离为 L_0,L_0 的方位角或倾角为 α_0、β_0;

A 孔和 B 孔的方位角为 α_1、α_2 和倾角为 β_1、β_2;

A 孔与 B 孔内的任意孔深为 L_1、L_2;

则两孔内任意点的测距 L 为

$$L = \sqrt{X^2 + Y^2 + Z^2}$$

式中
$$\begin{cases} X = L_1\cos\alpha_1 \cdot \cos\alpha_2 + L_0\cos\alpha_0 \cdot \cos\beta_0 - L_2\cos\beta_1 \cdot \cos\beta_2 \\ Y = L_1\cos\alpha_1 \cdot \cos\alpha_2 + L_0\cos\alpha_0 \cdot \cos\beta_0 - L_2\cos\beta_1 \cdot \cos\beta_2 \\ Z = L_1\sin\alpha_1 + L_0\sin\alpha_0 - L_2\sin\beta_1 \end{cases}$$

(七)横波测试与识别

横波在反映岩体力学性质及工程地质特性中占有重要的地位,因此必须准确测试和识别。由于横波到达的时间比纵波晚,纵波余振一般较长,造成纵、横波相互叠加现象,因而给识别横波带来一定困难。在目前还没有岩体专用横波压电换能器的情况下,可用以下几条原则识别纵、横波:

(1)在各向同性均匀介质中,$v_p/v_s = t_s/t_p = \sqrt{3}$,即横波出现在纵波之后。

(2)横波振幅比纵波振幅大。

(3)一般说,纵波(P)的周期小于横波(S)的周期,即纵波的频率高于横波的频率。

总之,根据纵、横波传播理论,详细研究 P、S 波形的特点,充分利用仪器的特殊设计,P、S 波初至是可以辨别的。具体有以下方法可供参考:

第一,现场测试把放大器的增益尽量减小,使 P 波振幅小到几乎与扫描水平基线重合的程度,这时在波列图上只能见到 S 波的振幅,这样可以大体上确定 S 波的起点,然后再加大增益,细找 S 波的起始点。第二,现场岩芯可用室内横波压电换能器实现,即抑制纵波的余振,将发射脉宽变窄,缩短发射脉冲尾巴,使纵波延续1~2个周期即消失,这样可以接收到非常清楚的横波。第三,地表、洞壁表面的声波试验,可利用左、右敲击方法识别横波。这时两次接到的横波的相位差为180°。跨孔法可利用孔底剪力锤击方法或三分量换能器接收横波。

二、工程应用实例

(一)围岩松动圈的测定

围岩"松动圈"是隧洞设计和评价围岩稳定性的重要参数之一。声波速度是反映岩体变化状态的综合定量指标。因此,声波速度变化大小,反映了岩体裂隙压密程度及受力状态,这就为测定围岩松动圈的大小或范围提供了理论依据。

洞室开挖以后,洞壁附近岩体会产生新的裂隙,原有裂隙伸长、扩展,原岩应力受到了扰动,表现为应力降低,相应的波速也出现低值,形成具有低波速量值的应力下降带;往内由于岩体应力重分布,产生应力集中,裂隙压密,也出现相应波速增高区,形成具有高波速量值的应力集中带;再往深处,岩体未受到扰动,波速值基本不变,称原始应力(原岩)区。洞室围岩松动圈范围,可采用岩体声波方法进行测试,并确定围岩松动圈的厚度和形状。

洞室围岩松动圈的测试可选择有代表性的地质单元,布置相距2~3 m的两个观测断面,并在断面的拱顶、拱角、侧壁等部位,分别布置孔间距离为0.5~1 m的平行孔,孔深一般为1~2倍洞径。分别在每组钻孔中测量声波速度随深度的变化。绘制v_p—L曲线。以各测孔深部岩体的稳定纵波速度的平均值,作为判定该孔的松动圈范围。将各组测孔松动圈用拟合曲线连接,就得出整个断面的"松动圈"范围。

从国内外大量实测结果来看,v_p—L曲线有以下几种形式:

第一种形式为v_p值沿孔深增加基本保持不变,岩体松动带不明显,说明原岩受洞室开挖和爆破的影响较小。

第二种形式为靠近洞壁表面一定范围内,v_p值比岩体的原始值低,以后v_p值随着孔深的增加而逐渐上升至岩体的原始值,表明在靠近洞壁附近存在松动带。

第三种形式为靠近洞壁表面一定范围内,岩体的v_p值低于岩体原始值,v_p值沿孔深逐渐增加,超过原始值v_p后直到有一峰值。以后,当孔深再增加时,v_p值开始下降,最终恢复到原始v_p值。说明靠近洞壁处存在松动带,同时在松动带以后还存在应力集中带。

引滦八一林隧洞的声波测试是一个成功的实例。该隧洞为无压输水隧洞,设计开挖断面为跨度9 m,高7.9 m直墙圆拱型。隧洞穿越中厚层、厚层震旦纪白云质灰岩。地应力的主应力方向为310°~320°,与洞轴交角较小,对围岩稳定不利。隧洞采用光面爆破全断面分段开挖及时喷锚支护的施工方法。1982年长江科学院与水电五局配合用KDY-56型钻孔多点位移计进行围岩变形监测和围岩松动圈声波检测。在桩号9 km+748 m附近,布置了两个平行测量断面,相距1 m,每个断面4孔,孔深8~9 m,进行声波测试。主要成果如下:

(1)所有的v_p—L曲线基本都符合坚硬完整均匀岩体的规律。

(2)声波测试与围岩变形测得的结果基本一致。松动圈的厚度一般在0.9~1.10 m,平均为1 m,而后波速逐渐增高进入2 m左右形成承载圈后趋于稳定,达到未开挖前原始

的波速。

(3)根据围岩松动圈厚度为1 m,承载圈为2 m,可以确定类似测试地段的围岩基本稳定,但应力状态不佳,为防构造影响可能出现顶拱坍落的地段,宜采用3 m长的锚杆对围岩进行钢筋网锚喷混凝土支护。

(二)大坝基础灌浆效果检测

由于声波测试是一种快捷简便的非破坏性检测方法,因此在水电工程大坝帷幕灌浆和固结灌浆效果检查、坝基建基面合理确定、坝基不稳定岩体范围的划定等方面,在国内外得到广泛应用。

该方法根据施工设计对基础的要求,布置灌浆孔以及灌浆效果检测孔。利用灌浆检测孔或灌浆孔(单孔、双孔、孔深、孔距应满足施工设计和测试精度要求),测量灌浆前后声波速度 v_p 变化,直接为设计施工提供依据。

鲁布革电站大坝帷幕灌浆,根据防渗设计要求,灌浆后单位吸水率$\omega \leqslant 0.05$ L/min·m·m,裂隙系数 $K_\rho = (v_{p\max} - \bar{v}_p)/v_{p\max} \leqslant 0.05$,岩体的平均波速值大于3 950 m/s。声波测试在灌浆效果检测中起到了重要作用,灌浆前后岩体声波测试结果证实,大坝帷幕灌浆达到了设计的要求。

(三)岩体动静弹模关系

20世纪70年代以后,岩体动静对比的研究国内外开展得甚为活跃,结合工程实际总结出许多颇有价值的经验公式。据不完全统计,现已建立动静弹模相关性的经验公式几十种。典型经验公式如下:

长江科学院岩基所　　$E_s = 0.1E_d^{1.40}$

中科院岩土力学所　　$E_s = 0.933E_d - 4.5$

中科院地质所　　$E_s = 0.025E_d^{1.7}$

应该指出,由于地质条件和岩性的不同,测试方法和仪器设备又不统一,各地总结出的经验公式在推广应用上有很大的局限性。根据国内外多数研究表明:对于坚硬完整致密的岩石,E_d/E_s 为1~5。而软岩破碎疏松的岩石 E_d/E_s 为5~20。由于岩体大多受结构节理裂隙控制,因此要找一个统一的动静弹性模量对比公式是不可能的。在条件许可时,宜针对具体工程进行一定数量的动静对比测试,从而找出该工程代表性岩体的相关规律。

进行动静对比时应注意以下事项:

(1)岩石的声学性质与岩石的物理力学参数、岩体结构面组合、风化特征、围压状态等密切相关。由此寻求 E_d 和 E_s 间相互关系时应尽可能满足两种方法研究处于"同一状态下的同一岩体"。

(2)只有在试体进行三方向波速测量,且满足各向同性条件时,才可用射线法进行波速测定并用来计算动力弹性模量,否则测线方向应与静力试验受力方向完全一致。

(3)只有在充分证明岩体符合均一性的情况下,才可在静力试验区外另设声波测点进行对比研究。

(4)载荷板下受力影响区厚度,应满足在该深度下整个加荷过程中所测波速不应发生变化。依岩石状况的不同,一般为垫板直径的0.75~1.5倍。

(四)大坝建基面验收

随着水利水电建设的发展,坝基及边坡岩体质量控制和开挖验收工作,已从过去单纯的宏观地质描述向与地质因素、工程力学性质有关的快速检测定量描述综合评价的方向发展。清江隔河岩水电站采用地震折射剖面法为主、坝基平面网络波速分布与适量的声波钻孔抽检相结合为辅的方法,将声波快速检测技术运用到坝基验收取得了成功的经验。

在清江隔河岩坝基验收中,采用了声波测试技术对整个基岩面做出了定量评价。在坝块基岩面沿平行、垂直坝轴方向,按5 m×5 m方格网络布置测线,做一点锤击多点接收的声波折射波法测试,在重点部位则采用相遇方法进行锤击试验和声波测井。建基面声波检测要点如下:

(1)布置5~7 m见方的x、y向网络,根据缺陷及构造面适当调整地震测线,长度以30~60 m为宜;

(2)通过地震剖面测试提供松弛带可能厚度及网格节间试段波速测值;

(3)反演各网络单元中心点的波速,绘制坝基波速分布示意图;

(4)在波速及松弛厚度异常点适当增加声波钻孔抽检测量,并对地震剖面提供的松弛厚度进行复检论证。

根据上千条测线的声波测试成果,将建基面划分为3大类:①纵波波速v_p大于4 800 m/s,约占建基面总面积的14%,其岩体为新鲜或微风化状,岩体完整性系数K大于0.76,动弹模约45 GPa,静弹模为19 GPa;②纵波波速v_p为4 000~4 800 m/s,约占建基面总面积的43%,岩体一般呈微风化或弱风化状态,完整性系数K为0.51~0.76,动弹模为30~45 GPa,静弹模为8~19 GPa;③纵波速度v_p为3 000~4 000 m/s,占建基面总面积的43%,岩体完整性系数小于0.51,动弹模小于30 GPa,静弹模低于8 GPa,岩体多呈弱风化状。从整个建基面岩体质量分布看,右岸坝块较左岸坝块发育好,上坝块较下坝块好,这与地质构造的发育情况相符合。声波测试成果表明,建基面低波速层厚度为0.6~1.8 m,平均为1.2 m。

第八章　工程岩体观测

建筑物建造在地质构造复杂、岩土特性不均匀的地基上，在各种力的作用和自然因素的影响下，其工作性态和安全状况随时都在变化。如果出现异常，而又未被及时掌握这种变化的情况和性质，任其发展，其后果不堪设想。1954 年建成的坝高 66.5 m 的法国马尔巴塞(malpasset)双曲拱坝，蓄水后在扬压力作用下，左岸坝肩部分岩体产生了不均匀变形和滑动。由于无必要的安全监测设施，结果在管理人员没有丝毫的觉察下，于 1959 年 12 月 2 日突然溃决。短短 45 min 内，使坝下游 8 km 处的一兵营 500 名士兵几乎全部丧生，距坝 10 km 的一城镇变成废墟，直接经济损失 6 800 万美元。1978 年夏，香港半山区一座 27 层大楼，因边坡滑动，整座大楼塌滑到山脚下，沿途又切断一座大楼和一些房屋，造成了生命财产的巨大损失。如能在事前运用必要的有效观测手段进行监测，及时发现问题，采取有效措施，上述灾难就可避免。1962 年 11 月 6 日，安徽梅山连拱坝右岸基岩发现大量漏水，右岸 13 号坝垛垂线仪监测发现，观测到 3 d 内向左岸倾斜了 57.2 mm，向下游位移了 9.4 mm，且右岸各垛陆续出现大裂缝，经分析是右岸基岩发生错动。由于及时放空水库进行加固处理，从而避免了一场溃坝事故。1981 年 8 月，黄河上游龙羊峡水电站遇到了 150 年一遇的特大洪水，依靠埋设在围堰混凝土心墙中的 48 支观测仪器提供的测量数据，表明围堰工作性态正常，由此作出了加高围堰 4 m 的抗洪决策，确保了工程安全施工和度汛。1985 年 6 月 12 日，长江三峡的新滩发生大滑坡，2 000 万 m^3 堆积体连带新滩古镇一起滑入江中，但滑坡区的居民全部提前安全撤出，这主要依靠安全监测所作出的准确预报。上述正反两方面的实例充分阐明了安全监测对保护人民生命财产安全的必要性。

安全监测除应及时掌握建筑物的工作性态，确保其安全外，还有多方面的必要性。美国垦务局认为，使用观测仪器和设备对建筑物及地基进行长期和系统的监测，是诊断、预测、法律和研究等四个方面的需要：一是诊断的需要，包括验证设计参数改进未来的设计；对新的施工技术优越性进行评估和改进；对不安全迹象和险情的诊断采取措施并进行加固；以及验证建筑物运行处于持续良好的正常状态。二是预测的需要，运用长期积累的观测资料掌握变化规律，对建筑物的未来性态作出及时有效的预报。三是法律的需要，对由于工程事故而引起的责任和赔偿问题，观测资料有助于确定其原因和责任，以便法庭作出公证判决。四是研究的需要，观测资料是建筑物工作性态的真实反映，为未来设计提供定量信息，可改进施工技术，利于设计概念的更新和对破坏机理的了解。正是这些必要性，各国都很重视安全监测工作，使其成为工程建设和管理工作中极其重要的组成部分。

岩土工程是建筑工程中的重要组成部分，岩土工程的安全就是建筑物的安全。岩土工程的安全监测可分为大坝安全监测、边坡安全监测、地下建筑物安全监测、工业民用建筑安全监测等四大部分。

各种安全监测，在其工程中可以作为具有独立系统的监测工程进行设计、施工和运行管理。监测工程的三个阶段将分为监测设计、仪器安装埋设与观测、监测资料整理分析与反馈。

鉴于岩土工程出现事故很可能给人类生命和财产带来巨大损失这一事实,人们对岩土工程安全的条件进行了广泛深入的研究,岩土工程安全的条件,包括三方面,即自然条件、工程条件和安全监测条件。工程的自然条件是基本条件;工程设计、施工和运行水平与质量的工程条件是安全条件;贯穿在工程设计、施工和运行始终的安全监测,应该是工程安全的保证条件。

岩土工程安全的自然条件包括岩土工程自身固有的工程地质条件和与其所处的自然环境有关的外部物理事件。这些自然条件包括岩体的初始应力状态、岩土的地质结构、岩土的力学性质、地下水及岩土工程的环境因素。

岩土工程安全的工程条件是指岩土工程的工程措施,它通过设计、施工、运行的水平和质量来体现。工程设计的总体布置依赖对自然条件的分析和正确的岩土工程稳定性评估,工程安全的施工条件既包括合理的施工顺序和施工方法,还包括施工组织的好坏,例如根据检测的反馈信息及时修改设计、及时加固。

岩土工程的监测条件是安全的保证,合理的监测可以获得作为工程安全状况的正确评估,还可以改进分析方法和试验技术,使未来的设计、施工和运行更好、更安全。为了保证工程的安全,有必要对工程的性态进行连续监测。

一个能确保岩土工程安全的监测应具备下述条件。

(1)科学地选择岩土工程安全监测的方法和分析安全的整体方法,从观测仪器、数据传送和处理系统来讲,要有可靠性、精确性和测量数据采集的即时信息反馈。

(2)建立正确的监测系统。监测系统必须能查明工程的性态是否与设计预测的一致。

(3)确定工程安全和危险程度的最适宜时间应是从设计阶段开始的。

(4)要有确定的监测准则。第一个监测准则:将监测的工程性态与设计确定的分析模型预测值进行对比,这种比较是通过分析一组描述工程现在性态的物理量来实现的。第二个监测准则:将一组重要的观测结果与工程历年取得的相应值进行统计性的比较。能够说明工程性态的变量以及有关环境和运行条件的变量是否在以前观测值范围之内。

(5)观测的速度和频次与观测现象的演变速度之间要协调一致。

(6)危险性分析是岩土工程安全的重要条件,监测系统应确认具体的危险因素,并对工程本身在给定的时期暴露出来的危险因素,进行"危险程度或危险概率"评估。

岩土工程的监测系统(包括静态的和动态的)是一个由监测仪器和设备组成的协调的整体,由此获取各种物理量,并对取得的信息进行转换和处理的系统。这个监测系统要有统一的时间和空间基准,并根据工程的类型和使用年限来确定。

实际布置一个完整的监测系统,涉及以下几个条件的分析和确定。

(1)根据预测确定影响工程安全的要素;

(2)确定对工程整体安全起控制作用的单元;

(3)确定能够最好地描述工程性态的物理量;

(4)选择观测这些物理量的仪器及其安装方式、工艺要求;

(5)确定仪器位置、数量、密度和分布;

(6)确定观测频率。

监测系统布置应考虑下述原则:

(1)仪器布置位置的选择应能反映出预测的运行情况,特别是关键部位和关键施工阶段的情况。因此,要在施工过程中尽早地获取资料。位置选择应保持灵活性,以便根据施工中的具体资料修改仪器布置设计。

(2)为掌握岩土体的固有特性,宜用仪器充分装备少数几个点或断面,在其他一些位置上使用简单的或便宜的装置。如果用仪器充分装备的位置不能代表运行情况,则有可能另外安装仪器来确切地确定运行情况,在布置上应能使观测仪器进行交叉检查。即把几种完整性不同的观测工作和进一步的研究工作结合起来;在最重要的断面上进行最详细的观测工作,因为这里会取得最多的资料;在其他断面进行一种或几种不同详细程度的观测,通过与布置较多数量仪器的断面所提供的资料相比较,便能了解建筑物全面的性态。

(3)为了提供足够的资料,便于进行分析,观测仪器不宜在较大的区域内分散布置,而应当集中布置。

(4)不宜限定初期安装仪器的数量和观测频率,应留有随机布置的数量和余地。因为施工过程中可能发现新的甚至更重要的安全控制单元或研究点;还应考虑到埋入的仪器往往是不能更换的或者可能寿命很短,有一定比例的仪器会失效;当要观测的基本参数已被确认或已满足要求时,设计确定的仪器可以做一些删减。随着对工程真实性状了解的不断加深,可以放弃一些仪器,或再补充安装一些其他仪器,使系统优化。

(5)在可能的情况下,宜用几种仪器观测同一个参量,以利于验证和核查。对于控制性观测的物理量和对工程安全十分重要的观测,至少应采用两种不同形式的观测系统。

(6)尽量减少终端测站的数量,而增加各终端测站控制仪器的路数。提供至终端测站较便利的通道。尽量减少仪器种类,以便减少读数指示设备的类型。

(7)监测系统中,巡视检查应是必要的项目;在自动化系统中,人工测读校验也是必要的。

(8)将来有可能或准备实现自动化观测和转换为远距离数据采集的监测系统,有必要购置和安装需要在工程内部埋设的电气设备。

根据岩土工程安全监测仪器的现状和以往的使用情况,在对各项监测技术做系统介绍之前,先对一些常用仪器的适用范围和使用条件做一说明。

第一节　洞室收敛观测

一、基本原理

(一)洞室收敛变形

在岩体当中开挖地下工程,破坏了岩体内的应力平衡,形成二次应力场,在地下洞室的周边由于临空面的出现,周边岩体必然发生指向洞室空间的位移变形,图 8-1 显示了洞周岩体由于应力调整产生的位移分布和塑性区,根据位移的大小和塑性区的分布特征可以判断地下空间的稳定性和作为支护设计的依据。

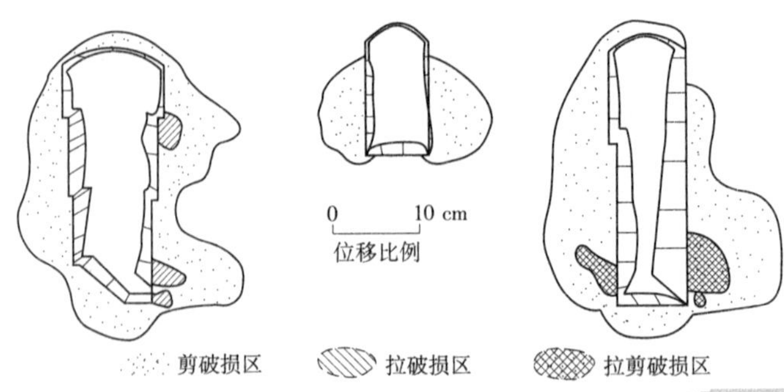

图8-1 高应力区地下群洞围岩位移及塑性区分布

对于地下空间围岩产生的位移,可以根据应力场和位移场的数字计算得到,但是由于工程岩体的复杂性,理论计算结果同实际情况往往有较大的出入,工程设计人员必须知道岩体发生的真实变形,收敛计恰好是为此目地而研制的一种监测设备。

洞室收敛观测是用收敛计测量洞室围岩表面两点连线(基线)方向上的相对位移,即收敛值。根据观测结果,可以判断岩体的稳定状况及支护效果,为优化设计方案、调整支护参数、指导施工以及监视工程实际运行情况提供快捷可靠的现场观测数据。

(二)收敛计观测的特点和收敛计的主要类型

收敛计观测的主要特点如下所述。

(1)测量方法简单易行,特别是在洞室施工开挖过程中,测点安装方便及时。

(2)仪器结构简单,重量轻,携带方便,使用灵活,价格便宜。

(3)除环境因素如温度等须作分析和修正外,观测资料的分析直观、可靠,观测资料可直接用于工程稳定状态的评价和判断。

收敛计的种类很多,但性能差别不大,可以根据工程的需要选择适合的产品,图8-2展示了两种收敛计的实体照片。

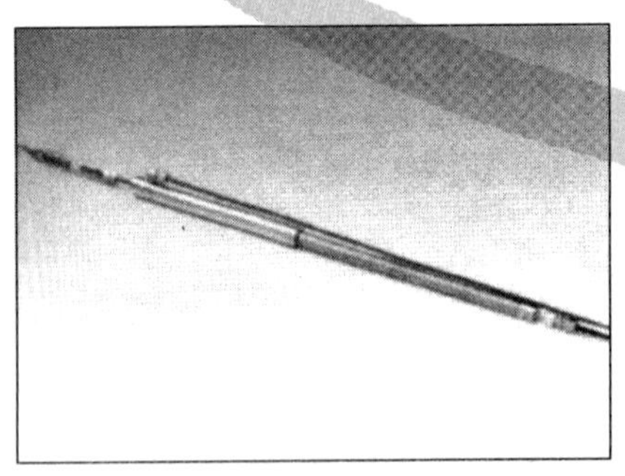

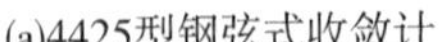
(a)4425型钢弦式收敛计

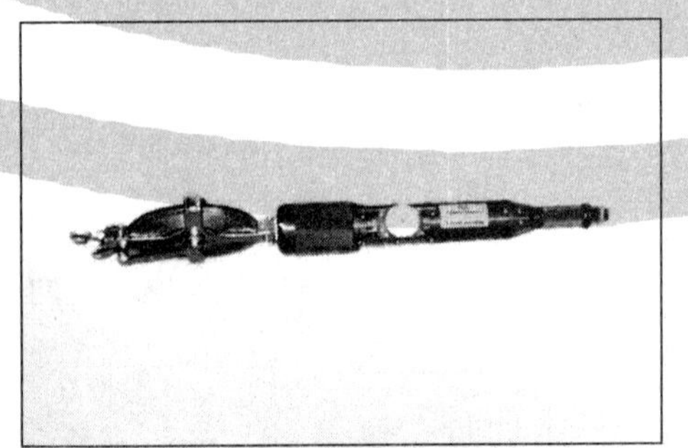

(b)钢尺式收敛计

图8-2 两种收敛计产品

洞室收敛观测常用带式收敛计,见图8-3。

收敛观测也适用于地面工程岩体表面两点间距离变化的观测。

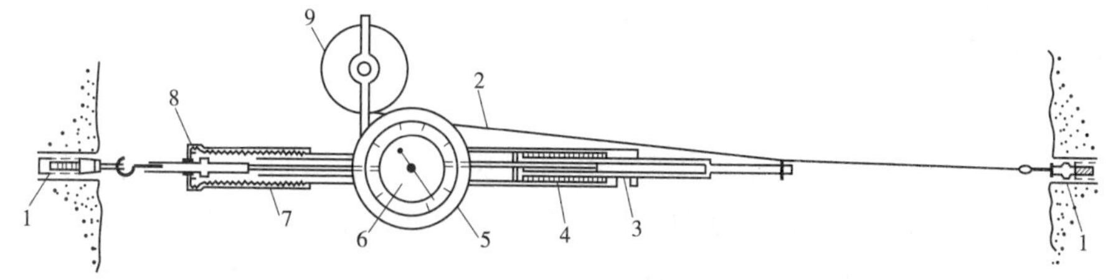

1—锚固埋点;2—50 ft 钢带(每隔 2 in 穿一孔);3—校正拉力指示器;4—压力弹簧;5—密封外壳;6—百分表(2 in 量程);7—拉伸钢丝;8—旋转轴承;9—钢带卷轴

图 8-3　带式收敛计

二、观测布置

(一)断面布置原则

当地质条件、洞室断面形状和尺寸、施工方法等为已知时,地下洞室围岩的位移主要受“空间效应”、“时间效应”两种因素的影响。

“空间效应”即因掌子面约束作用对围岩位移所产生的影响。掌子面距观测断面越远,观测断面的围岩位移量越大。根据实测资料分析,当掌子面距观测断面 1.5~2.0 倍洞径后,“空间效应”基本消除。因此,要求测点埋设应尽量接近掌子面,以使我们能够得到岩体还未发生收敛变形时的状态作为初始状态。而观测至少应该持续到掌子面向前推进超过观测断面洞径 2.0 倍距离以上,以利于得到一条完整的收敛变形曲线。

在工程中“时间效应”通常是指应力恒定的条件下,岩体随着时间过程发生的持续变形即蠕变现象,在较高应力水平条件下多数岩体都有不同程度的蠕变发生,对于软弱岩体蠕变现象非常明显,因此地下洞室开挖以后,围岩的收敛变形要持续较长的时间,对于低应力水平下的坚硬岩体,这个现象不明显,但软弱破碎岩体时间效应就非常突出,收敛监测一定要保证有足够的监测时间,才能获得变形趋于稳定的收敛曲线。

(二)测点(线)布置原则

测点(线)布置根据洞室断面的形状和大小决定,一般应考虑能测到的最大位移,如图 8-4 所示。

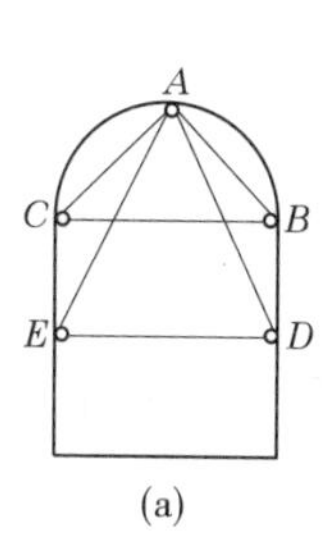

(a)

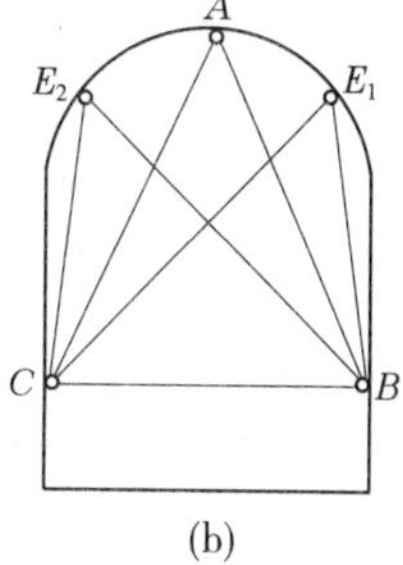

(b)

图 8-4　测点(线)布置

三、主要仪器设备

(1)收敛计(钢尺式或钢丝式)。

(2)附属设备及工具。①钻孔工具(电锤或风钻)。②测桩若干个(按测点多少而定),精度:0.01～0.05 mm(视预估收敛大小选用);测距:钢尺式一般为15 m或20 m;钢丝式可达50 m,可视洞室尺寸大小选择。③挂杆一根(多节)。④轻便伸缩梯。⑤温度计1～2支(-10～50 ℃,分辨率0.1 ℃)。

四、收敛观测

(一)仪器的率定

在室内或现场洞室的一边墙上安设测点,在对应的另一边墙上安装率定架,如图8-5所示,将收敛计安装在测点和率定架之间进行率定,反复三次测得的收敛值与率定架千分表的读数差应小于或等于0.1 mm(当收敛计精度为0.05 mm时),或小于等于0.05 mm(当收敛计精度为0.01 mm时)。

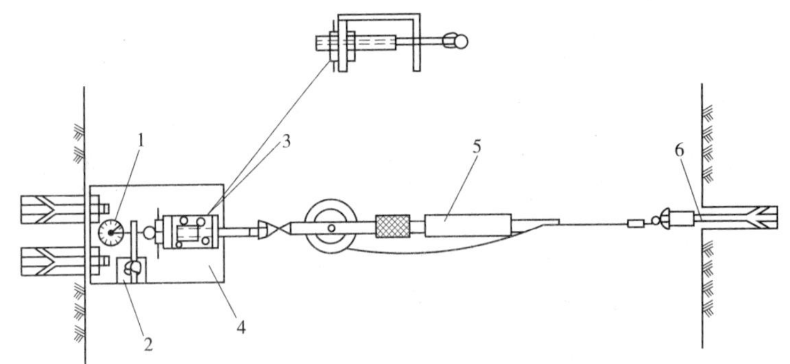

1—千分表;2—磁力表架;3—率定架;4—固定板;5—收敛计;6—楔形锚杆

图8-5 收敛计率定示意

(二)测点的安装及保护

用电锤或风钻在选定的测点处,垂直洞壁打孔,孔径与孔深视测桩直径、长短和型式而定。安装必须牢固,外露挂钩圆环(或球头、锥体)应尽量靠近岩面,不宜出露太多。

每个测点必须用保护罩保护。保护罩应有足够的刚度,安装要牢固。

测点的安装及保护如图8-6所示。

(三)观测步骤

(1)卸下测点的保护罩,擦净测桩头上的圆环。

(2)用挂杆把收敛计上的钢尺或钢丝的两端头分别挂到测线两端的测点上,洞室过高时,也可采用轻便伸缩梯、台车挂尺。

(3)拉紧钢尺使收敛计一端的销钉插进钢尺上适当的孔内。使用钢丝收敛计时,同时要确定拉直后的钢丝长度。

(4)调节拉力装置,使拉力为一恒定值,拉紧钢尺必须施加一恒定的拉力,该力的大小应根据测距的长短确定,尺长则需加大拉力,尺短则需相应减小拉力,具体大小可参照收敛

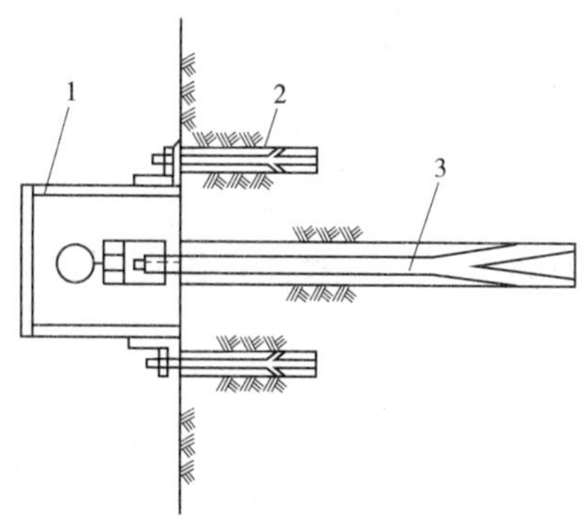

1—保护罩;2—楔形锚杆;3—楔形测桩

图 8-6　测点的安装和保护

计说明书。即收敛计上的拉力百分表达到预定标准值或某一指示达到要求,便可读数。

(5)读数应准确无误,初始读数应反复多次量测,以确保数值的正确性。读数时视线应垂直测表,避免视差。量测操作一般不要换人,以避免人为误差。首先读记钢尺(或钢丝)的读数(准确到 mm),然后读记收敛计内部滑尺和测表的读数(准确到测表的最小精度),并做好记录。每次量测应反复读三次,即读完一次后,拧松调节螺母,然后再调节螺母并拉紧钢尺(或钢丝)至恒定拉力后重复读数,如此反复进行三次,三次读数差不应超出精度范围,取其平均值即为收敛观测值。观测结束后装上保护罩,以免碰动测点。

(6)每次观测时必须测量现场温度,以便对观测成果进行温度修正。

(7)应系统、连续地进行观测,并严格按照规定的测次和时间进行。测次和时间的规定应考虑工程或试验研究的需要,制订观测方案或大纲。测次和时间也可根据具体情况进行适当调整,但必须说明原因。一般在洞室开挖或支护后的 7 ~ 15 d 内,每天应观测 1 ~2 次,在下述情况下则应加密观测次数:①在观测断面附近进行开挖时,爆破前后都应观测 1 次;②在观测断面作支护和加固处理时,应增加观测次数;③测值出现异常情况时,应增加测次,以便正确地进行险情预报和获得关键性资料。一般情况下,当掌子面推进到距观测断面大于 2.0 倍洞跨度后,两天观测 1 次,变形稳定后,每周观测 1 次。总的观测时间应根据观测目的确定。

(8)每次测读数据时,读数必须两次以上,并取其中两次接近值的平均值作为正式读数,记录在表内。

(9)设立值班记录本,详细记载值班期间一切情况。

五、成果整理和计算

(1)现场观测记录应于 24 h 内对原始数据进行校对、整理、绘图。遇有异常读数或发现错误时,应与值班记录本对照分析,说明原因,并作出正确判断,必要时应立即重新测读。

(2)计算出各断面两测点间的收敛值。

(3)观测值的温度修正。根据现场量测的温度,用下式计算收敛计的温度变化值:

$$\Delta L = \alpha L \Delta T$$

$$\Delta T = T_n - T_0$$

式中　ΔL——因温度变化引起钢尺(钢丝)长度增量,mm;

α——钢尺(钢丝)的线膨胀系数,一般采用 $\alpha = 12 \times 10^{-6}$;

L——初始温度时的钢尺(钢丝)长度,mm;

T_0——初始温度,℃;

T_n——某次观测时的温度,℃。

(4)绘制图表。①用表格列出各量测断面两测点间收敛值;②绘制位移与时间和开挖进尺的关系曲线,如图8-7所示。

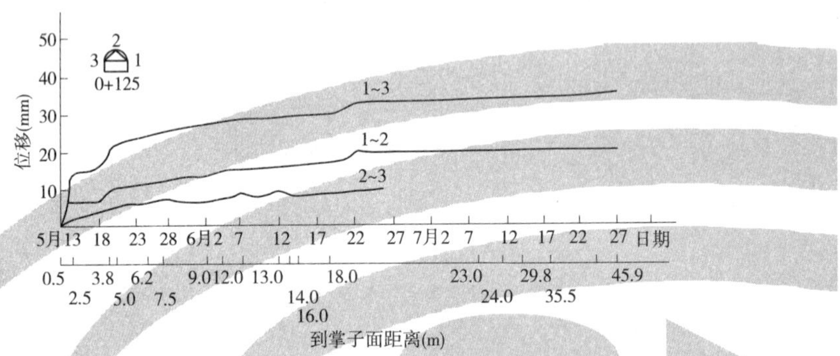

图8-7　断面收敛位移与时间关系曲线

六、技术问题讨论

(一)收敛位移的分配计算

采用收敛计观测岩体地下洞室的位移,测得的是各测点间距离的变化,即是两个测点的位移之和。要得到各测点的位移,可通过计算求得近似值,如"坐标法"、"联立方程法"、"余弦定理法"和"测角计算法"等方法计算。

以下给出联立方程求解法求收敛计测点的绝对位移。

计算条件假定:洞壁轮车廊线上的位移为径向位移,切向位移忽略不计;基线的角度变化忽略不计。

任意三角形测点位移计算方法如图8-8所示,A、B、C 为洞壁上的任意三个测点,解下列方程组可求得三测点垂直洞壁的位移,分别为 u_A、u_B 和 u_C:

$$\begin{cases} u_A\cos\alpha + u_C\cos\alpha = S_m \\ u_A\sin\beta + u_B\cos(\beta+\theta) = S_n \\ u_C\cos\gamma + u_B\cos(90^\circ - \gamma - \theta) = S_l \end{cases} \tag{8-1}$$

当 B 点在顶拱,A、C 在同一高程,则 $\alpha = \theta = 0$,上述方程为

$$\begin{cases} u_A + u_C = S_m \\ u_A\sin\beta + u_B\cos\beta = S_n \\ u_C\cos\gamma + u_B\cos\gamma = S_l \end{cases} \tag{8-2}$$

式中　$\cos\alpha = \dfrac{b}{m}, \sin\alpha = \sqrt{1 - \dfrac{b^2}{m^2}}$;

$\cos\gamma = \dfrac{b_2}{l}, \sin\gamma = \sqrt{1 - \dfrac{b_2^2}{l^2}}$;

$\cos\beta = \sqrt{1 - \frac{b_1^2}{n^2}}, \sin\beta = \frac{b_1}{n};$

$\tan\theta = \frac{b/2 - b_1}{H_B}$

$l、m、n$ ——基线长度；

$S_l、S_m、S_n$——$l、m、n$ 基线测得的并经温度修正后的收敛值；

O——洞拱圆心；

H——边墙高度；

H_B——B 点至圆心垂直高度。

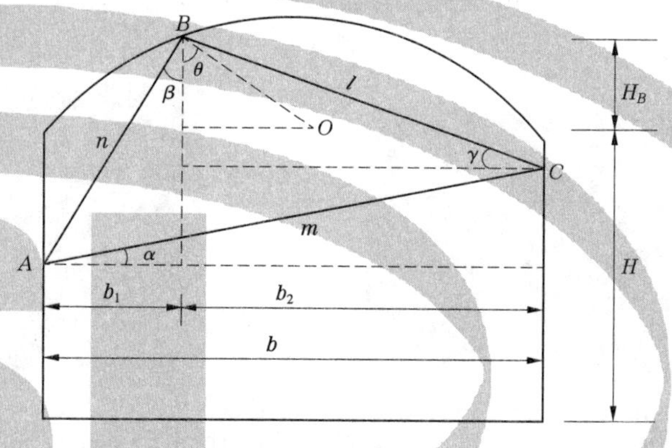

图 8-8　任意三角形测点位移计算

(二)观测曲线分析

根据位移与时间关系曲线的变化趋势，判断围岩的稳定状况和确定支护时机。如图 8-9 中的 a 线，说明岩体是稳定的；b 线说明岩体有可能失稳；c 线说明岩体很快就会失去稳定。当变形曲线变陡时，则应及时进行支护。某段时间内位移变化量与时间之比，称为该时段的平均位移速率，即位移与时间关系曲线上某点切线的斜率。采用位移与位移速率双重指标进行安全监控，是当前较为通用，并经实践证明行之有效的位移指标控制方法。

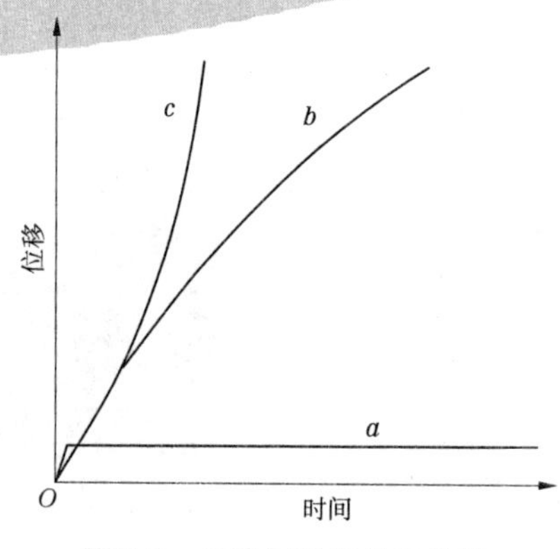

图 8-9　位移与时间关系曲线

第二节 钻孔岩体轴向位移观测

一、基本原理

钻孔轴向岩体位移观测是通过钻孔轴向位移计(多点位移计及滑动测微计等)测量钻孔轴线方向不同深度的岩体位移。

多点位移计是钻孔轴向岩体位移观测的主要设备。多点位移计按结构特点,分为并联式和串联式两类。并联式位移计的传感器是固定在孔口,通过金属杆或金属丝将测点(锚头)的位移传递给传感器。串联式位移计的传感器串联在金属杆上,传感器往往与锚头连在一起,固定在观测孔内不同深度的几个测点上。图8-10示出了几种多点位移计产品。

(a)SDW系列钢弦式多点变位(位移)计
(昆明捷兴公司)

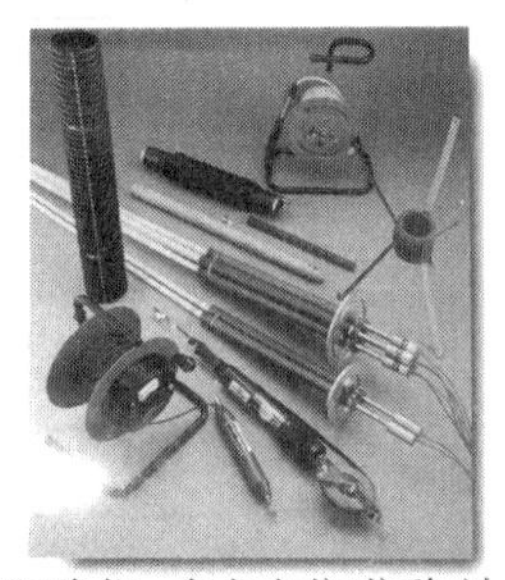

(b)深层沉降仪、多点变位(位移)计、尺式收敛计、桑迪沉降仪(美国SINCO公司)

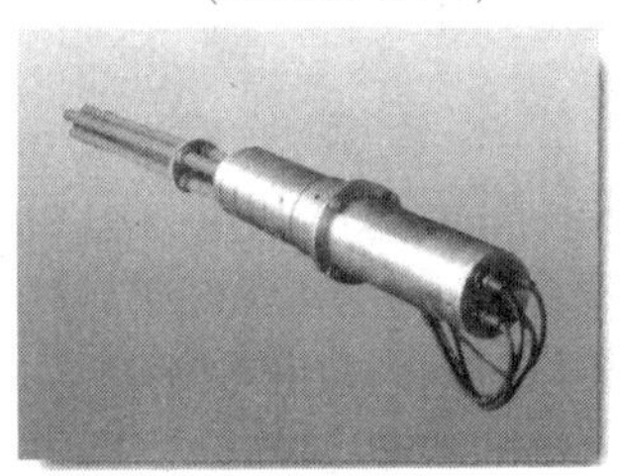

(c)BWC型差动电阻式多点变位(位移)计
(南京电力自动化厂)

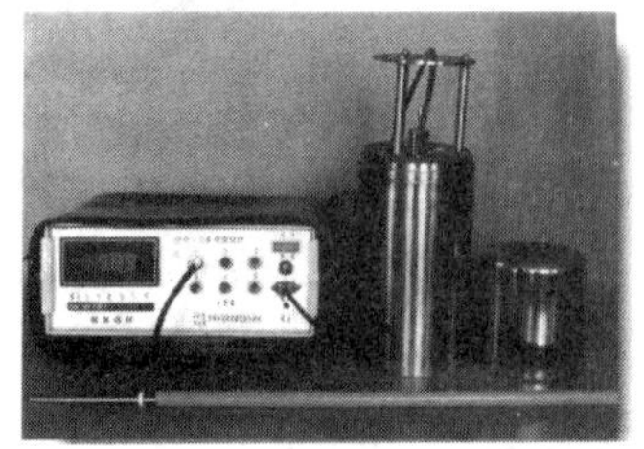

(d)DWG-40电感式多点变位计
(中国水电科学院仪研所)

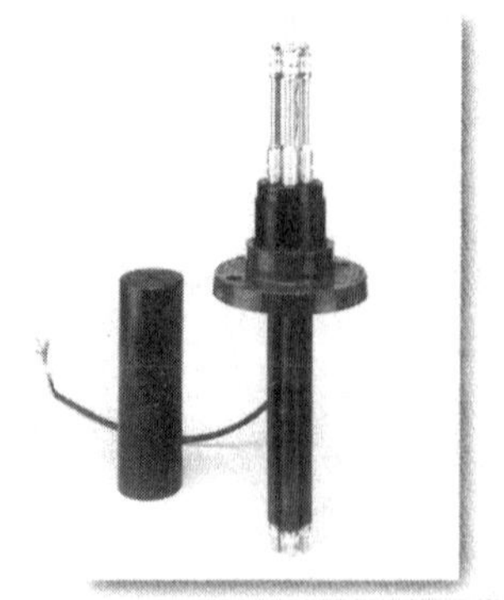

(f)钢弦式多点位移计(测头组件)
(美国GEOKON公司)

(e)A-6型弦式柔杆多点位移计
(美国GEOKON公司)

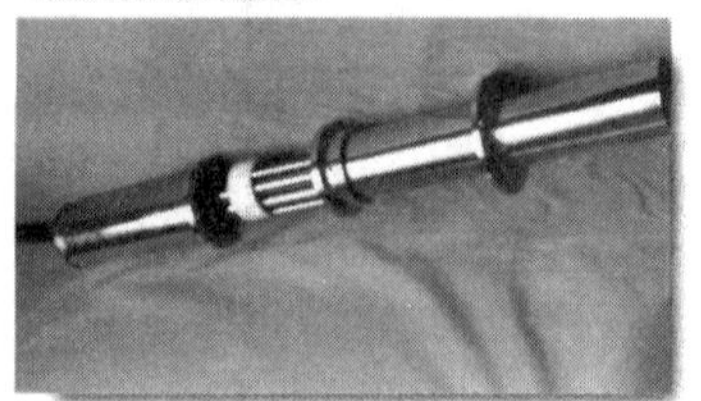

(g)DRW-4型电容式多点变位(位移)计
(南京南瑞公司)

图8-10 不同形式的多点位移计产品

钻孔轴向位移计由位移传感器(包括电传感器或机械传感器)、锚头(包括机械胀壳式、抗缩水泥或化学材料黏结式、楔缝式或液压式锚头)、金属杆或金属丝及保护套管构成,见图8-11。

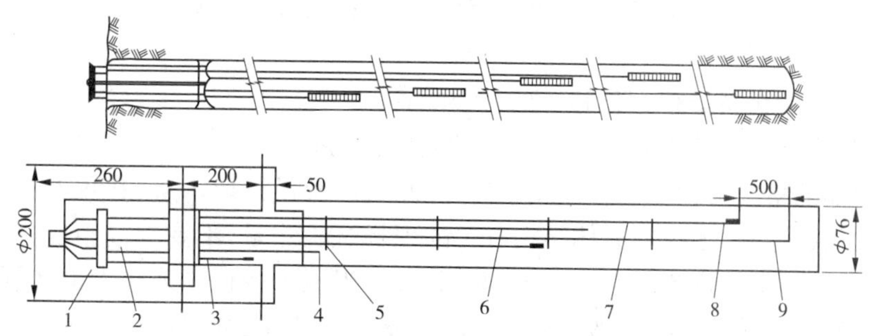

1—保护罩;2—传感器;3—预埋安装管;4—排气管;5—支承板;
6—护套管;7—传递杆;8—锚头;9—灌浆管

图8-11　多点位移计　(单位:mm)

电传感器具有测试快速、读数精度高和可遥控读数的优点,但价格较高;机械传感器简单可靠,但测量烦琐,不能遥控。在选择传感器时,可根据工程及地质情况选用不同类型的传感器。

锚头应根据工程及地质情况选用,在爆破振动范围内宜选用黏结式锚头或水泥灌浆式锚头,需要回收则选用机械胀壳式锚头或液压式锚头。

二、观测布置

(1)观测项目与布置应按工程或试验研究的需要和地质条件确定。选择代表性或特殊部位布置观测设备,测点应考虑其关键部位,布置要合理。

(2)每一台位移计的位置、方向、钻孔深度及结点的数量应根据岩体工程和工程技术的特点来选择,应考虑:

①预期的岩体位移方向和大小。

②预期岩体位移的影响范围。

③其他仪器的安装位置和性能。

④仪器安装前、后工程活动的全过程及时间。

(3)锚点间距应根据位移变化来确定,位移大的部位锚点适当加密。

(4)安置锚点时使位移计测得的数据具有工程代表性。

①在滑动面、软弱结构面两边宜各设置一个锚点。

②位移计的锚点不应置于结构面上。

③当以最深点为绝对位移基准点时,最深一个锚点的位置,应设置在岩体变形范围以外。

(5)在地下工程中,如果条件许可位移计宜在开挖之前埋设,并尽可能靠近开挖工作面,以测得开挖全过程位移曲线。

三、主要仪器设备及精度

(1)钻孔及灌浆设备各一套。

(2)位移计。根据用途、测量精度、预计的变形范围及整套设施各种部件的特点选择位移计。

(3)仪器率定设备。根据位移计的种类配备。

(4)仪器安装和回收设备。根据位移计的种类配备。

观测仪器的精度可根据工程地质条件、观测目的及设计要求等,在仪器选型方面,作合理选择。根据经验,多数与岩体结构有关的现场试验测量,不要求高精度,但要求仪器稳定性好,通常要求精度范围在0.025～0.25 mm;当地下结构物或边坡的实际尺寸很大时,对测量精度要求就减小,一般有0.1～1.0 mm的精度就行;对于长期监测,其位移值较施工期发生的位移值要小,因此要求的测量精度高,可以在一开始就选择较精密的仪器,或在工程建成后改换成较精密的仪器。

四、观测程序

(一)钻孔

(1)多点位移计要求的钻孔深度和直径,取决于工程观测要求以及锚头的类型、特性和数量。

(2)钻孔方法取决于岩性和工程要求。一般工程或岩性均一的可用冲击钻;对于大工程或岩性变化较大的应使用岩芯钻,并对岩芯进行详细的描述和记录。

(3)钻孔开始前和钻孔过程中,应校核钻孔位置、方向和孔深,钻孔轴线应保持直线,偏差一般不得大于±3°。

(4)钻孔完毕,仪器安装前,应用压力水将钻孔彻底冲洗干净。

(5)在不良地质条件下,可采用特殊方法(如注浆法固壁)以确保仪器的安装所要求的孔径。

(二)仪器安装

1. 并联式位移计安装

(1)采用金属丝作为传感器与锚头连接元件的恒定张力位移计,钢丝长度要比安装长度长2 m。

(2)安装时,钢丝从每一个锚头的穿线孔通过时,应使穿线孔与钢丝保持在同一直线上。

(3)按设计深度,用安装器将锚头送入孔内就位,应防止锚头旋转。如果是机械式锚头,应立即将锚头固定。

(4)全部锚头和钢丝安装完毕后,固定孔口装置,将钢丝按固定张力与传感器连续。

(5)在安装位移传感器部件之前,应有充分的时间使灌浆固化,在此期间应注意仪器附近的爆破和开挖,严禁人为扰动岩体。

(6)全孔灌浆的位移计,钢丝应通过专用管子引出,管子必须能抗御最大的地下水压力或灌浆压力,管内可充油,以减少摩擦、防止腐蚀。灌浆用的浆液材料,其固化后的力学

性能以及专用管子的力学性能应与围岩相匹配。

(7)位移计的孔口仪器设备必须安装保护装置。仪器在地表安装时,应在冻融层以下;钻孔在冬季要密封隔水,以防止结冰,并要避免阳光直接照射在仪器上。

(8)传感装置安装完成后,应对整个系统进行彻底的检查。对任何一种测量,现场率定或最后的检查中的预调都应有记录保留。每台位移计的初始读数,最少进行两次校核。

(9)用金属杆(或管)的位移计,一般没有张力问题,但要有足够的尺寸,并防止长度变化或弯曲(并在孔内每隔 2 ~ 3 m 设托架)。

2. 串联式位移计安装

(1)串联式位移计安装前,首先按照设计的锚点深度将传感器串联起来,根据预估的位移调整传感器的工作点,然后送入钻孔内就位,将锚头固定,卸下安装工具,最后固定孔口装置。

(2)位移计安装完后,通过轻轻震动孔口装置或调整连接杆进行检查,如读数误差符合精度要求,工作点正常,便可测记初始读数。

(3)位移计工作期间钻孔中不允许进入浆液和砂砾。

(三)观测

(1)设立值班记录本,详细记载值班期间一切情况。

(2)每次观测前后,在现场对读数仪器进行检查。长期测量时,应定期进行率定,以保证仪器的测试精度。

(3)每次测读数据时,必须保证每次测量钢丝在相同的张力作用下拉直,使测量不受钢丝变形的影响,同时应该记录测量时候的温度进行必要的温度涨缩修正。读数必须两次以上,并取其中两次接近值的平均值作为正式读数,记录在表内。

五、成果整理分析

(一)绘制曲线

绘制位移与时间关系曲线、位移与开挖进尺关系曲线、位移随埋设深度变化曲线(见图 8-12)、位移计所在断面的工程与地质结构图、位移计安装竣工图等。

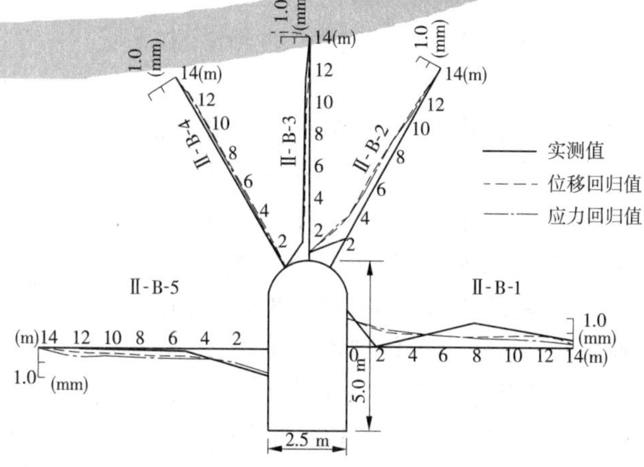

图 8-12　位移随埋设深度变化曲线实测结果

(二)对位移进行分析

岩体的位移过程是复杂的,由于岩体和结构的不同,各位移成分所占的地位及对岩体稳定的影响也不同。对岩体位移的分析要通过反映各方面特性的位移指标来判断,以期得到可靠结论。

(1)弹性理论预估位移与实测位移的比较。当岩体沿结构面的移动很小或不存在,用弹性理论计算出的岩体洞深开挖位移应该与实测位移相当。如果测得的位移值比理论估计值大,说明岩体中的节理面有较大的移动。根据研究和实际工程调查,一般认为,当测得的位移大于3倍的弹性位移时,沿节理面的移动和松动通常显示出来。在大多数情况下,大的位移都与特殊的地质特征有关。如测得的位移是所计算出的弹性位移值的5~10倍时,则开挖和支护的方法必须改进。

(2)位移速率分析。围岩位移速率突然增大,并大于在位移计附近开挖时所预料的增大值,可能是不稳定的前兆。与开挖无关的或延续到工程完成之后的高位移速率,预示可能会出现不稳定情况。

(3)位移范围的分析。位移范围可以通过位移深度曲线来确定。围岩位移有连续的和交变的。前者表明在位移范围内岩体变形由表面向内部逐渐变小;后者表明,这个方向上变形有大有小,有拉伸,有压缩,这是应力调整的结果。

(4)位移量的分析。测得的位移不应超过岩体失稳或引起支护系统破坏的位移值。位移不应超过岩体强度所能维持的量级。

(5)位移稳定时间及位移最终值分析。根据所测得的已趋稳定的位移过程曲线或回归分析曲线,可以确定位移最终稳定值。时间效应不明显的岩体,地下洞室围岩一般在开挖空间达到1.5~2.0倍洞直径后,即可稳定。但对流变特性明显的软岩,位移稳定时间可能持续较长,甚至长期不能稳定,这取决于岩体的力学特性和围岩应力水平。

六、钻孔滑动测微计

钻孔轴向岩体位移观测的另一类设备是钻孔滑动测微计。滑动测微计是监测沿钻孔轴向每1 m间距两测标间的位移,并根据位移监测结果,绘制沿钻孔轴向的应变分布。其工作原理是,将滑动式测微计插入钻孔的套管中,并在间距为1 m的两测标间一步步移动。在滑移位置,探头可沿套管从一个测标滑到另一个测标。使用导杆,将探头旋转45°到达测试位置,向后拉紧加强电缆,使探头的两个测头在相邻两个测标间张紧,探头中传感器被触发,准确地测出两测算间距的变化,并将测试数据通过电缆传到测读装置上。

图8-13是多点测微计的结构示意图,一般情况下可以测量30 m深度钻孔中的轴向位移,超过30 m深的钻孔,要用一个电线绞盘和加强的电线把探头放下去和张紧(测深可达

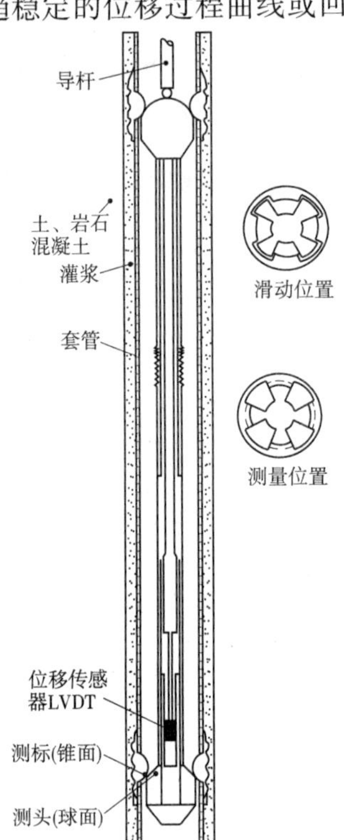

图8-13　多点测微计

100 m)。由于探头的放置具有极好的重复性,测量的精度可以达到很高。在标定架精度可达 ±1 mm;而在现场,测量的精度可达 ±3 mm。因为锥面—球面原理,使探头和测标间的位置关系极为精确,按应变来说,灵敏度为 1×10^{-6},量程为 10 mm。

滑动测微计在岩土工程中有广泛的应用,图 8-14 显示了在混凝土坝和隧道观测当中的应用。

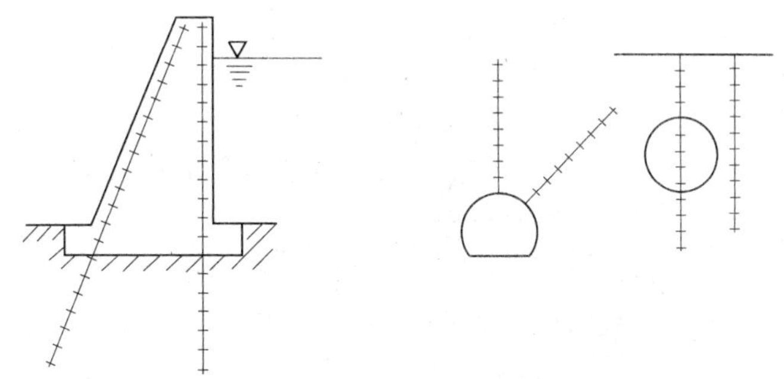

图 8-14　钻孔多点测微计在混凝土坝和隧道中的应用

第三节　钻孔岩体横向位移观测(测斜仪法)

一、基本原理

钻孔横向岩体位移观测是测量钻孔中不同深度的岩体在垂直于钻孔轴线方向上的位移。观测方法有测斜仪法和挠度计法。本节介绍采用单向伺服加速度计式滑动测斜仪的方法。当采用挠度计法、双向伺服加速度计式滑动测斜仪或固定测斜仪时,可参照本方法。

测斜仪法是钻孔横向岩体位移观测中的主要方法,用测斜仪观测边坡、地下工程、坝基等岩体工程中岩体发生的水平位移。这种方法在国外于 20 世纪 50 年代已经开始使用,它起始于土工原型观测,以后又广泛应用于岩体工程。

我国于 1980 年前后,陆续引进了美国、日本等国的测斜仪,对一些大型及危险的岩土工程进行了水平位移观测,并取得了一定成果。与此同时,在引进和消化国外仪器设备的基础上,有关单位已经研制出电阻片式和伺服加速度计式测斜仪。目前,利用测斜仪监测钻孔岩体横向变形已在岩土工程中得到了广泛的应用,该方法是深部岩体变形观测的主要手段之一。

钻孔岩体横向位移观测的测斜仪法,是利用钻孔测斜仪每隔一定时间逐段测量钻孔的斜率,从而获得岩体内部水平位移及其随时间变化的原位观测方法。其原理是根据摆锤受重力影响为基础,测定以垂线为基准的弧角变化。

图 8-15 为测斜仪工作原理图。测头带有导向滑动轮,用电缆垂向悬吊在测斜管内,由测斜管中的导槽控制测头的滑动方向,而测斜管则预先埋设在岩体内,并与之结合为一体。当测头以一定距离在测管内逐段滑动测量时,装在测头内的传感器将每次测得的测头与垂线的夹角转换为电讯号并通过电缆输到测读器测读。

设测头上、下两组导轮的距离为 L,测头传感元件测到的测头与垂线的夹角为 $\Delta\theta$,则相应测头两轮间的水平位移为 $L\sin\theta$,如果用测头逐段测试全孔,则它的总位移为 $\sum L\sin\Delta\theta$,由于测斜管与岩体是结合在一起的,由此测得测斜管的变形,也就代表了岩体的水平位移。

由于钻孔测斜仪只能测量与钻孔轴线相垂直方向的位移,而现有的大多数测斜仪只能在铅直钻孔内工作,因此本方法一般只适宜观测岩体的水平位移。

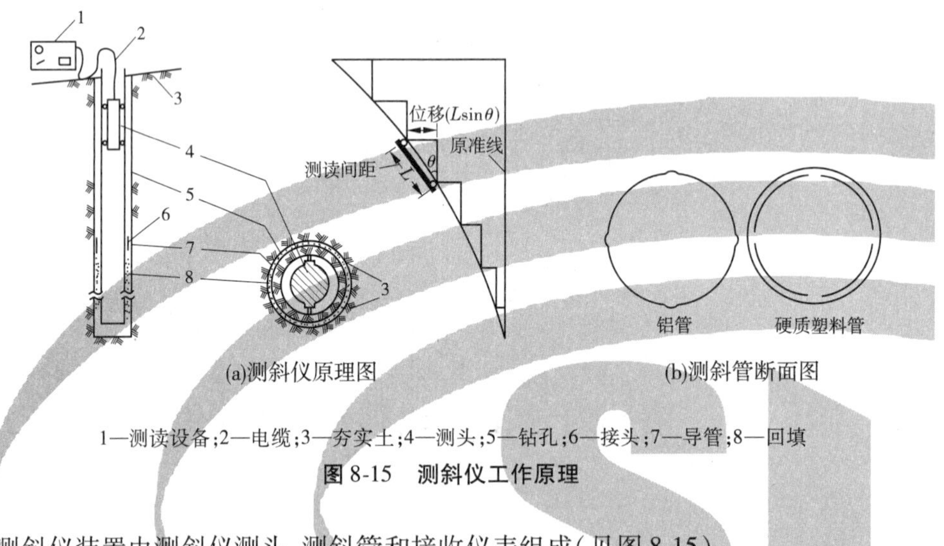

(a)测斜仪原理图　　(b)测斜管断面图

1—测读设备;2—电缆;3—夯实土;4—测头;5—钻孔;6—接头;7—导管;8—回填

图8-15　测斜仪工作原理

测斜仪装置由测斜仪测头、测斜管和接收仪表组成(见图8-15)。

测斜仪测头由敏感元件、壳体、导向轮和电缆四部分组成。

敏感元件即传感器,种类很多,有伺服加速度计式、电阻应变片式、电位器式、钢弦式、电感式、差动变压器式等。国内多采用伺服加速度计式和电阻应变片式。

伺服加速度计有双向和单向两种。单向伺服加速度计是测量导向轮在测斜管的导向槽滑动时所在平面的倾角。双向伺服加速度计是测量垂直导向轮所在平面的倾角。

测斜仪壳体为650 mm长的金属杆(一般用不锈钢制作)。壳体上有四个导向轮,分别安装在两轮架上。轮架可绕轴心旋转,且有弹力压持滚轮使测头保持在测斜管的导槽内滑动。上下两轮架的旋转平面位于同一平面,两轮架旋转轴间的距离 L 称为测斜仪标距,$L=500$ mm。

引出电缆要结实耐用,低温时仍保持柔软,抗化学腐蚀,且具有良好的尺寸稳定性。在电缆上每隔0.5 m做上擦不掉的标记,以便知道测头读数确切位置。测头引出电缆装有一插座,使用时将电缆插头插入并固紧。插头座之间有密封装置,能承受1 MPa水压力。

测斜管用聚氯乙烯、ABS塑料和铝合金等材料专门加工而成。管内有互成90°的4个导向槽(见图8-15(a))。塑料测斜管多用于建筑物内部的水平位移观测。铝合金通常用于表面的位移观测,如混凝土面板堆石坝的挠度观测。

作为敏感元件的力平衡式伺服加速度计由敏感质量、换能器、伺服放大器、力矩器四部分组成,如图8-16所示。

测斜仪的工作原理是基于伺服加速度计测量重力矢量 g 在传感器轴线垂直面上分量大小,当时速度计敏感轴与水平面存在一个角 θ 时,则加速度计输电压为

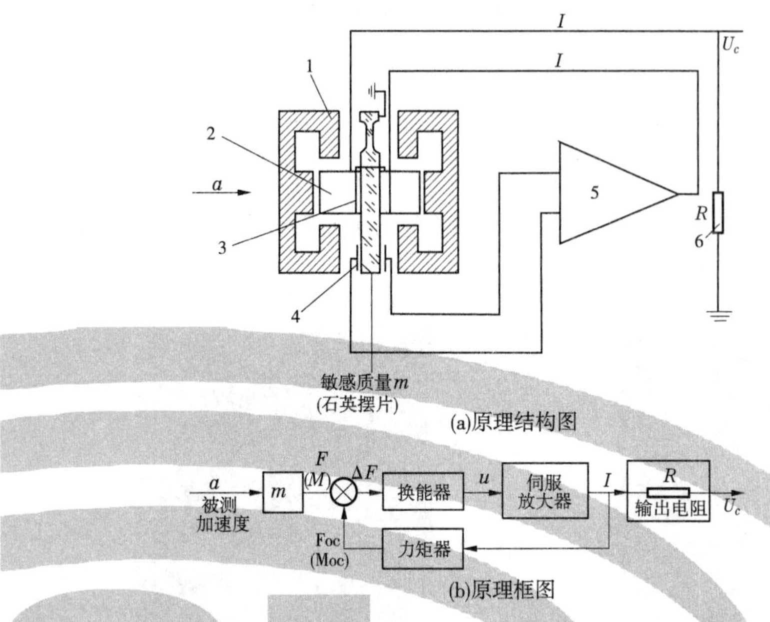

1—永久磁钢；2—力矩器；3—线圈；4—换能器；5—伺服放大器；6—输出电阻

图 8-16　伺服加速度计

$$U_c = K_0 + K_1 \cdot g\sin\theta \tag{8-3}$$

式中　K_0——加速度计偏值，V；

K_1——加速度计电压刻度因素，校正挡时为 2 V/g，工作挡时为 2.5 V/g。

由式(8-3)可以看出，输出电压 U_c 同倾斜角 $\sin\theta$ 呈线性关系，通过测量输出电压就能得知钻孔发生的水平位移。

电阻应变片式传感器测斜仪在外形上与伺服加速度计式测斜仪基本相同，不同的是，内装的敏感部件是一弹性摆。弹性摆由应变梁和重锤组成，见图 8-17，在梁的两侧贴有组成全桥的一组电阻应变片。当测斜仪的弹性摆的梁平面与铅垂线倾斜一角度 θ 时，应变梁产生弯曲，R_1、R_2 电阻应变片受拉，R_3、R_4 电阻应变片受压，用电阻应变仪测出的应变值，用下式即可换算得相对水平位移量：

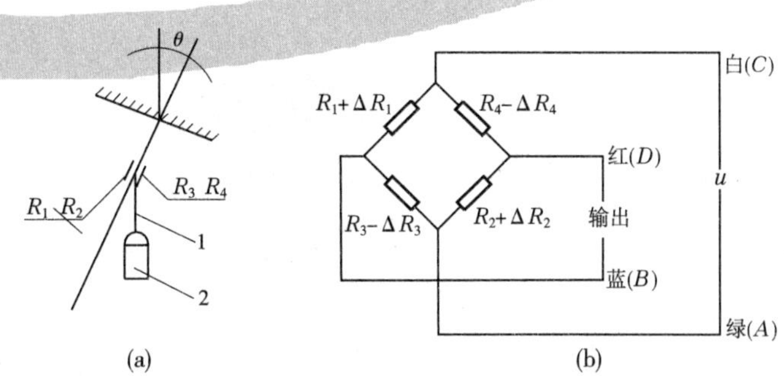

1—应变梁；2—重锤；R_1、R_2、R_3、R_4—应变片；θ—倾角

图 8-17　电阻应变片式测斜仪

$$\lambda = L\sin\theta = K \cdot \Delta\varepsilon \tag{8-4}$$

式中 λ——测斜仪轮距长为 L 的相对铅垂线的水平位移量;

L——测斜仪的轮距长度;

θ——与铅垂线的偏角;

K——仪器率定常数;

$\Delta\varepsilon$——测量的应变。

由式(8-4)知输出应变 $\Delta\varepsilon$ 同倾斜角 $\sin\theta$ 成正比,由此很容易得到钻孔发生的水平位移。图8-18列出了几种测斜仪产品。

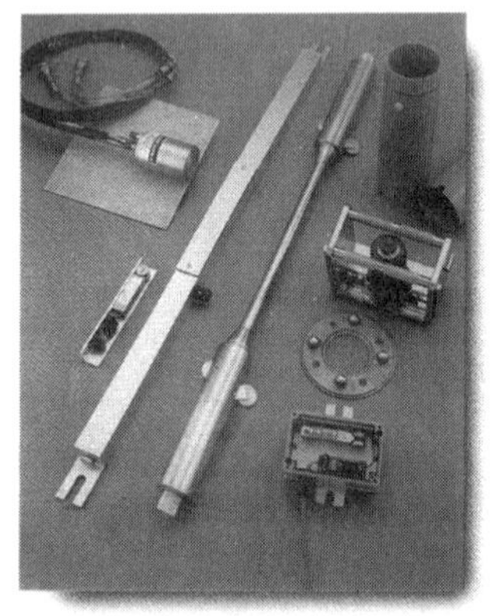

(a)钢弦式沉降仪、EL电解质水平倾角计、伺服加速度水平倾斜仪、倾角计(美国SINCO公司)

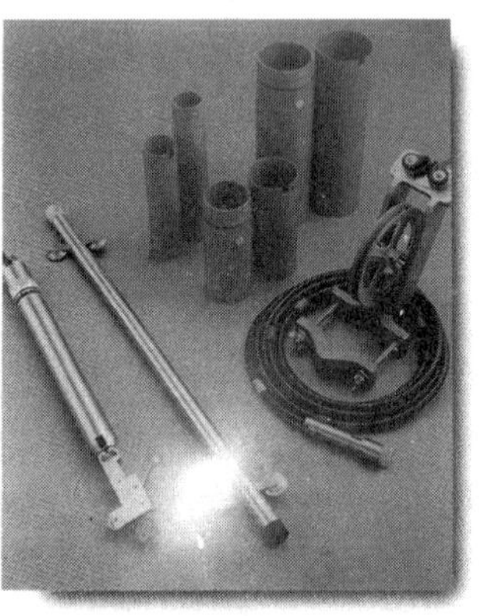

(b)垂直测斜仪及固定式测斜仪(美国SINCO公司)

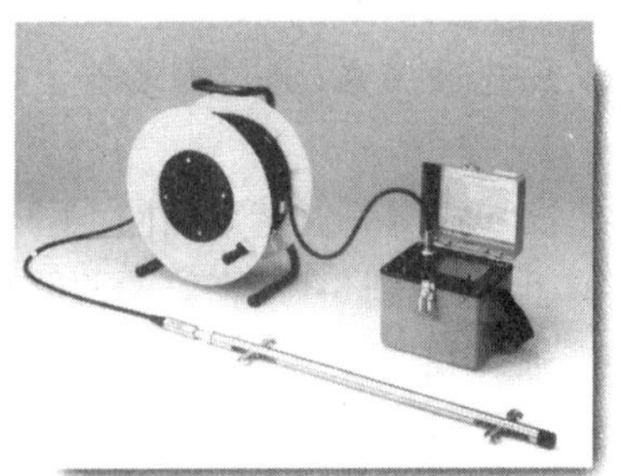

(c)6000型测斜仪及603读数仪(美国GEOKON公司)

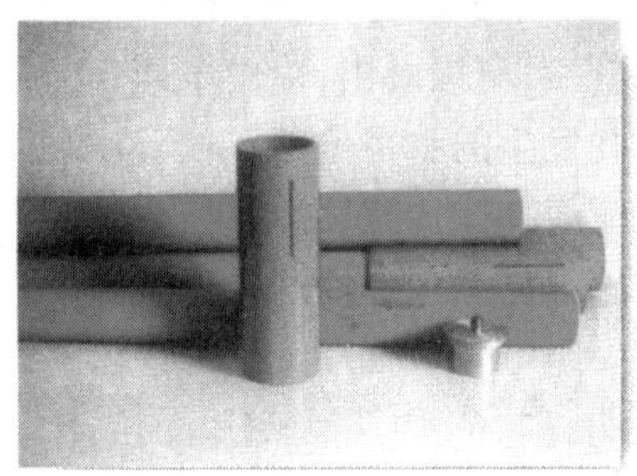

(d)PVC测斜管(昆明捷兴公司)

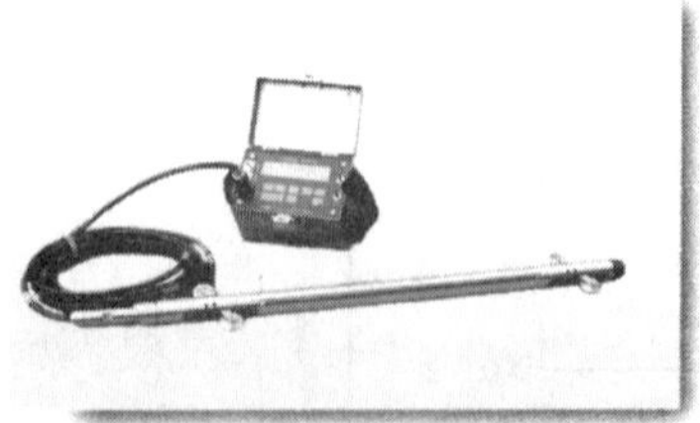

(e)CX-01A型伺服加速度式测斜仪(航天工业总公司33所)

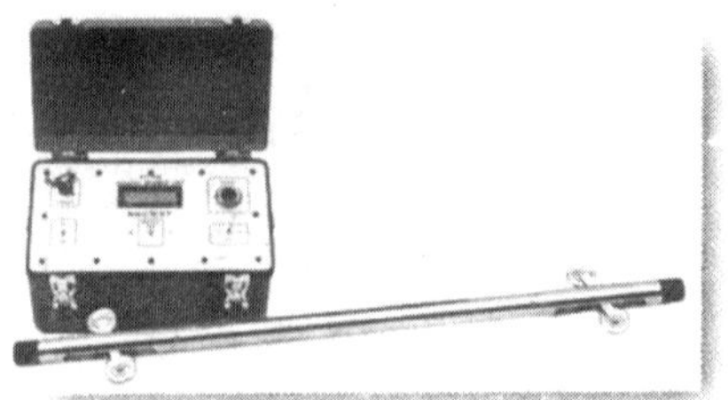

(f)RT-20测斜仪(加拿大ROCTEST公司)

图8-18 部分测斜仪、测斜管实物照片

二、观测布置原则及地质调查

(一)观测布置原则

(1)观测点的布置应综合考虑工程岩体受力情况以及地质结构,重点应布置在最有可能发生滑移、对工程施工及运行安全影响最大的部位,同时还应兼顾其他比较典型、有代表性的地段。

(2)测斜管的埋设深度,应超过预计最深位移带 5 m,测斜管内的其中一对导槽方向应与预计位移方向相近。

(3)在不影响观测质量的前提下,应尽可能利用原有勘探钻孔。

(二)地质调查

(1)对软弱夹层(尤其是可能产生滑动的软弱夹层)的产状、分布特点、厚度以及物理力学性质应当查明。

(2)每一测孔的岩芯应尽量取全,特别是对于软弱夹层(带),应尽量取出,并按工程地质规范进行详细描述,作出钻孔岩芯柱状图,图中标出软弱层(带)的层位、深度、厚度,并对其性状作详细描述。

(3)应采用地球物理测井、钻孔电视等手段以了解孔内地质情况,尤其是对岩芯不易取全的钻孔,用以弥补钻探资料的不足。

三、主要仪器设备

(1)岩芯钻机一套。

(2)钻孔电视一套,地球物理测孔设备(如声波检测仪)一套。

(3)测斜仪一套,包括测头、专用电缆和测读器等三部分。

(4)测斜管和管接头。①测斜管一般由塑料或铝合金材料制成,内有两对互相垂直的纵向导槽,测斜管直径应与选用的测头相匹配,在永久性观测中,宜选用铝合金管,并做好防腐蚀处理。选用塑料管时,应选用长期稳定性好的材料。②管接头有固定式和伸缩式两种,固定式管接头适用于轴向位移不明显的地段,在有明显轴向位移的地段宜采用伸缩式管接头。

(5)安装设备及材料。①套管链钳、铆钉枪、手摇钻(有电源的地方可用手电钻)等工具及测头模型。②水泥、沙以及黏土或粉煤灰掺合料。③选用适宜的搅拌机与灌浆设备及相应的器材。④起吊测斜管的设备。

(6)率定设备(装有已知倾角的测斜管装置)。

(7)导向器,在用没有导向的管接头安装测斜管时使用。

四、观测程序

(一)钻孔

用岩芯钻在选定的观测地段钻孔,钻孔直径应大于测斜管外径 30 mm,钻孔铅直度偏差在 50 m 内应不大于 3°。在钻进过程中应按地质调查编制钻孔柱状图。

(二)测斜管安装

1. 准备工作

(1)检查测斜管是否平直,两端是否平整,对不符合要求的测斜管应进行处理或舍去。

(2)将测斜管一端套上管接头,在其周围对称钻四个孔,用铆钉或螺丝将管接头与测斜管固定,然后在管接头与测斜管接缝处用防水胶带缠紧,以防止浆液渗入管内。在管接头上钻孔时,必须避开测斜管内的导槽。

(3)将一端带有管接头的测斜管进行预接,预接时管内导槽必须对准,以确保测斜仪测头畅通无阻及保持导槽方向不变。预接好以后按步骤(2)要求打孔,并在对接处做好对准标记及编号。经过逐根对接后的测斜管便可运往工地使用。

测斜管的底部必须套端盖。

2. 现场安装及埋设

(1)用起吊设备将测斜管吊起,逐根按照预先做好的对准标记和编号对接固定密封后缓慢下入钻孔内。对接方法同上。在深度较大的干孔内下管时,应由一根钢绳来承担测斜管重量,即将钢绳绑在测斜管末端,并且每隔一段距离与测斜管绑在一起。钻孔内有地下水位时,在测斜管内宜注清水,避免测斜管浮起。

测斜管按要求的总长全部下入孔内后,必须检查其中一对导槽方向是否与预计的岩体位移方向相近,并进行必要的调整,然后用测头模型在下入钻孔中的测斜管内沿导槽上下滑行一遍,以了解导槽是否畅通无阻。

(2)装配好的测斜管导槽转角每3 m应不超过1°,全长范围内应不超过15°。安装时要随时用测扭仪测定导槽的螺线情况,以便在资料整理时加以校正。

(3)记录每一测斜管接头的深度,测定导槽的方位,然后将测斜管固定。

3. 灌浆固结

(1)将每根注浆管(ϕ19 mm)吊起边连接边沿着测斜管外侧下入孔内,一直下到距孔底1 m处为止。在下灌浆管时,速度不要太快,以防止破坏测斜管接头。

(2)按照预先要求的水灰比浆液由下而上进行灌浆,为防止在灌浆时测斜管浮起,宜预先在测斜管内注入清水。当钻孔深度较大时,为防止灌浆管起拔困难,可采用边灌浆边拔的方法,但不能将灌浆管拔出浆面,以保证灌浆质量。

(3)水泥浆凝固后的弹性模量应与钻孔周围岩体的弹性模量相近,为此应事先进行试验确定配比。

(4)待灌浆完毕拔管后,测斜管内要用清水冲洗干净,做好孔口保护设施,防止碎石或其他异物掉入管内,以保证测斜管不受损坏。

(5)待水泥浆凝固后,量测测斜管导槽的方位、管口坐标及高程,对安装埋设过程中发生的问题要作详细记载。

(三)观测

(1)观测前首先用测头模型检查测斜孔、导槽是否畅通。

(2)观测前应对仪器进行检查,使测读器和测头处于正常工作状态。

(3)将测头导轮插入测斜管的导槽内,缓缓下到孔底,一般先测可能出现最大位移的方向(A_0)。

(4)测读器预热后,将测头由孔底开始自下而上沿导槽全长每隔一定距离测读一次,随时把量测深度与读数记入记录表内。量测完毕后,将测头旋转180°插入同一对导槽,按以上方法再测一次(A_{180})。两次量测的部位应该一致。在此条件下,各测点的正反两读数值接近,符号相反。如果在测量过程中有可疑数据时,应及时补测。

(5)测完一对导槽以后,将测头以 A_0 为基准,顺时针旋转90°,再测另一对导槽的两个方向,得到 B_0、B_{180} 两方向测值,具体步骤同(4)。如果测斜仪是双向的,当测量精度要求不高时,另一对导槽的 B_0、B_{180} 值可以由步骤(4)同时测出。

(6)测斜管初始值应该是连续两次读数的平均值,如果几次读数相差较大,则应重测。

(7)测次和时间的一般要求见本章第一节之观测步骤部分。

五、成果整理

(一)计算

(1)按本章第一节计算部分进行整理分析。

(2)把同一组方向的正反读数相减,得到差值,即 A 方向与 B 方向的差值为:

$$A_{差} = A_0 - A_{180}$$

$$B_{差} = B_0 - B_{180}$$

(3)将测斜管埋设稳固以后开始测到的差值平均值(两次以上)作为初测值。

(4)每次观测所得到的差值与初测值相减,即为不同深度测点的变化值。

(5)将变化值沿测斜管由下而上进行累加,即得到随深度变化的增量值。

(6)将增量值乘以仪器系数,即可化为以毫米为单位的水平位移值。

(7)为反映测斜管某时间相对于重力垂线的挠度及其变化,以供分析对比,有时还需计算各测斜管的初始挠度和某一时间观测时的测斜管挠度,其计算方法为:

$$初始挠度(i) = \sum_{n=底}^{n=i} 初测值$$

$$某次挠度(i) = \sum_{n=底}^{n=i} 差值$$

式中　i——深度变量,m。

(二)作图

(1)测斜管的初始挠度图。

(2)每次观测的变化值与深度关系曲线及所对应的位移与深度关系曲线,见图8-19,并将各次曲线画在同一图内,以示比较。

(3)对有明显位移部位,应作出该处的位移与时间关系曲线,见图8-20。

(4)在位移与深度关系曲线图上,并附岩层地质剖面图,以分析位移与地质条件的关系。

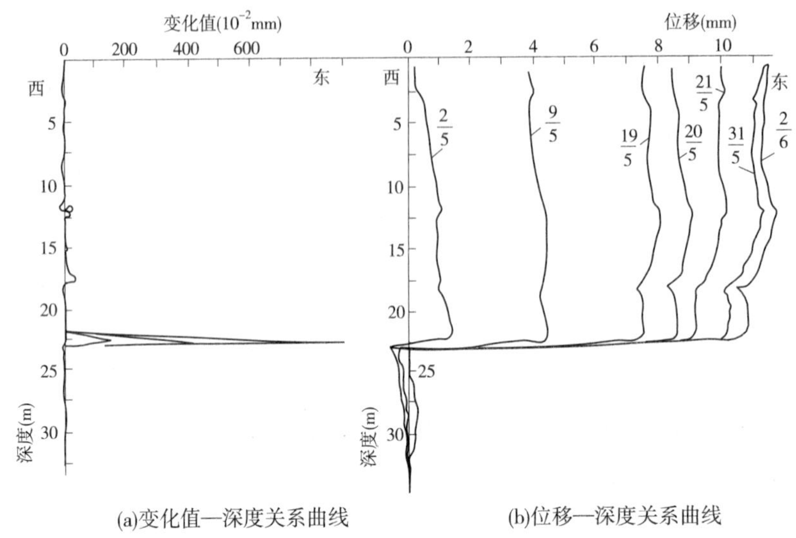

图 8-19　变化值—深度变化曲线

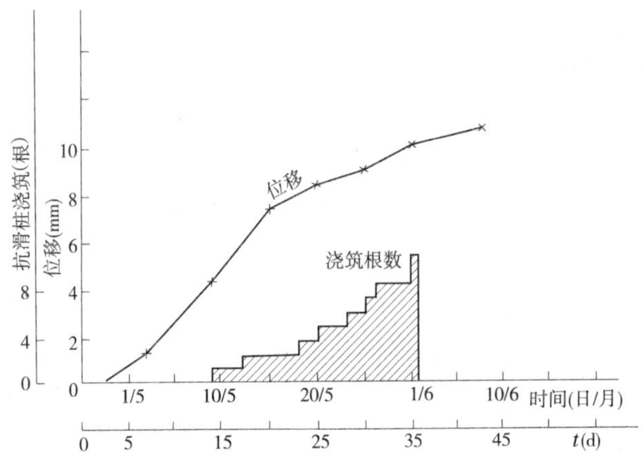

图 8-20　滑移带位移—时间关系曲线

六、关键技术问题

(一)关于测斜管与管接头的选择

测斜管有铝合金及塑料两种。铝合金的测斜管在日晒等外部因素影响下不易变形，不存在老化问题，长期稳定性较好，但要防酸、碱等腐蚀，且成本高。塑料管抗腐蚀性强，成本较低，但在日光暴晒下，容易变形，长期稳定性不如铝合金。这两种测斜管各有利弊，可结合工地条件选用。

管接头分为固定式和伸缩式两种。固定式测头适用于轴向位移不明显岩体，伸缩式接头适用于轴向位移较大的岩体。一般情况下，固定式接头比较适用。

(二)关于测斜管与孔壁间的填料问题

为了使测斜管与周围岩体一起变形,必须把它与钻孔间的间隙充填密实。由于岩体大多数比较坚硬,规程中规定用水泥灌浆的方法,但也有主张用砂充填的。用砂充填可以在岩体位移的突变面产生渐变的保护带,减缓测斜管的折裂或剪断。当岩体位移较小情况下,用砂填不合适,因为砂的变形不能与岩体变形同步,由此将吸收岩体部分变形而使测斜管灵敏度降低,实测变形偏小。当有较大位移时,允许用砂作为充填料。

(三)减小与纠正误差的一些方法

在测量过程中,为了避免偶然的因测点位置的差别而引起的误差,可在测点附近稍稍上下移动,看数据情况,鉴别并剔除这种误差。

另外,由于测斜仪的轴心与感应轴不一致或零点漂移,使仪器本身存在一固定误差,因此在测量过程中,一组导槽必须正反测两次,这样能自动消除仪器的固定误差。

(四)测斜仪设备的综合精度

目前,以伺服加速度计式精度为最高。在孔斜不超过3°时,其综合精度为±7.5 mm/30 m。这意味着观测时,在没有丝毫位移情况下,对于30 m测孔,累计到孔口的最大误差可达±7.5 mm,如果测深更深,则累计到孔口的误差将更大。岩体的滑移大多数是沿着厚度不大的软弱带(面)发生,而这些带(面)厚度一般不大,测斜仪的优点就在于能精确地测出在特定深度上的位移变化,它在一个有限深度间隔上,其位移的测定是相当精确的。

第四节 岩体表面倾斜观测

一、基本原理

岩体表面倾斜观测是指观测岩体表面转角。相对于洞室收敛观测、钻孔轴向岩体位移观测和钻孔横向岩体位移观测而言,岩体表面倾斜观测也是岩体工程变形观测的重要内容,即通过观测岩体表面的转动位移或转角大小,评价岩体的变形特性和岩体工程的稳定性。借助于岩体表面倾斜观测,可以了解隧洞或地下开挖对地表的影响,还可用于滑坡区域建筑物稳定性的监测、挡土墙的变形及其方向的监测以及桥梁结构在载荷下性态的评估等。

岩体表面倾斜观测可采用表面倾斜仪或倾角计。观测仪器的类型、测量范围及精度等技术参数的选择,应根据测点部位岩体表面可能的转角大小及观测设计要求确定。

梁式倾斜仪是在坚固金属梁上安装电解液测斜传感器。该传感器是个精密水准泡,电学上是一电解电桥,桥路输出的电压正比于传感器的倾角(见图8-21)。1~3 m长的梁锚固在基岩或建筑物上,然后将传感器调零并固定位置。基岩或建筑物位移即改变了梁的倾斜角。移动的距离即位移S为

$$S = L(\sin\theta_1 - \sin\theta_2) \tag{8-5}$$

式中 L——传感器标准测距;

θ_1——梁的现时倾角;

θ_2——梁的初始倾角。

EL型梁式传感器具有很高的灵敏度,是一种经济、可靠,安装简便的测量倾斜、沉降的精密水准仪器。

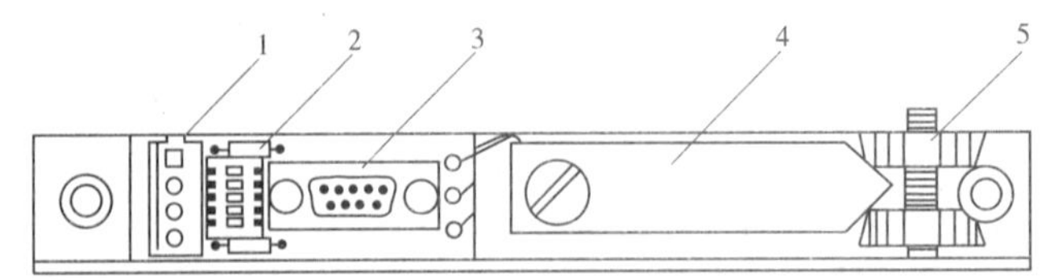

1—信号电缆接线柱;2—模拟开关;3—接测读装置插口;4—传感器;5—调零装置

图8-21 梁式倾斜仪

倾角计又叫点式倾斜仪,是一种监测结构物和岩土的水平倾斜或垂直倾斜(转动)的快速便捷的观测仪器。可以是便携式,也可以固定在结构物表面,使倾斜计的底板随结构一起运动。

这是一种经济、可靠、测读精确、安装和操作都很简单的仪器。倾角计由传感器、倾斜板和读数仪三部分组成(见图8-22)。

图8-22 倾角计

(1)传感器。便携式倾角计的传感器是采用两只闭环、力平衡式伺服加速度计,互成90°放置在直径152 mm、高89 mm的铝外壳内。传感器安装在坚固的框架中,其外形尺寸为152 mm×89 mm×178 mm。安装架的底面和侧面均经过机械加工,以便与倾斜板能精密地定位。其底面用作与水平安装倾斜板相配,侧面与垂直安装倾斜板相配。

(2)倾斜板。用特殊配方烧结的陶瓷板,也可用铸造青铜板,两者都具有良好的尺寸稳定性和抗气候性。倾斜板固定在被监测物表面,同时作测量基准面。因此,表面有四只径向间距为102 mm的传感器定位销。青铜板还配有4个安装螺栓的孔,并附有保护盖和地脚螺栓。陶瓷板外形尺寸为ϕ142 mm×31 mm,青铜板为ϕ140 mm×24 mm。

(3)读数仪。可用数字式指示仪,也可用数字式数据记录仪。前者操作简单,直接指

示倾角,量程大,对水平倾角可达 ±30°,垂直倾角可达 ±53°。指示仪由充电电池供电。

岩体表面倾角计包括倾角计传感器、读数仪和基准板。一个倾角计传感器可以对多个固定在岩体表面上的基准板进行观测。因此,岩体表面倾斜观测布置实际上是在岩体观测范围内选择倾角计基准板位置。

二、观测布置

(1)根据岩体工程类型及设计技术要求确定需要观测的岩体范围。

(2)基准板布置的位置和数量应根据工程规模、工程特点、地质条件及可能的扰动范围等进行选择。参照基准板应布置在岩体扰动范围以外的稳固基岩面上。

(3)基准板位置应便于观测,并应避免岩石掉块、施工机械或岩体开挖爆破等因素引起的损坏。

(4)基准板的布置和安装方式应能反映测点部位岩体的整体变形趋势。根据测点部位岩体表面风化层厚度及完整性等情况,倾角计基准板可通过浇筑混凝土基座使基准板锚固在较均一的岩体内,或直接将基准板固定在新鲜完整的岩体表面。

(5)基准板的布置应考虑与其他位移观测设备联合使用。

三、主要仪器

岩体表面转动观测可采用表面倾角计或水平向测斜仪。

倾斜板是用特殊配方烧结的陶瓷板,也可用铸造青铜板,两者都具有良好的尺寸稳定性和抗气候性。

四、观测准备及基准板安装

(一)观测准备

(1)根据设计要求进行测点放样。

(2)对有明显的松动块体或岩石表面不平整的测点基座部位,应进行清面处理。

(3)在安装基准板的岩面上人工挖槽,长×宽×深为 50 cm×50 cm×5 cm。

(4)清理人工槽,在槽底打 4 个风钻孔,孔深 1.0～1.5 m,并进行冲洗。

(5)基准板安装前,应对其外观及各组件的完好性进行检查。基准板外观不能有机械损伤、变形及化学侵蚀等缺陷。

(6)观测读数前,应对倾角计传感器的灵敏性进行检验,对其正、负方向进行检查和确认。

(二)基准板安装

(1)在人工挖槽槽底风钻孔内灌注水泥浆,插入螺纹钢筋。浇筑混凝土基座,基座尺寸长×宽×高为 50 cm×50 cm×30 cm。

(2)在基座上先安装基准板保护钢套管及套管端头盖帽。

(3)基座混凝土凝固后,在已安装的保护钢套管内,用黏结剂将基准板固定在基座表面中心上。固定基准板时,基准板上应有一个导向与所要观测的岩体最大转动位移方向一致。

(4)测点部位为新鲜完整岩体时,可将基准板直接固定在被观测的岩体表面上。

五、观测及稳定标准

(1)观测时倾角传感器底板上的固定装置与基准板上的固定装置应准确接触。

(2)将基准板和传感器底板表面擦净。根据基准板上固定装置所规定的方向,将倾角计沿某测读方向安装在基准板上,然后读数。卸下倾角计,重擦基准板表面后,再装上倾角计并读数。重复读数三次,取其平均读数记为 A_0。

(3)将倾角计旋转180°安装,按本条第(2)款规定对传感器进行读数,记为 A_{180}。

(4)将倾角计安装在与初始位置成90°的方位上,按本条第(2)、(3)款规定,对基准板固定装置所规定的另一对导向分别进行观测,相应读数分别记为 B_0 和 B_{180}。

(5)基准板安装完成后,应读取3~4组读数,当相邻2组读数差值不超过仪器精度值时,取其算术平均值作为观测基准值。

(6)根据读数变化大小或设计要求,定期对各基准板进行读数。记录与读数变化相关的环境因素变化情况。

六、成果整理

(1)每次读数后应在24 h内整理资料,核实数据的可靠性。

(2)根据倾角计传感器对基准板固定装置所确定的每个方向上的两个读数,按下式计算基准板在相应方向上相对水平面的倾角:

$$\theta_A = \arcsin\left(\frac{A_0 - A_{180}}{5} \times 10^{-4}\right)$$

$$\theta_B = \arcsin\left(\frac{B_0 - B_{180}}{5} \times 10^{-4}\right)$$

式中 θ_A、θ_B——基准板在 A、B 方向上相对水平面的倾角,(°)。

(3)根据基准板倾角变化观测结果绘制平面矢量图和倾角变化 $\Delta\theta$ 与时间 t 过程曲线,如图8-23所示。

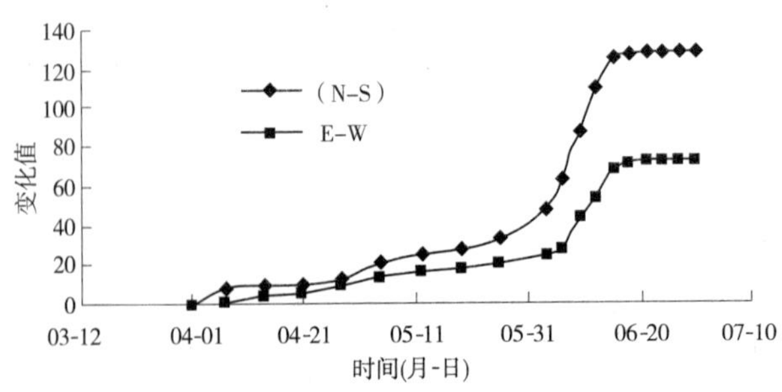

图8-23 倾角计测试曲线

(4)分析和确定基准板最大倾角的变化量值和方向。

(5)观测记录应包括工程名称、岩石名称、基准板位置及编号、基准板测读方向、安装时间、观测读数值、观测时温度、观测人员、观测日期。

第五节 岩体应变观测

一、基本原理

岩体应变观测是通过量测岩体表面或深部某点变形的相对变形率。用该值分析由于工程开挖、载荷变化、边坡移动或现场试验所引起的岩体应变的变化。

岩体应变观测的应变计有电阻式、电感式、钢弦式、光学式和机械式等多种类型。规程中列出的差动电阻式、钢弦式和电阻片应变计使用较多,方法也较成熟,现场应用经验多,目前是岩体工程应变观测的主要测试设备。

差动电阻式应变计(卡尔逊应变计)是基于导电体伸长或缩短时电阻值按线性规律变化的原理制造的。差动电阻式应变计主要由电阻传感器部件、外壳和引出电缆三部分组成(详见图 8-24)。电阻传感器件由两组差动电阻钢丝、高频绝缘瓷子和两根方铁杆组成。两根方铁杆组成一个弹性框架,其两端分别固定在上接座和接线座上。当仪器温度不变而轴向受到应变量为 ε 的变形时,电阻比变化 ΔZ 与 ε 具有 $\varepsilon=f\Delta Z$ 的线性关系,当仪器两端标距不变,而温度增加 Δt 时,电阻比变化 $\Delta Z'$,表明仪器存在应变量 ε',且 $\varepsilon'=f\Delta Z'=b\Delta t$,这个应变量是由温度变化产生的。埋设在混凝土建筑物内部的应变计,受变形和温度双重作用,其应变计算公式为:

$$\varepsilon_m=f\Delta Z+b\Delta t \tag{8-6}$$

由式(8-6)可知,应变计观测到的应变量同应变计钢丝电阻比 ΔZ 成正比。

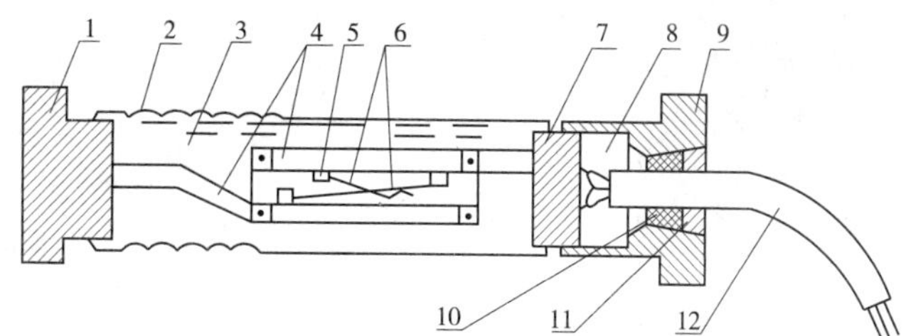

1—上接座;2—波纹管;3—中性油室;4—方铁杆;5—高频瓷子;6—电阻钢丝;7—接线座;8—密封室;9—接座套筒;10—橡皮圈;11—压圈;12—引出电缆

图 8-24 差动电阻式应变计结构

国内外差动电阻式应变计在混凝土建筑物观测工作中得到了广泛的应用,其优点是灵敏度高,仪器绝缘度好,耐久性已有 30 年的实例,稳定性较好,可以埋入岩体内任何深度。

钢弦应变计是基于当钢弦张力变化时,它能相当单值性地改变其自振频率,所以测得其振荡频率的变化值,可以反映出钢弦张力的变化值。钢弦应变计主要由端头、应变管、钢弦、电磁激励线圈和引出导线等组成,如图 8-25 所示。埋入式应变计被固定在混凝土结构物中,通过两端的端头与混凝土紧密嵌固,中间受力的应变管用布缠绕,与混凝土隔开,当混凝土产生应变时,则由端头带应变管产生变形,使钢弦内应力发生变化,用频率测定仪测钢弦受力变形后的频率值,即可求得混凝土真正变形值。

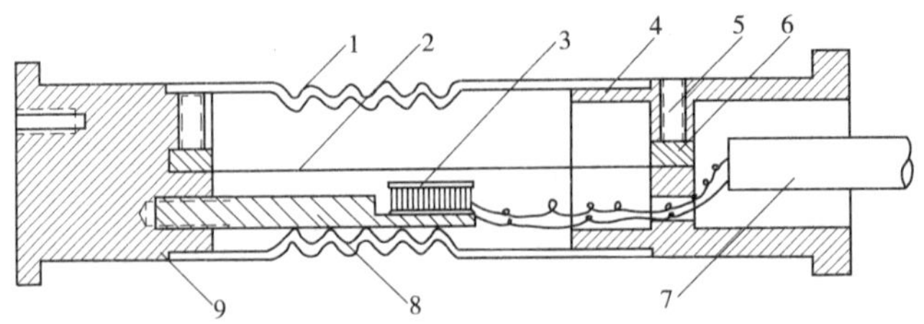

1—波纹管;2—钢弦;3—电磁激励线圈;4—端头1;5—止头螺钉;
6—紧销;7—引出导线;8—线圈架;9—端头2

图8-25 波纹管应变传感器

因为频率通过导线传递不会改变,它不受电源电压、电缆、电阻、电容和电感的变化以及其他因素的影响。如果钢弦没有锈蚀,并且能够测到它的振荡频率,示值是可靠的。这是一般仪器所达不到的,所以在现场岩体应变观测中应用较广泛,已有10年以上的应用实例。

电阻应变片的最大优点是价廉、精度高、使用灵活。但由于具有要求绝缘度高、抗干扰性低的特点,在岩体应变观测中大大限制了它的使用范围。经防潮处理后,它的耐久性和稳定性只有几个月。

部分应变计实物照片见图8-26。

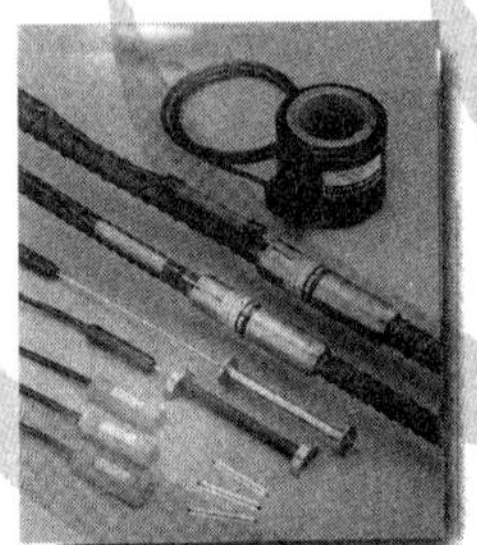

(a)钢弦式应变计、应变片、钢筋计、锚索测力计(美国SINCO公司)

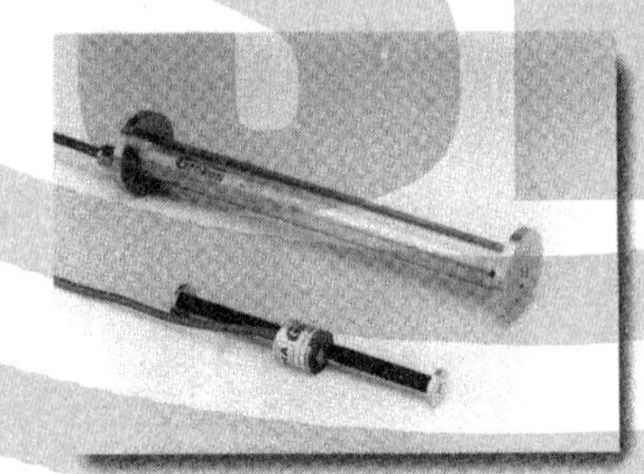

(b)4200系列钢弦式混凝土应变计(美国GEOKON公司)

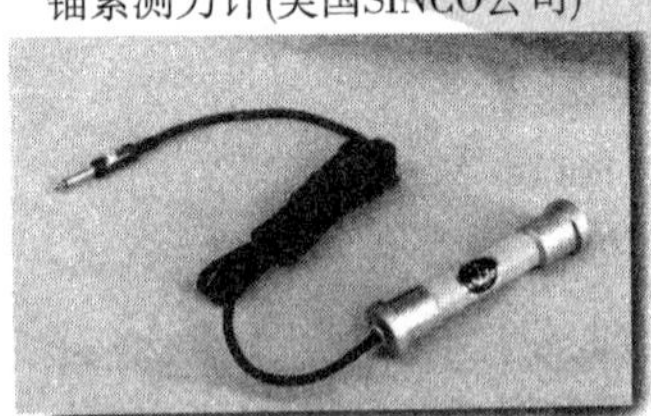

(c)JXH-2型钢弦式混凝土应变计(丹东市电器仪表厂)

(d)钢弦式点焊应变计(美国SINCO公司)

图8-26 部分应变计实物照片

二、观测布置原则

(1)观测断面应在典型区段选择应变变化最大的部位。若观测是以施工和运行监视为目的,则应选择在条件最不利的位置。

(2)在观测断面上,应考虑应变分布规律布置测点。在岩体受力方向比较明确的部位布置单向应变计;观测平面内的应变用三向应变计组,空间应变用9个方向的应变计组。

(3)在测点上,应变计不应跨越结构面。采用锚杆应变计观测岩体结构面两侧的相对变形时,锚杆应变计应跨越结构面。

三、主要仪器设备

(1)钻孔(或刻槽、凿面)配套设备。

(2)注浆配套设备。

(3)电缆保护设备。

(4)仪器、材料和工具。

(5)差动电阻应变计。主要包括以下部分:

①差动电阻应变计;

②水工比例电桥;

③集线箱;

④率定器;

⑤硫化器;

⑥应变计连接杆;

⑦兆欧表(1 000~2 000 V)、万用表(>10 MΩ);

⑧橡胶电缆(4×1.5 mm^2 专用水工电缆);

⑨其他材料与工具:橡胶带、黄蜡布、焊锡、砂纸、汽油、铝牌、电烙铁、电工刀、钢字号等。

(6)钢弦应变计。主要包括以下部分:

①钢弦应变计及其连接杆;

②钢弦频率计;

③接线箱;

④率定器;

⑤硫化器或电缆接头压模器;

⑥橡胶电缆或塑料电缆;

⑦其他材料与工具同差动电阻应变计(采用塑料电缆时要准备与其材料相同的塑料带)。

(7)电阻应变片。主要包括以下部分:

①电阻应变片(应选用防潮性能较好的胶基应变片);

②静态电阻应变仪及预调平衡箱;

③电源稳压器;

④惠斯登电桥(精度≤0.01 Ω);

⑤抗湿性强的黏结剂和防潮材料;

⑥特别防潮橡胶或塑料屏蔽电缆;

⑦其他材料与工具同差动电阻应变计和钢弦应变计。

四、观测程序

(一)测点施工

(1)岩体应变观测可以在岩体的表面,也可以在钻孔或者人工挖凿槽当中进行,埋设应变计的钻孔或槽、面的尺寸取决于应变计的类型、特性和引出电缆的方式。

(2)钻孔、刻槽方法,一般用冲击钻,当需要取岩芯了解钻孔地质情况时,应用岩芯钻。

(3)钻孔前,应对孔口位置和钻孔方向进行校核。

(4)冲击钻孔施工时应注意观察钻孔方向和岩性变化。

(二)仪器安装

1. 差动电阻应变计的安装

1)准备工作

(1)差动电阻应变计安装前应严格检查,并率定应变计灵敏度f、温度灵敏度α'、零度电阻R_0和绝缘电阻等项指标(检查率定方法见仪器使用说明书)。

(2)按布置要求,需要加长量测导线时,电缆接头应进行硫化。硫化连接前,需量测每芯电阻值并记下当时的温度(T_0),以供仪器灵敏度修正及观测资料分析用。

(3)电缆连接后应用1~1.5个标准大气压的气筒通气检查其严密程度。电缆和应变计的系统绝缘电阻应大于50 MΩ。

(4)电缆编号应用不锈钢金属号牌并用钢字编号。每支应变计应在应变计附近、电缆中间和末端各结一个牌号,以方便检查。最末端牌号应有特殊保护措施。电缆末端各芯线必须用锡焊住,然后浸上油,以防湿气侵入。

(5)埋设应变计前应按布置要求将应变计组装成组。单向应变计组串联在导向杆上(见图8-27)。为避免最后一支应变计处电缆截面面积过大,影响钻孔充填物的刚度,同一个孔内组装的应变计不宜超过三支。

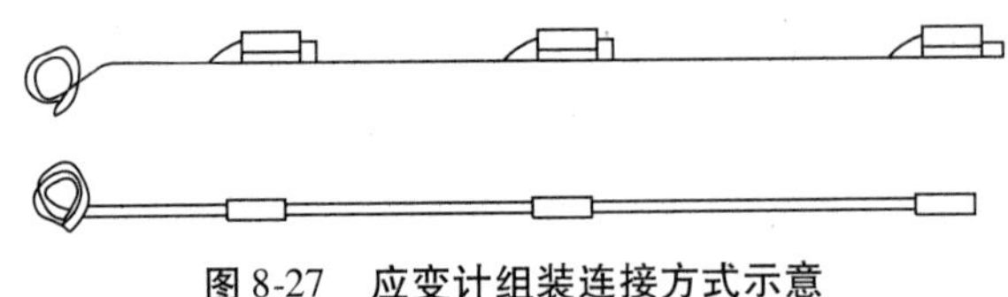

图8-27　应变计组装连接方式示意

(6)在组装、搬运和埋设过程中,应避免使应变计受力和激烈的振动。

2)应变计埋设

(1)应变计埋设前应认真检查埋设点是否符合要求。应埋入完整岩体中,不能横跨裂隙,否则应调整应变计的位置。

(2)检查电缆号牌是否正确,接头是否良好,检测黑白和黑绿芯线总电阻是否相等,如有差值,则不应超过硫化前白绿两芯线电阻之差。此项检查的目的是了解电缆与应变计连接处是否有不良接触电阻存在。然后测一次埋设前的全读数:三芯电阻、四芯电阻和电阻比。

(3)将测点处的钻孔(槽)冲洗干净,然后将应变计放入孔(槽)内,正确定位后,注入

水泥砂浆或其他黏结材料。如果注浆有困难时，也可以先灌注砂浆，然后将应变计轻轻送入孔内预定部位。砂浆（或其他材料）的弹性模量 E_s 与被测岩体的弹性模量 E_r 和应变计的弹性模量 E_m 的关系应满足 $E_m \leqslant E_s \leqslant E_r$。

（4）应变计埋入后应立即进行检测，在确认其工作状态正常后，将电缆引入集线箱，同时进行电缆保护设施的施工。

2. 钢弦应变计的安装

1）准备工作

（1）钢弦应变计安装前应进行率定，并作出每支应变计的频率—应变曲线和确定温度补偿系数 $b(10^{-6}/℃)$，同时检查零点读数的稳定情况。

（2）组装连接时，使用特别连接杆根据布置要求进行组装。其他要求同差动电阻应变计。

2）应变计埋设

应变计埋设前应作频率检测。其他要求同差动电阻应变计。

3. 电阻应变片的安装

1）准备工作

电阻应变片的选择应按下列要求进行：

（1）在潮湿环境使用电阻应变片时，要使用防潮性能好的胶基应变片和抗潮性强的黏结剂，同时采用有效的系统防潮措施。

（2）长期观测应选用耐久性好的酚醛树脂为基片的箔式应变片。

（3）在无特殊要求的情况下，应尽量选用阻值为 120 Ω 的标准应变片，测量电缆较长时，宜采用阻值高的电阻片，但要特别注意电阻丝升温对测量的影响。

（4）直接粘贴在岩石表面的应变片或借助衬托材料与岩石接触的应变片，其标距 L 与岩石矿物颗粒粒径 d 之间应满足以下要求：当 $d=2\sim4$ mm 时，$L\geqslant2d$；当 $d<2$ mm 时，$L\geqslant4d$。电阻应变片使用前应进行外观质量检查和阻值、灵敏系数等参数分选。外观要求电阻应变片片基平整，柔软无破损，丝栅或箔栅排列均匀整齐、无锈斑。同一批使用的应变片阻值差不应超过 0.5 Ω，同一组片的灵敏系数必须相同。

岩体内部应变观测，可使用用衬托材料制成的埋入式应变计（应变砖或应变锚杆，见图 8-28）。所选用的衬托材料的弹性模量应略小于岩体的弹性模量，其长度 L 与直径 D 之比（L/D）一般以 5 ~ 20 为宜，线膨胀系数应尽量与量测介质一致。

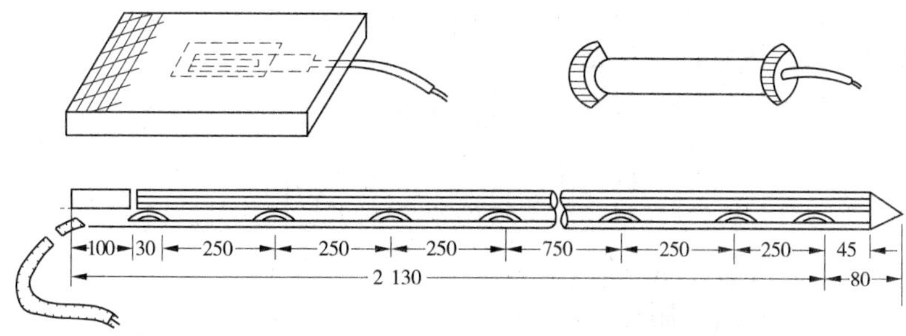

图 8-28 应变砖、应变锚杆

使用聚氯乙烯塑料电缆连接时,芯线焊接后,用同样配方的黏性聚氯乙烯绝缘带缠上,外包电话线纸或赛璐珞做成的保护带,放到压模机里,模子预先加热1~5 min,其温度根据外皮厚度可控制在165~180 ℃。

其他要求同差动电阻应变计。

2)应变片粘贴和应变计埋设

(1)在岩体表面上粘贴电阻应变片时,应按如下步骤操作:岩石表面凿平,光洁度要求达到∇_4,并用丙酮清洗烤干,涂一薄层(0.1 mm左右)黏结剂作底面防潮层,固化后测方位线、贴片,垫上塑料薄膜加0.1~0.2 MPa压力至黏结剂固化,焊接引出导线,检测绝缘度达到要求(>50 MΩ)后,立即涂表面防潮层进行防潮处理。

(2)应变计埋设前后均要进行绝缘电阻和电阻值检测。其他要求同差动电阻应变计。

(3)电阻应变片的测量片和补偿片的引线宜采用双线制。同一台应变仪的导线种类、规格、长度和引线路径均需相同。

(4)应变片和应变仪之间的电缆,以应变仪一端为准全部拉齐,将补偿片的电缆放在中心,绑扎成束,套上防潮塑料管密封后,沿阴凉、干燥、温度比较恒定的路径固定,测量过程中严禁电缆受潮和间距中变化。

(5)如果导线过长,可采用全封遥控集线箱代替预调平衡箱。

(三)安装后的工作及观测

(1)应变计埋设后,绘制埋设竣工图,编写书面记录说明。若作应力计算时,须测定应变计埋设部位岩石的弹性模量和泊松比。

(2)应变计埋设后,每天测读一次,待因砂浆固化引起的应变变化稳定后,所测得的读数作为初始读数值。

(3)正常观测时,应按照规定的时间进行。观测次数和时间应考虑岩体的变形特性,变形速率大的阶段观测间隔时间要短,速率小则长。应尽可能取得变形全过程资料。

(4)观测值中包括了观测初始值、岩体温度变形和砂浆自身体积变形,在计算中应予以扣除。岩体的温度变形和砂浆自身体积变形可以用经验值或用无应力计实测。

观测初始值应取埋入应变计部位岩体应力场发生变化之前的应变观测值,同时必须是不包括温度和砂浆变形影响的稳定值。

五、成果整理

(一)差动电阻应变计的资料整理与计算

(1)当应变计的电缆加长时,应对应变计灵敏度进行修正,修正灵敏度f'公式为:

$$f' = f\left[1 + \frac{2r}{(R_1 + R_2)_0 + \frac{20}{\alpha'}}\right]$$

式中 f'——修正灵敏度,(10^{-6}/0.01,%);

$(R_1 + R_2)_0$——0 ℃时两电阻线的电阻,Ω;

f——应变计灵敏度,(10^{-6}/0.01,%);

α'——应变计的温度灵敏度，℃/Ω；

$2r$——电缆的两芯线在 20 ℃时的电阻，Ω。

或者利用实测的三芯电阻 R_s 和四芯电阻 R_t 之比，求得修正灵敏度 f'：

$$f' = f\frac{R_s}{R_t}$$

（2）用应变计埋设后 12 h 以后的应变计温度与岩体温度均衡时的读数作为基准值计算。

（3）应变计算公式如下：

$$\varepsilon = f'\Delta Z + b\Delta t$$

式中　ε——应变实值，(10^{-6})；

ΔZ——电阻比增值，即 $\Delta Z = Z - Z_0$，Z_0 为初读数，Z 为观测电阻比；

b——温度补偿系数，10^{-6}/℃；

Δt——岩体温度增量，℃。

（4）绘制应变—时间关系曲线、应变分布图和应变—速率变化曲线。

（二）钢弦应变计的资料整理与计算

钢弦应变计相对于起始读数的应变增量按下式计算：

$$\Delta\varepsilon = K\Delta M$$

式中　K——应变计灵敏系数，10^{-6}/Hz；

ΔM——相应于初始读数时的应变计频率模数的增量，Hz。

其他要求同差动电阻应变计。

（三）电阻应变片的资料整理与计算

测量结果的修正如下所述。

（1）零点漂移修正。

观测中，仪器有零点漂移时，可按下式修正：

$$\varepsilon_0 = \varepsilon'_0 - \varepsilon_x$$

式中　ε_0——应变仪灵敏系数为“2.00”时的测读应变值；

ε'_0——包括零点漂移值的测读应变值（仪器灵敏系数为“2.00”）；

ε_x——零点漂移值（通过观察或与测量片工艺相同的无应力片测得）。

（2）导线电阻、灵敏系数、应变片阻值影响的综合修正，可按下式计算：

$$\varepsilon = \varepsilon_0 \alpha_R \frac{K_0}{K}\left(1 + \frac{r}{R}\right)$$

式中　α_R——应变片阻值修正系数（查仪器说明书中给出的校正曲线）；

K_0——应变仪灵敏系数“2.00”；

K——应变片灵敏系数；

r——连接应变片的两根导线电阻之和，Ω；

R——应变片电阻，Ω。

其他要求同差动电阻应变计。

六、关键技术问题讨论

(一)仪器的选型问题

岩体应变观测仪器的选择应注意下面几个原则：

(1)被测的范围大,要求灵敏度高；

(2)现场条件多变,因此测试仪器要有广泛的适应性和有效的防震、防潮措施；

(3)为适应长期观测,测试仪器性能必须长期稳定可靠；

(4)测点多,应变计埋设后不易收回,因此要考虑经济合理。

差动电阻应变计(卡尔逊应变计),优点是灵敏度高,仪器绝缘度好,耐久性、稳定性较好,可以埋入岩体内任何深度,国内有正式产品。缺点是对绝缘度要求高,价格昂贵,搬运和安装时易损坏,所用特制电缆价格也高。做长期应变观测时一般选用此种应变计。

钢弦应变计不受电源电压、电缆,电阻、电容和电感的变化以及其他因素的影响。零点稳定性、耐久性好、对环境适应性强、组装与率定简单、计算方便、抗震性能好、不易损坏、对电缆无特殊要求、价廉、短期和长期观测均可采用。但灵敏度不如电阻应变计好。

电阻应变片的最大优点是价廉、精度高、使用灵活。但由于具有要求绝缘度高、抗干扰性能低的缺点,在岩体应变观测中大大限制了它的使用范围。当测试点数多、应变计用量大时,使用应变片是很经济的。

(二)应变计与岩体的共同变形问题

岩体内部应变测量必须将应变计埋入岩体内,因此必然带来应变计对岩体变形的影响和能否共同变形的问题。对用衬托材料做成的电阻应变片埋入式应变计来讲,如果应变计的弹性模量、泊松比和线膨胀系数均与岩体一致,即达到完全匹配,则应变计感受的应力与岩体应力相同。但实际上,各种埋入式应变计的上述性质均和岩体并不一致。因此,由于应变计的埋入,破坏了岩体的连续性,从而造成应变计所在处的应力失真,使测得的应变和岩体的真实应变有所差异。

下面分别讨论应变计的弹性模量、泊松比及线膨胀系数等因素对岩体应变测量的影响。

1. 弹性模量影响

如果应变计同埋入体(围岩、混凝土等)弹性模量不一致,则会使应变计所处的岩体产生应力集中。如图8-29所示的用衬托材料做成的应变片埋入式应变计,其应力、应变可表示为

$$\sigma_m = \sigma_r(1 + C_s) \tag{8-7}$$

$$\varepsilon_m = \varepsilon_r(1 + C_e) \tag{8-8}$$

式中 C_s——应力集中系数；

C_e——应变增长系数或应变集中系数；

σ_m——应变计应力,MPa；

ε_m——应变计应变；

σ_r——岩体应力,MPa；

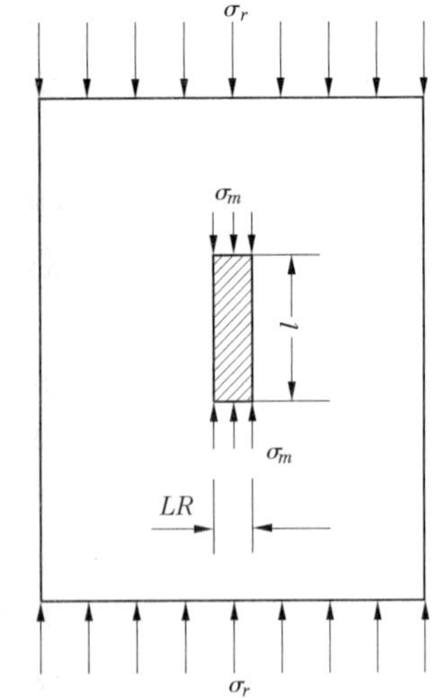

图8-29 埋入岩体内的应变计

ε_r——岩体应变。

为了排除一些次要因素的影响，在分析这个问题时，假定：

(1)埋入岩体内部的应变计，是基长为 L、半径为 R、弹性模量为 E_m 的圆柱体。

(2)应变计两端是刚性的。

(3)岩体是完全均质的弹性体，弹性模量为 E_r，泊松比为 μ_r。

(4)岩体是无限体。于是可以导出：

当 $L>\pi(1-\mu_r^2)R$ 时，则

$$C_s=\frac{\dfrac{E_m}{E_r}-1}{1+\dfrac{\pi R}{L}\cdot\dfrac{E_m}{E_r}\cdot\dfrac{1-\mu_r^2}{2-\dfrac{\pi R}{L}(1-\mu_r^2)}} \tag{8-9}$$

当 $L\leqslant\pi(1-\mu_r^2)R$ 时，则

$$C_s=\frac{\dfrac{E_m}{E_r}-1}{1+\dfrac{\pi R}{L}\cdot\dfrac{E_m}{E_r}(1-\mu_r^2)} \tag{8-10}$$

$$C_e=(1+C_s)\frac{E_r}{E_m}-1 \tag{8-11}$$

如以 $(1+C_s)$ 和 $(1+C_e)$ 为纵坐标，E_m/E_r 为横坐标，可以绘出不同 L/R 值的应力集中系数曲线和应变增长系数曲线，如图 8-30 和图 8-31 所示。

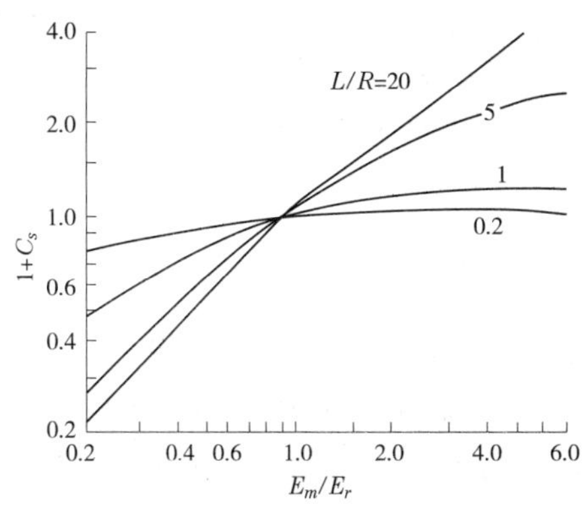

图 8-30　不同 L/R 的应力集中系数曲线

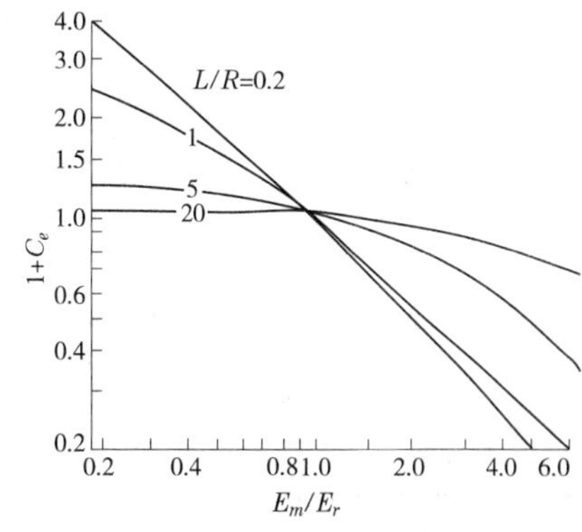

图 8-31　不同 L/R 的应变增长系数曲线

由图 8-30 和图 8-31 可以看出：

(1)只有 $E_m=E_r$，即 $E_m/E_r=1$ 时，C_s 和 C_e 才为零，此时无应变失真。但这种情况是难以办到的。

(2)在一定的 E_m/E_r 值变化范围内，如 E_m/E_r 原始比值大，C_e 变化较小，而 C_s 只有在 E_m/E_r 值较小时变化才小。因此，在选择应变计材料弹性模量时，应使 E_m 略小于 E_r，才能获得较小的应变增长系数。

(3)当 E_m/E_r 值一定时，C_s 的绝对值随 L/R 值的减小而减小，C_e 的绝对值则随 L/R

的增大而减小。因此,在选用应变计时,应使 L/R 值大一些,即呈细长杆状为好。一般取 $L/R=5\sim20$。

2. 泊松比影响

在应变计的泊松比 μ_m 与岩体的泊松比 μ_r 不相同的情况下,如 $\mu_m>\mu_r$。当岩体承受压缩变形时,由于应变计横向变形对岩体的挤压,将使应变计产生一个横向挤压应力 σ_e,其引起的轴向应力增量为 $\Delta\sigma_r$(如图 8-32 所示),据此可以导出:

$$\frac{\sigma_e}{\sigma_r}=\frac{\mu_m-\mu_r}{2-\mu_m-\mu_r} \tag{8-12}$$

$$\frac{\Delta\sigma_r}{\sigma_r}=\frac{2(\mu_m-\mu_r)^2}{2-\mu_m-\mu_r}\cdot\frac{1}{1+\pi R/L(1-\mu_r^2)} \tag{8-13}$$

在一般情况下,$(\mu_m-\mu_r)$ 的绝对值是很小的,由此而产生的集中应力可不予考虑。

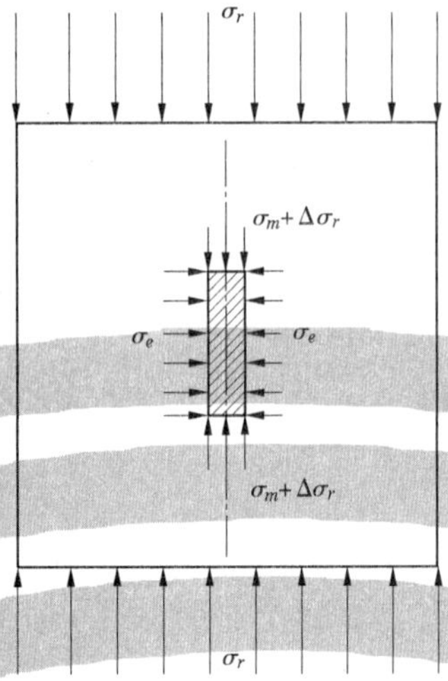

图 8-32 泊松比的影响

3. 线膨胀系数影响

由于应变计线膨胀系数 β_m 和岩体线膨胀系数 β_r 不一致,因此温度改变 Δt 时,将产生温度应力 σ_t。

当 $L>\pi(1-\mu_r^2)R$ 时,则

$$\sigma_t=\frac{(\beta_m-\beta_r)\Delta t\cdot E_r}{1+\frac{\pi R}{L}\cdot\frac{1-\mu_r^2}{2-\frac{\pi R}{L}(1-\mu_r^2)}} \tag{8-14}$$

当 $L\leqslant\pi(1-\mu_r^2)R$ 时,则

$$\sigma_t=\frac{(\beta_m-\beta_r)\Delta t\cdot E_r}{1+\frac{\pi R}{L}(1-\mu_r^2)} \tag{8-15}$$

从式(8-14)、式(8-15)可知,如果 $(\beta_m-\beta_r)$ 和 Δt 较大,温度应力是很大的。它直接叠加在岩体上,对测量结果影响较大。所以,设计制造应变计时,应尽量选用膨胀系数与岩体相近似的材料。在无法保持恒温环境下进行观测时(如露天场所),应特别注意对温度的观测和补偿,在可以保持恒温的环境下进行观测时(如地下洞室),应在温度达到恒温条件时,开始正式进行观测,从而消除温度应力的影响。

对于金属外壳的差动电阻应变计、钢弦应变计等也可以从轴向弹性变形的情况分析,任一细长杆件长度 L,在轴向受力时其变形增量 ΔL 可用下式计算:

$$\Delta L=\varepsilon L$$

由于

$$\varepsilon=\frac{\sigma}{E}=\frac{P}{EF}$$

代入上式,得

$$\Delta L=\frac{PL}{EF} \tag{8-16}$$

从式(8-16)可知,当外力 P 和长度 L 不变时,其变形增量只与 EF 成反比,其中 E 为弹性模量,F 为截面面积,假设岩柱为 E_rF_r,应变计为 E_mF_m,共同变形条件应该是 $\Delta L_r=\Delta L_m$,也即:

$$E_rF_r=E_mF_m$$

或

$$\frac{E_r}{E_m}=\frac{F_m}{F_r} \tag{8-17}$$

式(8-17)表明,即当满足应变计管壁和岩柱的截面面积与相应的弹性模量成反比时,则用此应变计取代岩体圆柱,就能达到共同变形的目的。在考虑三维受力的情况下,只要满足应变计横向刚度与岩柱相近,则其变形一致条件与单轴受力时完全相似。

七、应用实例

白山电站建造压力隧洞的预应力混凝土衬砌过程中,通过应变观测了解在灌浆压力作用下,围岩的变形状态与分布规律、围岩二次应力的恢复情况及围岩衬砌的约束力。

应变观测采用差动电阻应变计。

围岩表面的应变观测每个断面 8 个点,每个点切向和径向各埋设 1 个应变计。

围岩内部应变观测每个断面 2 个孔,每个孔埋入 4 个径向应变计。

观测成果示意如图 8-33 所示。

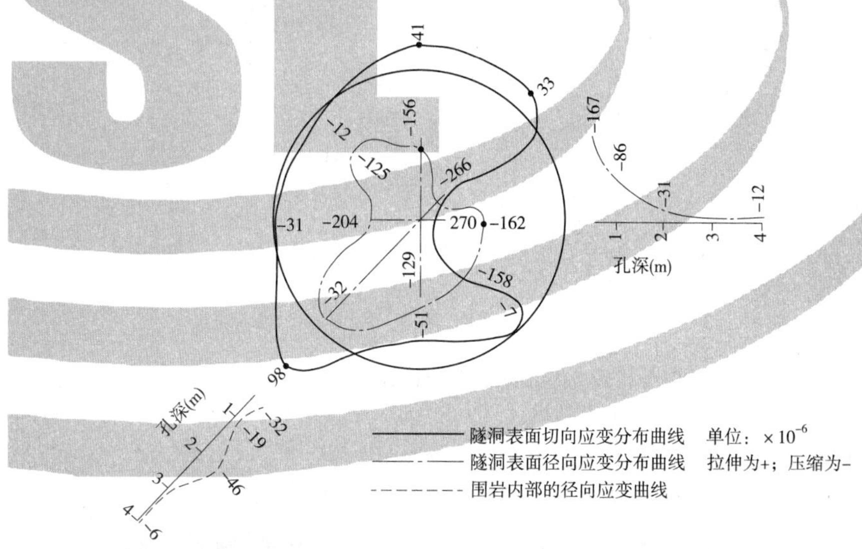

图 8-33 预应力灌浆后围岩应变分布

在灌浆压力的作用下,隧洞围岩产生变形和应变,对于完整岩体一般情况下,径向变形呈压缩状态,并向深部迅速变小,图 8-33 显示径向变形的分部特征基本符合上述规律。

对于完整岩体一般情况下切向变形呈拉伸状态,但从图 8-33 可以看出,切向变形不完全符合这一特征,表明围岩并非均匀完整,局部部位结构面发育,由于浆液渗入,在灌浆压力作用下产生了岩体切向压缩变形。结构面发育部位切向压应力增加,使围岩二次应力状态得到改善,有利于隧洞围岩稳定。

第六节　岩体应力观测(液压应力计法)

一、基本原理

本方法采用液压应力计量测岩体内部或岩体与结构物接触面上压应力。由于地下工程岩体温度变幅一般较小,可采用液压应力计直接进行应力变化观测。

液压应力计由液压枕、转换器、读数泵及管路等组成,如图8-34(a)所示;液动模式转换器系利用液压平衡原理制成,如图8-34(b)所示。当被测介质承受的压力P垂直作用于液压枕上时,通过枕内液体将该力传递到转换器内的薄膜上。这时,用一个读数泵通过管路向薄膜的另一面施加逐渐上升的压力P_r值,当该值略大于P时就使薄膜移动,并形成最小回流,此时,读数泵压力P_r保持稳定,该观测压力P_r值经计算修正后就可求得P值(P是作用于应力计上压应力的变化值,不是绝对应力值)。在测量过程中,其压力值的测定用光电式测压计(见图8-35)。

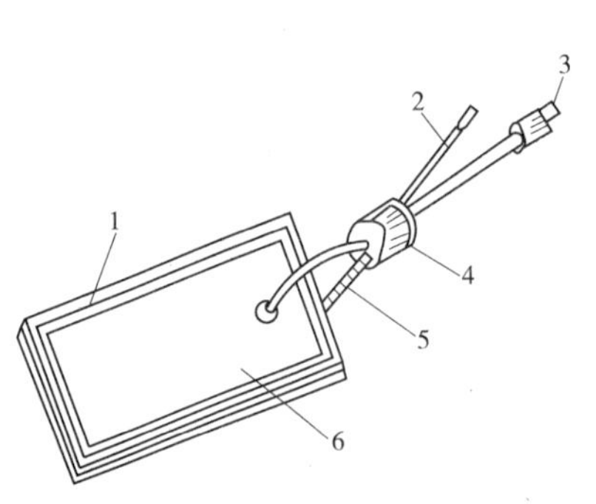

1—液压枕面凹槽;2—回液管;3—进液管;4—转换器;5—补液管;6—矩形液压枕

(a)液压应力计结构组成

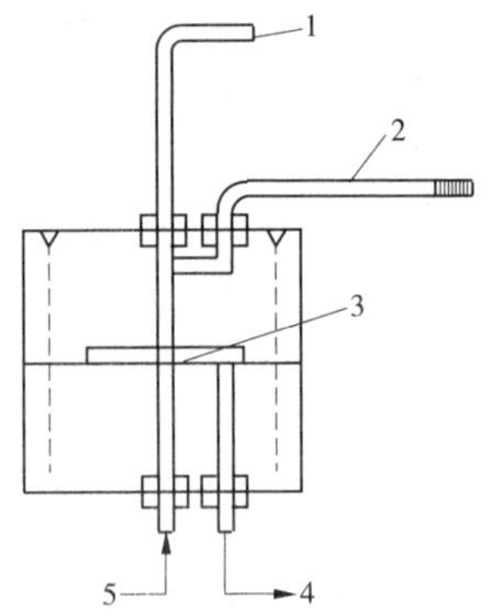

1—与液压枕相连;2—补液管;3—柔性膜片;4—器压管;5—与读数泵相连接

(b)液压模式转换器原理

图8-34　液压应力计结构

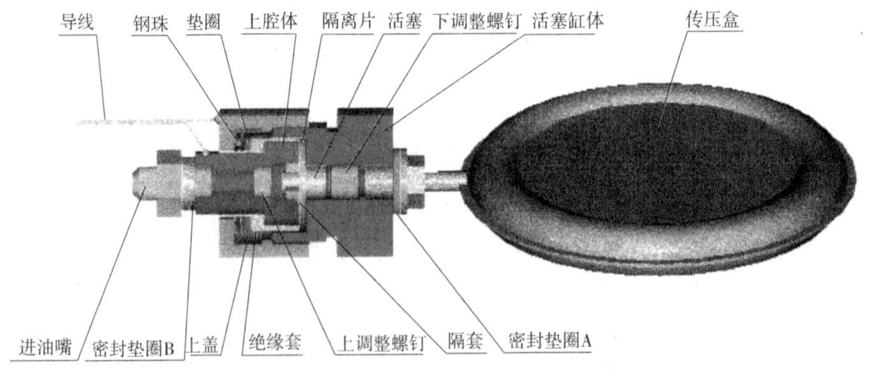

图8-35　光电式测压计

液压应力计测得的应力值由于不需通过被测介质的弹性模量进行换算，且元件构造简单价廉，能在潮湿、爆破等恶劣环境中作长期观测，因而在我国已被逐渐应用。

二、观测布置

（一）断面布置

断面布置如图 8-36 所示。

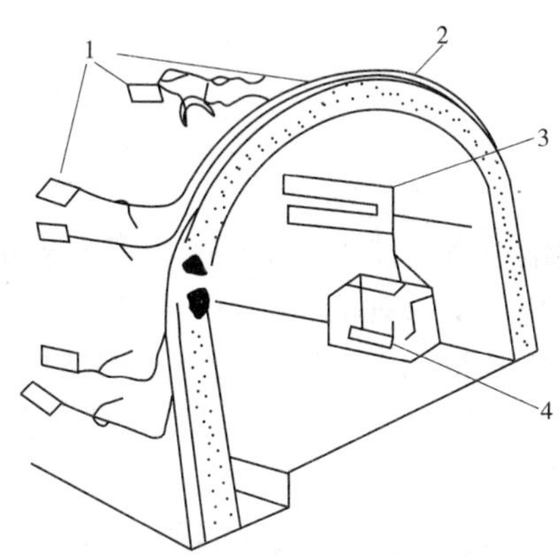

1—测径向和切向的液压枕；2—混凝土衬砌；
3—集流箱；4—移动式读数装置

图 8-36 地下洞室应力计埋设典型布置

（1）根据岩体的地质单元选择观测断面。

（2）选择最大受力部位或地段，布置一个或多个断面。

（二）测点布置

（1）根据预先调查结果，选择各测点位置及深度，该位置应不受扰动（如爆破或二期作业的影响）并具有代表性，每个断面布置 1～5 点。

（2）测点不宜设在温度有显著变化的部位，否则应采取保护措施（如设保温隔离层）。

（3）应力计一般成对或成组地安设在同一位置，以量测不同方向的应力，相邻的应力计间距不得小于其本身最大尺寸。

（4）被测介质的尺寸应大于应力计最大尺寸的 3 倍。

三、主要仪器设备

（一）应力计部分（见图 8-34）

（1）液压枕承压范围 0～20 MPa。

（2）转换器、配滤油器。

（3）连接管路，内径为 2～5 mm 的金属或塑料管，耐压范围 0～20 MPa，配连接 10～20 个应力计的集流箱。

（4）读数装置，包括以下部分：

①贮油箱，透明玻璃或有机玻璃制造。

②压力表，与测读范围相适应，应为预估最大测值的 1.5 倍，精度为 1.0 级。

③控制液流的阀门。

④加压泵,手动或电动、压力30 MPa,流量1~20 mL/s。

⑤气动读数装置,小于0.25 MPa时可采用。

(二)埋设附件

(1)刻槽机具或钻孔机具。

(2)安装用工具。

四、观测程序

(一)测点施工

(1)在岩体内埋设。

①切槽:在选定的测点部位,将岩体表面凿出一50 cm×50 cm起伏差小于1 cm的平面,按仪器布置要求;用切槽机切出一对半圆槽,相互垂直。

②钻孔:在选定的测点部位,将孔口岩体表面凿平用钻机钻孔,直径与孔深按观测要求确定。

(2)在结构物与岩体接触面上埋设。

①放置液压枕的岩石表面应凿平,控制起伏差为1 cm,尺寸略大于液压枕,该面应垂直测压方向。

②在适当部位用电钻钻孔,埋设固定液压枕的螺栓。

(二)仪器安装

1. 准备工作

(1)根据观测要求,准备相应型号的应力计。

(2)对应力计各部件进行全面校验并试压,试压值应达到预计测值的1.2倍,据此得到其出力修正系数和温度修正值。

2. 仪器安装

(1)将半圆型液压枕塞入已切好的槽内(如埋设孔内应力计,将应力计塞入孔内预定深度),液压枕应与受力方向垂直。

(2)对孔内应力计进行砂浆回填,其弹性模量值应与岩体的弹性模量相接近(或按室内率定值修正)。

(3)在结构物与岩石接触面处安装液压枕时,应用砂浆填平岩面,放上液压枕,用力挤压,不得产生空隙。

(4)将液压枕固定在岩面上,应保证施工过程中不会移动。

(5)补液管的长短应保证在埋设后可以补液。

(6)管路沿建筑物或挖槽铺设并编号。要避免扭曲或压扁,必要时应用胶套或金属管保护,各管路按编号顺序分别联接到集流箱上。

(三)观测

(1)埋设后受混凝土水化热影响的应力计,应待初凝后(一般3~7 d)进行补压,补液可以由读数装置上的泵输入P_i,然后对应力进行初始值的测试并记录。

(2)观测测次及时间应根据工程要求而定,并应根据压力变化速率经常加以调整。

一般压力变化大时，每天 1 ~2 次；在稳定期，每周 1 ~2 次或每月 1 ~2 次。

(3) 读数前、后应校正读数装置的压力表(或压力传感器)，并根据工程情况核实测值的变化是否合理。

(4) 每次观测时，连接输液管时应严防空气进入测量液中。为保证排除管内的气体并获得稳定的流量，应逐渐加大液压，直至见到稳定回流，再保持 1 min 以上，并记下该压力值。

(5) 缓慢卸荷至初始读数，然后逐渐增压，当再见到稳定回流时即保持该流量(3 ~4 mL/min)，记下相应的压力值，该值即为最小流量下的应力值。由于转换器中阀片的惯性，在压力曲线上通常有一个峰值，此值可不予考虑，仅记下以后的稳定值，此稳定压力即为测量值 P_r(见图 8-37)。

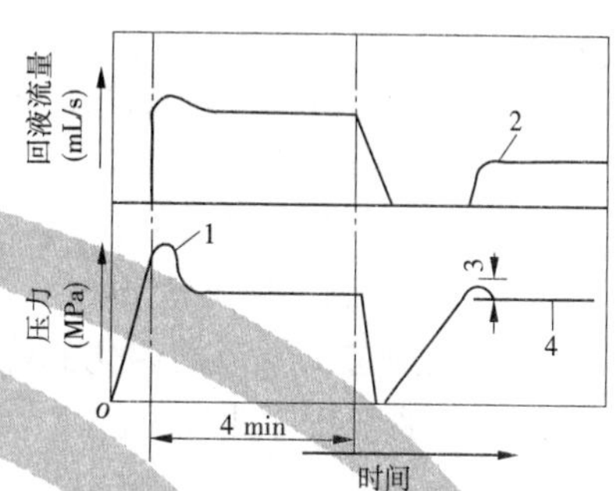

1—排除气泡的超压；
2—测读液流量 3 ~4 mL/s；
3—膜片惯性；4—压力测量值 P_r

图 8-37　压力测读典型曲线

(6) 每次观测读数不得少于 2 次，且 2 次读数差应小于压力表最小刻度 ±1 格。

(7) 读数完毕后，应使供液管中保持一个低于 P_r 的压力，可避免下次观测时进入空气(及时关闭集流箱中的阀门)。

五、成果整理

(一) 测试数据的整理

(1) 根据工程特点，对原始数据进行分析，判断数据的可靠性。

(2) 整理出各应力计的测量值 P_r。

(二) 测量值修正

(1) 总测量值公式为：

$$P = (P_r - P_i - P_t - P_h - P_f)\beta \tag{8-18}$$

大多数情况下，只需知道应力的变化值，而 P_i 值已包括了 P_h 和 P_f 值。如补压时温度已恒定不变(在较深的地下洞室，温度变化很小)，则也包括了 P_t，故式(8-18)可简化为式(8-19)：

$$P = (P_r - P_i)\beta \tag{8-19}$$

式中　P_r——压力表读数，MPa；

P_i——补压值(未补压时 $P_i = 0$)，MPa；

P_t——温度修正值，MPa；

P_h——液压枕与读数装置之间埋设高程差产生的压力差值(对于气体，$P_h = 0$)，MPa；

P_f——管路摩擦损失，MPa；

β——根据室内率定液压枕边缘效应的修正系数。

(2) 相对高差修正值 P_h 可按下式计算：

$$P_h = 0.01\gamma(h_1 - h_2) \tag{8-20}$$

式中 γ——测量液容重,g/cm^3;

h_1——液压枕高程,m;

h_2——读数装置压力表高程,m。

(3)P_f 值可在安装期间实地量测。

(4)埋设时温度与观测时的温度有差值时,应进行温度修正。温度修正值可按下式计算:

$$P_t = K_t(t_r - t_i) \tag{8-21}$$

式中 K_t——量测系统温度修正系数,埋入整体混凝土内的,一般可取 $K_t = 0.02 \sim 0.05$ MPa/℃;

t_r——初始温度值,℃;

t_i——观测时温度值,℃。

(三)绘制应力—时间变化曲线

应力—时间变体曲线见图8-38。

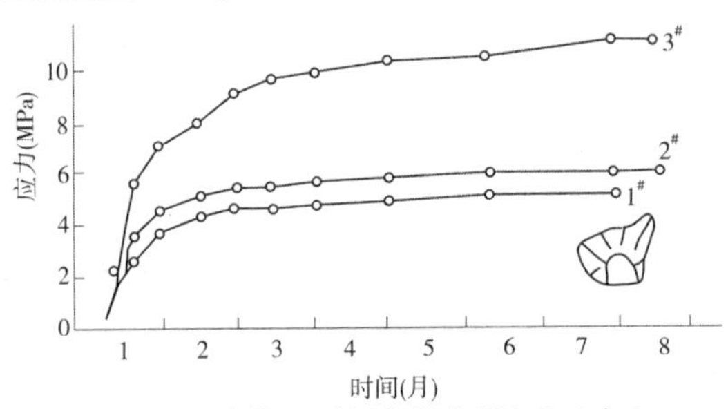

图8-38 应力—时间变化曲线(1978年)

六、关键技术问题讨论

(一)应力计各部件具体要求

(1)液压枕。液压枕是由两块钢板沿四周焊接而成的密封容器,在平面呈圆形、半圆形或矩形。为了取得良好的应力传递性能,应具有下列要求:钢板间隙要小于1 mm、直径(边长)与厚度之比大于20,液压枕的总体刚度应与被测介质相近,为此,应充填水银(用于软岩或混凝土中则可以充填油料),为了确保充填物中不夹带空气,应在真空条件下充液,制造液压枕的材料应能防止周围介质和地下水以及枕内液体的腐蚀,以防止使用期限内产生渗漏。

(2)转换器。转换器为一金属制外壳,内装金属或橡胶或塑料的膜片,通过金属短管与液压枕相连,膜片须能严格将液压枕和量测系统分开。选择膜片的材料应使膜片的惯性最小,使量测压力值尽可能接近实际应力值,且应保证在使用年限内惯性不变即膜片的弹性和形状不变。由于膜片惯性及管路损失,量测压力有一个起始峰值,故该值不应作为测值。转换器与液压枕通常一同埋入被测介质中。为了减少周围介质传递给液压枕应力不均匀的影响,在转换器外面包一层保护层(如橡胶或塑料)。当液压枕和转换器埋设于岩体内或结构物与岩体接触面上,为消除液压枕与周围介质之间的空隙而采用补液的办法,补压值应在率定液压枕修正系数时,通过多次试验,确定最佳值。

(3)读数装置和连接件。读数装置一般为移动式。低压时可采用气压,气压干净、方便,气体由贮气瓶供给(压力小于 0.25 MPa);高压时采用液体(90% 煤油加 10% 中性油),由手动泵或电动泵供压。为防止管路堵塞,应在管路中设置滤油器。泵及各种附件的耐压值应超过量测范围的 1 倍,在整个测量范围内能逐渐升、降压力,且无冲击压力现象发生,并能稳定在某个压力值达数分钟。压力表(或压力传感器)的量程应为预估最大测值的 1.5 倍左右,精度为 1.0 级。两次读数之间的差值如过大,说明操作不当,应重测,直至达到正文所规定的要求。

(4)管路。每套应力计应配一根送油管和一根回油管,管子应为柔性,以便沿着一条方便的线路敷设。可选用不锈钢、铜或塑料等管材加工,内径为 2 ~ 5 mm,其强度应保证在使用期限内不产生渗漏,使用前应进行耐压试验,其承压值应为工作压力的 2 倍。每个集流箱可以连接 10 ~ 20 个应力计,配有相应数量的控制阀,便于读数装置依次和各应力计接通,阀门不得渗漏。

(二)应力计的率定

(1)液压枕边缘效应和转换器膜片惯性的率定。将液压枕浇筑在大于该枕最大尺寸 3 倍以上的混凝土或砂浆试件中(混凝土或砂浆的弹模值应接近于被测介质的弹模值),将其置于油压机上,施加单轴向压力,通过加荷—卸荷循环,反复量测压力和读数器量测值的比值 β,同时进行补压最佳值的选择。率定时管路应与现场使用一致,以尽可能消除管路影响。由于对量测部位应力值估计有误差,故率定时加压值应适当加大,一般为预计值的 1.2 倍左右。如率定孔内应力计,则可在与现场岩体弹性模量相似的材料中钻孔后埋入应力计时进行。

(2)温度修正。将试件置于隔温的环境中,进行升、降温的测试,求取 P_t 值。由于不同型式及枕内充填液的影响,P_t 值的求取较为烦琐,补充的办法是,在现场同时埋设一个专测温度影响的无压应力计,在计算时扣除无压应力计的变化值。

第七节　岩体锚固载荷观测

一、基本原理

用预应力锚索或锚杆加固地下洞室围岩、岩体边坡、岩基等工程时,为了解加固效果和长期工作状态,对锚固载荷的大小和变化进行岩体锚固载荷观测。

岩锚载荷观测主要采用环式测力计。目前,工程上所用的测力计类型很多,有轮辐式测力计、应变计式测力计、钢弦应变计式测力计和液压测力计等。可根据使用条件、精度要求和经济条件合理选择。

随着岩体锚固工程技术的发展,用环式测力计量测岩体锚固载荷的大小和变化越来越被各工程所重视。国内许多重大工程采用岩锚技术,载荷已由 1 000 kN、3 000 kN 发展到 10 000 kN以上,岩锚载荷的观测方法已达到规范化、系列化,也积累了不少资料和经验。

工程应用方面,早在 20 世纪 60 年代,梅山水库用岩锚加固坝基时就采用过环式测力计进行施工监测和长期观测。以后在双牌、丰满、葛洲坝和白山等工程都先后用环式测力计观测了岩锚的载荷。三峡工程永久船闸高边坡在开挖过程中,使用了3 500多根预应力锚索来加固岩体,用以观测锚索载荷变化的锚索测力计数量达70多个。

(1)轮辐式测力计(见图8-39)。轮辐式测力计是在轮辐上安装差动电阻应变计、粘贴应变片或固定钢弦应变计。粘贴应变片时,外壳应密封,内充保护液体(如变压器油),这样就可在恶劣环境下长期稳定工作,与相应的仪表或计算机配合使用,可自动显示、记录、定时发讯、过载报警等。这种测力计是目前各种类型中最好的一种,它可在恶劣的环境中,以及偏载下长期工作。也适合于遥测,而且其高度比其他类型小。但轮辐式测力计的设计复杂,加工难度大,要求高,因此成本也高,适合于安装在关键部位和长期观测。

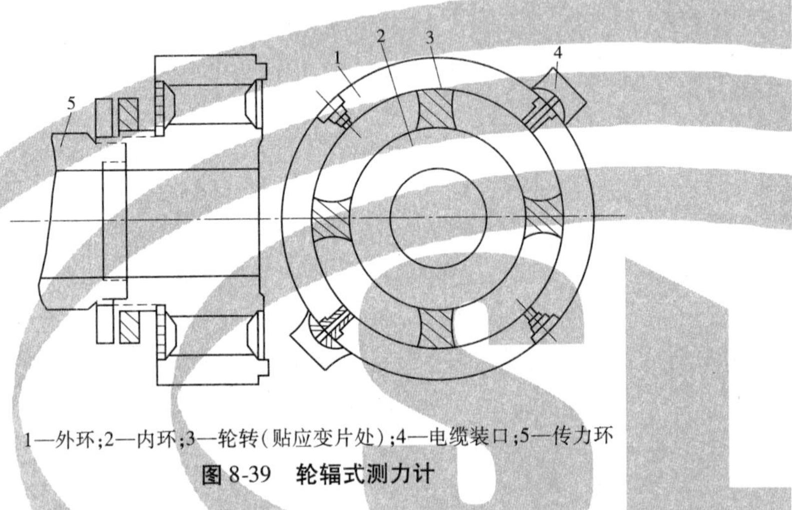

1—外环;2—内环;3—轮转(贴应变片处);4—电缆装口;5—传力环

图8-39 轮辐式测力计

(2)环式测力计。由工字型钢环形成缸体,在环内4个对称位置安装4个应变计。如果安装的是差动电阻应变计,则称为应变式测力计,如果安装的是钢弦应变计,则称为钢弦应变计式测力计,图8-40即为钢弦应变计式测力计,这种测力计的特点是,应变计传

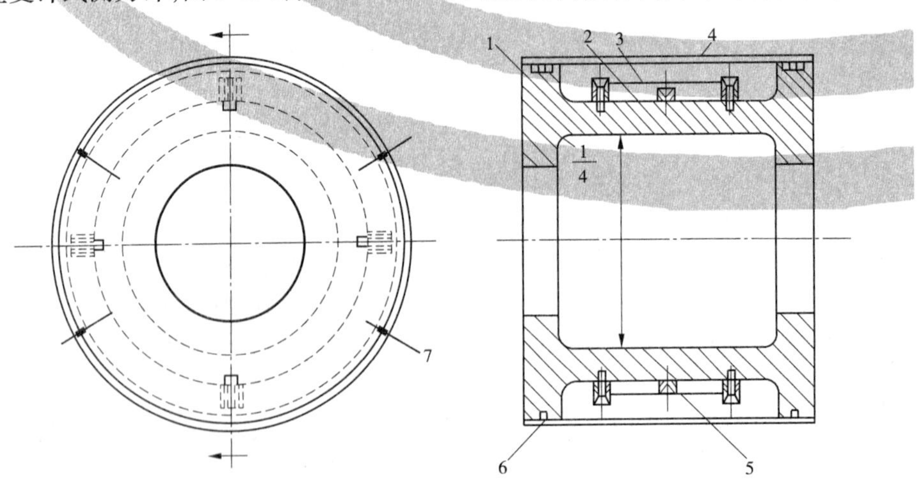

1—荷载传感器缸体;2—缸体的四个磨平面;3—钢弦;4—外罩;5—磁体;6—"O"形环;7—平头螺钉

图8-40 钢弦应变计式测力计

递的遥测系统读数信号易于调节,而且调节装置比较简便,能在恶劣环境下很好地工作,因此可供长期观测使用,价格也比较便宜。

(3)液压测力计(见图8-41)。这种测力计是由有压力表的充油密闭压力容器组成。其特点是可通过压力表直接读出压力值。它体积小、重量轻,除压力表外其他仪器不易损坏。这种仪器加工较容易,在温差为±20 ℃范围时的测量误差只有1.2%,且对偏载的适应性强。

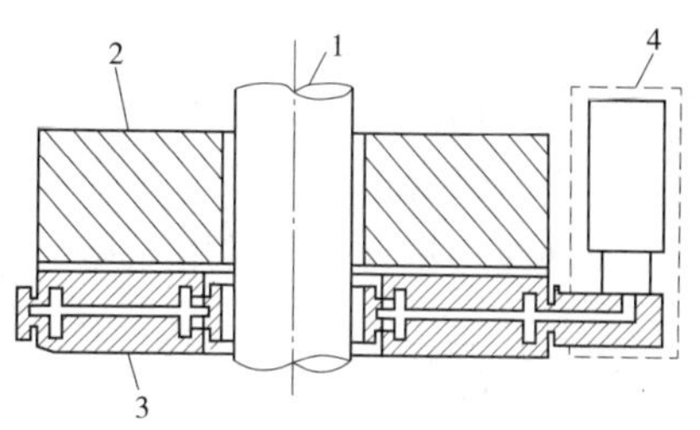

1—锚索;2—均衡垫圈;
3—盛有液体的高压容器;4—压力表

图8-41 液压测力计断面

部分环式测力计见图8-42。

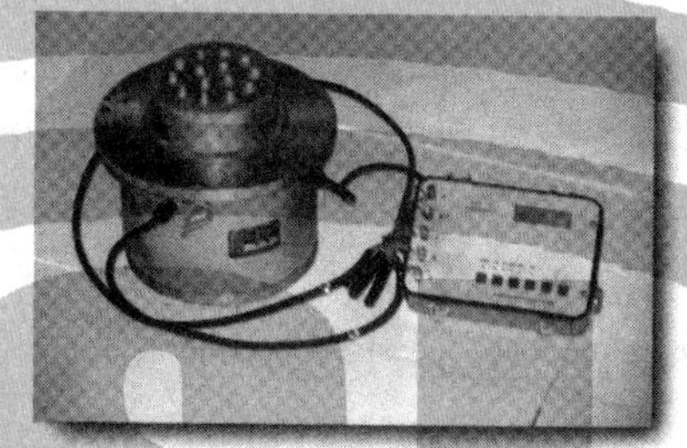

(a)电阻式锚束测力计(柳州建筑机械厂)

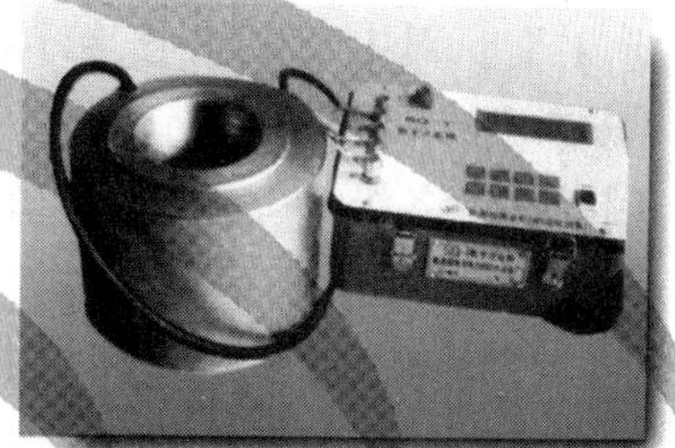

(b)MS-S型锚束测力计(南京电力自动化厂)

(c)4900系列振弦式锚索测力计
(美国GEOKON公司)

(d)JXL-4型荷载传感器
(丹东市电器仪表厂)

图8-42 部分环式测力计

二、观测布置原则

(1)测力计吨位大小应与锚索所施加的预应力吨位大小相适应。

(2)测力计安装的数量应视工程的重要性来决定。重要工程或部位,其数量为锚索根数的1/10,一般为1/20。

(3)观测锚索的布置应根据总体锚固设计进行,对于有特殊要求的部位,则另行布置。

三、主要仪器设备

(1)各种类型的环式测力计,有轮辐式、应变计式、钢弦式和液压式等。

(2)率定装置,包括相应量程的压力机和标准测力计。

(3)其他设备,包括以下部分:

①符合测力计要求的电缆;

②传力板;

③惠斯登电桥、兆欧表、万用表等;

④其他零星材料和常用工具。

四、观测程序

(一)测力计率定

选择与锚索或锚杆吨位相应的环式测力计和标准测力计、压力机、读数装置,并连接导线。

(1)根据测力计工作特点,选择合适的测力计前后传力板。将测力计及传力板一起放置于压力机上,对中安装,并连接好测试线路。

(2)将预定的最大率定载荷分为7~10级,逐级加载至预定载荷,然后逐级卸载,重复进行三次,测读各级载荷下的读数值。在同级载荷下,测力计三次率定的差值不应大于测力计满量程的1%。

(3)将测力计依次水平转动90°、180°、270°,分别重复上述过程。根据观测记录,绘出载荷P与应变ε(或频率f)的关系曲线(见图8-43)。如果在各级载荷下,三次测试结果,其差值不超过测力计满量程的1%,则认为这项率定有效,否则应重新率定或更换测力计。

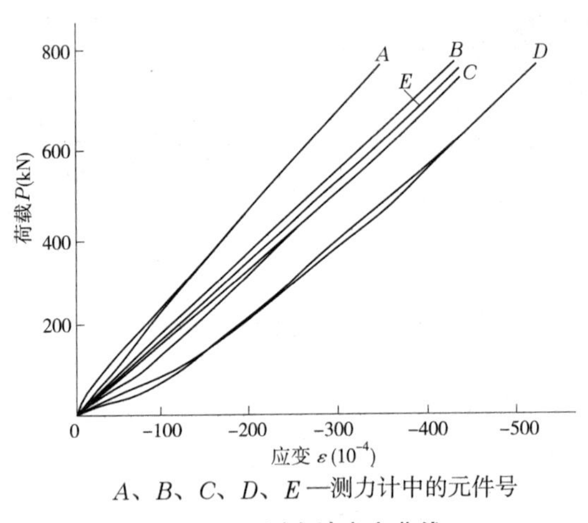

A、B、C、D、E—测力计中的元件号

图8-43 测力计率定曲线

(4)率定时的最高载荷应为该测力计的设计最高载荷,并要求在此载荷下,能在弹性范围内长期工作。此载荷中包括了考虑锚索自身的徐变和岩体压缩变形造成预应力损失而超张拉的10%~15%。由于锚索经常是在这个载荷下工作,测力计的精度也应在这个载荷下保证达到满量程的1%。锚索载荷值可直接从率定曲线查得或通过计算得到。

(5)量测值的温度校正。测力计的所有测量元件都是用钢制造的,因此率定曲线受温度变化影响。在现场实测时,应以率定时的温度值为标准,进行温度修正。

（二）安装

（1）应在锚索或锚杆内锚段及锚孔孔口支承墩达到设计强度后安装测力计，并对锚索或锚杆实施张拉。

（2）在观测锚索或锚杆孔孔口钢垫板上用点焊固定测力计垫板。测力计平面应与钻孔轴线垂直，测力计垫板孔中心应与锚索或锚杆孔轴线重合，允许偏差为 ±5 mm。

（3）安装环式测力计或带专用传力板的测力计，应在测力计外侧安装传力板。

（4）安装工作锚板、锁定螺母（锚塞或夹片）、限位板、千斤顶、工具锚及张拉锁定夹片。

（5）测力计垫板与工作锚板应平直光滑，与测力计上下面紧密接触，并具有足够的刚度。

（6）施工观测的锚固张拉测力计应安装在工作锚板的外侧。

（7）在施工安排上应优先使用张拉观测锚索或锚杆。

（三）张拉与观测

（1）在锚索施工时，首先张拉观测锚索。施加预应力前反复测读，当连续三次读数差不超过测力计满量程的 2% 时，取其平均值作为初读数。

（2）为充分发挥锚索预应力作用，应采用分级张拉程序，一直达到超张拉载荷（超过设计载荷的 10%）。在各级载荷下每当张拉观测锚索附近的锚索时，都应测读测力计载荷的变化值。

（3）长期观测用的锚索载荷观测，锁定后每天测读一次，待载荷基本稳定后，可根据稳定情况延长观测间隔时间。

（4）当预应力损失大，达不到设计载荷而需要补偿张拉时，张拉和锁定后均应按上述要求观测。

（5）当外载发生变化，如在地下洞室，掌子面前移时；对于坝体，库水位发生变化时；对于岩体边坡，地下水位剧烈变化或有下滑迹象时；对于一般水工建筑，在正式运行前后，都应加密观测次数。

（6）将观测读数按记录表格要求，及时填写并分析数据的可靠性和合理性。

五、成果整理

（1）观测锚索或锚杆张拉完成后，应在 24 h 内对原始数据进行校对、整理和绘图。遇有异常读数，应及时分析原因，并采取补救措施。

（2）根据所用测力计的载荷值计算方法计算实际载荷值。

（3）绘制测力计载荷 P 与张拉千斤顶出力关系曲线。

（4）根据锁定前后的观测值，计算载荷锁定损失。

（5）绘制测力计载荷 P 与时间 t 关系曲线，如图 8-44 所示。

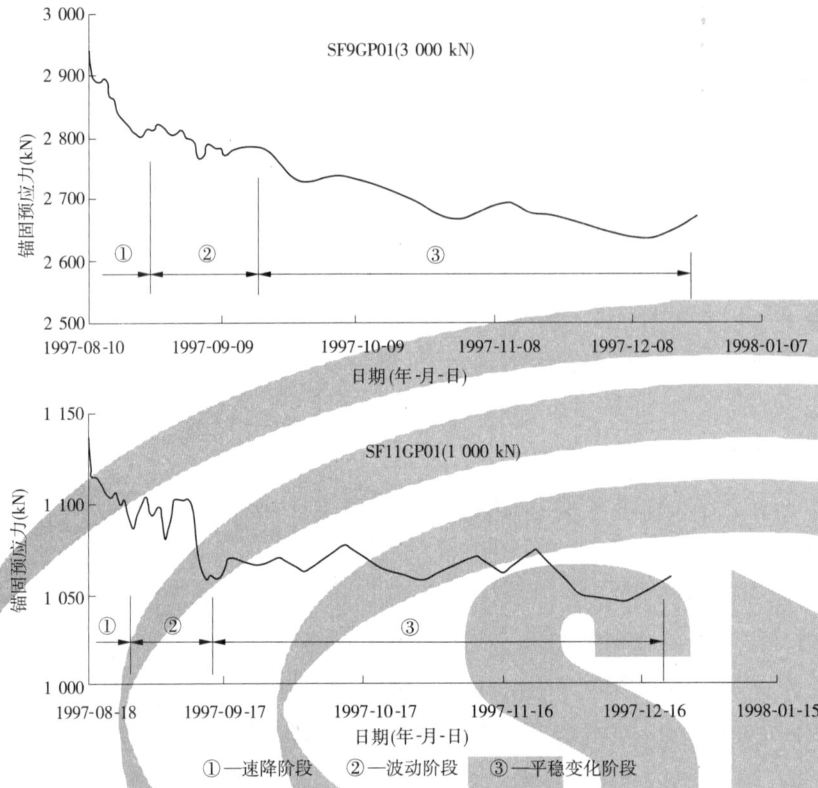

①—速降阶段　②—波动阶段　③—平稳变化阶段

图8-44　锚索锚固预应力变化历时曲线

第八节　岩体锚杆应力观测

一、基本原理

岩体锚杆应力观测是当采用锚杆加固地下洞室围岩、岩体边坡和基础等工程时,在锚杆上焊接锚杆应力计等测量设备,与锚杆一起埋进岩体中,和锚杆一起变形,由此测得锚杆一段长度内的平均应变,经计算获得钢筋锚杆所受轴力,实现对锚固力的大小及其变化进行的观测。观测目的是了解岩体锚杆的加固效果,监测岩体的稳定性,为修改设计和指导施工提供现场观测数据。

常用的锚杆应力计有差动电阻式和钢弦式两种,见图8-45。两种锚杆应力计的工作原理与岩体应变观测中差动电阻应变计和钢弦应变计基本相同。不同之处是,锚杆应力计与受力钢筋对焊后连成整体,当锚杆受到轴向拉力时,钢套就产生拉伸变形,与钢套连在一起的感应件跟着拉伸,使电阻比(差动电阻式)或钢弦自振频率(钢弦应力计)发生变化,由此获得轴向力的变化。

岩体工程中,锚杆加固是岩体喷锚支护的主要手段。喷锚支护作为新奥法施工的主体内容目前在国内外岩体工程加固中得到广泛应用和重视。通过进行岩体锚杆应力观

测，一方面，可以观测锚杆受力变化情况；另一方面，还可以根据锚杆受力变化大小，反映岩体变形稳定情况以及支护是否合理，反馈设计并指导施工。

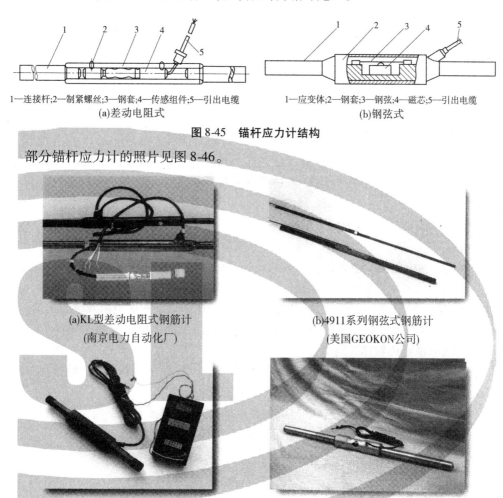

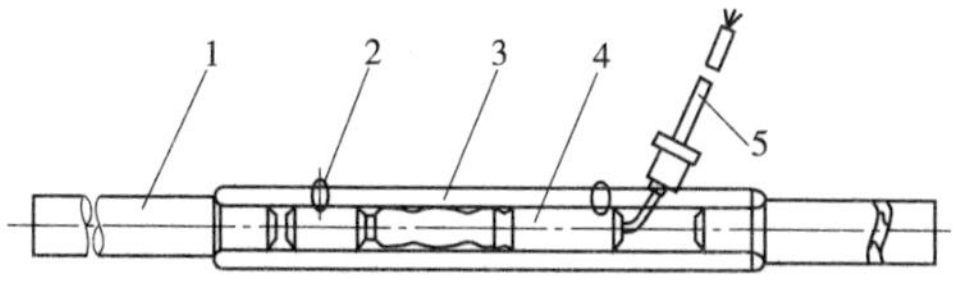

1—连接杆;2—制紧螺丝;3—钢套;4—传感组件;5—引出电缆
(a)差动电阻式

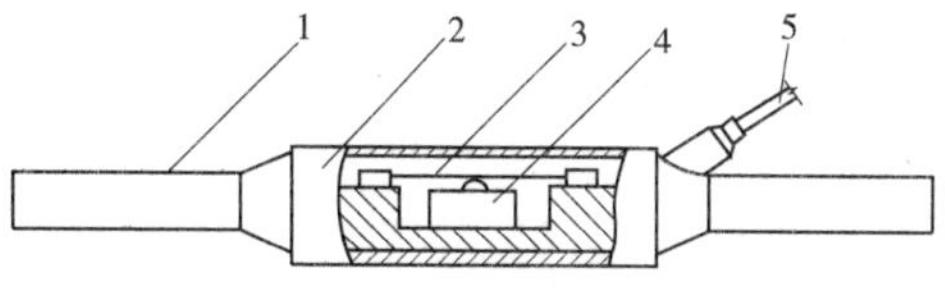

1—应变体;2—钢套;3—钢弦;4—磁芯;5—引出电缆
(b)钢弦式

图 8-45　锚杆应力计结构

部分锚杆应力计的照片见图 8-46。

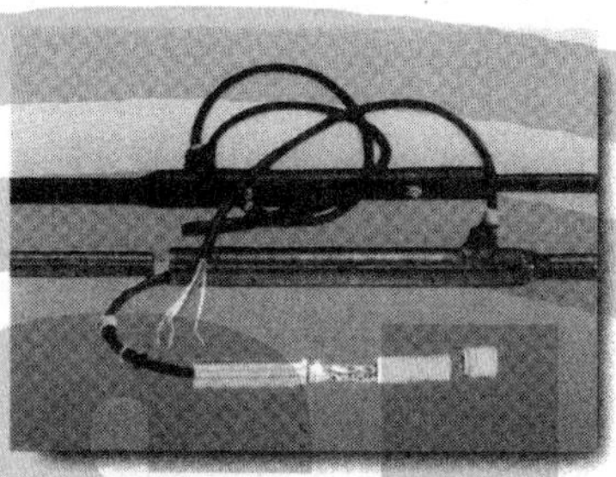

(a)KL型差动电阻式钢筋计
(南京电力自动化厂)

(b)4911系列钢弦式钢筋计
(美国GEOKON公司)

(c)LKX系列钢弦式钢筋(锚杆测力)计
(昆明捷兴公司)

(d)JXG-1型钢弦式钢筋计
(丹东市电器仪表厂)

图 8-46　部分锚杆应力计的照片

二、观测布置

（1）观测锚杆的布置应根据锚固设计及工程需要确定。

（2）根据工程设计要求和地质条件布置观测点，其数量应为工程锚杆数量的 3% ~ 5%。

（3）锚杆应力计应布置在岩体应力变化较大的部位，通常布置在距岩体表面 2 ~ 3 m 处的岩体内。

（4）需要了解锚杆轴向应力分布时，沿锚杆轴向布置应力计的数量不宜少于 3 支。

三、主要仪器和设备

(1)造孔机具。

(2)锚杆应力计及读数仪。

(3)率定装置。

(4)电缆及其保护装置。

(5)硫化设备。

四、观测准备

(1)率定锚杆应力计。选择吨位适宜的压力机逐级加载,测读每级载荷下的锚杆应力计的电阻值及电阻比值,每级载荷下,三次测试结果的差值不应超过锚杆应力计满量程的1%。

(2)对锚杆应力计进行温度影响系数率定:

①将锚杆应力计置于温度率定槽中,加入水并加入冰块,使水温降至零摄氏度,每隔15 min读记一次电阻值及电阻比值,当相临三次测试结果的差值不超过锚杆应力计满量程的1%时,取其稳定读数作为初始值。

②启动加热装置给率定槽加温,水温每增加5~10 ℃读记一次电阻及电阻比值,直至达到预测工程部位的最高温度时,连续测读三次测试结果的差值不应超过锚杆应力计满量程的1%,取稳定读数作为终值。

③锚杆应力计的电缆线应视安装要求适当加长,电缆线的连接应防止脱焊、假焊,电缆线各芯的绝缘度应大于50 MΩ,然后进行密封硫化处理。

④按设计要求裁截锚杆钢筋,并与应力计对焊,应力计焊接应与钢筋保持在一条直线上,并防止焊接时高温对应力计传感器的影响。

五、锚杆应力计埋设

(1)在预埋部位按要求钻孔,孔深应符合设计要求,孔径尺寸应与应力计的外形尺寸相匹配。

(2)组装锚杆应力计,将锚杆应力计裹上胶带,并做好电缆线的保护。

(3)检查电阻值、电阻比及绝缘度等各项数据。

(4)安装前检查钻孔的通畅情况。

(5)插入观测锚杆并注浆,注浆应密实。

(6)设置观测站,做好警示标志并对电缆进行保护。

六、观测及稳定标准

(1)安装初期宜每天观测1~2次,连续测读5~7 d,每次观测读数2次,当相邻两次读数值差小于满量程的1%时,取其算术平均值为稳定读数值。

(2)正常观测期,每周观测1~2次。发现异常情况,应适当增加观测次数。

(3)观测记录应包括工程名称、岩石名称、观测锚杆位置及编号、应力计编号、率定资

料、电阻值及电阻比值、观测人员、观测日期等。

七、成果整理

(1)在 24 h 内对原始数据进行校对、整理。

(2)绘制温度 T 与时间 t 的关系曲线。

(3)绘制应力 σ 与时间 t 的关系曲线,见图 8-47。

(4)根据锚杆应力计率定资料,计算实际载荷值和应力值。

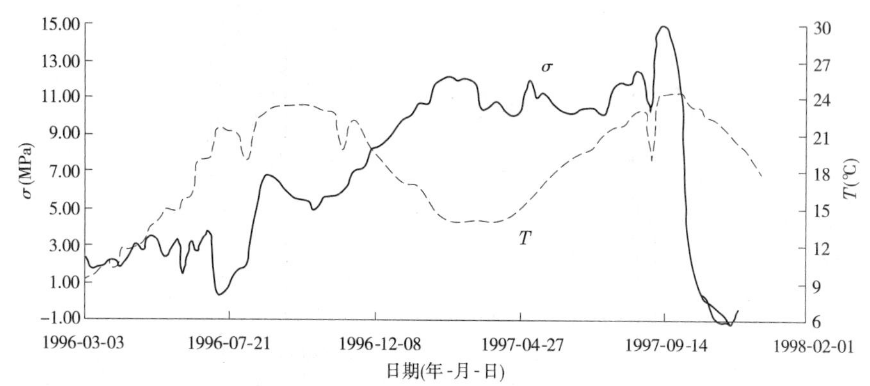

图 8-47　锚杆应力计观测曲线

第九节　岩体渗压观测

一、基本原理

岩体渗压观测是以工程范围内岩体地下水渗流压力或地下水位为观测对象的一种岩体原位观测。主要观测内容包括地下水位的升降、变化幅度及其与地表水、大气降水的关系等的动态关系,施工或环境条件的改变造成的岩体地下水压的变化以及对岩土工程的影响。

地下水或岩体渗透压力问题是影响坝基、边坡及洞室等工程中岩体稳定问题的主要因素之一。混凝土大坝基岩渗压观测早已是大坝安全监测中的主要内容。在《土石坝安全监测技术规范》(SL 551—2012)中,也把渗压观测作为土石坝安全监测的主要内容。加拿大矿物和能源技术中心编写的《边坡工程手册》中,把岩体渗压观测作为边坡安全监测的主要内容。国内除大坝安全监测中列有岩体渗压观测内容外,在边坡工程(包括滑坡)安全监测中,岩体中地下水的观测已作为边坡安全监测的主要内容。

岩体渗压观测的主要仪器是测压管和渗压计。

测压管主要由测压管花管段、导管、管箍及上部盖帽等组成,如图 8-48 所示。其导管由内径为 25 ~ 50 mm 的塑料管或内壁光滑的镀锌钢管加工制成。花管段通过在管壁上钻孔径为 4 ~ 6 mm 的系列小孔形成。

测压管内的水位由电测水位计或沉放测锤直接测定。当测压管内水压过大时,可在测压管顶端安装压力表测量。测压管测量岩体渗透压力的主要特点是,测量构造简单、观

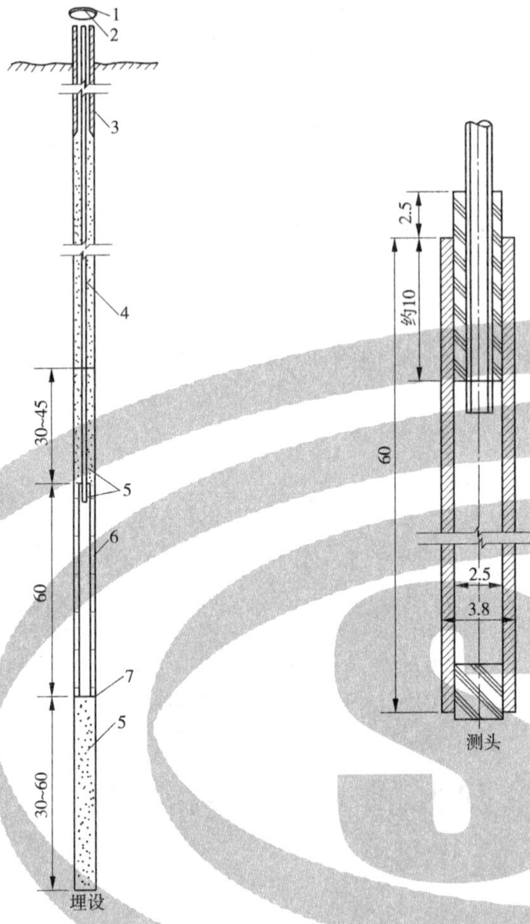

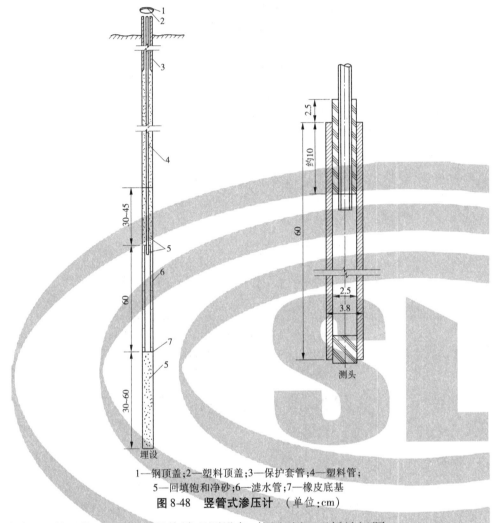

1—钢顶盖;2—塑料顶盖;3—保护套管;4—塑料管;
5—回填饱和净砂;6—滤水管;7—橡皮底基

图8-48　竖管式渗压计　(单位:cm)

测方便、测值可靠、无需复杂的终端观测设备、使用耐久、无锈蚀问题。

渗压计主要有差动电阻式渗压计和钢弦式渗压计等类型。

差动电阻式渗压计的工作原理是,渗透水流通过进水口经透水石作用于感应板上,使其变形并推动传感器,引起感应组件上两组钢丝电阻变化,测出电阻比值和电阻值,就可计算出埋设点的渗透压力。渗透差动电阻式渗压计主要由前盖、透水石、弹性感应板、密封壳体、传感部件及引出电缆等组成。传感部件为差动电阻式感应组件。图8-49为差动电阻式渗压计结构示意图。

差动电阻式渗压计长期稳定性好,有长期运行记录。其结构牢固,不受埋设深度影响,施工干扰小,能实施遥测自动化,读数方便,并能兼测温度。

钢弦式渗压计将一根振动钢弦与一灵敏受压膜片相连,当渗透水压力经透水板传递至仪器内腔作用到承压膜时,承压膜连带钢弦一同变形,测定钢弦自振频率的变化,即可把液体压力转化为等同的频率信号测量出来。钢弦式渗压计由透水板(体)、承压膜、钢弦、支架、线圈、壳体和传输电缆等构成。图8-50为钢弦式渗压计结构示意图。

钢弦式渗压计读数方便,维护简易,响应快,灵敏度高,能测负空隙压力,能实施遥测自动化,输出频率信号可长距离传输,电缆要求低,使用寿命长。

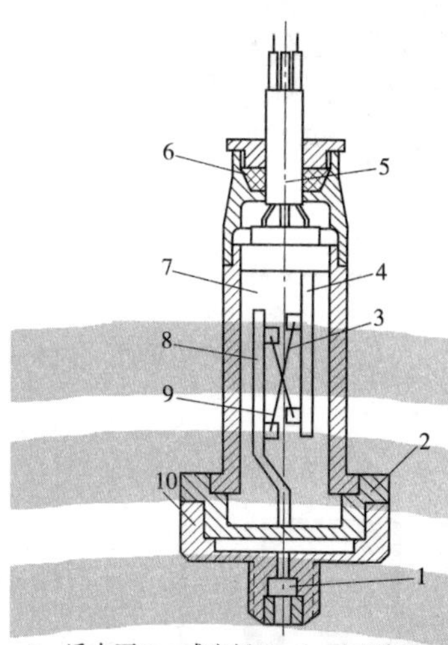
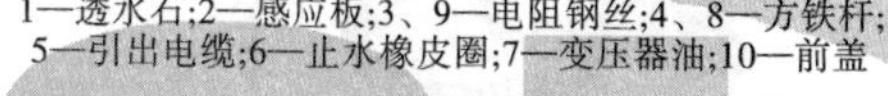

1—透水石;2—感应板;3、9—电阻钢丝;4、8—方铁杆;5—引出电缆;6—止水橡皮圈;7—变压器油;10—前盖

(a)南京电力自动化厂SG型孔隙压力计

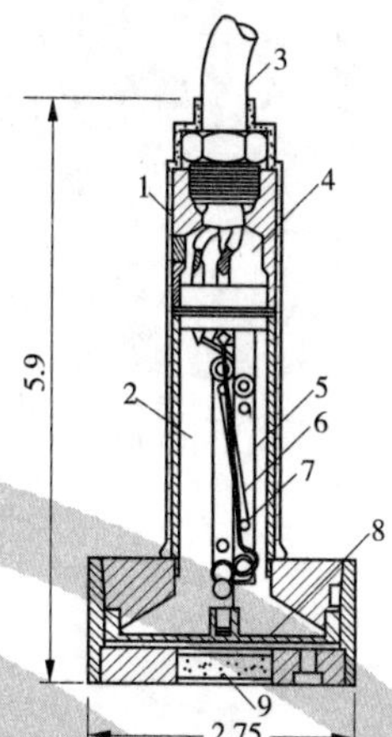

1—泡沫橡胶;2—油;3—电缆引线;4—止水材料;5—应变单元;6—弹性弦;7—陶瓷线轴;8—内部薄膜;9—多孔不锈钢

(b)RST公司孔隙水压计

图 8-49　差动电阻式渗压计结构

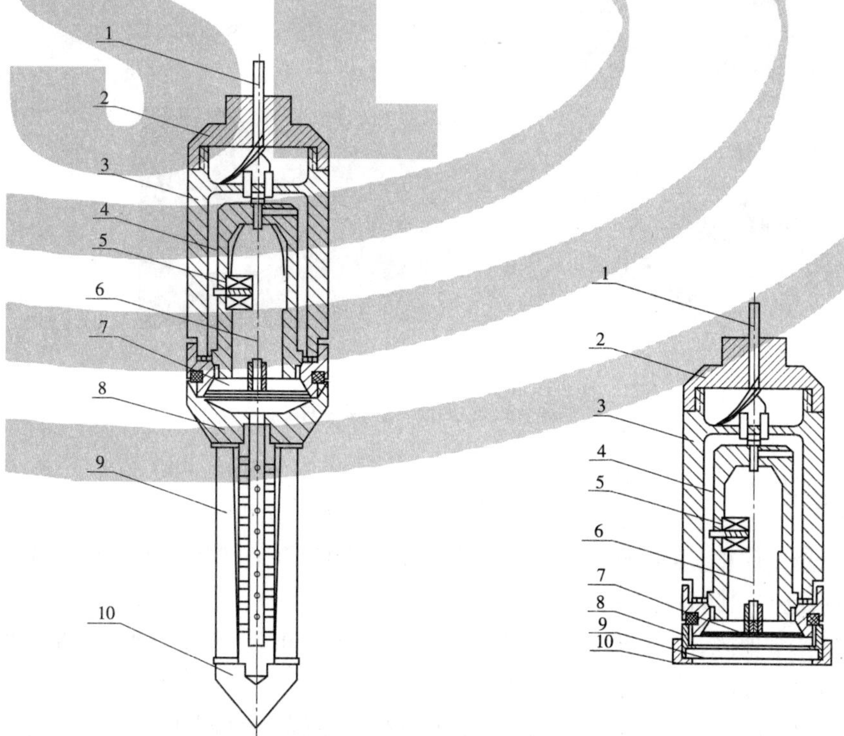

1—屏蔽电缆;2—盖帽;3—壳体;4—支架;5—线圈;6—钢弦;7—承压膜;8—底盖;9—透水体;10—锥头

(a)钻孔埋入式　　(b)填方埋入式

图 8-50　钢弦式渗压计结构

各种类型的渗压计实物照片如图8-51所示。

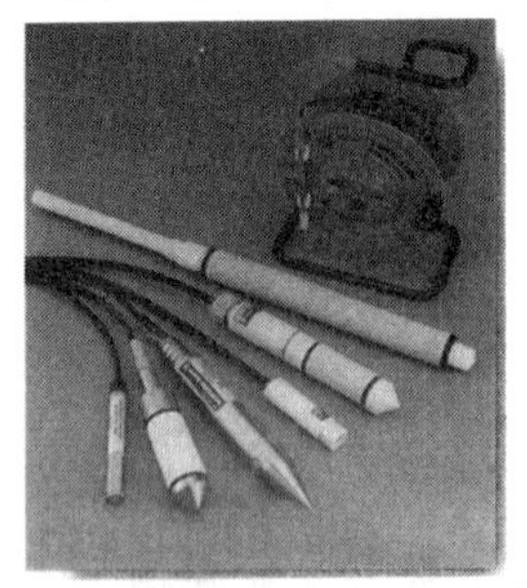

(a)钢弦式系列渗压计和水位计
(美国SINCO公司)

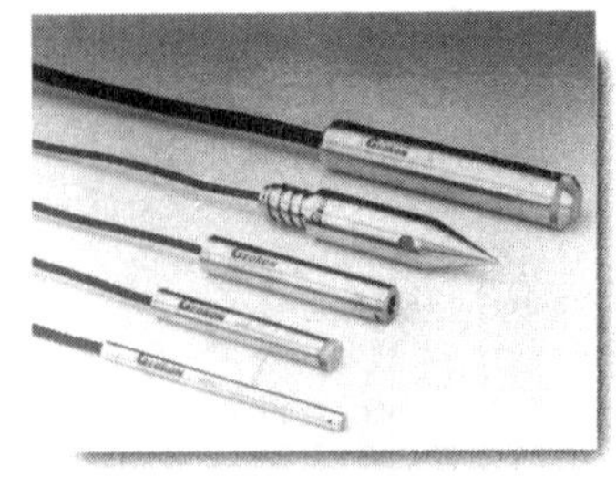

(b)4500系列钢弦式渗(扬)压力和压力传感器
(美国GEOKON公司)

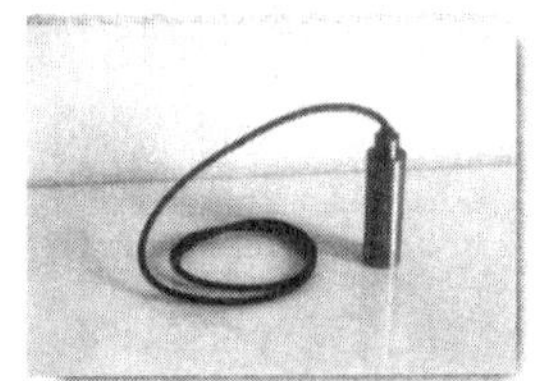

(c)SDS系列型钢弦式孔隙水压力计
(渗压计)(昆明捷兴公司)

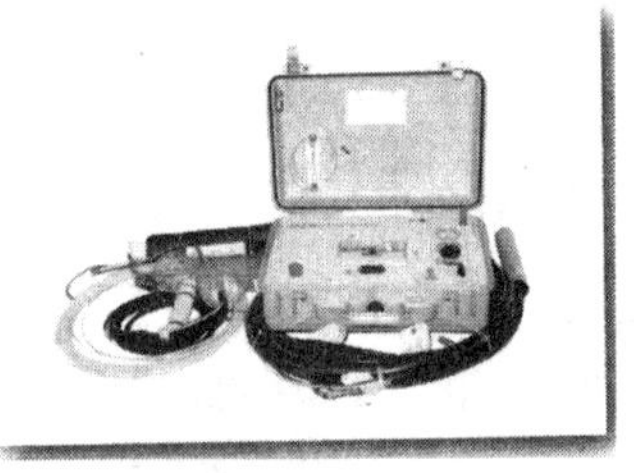

(d)气压式渗压计(美国SINCO公司)

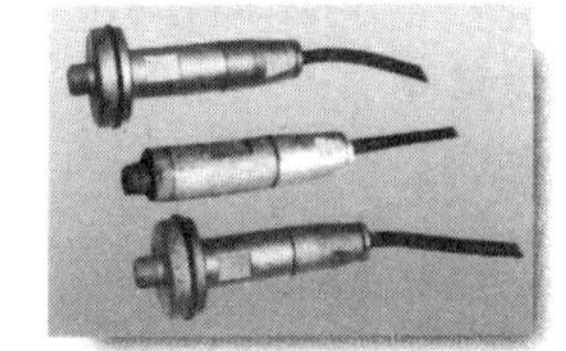

(e)SZ型差动电阻式孔隙水压力计
(南京电力自动化工厂)

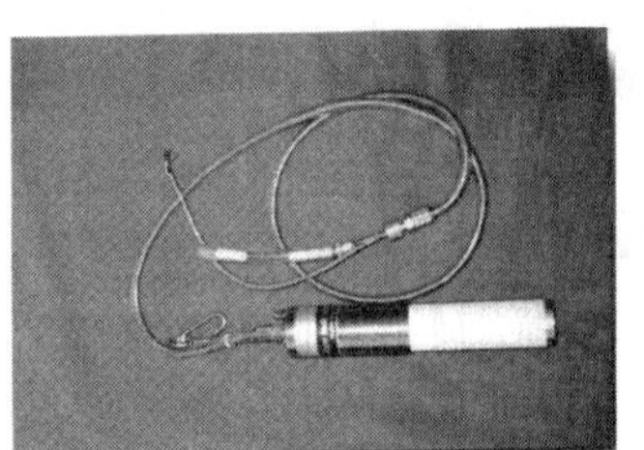

(f)钢弦式水位计(美国SINCO公司)

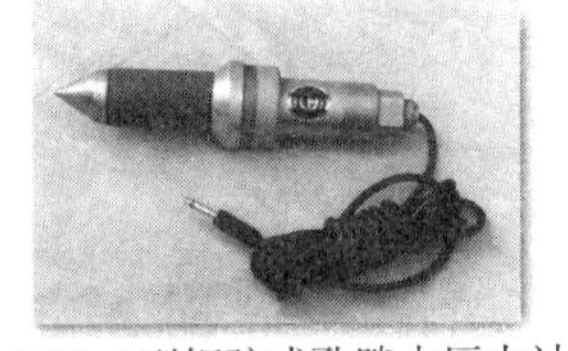

(g)JXS-2型钢弦式孔隙水压力计
(丹东市电器仪表厂)

图8-51　各种类型的渗压计实物照片

二、观测布置

(1)在地质条件简单、地形平缓开阔的地区,观测孔可按方格网状布置。观测线应平行或垂直地下水流向,其间距不宜大于400 m。

(2)在地形狭窄地区,当无地表水时,观测孔可按三角形布置;有地表水时,观测线应垂直地表水的岸边线布置。

(3)水位变化大的地段、上层滞水或裂隙水聚集地带,应布置观测孔。

(4)有多层含水层时,可分层设置观测孔或同一测孔中分层设置观测段。

(5)岩体地下水位动态观测可利用已有的水井、地下水的天然露头、钻孔或探井直接进行。

(6)地下水渗透压力观测应采用渗压计或钻孔测压管。当采用渗压计观测时,所选用的渗压计量程应与岩体中预测的渗透压力大小相匹配。

三、主要仪器和设备

(1)测压管和渗压计。
(2)钻孔设备。
(3)钻孔压水试验设备。
(4)灌浆设备。
(5)仪器率定装置。

四、观测准备

(1)在选定的观测地段,按要求的孔径和深度造孔。对岩体中控制性结构面进行渗压观测时,测孔深度应超过结构面 0.5 ~ 1 m。钻孔铅直度应满足设计要求。

(2)记录钻进过程中涌水及塌孔等异常情况,并对钻孔岩芯进行描述,确定主要结构面位置。

(3)宜采用钻孔压水试验检测钻孔孔壁岩体透水性,可在钻孔中每隔 5 m 选取一个压水试验段。

(4)检查观测系统的各部分组件和仪器。

(5)渗压计在埋设前,应进行室内检验、率定、钢膜片涂油、电缆接长和仪器充分预饱和等准备工作。

五、测压管埋设

测压管的埋设示意见图 8-52。

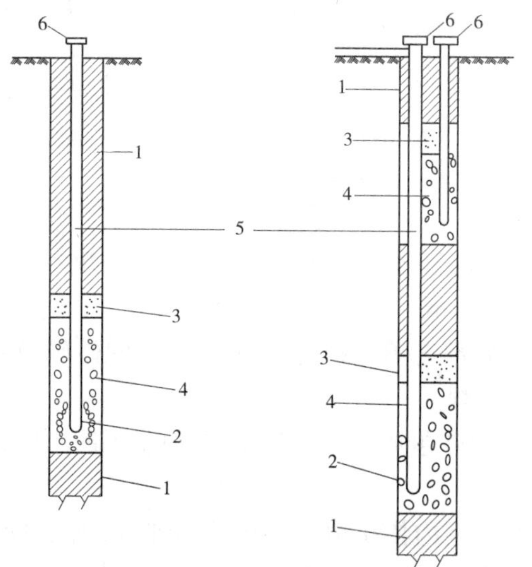

1—水泥砂浆或水泥膨润土浆;2—有孔管头;3—细砂;4—砾石反滤料;5—聚氯乙烯管;6—管盖

(a)管式测压管　　(b)多管式测压管

图 8-52　测压管埋设

(1)测压管可选用金属管或塑料管,其内径不宜大于60 mm。测压管进水花管段长宜为1~2 m。进水花管段下端应有管端帽盖封闭。

(2)渗压观测孔孔径为110~150 mm。观测孔进水段应位于透水岩体中,进水段长度宜大于3 m。

(3)在观测孔进水段底部充填粒径为10~20 mm砂砾石垫层,厚度不宜小于30 cm。

(4)将测压管下部进水花管段和导管依次连接放入孔内,使花管段底部位于砂砾石垫层上。各管段应连接严密,吊系牢固,保持管身顺直。

(5)在测压管进水花管段范围内填入粒径为10~20 mm的砂砾石,再填入不小于100 cm厚的细砂,细砂的上部注入水泥浆或水泥膨润土浆。

(6)当观测孔进水段可能产生塌孔或管涌时,测压管花管段外部应有反滤设施。所使用的反滤设施在满足透水的情况下,应能防止测孔周围细颗粒进入测压管。

(7)一孔多管式测压管的埋设方法应符合本条(1)~(5)款规定。测孔孔径应根据埋入测压管的根数确定。相邻测压管测试段间应封闭隔离。

六、渗压计埋设

渗压计埋设示意如图8-53所示。

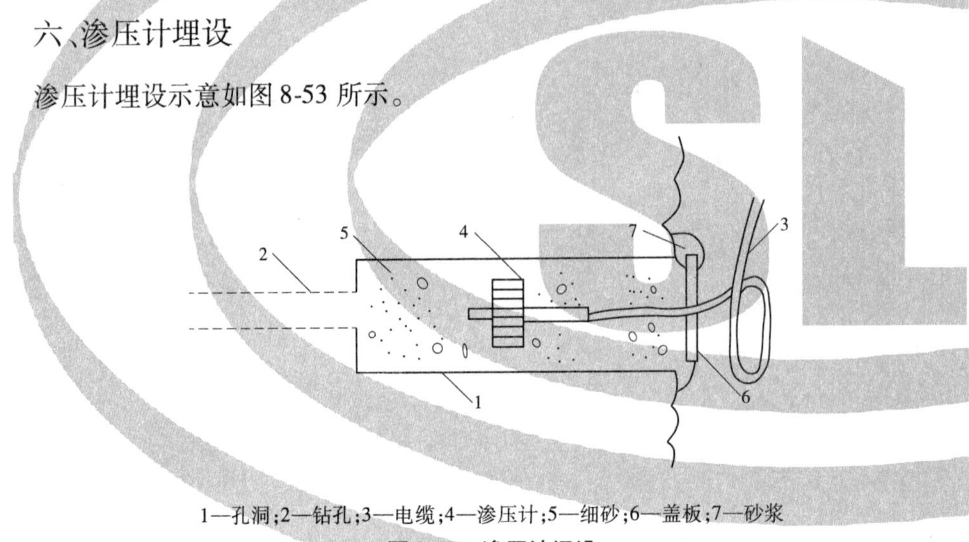

1—孔洞;2—钻孔;3—电缆;4—渗压计;5—细砂;6—盖板;7—砂浆

图8-53 渗压计埋设

(1)根据渗压计外形尺寸和埋设要求确定钻孔孔径大小。观测孔进水段应位于透水岩体中,进水段长度宜大于3 m。

(2)在观测孔进水段底部充填粒径为10~20 mm的砂砾石垫层,厚度不应小于30 cm,再填入中粗砂至设计高程。

(3)将装有渗压计的细砂包放至已充填中粗砂的顶部。渗压计在放入和定位过程中,应检查仪器的灵敏度。

(4)在渗压计测试段范围内依次填入中粗砂和细砂,细砂的厚度不宜小于100 cm。然后注入水泥浆或水泥膨润土浆。

(5)同一钻孔中安装多支渗压计时,埋设方法应符合本条(1)~(4)款的规定。各渗压计的安装和注浆应分别进行,相邻渗压计之间应封闭隔离。

七、观测及稳定标准

(1)无压测压管管内水位可采用电测水位计进行观测。观测管内水位时,每次观测读数不少于两次,当相邻两次读数之差不大于1 cm时,取其算术平均值为稳定读数值。

(2)有压测压管可采用安装在测压管孔口的压力表进行观测。根据管口可能产生的最大压力值选用压力表。压力表精度不宜低于0.5级。

(3)利用渗压计进行观测时,每次读数不少于两次,当相邻两次读数差不超过仪器的精度值时,取其算术平均值为稳定读数值。

(4)测压管和渗压计安装完成后,应每天观测一次。5~7 d后,可根据岩体渗透压力变化速率或设计要求确定观测时间间隔。

(5)观测记录应包括工程名称、岩石名称、仪器类型、测试段位置及编号、安装时间、渗压计率定资料、观测值、观测人员、观测日期等。

八、成果整理

(1)根据测压管读数和孔口高程计算岩体测试段地下水位。

(2)对渗压计观测,可根据渗压计室内率定结果、渗压计读数和渗压计埋设高程计算测试段岩体渗压大小或地下水位高程。

(3)绘制测试段岩体地下水位H和渗透压力P随时间t的变化曲线。

(4)条件允许时还应记录与岩体渗压变化或岩体地下水位变化密切相关的地表降水资料,绘制地表降水与时间的动态变化曲线以及地下水等水位线图。

第十节　岩体声波观测

一、基本原理

在水利工程建设中,无论是地下洞室开挖还是高边坡的开挖,围岩在受开挖爆破动荷作用以及开挖所造成的岩体应力条件变化,使岩体应力发生重分布,其结果将在围岩中产生一层具有一定厚度的松动圈,松动圈中的岩体力学性状也将随之变差。这一松动圈的存在对工程稳定安全造成不利影响。松动圈的厚度及其岩体力学性状的降低程度不仅与围岩岩性、围岩中地质构造的发育程度有关,而且还与开挖施工工艺等因素有关,而且围岩松动圈的厚度以及围岩力学性状的变差程度在整个施工过程中会发生变化。另外,由于围岩松动圈的存在,对工程安全构成威胁。因此,开展对围岩松动圈厚度的观测,可为围岩加固处理设计提供依据,对确保工程安全是十分必要的。

利用声波测试技术对围岩进行施工期长期观测,可监控围岩松动圈厚度以及围岩力学性状的变化趋势,并及时为围岩加固处理方案的选择提供依据。岩体声波观测是一种十分有效的工程岩体观测手段。

二、观测孔布置

(1)根据工程规模、地质条件、施工方法,选择有代表性的断面,确定每个断面上的观测孔数。

(2)观测孔的深度应超出应力扰动区,观测孔的方位应根据观测目的和地质条件确定。

(3)根据需要可布置单孔测试或孔间穿透测试,必要时可预埋换能器。

(4)用于孔间穿透测试的两个观测孔轴线宜在同一平面内且相互平行。

三、主要仪器和设备

(1)岩石声波参数测定仪。

(2)发双收换能器。

(3)增压式柱状换能器。

(4)供水和止水设备。

(5)带刻度的撑杆。

(6)钢卷尺、测绳。

四、观测准备

(1)将钻孔冲洗干净,校对孔位,检验孔深,注满清水。

(2)进行孔间穿透测试时,测量两孔口中心点的距离,测距相对误差应小于1%;当两孔轴线不平行时,应测量钻孔的倾角和方位角,计算不同深度处两测点间的距离。

(3)当采用水耦合时,对向上倾和漏水严重的测孔,应采用有效的供水和止水措施。

(4)对需要重复观测的观测孔应采取保护措施。

(5)对岩石声波参数测试仪进行校验。

五、观测及稳定标准

(1)声波参数测试仪应处于正常工作状态。

(2)将换能器用带刻度的撑杆准确地推至测点位置,待接收到的波形稳定后,调节时标至纵波初至位置,测读纵波传播时间。

(3)观测时换能器每次移动距离宜为0.2 m。

(4)每一测点重复两次读数,对异常测点必须测读三次,取相邻两次读数的算术平均值为稳定读数值。

(5)在施工和运行过程中需要进行重复观测的测孔,每次测试时测距相对误差应小于1%,走时相对误差不应大于2%,纵波速度 v_p 值的累计误差不应大于3%。

(6)根据设计要求确定观测时间间隔,施工期宜每月1~2次;工程运行期,可根据工程需要调整观测时间间隔。

六、成果整理

(1)绘制波速 v_p 沿钻孔深度 h 的分布曲线。

(2)绘制各测点波速 v_p 随时间 t 的变化曲线。

(3)对于灌浆处理的岩体,绘制灌浆前后岩体波速 v_p 沿孔深 h 的分布曲线。

七、关键技术问题

在工程岩体声波观测方法中的关键技术问题,除岩体声波测试的关键技术问题外,还有以下两方面的内容:

(1)在进行岩体声波原位重复测试时,保证测点位置的重复性是保证岩体声波原位观测成果质量的关键,在实际岩体声波观测中,应采用钢性撑竿来固定发射器和接收换能器;

(2)在采用预埋换能器进行长期岩体声波观测时,应对预埋换能器进行防水处理,以保证埋设换能器的长期有效性。

八、工程应用实例

(一)围岩稳定监测

清江隔河岩导流隧洞从进口至出口先后经过寒武纪中统上峰尖组、红溪组白云质灰岩,下统平善坝灰、页岩互岩,石龙洞灰岩,以及石牌页岩夹粉砂岩。灰岩岩性坚硬,但发育有岩溶;页岩岩性软弱,施工中不断出现掉块与脱落。为此,综合考虑岩体地质条件和施工范围,在导流洞附近的 7 号、9 号勘探平洞中预埋声波换能器,进行定期重复测试,以观测围岩波速变化,从而达到施工期围岩稳定性监测的目的。

在桩号 0 +606、0 +609 两处,岩体性状较差,随着导流洞掌子面向出口掘进,其波速越来越低,两测孔于 7 月 7 日同时出现波速最低值。7 月 9 日对该部位混凝土进行衬砌处理。此后波速开始稳定并略有增加,说明该岩体经混凝土衬砌处理后已处于稳定。

(二)高边坡岩体松动层测试

三峡工程永久船闸是在长江左岸山体中开挖而成的,竣工后将形成高达 170 m 的人工边坡。其中直立边坡高达 50 m。为观测边坡岩体受爆破动荷和岩体应力重分布作用所造成的松动层厚度,为边坡加固处理设计提供资料,在施工过程中,对边坡岩体进行岩体声波观测,主要采用单孔声波测试和预埋换能器的长期声波监测技术,对永久船闸边坡岩体松动厚度进行了全面监测。为边坡设计加固方案(如锚杆长度的确定)提供了第一手资料,同时测试资料还可为优化施工工艺特别是爆破技术的改进提供依据。

第二篇　土　工

第九章　土工概述

第一节　土工测试的作用和局限性

一、土工测试是探测各种土工程性质的重要途径

随着现代化进程的飞速发展,各类土建工程日新月异的蓬勃发展,宏大的水电枢纽、堤坝挡墙、港口码头、高层建筑、重型厂房等,都与它们所赖以存在的岩土地层发生了极为密切的关系。各类工程的成败,在很大程度上取决于岩土体能否提供足够的承载力,保证工程结构不致遭受超过设计限度的地基沉降、水平位移、差异变形或各种形式的岩土应力作用。

土力学从某种意义上可以看做是土的实验力学,如摩尔－库仑强度理论、达西定律、普罗克特击实理论以及描述土的应力—应变关系的双曲线模型等,都是通过试验而建立起来的。

近30年内,为了解决各类工程的岩土问题,提出了一系列新的理论和新的设计方法。例如根据岩土特性、针对工程特点,可以设计相应的应力—应变关系,给定数值计算模型,以便了解土体在工程使用期间的性状,这是岩土力学新理论的发展。然而,新的岩土力学理论要变成工程实践,相应的测试方法也应有新的发展。如果各项岩土参数测试不正确,那么不管设计理论和方法如何先进、合理,工程的质量仍然得不到保证,所以土工测试是从根本上保证岩土工程设计的精确性以及经济合理的重要手段。

在整个岩土工程中,土工测试与理论计算和施工检验是相辅相成的三个环节。土工试验是岩土工程规划和设计的前期工作。该项工作不仅在工程实践中十分重要,而且在学科理论的研究和发展中也起着决定性作用。例如:早期的摩尔－库仑强度理论、达西定律、固结理论等力学理论几乎都是基于实验测试的结果。又如土的非线性应力—应变关系及应力路径的描述,使岩土工程性状的分析工作得以提高到新的水平,它也是通过实验建立起来的。可以说,土工测试在工程实践中是以土力学理论为指导的,而土力学理论又是以土工测试为依据的。由此看来,土工测试无论对岩土工程还是对土力学的发展均具有相当重要的作用。

二、土工测试的局限性

土是一种古老而普通的建筑材料,然而,它又是天然形成的复杂材料,其性质受到土的密度、含水率、颗粒大小以及孔隙水中的化学成分等多种因素的影响。当土体与建筑物共同作用时,其力学性质又因受力状态、应力历史、加荷速率和排水条件的不同而变得更加复杂。在试验时,若要考虑所有因素的影响是有一定困难的,因此必须抓住主要因素给以简化,并以此建立试验模型。

根据试验原理,设计试验方法时,所预想的情况也是多种多样的。例如土的强度试验,如何选定试验方法,包括剪切类型(不固结不排水剪、固结不排水剪和固结排水剪)、试验方式(直剪、单剪、三轴)、控制形式(应力控制、应变控制)等。在通常的技术条件下,要进行适合各种情况的土工试验是有困难或者是不经济的,为此应将试验方法标准化。所以说,作为设计依据的土的各种参数,均是在高度简化条件下测定的,试验人员和设计人员对此应有充分的认识。

综上所述,试验人员正确地认识土工试验的作用及其局限性是非常重要的。土工试验成果因试验方法和试验技巧的熟练程度不同,会有较大的误差。为了使土工试验能够比较正确地反映实际土的性质,要求试验人员必须了解和掌握以下几方面的情况:①试验要达到什么目的,依据什么原理;②使用的仪器设备、方法步骤;③试验应获得哪些数据,分析出什么结论;④试验中的注意事项,误差的初步分析;⑤分析试验设计与实际问题的联系。也就是要求试验人员既要学习和理解试验原理,又要训练和掌握试验方法,并能熟悉和使用仪器设备,综合起来就是要掌握土工试验的基本理论、基本知识和基本技能,在此基础上向测试技术的深度和广度发展。

第二节　室内土工试验项目

土工测试包括室内土工试验、原位测试和原型观测。原位测试和原型观测分别在"岩土工程(地基与基础)"和"量测"相关章节中阐述,本节仅介绍室内土工试验。

室内土工试验大致分为以下几类:

(1)土的物理性试验。包括土的密度、比重、含水率、界限含水率(液限、塑限、缩限)、颗粒分析等,这些试验用于土的工程分类及判断土的状态。

(2)土的力学性试验。包括渗透性、压缩性和强度试验等,主要目的是提供设计参数,如渗透系数、固结系数、变形参数、抗剪强度参数等。

(3)土的化学性试验。包括土的矿物鉴定,易溶盐、中溶盐和难溶盐,有机质,酸碱度等,这些试验用于分析土的物质成分(化学成分、矿物组成),土粒与介质溶液间的物理化学作用以及土的结构对其力学性质的影响。现将室内土的物理性、力学性和动力性试验项目及其成果的应用列于表9-1。

表9-1　土工试验项目一览表

种类	试验项目		试验成果	成果的应用	备注
土的物理性试验	含水率试验		含水率(w)	计算土的基本物理性指标	
	界限含水率试验	液限试验 塑限试验 缩限试验	液限(w_L) 塑限(w_P) 塑性指数(I_P) 液性指数(I_L) 缩限(w_S)	利用塑性图进行土的工程分类	
	收缩试验		收缩比 体缩 线缩	判断土的状态	

续表 9-1

种类	试验项目	试验成果	成果的应用	备注
土的物理性试验	密度试验	土的密度(ρ) 土的密度(ρ_d)	计算土的基本物理性指标及土的压实性	土的容重为 $\gamma=\rho g$
	比重试验	土粒比重(G_s)	计算土的基本物理性指标	
	相对密度试验 最大孔隙比 最小孔隙比	相对密度(D_r) 最小干密度($\rho_{d\min}$) 最大干密度($\rho_{d\max}$)	判断砂砾土的状态	
	颗粒分析 筛分析 沉淀分析	颗粒大小分布曲线 有效粒径(D_{10}) 不均匀系数(C_u) 曲率系数(C_c)	用于土的工程分类及作为材料的标准	
土的力学性试验	击实试验 CBR 试验	含水率与干密度曲线 最大干密度($\rho_{d\max}$) 最优含水率(w_{op}) CBR 值	用于填土工程施工方法的选择和质量控制 用于路面设计	
	渗透试验 常水头试验 变水头试验	渗透系数(k)	用于有关渗透问题的计算	
	固结试验	孔隙比与压力曲线 压缩系数(a_v) 体积压缩系数(m_v) 压缩指数(C_c) 回弹指数(C_s) 先期压力(P_c) 时间与压缩曲线 固结系数(C_v)	计算黏质土体的沉降量 计算黏质土体的沉降速率	
	剪切试验 直接剪切试验 无侧限抗压强度试验 三轴压缩试验	抗剪强度参数 内摩擦角:$\varphi_u,\varphi_{cu},\varphi_d$ 凝聚力:C_u,C_{cu},C_d 抗压强度:q_u 灵敏度:S_t 应力—应变关系 内摩擦角:$\varphi_u,\varphi_{cu},\varphi_d$ 凝聚力:C_u,C_{cu},C_d 孔隙水压力系数:A,B 应力—应变关系	计算地基、斜坡、挡土墙等的稳定性	
土的动力性试验	动单剪试验 振动三轴试验 共振柱试验 振动扭剪试验	(小应变) 动剪切模量:G_d 动压缩模量:E_d 阻尼比:D 动强度:C_d、ϕ_d 及 C'_d、ϕ'_d	评估爆炸、地震、风浪、打桩、车辆通行和机器振动时地基的稳定性	

第十章　土的工程性质的相关知识

第一节　土的基本物理性质与工程分类

一、概　述

土是地壳表层岩体经强烈风化(包括物理风化、化学风化及生物风化)、搬运、沉积等作用的产物。一般情形下,土是由矿物颗粒、液体水和空气组成的松散介质体。土的物理力学性质,与一般弹性体、塑性体、弹塑性体、流体有较大区别。土具有三个重要特点,即:①散体性:颗粒之间无胶结或弱胶结,存在大量孔隙,可以透水、透气;②多相性:土一般是由固体颗粒、水和气体组成的三相体系(冻土中的水分本身又分成固态水和液态水,组成四相体系),三相之间成分和数量比例的变化直接影响土的工程性质;③自然变异性:土是在自然界漫长的地质历史时期演化形成的多矿物组合体,性质复杂、不均匀且随时间不断变化。

土的工程性质与土的基本物理性质密切相关,也可以说土的力学性质主要取决于它的基本物理性质,土的力学性质指标和土的基本物理性质指标之间存在着一定的相关联系。表示土的基本物理性质的指标主要有两种类型:一类是表征土中固体物质组成特点的,包括颗粒级配和土中黏粒的矿物成分等;另一类是表征土所处的物理状态的,包括密度、含水率、饱和度、相对密度和稠度等。但是确定土中黏粒的矿物成分是一项较复杂的技术(如X射线衍射技术等),一般工程单位的土工实验室难以胜任。然而,研究表明土的界限含水率(液限、塑限和塑性指数)与土的颗粒组成特别是土中黏粒的含量及其矿物成分存在较好的相关关系,而土的界限含水率试验技术又十分简便,所以也可以用土的界限含水率间接地表征土中黏粒的含量及其矿物成分。

二、土的物理性质指标的定义和工程意义

(一)土的粒径分布曲线和土的颗粒级配指标

以粒径 d 为横坐标,以小于该粒径累计质量占总质量的百分数为纵坐标绘制的关系称为土的粒径分布曲线。粒径分布曲线可以全面地反映土的颗粒组成特性,从该曲线可以了解各个不同粒组在某土样中所占的相对比例,所以它不是一般的单项物理性指标,而是一种表示土的颗粒组成特性的信息,该信息在土的工程分类中占有非常重要的地位。从土的粒径分布曲线还可以获得两个重要的颗粒级配指标,即不均匀系数 C_u 和曲率系数 C_c。

不均匀系数 C_u 是反映土粒级配均匀程度的一个系数,其定义为:

$$C_u = \frac{d_{60}}{d_{10}} \tag{10-1}$$

式中　d_{10}、d_{60}——在粒径分布曲线上小于该粒径累计质量占总质量10%和60%的粒径，分别称为有效粒径和限制粒径。

曲率系数 C_c 反映粒径分布曲线的形状，是代表颗粒级配优劣程度的一个系数，根据定义按下式计算：

$$C_c = \frac{d_{30}^2}{d_{10}d_{60}} \tag{10-2}$$

式中　d_{30}——在粒径分布曲线上小于该粒径累计质量占总质量30%的粒径。

工程中，当 $C_u > 5$ 且 $C_c = 1 \sim 3$ 时，称土的级配良好，表明土中大小颗粒混杂，对应的粒径分布曲线显得平缓；若不能同时满足上述要求，则称土的级配不良，表明土中某一个或某几个粒组含量较多，粒径分布曲线对应的有一段显得陡直。

d_{10}之所以称为有效粒径，其物理含义是：由同一种粒径组成的理想均匀土，如与另一个非均匀土具有相等的透水性，那么这个均匀土的粒径应与这个非均匀土的 d_{10} 大致相等。d_{10} 常见于机械潜蚀、透水性、毛细性等经验公式中。

土的粒径分布曲线通过颗粒分析试验测定。根据土的颗粒大小和级配情况，分别采用不同的方法。粗粒土采用筛析法，细粒土采用密度计法或移液管法，若土中颗粒粗细兼有则采用联合分析法，具体步骤详见第十二章。

（二）土的密度和容重

土的密度定义为单位体积土的质量，用 ρ 表示，量纲为 g/cm³。

$$\rho = \frac{m}{V} \tag{10-3}$$

式中　m——土体的质量；

　　　V——土体的体积。

天然状态下土的密度变化范围较大，一般黏质土和粉土为 1.8 ~ 2.0 g/cm^3；砂土为 1.6 ~ 2.0 g/cm^3；腐殖土（有机土）为 1.5 ~ 1.7 g/cm^3。工程中压实土的密度一般可达 2.0 g/cm^3 以上；重型机具压实后，土的密度可达 2.2 g/cm^3 甚至更大。测定土密度的试验方法因土的类别而不同，常用的有环刀法、蜡封法、灌砂法、灌水法等。对于黏质土，环刀法操作简便而准确，在室内和野外均普遍采用；对于坚硬、易碎、含有粗颗粒、形状不规则的土可采用蜡封法；灌砂法和灌水法适用于野外砂、砾石工地现场。具体步骤详见第十二章。

土的容重定义为单位体积土的重量，用 γ 表示，以 kN/m^3 计：

$$\gamma = \frac{mg}{V} = \rho g \tag{10-4}$$

式中　g——重力加速度，$g = 9.81\ m/s^2$。

土的容重是土工计算（土体自重引起的应力、变形及稳定性分析等）中不可缺少的基本土性参数，是各类填土工程施工质量检测的重要指标，也是室内试验试样制备中最重要的控制参数之一。

(三)土粒比重

105~110 ℃烘干土粒的质量与同体积的4 ℃纯水质量之比,称为土粒比重,用 G_s 表示,为无量纲量。土粒比重一般变化不大,在工程设计中可按经验数值选用,一般参考值见表10-1。

表10-1　土粒比重参考值

土的名称	砂粒	粉粒	黏粒
土粒比重	2.65~2.69	2.70~2.71	2.70~2.75

土粒比重的测定方法随着土粒粒径的不同而不同。对于粒径小于5 mm的土,用比重瓶法测定;对于粒径大于5 mm的土,需用浮称法或虹吸筒法测定,粒径大于20 mm的颗粒含量小于10%时采用浮称法,粒径大于20 mm的颗粒含量大于10%时采用虹吸筒法。具体步骤详见第十二章。

(四)含水率

土的含水率定义为土中水的质量与土粒质量之比,用 w 表示,以百分数计。天然土层的含水量变化范围很大,它与土的种类、埋藏条件及所处的地理环境等有关。

土的含水率可用多种方法测定,室内一般多采用烘干法测定。具体步骤详见第十二章。

前述4项指标均是需要通过试验测定的指标,也可以称为基本试验指标。此外,还有一些其他常用的物理指标如孔隙率、孔隙比、饱和度、饱和密度、干密度等,它们的量值并不是通过试验直接测定的,而是利用土的物理性质指标之间的换算公式计算得出的。这些换算公式可以利用土的三相组成示意图(见图10-1)求得。

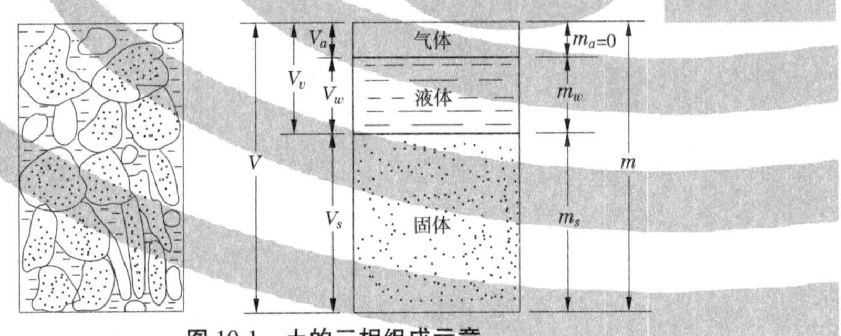

图10-1　土的三相组成示意

图中 V_a、V_w、V_s 分别表示土中气相、液相、固相所占的体积,V_v、V 分别表示土的孔隙体积和总体积;m_w、m_s 分别表示土中液相、固相的质量;m 表示土的总质量。

除了土的粒径分布曲线外,各种物理性质指标中,只有三个是独立的。通常取密度、土粒比重、含水率这三个基本试验指标为三个独立物理性质指标。

含水率是各类填土工程施工质量检测的重要指标,也是室内试验试样制备中最重要的控制参数之一。

(五)孔隙比、孔隙率

孔隙比 e 定义为土中孔隙体积与土粒体积之比,即 $e=V_v/V_s$。孔隙比的数值用小数表示,它是一个重要的物理性能指标,可用来评价土的密实程度。一般地,$e<0.6$ 的土是

密实的低压缩性土，$e>1.0$ 的土是疏松的高压缩性土。

孔隙率 n 定义为土中孔隙体积与土总体积之比，即 $n=V_v/V$。

孔隙比和孔隙率二者之间具有下列关系：

$$e=\frac{n}{1-n} \tag{10-5}$$

（六）饱和度

土的饱和度 S_r 定义为土中孔隙被水占据的体积与总孔隙体积之比，即 $S_r=V_w/V_v$，它表示土中孔隙被水充满的程度。S_r 的大小常用百分数表示，也可用小数表示。

（七）饱和密度、干密度和饱和容重、干容重

土的饱和密度 ρ_{sat} 定义为土中孔隙被水充满时土的密度，表示为：

$$\rho_{sat}=\frac{m_s+V_v\rho_w}{V} \tag{10-6}$$

土的干密度 ρ_d 定义为单位体积土中土粒的质量，表示为：

$$\rho_d=\frac{m_s}{V} \tag{10-7}$$

和土的密度与容重之间的关系相仿，与饱和密度 ρ_{sat} 对应的为饱和容重 γ_{sat}，与干密度 ρ_d 对应的为干容重 γ_d。即有 $\gamma_{sat}=\rho_{sat}g$ 以及 $\gamma_d=\rho_d g$。

另外，对于地下水位以下的土体，由于受到水的浮力作用，扣除水浮力后单位土体所受的重力称为土的浮容重（或称有效容重），以 γ' 表示。当认为水下土是饱和时，它在数值上等于饱和容重 γ_{sat} 与水的容重 γ_w（$\gamma_w=\rho_w g$）之差，即：

$$\gamma'=\frac{m_s g+V_v\rho_w g-V_v\rho_w g-V_s\rho_w g}{V}=\gamma_{sat}-\gamma_w \tag{10-8}$$

（八）土的物理性质指标常用换算公式

表 10-2 提供了土的物理性质指标常用换算公式，熟悉这些换算公式是很有益的。

表 10-2 土的物理性质指标换算公式

名称	符号	表达式	常用换算公式	单位	常见的数值范围
含水率	w	$w=\frac{m_w}{m_s}\times100\%$	直接测定	无量纲	20%～60%
土粒比重	G_s	$G_s=\frac{\rho_s}{\rho_w}$	直接测定	无量纲	一般黏质土:2.70～2.75 砂土:2.65～2.69
密度	ρ	$\rho=\frac{m}{V}$	直接测定	g/cm³	1.6～2.0
容重	γ	$\gamma=\frac{mg}{V}$	$\gamma=\rho g$	kN/m³	16～20
干密度	ρ_d	$\rho_d=\frac{m_s}{V}$	$\rho_d=\frac{\rho}{1+w}$	g/cm³	1.3～1.8
干容重	γ_d	$\gamma_d=\rho_d g$	$\gamma_d=\frac{\gamma}{1+w}$	kN/m³	13～18
饱和密度	ρ_{sat}	$\rho_{sat}=\frac{m_s+V_v\rho_w}{V}$	$\rho_{sat}=\rho_d+n\rho_w$	g/cm³	1.8～2.3
饱和容重	γ_{sat}	$\gamma_{sat}=\rho_{sat}g$	$\gamma_{sat}=\gamma_d+n\gamma_w$	kN/m³	18～23

续表 10-2

浮容重(有效容重)	γ'	$\gamma'=\rho_{sat}g-\rho_w g$	$\gamma'=\gamma_{sat}-\gamma_w$	kN/m³	8～13
孔隙比	e	$e=\frac{V_v}{V_s}$	$e=\frac{G_s\rho_w}{\rho_d}-1$	无量纲	一般黏质土:0.4～1.2 砂土:0.3～0.9
孔隙率	n	$n=\frac{V_v}{V}\times 100\%$	$n=\frac{e}{1+e}$	无量纲	一般黏质土:30%～60% 砂土:25%～45%
饱和度	S_r	$S_r=\frac{V_w}{V_v}$	$S_r=\frac{wG_s}{e}$	无量纲	0～1.0

(九)无黏质土的相对密度

砂土、碎石土统称无黏质土。无黏质土的密度对其工程性质有重要的影响。土粒排列愈紧密,在外荷作用下,其变形愈小,强度愈大,工程性质愈好。反映这类土工程性质的主要指标是密实度。采用孔隙比来表示无黏质土的密实度是一种最直接的方法,但不足之处是,它不能反映级配和颗粒形状的影响。为了更好地表明无黏质土所处的密实状态,工程上采用将现场土的孔隙比 e 与该种土所能达到最密实时的孔隙比 e_{min} 和最松散时的孔隙比 e_{max} 相比较的办法,来表示孔隙比 e 时土的密实度。这种度量密实度的指标称为相对密度 D_r,定义为:

$$D_r=\frac{e_{max}-e}{e_{max}-e_{min}} \tag{10-9}$$

用相对密度 D_r 判定无黏质土的密实度标准为:

$0\leqslant D_r\leqslant 1/3$　松散

$1/3\leqslant D_r\leqslant 2/3$　中密

$2/3\leqslant D_r\leqslant 1$　密实

测定相对密度 D_r 的试验方法和步骤详见第十二章。

(十)黏质土的稠度和界限含水率

黏质土最主要的物理状态特征是它的稠度。所谓稠度是指黏质土在某一含水率下抵抗变形和破坏的能力。黏质土在含水率变化时,它的稠度也随之而变。通常用坚硬、硬塑、可塑、软塑和流塑等术语来描述。

黏质土从一种状态转变为另一种状态,可用某一界限含水率来区分。这种界限含水量称为稠度界限或阿泰堡界限(Atterberg limit),工程上常用界限有:液限 w_L、塑限 w_P 和缩限 w_S。

液限又称流限,它是流动状态与可塑状态的界限含水率,也就是可塑状态的上限含水率。塑限是可塑状态与半固体状态的界限含水率,也就是可塑状态的下限含水率。缩限是半固体状态与固体状态的界限含水率,也就是黏质土随着含水率的减小体积开始不变时的含水率。

土的界限含水率和土粒组成、矿物成分及黏土颗粒表面吸附阳离子的性质等有关,可以认为界限含水率的大小反映了这些因素的综合影响,因而对黏质土的分类和工程性质评价有着重要意义。

目前,国内广泛采用液限、塑限联合测定法,即液限、塑限均用圆锥仪测定,是一种便捷的方法。测定界限含水率的试验方法和步骤详见第十二章。

需要指出的是,20 世纪 50 ~ 90 年代末期,我国一直以质量 76 g、锥角为 30°圆锥仪下沉深度 10 mm 时土的含水率作为液限标准,但按此法试验结果与碟式仪测得的液限值不一致。对国内外一些研究结果分析表明,如取圆锥仪下沉深度 17 mm 时土的含水率作为液限标准,则与碟式仪液限值相当。所以,为了与国际标准接轨,水利行业现行规范规定液限以锥体入土深度为 17 mm 时土的含水率为准,后面的塑性图中的液限均是指此液限。

(十一)黏性土的塑性指数和液性指数

塑性指数的定义为液限与塑限的差值,用符号 I_P 表示,即:

$$I_P = w_L - w_P \tag{10-10}$$

I_P 表示土处于可塑状态的含水率变化的范围,是衡量土的可塑性大小的重要指标。I_P 的大小与土中结合水的可能含量有关,亦即与土的颗粒组成、矿物成分及孔隙水中离子的成分和浓度有关。

液性指数定义为天然含水率与塑限含水率的差值与塑性指数之比,用符号 I_L 表示,即:

$$I_L = \frac{w - w_P}{w_L - w_P} \tag{10-11}$$

显然,当 $I_L = 0$ 时,$w = w_P$;$I_L = 1$ 时,$w = w_L$。因此,根据 I_L 值可以直接判定土的稠度状态。工程上按照 I_L 值的大小,把黏质土的稠度划分为五种状态,见表 10-3。

表 10-3 黏性土稠度状态的划分

状态	坚硬	硬塑	可塑	软塑	流动
液性指数 I_L	$I_L \leqslant 0$	$0 < I_L \leqslant 0.25$	$0.25 < I_L \leqslant 0.75$	$0.75 < I_L \leqslant 1.0$	$I_L > 1.0$

三、土的工程分类

对土进行工程分类也就是对工程用土进行分类,其目的是为了统一工程用土的鉴别、定名和描述,便于对土的性状作定性评价。所谓工程用土是指,建筑物和构筑物的地基、堤坝、路基填料等,以及处于建筑物和构筑物周围对其安全和正常使用可能有影响的土。

需要指出的,《土的工程分类标准》(GB/T 50145—2007)适用于土的基本分类,适用于工程建设所涉及的土,但混凝土中采用的砂、石骨料不属于土的范畴。对于特殊土应依据相应土类的技术标准进行分类。

(一)基本规定

1. 分类依据的指标

土的分类应根据以下指标确定:

(1)土的颗粒组成及其特征。包括土中各粒组的相对含量和土的不均匀系数 C_u 及曲率系数 C_c;

(2)土的塑性指标。包括液限(w_L)、塑限(w_P)和塑性指数(I_P);

(3)土的有机质含量。

2. 粒组的划分

粒组划分的规定见表10-4。

表10-4 粒组划分

粒组统称	粒组划分		粒径 d 的范围(mm)
巨粒组	漂石(块石)组		$d>200$
	卵石(碎石)组		$200\geqslant d>60$
粗粒组	砾粒(角砾)	粗砾	$60\geqslant d>20$
		中砾	$20\geqslant d>5$
		细砾	$5\geqslant d>2$
	砂粒	粗砂	$2\geqslant d>0.5$
		中砂	$0.5\geqslant d>0.25$
		细砂	$0.25\geqslant d>0.075$
细粒组	粉粒		$0.075\geqslant d>0.005$
	黏粒		$d\leqslant 0.005$

3. 分类的层次

工程用土按其不同粒组的相对含量划分为三类土,即巨粒类土、粗粒类土和细粒类土。各类土再按以下原则进一步分类:

(1)巨粒类土按粒组、级配划分。

(2)粗粒类土按粒组、级配和细粒土含量划分。

(3)细粒类土按塑性图、所含粗粒类别及有机质含量划分。

4. 采用与国际接轨的塑性图

塑性图的横坐标为液限(w_L),纵坐标为塑性指数(I_P),如图10-2所示。

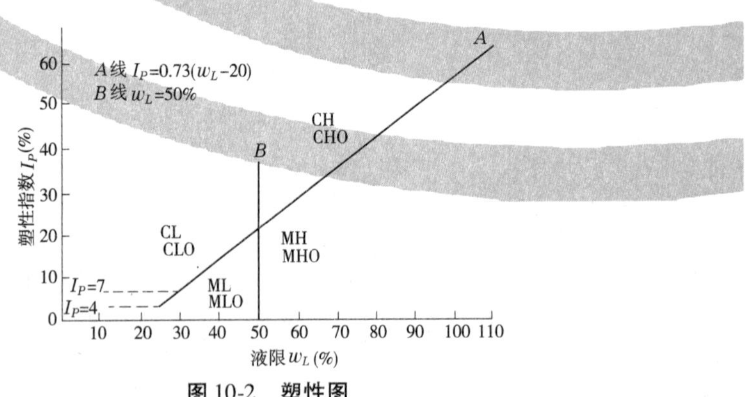

图10-2 塑性图

A 线方程为 $I_P=0.73(w_L-20)$,B 线方程为 $w_L=50\%$;其中 w_L 为用碟式仪测定的液限含水率或用质量76 g、锥角为30°的液限仪锥尖入土深度17 mm对应的含水率,图中虚线之间区域为黏土、粉土过渡区。

（二）土的分类

1. 巨粒类土的分类

土中巨粒组质量大于总质量15%的土称为巨粒类土。巨粒类土按粒组、级配进一步划分为三类：土中巨粒组质量超过总质量的75%的称为巨粒土，巨粒组质量为总质量的50%～75%的土称为混合巨粒土，巨粒组质量为总质量的15%～50%的土称为巨粒混合土。巨粒类土分类的详细规定见表10-5。

表10-5　巨粒类土的分类

土类	粒组含量		土类代号	土类名称
巨粒土	巨粒含量>75%	漂石含量大于卵石含量	B	漂石(块石)
		漂石含量不大于卵石含量	Cb	卵石(碎石)
混合巨粒土	50%<巨粒含量≤75%	漂石含量大于卵石含量	BSI	混合土漂石(块石)
		漂石含量不大于卵石含量	CbSI	混合土卵石(块石)
巨粒混合土	15%<巨粒含量≤50%	漂石含量大于卵石含量	SIB	漂石(块石)混合土
		漂石含量不大于卵石含量	SICb	卵石(碎石)混合土

注：巨粒混合土可根据所含粗粒或细粒的含量进行细分。

2. 粗粒类土的分类

若土中粗粒组质量大于总质量的50%，则该土称粗粒土。粗粒土分为砾类土和砂类土两大类。砾粒组含量大于砂粒组含量的土称砾类土，砾粒组含量不大于砂粒组含量的土称砂类土。砾类土和砂类土进一步划分亚类，见表10-6和表10-7。

表10-6　砾类土的分类

土类	粒组含量		土代号	土名称
砾	细粒含量<5%	级配：$C_u>5$　$1\leq C_c\leq 3$	GW	级配良好砾
		级配：不同时满足上述要求	GP	级配不良砾
含细粒土砾	5%≤细粒含量<15%		GF	含细粒土砾
细粒土质砾	15%<细粒含量≤50%	细粒组中粉粒含量不大于50%	GC	黏土质砾
		细粒组中粉粒含量大于50%	GM	粉土质砾

表10-7　砂类土的分类

土类	粒组含量		土代号	土名称
砂	细粒含量<5%	级配：$C_u>5$　$1\leq C_c\leq 3$	SW	级配良好砂
		级配：不同时满足上述要求	SP	级配不良砂
含细粒土砂	5%≤细粒含量<15%		SF	含细粒土砂
细粒土质砂	15%<细粒含量≤50%	细粒组中粉粒含量不大于50%	SC	黏土质砂
		细粒组中粉粒含量大于50%	SM	粉土质砂

3. 细粒类土的分类

若土中细粒组质量大于总质量的50%,则该土称细粒类土。细粒类土又可分为三类,若粗粒组含量不大于25%的土称细粒土,粗粒组含量大于25%且不大于50%的土称含粗粒的细粒土,有机质含量小于10%且不小于5%的土称有机质土。

(1)细粒土可按其在塑性图中的位置进一步细分,见图10-2或表10-8。

表10-8 细粒土的分类

塑性指数(I_P)	液限(w_L)	土代号	土名称
$I_P \geq 0.73(w_L-20)$ 且 $I_P \geq 7$	$w_L \geq 50\%$	CH	高液塑限黏土
	$w_L < 50\%$	CL	低液塑限黏土
$I_P < 0.73(w_L-20)$ 且 $I_P < 4$	$w_L \geq 50\%$	MH	高液塑限粉土
	$w_L < 50\%$	ML	低液塑限粉土

注:黏土~粉土过渡区(CL—ML)的土可按相邻土层的类别细分。

(2)含粗粒的细粒土可按其在塑性图中的位置及所含粗粒类别,依据下列规则进一步细分:

①粗粒中砾粒含量大于砂粒,称含砾细粒土。相应的细粒土代号后加G,如CHG、CLG、MHG、MLG等。

②粗粒中砾粒含量不大于砂粒含量,称含砂细粒土。相应的细粒土代号后加S,如CHS、CLS、MHS、MLS等。

③有机质土进一步分类的规则与细粒土相同(见表10-8),相应的土代号后加O,如CHO、CLO、MHO、MLO等。

4. 几点说明

(1)新标准中巨粒类土的含义相当于原标准的巨粒类土与巨粒混合土的总和,而粗粒类土和细粒类土的含义仍与原标准相同。

(2)塑性图中虚线之间的区域为黏土—粉土过渡区,原标准采用 $I_P=10$、6,新标准已改为 $I_P=7$、4。

(3)有机质成分对土的性质有一定程度的影响。土中有机质含量很少(小于5%)时,其性质与无机土差别很小,可视为无机土。土中有机质含量很高(大于10%)时,其性质已大大不同于一般细粒土,分类标准中称其为有机土。由于有机土不允许用于工程,所以无需进一步分类。土中有机质含量为5%~10%时,其性质已不同于无机土,但尚允许用于工程,所以有机质土也需要进一步分类。

(4)特殊土分类遵照的相应规定如下。

黄土的分类:《湿陷性黄土地区建筑规范》(GB 50025—2004)

膨胀土分类:《膨胀土地区建筑技术规范》(GB 50112—2013)或《铁路工程岩土分类标准》(TB 10077—2019)

红黏土分类:《岩土工程勘察规范》[2009年版](GB 50021—2001)

盐渍土分类:《岩土工程勘察规范》[2009年版](GB 50021—2001)

(三)土的简易鉴别、分类和描述

(1)土的简易鉴别、分类和描述是自现场勘探采样和试验开启试样时,采用简易鉴别方法对土进行分类和描述。土的分类标准规定的简易鉴别分类方法是总结国内外实践经验后提出来的方法。

(2)简易鉴别法用目测法大致确定土的颗粒组成及特征;用干强度、手捻、搓条、韧性和摇震反应等定性方法确定土的塑性;有机质的简易鉴别可采用目测、手摸或嗅感等方法。干强度、手捻、搓条、韧性和摇震反应等方法的具体做法如下:

①目测鉴别:目测法鉴别应将研散的风干试样摊成一薄层,估计土中巨、粗、细粒组所占的比例确定土的分类。

②干强度试验:干强度试验是将一小块土捏成土团,风干后用手指捏碎、掰断及捻碎,根据用力的大小区分为:

- 很难或用力才能捏碎或掰断为干强度高;
- 稍用力即可捏碎或掰断为干强度中等;
- 易于捏碎或捻成粉末者为干强度低。

注:当土中含碳酸盐、氧化铁等成分会使土的干强度增大,其干强度宜再将湿土做手捻试验,予以校核。

③手捻试验:手捻试验是将稍湿或硬塑的小土块在手中捻捏,然后用拇指和食指将土捏成片状,根据手感和土片光滑度按下列规定区分土的塑性:

- 滑腻,无砂,捻面光滑为塑性高;
- 稍有滑腻,有砂粒,捻面稍有光滑者为塑性中等;
- 稍有黏性,砂感强,捻面粗糙为塑性低。

④搓条试验:搓条试验是将含水率略大于塑限的湿土块在手中揉捏均匀,再在手掌上搓成土条,根据土条不断裂而能达到的最小直径,按下列规定区分土的塑性:

- 能搓成直径小于 1 mm 土条为塑性高;
- 能搓成直径为 1 ~3 mm 土条为塑性中等;
- 只能搓成直径大于 3 mm 土条为塑性低。

⑤韧性试验:韧性试验是将含水率略大于塑限的土块在手中揉捏均匀,并在手掌中搓成直径为 3 mm 的土条,根据再揉成土团和搓条的可能性,按下列规定区分土的韧性。

- 能揉成土团,再搓成条,揉而不碎者为韧性高;
- 可再揉成团,捏而不易碎者为韧性中等;
- 勉强或不能再揉成团,稍捏或不捏即碎者为韧性低。

⑥摇震反应试验:摇震反应试验是将软塑或流动的小土块捏成土球,放在手掌上反复摇晃,并以另一手掌击此手掌。土中自由水将渗出,球面呈现光泽;用两手指捏土球,放松后水又被吸入,光泽消失。根据渗水和吸水反应快慢,按下列规定区分其反应:

- 立即渗水及吸水者为反应快;
- 渗水及吸水中等者为反应中等;
- 渗水、吸水水慢者为反应慢;
- 不渗水、不吸水者为无反应。

(3)目测法鉴别是将研散的风干试样摊成薄层,估计土中巨、粗、细粒组所占的比例。巨粒类土和粗粒类土可根据目测结果按表10-5、表10-6和表10-7进行分类和定名。

(4)细粒土可根据干强度、手捻、搓条、韧性和摇震反应等试验结果按表10-9分类和定名。

表10-9 细粒土简易分类

干强度	手捻试验	搓条试验		摇震反应	土类代号
		土条可搓成的最小直径(mm)	韧性		
低—中	粉粒为主,有砂感,稍有黏性,捻面较糙,无光泽	3~2	低—中	快—中	ML
中—高	含砂粒,有黏性,稍有滑腻感,捻面较光滑,稍有光泽	2~1	中	慢—无	CL
中—高	粉粒较多,有黏性,稍有滑腻感,捻面较光滑,稍有光泽	2~1	中—高	慢—无	MH
高—很高	无砂感,黏性大,滑腻感强,捻面光滑,有光泽	<1	高	无	CH

注:表中所列各粒土凡呈灰色或暗色且有特殊气味的,应在土粒相应代号后加代号“O”,如MLO、CLO、MHO、CHO。

(5)单独的土的分类名称不能反映其原位状态和某些特殊状态,土的描述是工程中利用土或评价土的重要依据。土的描述包括以下内容:

①巨、粗粒类土:通俗名称及当地名称;土粒的最大粒径;巨粒、砾粒、砂粒组的含量百分数;巨粒或粗粒形状(圆、次圆、棱角或次棱角);土粒的矿物成分;土颜色和有机质;天然密实度;所含细粒土类别(黏土或粉土);土的代号和名称。

②细粒类土:通俗名称及当地名称;土粒的最大粒径;巨粒、砾粒、砂粒组的含量百分数;天然密实度;潮湿时土的颜色及有机质;土的湿度(干、湿、很湿、饱和);土的稠度(流塑、软塑、可塑、硬塑、坚硬);土的塑性(高、中、低);土的代号和名称。

第二节 土的渗透性

一、概 述

土是多孔介质,处于土孔隙中流体(包括水和空气)在各种势能的作用下,将产生流动,这种现象称为土的渗流。土具有使水通过其孔隙渗流的性能称为土的渗透性。渗透性是土的重要力学性质之一,它对工程设计、施工都具有重要意义。

在水头差作用下引起渗透产生两个问题:一是渗漏,造成水量损失,影响闸坝蓄水和渠道输水等的经济效益;二是渗流,可能改变建筑物地基或土坝、边坡等的稳定条件。后者又可分为两种情况,其一是渗流将细土粒或局部土体冲走,使土体发生渗透变形,导致土体的稳定条件破坏,甚至危及整个建筑物的安全;其二是渗透力过大会引起土坡发生滑动或坍塌。

饱和土地基在建筑物荷载作用下产生压缩(固结)变形需经过一定时间才能稳定,而经历时间的长短与土的渗透性直接有关,在分析饱和土地基的沉降和时间关系时,需要知道土的渗透性。

此外,若开挖基坑时遇到地下水则需要根据土的渗透性估算涌水量,以配置排水设备。所有这些都离不开土的渗透性。

二、达西定律

(一)渗流的水头损失

所谓伯努利定理是指水的流动符合能量守恒原理,如果忽略不计由摩擦等引起的能量损失,则伯努利定理可用下式表示:

$$\frac{v^2}{2g}+z+\frac{u}{\gamma_w}=h=\text{常量} \tag{10-12}$$

式中　$v^2/(2g)$——速度水头;

v——流速;

g——重力加速度;

z——位置水头,从基准面到计算点的高度;

u/γ_w——压力水头;

u——水压;

γ_w——水的容重;

h——总水头。

因土中水的流速小,速度水头项可忽略不计,此时:

$$z+u/\gamma_w=h \tag{10-13}$$

所以,土中水流动的时候,是从位置水头 z 与压力水头 u/γ_w 之和(即总水头 h)高的地方流向低的地方的。

在图 10-3 中,位置水头 $z_1<z_2$,可是总水头 $h_1>h_2$,所以水是从图中的点 1 流向点 2 的。在图中点 1、2 处的立管称为测压管,从测压管的底部到水头的高度是压力水头,从基准面(可以适当的确定)到计算点的高度是位置水头。压力水头可以用 u/γ_w 表示,所以如果需要求土中的水压力(孔隙水压)u,可以设测压管,根据测压管中的水位可知压力水头,压力水头乘以水的容重 γ_w 就得到水压力。在图 10-3 中,$h_2=h_1+\Delta h$,所以

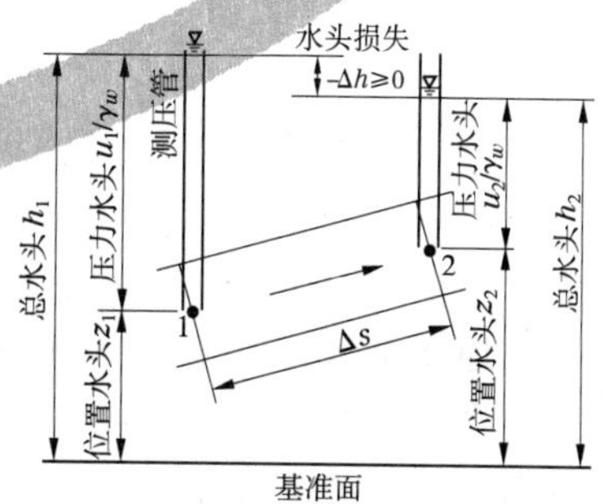

图 10-3　土中的水头和水的流动

$$-\Delta h=(z_1+u_1/\gamma_w)-(z_2+u_2/\gamma_w) \tag{10-14}$$

式中　$-\Delta h(\geqslant 0)$——水头损失,是土中的水从点 1 流向点 2 的结果,也就是由于水与土颗粒之间的摩擦阻力产生的能量损耗。

(二)达西定律

土体中孔隙的形状和大小是极为不规则的,因而水在土体孔隙中的渗透是一种十分

复杂的水流现象。然而,由于土体中的孔隙一般非常微小,水在土体中流动时的黏滞阻力很大,流速缓慢,因此其流动状态大多属于层流。

在图10-3中,水头损失 $-\Delta h$ 除以沿水流方向的流线长 Δs,称为水力梯度,用 i 表示:

$$i=-\frac{\Delta h}{\Delta s} \tag{10-15}$$

水力梯度的含义是:土中的水沿着流线方向每前进 Δs,就产生一 $-\Delta h$ 的水头损失。

达西(Darcy,1856)利用如图10-4所示的试验装置,对砂土的渗透性进行试验。研究发现:当水流是层流的时候,水力梯度 i 与土中水的流速 v 之间有一定的比例关系,这个比例系数用 k 表示,这个关系称为达西定律:

$$v=ki \tag{10-16}$$

式中　k——土的渗透系数,其物理意义是当水力梯度等于1时的渗透速度。

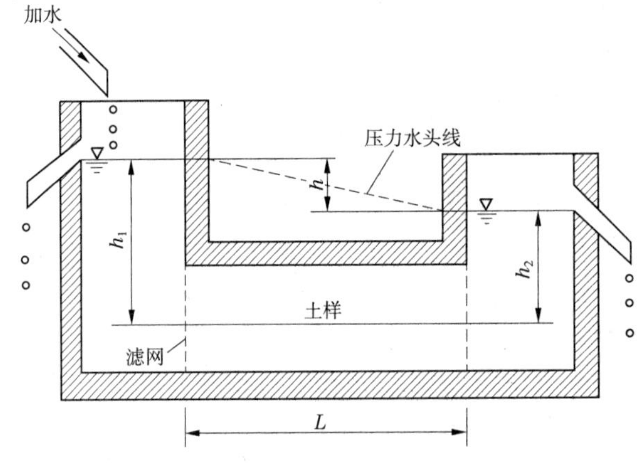

图10-4　达西渗透试验装置

土的渗透系数的大小表示土中水流过的难易程度。对于渗透系数 k 值,砂土大,黏土小。

在图10-4中,设与水的流动方向(流线)垂直的试料的断面面积为 A,则单位时间的透水量可用下式表示:

$$Q=vA=kiA \tag{10-17}$$

水是在土的孔隙中流动的,孔隙的面积为 nA(n 为孔隙率),实际上,有效的透水孔断面比它还要小,难以确定。因此,在透水计算中取土的全断面面积 A,孔隙断面面积的影响已包含在渗透系数 k 中。

需要说明的是,在达西定律的表达式中,采用了以下两个基本假设:

(1)由于土试样断面内,仅土颗粒骨架间的孔隙是渗水的,而沿试样长度的各个断面,其孔隙大小和分布是不均匀的。达西采用了以整个土样断面面积计算的假想渗流速度,或单位时间内土样通过单位总面积的流量,而不是土样孔隙流体的真正速度。

(2)土中水的实际流程是十分弯曲的,比试样长度大得多,而且也无法知道。达西考虑了以试样长度计算的平均水力梯度,而不是局部的真正水力梯度。

由于土中的孔隙一般非常微小,在多数情况下水在孔隙中流动时的黏滞阻力很大,流

速缓慢，因此其流动状态大多属于层流（即水流线互不相交的流动）范围。此时，土中水的渗流规律符合达西定律，所以达西定律又称层流渗透定律，如图10-5（a）所示。但以下两种情况被认为超出达西定律的适用范围。

一种情况是在一些粗粒土（如砾、卵石等）中的渗流（如堆石体中的渗流），且水力梯度较大时，土中水的流动已不再是层流，而是紊流。这时，达西定律不再适用，渗流速度 v 与水力梯度 i 之间的关系不再保持直线而变为非线性的曲线关系，如图10-5（c）所示。层流与紊流的界限，即为达西定律适用的上限，该上限目前尚无明确的方法确定。不少学者曾主张用临界雷诺数 Re（$Re=\rho_w vd/\eta$，ρ_w 为水的密度，v 为流速，η 为水的黏滞系数，d 为土颗粒的平均粒径）作为确定达西定律上限的指标，也有的学者主张用临界流速 v_{cr} 来划分这一界限。

另一种情况是发生在黏性很强的密实黏土中。不少学者对原状黏土进行的试验表明，这类土的渗透特征也偏离达西定律，其 $v\sim i$ 关系如图10-5（b）所示。实线表示试验曲线，它呈超线性规律增长，且不通过原点。使用时，可将曲线简化为如图虚线所示的直线关系。截距 i_0 称为起始水力梯度，这时，达西定律可修改为：

$$v=k(i-i_0) \tag{10-18}$$

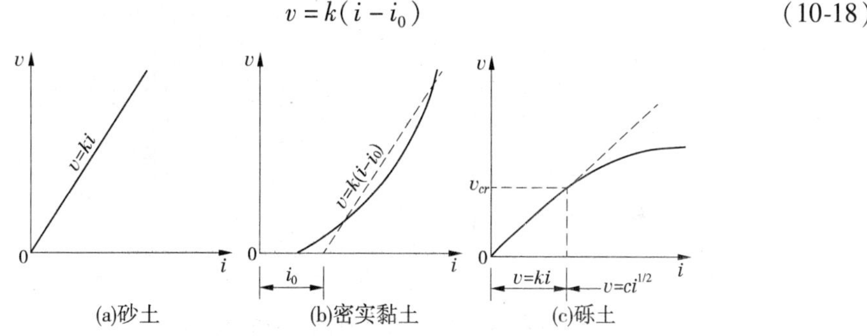

图10-5　土的渗透速度与水力梯度的关系

当水力梯度很小，$i<i_0$ 时，没有渗流发生。不少学者对此现象作如下解释：密实黏土颗粒的外围具有较厚的结合水膜，它占据了土体内部的过水通道，渗流只有在较大的水力梯度作用下，挤开结合水膜的堵塞才能发生。起始水力梯度 i_0 是克服结合水膜阻力所消耗的能量，i_0 就是达西定律适用的下限。

三、渗透系数的测定

渗透系数就是当水力梯度 $i=1$ 时的渗透速度。因此，渗透系数的大小是直接衡量土的透水性强弱的一个重要的力学性质指标。渗透系数可以通过试验直接测定。

渗透系数的测定可以分为现场试验和室内试验两大类。一般来讲，现场试验比室内试验所得到的成果要准确可靠。因此，对于重要工程常需进行现场试验。

室内测定土的渗透系数的仪器和方法较多，但就其原理而言，可分为常水头试验和变水头试验两种。下面将分别介绍这两种方法的基本原理，有关的试验仪器和操作方法详见第十二章。

(一)常水头渗透试验

该试验适用于透水性强的无黏性土。试验装置如图10-6所示,圆柱体试样断面面积为A,长度为l,保持水头差h不变,测定经过一定时间t的渗透水量V,渗透系数k可根据式(10-19)求出:

$$Q = \frac{V}{t} = kiA = k\frac{h}{l}A \tag{10-19a}$$

$$k = \frac{V/t}{Ai} = \frac{Vl}{Aht} \tag{10-19b}$$

(二)变水头渗透试验

黏性土由于渗透系数很小,流经试样的水量很少,难以直接准确量测。因此,采用变水头法。

如图10-7所示,土试样断面面积为A,长度为l,在试验中测压管的水位在不断下降,测定时间t_1到t_2时测压管的水位h_1和h_2后,渗透系数可以按照以下的方法求出。设在任意时刻测压管的水位为h(变数),水力梯度$i = h/l$。在$\mathrm{d}t$时间内,断面面积为a的测压管水位下降了$\mathrm{d}h$,则:

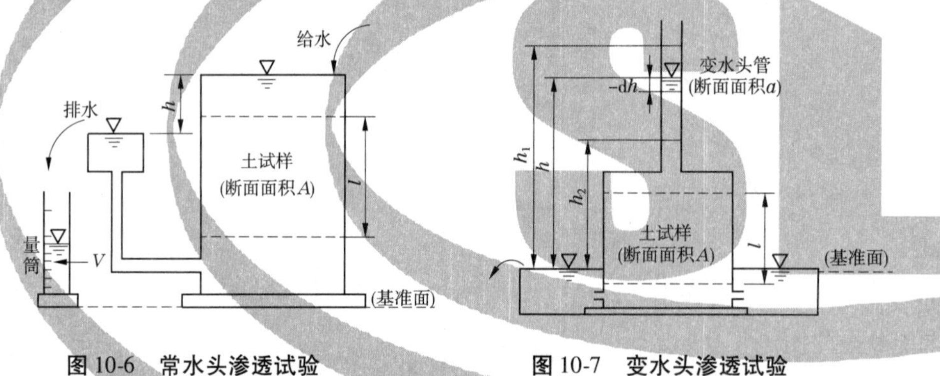

图10-6 常水头渗透试验　　图10-7 变水头渗透试验

$$k\frac{h}{l}A\mathrm{d}t(\text{土样的透水量}) = a(-\mathrm{d}h)(\text{测压管中水下降的体积})$$

$$k\frac{A}{l}\int_{t_1}^{t_2}\mathrm{d}t = -a\int_{h_1}^{h_2}\frac{\mathrm{d}h}{h}(\text{此时},t\text{ 和 }h\text{ 为变量})$$

$$k\frac{A}{l}(t_2 - t_1) = -a\ln\frac{h_2}{h_1} = a\ln\frac{h_1}{h_2}$$

所以

$$k = \frac{al}{A(t_2 - t_1)}\ln\frac{h_1}{h_2} \tag{10-20}$$

式(10-20)中的a、l和A为已知,试验时只要测出与时刻t_1到t_2时对应的水位h_1和h_2,即可求出渗透系数k。

四、渗透系数经验值

各类土渗透系数经验值见表10-10。

表 10-10　各类土渗透系数经验值

土类	k(cm/s)	土类	k(cm/s)
黏土	$<1.2\times10^{-6}$	细砂	$1.2\times10^{-3}\sim6.0\times10^{-3}$
粉质黏土	$1.2\times10^{-6}\sim6.0\times10^{-5}$	中砂	$6.0\times10^{-3}\sim2.4\times10^{-2}$
粉土	$6.0\times10^{-5}\sim6.0\times10^{-4}$	粗砂	$2.4\times10^{-2}\sim6.0\times10^{-2}$
黄土	$3.0\times10^{-4}\sim6.0\times10^{-4}$	砾石	$6.0\times10^{-2}\sim1.8\times10^{-1}$
粉砂	$6.0\times10^{-4}\sim1.2\times10^{-3}$		

五、渗透破坏与临界水头梯度

(一)动水力

水在土中渗流时,受到土孔隙壁的阻力 T 的作用,其作用方向与水流方向相反。根据作用力与反作用力相等的原理,水流也必然有一个相等的力作用在土颗粒上,我们把水流作用在单位体积土体颗粒上的力称为动水力 G_D(kN/m^3),也称渗流力。动水力的作用方向与水流方向一致。G_D 和 T 的大小相等,方向相反,它们都是用体积力表示的。动水力的计算在工程实践中具有重要的意义,例如研究土体在水渗流时的稳定性问题,就要考虑动水力的影响。

在土中沿水流的渗流方向,切取一个土柱体 ab(见图 10-8),土柱体的长度为 l,横截面积为 F。已知 a、b 两点距基准面的高度分别为 z_1 和 z_2,两点的测压管水柱高分别为 h_1 和 h_2,则两点的水头分别为 $H_1=h_1+z_1$ 和 $H_2=h_2+z_2$。

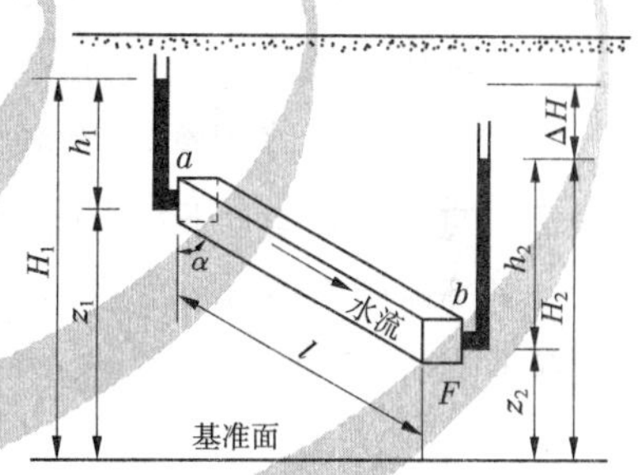

图 10-8　动水力的计算

将土柱体 ab 内的水作为脱离体,考虑作用在水上的力系。因为水流的流速变化很小,其惯性力可以略去不计。这样,可以列出这些力在 ab 轴线方向的分力分别为:

$\gamma_w h_1 F$——作用在土柱体的截面 a 处的水压力,其方向与水流方向一致;

$\gamma_w h_2 F$——作用在土柱体的截面 b 处的水压力,其方向与水流方向相反;

$\gamma_w nlF\cos\alpha$——土柱体内水的重力在 ab 方向的分力,其方向与水流方向一致;

$\gamma_w(1-n)lF\cos\alpha$——土柱体内土颗粒作用于水的力在 ab 方向的分力(土颗粒作用于水的力,也是水对于土颗粒作用的浮力的反作用力),其方向与水流方向一致;

lFT——土柱中的土颗粒对渗流水的阻力,其方向与水流方向相反。

以上式中　γ_w——水的容重;

n——土的孔隙率。

根据作用在土柱体 ab 内水上的各力的平衡条件可得:

$$\gamma_w h_1 F-\gamma_w h_2 F+\gamma_w nlF\cos\alpha+\gamma_w(1-n)lF\cos\alpha-lFT=0$$

或

$$\gamma_w h_1-\gamma_w h_2+\gamma_w l\cos\alpha-lT=0$$

以 $\cos\alpha = \dfrac{z_1 - z_2}{l}$ 代入上式,可得:

$$T = \gamma_w \cdot \frac{(h_1 + z_1) - (h_2 + z_2)}{l} \tag{10-21}$$

故得动水力的计算公式为:

$$G_D = T = \gamma_w I \tag{10-22}$$

从上式可知,动水力的方向与水流方向一致,其大小与水头梯度 I 成正比。

(二)流砂现象、管涌和临界水头梯度

由于动水力的方向与水流方向一致,当水的渗流自上向下时(见图 10-9(a)中容器内的土样,或图 10-10 中河滩路堤基底土层中的 d 点),动水力方向与土体重力方向一致,这样将增加土颗粒间的压力;当水的渗流方向自下而上时(见图 10-9(b)容器内的土样,或图 10-10 的 e 点),动水力的方向与土体重力方向相反,这样将减小土颗粒间的压力。

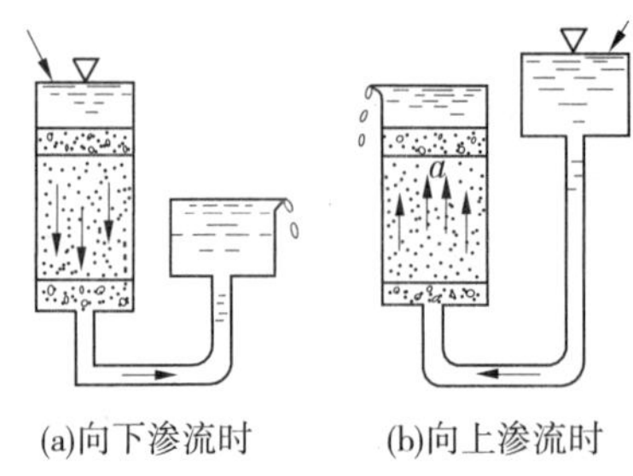

(a)向下渗流时　(b)向上渗流时

图 10-9　不同渗流方向对土的影响

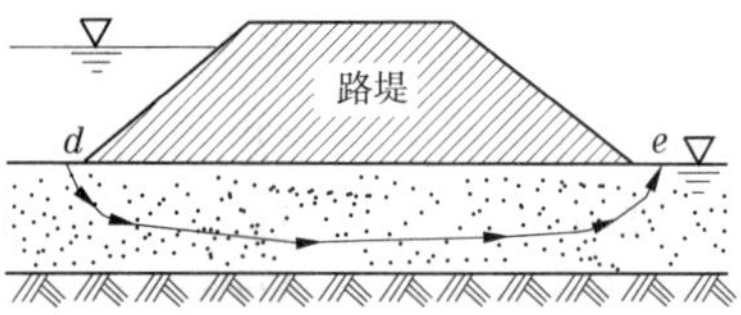

路堤
d
e

图 10-10　河滩路堤下的渗流

若水的渗流方向自下而上时,在土体表面图 10-9(b)的 a 点,或图 10-10 路堤下的 e 点取一单位体积土体进行分析。已知土在水下的浮容重为 γ',当向上的动水力 G_D 与土的浮容重相等时,即:

$$G_D = \gamma_w I = \gamma' = \gamma_{sat} - \gamma_w \tag{10-23}$$

式中　γ_{sat}——土的饱和容重;

γ_w——水的容重。

这时土颗粒间的压力等于零,土颗粒将处于悬浮状态而失去稳定,这种现象就称为流砂现象。这时的水头梯度称为临界水头梯度 I_{cr},可由式(10-24)得到:

$$I_{cr} = \frac{\gamma'}{\gamma_w} = \frac{\gamma_{sat}}{\gamma_w} - 1 \tag{10-24}$$

水在砂性土中渗透时,土中的一些细小颗粒在动水力作用下,可能通过粗颗粒的孔隙被水流带走,这种现象称为管涌。管涌可以发生于局部范围,但也可能逐步扩大,最后导致土体失稳破坏。

流砂现象是发生在土体表面渗流逸出处,不发生于土体内部,而管涌现象可以发生在渗流逸出处,也可能发生于土体内部。流砂现象主要发生在细砂、粉砂及轻亚黏土等土层中,而在粗颗粒土及黏土中则不易产生。

基坑开挖排水时,若采用表面直接排水,坑底土将受到向上的动水力作用,可能发生流砂现象。这时坑底土一面挖一面会随水涌出,无法清除,站在坑底的人和放置的机具也

会陷下去。由于坑底土随水涌入基坑,使坑底土的结构破坏,强度降低,将来会使建筑物产生附加下沉。

河滩路堤两侧有水位差时,在路堤内或基底土内发生渗流,当水头梯度大时,可能产生管涌现象,导致路堤坍塌破坏。

工程中为了防止渗透破坏的发生常采用两种措施:一种是在渗流逸出地段设置反滤层以防土粒被水流带出;另一种是增长渗透路径,如打板桩或设置防渗墙等,以减小渗透比降。

第三节　土的压缩性

一、概　述

土在压力作用下体积减小的特性称为土的压缩性。研究表明,当压力在 100 ~ 600 kPa 时,土颗粒与水的压缩量是很小的,与土的总压缩量相比,可以忽略不计。因此,土的压缩主要是在压力的作用下,由于土颗粒位置发生重新排列导致的土孔隙体积减小和孔隙水排出的结果。

进行建筑物设计时,要进行地基沉降的计算。地基沉降计算需要取得土压缩性指标。土压缩性指标可以通过室内压缩试验和现场载荷试验来取得。

对于无黏质土,在外荷载作用下,孔隙水的排出是很快的,因此在荷载作用下砂性土地基的沉降很快就能完成。对于黏质土,由于其透水性低,在荷载作用下孔隙水只能慢慢排出。因此,当荷载作用在以黏质土为主的地基上时,地基的沉降不会马上完成,而是随着孔隙水的缓慢排出而逐渐完成的,因而工程中需要掌握沉降随时间的变化规律。

当试验仅是为了求得土的压缩性指标,该试验称压缩试验,如果尚需取得压缩过程(固结)指标,则称固结试验。二者所用仪器及方法基本相同,故压缩仪又称固结仪。

二、室内压缩试验和压缩性指标

(一)压缩试验和压缩曲线

室内压缩试验采用的仪器通常是室内侧限压缩仪(又称固结仪),图 10-11(a)为室内侧限压缩仪的示意图,由加压活塞、刚性护环、环刀、透水石和底座组成。常用的环刀内径为 6 ~ 8 cm,高 2 cm。进行压缩试验以前,用金属环刀切取原状土样,放入刚性护环内,在土样上下两面放上滤纸和透水石,使水样在压缩过程中孔隙水能顺利排出。由于金属护环和环刀的限制,环刀内土样在压缩时,只能发生竖向变形,而无侧向变形。因此,本试验得到的是土在完全侧限条件下的压缩性指标。

作用在土上的荷载是分级施加的,每次加荷后,要等到土体在本级荷载下压缩至相对稳定后再施加下一级荷载。土样在竖向荷载的压缩量可采用百分表量测。

如图 10-11(b)所示,设土样的初始高度为 H_0,初始孔隙比为 e_1,压缩稳定后土样高度为 H_1,孔隙比为 e_2,土样在外荷载 P 的作用下变形稳定后的压缩量为 s,则 $H_1 = H_0 - s$。由于压缩前后土粒体积 V_s 不变,因此压缩前后土孔隙体积分别为 e_1V_s 和 e_2V_s。根据土样压

缩前后土粒体积和土样横截面面积不变的两个条件,得:

$$\frac{H_0}{1+e_1}=\frac{H_1}{1+e_2}=\frac{H_0-s}{1+e_2} \tag{10-25a}$$

或

$$e_2=e_1-\frac{s}{H_0}(1+e_1) \tag{10-25b}$$

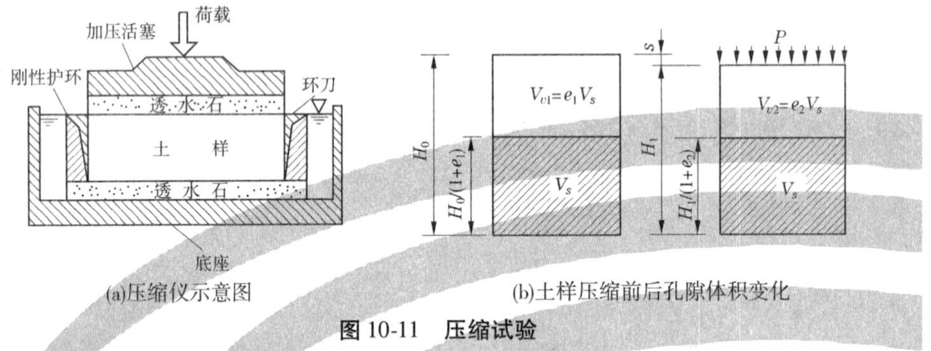

(a)压缩仪示意图　(b)土样压缩前后孔隙体积变化

图 10-11　压缩试验

这样,只要测得每级荷载 P 下土样压缩稳定后的压缩量 s,就可根据上式计算出相应的土样孔隙比 e,从而绘制土的压缩曲线,或叫 e—P 曲线,见图 10-12(a),如果横坐标采用半对数,则得到 e—$\lg P$ 曲线,见图 10-12(b)。

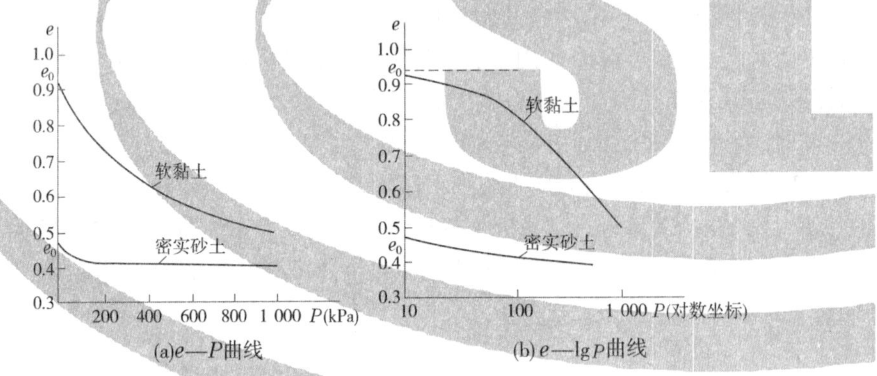

(a)e—P曲线　(b)e—$\lg P$曲线

图 10-12　压缩曲线

(二)土的压缩系数和压缩指数

从图 10-12 可以看出,随着荷载的施加,土的孔隙比逐渐减小,土被逐渐压密,e—P 曲线也逐渐趋于平缓,即同一个土样在不同荷载等级下的压缩性是不同的。不同的土如果具有不同的压缩性,其 e—P 曲线的形状也不同,即在相同荷载下土的压缩或孔隙比减小程度是不同的,e—P 曲线越陡,土越容易被压缩。因此,e—P 曲线上任意一点的斜率代表了土在对应荷载 P 时的压缩性大小:

$$a=-\frac{\mathrm{d}e}{\mathrm{d}P} \tag{10-26}$$

式中负号表示随着压力 P 的增加 e 逐渐减小。如图 10-13(a)对任意两点 M_1 和 M_2,对应压力 P_1 和 P_2,当压力增量 P_2-P_1 不大时,可近似以连接 M_1 和 M_2 的直线来代替 M_1 和 M_2 的之间的压缩曲线。设 M_1 和 M_2 对应的孔隙比分别为 e_1 和 e_2,则直线 M_1M_2 的斜

率为：

$$a = \tan\beta = -\frac{\Delta e}{\Delta P} = \frac{e_1 - e_2}{P_2 - P_1} \tag{10-27}$$

式中　a——土的压缩系数，表示单位压应力引起的孔隙比变化；

β——直线 M_1M_2 与横坐标轴的夹角。

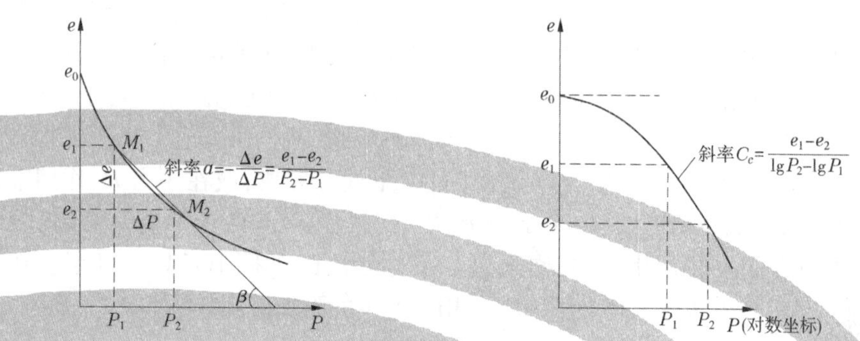

(a)根据 e—P 曲线来确定土的压缩系数 a_{1-2}　　(b)根据 e—$\lg P$ 曲线确定土的压缩指数 C_c

图 10-13　土的压缩性指标的确定

土的压缩系数不是常数，它随初始压力 P_1 和压力增量 $P_2 - P_1$ 而变化，为了判断和比较土的压缩性，并考虑到地基土通常受到的压力大小，实际上常采用 $P_1 = 100$ kPa 和 $P_2 = 200$ kPa，根据土的室内压缩试验 e—P 曲线（见图 10-13(a)）来确定土的压缩系数 a_{1-2}，并根据 a_{1-2}来评价土的压缩性大小。当 $a_{1-2} < 0.1\ \text{MPa}^{-1}$时，属低压缩性土；$0.1\ \text{MPa}^{-1} \leqslant a_{1-2} < 0.5\ \text{MPa}^{-1}$时，属中等压缩性土；$a_{1-2} \geqslant 0.5\ \text{MPa}^{-1}$时，属高压缩性土。

e—$\lg P$ 曲线的后段接近直线（见图 10-13(b)），它的斜率为：

$$C_c = \frac{e_1 - e_2}{\lg P_2 - \lg P_1} = (e_1 - e_2) \Big/ \lg\frac{P_2}{P_1} \tag{10-28}$$

式中　C_c——土的压缩指数，与压缩系数 a 一样，其数值越大，土的压缩性越高，低压缩性土的 C_c 值一般小于 0.2，高压缩性土的 C_c 值一般大于 0.4。

e—$\lg P$ 曲线常用来评价土的应力历史对土的压缩性的影响。

高压缩性土一般不宜直接作为建筑物地基，需要进行加固后才能使用。

(三)先期固结压力和土层天然固结状态判断

我们看到的现地面不一定就是土天然沉积过程完成后形成的地面，例如原来的地面由于地面上升或河流冲刷使表面一定厚度的土层被剥蚀掉，或现在的地面是在不长的时间以前在原地面上淤积的。这样，现地面以下地基土中有效自重应力不一定等于土沉积过程中受到的竖向最大固结压力。此外，即使现地面高度在历史上一直没有发生变化，但由于地表以上古冰川的融化，或因地下水抽吸或回灌，引起土中有效自重应力的变化，也会导致现地面以下地基土中有效自重应力不等于土沉积过程中受到的最大固结压力。

设天然土层在沉积历史上最大的固结压力为 P_c，称为先期固结压力，对现地表下某一深度 z 处的土层，上覆土重产生压力为 $P = gz$，根据 P 与 P_c 的相对大小，可将土分为超固结土、正常固结土和欠固结土。

1. 超固结土($P<P_c$,$OCR>1$)

由于古冰川融化、地表剥蚀等原因,使现地表下任意深度 z 处由于上覆土重力产生压力 P 小于 z 深度处土层历史上受到的最大固结压力 P_c,如图 10-14(a)所示,称这种土为超固结土,而 P 与 P_c 之比(P_c/P)称为超固结比(OCR),用来表示超固结的程度。

2. 正常固结土($P=P_c$,$OCR=1$)

当土沉积年代较长,地表以下土层在上覆土自重压力作用下的沉降已经完成,此后地表并未发生变化,而且也没有其他因素导致土中有效自重应力发生变化,其先期固结压力 P_c 等于现地表下土中自重应力 P,如图 10-14(b)所示,称这种土为正常固结土。

3. 欠固结土($P>P_c$,$OCR<1$)

当土沉积时间较短,土在自重应力作用下的变形尚未完成;或在压力 P_c 作用下已正常固结的土层,由于地表新近堆填土或地下水位下降等原因,导致土中应力 P 超过 P_c,土将在 $P-P_c$ 作用下进一步产生压缩,称这种土为欠固结土,如图 10-14(c)所示。在欠固结土地基上的建筑必须考虑土将在 $P-P_c$ 作用下产生的附加沉降。

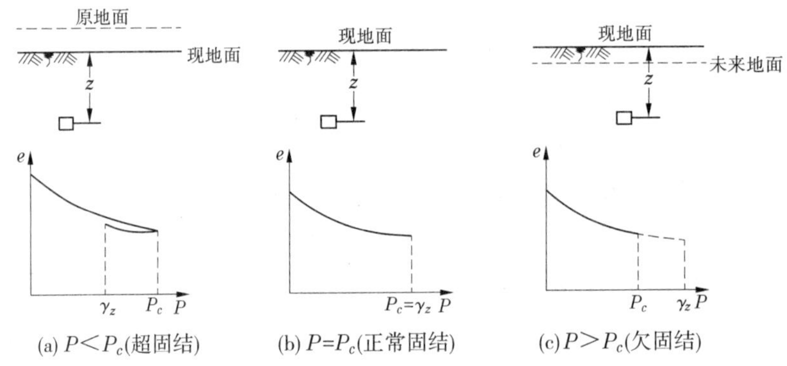

图 10-14 天然土层三种固结状态

确定先期固结压力 P_c 的最常用的方法是卡萨格兰德(A · Casagrande, 1936)提出的经验作图法。作图步骤如下(见图 10-15):

(1)在 e—$\lg P$ 曲线转折处选取曲率半径最小的点 O,自 O 点作 e—$\lg P$ 曲线切线 OA 和水平线 OB。

(2)作角 $\angle AOB$ 的平分线 OD,与 e—$\lg P$ 曲线的直线段的延长线交于 E 点。

(3)E 点对应的压力 P 即为先期固结压力 P_c。

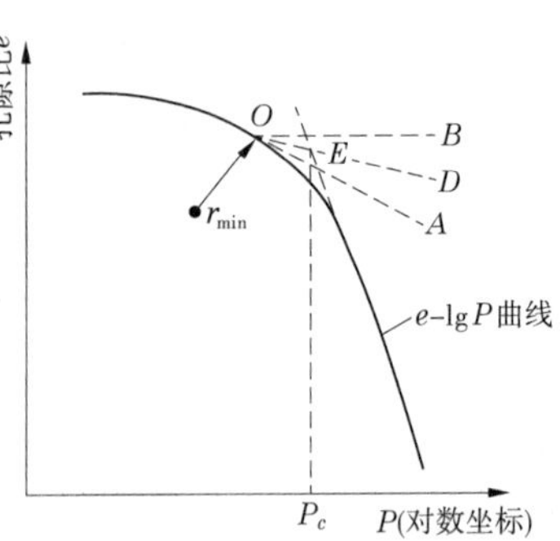

图 10-15 天然土层三种固结状态

这种作图确定先期固结压力的方法存在一定的缺点:

(1)曲线半径最小的点是通过人为判断确定的,不同人的判断有一定的差异。

(2)对绘图质量要求高,作图比例不当对 E 点的确定有影响。

(3)为得到 e—$\lg P$ 曲线的直线段部分,需要进行大于 1 000 kPa 的较大压力下的压缩试验。

(4)这是一种半经验方法,理论依据还显不足。

虽然存在以上缺点,但国内外目前还没找到完全代替上述方法的方法。斯开普顿(Skempton)在大量统计资料的基础上提出了用塑性指数确定 P_c 的经验公式可供参考:

$$P_c = \frac{c_u}{0.11 + 0.037 I_P} \tag{10-29}$$

式中 c_u——饱和土的不排水剪强度;

I_P——塑性指数。

(四)压缩模量

确定地基附加应力分布的 Boussinesq 课题假设土是各向同性的均匀弹性材料,实际上,土不是完全弹性的材料,土的变形包含可以恢复的弹性变形和不能恢复的塑性变形,弹性模量是弹性材料无侧限条件下应力与应变的比值,由 e—P 曲线也可得到类似弹性模量的一个衡量土压缩性的指标——压缩模量 E_s 也是一个随压力而变化的数值,可按下式计算:

$$E_s = \frac{1 + e_1}{a} \tag{10-30}$$

式中 E_s——土的压缩模量,kPa 或 MPa;

a——土的压缩系数,kPa^{-1} 或 MPa^{-1};

e_1——对应于初始压力 P_1 的孔隙比。

与压缩系数相对应,常用当 $P_1 = 100$ kPa 和 $P_2 = 200$ kPa 时的压缩模量 E_{s1-2}。E_s 越小,土的压缩性越高。实用上,如 $E_s < 4$ MPa 时,称为高压缩性土,4 MPa $\leqslant E_s \leqslant$ 20 MPa 时,称为中等压缩性土;$E_s > 20$ MPa 时,称为低压缩性土。

上式可通过下面推导而得。如图 10-16 所示,设土样在压力 $\Delta P = P_2 - P_1$ 作用下孔隙比的变化 $\Delta e = e_2 - e_1$,土样高度的变化 $\Delta H = H_1 - H_2$,则式(10-25a)可改写为:

$$\frac{H_1}{1 + e_1} = \frac{H_2}{1 + e_2} \tag{10-31a}$$

或

$$\Delta H = \frac{e_1 - e_2}{1 + e_1} H_1 = \frac{-\Delta e}{1 + e_1} H_1 \tag{10-31b}$$

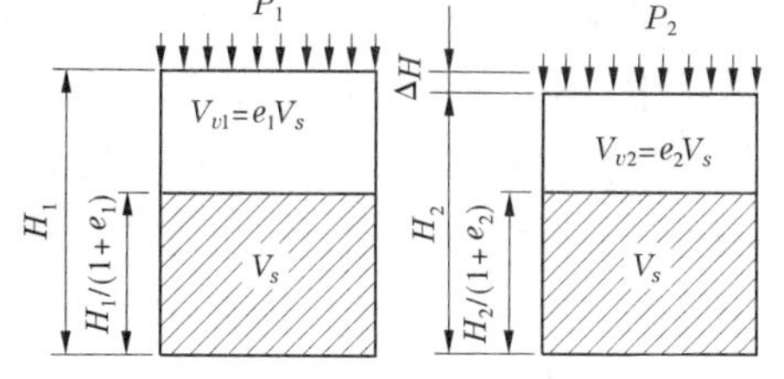

图 10-16 侧限条件下土样高度变化和孔隙比变化

由于 $\Delta e = -a\Delta P$,见式(10-27),则:

$$\Delta H = \frac{a\Delta P}{1 + e_1} H_1 \tag{10-32}$$

由此可得到侧限条件下土的压缩模量:

$$E_s = \frac{\Delta P}{\Delta H / H_1} = \frac{1 + e_1}{a} \tag{10-33}$$

(五)土的回弹曲线和再压缩曲线

将基础底面以上土体开挖以后,基础底面以下土中应力较开挖以前减小了,发生了膨胀,造成坑底回弹。而当基础开始施工以后,随着基础底面以上荷载的逐渐施加,地基又被压缩。

这个过程可以用压缩曲线来进行说明。如图 10-17 所示,以 P_1 对应开挖以前基础底面由于被开挖土重已产生的竖向压力,开挖前土的孔隙比为 e_0,随着土方的逐渐开挖,基础底面处竖向压力逐渐减小,最终变为零,土的孔隙比沿 e—P 曲线段增长到 e'_0,曲线称为回弹曲线。e'_0 与土样的初始孔隙比 e_0 并不相等。显然,$e_0 - e'_0$ 对应的变形是不可恢复的,称为塑性变形或残余变形,$e'_0 - e$ 对应的变形是可恢复的,称为弹性变形。随着荷载的重新施加,土被重新压缩,土的孔隙比沿再压缩曲线段变化,在 d 点以后与土的压缩曲线重合。在 e—$\lg P$ 曲线上也可看到类似情况。

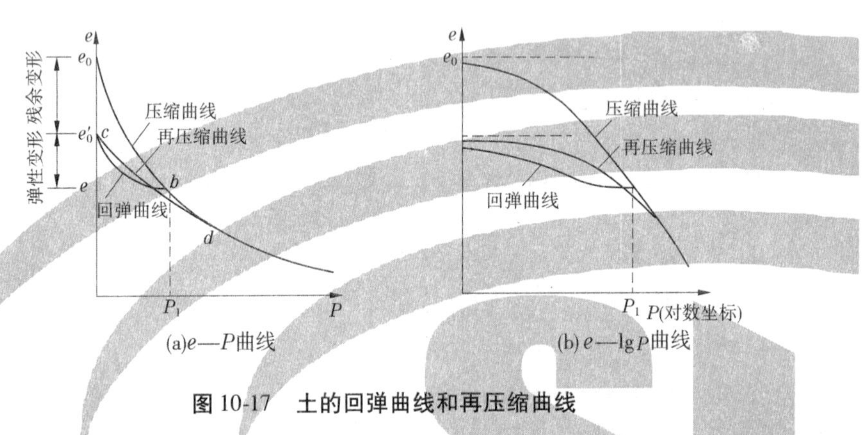

图 10-17　土的回弹曲线和再压缩曲线

三、现场载荷试验与变形模量

压缩试验简单易行,但所需土样是在现场取样得到的,在现场取样,运输、室内试件制作等过程中,不可避免地对土样产生了不同程度的扰动。试验时的各种试验条件(如侧限条件、加荷速率、排水条件、温度以及土样与环刀之间的摩擦力等)也不可能做到完全与现场土的实际情况相同,可见,室内压缩试验得到的压缩性指标不能完全反映现场天然土的压缩性。因此,必要时,需要在现场进行载荷试验。

(一)现场载荷试验与变形模量

1. 试验装置和试验方法

现场载荷试验设备装置如图 10-18 所示,包括加荷稳压装置、反力装置和观测装置。其原理为在试验土面施加荷载件并观测每级荷载下的变形,根据试验结果绘制土的荷载—沉降曲线(P—s 曲线)和每级荷载下的沉降—时间曲线(s—t 曲线),以此判断土的变

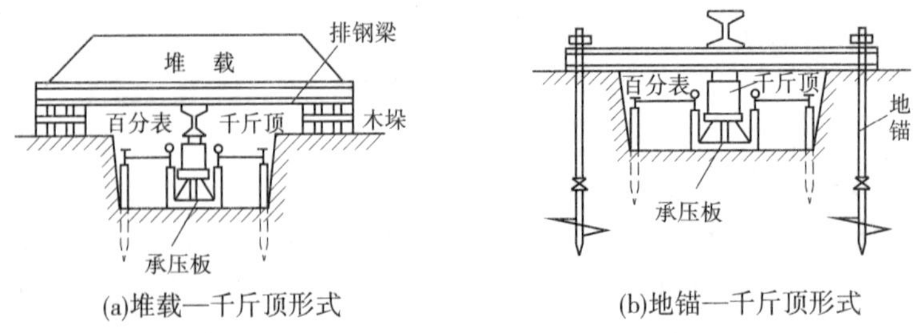

图 10-18　载荷试验设备装置

形特性和确定土的极限承载力等。

载荷试验通常是在基础底面标高处或需要进行的土层标高处进行的，当试验土层顶面具有一定埋深时，需要挖试坑。试坑尺寸以能设置试验装置，便于操作为宜，当试坑深度较大时，确定试坑宽度时还应考虑避免坑外土体对试验结果产生影响，一般规定试坑宽度不应小于 $3b$（b 为承压板的宽度或直径）。试验点一般布置在勘查取样的钻孔附近。承压板的面积一般为 $0.25\sim0.5\ m^2$，挖试坑和放置试验设备必须注意保持试验土层的原状土结构和天然湿度，试验土层顶面一般采用不超过 20 mm 厚的粗砂、中砂找平。

试验加荷的标准是：第一级荷载（包括设备重量）应接近所卸除土的自重应力，其相应的沉降不计，以后每级荷载增量对较软的土采用 10 ~ 15 kPa，对较密实的土采用 50 kPa。加荷等级应不小于 8 级，最终施加的荷载应接近土的极限荷载，并不小于荷载设计值的 2 倍。载荷试验的观测标准如下：

（1）每级加载后，按间隔 10 min、10 min、10 min、15 min、15 min 读取沉降值，以后每隔半小时读一次沉降，当连续两小时内每小时的沉降量小于 0. 1 mm 时，可以认为变形已趋于稳定，可加下一级荷载。

（2）当出现有下列现象之一时，即可认为土已达极限状态：①承压板周围土有明显的侧向挤出隆起（砂土）或发生裂纹（黏质土和粉土）；②沉降急剧增大，P—s 曲线出现陡降段。③在某一级荷载下，24 h 内沉降速率不能达到稳定标准；④$s/b \geqslant 0.06$。当满足终止加载的前四个条件之一时，其对应的前一级荷载为极限荷载。

根据沉降观测记录，可以绘制 P—s 曲线和 s—t 曲线，见图 10-19。不同土在荷载作用下的变形特征是不一样的，砂土在荷载作用下的沉降很快就达到稳定，而饱和黏性土则很慢。

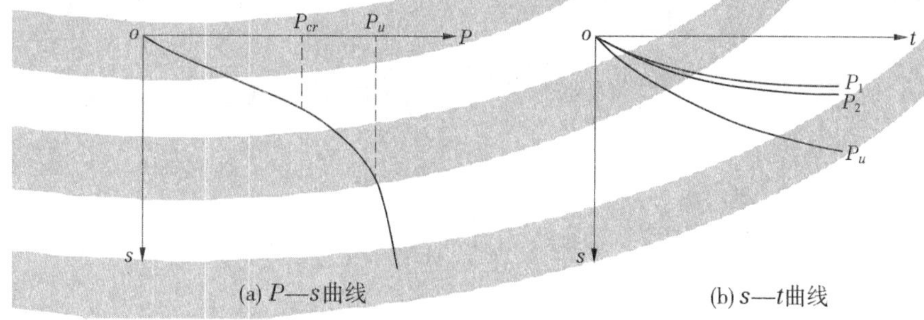

(a) P—s曲线　　(b) s—t曲线

图 10-19　载荷试验曲线

此外，根据载荷试验还可绘制 s—$\lg t$ 曲线等，用于判定地基土的极限荷载。

2. 变形模量

从图 10-19（a）可以看出，当荷载小于一定值时，P—s 曲线即荷载—沉降关系基本呈直线关系，这就可利用弹性理论来求荷载与沉降关系，即：

$$E_0=\overline{\omega}(1-\mu^2)\frac{Pd}{s} \tag{10-34}$$

式中　$\overline{\omega}$——沉降影响系数，方形承压板 $\overline{\omega}=0.88$，圆形承压板 $\overline{\omega}=0.79$；

d——承压板的边长或直径,m;

μ——土的泊松比;

P——荷载,取直线段内的荷载值,一般取比例界限荷载 P_{cr},kPa;

s——荷载 P 对应的沉降量,mm;

E_0——土的变形模量,kPa 或 MPa。

对土来讲,在荷载下的变形实际包含弹性变形和塑性变形,因而式(10-34)得到的是包含弹性变形和塑性变形的总变形与荷载之间的关系,为与塑性理论中的弹性模量相区别,故称为变形模量。

(二)变形模量与压缩模量之间的关系

载荷试验确定土的变形模量是在无侧限条件即单向受力条件下应力与应变的比值,室内压缩试验确定的压缩模量则是在完全侧限条件下土应力增量与应变增量的比值。利用三向应力条件下的广义虎克定律可以分析两者之间的关系。根据广义虎克定律,垂直应变为:

$$\varepsilon_z = \frac{\sigma_z}{E} - (\sigma_x + \sigma_y)$$

对室内侧限压缩条件下土样有 $\sigma_z = P, \sigma_x = \sigma_y = \frac{\mu}{1-\mu}P$,代入上式得:

$$\varepsilon_z = \frac{P}{E}(1 - \frac{2\mu^2}{1-\mu})$$

或

$$E = \frac{P}{\varepsilon_z}(1 - \frac{2\mu^2}{1-\mu})$$

由式(10-31b)知:$\varepsilon_z = \frac{\Delta H}{H_1} = \frac{e_1 - e_2}{1 + e_1}$,所以有:

$$E = \frac{P}{\frac{e_1 - e_2}{1 + e_1}}(1 - \frac{2\mu^2}{1-\mu}) = \frac{1 + e_1}{a}(1 - \frac{2\mu^2}{1-\mu}) = E_s(1 - \frac{2\mu^2}{1-\mu})$$

令 $\beta = 1 - \frac{2\mu^2}{1-\mu}$,上式改写为:

$$E_0 = \beta E_s \tag{10-35}$$

(三)弹性模量

式(10-34)得到的是包含弹性变形和塑性变形的总变形与荷载之间的关系,即变形模量。有时,我们需要分析土体弹性变形和总荷载的关系,这就需要确定土的弹性模量。地基土在荷载开始作用的一瞬间产生的沉降、瞬时荷载作用下地基变形(如高耸构筑物在风荷载作用下基础的倾斜)以及动力机器基础的振动等均可视为弹性变形。由于土的弹性变形远小于土的总变形,因此土的弹性模量远大于压缩模量或变形模量。

弹性模量可以通过无侧限压缩试验和三轴不排水剪切试验经过反复加荷得到。当采用三轴不排水剪切试验时,首先使土样在排水条件下,轴向压力 σ_1 取土样原位竖向自重应力,σ_3 取原位侧向自重应力,使土样在模拟天然状态的情况下固结。此后在不排水条件下把轴向压力增加至土样现场荷载条件下的竖向应力,然后再将轴向压力增量 $\Delta\sigma_1$ 减

少至零。就这样重复加荷卸荷多次，并将加、卸荷循环的应力—应变绘制成图 10-20，图中 E_i 为初始加荷模量，定义第一个循环以后的加荷曲线上对应$\frac{\Delta\sigma_1}{2}$点处的曲线的切线斜率为再加荷模量 E_r，E_r 随循环次数的增加而增加，通常 5 ~ 6 次循环后趋于定值，一般采用此时的 E_r 作为土的弹性模量。

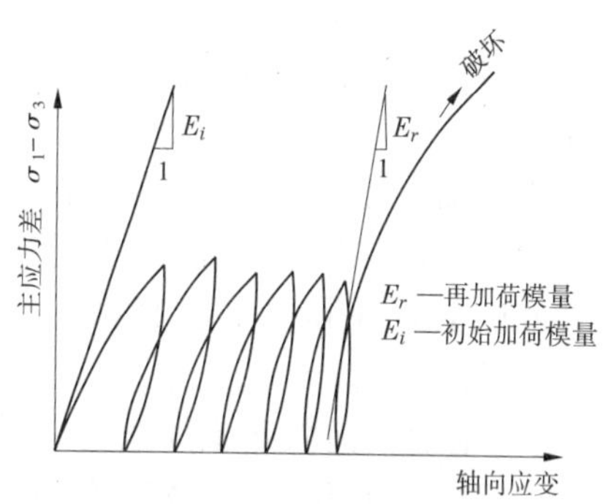

图 10-20　弹性模量的确定

此外，也可以在施加某一级轴向压力后，量测并绘制轴向应变（作为纵坐标）与时间（作为横坐标）的关系曲线，用外插法把曲线延长并相交于纵坐标，求得时间 $t=0$ 时相应的应变（即瞬间应变），把应力除以此应变，即得土的弹性模量。

在野外载荷试验中，可以取承压板在卸荷时的回弹量作为弹性变形；或取反复加荷卸荷（一般不少于 5 次）时的变形，代入式（10-34）中，得出土的弹性模量。

四、饱和土的一维固结

（一）饱和土的固结

1. 土的固结的概念

饱和土孔隙中充满水，在荷载作用下，必须使孔隙中的水部分排出，土体才能压密，即发生土体压缩变形。通常称孔隙水排出、孔隙比减小而使土逐渐被压密的过程为土的固结。由于土粒很细，孔隙更细，要使孔隙中的水通过弯弯曲曲的细小孔隙排出，需要经历相当长的时间 t。时间 t 的长短取决于土层排水的路径长度 H、土粒粒径与孔隙的大小、土层渗透系数、荷载大小和压缩系数高低等因素。

因此，建筑物的沉降不是荷载一施加就完成的。通常，在施工期间不同地基上建筑物完成的沉降量不相同，具体情况如下：

（1）碎石土和砂石因压缩性小、渗透性大，施工期间，地基沉降可全部或基本完成。

（2）低压缩黏质土，施工期间可完成最终沉降量的 50% ~ 80%。

（3）中压缩黏质土，施工期间可完成最终沉降量的 20% ~ 50%。

（4）高压缩黏质土，施工期间可完成最终沉降量的 5% ~ 20%。

对饱和状态、厚层淤泥质黏性土地基，由于孔隙小、压缩性大，地基沉降往往需要几十年时间才能达到稳定。为清楚地掌握饱和土体的压缩过程，首先需研究饱和土的渗透固结过程，即土的骨架和孔隙水分担承受外力情况和相互转移的过程。

2. 土的固结过程

饱和土体受荷产生压缩（固结）过程包括：

（1）土体孔隙中自由水逐渐排出；

（2）土体孔隙体积逐渐减小；

（3）孔隙水压力逐渐转移到土骨架来承受，成为有效应力，土体逐渐被压密。

上述三个方面为饱和土体固结作用：排水、压缩和压力转移，三者同时进行的一个过程。

渗透固结力学模型为了形象地阐明上述饱和土固结过程,借助一个弹簧活塞力学模型说明,如图10-21所示。在一个装满水的圆筒中,上部安置一个带细孔的活塞。此活塞与筒底之间安装一个弹簧,弹簧可视为土的骨架,模型中的水相当于土体孔隙中的自由水,以此模拟饱和土。由试验可见如下现象:

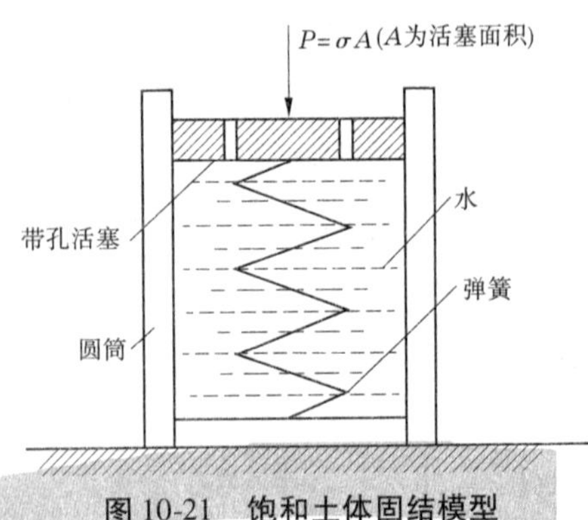

图10-21 饱和土体固结模型

(1)活塞顶面骤然施加压力σ的一瞬间,圆筒中的水尚未来得及从活塞的细孔排出时,由于水的压缩性远小于由土骨架形成的弹簧,压力σ可认为完全由水承担,弹簧没有变形和受力,即$u=\sigma,\sigma'=0$。

(2)经过时间t后,筒中水不断从活塞底部通过细孔,向活塞顶面流出,从而使活塞下降,迫使弹簧压缩而受力。因而,有效应力σ'逐渐增大,孔隙水压力u逐渐减小,由有效应力原理,有:$u+\sigma'=\sigma$。

(3)当时间t经历很长后,孔隙水压力$u\to 0$,筒中水停止流出,外力σ完全作用在弹簧上。这时,有效应力$\sigma'=\sigma$,而孔隙水压力$u=0$,土体固结过程结束。

由此可见,饱和土体的渗透固结是土中孔隙水压力u逐渐消散并转移为有效应力的过程。

实际工程中,土体中某一点的有效应力σ'与孔隙水压力u的变化,不仅与时间t有关,而且还与该点离透水面的距离z有关,如图10-22所示。即孔隙水压力u是距离z和时间t的函数:

$$u=f(z,t) \tag{10-36}$$

图10-22(a)表示室内固结试验的土样,上下面双向排水的土层,在土样受外力σ后,经历不同时间t,沿土样深度方向,孔隙水压力u和有效应力σ'的分布,如图10-22(b)所示。

(1)当时间$t=0$,即外力施加后的一瞬间,孔隙水压力$u=\sigma$,有效应力$\sigma'=0$。此时两种应力分布如图10-22(b)中右端竖直线所示。

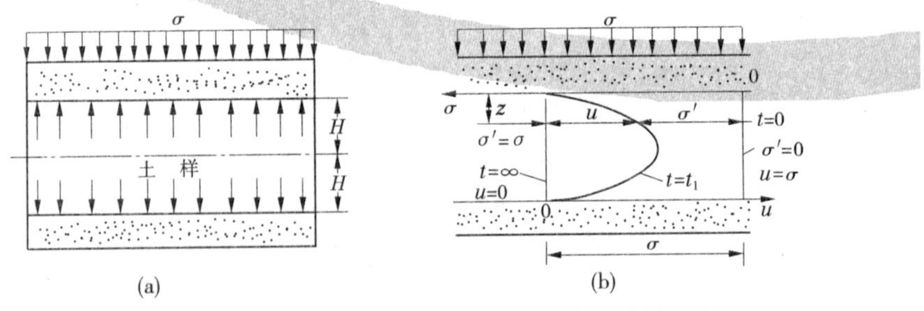

图10-22 固结试验土样中两种应力随时间与深度的分布

(2)当经历一定时间$t=t_1$时,一部分孔隙水压力转化为有效应力,$u+\sigma'=\sigma$。两种应力分布如图10-22(b)中右端竖直线所示。

(3)当经历很长时间后,时间$t\to\infty$,此时孔隙水压力$u=0$,有效应力为$\sigma'=\sigma=P_0$。两种应力分布如图10-22(b)中左侧竖直线所示。

（二）太沙基一维固结理论

1. 基本假设

一维固结是指土中的孔隙水，只沿竖直一个方向渗流，同时土也只沿竖直一个方向压缩。在土的水平方向无渗流、无位移。当荷载分布的面积很广阔，荷载分布宽度远大于压缩土层的厚度时可认为地基土中的孔隙水主要沿竖向发生渗流，产生竖向的一维固结。为了求得饱和土在渗透固结过程中任意时间的变形，太沙基（K. Terzaghi，1925）提出了饱和土的一维单向固结理论。因为这一理论计算十分方便，目前在建筑工程中应用很广。

如图 10-23（a）所示，厚度为 H 的饱和黏性土层的顶面是透水的，底面不透水。假设该土层在其自重作用下的固结已完成，由于顶面作用瞬间施加的连续均布荷载 σ 引起该土层产生排水固结。

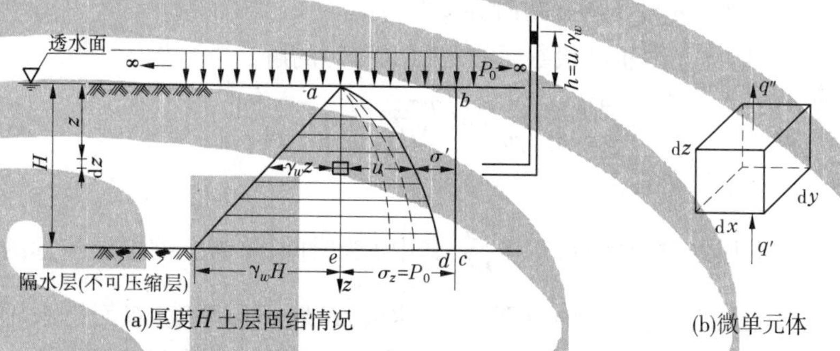

图 10-23　可压缩土层中孔隙水压力（或有效应力）的分布随时间的变化

由于图 10-23（a）所示中厚度为 H 的土层在水平方向无限延伸，因此属于沿竖向的一维固结问题。一维单向固结理论依据了以下几点假设：

（1）土是均质、各向同性和完全饱和的；

（2）土粒和孔隙水都是不可压缩的；

（3）土中附加应力沿水平面是无限延伸均匀分布的，因此土层的压缩和土中水的渗流都是一维的；

（4）土中水的渗流服从达西定律；

（5）在渗流的固体过程中，土的渗透系数 k 和压缩系数 a 都是不变的常数；

（6）外荷是一次骤然施加的。

2. 一维固结微分方程

对应图 10-23（a）一维固结情况，孔隙水压力（u）随时间（t）的变化可用如下微分方程表示：

$$\frac{\partial u}{\partial t}=C_v\frac{\partial^2 u}{\partial z^2} \tag{10-37}$$

其中 C_v 称为土的固结系数（cm^2/s 或 m^2/年），按下式计算：

$$C_v=\frac{k(1+e)}{\gamma_w a}=\frac{km_v}{\gamma_w}$$

式中　k——土沿 z 方向的渗透系数，m/s；

e——土的天然孔隙比；

γ_w——水的容重,kN/m^3;

a——土的压缩系数,kPa^{-1};

m_v——土的压缩模量,kPa。

3. 一维固结微分方程的解

根据图10-23(a)所示的初始条件(开始固结时的附加应力分布情况)和边界条件(土层顶面的排水条件):

初始条件　当 $t=0$ 和 $0\leqslant z\leqslant H$ 时,$u=\sigma=$常数

边界条件 $\begin{cases} 0<t<\infty \text{ 和 } z=0 \text{ 时},u=0 \\ 0<t<\infty \text{ 和 } z=H \text{ 时},\dfrac{\partial u}{\partial z}=0 \end{cases}$

终止条件　当 $t=\infty$ 和 $0\leqslant z\leqslant H$ 时,$u=0$

根据以上条件,应用傅里叶级数,可得式(10-37)的解:

$$u=\frac{4\sigma}{\pi}\sum_{m=1}^{\infty}\frac{1}{m}\sin\left(\frac{m\pi z}{2H}\right)\exp\left(\frac{-m^2\pi^2}{4}T_v\right)$$

式中　m——正奇数(1,3,5,…);

T_v——竖向固结时间因数,$T_v=\dfrac{C_v t}{H^2}$,其中 t 为时间,H 为压缩土层最远的排水距离,当土层为单面(上面或下面)排水时,H 取土层厚度;双面排水时,水由土层中心分别向上下两个方向排出,此时 H 应取土层厚度之半。

4. 固结度计算

1)固结度的定义

地基在荷载作用下,经历任意时刻 t 任意深度 z 处的固结度 U_z 表示该处超孔隙水压力的消散程度。其表示式为:

$$U_z=\frac{u_0-u(z,t)}{u_0}=1-\frac{u(z,t)}{u_0}$$

整个土层的平均固结度 U 是:

$$U=1-\frac{\int_0^{2H}u(z,t)\,\mathrm{d}z}{\int_0^{2H}u_0\,\mathrm{d}z} \tag{10-38a}$$

式中　u_0——初始孔隙水压力;

H——该土层的最大排水距离。

如果土层的最终固结沉降为 S_∞,在时刻 t 的固结沉降为 S_t,则从太沙基一维固结理论的解答可以证明下式成立:

$$U=\frac{S_t}{S_\infty} \tag{10-38b}$$

2)固结度的计算

对于单向固结情况,由于土层的固结沉降与该层的有效应力面积成正比,所以将某一时刻的有效应力面积图和最终的有效应力面积图之比(见图10-23(a)),称为土层单向固

结的平均固结度 U_z：

$$U_z=\frac{\text{应力图面积 }abcd}{\text{应力图面积 }abce}=\frac{\text{应力图面积 }abce-\text{应力图面积 }ade}{\text{应力图面积 }abce}$$

$$=1-\frac{\int_0^H u\mathrm{d}z}{\int_0^H \sigma_z\mathrm{d}z} \tag{10-39}$$

式中　u——深度 z 处某一时刻 t 的孔隙水压力，kPa；

σ_z——深度 z 处的竖向附加应力（即 $t=0$ 时该深度处的起始孔隙水压力），在大面积均布荷载 p_0 作用下，有：

$$\int_0^H \sigma_z\mathrm{d}z=\sigma_z H=p_0H$$

将式(10-38a)代入上式得：

$$U_z=1-\frac{8}{\pi^2}\sum_{n=1}^{\infty}\frac{1}{(2n-1)^2}\exp\left[-\frac{(2n-1)^2\pi^2}{4}T_v\right] \tag{10-40}$$

或

$$U_z=1-\frac{8}{\pi^2}\left[\exp\left(-\frac{\pi^2}{4}T_v\right)+\frac{1}{9}\exp\left(-\frac{9\pi^2}{4}T_v\right)+K\right]$$

上式中括号内的级数收敛很快，当 $U>30\%$ 时可近似地取其第一项如下：

$$U_z=1-\frac{8}{\pi^2}\exp\left(-\frac{\pi^2}{4}T_v\right) \tag{10-41}$$

为了方便于实际应用，将式(10-41)绘制成图 10-24 所示的 U_z-T_v 关系曲线(1)。对于图 10-25(a)所示的三种双面排水情况，都可以利用图 10-24 中的曲线(1)计算，此时只需将饱和压缩土层的厚度改为 $2H$，即 H 取压缩土层厚度之半。对于图 10-25(b)中单面排水的两种三角形分布起始孔隙水压力图，则用 U_z-T_v 关系曲线(2)和曲线(3)计算。

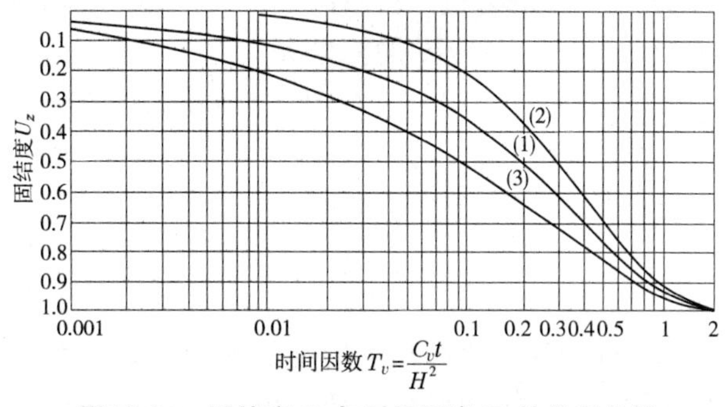

图 10-24　固结度 U_z 与时间因素 T_v 的关系曲线

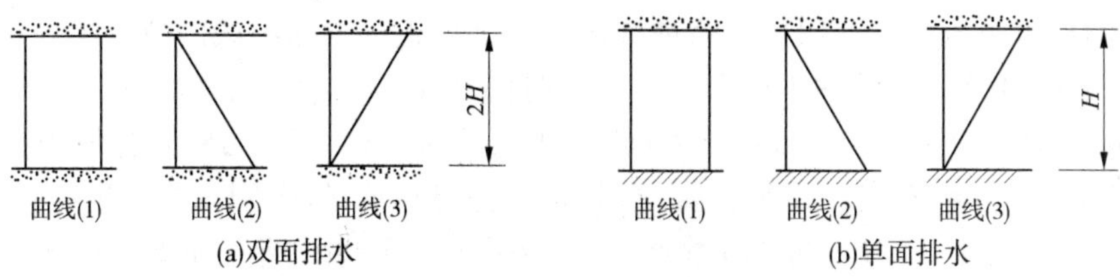

图 10-25　一维固结的几种起始孔隙水压力分布

5. 固结系数的测定

前已述及,土层的平均固结度 U 是时间因数 T_v 的单值函数,而 T_v 又与固结系数 C_v 成正比,C_v 越大,土层的固结越快。固结系数是反映土体固结快慢的一个重要指标,它是需要通过试验来确定的。正确地确定土的固结系数对于基础沉降速率的计算有着十分重要的意义。目前,确定土的固结系数的方法很多。由固结系数的定义可知,它是与渗透系数和压缩系数有关的。如果能测出某一孔隙比下土的渗透系数和压缩系数,就可计算出相应的固结系数,但这种方法较少采用。最常用的方法是根据室内固结试验,得到某一级荷载下的试样变形量与时间的关系曲线,然后与单向固结理论中的固结度与时间因数关系曲线(图10-24中的曲线(1))进行比较拟合。由于试样变形量与固结度成正比,而时间又与时间因数成正比,因此这两种曲线应有相似的形态。求固结系数的不同方法,实质上是不同的拟合方法而已。应当注意到,固结系数是对应某一级固结应力而言的。固结应力不同得出的固结系数也会有差别。因此,测定固结系数时,所加固结应力应尽可能与实际工程中产生的固结应力相一致。下面介绍目前最常用的两种方法。

(1)时间平方根(Taylor)法。图10-26为平均固结度理论曲线和固结试验曲线,横坐标为时间平方根$\sqrt{t}$。平均固结度 $U<60\%$ 时理论曲线为一条直线,平均固结度 $U=90\%$ 所对应的横坐标(AC)为理论曲线的直线部分延伸线 B 点的横坐标(AB)为1.15倍。这个特征可用来确定试验曲线上相应于 $U=90\%$ 的点。

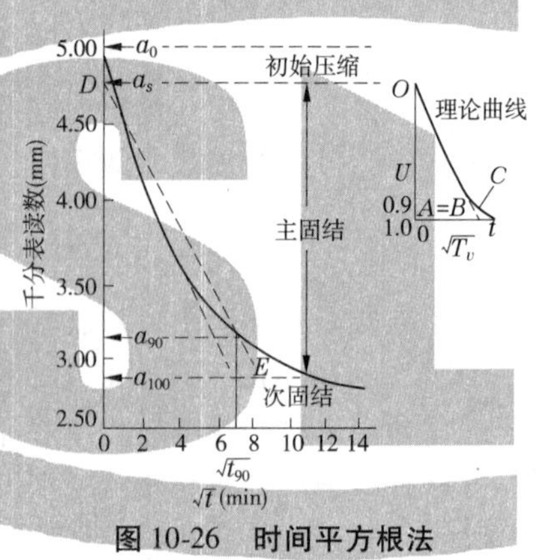

图10-26 时间平方根法

试验曲线由三部分组成:起始部分和末段为曲线,中间部分为直线。起始较短的曲线部分代表初始压缩。相应于 $U=0$ 的点 D 可取为过直线段向上延伸,与纵坐标轴的交点($t=0$),直线 DE 的横坐标取为试验曲线直线部分横坐标的1.15倍,直线 DE 与试验曲线的交点对应于 $U=90\%$ 相应的坐标(a_{90}, $\sqrt{t_{90}}$)就可以得到。对应得到,对应于 $U=90\%$ 的时间因数 $T_v=0.848\,1$,因此固结系数 C_v 可按下式计算:

$$C_v=\frac{0.848\,1H^2}{t_{90}} \tag{10-42}$$

(2)时间对数(Casagrande)法。将平均固结度的理论曲线和固结试验结果绘在半对数坐标纸上,如图10-26所示。理论曲线由三部分组成,起始部分接近于抛物线,中间部分接近于直线,水平轴线为末段曲线的渐近线($U=100\%$)。在试验曲线上,相应于固结度 $U=0$ 的点可由压缩量与时间关系曲线的起始部分近似为抛物线的特征来确定。在曲线上选取两点 A 和 B(见图10-27),两点的时间比 $t_B:t_A=4:1$(可取 $t_A=1$ min,$t_B=4$ min),量得两点的纵坐标为 ΔS,在 A 点竖直向上量取同一距离 ΔS,它与纵坐标的交点 a_s,即为 $U=0$ 的理论零点。作为校核,在起始部分可选取若干不同的点重复上述步骤。相应于 $U=0$ 的点 a_s 一般与初始读数点 a_0 是不一致的,两者的差值主要是由于土中空气的压缩引起的(土样饱和度略小于100%),这部分压缩称之为初始压缩。试验曲线的末

段是直线，但不是水平线。点 a_{100} 相应于固结度 $U=100\%$，取为两条直线交点的纵坐标值；a_s 和 a_{100} 之间的压缩称之为主固结，代表太沙基理论固结过程部分。过了上述交点后，土样继续以缓慢的速率压缩，直至无限时间，这部分压缩称为次固结。相应于固结度 $U=50\%$ 的时间因数 $T_v=0.197$，因此固结系数 C_v 可按下式求得：

$$C_v=\frac{0.197H^2}{t_{50}} \tag{10-43}$$

式中　H——土样在一定压力增量范围内平均高度的一半（双面排水）。

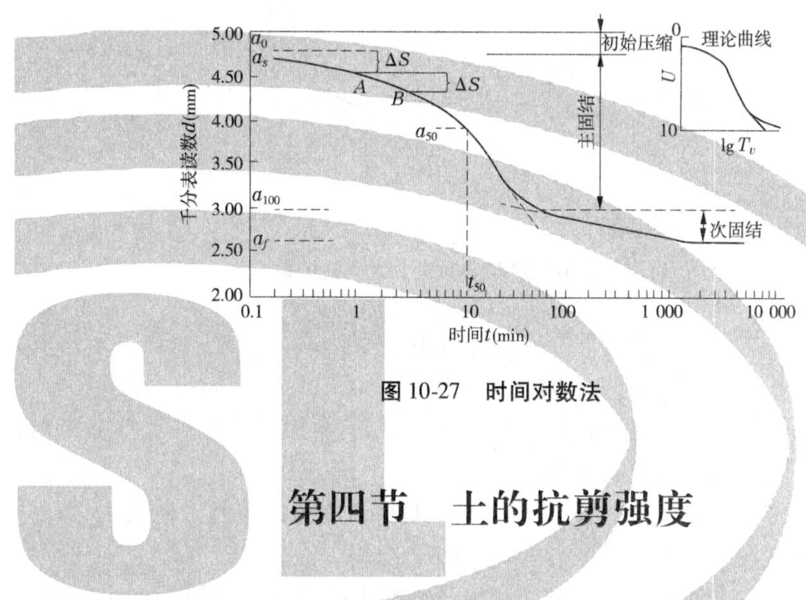

图 10-27　时间对数法

第四节　土的抗剪强度

一、概　述

土的抗剪强度是指土体抵抗剪切破坏的极限能力，是土的重要力学性质之一。在外荷载作用下，建筑物地基或土工构筑物内部将产生剪应力和剪切变形，而土体具有抵抗剪应力的潜在能力——剪阻力或抗剪力，它随着剪应力的增加而逐渐发挥，当剪阻力完全发挥时，土就处于剪切破坏的极限状态，此时剪阻力也就达到极限。这个极限值就是土的抗剪强度。如果土体内某一局部范围的剪应力达到土的抗剪强度，在该局部范围的土体将就出现剪切破坏，但此时整个建筑物地基或土工构筑物并不因此而丧失稳定性；随着荷载的增加，土体的剪切变形将不断增大，致使剪切破坏范围逐渐扩大，并由局部范围的剪切发展到连续剪切，最终在土体中形成连续的破坏面，从而导致整个建筑物地基或土工构筑丧失稳定性。

二、库仑强度条件

1776 年，法国学者库仑（C. A. Coulomb）根据砂土的试验结果（见图 10-28（a）），将土的抗剪强度表达为破坏面上法向应力的函数，即：

$$\tau_f=\sigma\tan\varphi \tag{10-44}$$

以后库仑又根据黏土的试验结果（见图 10-28（b）），提出更为普遍的抗剪强度表达形

式:

$$\tau_f = \sigma\tan\varphi + c \tag{10-45}$$

式中 τ_f——土的抗剪强度;

σ——剪切破坏面上的法向应力;

c——土的黏聚力;

φ——土的内摩擦角。

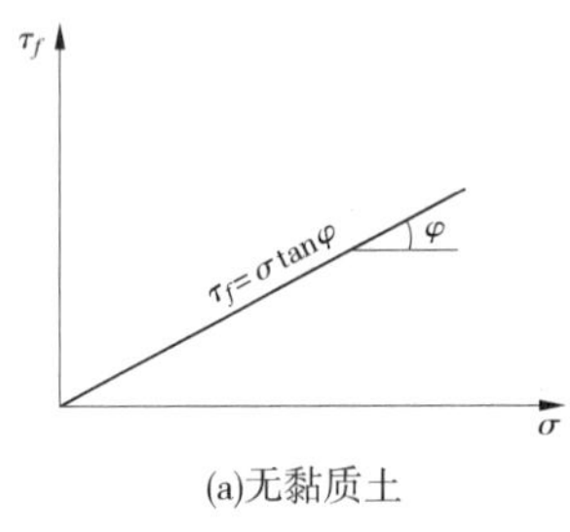

(a)无黏质土

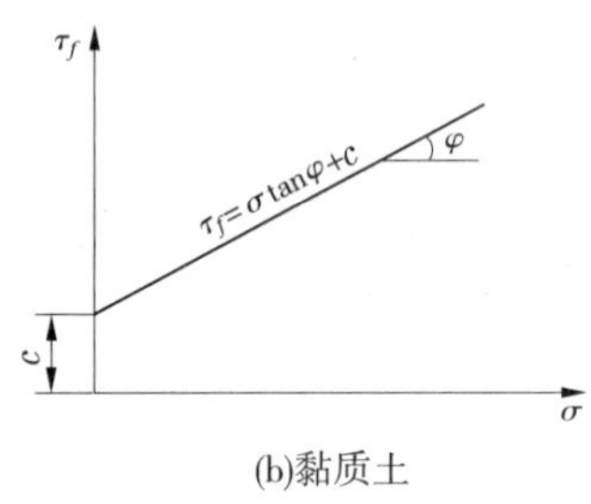

(b)黏质土

图10-28 抗剪强度与法向应力之间的关系

式(10-44)和式(10-45)就是土的强度规律的数学表达式,称为库仑强度定律或库仑强度公式,它表明对一般应力水平,土的抗剪强度与破坏面上的法向应力之间呈直线关系,如图10-28所示,其中 c 为直线在纵坐标轴上的截距,φ 为直线与水平线的夹角,c/φ 称为土的抗剪强度指标或抗剪强度参数。

由式(10-44)和式(10-45)可以看出,砂土的抗剪强度是由内摩阻力构成的,而黏质土的抗剪强度指标则由内摩阻力和黏聚力两部分构成。

内摩阻力包括土粒之间的表面摩擦力和由于土粒之间的连锁作用而产生的咬合力,咬合力指当土体相对错动时,将嵌在其他颗粒之间的土粒拔出所需的力,土越密实,连锁作用就越强。

关于黏聚力,包括有原始黏聚力、固化黏聚力及毛细黏聚力。原始黏聚力主要是由于相邻土粒之间的电分子引力而形成的,当土被压密时,土粒间的距离减小,原始黏聚力随之增大;当土的天然结构被破坏时,原始黏聚力将丧失一些,但会随着时间而恢复其中的一部分或全部。固化黏聚力是由于土中化合物的胶结作用而形成的,当土的天然结构被破坏时,则固化的黏聚力随之丧失,而且不能恢复。至于毛细黏聚力,是由于非饱和状态下土体中的基质吸力所引起的,一般与土的颗粒级配、孔隙比及饱和度等有关。

砂土的内摩擦角 φ 的变化范围不是很大,中砂、粗砂、砾砂一般为32°~40°;粉砂、细砂一般为28°~36°。孔隙比越小,φ 越大,但是饱和的粉砂、细砂很容易失去稳定,因此对其内摩擦角的取值宜慎重,有时规定取20°左右。砂土有时也有很小的黏聚力(10 kPa以内),这可能是由于砂土中夹有一些黏土颗粒,也可能是毛细黏聚力的缘故。

黏质土的抗剪强度指标的变化范围很大,它与土的种类有关,并且与土的天然结构是否破坏、试样在法向压力下的排水固结程度及试验方法等因素有关。内摩擦角的变化范围大致为0°~30°;黏聚力则可从小于10 kPa变化到200 kPa以上。

需要注意的是,式(10-44)和式(10-45)中的 σ 是总应力。根据太沙基提出的饱和土

有效应力原理，我们知道“土的变形、强度是由有效应力 σ' 控制的”。实际上，由于土中的孔隙水不能承受剪应力作用，土体的抗剪强度只能全部由固体颗粒提供，可以理解土颗粒骨架的变形和强度是不受总应力 $\sigma(\sigma=\sigma'+u)$ 而是受有效应力 σ' 控制的。因此，土体的抗剪强度应该是剪切破坏面上的有效法向应力的函数，表示如下：

$$\tau_f=\sigma'\tan\varphi' \tag{10-46}$$

$$\tau_f=\sigma'\tan\varphi'+c' \tag{10-47}$$

式中　c'——有效黏聚力；

φ'——有效内摩擦角。

常把 c、φ 称做土的总应力抗剪强度指标；c'、φ' 称做土的有效应力抗剪强度指标。

三、摩尔－库仑强度理论

理论分析和试验研究表明，在各种破坏理论中，对土最适用的是摩尔－库仑理论。1910 年摩尔（Mohr）提出：

（1）材料的破坏是剪切破坏。

（2）任何面上的抗剪强度 τ_f 是作用于该面上的法向应力 σ 的函数，即：

$$\tau_f=f(\sigma) \tag{10-48}$$

（3）当材料中任何一个面上的剪应力 τ 等于材料的抗剪强度 τ_f 时，该点便被破坏。

在 $\sigma-\tau_f$ 坐标系中，式（10-48）通常表示为一条向上略凸的曲线，称为摩尔包线（或称为抗剪强度包线）如图 10-29 实线所示。但在一般情况下土的摩尔包线可近似取为直线，即用库仑公式的线性函数来表示，如图 10-29 中虚线所示。

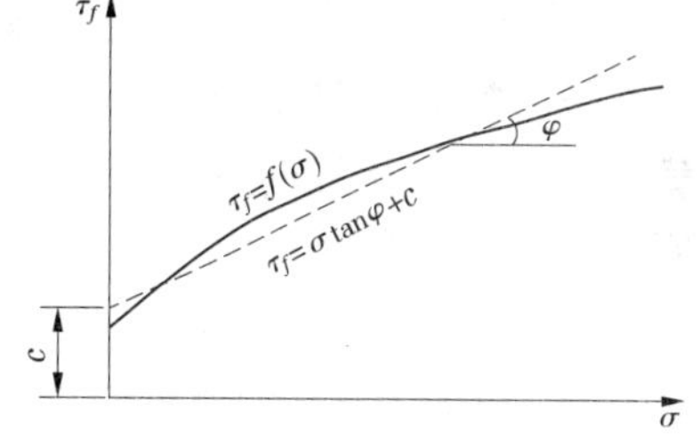

图 10-29　摩尔包线

（一）土体中任一点的应力状态

土体内部的剪切破坏可沿任何一个面发生，只要该面上的剪应力达到其抗剪强度。对于复杂应力状态，土体内任意单元体中的各个截面上的应力是相关的，对于平面问题，只要已知任意两个相互垂直的截面上的应力，其他截面上的应力可以用这两个相互垂直的截面上的应力描述。

土体受力后，土体内任意单元体所有截面上，一般都作用着法向应力（正应力）σ 和切向应力（剪应力）τ 两个分量。如果该单元体的某一平面上只有法向应力，没有切向应力，则该平面称为主应力面，作用在主应力面上的法向应力就称为主应力。由材料力学知识可知，对于平面问题，通过任一单元体只有两个主应力面，且它们是正交的。

设某一土体单元体（见图 10-30（a））上作用有大、小主应力 σ_1 和 σ_3，则作用在该单元内与大主应力 σ_1 作用面成任意角 α 的平面 mn 上的法向应力 σ 和剪应力 τ，可从隔离体 abc（见图 10-30（b））按静力平衡条件求得：

$$\sigma_3 ds\sin\alpha-\sigma ds\sin\alpha+\tau ds\cos\alpha=0$$

$$\sigma_1 ds\cos\alpha-\sigma ds\sin\alpha-\tau ds\sin\alpha=0$$

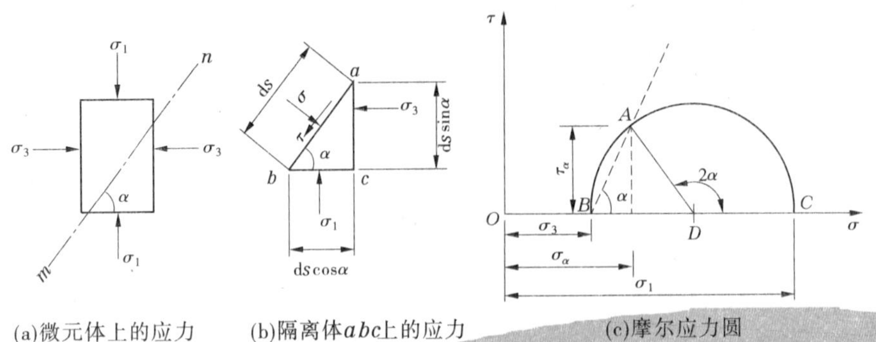

图 10-30　图中任意点的应力

联立求解以上方程得平面 mn 上的应力为：

$$\left.\begin{aligned}\sigma &= \frac{1}{2}(\sigma_1+\sigma_3)+\frac{1}{2}(\sigma_1-\sigma_3)\cos2\alpha \\ \tau &= \frac{1}{2}(\sigma_1-\sigma_3)\sin2\alpha\end{aligned}\right\} \tag{10-49}$$

(二)摩尔应力圆

由式(15-49)可知，当平面 mn 与大主应力 σ_1 作用面的夹角 α 变化时，平面 mn 上的 σ 和 τ 亦相应变化。为了表达某一土体单元所有各方向平面上的应力状态，可以引用材料力学中有关表达一点的应力状态的摩尔应力圆方法(见图 10-30(c))，即在 σ—τ 坐标系中，按一定的比例尺，在横坐标上截取 σ_3 和 σ_1 的线段 OB 和 OC，再以 BC 为直径作圆，取圆心为 D，自 DC 逆时针旋转 2α 角，使 DA 与圆周交于 A 点。不难证明，A 点的横坐标即为平面 mn 上的法向应力 σ，纵坐标即为剪应力 τ。由此可见，摩尔应力圆圆周可以完整地表示一点的应力状态。

(三)摩尔—库仑强度条件

按摩尔—库仑理论判断土中某一点是否破坏时，可将摩尔应力圆与抗剪强度包线绘在同一 σ—τ 坐标图上，根据表达该点的应力状态的摩尔应力圆与抗剪强度包线的相互位置关系，有以下三种情况(见图 10-31)：

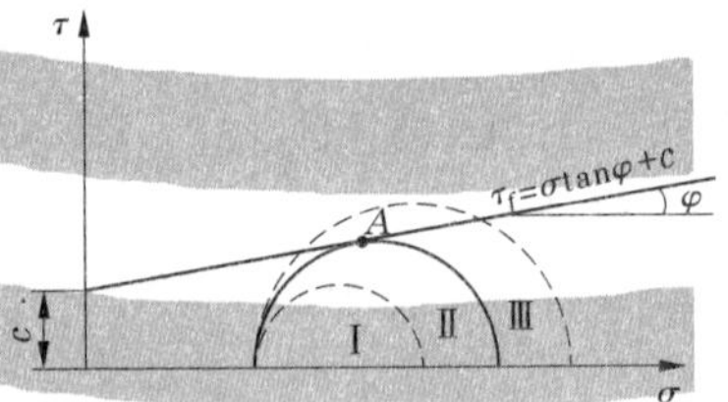

图 10-31　摩尔应力圆与抗剪强度包线的关系

(1)整个摩尔应力圆位于抗剪强度包线的下方(圆Ⅰ)，表明通过该点任意平面上的剪应力都小于相应面上抗剪切强度($\tau<\tau_f$)，故该点没有发生剪切破坏，而处于弹性状态；

(2)摩尔应力圆与抗剪强度包线相割(圆Ⅲ)说明该点某些平面上的剪应力已超过了相应面上的抗剪强度($\tau>\tau_f$)，故该点早已破坏，实际上，该应力圆所代表的应力状态是不存在的；

(3)摩尔应力圆与抗剪强度包线相切(圆Ⅱ)，切点为 A，说明在 A 点所代表的平面上，剪应力正好等于相应面上的抗剪强度($\tau=\tau_f$)，因此该点处于濒临剪切破坏的极限应力状态，称为极限平衡状态。与抗剪强度包线相切的圆Ⅱ称为极限应力圆。

在分析和计算方面，一般常用大、小主应力 σ_1 和 σ_3 来表示土体中一点的剪切破坏条件，即土的极限平衡条件。为此，设土体某一微单元体（见图 10-32(a)）中，在与大主应力 σ_1 作用平面成 α_f 角的平面 mn 上，其应力条件处于极限平衡状态（见图 10-32(b)）。将抗剪强度包线延长与 σ 轴相交于 B 点，由图 10-32 并根据直角三角形 ABO_1 的几何关系得：

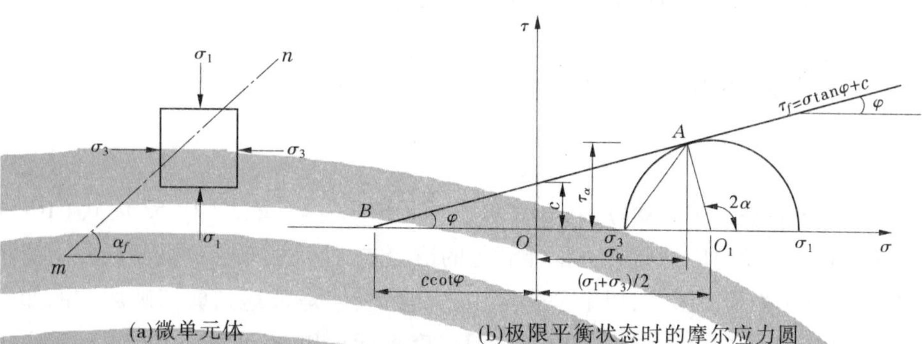

图 10-32　土体一点达极限平衡状态时的摩尔应力圆

$$\sin\varphi = \frac{\overline{O_1A}}{\overline{O_1B}} = \frac{\frac{1}{2}(\sigma_1 - \sigma_3)}{\frac{1}{2}(\sigma_1 + \sigma_3) + c\cot\varphi} = \frac{\sigma_1 - \sigma_3}{\sigma_1 + \sigma_3 + 2c\cot\varphi} \tag{10-50}$$

化简后得：

$$\sigma_1 = \sigma_3 \frac{1 + \sin\varphi}{1 - \sin\varphi} + 2c\frac{\cos\varphi}{1 - \sin\varphi} \tag{10-51a}$$

或

$$\sigma_3 = \sigma_1 \frac{1 - \sin\varphi}{1 + \sin\varphi} - 2c\frac{\cos\varphi}{1 + \sin\varphi} \tag{10-51b}$$

由三角函数可以证明：

$$\frac{1 + \sin\varphi}{1 - \sin\varphi} = \tan^2\left(45° + \frac{\varphi}{2}\right)$$

$$\frac{\cos\varphi}{1 + \sin\varphi} = \tan\left(45° - \frac{\varphi}{2}\right)$$

代入式(10-51a)和式(10-51b)，可得黏质土的极限平衡条件为：

$$\sigma_1 = \sigma_3\tan^2\left(45° + \frac{\varphi}{2}\right) + 2c\tan\left(45° + \frac{\varphi}{2}\right) \tag{10-52a}$$

或

$$\sigma_3 = \sigma_1\tan^2\left(45° - \frac{\varphi}{2}\right) - 2c\tan\left(45° - \frac{\varphi}{2}\right) \tag{10-52b}$$

对于无黏质土，由于黏聚力 $c=0$，由式(10-50)、式(10-52a)和式(10-52b)可得无黏质土的极限平衡条件为：

$$\sin\varphi = \frac{\sigma_1 - \sigma_3}{\sigma_1 + \sigma_3} \tag{10-53}$$

或 $$\sigma_1 = \sigma_3 \tan^2(45° + \frac{\varphi}{2}) \tag{10-54}$$

或 $$\sigma_3 = \sigma_1 \tan^2(45° - \frac{\varphi}{2}) \tag{10-55}$$

从图 10-32 中三角形 ABO_1 的内角和外角的关系可得:

$$2\alpha_f = 90° + \varphi$$

因此,土中出现的破裂面与大主应力 σ_1 作用面的夹角 α_f 为:

$$\alpha_f = 45° + \frac{\varphi}{2} \tag{10-56}$$

极限平衡的表达式(10-50)、式(10-51)、式(10-52)以及式(10-53)、式(10-54)、式(10-55)并不是在任何应力状态下都能满足的恒等式,而是代表土体处于极限平衡状态时主应力间的相互关系。因此,以上公式可用来判断土体是否达到剪切破坏。例如已知土中某一点的大、小主应力 σ_1 和 σ_3 以及抗剪强度指标 c 和 φ,可将 σ_1、c 和 φ 值或 σ_3、c 和 φ 值代入这些公式的右侧,求出主应力的计算值与已知的主应力值的比较,即可判断出该点是否会发生剪切破坏。如果 $\sigma_{1j} < \sigma_1$(见图 10-33(a))或 $\sigma_{3j} < \sigma_3$(见图 10-33(b)),表明该点已发生剪切破坏;反之,则没有发生剪切破坏;若 $\sigma_{1j} = \sigma_1$ 或 $\sigma_{3j} = \sigma_3$,表明该点处于极限平衡状态。

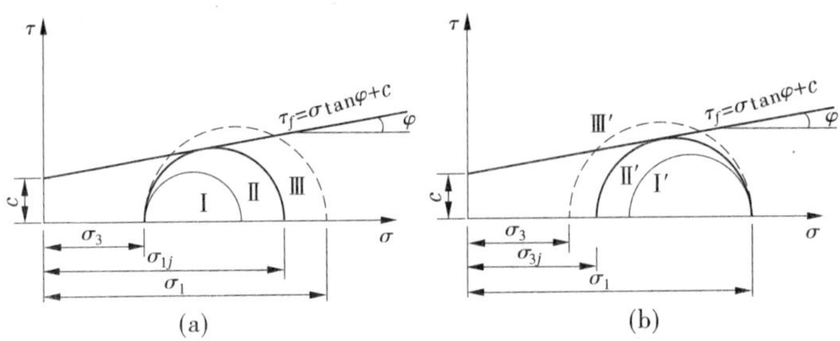

图 10-33 用极限平衡条件判断土体一点所处的状态

四、抗剪强度指标的测定方法

目前土的抗剪强度的测定,可用直接剪切试验、三轴压缩试验、无侧限抗压试验和十字板剪切试验等常用的试验方法进行。除十字板剪切试验在原位进行测试外,其他三种试验均需从现场取回土样,再在室内进行测试。

(一)直接剪切试验

测定土的抗剪强度的最简单的方法是直接剪切试验,试验所使用的仪器称为直剪仪,按加荷方式的不同,直剪仪可分为应变控制式和应力控制式两种。前者是以等速水平推动试样产生位移并测定相应的剪应力;后者则是对试样分级施加水平剪切力,同时测定相应的位移。我国目前普遍采用的是应变控制式直剪仪,如图 10-34 所示。该仪器的主要部件由固定的上盒和活动的下盒组成,试样放在盒内上下两块透水石之间。

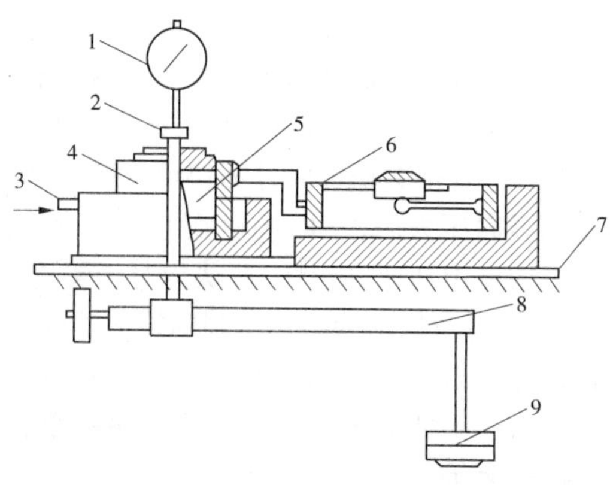

1—垂直变形百分表;2—垂直加压框架;3—推动座;
4—剪切盒;5—试样;6—测力计;7—台板;8—杠杆;9—砝码

图 10-34 应变控制式直剪仪

试验时,由杠杆系统通过加压活塞和透水石对试样施加某一垂直压力 P(如土质松软,宜分次施加以防土样挤出),然后以规定的速率等速转动手轮来对下盒施加水平推力 T,使试样在沿上下盒之间的水平面上产生剪切变形,同时每隔一定时间测记量力环表读数,直至剪坏。根据试验记录,由量力环的变形值计算出剪切过程中剪应力的大小,并绘制出剪应力 τ 和剪切位移 Δt 的关系曲线见(见图 10-35(a)),通常取该曲线上的峰值点或稳定值作为该级垂直压力下的抗剪强度。

对同一种土取 3 ~4 个试样,分别在不同的垂直压力下剪切破坏,可将试验结果绘制成以抗剪强度 τ_f 为纵坐标、法向应力 σ 为横坐标的平面图上,通过图上各试验点绘一长直线,此即为抗剪强度包线,如图 10-35(b)所示。该直线与横轴的夹角为内摩擦角 φ,在纵轴上的截距为黏聚力 c,直线方程可用库仑公式(10-45)表示。对于砂性土,抗剪强度与法向应力之间的关系则是一条通过原点的直线,可用式(10-44)表示。试验和工程实践都表明土的抗剪强度是与土受力后的水固结状况有关,对同一种土,即使施加同一法向应力,但若剪切前试样的固结过程和剪切时试样的排水条件不同,其强度指标也不尽相同。因而,在土工工程设计中所需要的强度指标试验方法必须与现场的施工加荷实际相结合。如软土地基上快速堆填路堤,由于加荷速度快,地基土体渗透性低,则这种条件下的强度

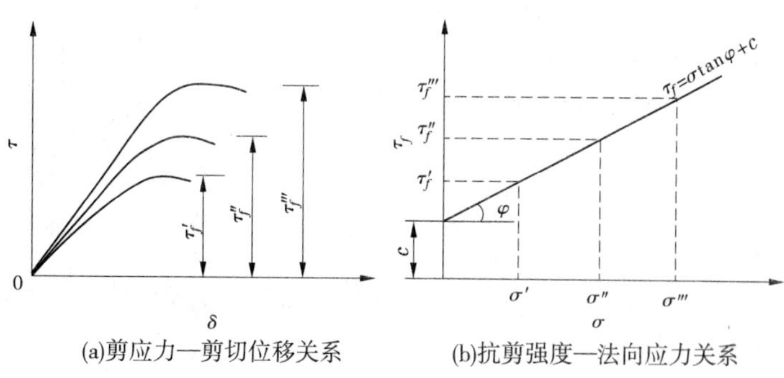

(a)剪应力—剪切位移关系　(b)抗剪强度—法向应力关系

图 10-35 直剪试验成果

和稳定是处于不能排水条件下的稳定分析问题,这就要求室内的试验条件能模拟实际加荷状况,即在不能排水的条件下进行剪切试验。但是直剪仪的构造无法做到任意控制土样是否排水的要求,为了近似模拟土体在现场受剪的排水条件,按剪切前的固结程度、剪切时的排水条件及加荷速率,把直接剪切试验分为快剪、固结快剪和慢剪三种试验方法。

(1)快剪。对试样施加竖向压力后,立即快速施加剪应力使试样剪切破坏。一般从加荷到剪坏只用3~5min。由于剪切速率较快,可认为对于渗透系数小于10^{-6}cm/s的黏质土在这样短暂时间内还没来得及排水固结。得到的抗剪强度指标用c_q、φ_q表示。

(2)固结快剪。对试样施加压力后,让试样充分排水,待固结稳定后,再快速施加剪应力使试样剪切破坏。固结快剪试验同样只适用于渗透系数小于10^{-6}cm/s的黏质土,得到的抗剪强度指标用c_{cq}和φ_{cq}表示。

(3)慢剪。对试样施加竖向压力后,让试样充分排水,待固结稳定后,再慢速施加剪应力直至试样剪切破坏,从而使试样在受剪过程中一直可以充分排水并产生体积变形。得到的抗剪强度指标用c_s、φ_s表示。

直接剪切试验具有设备简单、土样制备及试验操作方便等优点,因而至今仍为国内一般工程所广泛应用。但也存在不少缺点,主要有:

(1)剪切面限定在上下盒之间的平面,而不是沿土样最薄弱的面剪切破坏;

(2)剪切面上剪应力分布不均匀,且竖向荷载会发生偏转(上下盒的中轴线不重合),主应力的大小及方向都是变化的;

(3)在剪切过程中,土样剪切面逐渐缩小,而在计算抗剪强度时仍按土样的原截面面积计算;

(4)试验时不能严格控制排水,并且不能量测孔隙水压力;

(5)试验时上下盒之间的缝隙中易嵌入砂粒,使试验结果偏大。

(二)三轴压缩试验

三轴压缩试验也称三轴剪切试验,是测定抗剪强度的一种较为完善的方法。

1.三轴压缩试验的基本原理

三轴压缩仪主要由三部分组成:压力室、加压系统以及量测系统。图10-36是三轴压缩仪的示意图。它是一个由金属上盖、底座以及透明有机玻璃圆筒组成的密闭容器,压力室底座通常有三个小孔分别与稳压系统以及体积变形和孔隙水压力量测系统相连。试样为圆柱形,规范要求试样的高度与直径之比为2~2.5。试样安装在压力室中,外用橡皮膜包裹,橡皮膜扎紧在试样帽和底座上,以防止压力室中的水进入试样。试样上、下两端放置透水石,试验时试样的排水条件由与顶部连通的排水阀来控制。

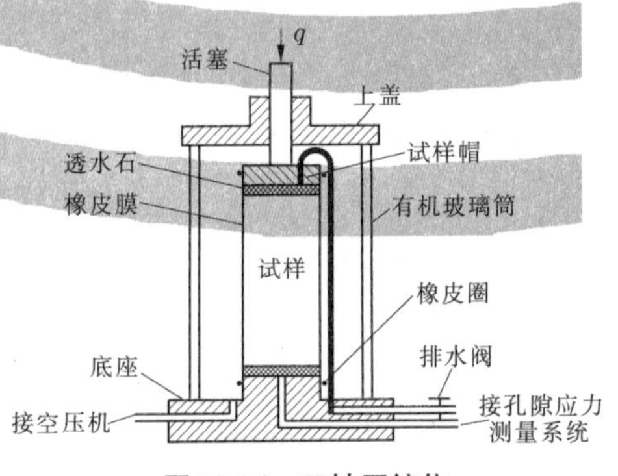

图10-36　三轴压缩仪

加压系统由压力泵、调压阀和压力表等组成。试验时通过压力室对试样施加周围压力,并在试验过程中根据不同的试验要求对压力予以控制或调节,如保持恒压或变

化压力等。试样的轴向压力增量，由与顶部试样帽直接接触的活塞杆来传递（轴向力的大小可由经过率定的量力环或压力传感器测定，轴向力除以试样的横断面面积后为附加轴向压力 q，亦称偏应力或轴向应力增量 $\Delta\sigma_1$），附加轴向压力 q 增加使试样受剪，直至剪坏。

量测系统由排水管、体变管和孔隙水压力量测装置等组成。试验时分别测出试样受力后土中排出的水量变化或土中孔隙水压力的变化。对于试样的竖向变形，则利用置于压力室上方的测微表或位移传感器测读。

常规三轴试验的一般步骤是：将土样切制成圆柱体套在橡胶膜内，放在密闭的压力室中，然后向压力室内注入气压或液压，使试件在各向均受到周围压力 σ_3，并使该周围压力在整个试验过程中保持不变，这时试件内各向的主应力都相等，因此在试件内不产生任何剪应力（见图 10-37(a)）。然后通过轴向加荷系统对试件施加竖向压力，当作用在试件上的水平压力保持不变，而竖向压力逐渐增大时，相应的应力圆也不断增大（见图 10-37(b)）。当应力圆达到一定大小时，试件终因受剪而破坏，此时的应力圆为极限应力圆。设剪切破坏时轴向加荷系统加在试件上的竖向压应力为 $\Delta\sigma_1$，则试件上的大主应力为 $\sigma_1=\sigma_3+\Delta\sigma_1$，而小主应力为 σ_3，据此可作出一摩尔极限应力圆，如图 10-37(c)中的圆Ⅰ。用同一种土样的若干个试件（三个以上）分别在不同的周围压力 σ_3 下进行试验，可得一组摩尔极限应力圆，并作一条公切线，该线即为土的抗剪强度包线，通常取此包线为一条直线，由此可得土的抗剪强度指标 c、φ 值。

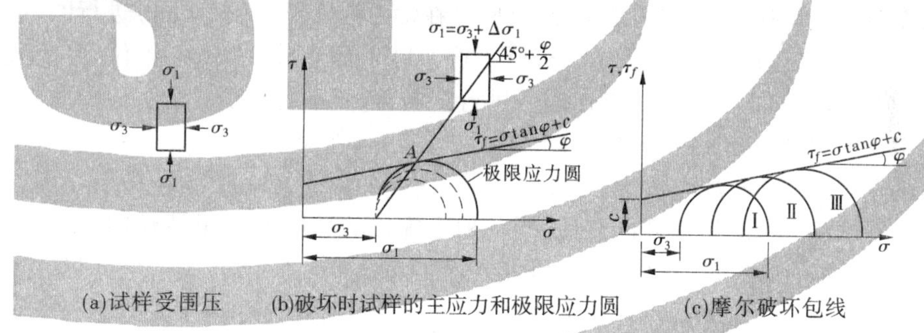

图 10-37 三轴压缩试验原理

如果要量测试验过程中的排水量，可以打开排水阀，让试样中的水排入排水管，根据排水管中水位的变化可算出试样中的排水量；如果要量测试样中的孔隙水压力，可打开孔隙水压力阀，在试体上施加压力以后，由于土样中孔隙水压力增加迫使零位指示器的水银面下降。为量测孔隙水压力，可用调压筒高速零位指示器的水银面始终保持原来的位置，这样孔隙水压力表中的读数就是孔隙水压力值。

2. 三轴试验方法

根据土样在周围压力作用下固结的排水条件和剪切时的排水条件，三轴试验可分为以下三种试验方法。

1）不固结不排水剪（UU 试验）

试样在施加周围压力和随后施加偏应力直至剪坏的整个试验过程中都不允许排水，

这样从开始加压直至试样剪坏,土中的含水量始终保持不变,孔隙水压力也不可能消散。这种试验方法所对应的实际工程条件相当于饱和软黏土中快速加荷的应力状况,得到的抗剪强度指标用 c_u、φ_u 表示。

2)固结不排水剪(CU试验)

在施加周围压力 σ_3 时,将排水阀门打开,允许试样充分排水,待固结稳定后关闭排水阀门,然后再施加偏应力,使试样在不排水的情况下剪切破坏,由于不排水,试样将在剪切过程中没有任何体积变形。若要在受剪过程中量测孔隙水压力,则要打开试样与孔隙水压力量测系统间的管路阀门。得到的抗剪强度指标用 c_{cu}、φ_{cu} 表示。

固结不排水剪切试验是经常要做的工程试验,它适用的实际工程条件常常是一般正常固结土层在工程竣工或使用阶段受到大量、快速的活荷载或新增加的荷载作用时所对应的受力情况。

3)固结排水剪(CD试验)

在施加周围压力和随后施加偏应力直至剪坏的整个过程中都将排水阀门打开,并给予充分的时间让试样中的孔隙水压力能够完全消散。得到的抗剪强度指标用 c'、φ' 表示。

三轴试验的突出优点是能够控制排水条件以及可以量测土样中孔隙水压力的变化。此外,三轴试验中试件的应力状态比较明确,剪切破坏时的破裂面在试件的最弱处,而不像直剪试验那样限定在上下盒之间。一般来说,三轴压缩试验结果还是比较可靠的,因此三轴压缩仪是土工试验不可缺少的仪器设备。三轴压缩试验也存在一些缺点:仪器设备和试验操作较复杂;主应力方向固定不变;试验是在轴对称情况下($\sigma_2=\sigma_3$)进行的,这些与平面变形或三向应力状态的实际情况有所不符。目前已经制成的真三轴仪,可使试件在不同的三个主应力($\sigma_1 \neq \sigma_2 \neq \sigma_3$)作用下进行试验,并能独立改变三个主应力的大小,更好地模拟真实的平面变形或三向应力条件。

3. 三轴试验结果的整理与表达

从以上对试验方法的讨论可以看到,同一种土施加的总应力 σ 虽然相同,但若试验方法不同,或者说控制的排水条件不同,则所得的强度指标就不同,故土的抗剪强度与总应力之间没有唯一的对应关系。有效应力原理指出,土中某点的总应力 σ 等于有效应力 σ' 与孔隙水压力 u 之和,即 $\sigma=\sigma'+u$,因此若在试验时量测土样的孔隙水压力,据此算出土中的有效应力,从而就可以用有效应力与抗剪强度的关系式表达试验结果。

$$\tau_f = c' + (\sigma - u) \cdot \tan\varphi' \tag{10-57}$$

式中 c'、φ'——有效黏聚力和有效摩擦角,统称为有效应力抗剪强度指标。

抗剪强度的有效应力法由于考虑了孔隙水压力的影响,因此对于同一种土,不论采取哪一种试验方法,只要能够准确量测出土样破坏时的孔隙水压力,则均可用式(10-57)来表示土的强度关系。抗剪强度与有效应力应有一一对应关系,这一点已为许多试验所证实。

下面通过一个实例数据来说明如何用总应力法和有效应力法整理与表达三轴试验的成果。

设有一组饱和黏土试样做固结不排水试验,3个试验所分别施加的周围压力 σ_3、剪切破坏时的偏应力($\sigma_1-\sigma_3$)和孔隙水压力 u_f 等有关的数据以及计算结果见表10-11。

表 10-11　三轴固结不排水试验结果　（单位:kPa）

土样编号	σ_3	$(\sigma_1-\sigma_3)_f$	σ_1	$\frac{1}{2}(\sigma_1+\sigma_3)_f$	$\frac{1}{2}(\sigma_1-\sigma_3)_f$
1	50	92	142	96	46
2	100	120	220	160	60
3	150	164	314	232	82
土样编号	u_f	$\sigma_3'=\sigma_3-u_f$	$\sigma_1'=\sigma_1-u_f$	$\frac{1}{2}(\sigma_1'+\sigma_3')_f$	$\frac{1}{2}(\sigma_1'-\sigma_3')_f$
1	23	27	119	73	46
2	40	60	180	120	60
3	67	83	247	165	82

根据表 10-11 中的数据在 $\tau-\sigma$ 坐标图中分别绘出一组总应力摩尔圆和一组有效应力摩尔圆(分别为图 10-38 中的实线圆和虚线圆)，然后再作出总应力强度包线和有效应力强度包线(分别为图 10-38 中的实直线和虚直线)，在图上可量得总应力强度指标 $c=10$ kPa，$\varphi=18°$，有效应力抗剪强度指标 $c'=6$ kPa、$\varphi'=27°$，从理论上讲，试验所得极限应力圆上的破坏点都应落在公切线即强度包线上，但由于土样的不均匀性以及试验误差等原因，作此公切线并不容易，因此往往需用经验来加以判断。此外，这里所作的强度包线是直线，由于土的强度特性会受某些因素如应力历史、应力水平等的影响，从而使得土的强度包线不一定是直线，这给通过作图确定 c、φ 值带来困难，但非线性的强度包线目前仍未成熟到实用的程度，所以一般包线还是简化为直线。

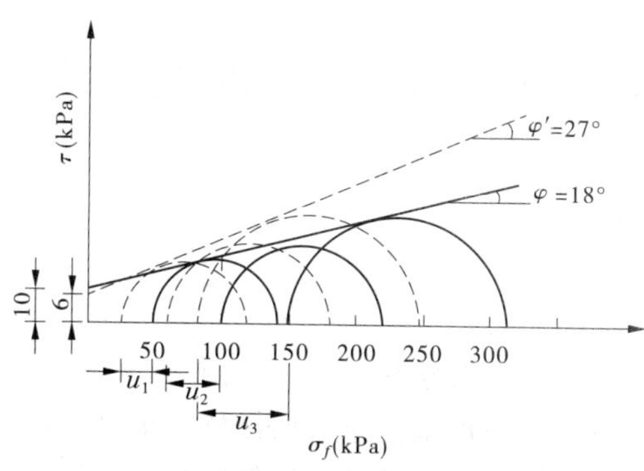

图 10-38　三轴试验的摩尔圆及强度包线

从上例可知，若用有效应力法整理与表达试验成果时，可将试验所得的总应力摩尔圆利用 $\sigma'=\sigma-u_f$ 的关系，改绘成有效应力摩尔圆，即把图 10-38 实线圆中的对应点向左移动一个坐标值 u_f，圆半径保持不变即可得到虚线圆。例如总应力圆③的圆心坐标为：$\frac{1}{2}(\sigma_1+\sigma_3)_f=232$ kPa，土样 3 的 $u_f=67$ kPa，则有效应力圆③的圆心坐标为：$\frac{1}{2}(\sigma_1'+\sigma_3')_f=\frac{1}{2}(\sigma_1-u+\sigma_3-u)_f=\frac{1}{2}(\sigma_1+\sigma_3)_f-u_f=232-67=165$ (kPa)。

由于 $$\frac{1}{2}(\sigma_1' - \sigma_3')_f = \frac{1}{2}(\sigma_1 - u - \sigma_3 - u)_f = \frac{1}{2}(\sigma_1' + \sigma_3')_f$$

所以,有效应力摩尔圆的半径与总应力摩尔圆的半径是相同的。

(三)无侧限抗压强度试验

无侧限抗压强度试验实际上是三轴压缩试验的一种特殊情况,即周围压力 $\sigma_3=0$ 的三轴试验,所以又称单轴压缩试验。无侧限抗压强度试验所使用的是无侧限压力仪(见图15-39(a)),但现在也常利用三轴仪作该种试验。试验时,在不加任何侧向压力的情况下($\sigma_3=0$),对圆柱体试样施加轴向压力,直至试样剪切破坏为止。试样破坏时的轴向压力以 q_u 表示,称为无侧限抗压强度。由于不能施加周围压力,因而根据试验结果,只能作一个极限应力圆,难以得到破坏包线(见图10-39(b))。根据试验破坏时的应力状态($\sigma_3=0,\sigma_1=q_u$),由式(10-52a)知:

$$\sigma_1 = q_u = 2c\tan\left(45° + \frac{\varphi}{2}\right) \tag{10-58}$$

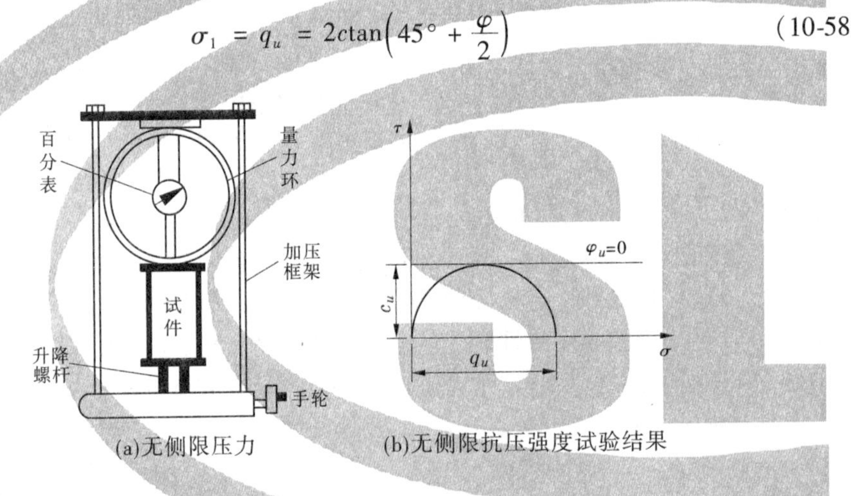

图10-39 无侧限抗压强度试验

则土的黏聚力为:

$$c = \frac{q_u}{2\tan\left(45° + \frac{\varphi}{2}\right)} \tag{10-59}$$

按照现行国家标准《土工试验方法标准》,无侧限抗压强度试验宜在8~10 min内完成。由于试验时间较短,可认为在加轴向压力使试样受剪的过程中,土中水分没有明显排出,这就相当于三轴不固结不排水试验条件。根据三轴不固结不排水试验结果,饱和黏质土的抗剪强度包线近似于一条水平线,即 $\varphi_u=0$,因此对无侧限抗压强度试验得到的极限应力圆作的水平线就是抗剪强度包线(见图10-39(b)),即 $\varphi_u=0$。因此,对于饱和黏质土的不排水抗剪强度,就可以利用无侧限抗压强度 q_u 来得到,即:

$$\tau_f = c_u = \frac{q_u}{2} \tag{10-60}$$

式中 τ_f——土的不排水剪强度;

c_u——土的不排水黏聚力;

q_u——无侧限抗压强度。

利用无侧限抗压强度试验可以测定饱和黏质土的灵敏度 S_t。土的灵敏度是以原状土的无侧限抗压强度与同一土经重塑后（完全扰动但含水率不变）的无侧限抗压强度之比来表示的，即：

$$S_t = \frac{q_u}{q_0} \tag{10-61}$$

式中 q_u——原状土的无侧限抗压强度；

q_0——重塑土的无侧限抗压强度。

根据灵敏度的大小，可将饱和黏质土分为低灵敏度（$1 < S_t \leqslant 2$）、中灵敏度（$2 < S_t \leqslant 4$）和高灵敏度（$S_t > 4$）三类。土的灵敏度越高，其结构性越强，受扰动后土的强度降低就愈多。黏质土受扰动而强度降低的性质，一般来说对工程建设是不利的，如在基坑开挖过程中，因施工可能造成土的扰动而会使地基强度降低。

（四）十字板剪切试验

前面所介绍的三种试验方法都是室内测定土的抗剪强度的方法，这些试验方法都要求事先取得原状土样，但由于试样在采取、运送、保存和制备等过程中不可避免地会受到扰动，土的含水率也难以保持天然状态，特别是对于高灵敏度的黏质土，因此室内试验结果对土的实际情况的反映就会受到不同程度的影响，十字板剪切试验是一种土的抗剪强度的原位测试方法，这种试验方法适合于在现场测定饱和黏性土的原位不排水抗剪强度，特别适合于均匀饱和软黏土。

十字板剪切仪的构造如图 10-40 所示。试验时，先把套管打到要求测试的深度以上 75 cm，并将套管内的土清除，然后通过套管将安装在钻杆下的十字板压入土中至测试的深度。由地面上的扭力装置对钻杆施加扭矩，使埋在土中的十字板扭转，直至土体剪切破坏，破坏面为十字板旋转所形成的圆柱面。

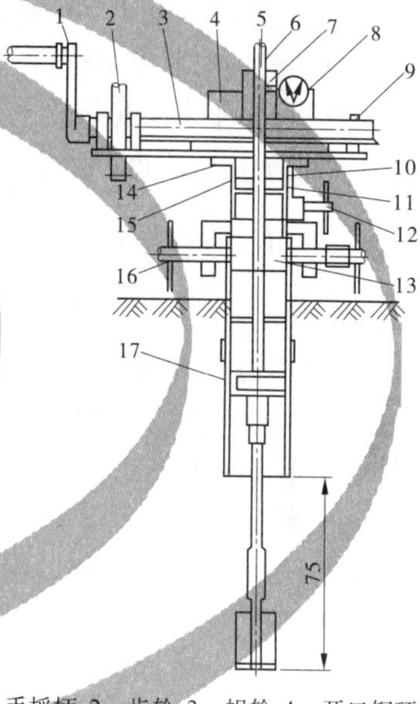

1—手摇柄；2—齿轮；3—蜗轮；4—开口钢环；5—导杆；6—特制键；7—固定夹；8—量表；9—支座；10—压圈；11—平面弹子盘；12—锁紧轴；13—底座；14—固定套；15—横销；16—制紧轴；17—导轮

图 10-40 十字板剪切仪（开口钢环式）

设土体剪切破坏时所施加的扭矩为 M，则它应该与剪切破坏圆柱面（包括侧面和上下面）上土的抗剪强度所产生的抵抗力所产生的抵抗力矩相等，即

$$M = \pi DH \cdot \frac{D}{2}\tau_v + 2 \cdot \frac{\pi D^2}{4} \cdot \frac{D}{3} \cdot \tau_H = \frac{1}{2}\pi D^2 H\tau_v + \frac{1}{6}\pi D^3 \tau_H \tag{10-62}$$

式中 M——剪切破坏时的扭矩；

τ_v、τ_H——剪切破坏时圆柱体侧面和上下面土的抗剪强度；

H——十字板的高度；

D——十字板的直径。

天然状态的土体是各向异性的，但实际上，为了简化计算，假定土体为各向同性体，即

$\tau_v = \tau_H$,并记作 τ_+,则式(10-62)可写成:

$$\tau_+ = \frac{2M}{\pi D^2\left(H + \frac{D}{3}\right)} \tag{10-63}$$

式中 τ_+——十字板测定的土的抗剪强度。

十字板剪切试验主要用于测定饱和软黏土的原位不排水抗剪强度,所测得的抗剪强度相当于内摩擦角 $\varphi_u = 0$ 时的黏聚力。

应该指出的是,由于土的固结程度不同和受各向异性的影响,土在水平面和竖直面上的抗剪强度并不一致,因此推导式(10-53)时假定圆柱体四周和上、下两个端面上土的抗剪强度相等是不够严密的;此外,软黏土在破坏时的变形一般较大,渐进破坏的现象十分显著,因而沿滑动面上的抗剪强度并不是同时达到峰值强度的,而是局部先破坏随变形的发展向周围扩展,因此十字板剪切试验测得的强度偏高。尽管如此,由于十字板剪切试验是在土的天然应力状态下进行的,避免了取土扰动的影响,同时具有仪器构造简单、操作方便的优点,多年来在我国软土地区的工程建设中应用广泛。

十字板剪切试验也可用于测定饱和软黏土的灵敏度 S_t。

五、抗剪强度指标的选用

土的强度性状是很复杂的,它不仅随剪切条件不同而异,而且还受许多因素(如土的各向异性、应力历史、蠕变等)的影响。此外,对于同一种土,强度指标与试验方法以及试验条件都有关,实际工程问题的情况又是千变万化的,用实验室的试验条件去模拟现场条件毕竟还会有差别。因此,对于某个具体工程问题,如何确定土的抗剪强度指标并不是一件容易的事情。

首先要根据工程问题的性质确定分析方法,进而决定采用总应力或有效应力指标,然后选择测试方法。一般认为,由三轴固结不排水试验确定的有效应力强度参数 c'、φ',宜用于分析地基的长期稳定性或长期承载力问题(如土坡的长期稳定分析,估计挡土结构物的长期压力、位于软土地基上结构物的地基长期稳定分析等),即采用有效应力法进行分析;而对于饱和软黏土的短期稳定性或短期承载力问题,则宜采用不固结不排水试验的强度指标 c_u($\varphi_u = 0$),以总应力法进行分析。对于一般问题,如果对实际工程土体中的孔隙水压力的估计把握不大或缺乏这方面的数据,则可采用总应力强度指标以总应力法分析,分析时所需的指标应根据实际工程的具体情况,选择与现场土体受剪时的固结和排水条件最接近的试验方法进行测定。指标和测试方法的选择大致如下:

如果建筑物施工速度较快,而地基土的透水性和排水条件不良时,可采用三轴仪不固结不排水试验或直剪仪快剪试验结果;如果地基荷载增长速率较慢,地基土的透水性不太大(如低塑性的黏土)以及排水条件又较佳时(如黏土层中夹砂层),则可以采用固结排水或慢剪试验;如果介于以上两种情况之间,可用固结不排水或固结快剪试验结果。由于实际加荷情况和土的性质是复杂的,而且在建筑物的施工和使用过程中都要经历不同的固结状态,因此在确定强度指标时还应结合工程经验。

第五节　特殊土的工程性质

一、膨胀土的工程性质

膨胀土是指土中黏粒成分含有较多膨胀性黏土矿物，具有吸水显著膨胀软化，失水急剧收缩开裂，并能产生往复胀缩变形的黏性土。膨胀土的不良工程特性常常给各类工程特别是轻型建筑物带来重大损失。

膨胀土在我国分布比较广泛，但又不是连续成片的分布，主要分布在中部和西部一些省份或自治区，如云南、广西、四川、安徽、湖北、河南、陕西等，另外在山东、山西、河北等地也有少量分布。膨胀土的成因类型有多种，有残坡积、冲积、洪积、湖积和冰积等。膨胀土分布的地貌单元也是多样的，包括阶地、低丘、缓坡、垄岗等。

（一）膨胀土的判定

由于膨胀土的性状比较复杂，且其矿物成分、地质成因、地域分布又是多样化的，所以膨胀土的判定比起其他特殊土要复杂一些。一般情况下，应根据勘察阶段的需要，按规定要求进行初判和详判。

1. 膨胀土的初判

膨胀土的初判应根据地貌、土的颜色、结构、土质情况、自然地质现象和土的自由膨胀率等特征按以下条件综合判定。

从表 10-12 可知，膨胀土初判条件只涉及自由膨胀率这一项土性指标。

表 10-12　膨胀土初判条件

类型	特征
地貌	具垄岗式地貌景观，常呈垄岗与沟谷相间；地形平坦开阔，无自然陡坎，坡面沟槽发育
颜色	多呈棕、黄、褐色，间夹灰白、灰绿色条带或薄膜；灰白、灰绿色多呈透镜体或夹层出现
结构	具多裂隙结构，方向不规则。裂面光滑，可见擦痕。裂隙中常充填灰白、灰绿色黏土
土质	土质细腻，具滑感，土中常含钙质或铁锰质结核或豆石，局部可富集成层
自然地质现象	坡面常见浅层溜塌、滑坡、地面裂缝。当坡面有数层土时，其中膨胀土层往往形成凹形坡。新开挖的坑壁易发生坍塌
自由膨胀率 F_S(%)	$F_S > 40$

2. 膨胀土的详判

我国各部执行的岩土分类标准中，对膨胀土初判的规定大体相同，但对膨胀土的详判标准则相差较大。这也反映了大家对膨胀土的胀缩机理的认识尚未达成一致。近年来，随着对膨胀土问题研究的逐步深入,人们已经认识到,对胀缩性能强弱起决定性作用的是土中蒙脱石类(或称蒙皂石类)矿物的含量。铁道部2001年发布的《铁路工程岩土分类标准》(TB 10077—2001)中,已经把蒙脱石含量列入膨胀土详判的指标之中。该标准规定,膨胀土详判应依据自由膨胀率、蒙脱石含量、阳离子交换量三项指标(见表10-13)。其中如有两项指标符合表中规定时,即应判定为膨胀土。

表10-13　膨胀土的详判指标

名称	判定指标
自由膨胀率 F_S(%)	F_S/40
蒙脱石含量 M(%)	M/7
阳离子交换量 $CEC(NH_4^+)$(mmol/kg)	$CEC(NH_4^+)$/170

上述三项指标中,蒙脱石含量和阳离子交换量这两项指标均需通过化学试验测定。

(二)膨胀潜势的分级

膨胀土的膨胀潜势是膨胀土可能发挥的胀缩性能强弱程度的一种量度。美国在20世纪主要用自由膨胀率单项指标对土的膨胀潜势进行分级。后来,为了避免使用单一指标分级引起的偏差,我国一些部门在膨胀潜势分级标准中又增加了其他指标,如液限、塑性指数或物理化学性质指标等。按照《铁路工程岩土分类标准》(TB 10077—2001)规定,膨胀土的膨胀潜势分为强、中、弱三级。具体标准见表10-14。

表10-14　膨胀潜势的分级标准

分级指标	弱膨胀土	中等膨胀土	强膨胀土
自由膨胀率 F_S(%)	$40 \leqslant F_S \leqslant 60$	$60 \leqslant F_S \leqslant 90$	$F_S > 90$
蒙脱石含量 M(%)	$7 \leqslant M < 17$	$17 \leqslant M \leqslant 27$	$M > 27$
阳离子交换量 $CEC(NH_4^+)$(mmol/kg)	$170 \leqslant CEC(NH_4^+) < 260$	$260 \leqslant CEC(NH_4^+) < 360$	$CEC(NH_4^+) > 360$

(三)膨胀土的工程性质

1.一般物理性质

膨胀土属于高液限黏土,天然状态下多为非饱和土。天然含水率大多在塑限上下,处于硬塑—坚硬状态。我国膨胀土分布地域跨度较大,其物理力学性质指标变化范围也很宽。据部分地区统计资料可知,天然含水率变化范围在12.6%~41%,液限变化范围在32%~86%,塑限变化范围在12.6%~41%,塑性指数变化范围在18~44,天然容重变化范围在16.4~20.8 kN/m³,孔隙比变化范围在0.53~1.18。

2.力学特性

膨胀土在自然状态下多为非饱和土,具有裂隙性、超固结性和强度可变性。

有些试验资料表明,未经风化的膨胀土超固结比一般大于10,风化层(即土层中受大气影响的厚度范围)内的超固结比试验值比较离散,范围在1.7~13,平均值为4。

经受开挖卸荷和干湿循环影响的膨胀土,裂隙明显增多,强度也逐渐降低,而且因裂隙增加导致的强度降低是不可逆的,所以常被称之为膨胀土的强度衰减性。

天然条件下膨胀土的孔隙压力通常为负值,其数量级可达数十甚至数百千帕,这是膨胀土具有较高压缩模量和较高抗剪强度的主要原因。在雨水入渗作用下,可使土体的负孔隙压力大幅减小,含水率大幅增加,与此同时土体也呈现明显的软化。在天气干旱时,含水率又可明显减小,土体逐渐恢复干硬状态。膨胀土力学性状这种往复性变化主要受季节和气候的影响,在相当大程度上是可逆的,所以常被称之为膨胀土的强度可变性。

膨胀土的静止土压力系数往往大于1,这是膨胀土特有的性状之一。

3. 胀缩性

胀缩性是膨胀土最重要的工程特性。反映胀缩性能的有好几项指标,包括自由膨胀率、膨胀率、膨胀力、线缩率、体缩率、收缩系数、缩限等。

1)自由膨胀率

自由膨胀率是人工制备的松散烘干土样在水中增加的体积与原始体积之比,用百分数表示。自由膨胀率与土中蒙脱石矿物含量呈正相关关系。据部分地区统计资料,我国膨胀土自由膨胀率变化范围在40% ~139%。

2)膨胀率

膨胀率是试样在有侧限条件下浸水后的单向膨胀量与试样原始高度之比,用百分数表示。膨胀率试验可分为无荷膨胀率试验和有荷膨胀率试验。其中50 kPa压力下膨胀率对一般轻型建筑物有较大的实用意义。据部分地区统计资料,我国膨胀土在50 kPa压力下膨胀率变化范围在-1.88% ~8.18%。需要指出的是,通常膨胀土具有各向异性,因此不同方向取样测得的膨胀率是不相等的。

3)膨胀力

膨胀力是试样在体积保持不变条件下,浸水膨胀后产生的内应力,一般可采用固结仪测定单向的膨胀力。据部分地区统计资料,我国各地膨胀土原状样膨胀力的变化范围相差很大,最高值可达931 kPa(云南小龙潭),但通常大于100 kPa的情况并不很多。然而,对于人工压实的特别是用重型击实仪击实或在现场用重型碾压机具压实的膨胀土来说,膨胀力达到数百千帕则是经常遇到的。应当指出的是,通常膨胀土具有各向异性,不同方向的膨胀力是不相等的,而且水平向膨胀力大于垂直方向膨胀力者居多。采用专用的三向膨胀力测试仪器可以测得这种数据。

4)线缩率、体缩率及收缩系数

试样失水引起的试样高度的变化量与试样初始高度之比称为线缩率。通常膨胀土具有各向异性,故不同方向的线缩率是不相等的。试样失水引起的试样体积的变化量与试样初始体积之比称为体缩率。线缩率和体缩率由室内收缩试验测定。

收缩系数是土样收缩变形(用线缩率表示)与含水率关系曲线直线段的斜率。通常膨胀土具有各向异性,故不同方向的收缩系数是不相等的。

据部分地区统计资料,我国膨胀土的收缩系数变化范围在0.25 ~1.15。

5)缩限

缩限是土样由半固态连续蒸发水分到固态(仍处于饱和)的界限含水率。土样的含水率达到缩限以后,继续失水,不再产生收缩变形。

据部分地区统计资料,我国膨胀土的缩限变化范围在10.5%~29%。

二、湿陷性黄土的工程性质

黄土按成因分可为原生黄土和次生黄土。原生黄土是一种在半干旱气候条件下以风力搬运沉积的、粉质的、无层理并具有针状大孔和垂直节理的特殊土,通常为褐黄、灰黄或黄褐色,含有碳酸盐类。次生黄土又称黄土状土,是原生黄土经受非风力的扰动、搬运和沉积而成,常具有层理和夹有砂、砾石层。黄土在我国西北和华北等地分布很广,总面积约64万km^2,其中湿陷性黄土约占黄土分布总面积的3/4。

(一)湿陷性的定义和判定

黄土在天然状态往往具有较高的强度和较低的压缩性。但黄土遇水浸湿后,可能会发生显著的湿陷,也有的黄土则不发生湿陷;黄土遇水浸湿后,凡是在上覆土自重压力或附加压力共同作用下,发生显著附加沉陷者统称为湿陷性黄土,否则就称为非湿陷性黄土。即使在自重压力作用下也会发生显著湿陷的称为自重湿陷性黄土,在自重压力作用下虽未发生湿陷,但在附加压力下发生湿陷的称为非自重湿陷性黄土。

黄土的湿陷性是黄土最重要的工程特性。判定黄土是否具有湿陷性以及湿陷性程度如何是最为关注的问题。为了解决这个问题,需要进行室内压缩试验测定黄土的湿陷系数δ_s,然后根据δ_s值的大小加以判定。δ_s定义为:

$$\delta_s = \frac{h_P - h'_P}{h_0}$$

式中 h_P——保持天然湿度和结构的土样,加压至一定压力时变形稳定后的高度;

h'_P——上述加压稳定后的土样,在浸水作用下,变形稳定后的高度;

h_0——土样的初始高度。

当$\delta_s<0.015$时,定为非湿陷性黄土;$\delta_s \geq 0.015$时,定为湿陷性黄土。

(二)湿陷性程度的划分

按δ_s值大小可将湿陷性黄土分为三类:当$\delta_s<0.03$时,为轻微湿陷性;当$0.03 \leq \delta_s < 0.07$时,为中等湿陷性;$\delta_s>0.07$时,为强烈湿陷性。

(三)自重湿陷性的判定

划分非自重湿陷和自重湿陷,需根据土样在饱和自重压力下测定的自重湿陷系数δ_{zs}加以判定。δ_{zs}定义为:

$$\delta_{zs} = \frac{h_z - h'_z}{h_0}$$

式中 h_z——保持天然湿度和结构的土样,在饱和自重压力作用下,变形稳定后的高度;

h'_z——上述加压稳定后的土样,在浸水作用下,变形稳定后的高度;

h_0——土样的初始高度。

当$\delta_{zs}<0.015$时,定为非自重湿陷性黄土;$\delta_{zs} \geq 0.015$时,定为自重湿陷性黄土。

(四)湿陷起始压力P_{sh}

湿陷起始压力P_{sh}的含义是,当黄土所受压力低于P_{sh}时,即使浸水也不会发生湿陷变

形。可以证明湿陷起始压力与土样在饱和状态下进行固结试验所得的先期固结压力是同值的。湿陷起始压力 P_{sh} 可由室内压缩试验或现场静载荷试验确定。

（五）不同地区湿陷系数的变化范围

不同地区黄土的湿陷系数的变化范围统计结果见表 10-15。

表 10-15　不同地区代表性的湿陷系数

地区	区域	地带	土样个数	湿陷系数		
				自重湿陷系数 δ_{zs}	200 kPa 下的湿陷系数 δ_{s2}	300 kPa 下的湿陷系数 δ_{s3}
陇西地区（Ⅰ）		低阶地	403	0.005～0.052	0.027～0.090	0.005～0.052
		高阶地	140	0.007～0.059	0.039～0.110	0.007～0.059
陇东、陕北地区（Ⅱ）		低阶地	242	0.005～0.035	0.034～0.079	0.005～0.035
		高阶地	139	0.006～0.043	0.030～0.084	0.006～0.043
关中地区（Ⅲ）		低阶地	487	0.003～0.024	0.029～0.072	0.003～0.024
		高阶地	484	0.005～0.040	0.030～0.078	0.005～0.034
山西地区（Ⅳ）	汾河流域区	低阶地	209	0.007～0.040	0.030～0.070	0.007～0.040
		高阶地	145		0.027～0.098	
	晋东区		111		0.030～0.071	
河南地区（Ⅴ）			76		0.023～0.045	
冀东地区（Ⅵ）	河北区		49		0.024～0.048	
	山东区		71		0.020～0.041	
北部边缘地区（Ⅶ）	陕甘宁区		57		0.032～0.059	
	河西走廊区		19		0.029～0.050	

（六）湿陷性黄土在物理力学性指标上的特点

湿陷性黄土在其他物理力学性指标上具有以下的特点。

1. 颗粒组成

湿陷性黄土的颗粒组成以粉粒（0.05～0.005 mm）为主，其含量可达 50%～75%；其次为砂粒（>0.05 mm），占 10%～30%；黏粒（<0.005 mm）占 8%～25%。

2. 界限含水率

湿陷性黄土的液限一般在 22%～35%，塑限一般在 14%～20%，塑性指数大多在 9～12。液性指数常在 0 上下波动，所以大多数湿陷性较高的黄土处于坚硬或硬塑状态。

3. 比重、容重及孔隙比

湿陷性黄土的颗粒比重在 2.55～2.85，在我国由西北向东南有逐渐增加的趋势。

湿陷性黄土的天然容重一般为 13.5～19.0 kN/m^3，干容重一般为 11～16 kN/m^3，干容重超过 15 kN/m^3 以上时，湿陷性一般很弱或无湿陷性。

湿陷性黄土的孔隙比一般较高,其变化范围为0.8~1.24,大多为0.9~1.1。

4. 含水率和饱和度

湿陷性黄土的天然含水率一般都较低,且其他条件不变时,含水率愈低,湿陷性愈强烈,随着含水率的增大,湿陷性逐渐减弱。通常含水率超过23%时,就不再具湿陷性或湿陷性很弱,相应土的压缩性增高。

湿陷性黄土的饱和度的变化范围为17%~77%,多数为40%~50%,当饱和度接近80%时,湿陷性基本消失。

5. 压缩性

湿陷性黄土在天然状态下压缩性较低,遇水后压缩性增高。我国黄土的压缩系数一般为0.1~1.0 MPa^{-1}。压缩系数的大小和湿陷性黄土形成的地质年代有关,一般在 Q_2 时期形成的多属低压缩性或中等偏低压缩性,在 Q_3 及 Q_4 时期形成的多属中等压缩性或中等偏高甚至高压缩性,而在 Q_4^2 时期形成的新近堆积黄土则多属高压缩性。

6. 抗剪强度

天然状态下,用直剪固结快剪测得的湿陷性黄土的黏聚力一般为15~30 kPa,内摩擦角为17°~30°。

7. 渗透性

湿陷性黄土的渗透性呈现明显的各向异性。一般室内试验测得饱和渗透系数在垂直向为(0.16~0.33)$\times 10^{-5}$ cm/s,水平向为(0.1~0.83)$\times 10^{-6}$ cm/s。原位试验和室内试验结果相差很大,原位试验测得的渗透系数为1~15 m/d,接近粉细砂的水平。

三、冻土的工程性质

(一)冻土的一般概念

冻土(frozen ground)是具有负温或零温度并含有冰的土和岩石。全球多年冻土、季节冻土和瞬时(短暂)冻土区的面积约占陆地面积的70%,其中多年冻土面积占陆地面积的20%。我国多年冻土面积占国土面积的21.5%,季节冻土区约占国土面积的53.5%,占全球冻土面积的10%,在世界四大冻土国家中位居第三。

根据土冻结持续的时间,可将冻结状态的土分为如下几种:

(1)暂时冻土——冻土存在的时间为几个小时或只有几天;

(2)季节冻土——冬季冻结,夏季融化的土;

(3)隔年冻土——冬季冻结,一、两年内不融化的土;

(4)多年冻土——冻结时间延续三年以上,有的长达一个世纪和几千年的土层。

暂时冻土和季节冻土均直接从地面开始冻结,而多年冻土一般则从地表下若干深度开始。根据季节冻、融层下面的土层是冻土还是融土的不同衔接情况,又可分为下列几种情况:

(1)季冻土、融层和多年冻结层衔接在一起,这种情况称为衔接多年冻土;

(2)季节冻、融层和多年冻结层中间有一层融化层,这种情况称为不衔接多年冻土;

(3)季节冻、融层和下面的融土层衔接,一般季节冻土区皆属这种情况。

季节冻融层与下垫层衔接情况如图10-41所示。

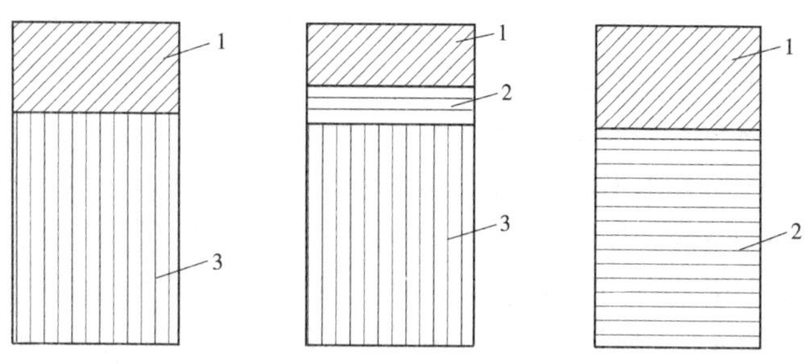

1—季节冻融层；2—融土；3—多年冻土

图 10-41　季节冻融层与下垫层衔接情况示意

冻土不论是作为建筑材料或地基，对工程实践来讲，最有意义的是土中水的冻结。土冻结时，不仅其温度处于 0 ℃以下，更重要的特征是其中有冰的存在，它使得原来松散状态的介质，表现出固体的性质，其物理－力学性质有很大改变，诸如抗压强度增大，压缩性减小等，冻土比融土坚硬得多。而融化时，由于抗剪强度的下降，又常造成工程的破坏或失事。

冻土的强度和力学性质与温度和含水率有很大关系。根据冻土的坚硬强度又可分为：

(1)坚硬冻土。负温度较低且被冰所牢固胶结的土。在建筑物荷载作用下，表现有一定的脆性破坏和压缩性很小的特点。

(2)塑性冻土。负温度较高，土的颗粒虽被冰所胶结，但具有黏滞性，因为还有较多的未冻水存在。其特点是在建筑物荷载作用下压缩变形较大。

(3)松散冻土。土中含水量较少，没有被冰胶结的砂和碎石土，均属此类。一般来讲，这种土冻融前后的力学性质改变不大。

(二)冻土与水工建筑物的关系

我国东北、华北和西北的十余省、市、自治区均处在季节冻土地区。在这些地区修建的各类水工建筑物(包括闸、涵、桥、跌水、渡槽、渠道衬砌、塘坝护坡等)，如果按常规融土的建筑理论和方法进行设计与施工，在实践中暴露出许多弱点，工程冻害现象和破坏的规模相当普遍与严重。理论和实践均已指出，按非冻土地区建筑理论来评价和指导冻土地区的工程建设是有缺陷的。因为冻土作为地基来讲，不论是其成分、组构、物理和力学性质，都与非冻土有很大的差异。特别是冻土与环境之间的相互作用，主要是以人为环境的相互联系，这较非冻土复杂。对外界温度、压力和水分条件变化的反映(特别是表层与建筑物基础涉及的空间)较非冻土尤为敏感。

20 世纪 80 年代以前，我国在季节冻土地区修建的各类水工建筑物，没有可遵循的设计规范、设计者在工程设计时只能靠经验或尽力加深、加大基础砌置深度，增加结构的强度与刚度，即使如此，有些工程的冻胀破坏也未幸免。

针对东北、西北和华北等季节冻土区，水工建筑物冻害破坏十分严重的状况，我国北方一些省份的水利科技工作者对季节冻土机理、冻融过程中的水盐运动、冻害规律、防治措施等进行了系统研究，取得了可喜的成果，得到了国际冻土学术组织的重视。对于地基土冻胀性的工程分类研究,提出了按其冻胀量绝对值大小进行分类的方法和冻胀量计算公式。在桩基、板基和挡土墙的冻胀力计算、抗冻技术措施、设计方法等,都取得了较高水平的成果,达到了国际同类研究的先进水平。

自20世纪90年代开始,我国各行业相继颁布了相关的设计规范,如水利部颁布的《渠道防渗工程技术规范》(SL 18—2004)、《渠系工程抗冻胀设计规范》(SL 23—2006)、《水工建筑物抗冻设计规范》(SL 211—2006)等。虽然这些规范还存在一些问题,需要随着科学的发展和技术的进步而逐渐修改与完善,但对工程技术人员来讲,无疑是很大的进步。

(三)冻土的物理性质

1.冻土的四相草图

冻土是一种温度敏感性土体,在冻土区开展工程建设中不可避免地要遇到地基土处于冻结、未冻结、正冻结、正融化及已融化等不同的状态。与融土不同的是,冻土是由矿物颗粒、冰、未冻水、气体等组成的多成分和多相体系。自然界中,未冻土或融土中的固相物质通常包括矿物质和有机质、液相物质(水溶液)和气相物质(空气)等。固相物质组成了土的基本骨架,液相和气相物质充填在土骨架的空隙中。冻土中则增添了一种新的固相物质——冰。

与天然融土一样,冻土中所含物质的质量和体积可用冻土的四相草图来抽象地表示其构成,如图10-42所示。

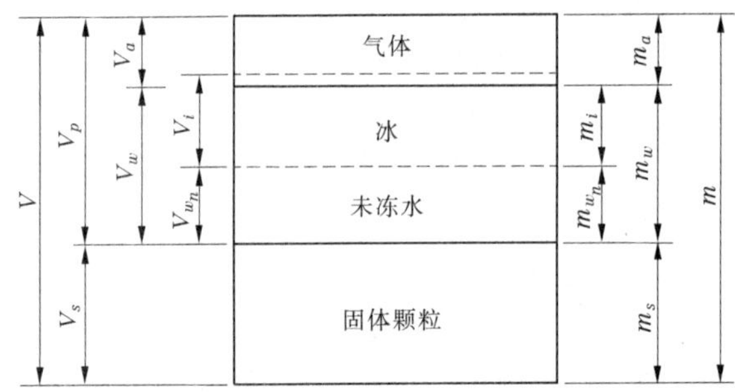

图10-42 冻土的四相草图

四相草图中左侧符号表示四相组成的体积,右侧符号表示四相组成的质量。与融土一样,土样的总体积可以表示为:

$$V = V_s + V_p = V_s + V_a + V_w$$

式中 V——土样的总体积;

V_s——土样中固体颗粒的体积;

V_a——土样中气体的体积;

V_w——土样中水的体积;

V_p——土样中孔隙的体积,它等于 V_a 与 V_w 之和;

V_i——冻土中冰的体积;

V_{w_n}——冻土中未冻水的体积。

若忽略不计冻土中气体的质量,冻土的总质量可以表示为:

$$m = m_s + m_w = m_s + m_{w_n} + m_i$$

式中　m——土样的质量；

m_s——土样中固体颗粒的质量；

m_w——土样中水的质量；

m_i——土样中冰的质量；

m_{w_n}——土样中未冻水的质量。

从四相草图中可以看出：

$$\rho_f = \frac{m}{V} \qquad \rho_{fd} = \frac{m_s}{V} \qquad G_s = \frac{m_s}{V_s}$$

$$e = \frac{V_p}{V_s} \qquad n = \frac{V_p}{V} \qquad S_r = \frac{V_w}{V}$$

$$w = \frac{m_w}{m_s} \qquad w_n = \frac{m_{w_n}}{m_s} \qquad i = \frac{m_i}{m_w}$$

式中　ρ_f——冻土的天然密度；

ρ_{fd}——冻土的干密度；

G_s——比重；

e——孔隙比；

w——含水率；

w_n——未冻水含水率；

i——相对含冰率。

其余符号意义同前。

对于冻土这种四相体而言，在进行物理性质以及状态评价中通常要测定四个基本指标，即天然状态的冻土密度、冻土的含水率、比重、未冻水含水率。

2.4 个实测的物理指标

1)天然状态的冻土密度 ρ_f

冻土密度是冻土单位体积的质量，它是冻土的基本物理特性指标之一，也是冻土地区工程建设中计算土的冻结或融化深度、冻胀或融沉、冻土热学和力学、验算冻土地基强度等所需的重要指标。

2)冻土的含水率 w

冻土含水率系指冻土中总水重(所含冰和未冻水的总重量)与干土重之比。它是冻土地区进行水热平衡计算、分析冻土发育条件的重要指标。冻土含水率的大小与冻土的物理、力学、热学等一系列性质有密切关系。含水率大的土层，在冻结(或融化)过程中，将产生大的冻胀或融沉，对工程的危害就大。在冻土地区的工程实践中，往往用含水率这一指标，对冻土进行冻胀性和融沉性的评价和分类。

3)比重

比重与普通融土的定义相同。

4)未冻水含水率

冻结土体即使是温度很低，仍会有一部分未冻结、呈液态的水(结合水、强结合水)附着于土粒表面。这种未冻水对冻土物理力学性能影响极大,是冻土热工计算的重要参数。未冻水含水率是冻土中未冻水质量与冻土干土质量之比。

对于一定类型的土,未冻水含水率主要取决于冻土的温度条件。负温对土中未冻水含水率影响最为关键,没有负温就不会使土中水相变成冰。但是在 -78 ℃以下,土中仍然会存在未冻水。未冻水含水率与负温之间的动态平衡的关系,并可用下式表达:

$$w_n = a\theta^{-b}$$

式中 w_n——未冻水含水率;

θ——负温绝对值;

a、b——与土质因素有关的经验常数。

3. 冻土物理性质的换算指标

1)冻土的干密度

冻土的干密度用下式表示:

$$\rho_{fd} = \frac{\rho_f}{1 + 0.01w}$$

2)冻土的含冰量

冻土的含冰量有三种表示方法:

(1)重量含冰量(i_g)。冻土中冰的质量(m_i)与土颗粒质量(m_s)之比,即:

$$i_g = \frac{m_i}{m_s}$$

(2)相对含冰量(i_0)。冻土中冰的质量(m_i)与土中全部水重(m_w)之比,即:

$$i_0 = \frac{m_i}{m_w} = 1 - \frac{w_n}{w}$$

(3)体积含冰量(i_v)。冻土中冰的体积(V_i)与总体积(V)之比,即:

$$i_v = \frac{V_i}{V}$$

冻土的含冰量是冻土热工计算的一个重要指标,也是评价冻土的一个重要参考参数。相对含冰量与未冻水含水率的关系是:

$$w_n = w(1 - i_0)$$

(四)冻土的热物理性质

自然界的冻土因负温环境而产生,冻土的各种特性又因温度的变化而变化。冻土这种特殊固态物质的各种性质(物理、化学、力学)与温度息息相关。因此,为了弄清自然界各种冻土的形成、演化过程和物理、力学指标的变化规律,更好地为工程建设服务,有必要深入掌握冻土的各项热物理特性。与工程冻土关系密切的冻土基本热物理特性主要包括热容量(C)、导热系数(λ)、导温系数(a)等。与冻结状态有关的是冻结温度,冻土的含水率、相对含冰率等。

1. 冻土的热容量

单位体积的土体温度改变 1 ℃所需的热量称做容积热容量,它是表示土体蓄热能力的指标。

融土的容积热容量随干密度和总含水量的增加呈直线增大。冻土的容积热容量随干密度的增大也呈直线增大。因土中含有未冻水,所以其与总含水量呈折线增大关系,当$w \leqslant w_n$时,土中水处于未冻状态,冻土容积热容量随含水量增大呈与融土具有相同斜率的直线关系。$w > w_n$时,冻土容积热容量随含水量增大的斜率变缓。干密度和总含水量相同时,融土的容积热容量比冻土要大。

2. 冻土的导热系数

导热系数表征温度梯度作用下传导热能的能力指标(单位温度梯度下,单位时间通过单位面积的热量)。它是表示土体导热能力的指标,单位 W/(m·K)。导热系数的实质就是,当温度梯度为 1 K/m 时,每小时通过 1 m^2 面积土体上的热量。

$$\lambda = \frac{Q}{\frac{\Delta\theta}{\Delta h} \cdot \Delta F T}$$

式中　λ——导热系数;

Q——热量,kJ;

$\frac{\Delta\theta}{\Delta h}$——温度梯度,K/m;

ΔF——面积,m^2;

T——时间,h。

土的导热系数是干密度、含水(冰)量和温度的函数,并与土的矿物成分和结构构造有关。试验证明,融土和冻土的导热系数均随干容重增大呈对数或指数曲线形式增大。这是由于干密度增大,使单位体积土中矿物骨架数量增多,孔隙减少,且矿物骨架的导热系数远远大于气体的导热系数,因此导热系数随干密度增大而增大。干密度相同时,土的导热系数随总含水量的增大而增大,但速率不等。总的规律是,融土在总含水量小于最大分子容水量阶段,随含水量增加,水分增加了矿物骨架之间的联系,使导热系数迅速增大。含水量在最大分子容水量至液限含水率阶段,水分增加,矿物骨架之间联系的作用成为次要作用,所以速率变缓。当含水率大于液限后,水在土体导热中逐渐起主导作用,导热系数增大速率逐渐接近某一固定值。

密度和含水率均相同时,一般粗颗粒土的导热系数要比细颗粒土大,这是由于粗颗粒土的总孔隙度比细粒土要小的缘故。土中各组物质的导热系数列于表 10-16 中。

表 10-16　土中组成物质的导热系数　　(单位:W/(m·K))

名称	空气	水	冰	矿物	干苔藓	干泥炭
导热系数	0.024	0.456～0.582	2.210～2.326	1.256～7.536	0.07～0.08	0.05～0.06

土的导热系数的大小直接影响土的热阻。热阻指单位面积土层阻碍热传播的能力,单位 m^2·K/W。土层的热阻 R 取决于土层的厚度 δ(m)和导热系数 λ(W/(m·K))。

$$R = \frac{\delta}{\lambda}$$

热阻是求解土体温度状况的一个重要参数。

3. 冻土的导温系数

土的导温系数是土中某一点在其相邻点温度变化时改变自身温度能力的指标,单位

m^2/h。它影响土体温度场的变化速率,是研究不稳定热传导过程常用的基本指标。

土的导温系数同样取决于土的物理化学成分、干密度、含水(冰)量和温度状态等因素。试验表明,融土、冻土的导温系数均随干密度几乎呈直线增大。干密度相同时,融土的导温系数随含水量变化可分为三段:第一阶段是含水率从最大分子容水量至塑限阶段,导温系数随含水量增大而迅速增大,直到最大值。各类融土导温系数达到最大值的含水量范围分别为:草炭亚黏土110%~130%,亚黏土15%~20%,碎石亚黏土14%~17%,砾石5%~10%。第二阶段是含水量从塑限至液限阶段,导温系数减小。第三阶段是含水量大于液限以后,导温系数缓慢减小,基本趋于稳定。冻土的导温系数随含水(冰)量增大而持续增大,但速率略有差异。起初的增长速度与融土接近,以后随含水(冰)量的增大而迅速增大。当含水(冰)量增大到一定值以后,导温系数增大速率减缓,其中粗颗粒土比细颗粒土明显。

干密度和含水(冰)量相同时,粗颗粒土的导温系数大于细颗粒土。这是由于粗颗粒土的导温系数比细颗粒土大。土的组成物质的导温系数列于表10-17中。

表10-17　土的组成物质的导温系数　(单位:$\times 10^3\ m^2/h$)

名称	空气	水	冰	矿物	干苔藓	干泥炭
导温系数	0.067 5	0.4~0.5	4.46	2.16~12.96	0.12~0.18	0.08~0.12

(五)冻土的力学性质

1.土的冻胀性

当土冻结时,土中水变成冰体积增大9%。当土中水变成冰时体积膨胀足以引起土颗粒间发生相对位移就形成地表的隆起,称为土的冻胀。当土冻结时土体内发生水分迁移,形成冰夹层和冰透镜体时,会加剧土体的冻胀。

冻胀受土的类型、水分补给条件、含水量、土中盐分、冻结温度、冻结速率、外部压力的制约。在一般情况下,黏土、粉土和含泥量大的砂土认为是具有很强的冻胀性,而含水量不大的纯净砂、砾石冻胀性很弱或不具有冻胀性。

评价土的冻胀性的指标是冻胀量。冻胀量是土在冻结过程中的膨胀变形量。土体的不均匀冻胀是寒区工程大量破坏的重要因素之一,它是土质、温度和外载条件的函数,是评价土体冻胀性的重要指标。

在土的冻胀性评价方法和等级划分上,水利行业标准《水工建筑物抗冰冻设计规范》(SL 211—2006)和《渠系工程抗冻胀设计规范》(SL 23—2006)则按冻胀量进行划分。地基土的冻胀性工程分类见表10-18。

表10-18　地基土的冻胀性工程分类

冻胀量 h_f(cm)	0~2	2~5	5~12	12~22	>22
冻胀性级别	Ⅰ	Ⅱ	Ⅲ	Ⅳ	Ⅴ

以冻胀量绝对值的大小作为划分地基土冻胀分级的指标。将冻胀量值与地基允许变形值直接比较,对地基冻胀可能给工程的危害程度及进行直观、定量的评价,同时也可以

对各种抗冻胀措施的应用范围与条件给出定性的区分。

2. 冻土的融沉特性

冻土融化时，其内部结构发生激烈的变化。冻土中的各种冷生组构的冰融化以后体积缩小，使土在原来的受力状态下可能产生一定量的沉陷变形，同时孔隙水也可能逐渐排出，融土层进一步压缩密实。含冰量很高的细颗粒冻土融化后往往形成稀释状，从而丧失承载力，在荷载作用下，土可能从基础旁侧挤出，造成建筑物大幅度沉陷。如果建筑物基础各部分的地基土质及含水量不均匀或地基土的融化深度不一样，就会造成建筑物各部门的不均匀沉降。当这种不均匀沉降超过允许值时，就会产生建筑物的融沉破坏。

冻土的孔隙一般由冰所填充。饱冰冻土土颗粒被冰所包裹。强冻胀性的冻土中还分布着许多冰夹层或冰的透镜体。不同冷生结构的冻土，其融沉特性也是有区别的。

非饱和含水量的土在没有外界水源补给的情况下，冻结后水分一般是在土孔隙中原位冻结成冰晶，且冰晶不足以使土的颗粒发生位移，土的骨架没有发生变化，这种整体状冻土融化时体积和力学性质不会发生明显变化，属于无融沉性冻土，含水量明显低于饱和含水量的细粒土和无冻胀性的粗粒土冻结后属于此种类型的冻土。

土在饱和含水量情况下，在没有外来水源补给时冻结，水分基本上还是在孔隙中原位冻结成冰，但会挤压周围的土颗粒使其发生微小的位移。这种整体状的冻土在融化后，土体中的含水量没有变化，孔隙水压力也不会升高，但孔隙度和压缩性有一定的增大。因此，也会发生少量的融沉。饱和的粗颗粒土和某些特定条件下的饱和细粒土冻结后属于此种冻土。

对于饱冰冻土和层状、网状结构的冻土，冻胀量很大，土的冻前结构遭到破坏。融化时含水量超饱和，土的强度明显降低。这种冻土在融化时会产生很大的融沉。其融沉量由两部分组成：一是冰化成水后体积变小；二是扩大和新生的孔隙、裂缝增加了土的压缩性，并在荷载作用下排水固结。在有充分水源补给的饱和细粒土和某些特定条件下的超饱和粗粒土冻结后即成为此类冻土。

冻土融化时的变形可分为两部分：一为沉陷，二为沉降。土体在自重或荷载作用下迅速发生不可逆变形，称之为沉陷。由于土自重和外部荷载作用而发生的排水固结压密变形，称为地基和建筑的沉降。

土的压缩性是其孔隙体积减少而造成的，因此只要了解土在不同压力下的孔隙比值，就可以知道土的压缩性。

第十一章　土样取样和制备

第一节　土样的取样和管理

一、概　述

采取原状土或扰动土视工程对象决定。凡属建筑物的天然地基、天然边坡、渠道、堤防或天然地层作用于建筑物上的土压力等,应采取原状土;如果工程对象是土坝、土堤等土工构筑物的填土,除应采取扰动土外,还应采取一定数量的原状土用于测定天然含水率和天然密度。

土样可在试坑、平洞、竖井、天然地面及钻孔中采取,在采取土样时,除应按勘察规程进行外,所取土样还应有代表性;采取原状土时应使土样不受扰动,应保持土样的原状结构和天然含水率。

土样的取样分为不扰动土样(原状样)和扰动土样,这两种土样的取样方法也有不同。对于不扰动土样的取样应遵循相关规程规范的要求,尽可能保持土体原来的性状。土样的要求和采取土样的数量应满足要求进行的试验项目和试验方法的需要,并应附取土记录和现场描述。

二、原状土试样采取的仪器

(一)采样质量

土试样采取的质量可按表11-1分为四个等级。

表11-1　土试样质量等级

级别	扰动程度	试验内容
Ⅰ	不扰动	土类定名、含水率、密度、强度、固结试验
Ⅱ	轻微扰动	土类定名、含水率、密度
Ⅲ	显著扰动	土类定名、含水率
Ⅳ	完全扰动	土类定名

注:①不扰动是指原位应力状态虽已改变,但土的结构、密度和含水量(率)变化很小,能满足室内试验各项要求。
②除地基基础设计等级为甲级的工程外,在工程技术要求允许的情况下可用Ⅱ级土试样进行强度和固结试验,但宜先对土试样受扰动程度作抽样鉴定,判定用于试验的适宜性,并结合地区经验使用试验成果。

(二)取样工具和方法

采取原状土试样的取样工具和方法可按表11-2选择。

表 11-2 不同等级土试样的取样工具和方法

土试样质量等级	取样工具和方法		适用土类										
			黏质土					粉土	砂土				砾砂、碎石土、软岩
			流塑	软塑	可塑	硬塑	坚硬		粉砂	细砂	中砂	粗砂	
Ⅰ	薄壁取土器	固定活塞	+ +	+ +	+	–	–	+	+	–	–	–	–
		水压固定活塞	+ +	+ +	+	–	–	+	+	–	–	–	–
		自由活塞	–	+	+ +	–	–	+	+	–	–	–	–
		敞口	+	+	+	–	–	+	+	–	–	–	–
	回转取土器	单动三重管	–	+	+ +	+ +	+	+ +	+ +	+ +	–	–	–
		双动三重管	–	–	–	+	+ +	–	–	–	+ +	+ +	+
	探井(槽)中采取块状土样		+ +	+ +	+ +	+ +	+ +	+ +	+ +	+ +	+ +	+ +	+ +
Ⅱ	薄壁取土器	水压固定活塞	+ +	+ +	+	–	–	+	+	–	–	–	–
		自由活塞	+	+ +	+ +	–	–	+	+	–	–	–	–
		敞口	+ +	+ +	+ +	–	–	+	+	–	–	–	–
	回转取土器	单动三重管	–	+	+ +	+ +	+	+ +	+ +	+ +	–	–	–
		双动三重管	–	–	–	+	+ +	–	–	–	+ +	+ +	+ +
	厚壁敞口取土器		+	+ +	+ +	+ +	+ +	+	+	+	+	+	–
Ⅲ	厚壁敞口取土器		+ +	+ +	+ +	+ +	+ +	+ +	+ +	+ +	+ +	+	–
	标准贯入器		+ +	+ +	+ +	+ +	+ +	+ +	+ +	+ +	+ +	+ +	–
	螺纹钻头		+ +	+ +	+ +	+ +	+ +	+	–	–	–	–	–
	岩芯钻头		+ +	+ +	+ +	+ +	+ +	+ +	+	+	+	+	+
Ⅳ	标准贯入器		+ +	+ +	+ +	+ +	+ +	+ +	+ +	+ +	+ +	+ +	–
	螺纹钻头		+ +	+ +	+ +	+ +	+ +	+	–	–	–	–	–
	岩芯钻头		+ +	+ +	+ +	+ +	+ +	+ +	+ +	+ +	+ +	+ +	+ +

注：① + +：适用；+：部分适用；–：不适用。

②采取砂土试样应有防止试样失落的补充措施。

③有经验时，可用束节式取土器代替薄壁取土器。

三、土样的采取、包装及运输

(一)土样的采取

原状土试样的采取应按相关的取样技术标准进行，首先取样数量应足够，取样质量应符合规定要求；至于采取原状土还是采取扰动土，则视工程对象而定。对于填土工程，除采取扰动土外，对每一料场的不同土层，还应有一定数量的原状土供测定天然含水率和天然密度用。如只要求进行土的分类，则可只采取扰动土。

对于重要的水工建筑物的取样单,应附有地质说明书,以便于分析土的物理力学性质与地质年代成因的相互关系。对于取土的数量,应满足进行各项试验项目和试验方法的需要。一般来说,采取的土样数量可参照表11-3进行。

表11-3 土工试验要求的取样数量

试验项目	土样类别	样品状态	最大颗粒直径(mm)	样品质量和数量	备注
含水率	砂土 细粒土	扰动 扰动		80~100 g 80~100 g	
密度	细粒土 砂土	原状 原状		$(10\times10\times10)\,cm^3$ $(10\times10\times10)\,cm^3$	
比重	细粒土 砂土 砂、砾	扰动 扰动 扰动	 >5	50 g 50 g 2~10 kg	取土量视最大颗粒直径大小而定
颗粒分析	砂土	扰动	<2	风干松散100~300 g	取土视最大颗粒直径而异
	砂、砾	扰动	<10 <20 <40 <60	风干松散300~1 000 g 风干松散1 000~2 000 g 风干松散2 000~4 000 g 风干松散4 000 g以上	
	细粒土	原状		$50\sim200\ cm^3$	
相对密度	砂土 砂土	原状 扰动	 <5	$(10\times10\times10)\,cm^3$ 2 000 g	
界限含水率	细粒土 细粒土	扰动 原状		500 g $(10\times10\times10)\,cm^3$	
收缩	细粒土 细粒土	原状 扰动		$(10\times10\times10)\,cm^3$ 1 000 g	
膨胀	细粒土 细粒土	原状 扰动		$(10\times10\times10)\,cm^3$ 1 000 g	
湿化	细粒土 细粒土	原状 扰动		$(10\times10\times10)\,cm^3$ 1 000 g	
毛管水上升高度	砂土 细粒土	扰动 原状		2 000 g $(10\times10\times10)\,cm^3$	 或扰动土2 000 g
击实	细粒土	扰动	<5 <20	风干土样20 kg 风干土样50 kg	轻型 重型
渗透	砂土 细粒土 细粒土	扰动 扰动 原状		4~5 kg $(10\times10\times10)\,cm^3$	

续表 11-3

试验项目	土样类别	样品状态	最大颗粒直径（mm）	样品质量和数量	备注
固结	细粒土 细粒土	原状 扰动		$(10\times10\times10)$ cm³ 1 000 g	
黄土压缩	细粒土	原状		$(20\times20\times20)$ cm³	
三轴剪切	细粒土 细粒土 砂土	原状 扰动 扰动		$(20\times20\times20)$ cm³ 5 000 g 5 000 g	
直接剪切	细粒土 细粒土 砂土	原状 扰动 扰动		$(10\times10\times10)$ cm³ 1 500 ~ 3 000 g 3 000 g	
无侧限抗压强度	细粒土	原状		$(10\times10\times15)$ cm³	
天然坡角	砂土	扰动	<5	1 000 ~ 3 000 g	

注：①表中击实、固结、黄土压缩、直剪、三轴剪切等试验项目所需的试样数量均指一组试验而言，如需要做多组试验时，应视具体情况多采取土样。②特殊试验项目的土样数量可酌量采取。

土样采取时必须有土样编号和取样原始记录，原始记录应有足够的信息量以表明采取土样的状态。无论从试坑或钻孔取的土样，均应附有标签和原始记录，记录工程名称和每一个试坑或钻孔的编号、高程、取样深度、位置、取样日期、取样环境、取样人员等；如是原状土，还应注明取土方向、取样说明，记录土层的变化和厚度、地下水位、土样野外描述和定名、取土方法、扰动或原状、取土过程中发生的现象（如有无承压水出现等），还应测记各试坑、各钻孔的位置，以备绘制试坑或钻孔的平面布置图和剖面图。

标签宜用韧质纸，用墨水笔书写清楚，贴于原状土筒上或以色漆将土样编号写于盛土筒上。如是袋装扰动土，可用木板作标签放置袋内，并在袋外面标记土样编号。

（二）土样的包装及运输

无论是原状土或需保持天然含水率的扰动土，在采取之后，应立即封闭取土筒或盛土容器。取土筒不满的钻孔原状土样，土与筒壁之间的缝隙，均应以胶布封严，浇筑融蜡。如无取土筒，可将取出的原状土块用纱布包裹后，浇筑融蜡，以防水分蒸发。

封闭后的原状土样应立即装箱。如条件限制不能立即装箱，则在装箱之前，存放于阴凉潮湿地点，或挖浅坑埋起，盖上湿土。不需要保持天然含水率的扰动土，最好经过风干稍加粉碎后装入布袋或麻袋或木箱，以免湿土将袋腐蚀或土样中有机物生长，同时装箱时还需防止漏土。

土样在运输时，原状土样或封好的原状土块，均应装入木箱，装样时土样与木箱之间的空隙，应以木屑等填充物填紧，避免在运输过程中受震、受冻以及雨水淋湿造成土样损坏。木箱应编号，并注明小心轻放、勿倒置及上、下等字样。对于原状土样的运输，应尽可能使土样不受扰动,如条件不允许时,可适当加厚木箱与土样、木箱与木箱之间的衬垫。运输时最好有专人护送或向运输部门签订送达质量保证的协议。由取样到送达试验单位,不宜经过太长的时间。

第二节 土样和试样的制备

一、目的和适用范围

(1)目的。土样和试样制备是试验工作的第一个质量要素,土试样在进行试验前,必须要经过预备和制备程序,才能得到适合于各种试验的试样。为了保证试验成果的可靠性和试验数据的可比性,应统一土样与试样的制备方法和程序。方法和程序正确与否,直接影响试验成果。

(2)适用范围。适用于颗粒粒径小于60 mm的扰动土样和原状土样的预备程序。原状土样和扰动土样的制备程序,分别在相关试验项目中进行叙述。

二、土样的验收和管理

(一)土样的接收

委托方将土样送达试验单位时,试验单位应对所接收的土样进行检查,检查是否附有送样单和试验委托书及其他有关资料。送样单应有取样的原始记录和编号,原始记录内容应包括工程名称、试坑或钻孔编号、高程、取土深度、取样日期、记录人和校核人等。对于原状土还应有地下水位、土样现场鉴别、描述及定名、取土方法等。试验委托书应包括工程名称、工程项目、试验目的、试验项目、试验依据方法及要求等。例如原状土进行力学性试验时,试样是在天然含水率状态下还是饱和状态下进行;剪切试验使用的仪器是三轴仪还是直剪仪;剪切依据的试验方法标准是采用水利行业标准还是国家标准;剪切试验按排水条件的不同是进行快剪、固结快剪,还是固结慢剪等;剪切和固结的最大荷重是多少。如进行渗透试验,试样的渗透方向是垂直向还是水平向;固结试验是求哪一级荷重或哪一个干密度(孔隙比)下的固结系数或湿陷、渗透系数,等等。扰动土样的力学性试验要提出初步设计干密度和施工现场可能达到的平均含水率等。

(二)土样的验收

试验单位接到土样后,应按试验委托书进行验收。需查明土样编号和数量是否与送样单相符,所送土样是否满足试验项目和试验方法的要求。必要时可抽验土样质量,验收无误后登记、编号。登记内容包括工程名称、委托单位、送样日期、土样室内编号和野外编号、取土地点和取土深度、试验项目的要求以及要求提出成果的日期等。

(三)土样的贮存

土样送交试验单位验收、登记并进行唯一性标识后,应立即将土样按顺序妥善贮存于样品保管室,样品室的环境条件应能确保土样在贮存期间不改变其原有的性状;对于原状土样和需保持天然含水率的扰动土样应置于阴凉的地方,尽量防止扰动和水分蒸发。该土样从取样之日起至开始试验的时间不应超过2周。

（四）土样的管理

土样进入样品保管室前，必须进行唯一性标识，以使土样在贮存、流转和试验过程中不发生混淆。样品保管室应有专人管理，并制订样品管理制度，以保证样品的安全。同时，样品的入、出库必须有记录，并有责任人签字。

（五）土样的处置

由于大部分土工试验属破坏性试验，经试验后的土不能再重复使用，因此为了保证试验成果能符合要求和被委托方接受，在试验时，应预先保留一部分土样（即留样）贮存于留样室的适当容器内，并进行适当标识后妥善保管，以备审核试验成果或追溯之用。一般保存到试验报告提出后2个月左右，委托单位对试验报告未提出任何疑义时，方可处理。试验后土和留样处理时要考虑该土是否对环境有污染，做到妥善处理。

（六）注意事项

（1）对密封的原状土样除小心搬运和妥善存放外，在试验前不应开启。试验前如需要进行土样鉴别和分类必须开启时，则在检验后，应迅速妥善封好贮藏，尽量使土样少受扰动。

（2）原状土试样制备前，应将土样筒按标明的上下方向放置，剥去蜡封和胶带，小心开启土样筒取出土样，整平试样两端。检查土样结构，并描述它的层次、气味、颜色、有无杂质、土质是否均匀、有无裂缝等。为了保证试验成果的可靠性、当确定土样已受扰动或取土质量不符合要求时，不应制备力学性试验的试样，同时应尽快与委托方进行沟通，妥善处理并记录处理过程，以确保委托方对试验成果不发生异议。

三、土样制备程序

（一）土样制备

扰动土的土样制备包括土的风干、碾散、过筛、匀土、分样和贮存等预备程序和击实、饱和等试样制备程序。原状土的土样制备包括开启试样筒和切样等。这些步骤的正确与否，都直接影响试验成果。土样制备程序视不同的试验而异，所以在土样制备前应拟订土工试验计划。

（二）主要仪器设备

试样的预备和制备程序所需用的主要仪器设备有细筛、洗筛、台秤、天平、碎土器具、击样器、抽气机、饱和器等，仪器的量程、准确度及其他仪器设备可参阅《土工试验规程》（SL 237—002—1999）；仪器设备的检定和管理应执行规程中的规定。

（三）扰动试样的预备程序

（1）土样描述和碾散。首先应对扰动土试样进行土样状态描述，如土样的颜色，是否有臭味或异味，有没有其他夹杂物，并初步对土进行分类等。如试验内容需要测定土样含水率时，应将土样充分拌匀后，测定其含水率。然后将土样风干并碾散，至于是先风干后碾散，还是直接碾散，则视扰动土样的天然含水率而定，如果含水率较大，不易碾散，则可以先风干后再碾散。碾土时应将块状土置于橡皮板上用木碾碾压，直到碾散为止；如用碎土器，则应注意不要将土颗粒碾碎。

（2）土样过筛。细粒土碾散后要过筛，一般规定物理性试验土样过0.5 mm筛；力学性试验土样过 2 mm 筛;轻型击实试验土样过 5 mm 筛,重型击实土样过 20 mm 筛。实际上,过筛孔径的大小取决于试验所用仪器的盛土容器大小。研究表明,用于直接剪切试验中的试样颗粒最大粒径,不应大于剪切盒内径的 1/20,直剪仪的剪切盒内径一般为 61.8 mm,则土样需过 2 mm 筛;对于无侧限压缩、三轴压缩等试验中的试样颗粒最大粒径与试样直径的比值为 1/8 ~ 1/12,小型三轴压缩试样的直径为 39.1 mm,试样的最大粒径就应是 2 mm;固结试验的容器高度一般为 2 cm,用过 2 mm 筛的土样也是可以的,又鉴于粒径 2 mm 恰为砂粒的上限。因此,土样预备程序中规定过 2 mm 筛。

过筛后的试样用四分对角取样法,取出足够数量的代表性土样,用标签加以标识,分别标明工程名称、土样编号、过筛孔径、试验项目、制备日期和试验人员等,装入保湿缸备用,并测定其风干含水率。

(3)配制一定含水率的土样。取过 2 mm 筛的风干土 1 ~ 5 kg,平铺于不吸水的盘内,按式(11-1)计算所需的加水量,均匀加入预计的水量后拌匀,静止一段时间后装入密封容器,湿润一昼夜后备用。

$$m_w = \frac{m}{1 + 0.01w_0} \times 0.01(w' - w_0) \tag{11-1}$$

式中 m_w——土样所需加水质量;

m——风干含水率时的土样质量;

w_0——风干含水率;

w'——土样所要求的含水率。

(4)测定含水率。制样时或试验前对配制好的土样测定其含水率,在不同位置平行测定不少于两个含水率,其差值不应大于 ±1%。

(5)当用不同土层的土样制备混合土样时,应按土层厚度比例预先计算相应土的质量比例,然后按上述程序进行土样预备程序。

(6)对于砂及砂砾土,按四分法或分砂器取出足够数量的代表性土样作颗粒分析用,其余土样过 5 mm 筛,筛上土和筛下土分别贮存供相应试验用。

(四)扰动土试样的制备程序

(1)根据工程和设计的要求或委托方的要求,将扰动土制备成所需的试样,用于进行湿化、膨胀、渗透、压缩和剪切等试验。

(2)制备试样的数量视试验项目而定,一般应有备用试样 1 ~ 2 个。扰动土样为了控制试样的均匀性,减少试验数据的离散性,一般用含水率和密度作为控制指标,规定同一组试样的密度与要求的密度之差不应大于 0.02 g/cm^3;同一组试样含水率与要求的含水率之差不应大于 ±1%。

(3)扰动土试样的制备方法有以下三种。

击样法:根据环刀容积及要求的干密度所需要的湿土倒入装有环刀的击样器内,击实到所需密度。

击实法:根据试样所需要的干密度和含水率,配制相应质量的土样,按照击实试验的方法,完成试样击实,并将试样从击实筒中推出。将预先准备好的内壁涂有薄层凡士林的环刀刃口向下放在击实好的土样面上,用切土刀将土样切削成略大于环刀外径的土柱,然

后将环刀下压,边压边削,至土样伸出环刀为止。削去环刀两端余土并修平,擦净环刀外壁,测其质量和含水率,计算其干密度,所得干密度值与要求的密度之差不应大于0.02 g/cm^3。

压样法:将根据环刀容积及要求的干密度所需要的湿土倒入装有环刀的压样器内,通过活塞用静压力将土样压实到所需密度。取出带有试样的环刀,测定试样质量并计算干密度。对于不需要饱和,且不立即进行试验的试样,应妥善保存,尽可能保持制样时的含水率。

对于扰动土试样的制备,以往多采用击实法将土样击实后再切取试样,这样做往往因分层击实造成试样密度上下不一致,土体结构状况也不好,所以如用击实法制备试样,最好采用单层击实为佳。击样和压样两种方法对土样的密度影响不大。

(五)原状土试样的制备程序

(1)从样品保管室领取原状土样筒,将土样筒按标明的上下方向放置,剥去蜡封和胶带,小心开启土样筒取出土样,整平土样两端。检查土样结构,对土样的颜色、层次、气味、有无杂质、有无裂缝等进行描述,并进行初步定名。如发现土样已受扰动或取土质量不符合要求时,不应制备力学性质的试样;同时,应立即与委托方取得联系,寻求解决的办法。

(2)根据试验要求切取试样,其切样方法同以上扰动土制备方法中击实法的切样。但应注意环刀下压时一定要垂直。根据力学性试验项目要求,原状土样同一组试样间密度的允许差值为0.03 g/cm^3;切取的试样如不马上进行饱和或试验时,应小心地将试样保存在保湿缸内。

(3)从余土中取代表性的试样测定含水率,并进行比重、颗粒分析,界限含水率等物理性试验。将剩余土样用蜡纸包好,置于保湿缸内,以备补充试验之用。

第三节　试样饱和

土的孔隙逐渐被水填充的过程称为饱和,当孔隙被水充满时的土称为饱和土。

饱和度的大小,对渗透试验、固结试验和剪切试验的成果均有影响。对于不测孔隙水压力的试验,一般认为,饱和度大于95%即为饱和,对需要测定孔隙水压力参数的试验,对饱和度的要求较高,一般要求饱和度在99%以上。

试样饱和方法宜根据土样的透水性能分别采用以下方法:

(1)粗粒土采用水头饱和法,可直接在仪器上饱和。其步骤是:试样底部接进水管,试样顶部接排水管,采用一定的水头,使水自底部向顶部渗透,土中的空气向顶部运动并排出。

(2)渗透系数大于10^{-4} cm/s的细粒土采用毛细管饱和法,选用框式饱和器,如图11-1(a)所示。将饱和器放入水箱内,注入清水,水面不宜将试样淹没,使土中气体得以排出。关上箱盖,防止水分蒸发,借土的毛细管作用,使试样饱和。浸水时间不少于两昼夜。

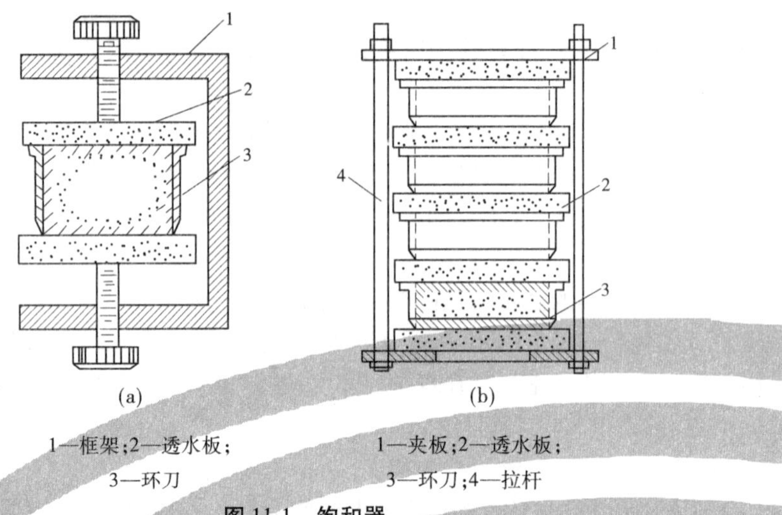

图 11-1　饱和器

(3)渗透系数小于或等于 10^{-4} cm/s 的细粒土宜采用抽气饱和法。其步骤是:首先选用框式或叠式饱和器(见图 11-1(b))和真空饱和装置(见图 11-2)。将试样装入饱和器后连同饱和器放入真空缸内,在缸盖和缸体之间涂一薄层凡士林,以防漏气。接通真空缸和抽气机,启动抽气机,当真空压力表读数接近当地一个大气压时,稍微开启管夹,使清水徐徐注入真空缸,注水过程中,真空压力表的读数宜保持不变,待水淹没饱和器后停止抽气。将引水管从盛水器中提出,打开管夹使空气进入真空缸,静止一段时间,细粒土宜为 10 h,借大气压力使试样饱和。

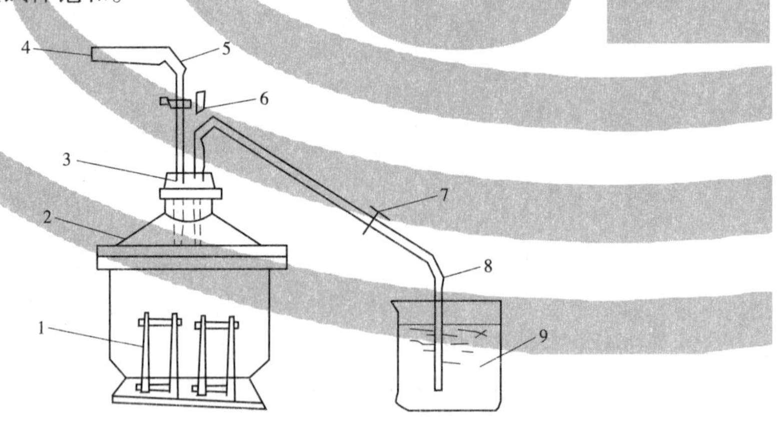

图 11-2　真空饱和装置

(4)对饱和度要求较高的试样宜采用二氧化碳或反压力饱和。二氧化碳饱和法的步骤为:自试样底部向试样中充 50 ~ 100 kPa CO_2 气体,使 CO_2 气体替代土样孔隙中的空气,然后用水头饱和法,使 CO_2 气泡很快溶解于水中,试样达到饱和。用 CO_2 饱和试样是近年来发展的一种方法。由于 CO_2 比空气重且易溶于水,从试样底部注入 CO_2 后,试样

孔隙中的空气逐渐从试样顶端排出。CO_2 是气体，用一种气体驱赶另一种气体，不会出现气泡阻滞现象。又因 CO_2 在水中的溶解度远比空气大（一个大气压力下，0 ℃时，1 cm^3 水可溶解空气 0.029 cm^3，可溶解 CO_2 1.71 cm^3），因而当试样孔隙充满 CO_2 后，用水头饱和法饱和时，试样孔隙中的 CO_2 气泡很快溶于水成碳酸，继续水头饱和时，又可以成为一种液体（H_2O）驱赶另一种液体（稀 H_2CO_3），最后使试样孔隙中充满纯净水，达到饱和的目的。

对试样施加反压力以使试样饱和已成为一种常用的饱和方法。反压力饱和法的步骤是：反压力饱和是人为地在试样内增加孔隙水压力，使试样内的孔隙气体在压力作用下完全溶解于水中，在增大孔隙水压力的同时，等量地对试样增加周围压力，以保证作用于试样的有效压力或试样的内外应力差不变。这个在孔隙水和压力室液体中同时作用的力即为反压力。对试样施加反压力的大小与起始饱和度有关，当起始饱和度过低时，即使施加很大的反压力，也不一定能使试样饱和。因此，当起始饱和度过低时，为了保证试样充分饱和，应先进行抽气饱和，然后再施加反压力，使试样达到完全饱和。

施加反压力的速度不能太快，在施加过程中要允许试样的含水率有足够的时间进行调整，以保持试样体积不变。为了防止试样膨胀影响土的骨架结构，产生附加的有效应力，通常在施加反压力过程中始终保持周围压力略大于反压力，一般保持其差值为 20 kPa。

第十二章　土的物理、化学性质指标及其室内测定

第一节　土的密度试验

一、概　述

土的密度定义为土的单位体积的质量,它是土体直接测量的最基本物理指标之一,用它可以计算土的干密度、孔隙比和饱和度等指标。密度测试是室内试验和野外施工质量控制的重要内容。

试验原理:土样密度是采用测定试样体积和试样质量而求取的。试验时,将土充满给定容积的容器,然后称取该体积土的质量;或者测定一定质量的土所占的体积。

实验室内直接测量的密度为湿密度,对原状土也称为天然密度,用 ρ 表示,可用式(12-1)进行计算:

$$\rho = \frac{m}{V} \tag{12-1}$$

式中　ρ——土的湿密度,g/cm^3;

m——湿土质量,g;

V——试样体积,cm^3。

测定密度常用的试验方法有环刀法、蜡封法、灌砂法、灌水法等。对于黏性土,环刀法操作简便而准确,在室内和野外均普遍采用;对于坚硬、易碎、含有粗颗粒、形状不规则的土,可采用蜡封法;灌砂法和灌水法适用于野外砂、砾石施工现场。近几年来,用于现场测定土体密度的核子射线法已趋成熟,可根据相关规程规定采用。

二、环刀法测定密度

环刀法测定密度适用于容易成型的黏质土试样,环刀的尺寸就是试样的尺寸。试验所需的主要仪器设备、仪器设备的检定和校验、操作步骤、试验记录及成果整理见《土工试验规程》(SL 237—1999)中"密度试验(SL 237—004—1999)环刀法"。

环刀法测定密度时,应注意以下问题:

(1)环刀的尺寸。室内试验中,考虑到与剪切、压缩等项试验所用环刀相配合,规定环刀容积为60 ~ 150 cm^3。一般可依土质均匀程度及土样尺寸选取不同容积的环刀尺寸。原位密度测量所用的环刀尺寸一般为200 ~ 500 cm^3。

(2)切削方法。在用环刀切取土样时,为防止土样扰动,应将土沿环刀外侧削成略大于环刀直径的土柱,将环刀垂直下压,为避免环刀下压时挤压四周土样,应边削边压,至土

样顶面伸出环刀为止。但在野外施工现场，环刀容积较大，将土切成土柱耗时太长，一般采用直接压入法。对含水率较高的土，在刮平环刀两面时要细心，最好一次刮平，防止水分损失。另外，环刀一定要购买符合要求的产品，同时要定期校验，以保证试验准确度。

三、蜡封法测定密度

蜡封法测定密度适用于坚硬、易碎、含有粗颗粒、形状不规则和难以切削的试样。环刀法测定密度适用于容易成型的黏性土试样，环刀的尺寸就是试样的尺寸。试验所需的主要仪器设备、仪器设备的检定和校验、操作步骤、试验记录及成果整理见《土工试验规程》（SL 237—1999）中“密度试验（SL 237—004—1999）蜡封法”。

蜡封法测定密度时，应注意以下问题：

（1）关于封蜡的温度。将土样浸入熔解的蜡中密封时，如果蜡的温度过高，则对土样的含水率和结构都会造成一定的影响，而温度太低又会使蜡熔解不均匀，不易封好蜡皮，所以规定蜡的温度应刚过熔点，以蜡液达到熔点以后不出现气泡为准。蜡封时为避免土样的扰动或有气泡被封闭在试样与蜡之间，应缓慢地将试样浸入蜡中。

（2）水的密度会随温度而发生变化，为了消除因水的密度变化而产生的影响，在试验中应测定水温。

（3）各种蜡的密度不尽相同，因此在试验前需测定蜡的密度，其测定方法是：将蜡块系在线上，称其在空气和水中的质量，求出其密度。

四、灌砂法测定土的密度

灌砂法测定土的密度的主要目的是测定工程现场土体的密度或对填方工程进行施工质量控制。灌砂法即挖坑填砂法，分为用套环和不用套环两种。主要适用于砾类填土。试验所需的主要仪器设备、仪器设备的检定和校验、操作步骤、试验记录及成果整理见《土工试验规程》（SL 237—1999）中“原位密度试验（SL 237—041—1999）灌砂法”。

灌砂法测定土的密度时，应注意以下问题：

（1）试坑尺寸必须与试样粒径相配合，使所取的试样有足够的代表性。

（2）由于灌砂法适用于砂、砾土，挖坑时，坑壁周围的砂粒容易移动，使试坑体积减小，测得的密度增高，所以应小心操作，并应将试坑内松动的颗粒全部取出。填标准砂时，填入的砂尽量勿受振动。

（3）地表刮平对准确测定试坑体积来说是很重要的，尤其是不用套环时的密度测定。

五、灌水法测定原位密度

灌水法测定原位密度的适用范围：与灌砂法相同。试验所需的主要仪器设备、仪器设备的检定和校验、操作步骤、试验记录及成果整理见《土工试验规程》（SL 237—1999）中“原位密度试验（SL 237—041—1999）灌水法”。

灌水法试验比较简单，但由于塑料薄膜顺从性较差，铺设时若不注意，可能会产生塑料薄膜与坑壁脱空，使测量的试坑体积偏小，导致密度变大。

六、核子射线法测定原位密度

此种测试方法的原理是:利用放射性物质中的高速中子和土体中氢原子撞击损失能量来测定土中体积含水量;利用 γ 射线通过土中时与土颗粒的原子冲击散射的特性,测定到达土中的 γ 射线计数换算土的密度。

核子水分密度仪操作时应注意:仪器开机后应预热 10 ~ 15 min,否则测量结果可能会出现较大的误差;每次测试前应在标准块上检查其仪器储存的标准计数;所测试的地面应铲平,以保证仪器底部与地面有良好的接触;测量时应保证源杆插入测孔既定深度,并根据测量要求规定测量时间。

七、密度试验中的误差

密度试验中的误差主要是在体积测量中产生的。例如,试样修整的尺寸不准确;涂蜡时试样表面形成气泡等。各种方法之间的误差约达到 2%。为了要提高测量的准确性,宜采用较大尺寸的试样。

第二节　土的含水率试验

一、概　述

长期以来,在岩土工程领域中将含水率和含水量两个意义不同的名词相互混淆,统称含水量,实际上含水量应该是土体中所含的水量,单位为 g,而含水率的意义是试样在105 ~110 ℃的温度下烘至恒量时所失去的水质量与恒量后干土质量的比值,以百分率表示。国家标准中采用含水率这个名词更符合定义。国际上有的国家用含水比这个名词,它的意义与含水率相似。含水率是土的基本物理性指标之一,它反映土的状态。含水率的变化将使土的一系列物理力学性质随着发生变化。这种影响表现在各个方面,如反映在土的稠度方面,使土成为坚硬的、可塑的或流动的;反映在土内水分的饱和程度方面,使土成为稍湿、很湿或饱和的;反映在土的力学性质方面,使土的结构强度增加或减小、紧密或疏松,构成压缩性及稳定性的变化。因此,土的含水率是研究土的物理力学性质必不可少的一项基本指标。同时,土的含水率也是土工建筑物施工质量控制的依据。

在黏质土中,水作为土的组成部分存在于土的孔隙中,一般以以下几种状态处于土颗粒周围,可以用模型图进行说明,如图 12-1 所示。

在图 12-1 中:

(1)第一层水为吸附水,由静电作用吸附于土颗粒表面,实际上处于固体状态。这层水很薄,不可能用 110 ℃温度烘掉,因此可以认为是固体颗粒的一部分。

(2)第二层水与土颗粒联结的不很紧,可以烘掉,但用风干方法不能除掉。

(3)第三层水由毛管力与土颗粒联结,一般可用风干方法除掉。

(4)第四层水为重力水,在土颗粒孔隙中可以移动,用重力方法就可以除掉。

(5)第五层水为化学结合水,它是晶体结构中的水,除石膏等外,这种水一般不能用烘干法除掉。

所以,实际上含水率试验中烘掉的是土颗粒周围第二层水。

测定含水率的方法很多,如烘干法、酒精燃烧法、比重法、炒干法、实容积法、微波法和核子射线法等。

上述测定含水率试验方法适用于有机质含量低于5%的土。其试验原理为:土中的自由水在105~110 ℃的温度加热下,逐渐变成水蒸气蒸发,经过一段时间后,土中的自由水全部蒸发掉,然后土的质量不再变化,这时土的质量即为干土质量。

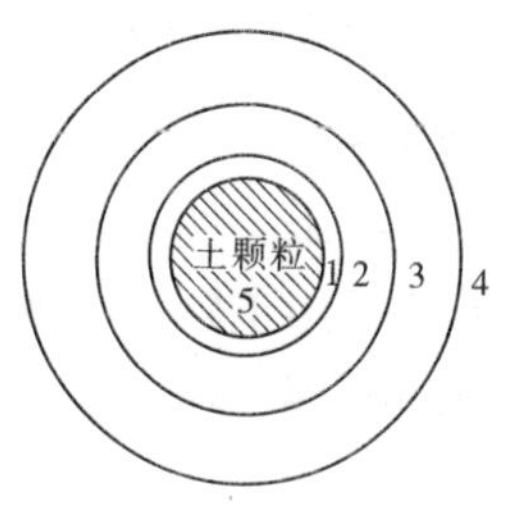

1—吸附水;2—可烘干的水;3—可风干的水;4—重力可排除的水;5—结晶水

图 12-1 固体颗粒周围水的状态

本节内容将介绍烘干法、酒精燃烧法、比重法的相关试验内容。

二、烘干法测定土的含水率

烘干法测定土的含水率是测定含水率的标准方法,试验简便,准确度高,结果稳定。故此法为室内测定含水率的标准方法,被列入国家标准和水利行业土工试验规程。在野外无烘箱设备或要求快速测定含水率时,则可根据土的性质和工程情况分别采用酒精燃烧法、比重法等。

试验所需的主要仪器设备、仪器设备的检定和校验、操作步骤、试验记录及成果整理见《土工试验规程》(SL 237—1999)中"含水率试验(SL 237—003—1999)烘干法"。

三、酒精燃烧法测定含水率

酒精燃烧法测定含水率是在试样中放入酒精,将酒精和试样拌和,利用酒精在试样上燃烧,使土中水分蒸发,将土烤干。酒精燃烧法是快速测定法中较准确的一种,适用于没有烘箱或土样较少的情况。由于此法难以控制105~110 ℃的恒温条件,与定义不完全符合,故一般在现场使用,或者在制备试样时测定风干土样的含水率,供制样参考。酒精燃烧法测得的含水率略低于烘干法所测得的含水率。

试验所需的主要仪器设备、仪器设备的检定和校验、操作步骤、试验记录及成果整理见《土工试验规程》(SL 237—1999)中"含水率试验(SL 237—003—1999)酒精燃烧法"。

四、比重法测定含水率

比重法测定含水率是根据比重试验,测定湿土体积,估计土粒比重,间接计算土的含水率。由于试验时没有考虑温度的影响,所测得的结果准确度较差。土内气体能否充分排出,直接影响试验成果的准确度,故此法仅适用于砂性土。

试验所需的主要仪器设备、仪器设备的检定和校验、操作步骤、试验记录及成果整理见《土工试验规程》(SL 237—1999)中"含水率试验(SL 237—003—1999)比重法"。

五、其他含水率测定方法

(一)炒干法

炒干法是指用火炉或电炉将试样炒干，在炒干过程中，随时翻拌试样，至试样表面完全干燥。此法适用于砂性土及含砾较多的土，在工地使用。此法也不符合定义所规定的105～110 ℃的恒温，炒干法温度在100～150 ℃，所测得的含水率略大于烘干法所测得的。

(二)实容积法

实容积法所用的仪器是根据波义尔－马略特定律设计的速测含水率仪。它是通过测定土中固相和液相的体积，取土的经验比重值，换算出土的含水率。该法的原理是波义尔－马略特定律，首先要求气温基本保持不变，这在填筑工地上是很难达到的。若以标准温度为20 ℃，那么气温变化±1 ℃，实容积的变化就达到5%，相应含水率的变化也约5%，因此该方法目前很少使用。

(三)微波法

微波加热是近十几年来才发展的一门新技术。微波是一种超高频的电磁波。微波加热就是通过微波发生器产生微波能，然后用波导(传送线)将微波能输送到微波加热器中，加热器中的试样受到微波的照射后就发热，使水分蒸发。由于微波具有一定的穿透深度，使被加热物体里外同时加热，因此其具有均匀、快速的优点。显然，快速干燥工艺在土工试验中具有重要的意义，但微波加热的温度如何控制，烘干时间采用多长等，都是有待进一步研究的。美国于1998年将此列入ASTM标准。

(四)核子射线法

利用核子射线法测定土石等材料原位密度和含水率是一项迅速发展的无损、快速检测新技术。目前，我国已有相当数量各类进口的和国产的核子水分－密度仪在各类工程中使用，并成为质量检测和控制的一种重要工具。水利部已制定核子水分－密度仪现场测试规程。用表层型核子水分－密度仪测定材料密度和含水率是一种间接的物理测量方法。其测量依据是仪器所记录到的γ射线或热中子计数率分别与被测材料密度和含水率有确定的相关性。通过预先建立适合仪器进行密度或水分测量的标定曲线，就可根据仪器现场测量所记录的γ射线或热中子计数率，按相对应的标定曲线确定被测材料的密度或含水率。

深层型核子水分－密度仪利用探棒通过钻孔或测量导管放至地面下预定深度，分别用γ射线散射法和快中子被氢原子慢化法测定材料原位密度和含水率的变化。

六、含水率测定可能产生误差的原因

含沙率测定中，可能产生误差的原因有：

(1)试样的代表性不够。由于天然土层的不均匀性，特别是成层土以及粗细混合的土样，如果在试验时没有充分搅拌均匀，那么所取的试样代表性就不够，会造成试验成果产生误差。所以，取样要考虑代表性。

（2）所取试样数量太少。考虑到试验结果的准确性，对于黏性土，一般取 15 ~ 30 g；对于砂、砾质土，因其持水性差，颗粒大小相差悬殊，应多取一些，规定取 50 g。由于酒精燃烧法大多作为施工质量控制用，为了节省酒精用量，试样数量不宜取太多。

（3）土样在运输和存放期间保护不当，形成称土前水分蒸发或称干土前吸水。

（4）烘箱温度不正确，或试样尚未达到恒量就从烘箱中取出。

（5）试样容器称量不准。

为了消除和减小误差，所用的仪器设备应定期进行检定或校准，在每次操作前、后都应检查仪器状态并记录；在操作中要细心、认真，严格按规程规定的操作程序实施。

第三节　土粒比重试验

一、概　述

土粒比重是土的基本物理指标之一，是计算孔隙比和评价土类特性的主要指标，是土工试验中的专用名词。其定义为：土粒在 105 ~ 110 ℃温度下烘至恒量时的质量与同体积 4 ℃时纯水质量的比值。土粒比重是一个无量纲的名词。

根据比重的定义，只要测出土粒的干质量和土粒的实体积，就可算出比重值。与密度试验一样，土粒干质量可用一定准确度的天平称量，而土粒的实体积可根据土类选择不同的方法。土粒比重测量常用的方法有比重瓶法、浮称法和虹吸筒法。

二、比重瓶法测定比重

比重瓶法用于测定土粒的比重值和土的视比重值，适用于粒径小于 5 mm 的土。

比重瓶法测定土粒的实体积的测试原理为：已知比重瓶的体积，然后将一定质量的烘干土倒入瓶中排开水的体积即为土粒的实体积。对于比重瓶法试验中采用的液体，一般采用纯水，而对于含有可溶盐、亲水胶体及有机质的土，如用无气水，则会产生土与水相互作用，往往会导致比重值变大，因此宜采用中性液体，并用真空抽气代替煮沸法。

试验所需的主要仪器设备、仪器设备的检定和校验、操作步骤、试验记录及成果整理见《土工试验规程》（SL 237—1999）中“比重试验（SL 237—005—1999）比重瓶法”。

比重瓶法测定比重时，应注意以下问题：

（1）比重瓶大小的选择。目前各单位都采用 100 mL 的比重瓶，也有采用 50 mL 比重瓶的。对这两种比重瓶的进行比较试验发现，比重瓶的大小对所测比重成果影响很小，但由于 100 mL 的比重瓶采取的试样多，试样的代表性可以提高。

（2）试样状态选择和干土质量的测定。规程规定采用烘干土，认为烘焙对土中胶体并无有害的影响，同时烘干土可减少计算中的累计误差；但也有人认为高温烘干会引起胶体性质的变化，也会引起有机质中腐殖物烧失。所以，对于有机质含量高的土可以采用风干土，用纯水测定，等试验结束后再将土烘干。

干土质量的测定，规程中采用将瓶烘干后加土称量，这样可以避免土的飞扬和散失。

当然也可以先称量后加土,可以提高比重瓶的周转速度,但必须注意不能发生土的飞扬和散失,确保试验质量。

(3)试验用水和排气方法的选择。试验采用纯水,要求水中不含有任何溶解的固体物质。煮沸法排气简单易行,效果好;当采用中性液体时,可采用真空抽气法;砂粒容易在煮沸时跳出,故对于砂也允许采用真空抽气法。

三、浮称法测定比重

浮称法适用于粒径大于5 mm的土,且其中含粒径大于20 mm颗粒应小于10%。

试验所需的主要仪器设备、仪器设备的检定和校验、操作步骤、试验记录及成果整理见《土工试验规程》(SL 237—1999)中“比重试验(SL 237—005—1999)浮称法”。

四、虹吸筒法测定比重

虹吸筒法适用于粒径大于5 mm的土,且其中含粒径大于20 mm颗粒大于10%。

试验所需的主要仪器设备、仪器设备的检定和校验、操作步骤、试验记录及成果整理见《土工试验规程》(SL 237—1999)中“比重试验(SL 237—005—1999)虹吸筒法”。

五、土粒比重测定可能产生误差的原因

土粒比重测试的误差主要原因有:

(1)温度变化的影响。在比重计算公式推导时,是假定在同一温度下测量瓶加水的质量及瓶加水加土粒的质量的。实际试验时,如果温度不能控制(无恒温水槽),则温度的变化使比重瓶的体积和水的密度均改变。

(2)封闭气泡没有完全排除。这是比重试验中误差的主要原因。因此,在煮沸排气或真空抽气时应仔细观察,务必要排净悬液中的气泡。

(3)试样的损失。装样或煮沸时发生了少许试样的损失,会使试验产生误差。因此,向比重瓶装烘干试样时不能有试样撒落在瓶外或产生飞扬;煮沸时,应注意不能有土液溢出。

(4)比重瓶加水、土等称量不准确。因为土粒比重是根据称量的差值进行计算的,该差值与实物本身相比较小,因此称量时应采用与比重瓶体积校正时相同的天平,以减小误差。

(5)比重瓶不清洁的影响。因为污垢改变了比重瓶的质量,同时校正曲线也不再有效。

六、应注意的问题

土粒比重测试时,应注意以下问题:

(1)浮称法和虹吸筒法测定比重时,由于需要将土洗净,冲洗过程中会把细粒土冲掉,所以只适用于不含细粒土的粗粒土。实际操作表明,虹吸筒法不易掌握,测试误差较大,应尽可能少用。

(2)对含有机质、水溶盐、亲水性胶体的土粒比重测定时,由于含有机质、水溶盐、亲

水性胶体的土与水相互作用,这类土的表面活性对水的影响,往往会额外增加比重值,所以需采用中性液体。

(3)对由粗、细颗粒混合的土粒比重测定时,以不影响准确度为原则,应分别进行测定。当大于5 mm的粗粒含量较少时,可直接用比重瓶法一次测定;当大于5 mm的粗粒含量较多时,根据实际情况分别用浮称法(或虹吸筒法)和比重瓶法测定,然后再求其加权平均值。

(4)常用液体纯水的比重值见表12-1。

表12-1　纯水的比重

温度(℃)	5	6	7	8	9	10	11	12	13
比重	0.999 99	0.999 97	0.999 93	0.999 88	0.999 81	0.999 73	0.999 63	0.999 52	0.999 40
温度(℃)	14	15	16	17	18	19	20	21	22
比重	0.999 27	0.999 13	0.998 97	0.998 80	0.998 62	0.998 43	0.998 23	0.998 02	0.997 80
温度(℃)	23	24	25	26	27	28	29	30	31
比重	0.997 57	0.997 33	0.997 07	0.996 81	0.996 54	0.996 26	0.995 97	0.995 68	0.995 37

第四节　土的颗粒分析试验

一、概　述

土是由大小不同、形状各异的颗粒组成的。土颗粒的尺度,从大于200 mm的漂石、块石到粒径小于0.005 mm的黏土颗粒,之间的比例在四万倍以上。在这样大的范围内研究土的工程性质,就必须要对土颗粒进行归并划分。将土颗粒大小分成不同粒组的过程,就称为颗粒大小分析试验。从该试验结果可以了解到土的组成中是黏土、砂还是砾占主要成分,哪一种粒组可能控制土的工程性质。

颗粒大小分析所得的成果有各种表达方法,在岩土工程中,常用的是累积分布图,通常称做颗粒大小分布曲线。其纵坐标为小于某一粒径的质量百分数,横坐标为粒径的对数比尺。用半对数坐标表示颗粒大小分布曲线比较方便,扩大了较小颗粒的分布;同时便于对不同土的级配进行比较。

颗粒分析试验用来测定干土中各粒组含量占该土总质量的百分数,土的颗粒大小、级配和粒组是土的工程分类的重要依据。土粒大小与土的矿物组成、力学性质、形成环境等均有直接联系。因此,它是土的一个重要指标。颗粒分析试验是土工基本试验之一。

(一)特征粒径

在颗料分析曲线上,经常会用到以下几个粒径以及由它们组成的级配指标。

不均匀系数
$$C_u = \frac{d_{60}}{d_{10}} \tag{12-2}$$

曲率系数
$$C_c = \frac{d_{30}^2}{d_{10} \cdot d_{60}} \tag{12-3}$$

式中 d_{10}——颗粒分析曲线上颗粒含量小于10%的粒径,mm;

d_{30}——颗粒分析曲线上颗粒含量小于30%的粒径,mm;

d_{60}——颗粒分析曲线上颗粒含量小于60%的粒径,mm。

(二)颗粒分析试验方法

由于土中颗粒尺寸变化很大,因此需要用不同的方法进行测定。颗粒分析试验方法主要分为两大类:一是机械分析法(如筛析法),二是物理分析法(如密度计法和移液管法等)。

二、筛析法

试验所需的主要仪器设备、仪器设备的检定和校验、操作步骤、试验记录及成果整理见《土工试验规程》(SL 237—1999)中“颗粒分析试验(SL 237—006—1999)筛析法”。

三、密度计法

试验所需的主要仪器设备、仪器设备的检定和校验、操作步骤、试验记录及成果整理见《土工试验规程》(SL 237—1999)中“颗粒分析试验(SL 237—006—1999)密度计法”。

四、移液管法

试验所需的主要仪器设备、仪器设备的检定和校验、操作步骤、试验记录及成果整理见《土工试验规程》(SL 237—1999)中“颗粒分析试验(SL 237—006—1999)移液管法”。

五、密度计法和移液管法中应注意的几个问题

(一)试样的状态和用量

黏质土颗粒分析的结果主要取决于被分析的试样状态、制备方法和分析方法等因素。试样通常有天然湿度、风干和烘干三种状态。实践证明,用天然湿度的试样比风干和烘干试样所测得的黏粒含量均偏高。因为黏土中往往有非可溶性的胶体物质,经过干燥后细颗粒能胶结成团,难以再度分散,所以用天然湿度状态下的试样分析更符合实际。但是在实际工作中,往往在土样取出后,经过长途运送,历时较长,无法保持其天然含水率。因此,建议采用风干试样,对于同一地区、同一工程用途应采用相同状态的土进行分析,以便比较。

试样的用量:对移液管法进行研究,结果表明,当悬液浓度在0.5%~3%时,各粒组的含量没有显著出入;而当悬液浓度增加至4%~5%时,0.25~0.05 mm粒组含量增加,并相应减少了黏粒含量。因此,用密度计法时,试样用量规定为30 g,而移液管法可酌情减少,规定用10~20 g。

(二)洗盐

通过比较试验得知,对于易溶盐含量大于0.5%的试样,未经洗盐的试样和洗盐后的试样颗粒分析结果是不一样的,前者粉粒含量高、黏粒含量低;后者粉粒含量低、黏粒含量

高。因此,对于易溶盐含量大于0.5%的试样,应进行洗盐。

含盐量的检验方法采用电导率法和目测法。电导率法具有方便、快速估计试样含盐状况的优点。它的原理是电导率在低浓度溶液内与悬液中易溶盐浓度成正比关系,电导率因盐性不同而异。实验证明,当电导率小于1 000 μS/cm时,相应的含盐量不会大于0.5%。因此,试验中规定用电导率法检验洗盐时应洗到溶液的电导率小于1 000 μS/cm;而电导率大于1 000 μS/cm时,应将含盐量计入,否则会影响试验计算结果。目测法比较简易,没有电导率仪时可采用目测法。洗盐一般用滤纸过滤或抽气过滤。用纯水洗滤时,应洗到滤液的电导率小于1 000 μS/cm,或对5%酸性硝酸银溶液和5%酸性氯化钡溶液无白色沉淀反应。

(三)分散剂

细粒土的土粒可分成原级颗粒和团粒两种。团粒是由颗粒集结而成的,它是沉积过程中以及其后的生存期间形成的。组成土的原级颗粒和团粒,总称为结构单元。目前我国多采用半分散法,该方法是用煮沸加化学分散剂来进行颗粒分散,这样既能将土粒分散,又不破坏土的原级颗粒及其聚合体。这种分散方法比较符合工程实际情况,基本上可以使土在不受任何破坏的情况下,求得土的粒组所占土总质量的百分数。

从目前国际上使用的分散剂品种来看,采用强分散剂(如六偏磷酸钠、焦磷酸钠)的比较多。如ASTM(美国材料与试验学会)用六偏磷酸钠,英国BS1377用六偏磷酸钠加硅酸钠,德国DIN18123用焦磷酸钠。国内大多数行业采用钠盐作为分散剂,以六偏磷酸钠使用最广,也有使用焦磷酸钠的。因此,从试验资料的可比性和国内外交流的需要着想,对于一般易分散的土,用4%浓度的六偏磷酸钠作为分散剂;对于一些特殊土,可以根据工程实际情况及土类特点选用合适的分散剂,但在试验记录中应予以注明。

(四)密度计读数标准的选择

密度计读数标准一般有两种,一种是全曲线分析读数,即选取0.5 min、1 min、2 min、5 min、15 min、30 min、60 min、120 min、180 min、1 440 min时刻分别测记密度计读数;另一种是选取相应于各粒组界限值,如0.075 mm、0.05 mm、0.005 mm、0.002 mm的沉降时间作为读数时间。考虑到密度计读数的原则,应该既要能测出各粒组的界限值,同时又要控制测点在颗粒大小分布曲线上的均匀分布,使颗粒级配曲线的形状趋于真实,还应该顾及读数的上限和下限,以满足颗粒级配曲线的完整性。因此,选用的读数标准应接近全曲线分析读数法。

六、颗粒分析试验中的可能误差

(一)筛析法的误差

当颗粒处于筛孔上并受到摇振时,有的可以通过而有的却不能通过,这主要取决于颗粒的尺寸和颗粒在筛面上的角度。同时,还取决于下列因素:

(1)筛分的持续时间;

(2)不同筛子和不同操作者的影响;

(3)试样的数量。

其实这三个影响因素都可以通过操作程序的规范化,使筛分结果的重复性大大提高。

另外,筛子的孔径也是影响因素之一。由于制造的原因,除较大的孔径外,一般筛孔均为方孔,而被筛分的土粒形状是各式各样的,因此从理论上讲,筛分析不能正确地测定土粒直径。但大于粉粒的许多颗粒,一般是圆的或较规则的,其形状接近于等尺寸的,所以筛分析还是能得出相当准确的粒径量度。

(二)密度计法的误差

影响密度计法准确性的主要因素有以下两个方面,即密度计的系统误差和司笃克斯定律的适用性问题。对于密度计的系统误差可以通过一系列的校正系数得到解决。关于司笃克斯定律的适用性问题,可以从理论与实际的对比来分析。司笃克斯定律是假定液面为无限伸展的,球体是表面光滑的刚性体。而实际上,土粒的形状并非球形,特别是黏土颗粒;同时液面也是有限的;土粒沉降也不是单个颗粒而是许多土粒同时沉降,就会产生颗粒之间的互相干扰和量筒壁的影响。通过研究,将土粒直径限止在0.075 mm以下、采用合适的量筒尺寸,可尽量减小误差。但是,黏土中胶粒的布朗运动、悬液的浓度和黏度、土粒的非刚性和非圆形等对沉降是有一定影响的。所以,应充分考虑密度计法所得分析结果的近似性。

第五节　土的界限含水率试验

一、概　述

黏质土的状态随着土中水量的变化而变化。各种黏土有一个处于塑性状态的含水率范围,界限含水率就是这个范围的量度值。1911年,瑞典科学家阿太堡(Atterberg)将土从液态过渡到固态的过程分为五个阶段,规定了各个界限含水率,称阿态堡限度。

对于工程来说,具有实用意义的是液限、塑限和缩限。液限是可塑状态的上限,塑限是可塑状态的下限,含水率低于缩限,水分蒸发时体积不再减小。界限含水率尤其是液限,能较好地反映土的某些物理力学性质。本节试验的目的就是为了测定细粒土的液限、塑限和缩限,划分土类;试验适用于粒径小于0.5 mm颗粒组成及有机质含量不大于干土质量5%的土。

液限与塑限之间的含水率为塑性指数I_P,它是黏质土塑性的量度。含水率与液限和塑限的关系可以用相对稠度I_C或液性指数I_L表示。

$$I_C = \frac{w_L - w}{I_P} \tag{12-4}$$

$$I_L = \frac{w - w_P}{I_P} \tag{12-5}$$

式中　I_C——相对稠度;

I_L——液性指数;

w_L——液限(%);

w_P——塑限(%);

I_P——塑性指数;

w——天然含水率(%)。

相对稠度、液性指数与含水率之间的关系见表 12-2。

表 12-2　相对稠度、液性指数与含水率之间的关系

含水率范围	相对稠度	液性指数	含水率范围	相对稠度	液性指数
低于塑限	>1	负值	液限	0	1
塑限	1	0	大于液限	负值	>1
液限与塑限之间	1 ~ 0	0 ~ 1			

对于界限含水率的试验方法，目前国际上测定液限的方法是碟式仪法和圆锥仪法。各国采用的碟式仪和圆锥仪规格不尽相同，对试验结果有影响。国际上对液限的测定虽然没有统一的标准，但各国的标准均以美国卡氏碟式仪法作为比较基础。目前英国采用圆锥仪法也是与碟式仪液限等效的，我国长期使用 76 g 圆锥的圆锥仪，根据几十年的使用实践，认为圆锥仪法操作简单，所测数据比较稳定，标准易于统一，所以我国仍用圆锥仪，但标准应与碟式仪等效。

塑限的测定长期采用滚搓法，该法最大的缺点是人为因素影响大，测值比较分散，所得成果的再现性和可比性差。20 世纪 70 年代后期，原水利电力部、冶金部和交通部公路系统的近 20 家实验室对液塑限测试进行了大量的比较试验，将试验结果与碟式仪法和滚搓法进行了相关分析，再结合多年的经验积累，确定了采用液塑限联合测定法测定液限和塑限。

液塑限联合测定法的理论依据是圆锥入土深度与相应含水率在双对数坐标上具有直线关系，可根据极限平衡理论求得。联合测定仪测定液限和塑限试验标准的确定是采用与碟式仪法测定液限时土的抗剪强度相一致的方法，即确定强度一致时的圆锥入土深度。液限是试样从黏滞液体状态变成黏滞塑性状态时的含水率，在该界限时，试样出现一定的流动压力，即可量度的最小抗剪强度，理论上是强度“从无到有”的分界点，这是采用各种方法等效的标准。碟式仪法测定土的液限状态时的不排水强度为 2 ~ 3 kPa；而我国以往采用 76 g 圆锥入土深度 10 mm 时的含水率作为液限时的不排水强度是 8.4 kPa，比国际上公认的碟式仪标准下的强度高得多，实际上该液限不是土的真正液限，不能反映土的真正物理状态，所以水利行业土工试验规程中规定的液限标准为 76 g 锥入土深度 17 mm 时的含水率。在国家标准中同时给出了 76 g 锥入土深度为 10 mm 的液限，是考虑到现有相关标准的使用状况，需要有一个过渡时间。塑限试验标准同样采用强度等效的方法。

二、液塑限联合测定法

试验所需的主要仪器设备、仪器设备的检定和校验、操作步骤、试验记录及成果整理见《土工试验规程》(SL 237—1999)中“界限含水率试验(SL 237—007—1999)液塑限联合测定法”。

采用联合测定法时，应注意以下问题：

(1)试样的含水率。为了尽可能最大限度地减少人为影响，使试样更能反映实际情况,原则上应采用天然含水率的土样制备试样。但有时土样在采取或运送过程中湿度可能已经发生变化,或者由于土质不均匀,选取代表性试样有困难,也允许采用风干含水率制备试样。当采用天然含水率制备试样时,一般视天然含水率大小,从高含水率做到低含水率。

(2)试样制备及测点的分布。进行液塑限联合测定可采用三皿法或一皿法。制备三份不同含水率的试样进行测定称为三皿法。先制备一份含水率的试样,然后增加水分或减小水分进行逐点测定称为一皿法。实际试验中发现若三份试样取得不均匀会影响试验结果。一皿法可克服这个缺点,但含水率从小到大,或从大到小试样一定要调匀。

测点的分布一般设三个测点,相邻的含水率差别大些,测得三点的入土深度间距也大些。在图上分布比较均匀,一般入土深度控制在 2 ~ 17 mm。最低一点若取 2 ~ 3 mm 制样比较困难,土样不易调匀,根据实践经验可取 4 ~ 5 mm;第二点 9 ~ 11 mm,最高点在 16 ~ 18 mm。

应该注意的是,土在接近塑限时,含水率较低,故制样时,应将皿内的较干试样尽量用手压密。

(3)圆锥下沉深度的标准读数时间。对高液限的黏质土和粉质土,锥体下沉后在较短时间内稳定,5 s、15 s、30 s 的读数保持不变。而对低液限的粉质土,由于试样在锥体作用下发生排水,使锥体继续下沉,有时长达数分钟后才能稳定,若待锥体持续下沉很长时间再读数,此时含水率和强度均有变化,求得的结果不能反映试样的真实情况。因此,原则上当锥体很快下沉转变为缓慢蠕动下沉时就读数,但这很难做到,为了尽可能避免蠕动的影响,规定以 5 s 作为锥体下沉的读数时间。

(4)对联合测定仪的要求。联合测定法要求仪器满足以下两个条件:一是能自动放锥,二是入土深度的读数能准确到 0.2 mm。圆锥仪表面应光滑,锥尖要保持完整。为了保证测试成果的准确性,勿使锥尖碰硬物,使用一段时间后,应进行锥尖磨损情况的检查,其方法是用一块规,将圆锥仪放入块规孔中,用手指轻轻抚摩,当感觉不到锥尖时,要更换锥体。

三、碟式仪液限试验

碟式仪液限试验是将土碟中的土膏用划刀分成两半,以 2 次/s 的速率将土碟由 10 mm高度下落。当击数为 25 击时,土膏两半在碟底的合拢长度刚好达到 13 mm,此时合拢段土膏的含水率为液限。

试验所需的主要仪器设备、仪器设备的检定和校验、操作步骤、试验记录及成果整理见《土工试验规程》(SL 237—1999)中“界限含水率试验(SL 237—007—1999)碟式仪液限试验”。

碟式仪液限试验存在以下问题:首先是仪器的标准问题,对于制造碟式仪的碟子和凸轮等关键部位的材料没有一个统一规定,仪器标准化存在问题;其次是槽沟闭合的判断人为影响较大,判断起来相当困难。

四、滚搓法塑限试验

滚搓法塑限试验是用手掌在毛玻璃板上滚搓土条,当土条在直径为 3 mm 时产生裂

缝并断裂，此时的含水率为塑限。

试验所需的主要仪器设备、仪器设备的检定和校验、操作步骤、试验记录及成果整理见《土工试验规程》(SL 237—1999)中“界限含水率试验(SL 237—007—1999)搓滚法塑限试验”。

滚搓法测定塑限纯粹是手工操作，它的准确程度完全取决于操作者的经验和技巧，因而人为影响产生的误差比较大。

五、缩限试验

试验所需的主要仪器设备、仪器设备的检定和校验、操作步骤、试验记录及成果整理见《土工试验规程》(SL 237—1999)中“界限含水率试验(SL 237—007—1999)缩限试验”。

六、界限含水率成果的应用

从含水率的测定得到的液限、塑限以及由此推导出的塑性指数、液性指数以及缩限等均得到广泛的应用。许多研究者经过实践的总结与所积累资料的分析，提出了鉴别土的物理状态的各含水率指标标准以及指标间的相互关系。表12-3为常见黏土矿物的液限、塑性指数，由表12-3可知，液限取决于土的矿物组成、表面交换能力以及吸附水膜的厚度，一般来说，表面交换能力强，土颗粒比较薄，吸附水膜较厚，液限值就高。

表12-3 常见黏土矿物的液限、塑性指数

土质类型	高岭土	伊利土	钠蒙脱土	其他蒙脱土	粗粒土
液限 w_L(%)	40~60	80~120	700	300~650	20或0
塑性指数 I_P	10~25	50~70	650	200~550	0
活动度	0.4	0.9	7	1.5	0

液限、塑限对细粒土的鉴别和分类提供了非常有用的资料，我国《建筑地基基础设计规范》(GB 50007—2002)用塑性指数将细粒土分为：

$I_P > 17$　　黏土

$10 < I_P \leqslant 17$　　粉质黏土

应用液性指数判别土的状态，分为：

$I_L < 0$　　坚硬

$0 \leqslant I_L \leqslant 0.25$　　硬塑

$0.25 < I_L \leqslant 0.75$　　可塑

$0.75 < I_L \leqslant 1.0$　　软塑

$I_L > 1.0$　　流塑

众所周知，塑性指数反映的只是液限、塑限的差值，并未说明两个界限含水率的绝对值。实际上液、塑限差值相等的两种土，可能一种是绝对值均高，一种是绝对值均低，两种土的性质截然不同。根据经验，土的性质既随塑性指数的变化而变化，也随界限含水率所处位置而变化。目前，对细粒土分类采用的塑性图就既考虑塑性指数，又考虑了土的液限大小,比单用塑性指数更为合理。

土的收缩特性可用于判断地基土的适用性。国外在公路工程中,用缩性的各项指标来判断路基好坏、冻害的程度。近20年来,利用缩性指标及液限、塑限来综合判断土的膨胀特性,从而对膨胀土进行分类,这些方法可参考有关文献。

第六节　土的击实试验

一、概　述

用土作为路堤和筑坝材料时,需要在实验室内模拟现场施工条件,找出获得压实填土的最大密度和相应的最优含水率的方法。击实试验就是为了这个目的利用标准化的击实仪器,找出土的最大干密度与击实方法的关系,据以在现场控制施工质量,保证在一定的施工条件下压实填土达到设计的密实度标准。所以,击实试验是填土工程(如路堤、土坝、机场跑道等)设计施工中不可缺少的重要试验项目。

室内击实试验是为了确定扰动土在一定的击实功能下干密度随含水率变化的关系曲线,以求得土的最大干密度和最优含水率;了解土的压实特性,为工程设计和现场施工碾压提供土的压实资料。土的压实程度与含水率、压实功能和压实方法有着密切的关系。当压实功能和压实方法不变时,土的干密度随含水率的增加而增加,当干密度达到某一最大值后,含水率继续增加反而会使干密度减小,该最大值即为最大干密度,相应的含水率为最优含水率。这是因为细粒土在低含水率时,颗粒表面水膜薄,摩擦力大,不易压实。当含水率逐渐增大时,颗粒表面水膜逐渐变厚,其水膜的润滑作用也增大,因而颗粒表面摩擦力相应减小,在外力作用下,就容易压实。而继续增加水量,只会增加土的孔隙体积,使干密度相应降低。工程经验表明,欲将填土压实,必须使其水分降低到饱和程度以下,要求土体处于三相状态。土在瞬时冲击荷载的重复作用下,颗粒重新排列,其固态密度增加,气态体积减小。当锤击力作用于土样时,首先产生压缩变形;当锤击力消失后,土又出现了回弹现象。因此,土的压实过程既不是固结过程,也不同于一般的压缩过程,而是一个颗粒和粒组在不排水条件下的重新组构过程。

用击实试验模拟现场土的压实是一种半经验方法,土的现场填筑碾压和室内试验具有不同的工作条件,两者之间的关系是根据工程实践经验求得的。因此,很多国家的不同部门就可能有其不同的击实试验方法与仪器,但都是采用冲击功能使土样达到密实的方法。由于锤的直径与落距不同,测得的结果差别较大。所以,国际上通用的普氏击实标准就成了统一各国击实标准的基准。

二、击实试验方法

(一)按施加击实功的方式分

1.冲击荷载方式

冲击荷载方式包括落锤直接作用在试样面上和在试样面上放一传压板,冲击荷载通过传压板间接作用在试样面上两种。

2. 静荷载方式

静荷载方式也称压样法,很少采用。

3. 准动荷载方式

这是一种使用捣固棒以比较快的速度挤压土,使土压实的方法。在机理上与实际的羊足碾很近似。

4. 振动荷载方式

这种方法适用于砾粒土,该方法除将击锤用振动锤代替,试样筒较大外,其原理与常规标准击实方法相同。

(二)按测定密度的方法分

1. 定体积法

击实试样的体积一定,测量土的质量推求干密度,一般称为定体积法。

2. 变体积法

给定一定质量的土样,装入试样筒,在击实过程中,测定击实试样的体积推求干密度,一般称为变体积法。

目前,世界各国制定的标准击实方法是在试样面上直接施加冲击荷载,用定体积法推求干密度。我国的国家标准和水利行业标准的击实也采用这种试验方法,水利行业标准的击实仪规格如表12-4所示。

表12-4 击实仪主要部件规格表

试验方法	锤底直径(mm)	锤质量(kg)	落高(mm)	击实筒			护筒高度(mm)
				内径(mm)	筒高(mm)	容积(cm^3)	
轻型	51	2.5	305	102	116	947.4	50
重型	51	4.5	457	152	116	2 103.9	50

三、轻型击实试验

试验所需的主要仪器设备、仪器设备的检定和校验、操作步骤、试验记录及成果整理见《土工试验规程》(SL 237—1999)中“击实率试验(SL 237—011—1999)击实试验”。

四、重型击实试验

试验所需的主要仪器设备、仪器设备的检定和校验、操作步骤、试验记录见《土工试验规程》(SL 237—1999)中“击实率试验(SL 237—011—1999)击实试验”。

五、击实试验应注意的问题

(一)试验用土

目前大多数单位采用风干土做试验,但也有单位采用烘干土,这种方法固然方便,但却忽视了符合施工实际的土质本身的天然特性。由于烘干使土中的某些胶质或有机质被灼烧或分解,致使失去胶粒与水作用的活性,显然会影响击实试验成果。实践证明,用烘干土得到的结果,一般获得的最优含水率比风干的小,而最大干密度会偏大。

(二)试验加水拌和浸润和养护

在土样制备中,将计算控制的水量准确均匀地施加于土样上是保证击实试验准确性的一个重要关键。目前,加水方法采用称重控制法的效果为好。借用特制的喷洒器将规定的水量在边洒边拌和的情况下,使水均匀地分布于土样内,然后置于密闭容器或薄膜袋中,放置阴凉处保湿,静止时间视土质具体情况而定,一般不少于12 h,甚至一昼夜,粉质土可适当缩短时间。

(三)击实后的余土高度

试样击实后总会有部分土超过筒顶高,这部分土柱的高度称为余土高度。标准击实试验所得的击实曲线是指余土高度为零时的单位体积击实功能下土的干密度与含水率的关系曲线,也就是说,此关系曲线是以击实筒容积为体积的等单位功能曲线。由于实际操作中总是存在或多或少的余土高度,如果余土高度过大,则关系曲线上的干密度就不再是一定功能下的干密度,试验结果的误差会增大。因此,为了控制人为因素造成的误差,根据比较试验结果表明:当余土高度不超过6 mm时,干密度的误差(以余土高度为零时的干密度为基准)才能控制在允许误差范围内。为了保证试验准确度,规定余土高度不得超过6 mm。

(四)重复使用土样

重复使用土样对最大干密度和最优含水率以及其他物理性质指标有一定的影响。首先土中的部分颗粒由于反复击实而破碎,改变了土的级配;其次是试样被击实后要恢复到原来的松散状态比较困难,特别是高塑性黏土,再加水时更难以浸透,因而影响试验成果。国内外对此均进行过比较试验,结果表明,重复用土对最大干密度影响较大,差值达0.05~0.08 g/cm^3;对最优含水率影响较小;对强度指标也有一定影响。

(五)大于5 mm颗粒的土的影响

土料中常掺杂有较大的颗粒(如砾石等),这些颗粒的存在对填土的最大干密度和最优含水率都有一定的影响。由于仪器尺寸的限制,轻型击实试验必须将土样过5 mm筛。因此,当粒径大于5 mm颗粒的土含量小于30%时,就产生了轻型击实试验中对含粒径大于5 mm颗粒的土的试验结果的校正。在一般情况下,黏质土料中,大于5 mm以上的颗粒含量占总土量的百分数不大的,大颗粒间的孔隙能被细粒土所填充,因此可以根据土料中粒径大于5 mm颗粒含量和该颗粒的饱和面干比重,用过筛后土料的击实试验结果来推算总土料的最大干密度和最优含水率。如果大于5 mm的颗粒含量超过30%,此时大颗粒间的孔隙将不能被细粒土所填充,应使用其他试验方法。

第七节　土的相对密度试验

一、概　述

相对密度是无黏质土紧密程度的指标,其对于用土作为材料的建筑物和地基的稳定性,特别在抗震稳定性方面具有重要的意义。其定义为,无黏质土处于最松散状态的孔隙

比和天然状态孔隙比之差与最松散状态孔隙比和最紧密状态的孔隙比之差的比值。

相对密度试验的目的是测定无黏质土的最大干密度和最小干密度（或最小孔隙比和最大孔隙比），用来计算无黏质土的相对密度。

相对密度试验因使用的仪器不同，分为适用于粒径不大于60 mm、能自由排水的粗颗粒土和适用于颗粒粒径小于5 mm、能自由排水的砂砾土。本节内容仅涉及颗粒粒径小于5 mm、能自由排水的砂砾土。

相对密度试验的内容包括最大孔隙比试验和最小孔隙比试验。最大孔隙比试验的方法有量筒倒转法、漏斗法和松砂器法，本书推荐采用漏斗法和量筒倒转法，在用漏斗法做试验的同时，采用量筒倒转法进行补充试验，测得最松散状态的干密度，取其最小值。最小孔隙比试验有锤击法、振动法及锤击、振动联合法，本书推荐采用锤击、振动联合法，也称为振动锤击法。

二、最大孔隙比试验

最大孔隙比（对应最小干密度）是土样处于最松散状态时的孔隙比。试验时，将烘干土样用小管径控制砂样流量，使其均匀地、缓慢地落入量筒，装满后称出试样质量，即可计算出最大孔隙比和最小干密度。

试验所需的主要仪器设备、仪器设备的检定和校验、操作步骤、试验记录及成果整理见《土工试验规程》（SL 237—1999）中“土的相对密度试验（SL 237—010—1999）最大孔隙比试验”。

三、最小孔隙比试验

目前，国际上最小孔隙比（即最大干密度试验）尚无统一方法，但采用振动台法比较多。国内也尚无定型设备，通过比较试验表明，振动锤击法能求得较大的密度，因此国内大多数标准采用振动锤击法进行最小孔隙比试验。采用该法时应尽量避免由于振击功能不同而产生的人为误差，在垂直振击时，落锤应提到规定的高度并自由下落；在水平振击时，容器周围应均有相等数量的振击点。

试验所需的主要仪器设备、仪器设备的检定和校验、操作步骤、试验记录及成果整理见《土工试验规程》（SL 237—1999）中“土的相对密度试验（SL 237—010—1999）最小孔隙比试验”。

四、试验方法的比较

最大孔隙比的试验方法有漏斗法和量筒倒转法。两种方法均是在保持土的原有级配、颗粒均匀分布的条件下设法求得其最松散状态下的孔隙比。根据经验得知，量筒倒转法较漏斗法可以得到更满意的结果，其原因是全部颗粒都能得到重新排列的机会，同时颗粒在重新排列的过程中自由落距较小，因而可以消除一部分由于自重的影响所引起的增密作用。值得注意的是，倒转的速度有一定的影响，试验表明，慢速倒转能达到较松的状态，测得最小干密度。而漏斗法受漏斗管径的限制，只适用于较小颗粒的砂样，且颗粒自由落距较大，易使砂土结构增密。

最小孔隙比试验原则上要求试样在颗粒不破损的前提下使颗粒挤至最密。从振动锤击法和振动台法两种方法比较来看,理论上讲振动台法是较为理想的方法,特别是对于级配不均匀的砂土来说,能借助大小颗粒所受的不同振动影响而紧密排列,但此法所需的振动加速度较大,振动频率较高,在不受约束的条件下及振动加速度不够时,会将砂土振松。而振动锤击法所得的结果较为理想,能得到最小孔隙比。两者的比较试验结果见表12-5。就锤击本身来说,同时能提供压实和振动两种作用,振动锤击法具有同样的作用。要取得较好的结果,锤的质量、落距和击数是关键。

表12-5 两种不同方法测得的最大干密度 (单位:g/cm^3)

土类	振动台法		振动锤击法	
	干法	湿法	干法	湿法
标准砂	1.65	1.72	1.78	1.72
黄砂	1.88	1.94	2.04	1.96

影响最大孔隙比和最小孔隙比的因素是容器的尺寸和试样的湿度。一般情况下,容器内径大,测得的孔隙比小。试样的湿度主要是水分子对颗粒表面产生润滑作用,同时产生毛细水表面张力而引起假凝聚力,从而造成虚假的孔隙。所以,试验时测定最大孔隙比时采用干试样,目前试验时一般用干砂,而振动台法应进行干法和湿法比较试验,取其最大值。

第八节 土的湿化试验

土的湿化是土体在水中慢慢发生崩解的现象。当黏性土浸入水中时,由于土块表面首先吸水膨胀,土内产生不均匀应力以及胶结物的溶解,使土的结构逐渐遭到破坏,崩解成各种形状的小块,这种现象就称为湿化。

用土作为建筑材料的水利水电工程,直接处于水或大气中,遭受着气候、水位变化的作用,使土产生湿化的现象,以至于破裂、剥落或降低其强度和稳定性。另外,在湿法筑坝的设计和施工中,需要了解土料湿化崩解的速度,作为取舍料场的依据。因此,测定土的湿化性能是有重要意义的。

土的湿化试验的目的是测定具有结构性的黏质土体在水中的崩解速度,以作为湿法筑坝选择土料的依据。

试验所需的主要仪器设备、仪器设备的检定和校验、操作步骤、试验记录及成果整理见《土工试验规程》(SL 237—1999)中“湿化试验(SL 237—008—1999)”。

试验中应注意以下几个方面:

(1)试验方法的选择。测定湿化最简便的方法就是本书所介绍的方法,也是规程所规定的方法。国际上有采用圆锥仪放在经吸水膨胀稳定后的试样上任其下沉,以其下沉量确定土的湿化程度的;也有将试样周围用砂土包围起来,然后放入流水中做湿化试验的;国内实验室大多采用网格法和瓦氏圆锥法。水利行业规程采用的是浮筒法和网板法。

(2)试样制备。试样的选用取决于实际工作条件,如为地基土应采用原状土样,如为填筑的堤坝应采用扰动土样,并控制一定的密度和含水率,制备成试样进行试验。关于试

样的尺寸大小，在以往湿化试验中国内也不太统一，有5 cm×5 cm×5 cm,3 cm×2 cm×2 cm和直径2 cm、高4 cm的。水利行业标准规定为5 cm×5 cm×5 cm的立方体，与水中筑坝规范的规定一致。另外，采用较大试样，所得结果较为可靠。

(3)试验用水。土的湿化是通过土和水所发生的一系列水解作用而产生的。水中离子浓度、成分及pH值都会影响它们相互作用的强度，影响扩散层的厚度和黏滞水的含量。因此，随着试验用水的不同，试验会得出不同的成果。在进行湿化试验时，理论上应采用符合实际的天然水，但是这样的天然水采取比较困难，考虑到实际困难及该试验只是定性地了解土的性质，所以确定采用清水。所谓清水是指纯水或含盐量较少的洁净水。鉴于水质和水温对湿化的影响，在试验时应在记录中注明水质情况并测记水温。

第九节 毛管水上升高度试验

一、概 述

(一)定义

土的毛管水上升高度是指水在土孔隙中因毛管作用而上升的最大高度。土中的毛管作用是由于土粒与水分子之间的相互吸引力和水的表面张力而产生的。

在土中，毛管水的上升高度随孔隙的变小而增大；但在高分散性的黏土中，土粒之间的孔隙大部分被黏结水所充满，或具有复杂的胶结物质，使毛管水不能上升，所以它的上升高度达不到2 m。毛管作用在粗粒土中不明显，在不密实的粉土中最为显著，而黏性土中的毛管现象则需要进一步研究。

(二)试验目的和适用范围

毛管水上升高度试验的目的是测定土内毛管水的上升高度和上升速度。用于估测地下水位升高时，可以推测某些地区是否会变成沼泽或发生盐碱化，建筑物有无被浸没的可能性等问题，并用来推算降低地下水位的必要深度等。

土中毛管水的上升高度和速度与土的孔隙大小、结构、交换性阳离子的组成、水化学成分、湿度、孔隙中吸附空气等有关。

毛管水上升高度试验根据不同的土质采用不同的试验方法，是根据毛管水的弯月面所能支持的水的重力进而推算出上升高度。一般有直接观测法和土样管法。直接观测法适用于粗砂、中砂，土样管法适用于细砂、粉土或毛管水上升高度较小的黏质土。

二、直接观测法

直接观测法的原理是利用土中毛管水弯月面支持上升的水柱。适用于砂性土。试验所需的主要仪器设备、仪器设备的检定和校验、操作步骤、试验记录及成果整理见《土工试验规程》(SL 237—1999)中“毛管水上升高度试验(SL 237—009—1999)直接观测法”。

三、土样管法

土样管法的试验原理是使土中毛管水弯月面支持下降的水柱，也称为负水头作用试验法。适用于原状土或扰动的细砂、极细砂及黏性土,不适用于黏性大的黏土。

试验所需的主要仪器设备、仪器设备的检定和校验、操作步骤、试验记录及成果整理见《土工试验规程》(SL 237—1999)中“毛管水上升高度试验(SL 237—009—1999)土样管法”。

土样管法试验中应注意以下几个问题:

(1)直接观测法可以求出毛管水上升高度和上升速度的关系。粒径大的砂土,上升高度小,达到最大上升高度所需时间短;反之,粒径小的砂土,上升高度大,达到最大上升高度所需时间长。但不管何种情况,毛管水上升速度一般在开始时较快,将达到最高值时上升速度变得缓慢。因此,在试验过程中,可以随时绘制上升高度与时间的关系曲线,当曲线已成平缓或趋于平缓时,也可依延长线的趋势估计毛管水的上升高度。

(2)试验过程中由于毛管水区域内的砂土受到毛管压力的作用,试样体积缩小,甚至整个砂柱发生沉降,随着毛管水上升高度的增加,毛管压力的作用范围和数值也在不断加大,砂土体积的压缩就越大,到毛管水上升逐渐趋于稳定时,其体积压缩最大,所以试验后砂土的孔隙比变小。但处在毛管水区域上面的砂土,没有受到毛管压力的作用,仍能保持其原来的孔隙比。所以,与毛管水上升高度相应的孔隙比应以试验后的孔隙比为准。

(3)土样管法中玻璃筒底端橡皮塞上的筛布网格不能太小,如果网格孔小于土的孔隙,就将影响土的毛管水上升高度。如果试样中细粒较多,为防止土粒通过筛布掉入水中,可在筛布上铺一层粗砂缓冲层。

(4)土样管法中,测压管中水柱下降速度的快慢与打开管夹的松紧程度有关。试验开始时,可松些,水面的下降速度略大些,估计水面下降已达到毛管水上升高度的一半时,应将速度降低,需调整管夹的松紧程度,使水面每分钟下降约1 cm,以便准确地测定毛管水上升高度。当水流经过管夹外流,至右边测压管内水面降到一定高度后,空气就从孔隙中进入土样。因土样下面是橡皮塞,所以空气开始进入土样底面时是看不到的,在这一过程中,右边测压管水面的下降速度渐趋缓慢,以至停止下降,至空气进入试样底面时,测压管中的水面又开始略为上升。当水面开始由下降转向上升时,在钢直尺上的读数即为所测得的毛管水上升高度。此后,随着右边测压管中水位的上升,左边测压管的水位即行下降。由于毛管水弯液面的破坏在试样底面下,所以计算毛管水上升高度也应从试样底面算起。

第十节 土的化学试验

一、概 述

土是岩石经过物理风化、化学作用后所产生的散粒矿物的集合体。岩石经物理风化后成为碎屑,其矿物组成仍保存母岩的成分,只有经过化学作用后,才形成各种次生矿物。次生矿物按其与水的作用关系可分为可溶的和不可溶的两类。可溶的次生矿物更细分为易溶、中溶和难溶三类。不可溶的次生矿物都是原生矿物经过溶滤过后的次生变质产物,

是构成黏土的主要成分，称为黏土矿物。

土的工程性质取决于母岩的矿物成分、微观结构和化学特性等。例如，黏性土的抗剪强度在很大程度上取决于土体的结构、成分和胶结物。膨胀性黏土就是因为土中含有一定比例的黏土矿物，具有更高的亲水特性；而黄土、分散性黏土等均是由于其胶结物为可溶盐才使其具有湿陷和分散性。因此，土的矿物成分和化学特性研究是土力学研究的重要内容，以下将结合主要的化学试验，分节介绍土的化学试验方法及各项指标对土的工程特性的影响。

二、易溶盐测定

土的易溶盐一般是指土中易溶解于水的盐类，包括全部的氯化物盐类、易溶的硫酸盐类和碳酸盐类等。土的易溶盐在土中一般呈固态或液态，其状态可以相互转化，溶解于孔隙溶液中的阳离子与土粒表面吸附的阳离子可互相置换，并处于动平衡状态。

土中易溶盐含量较高，孔隙溶液电解质浓度较大时，可以压抑土粒表面的双电层，使土粒间斥力减弱，吸引力增大，促进土粒的凝聚作用并加强结构联结，使土具有较高的力学强度。但是，当盐类受到水的溶滤时，孔隙溶液中电解质浓度降低，土粒表面双电层随之扩展，斥力增大，结构联结减弱，导致土的力学强度降低。因此，在选用工程填料时，必须要了解土中的易溶盐成分及含量，易溶盐含量较高的土不宜于作为工程土料。

（一）总量测定

1. 测定方法

易溶盐总量的测定主要有烘干法和电导法。

烘干法是按一定的土水比例，用水将土中易溶盐类洗出、烘干、称重，所称得的烘干物质即为易溶盐的总量。烘干法不需要特殊的仪器设备，测定的结果比较精确，为室内试验所常用的方法。

电导法是通过测定土壤溶液的电导率测量易溶盐总量的，其方法简单、快速。但土中易溶盐一般为多盐混合物，其摩尔电导率因盐性不同而异。因此，实际测得的电导率与易溶盐含量之间，存在许多不确定的关系，使得测量成果难以真实反映易溶盐含量。

2. 测定要点

1）浸出液提取

不同盐类在水中的溶解度差异较大，因而可以通过控制土水比例的方法将易溶盐、中溶盐、难溶盐各自分离开来。加水量愈小，中、难溶盐被浸提出来的可能性愈小，同时土中易溶盐的含量越真实，但操作也越困难。目前，国内普遍采用的土水比例是1∶5。

在同一土水比例下，浸提时间不同，测试的结果亦有差异。浸提时间愈长，中溶盐和难溶盐等被浸提的可能性愈大，土粒和水溶液间离子交换反应愈显著，由此而产生的误差愈大，所以浸提时间宜短不宜长。目前，浸提时间为3 min。

2）浸出液制备

取过2 mm筛下的风干试样50～100 g，置于广口瓶中，按土水比例1∶5加纯水，搅匀，在振荡器上振荡3 min后抽气过滤。将滤纸用纯水浸湿后贴在漏斗底部，并把漏斗装在抽滤瓶上，连通真空泵抽气，使滤纸与漏斗紧贴，将振荡后的试样摇匀，倒入漏斗中抽气过滤,过滤时漏斗用表面皿盖好。所得的透明滤液,即为试样浸出液,贮于细口瓶中供分析用。

3)易溶盐总量测定

用移液管吸取试样浸出液50~100 mL,注入蒸发皿中,盖上表面皿,放在水浴锅上蒸干。当蒸干残渣中呈现黄褐色时,应加入15%双氧水1~2 mL,继续蒸干,直至黄褐色消失。将蒸发皿放入烘箱,在105~110 ℃的温度下烘4~8 h,取出后放入干燥器中冷却,称蒸发皿和试样总质量,再烘2~4 h,再取出称量,直至最后相邻两次质量差值不大于0.000 1 g。

若浸出液蒸干残渣中含有大量结晶水,将使测值偏高,此时可取两个蒸发皿,一个加浸出液50 mL,另一个加纯水50 mL,然后各加入等量2%的碳酸钠溶液,搅拌均匀后,按上述步骤在180 ℃温度下烘干。

4)易溶盐总量的计算

易溶盐总量的计算可根据有关规范所建议的公式进行。

(二)碳酸根和重碳酸根的测定

1.中和滴定法

中和滴定法是利用碱金属碳酸盐和重碳酸盐水解时的碱性不同,用酸性溶液分步滴定,并以不同指示剂指示终点,由标准酸液用量计算碳酸根和重碳酸根的含量的。

碳酸根和重碳酸根的测定应在浸出液过滤后立即进行,因为大气中的二氧化碳的浸入或浸出液pH的变化会引起二氧化碳释出而影响试验结果。

2.试剂配制

(1)配制0.1%甲基橙指示剂:称0.1 g甲基橙溶于100 mL纯水。

(2)配制0.5%酚酞指示剂:称0.5 g酚酞溶于50 mL纯度95%的乙醇中,用纯水稀释至100 mL。

(3)配制硫酸标准溶液:将3 mL浓硫酸加入适量纯水,并继续用纯水稀释至1 000 mL。

(4)硫酸标准溶液的标定:称预先在160~180 ℃的温度下烘2~4 h的无水碳酸钠3份,每份重0.1 g,精确至0.000 1 g,放入3个锥形瓶中,各加经煮沸除二氧化碳的纯水20~30 mL,再各加0.1%甲基橙指示剂2滴,用配制好的硫酸标准溶液滴定至溶液由黄色变为橙色为终点,记下硫酸标准溶液用量。硫酸标准溶液的准确浓度按下式计算

$$N_{H_2SO_4} = \frac{m \times 1\,000}{V_{H_2SO_4} M} \tag{12-6}$$

式中 $N_{H_2SO_4}$——硫酸标准溶液浓度,mol/L;

m——碳酸钠的用量,g;

$V_{H_2SO_4}$——硫酸标准溶液用量,mL;

M——碳酸钠的摩尔质量,g/mol。

计算准确至0.000 1 mol/L,三次平行滴定,误差不大于0.05 mol/L,取三个算术平均值作为硫酸标准溶液的浓度。

若有标定过的氢氧化钠标准溶液或盐酸标准溶液,亦可用来标定硫酸标准溶液的浓

度。

3. 碳酸根和重碳酸根的测定

(1)用移液管吸取试样浸出液25 mL,注入锥形瓶中,加0.5%酚酞指示剂2～3滴,摇匀,如果试液不呈红色,则表示无碳酸根存在。如显红色,表示有碳酸根,则用硫酸标准溶液滴定至红色刚褪去为止(pH=8.3),记下硫酸标准溶液用量(准确至0.05 mL)。

(2)再向加酚酞滴定后的溶液中,加甲基橙指示剂1～2滴,继续用硫酸标准溶液滴定至试液由黄色变成橙色为止(pH=8.3),记下硫酸标准溶液用量(准确至0.05 mL)。

(3)碳酸根的含量按下式计算

$$b(CO_3^{2-}) = \frac{2V_1 C_H \dfrac{V_W}{V_S}(1+0.01\omega)\times 1\,000}{m_s}$$

或

$$W(CO_3^{2-}) = b(CO_3^{2-})\times 10^{-3}\times 0.060\times 100 \quad (\%) \qquad (12\text{-}7)$$

$$W(CO_3^{2-}) = b(CO_3^{2-})\times 10^{-3}\times 60 \quad (\text{mg/kg 土})$$

式中　$b(CO_3^{2-})$——碳酸根的质量摩尔浓度,mmol/kg土;

$W(CO_3^{2-})$——碳酸根的含量,%或mg/kg土;

V_1——酚酞为指示剂滴定硫酸标准溶液的用量,mL;

V_S——吸取试样浸出液体积,mL;

V_W——浸出液用纯水体积,mL;

10^{-3}——换算因数;

0.060——碳酸根的摩尔质量,kg/mol。

计算准确至0.01 mmol/kg土和0.001%或1 mg/kg土。平行滴定误差不大于0.1 mL时,取算术平均值。

(4)重碳酸根的含量按下式计算

$$b(HCO_3^-) = \frac{2(V_2-V_1)C(H_2SO_4)\dfrac{V_W}{V_S}(1+0.01\omega)\times 1\,000}{m_s}$$

$$W(HCO_3^-) = b(HCO_3^-)\times 10^{-3}\times 0.060\times 100 \quad (\%) \qquad (12\text{-}8)$$

或

$$W(HCO_3^-) = b(HCO_3^-)\times 10^{-3}\times 61 \quad (\text{mg/kg 土})$$

式中　$b(HCO_3^-)$——重碳酸根的质量摩尔浓度,mmol/kg土;

$W(HCO_3^-)$——重碳酸根的含量,%或mg/kg土;

10^{-3}——换算因数;

V_2——甲基橙为指示剂滴定硫酸标准溶液的用量,mL;

0.061——重碳酸根的摩尔质量,kg/mol。

计算准确至0.01 mmol/kg土和0.001%或1 ml/kg土。平行滴定误差不大于0.1 mL,取算术平均值。

(三)氯根的测定

1. 硝酸银滴定法测定

氯根用硝酸银滴定法测定,以铬酸钾为指示剂。该法是根据铬酸银与氯化银的溶解度不同,用硝酸银滴定氯根时,氯化银首先沉淀,待其沉淀完全后,多余的银离子才能生成砖红色铬酸银沉淀,此时即表明氯根滴定已达终点。

由于有微量的硝酸银与铬酸钾反应指示终点,因此需要进行空白试验以减去消耗于铬酸钾的硝酸银用量。

2. 试剂配制

(1)配制5%铬酸钾指示剂:取5 g铬酸钾溶于适量纯水中,然后逐渐加入硝酸银标准溶液至出现砖红色沉淀为止。放置过夜后过滤,滤液用纯水稀释至100 mL,贮于滴瓶中。

(2)配制硝酸银标准溶液:取预先在105~110 ℃温度下烘30 min的分析纯硝酸银3.397 4 g,通过漏斗冲洗入1 000 mL溶量瓶中,待溶解后,用纯水稀释至1 000 mL,贮于棕色瓶中。

(3)配制重碳酸钠溶液:取重碳酸钠1.7 g溶于纯水中,稀释至1 000 mL。

(4)配制0.1%甲基橙指示剂:称取0.1 g甲基橙溶于100 mL纯水中。

3. 氯根的测定

(1)吸取试样浸出液25 mL于锥形瓶中,加甲基橙指示剂1~2滴,逐滴加入0.02 mol/L浓度的重碳酸钠至溶液呈纯黄色(控制pH值为7),再加入铬酸钾指示剂5~6滴,用硝酸银标准溶液滴定至生成砖红色沉淀为终点,记下硝酸银标准溶液的用量。

(2)另取纯水25 mL,按上述步骤操作,做空白试验。

(3)氯根的含量按下式计算

$$b(Cl^-) = \frac{(V_1 - V_2)C(AgNO_3)\dfrac{V_W}{V_S}(1 + 0.01\omega) \times 1\,000}{m_s}$$

$$M(Cl^-) = b(Cl^-) \times 10^{-3} \times 0.035\,5 \times 100 \quad (\%) \tag{12-9}$$

或

$$M(Cl^-) = b(Cl^-) \times 35.5 \quad (mg/kg)$$

式中 $b(Cl^-)$——氯根的质量摩尔浓度,mmol/kg土;

$C(AgNO_3)$——硝酸银标准溶液浓度;

$M(Cl^-)$——氯根的含量,%或mg/kg土;

V_1——浸出液消耗硝酸银标准溶液的体积,mL;

V_2——纯水(空白)消耗硝酸银标准溶液的体积,mL;

0.035 5——氯根的摩尔质量,kg/mol。

计算准确至0.01 mmol/kg土和0.001%或1 mg/kg土。平行滴定误差不大于0.1 mL,取算术平均值。

(四)硫酸根的测定

硫酸根的测定应根据硫酸根的估测结果选用不同的方法。当硫酸根含量大于或等于0.025%(相当于50 mg/L)时,用EDTA络合容量法;当硫酸根含量小于0.025%(相当于50 mg/L)时,用比浊法。

EDTA络合容量法是用过量的氯化钡使溶液中的硫酸根沉淀完全,再用EDTA标准溶液在pH值为10时以铬黑T为指示剂滴定过量的钡离子,最后由净消耗的钡离子计算

硫酸根含量。

比浊法是使氯化钡与溶液中硫酸根形成硫酸钡沉淀，然后在一定条件下使硫酸钡分散成较稳定的悬浊液，在比色计中测定其浊度，按照浊度查标准曲线计算硫酸根的含量。

用EDTA标准溶液滴定过量的钡离子，以铬黑T为指示剂时，由于钡离子与指示剂阴离子铬合不稳定，终点不明显，需加入镁使终点清晰，故沉淀硫酸根时采用钡镁混合剂。在比浊法操作中，沉淀搅拌时间、搅拌速度、试剂用量等都需严格控制，否则将会引起较大的误差。

1. EDTA络合容量法

1)试剂配制

(1)配制1:4盐酸溶液：将1份浓盐酸与4份纯水均匀混合。

(2)配制钡镁混合剂：取1.22 g氯化钡和1.02 g氯化镁，通过漏斗用纯水冲洗入500 mL容量瓶溶解，并用纯水稀释至1 000 mL。

(3)配制氨缓冲溶液：取70 g氯化铵放入烧杯中，加适量纯水溶解后移入1 000 mL量筒中，再加入分析纯浓氨水570 mL，并用纯水稀释至1 000 mL。

(4)配制铬黑T指示剂：取0.5 g铬黑T和100 g预先烘干的氯化钠，互相混合研细均匀，贮于棕色瓶。

(5)配制锌基准溶液：取预先在105～110 ℃温度下烘干的分析纯锌粉0.653 8 g置于烧杯中，分次加入1:1盐酸溶液20～30 mL，置于水浴上加热至锌完全溶解，然后移入1 000 mL容量瓶中，用纯水稀释至1 000 mL。

(6)配制EDTA标准溶液：取乙二铵四乙酸二钠3.72 g溶于热纯水中，冷却后移入1 000 mL容量瓶中，再用纯水稀释至1 000 mL。

EDTA标准溶液标定：用移液管吸取3份锌基准溶液，每份20 mL，分别置于3个锥形瓶中，用适量纯水稀释后，加氨缓冲溶液10 mL、铬黑T指示剂少许，再加入95%乙醇5 mL，然后用EDTA标准溶液滴定至溶液由红色变亮蓝色为终点记下用量。按下式计算EDTA标准溶液的浓度

$$c(\mathrm{EDTA}) = \frac{V(\mathrm{Zn^{2+}})c(\mathrm{Zn^{2+}})}{V(\mathrm{EDTA})} \tag{12-10}$$

式中　$c(\mathrm{EDTA})$——EDTA标准溶液浓度，mol/L；

$V(\mathrm{EDTA})$——EDTA标准溶液用量，mL；

$c(\mathrm{Zn^{2+}})$——锌基准溶液的浓度，mol/L；

$V(\mathrm{Zn^{2+}})$——锌基准溶液的用量，mL。

计算准确至0.000 1 mol/L，3次平行滴定误差不大于0.05 mL，取算术平均值。

(7)配制盐酸溶液：取1份盐酸与1份水混合均匀。

(8)配制5%氯化银溶液：取5 g氯化银溶解于100 mL纯水中。

2)EDTA络合容量法测定

(1)硫酸根含量的估测：取浸出液5 mL于试管中，加入1:1盐酸溶液2滴，再加5%氯化钡溶液5滴，摇匀，按表12-6估测硫酸根含量。当硫酸根含量大于等于50 mg/L时，按

以下步骤进行测定。

表 12-6 硫酸根估测方法选择与试剂用量表

加氯化钡后溶液浑浊情况	SO_4^{2-} 含量(mg/L)	测定方法	吸取土浸出液(mL)	钡镁混合剂用量(mL)
数分钟后微浑浊	<10	比浊法	—	—
立即呈微浑浊	25~50	比浊法	—	—
立即浑浊	50~100	EDTA	25	4~5
立即浑浊	100~200	EDTA	25	8
立即大量沉淀	>200	EDTA	10	10~12

(2)吸取一定量试样浸出液于锥形瓶中,用适量纯水稀释后,投入刚果红试纸一片,滴入1∶4盐酸溶液至试纸呈蓝色,再过量滴入2~3滴,加热煮沸,趁热由滴定管准确加入过量的钡镁混合剂,边滴边摇,直至预计的需要量(注意:滴入过量至少应过量50%),继续加热微沸5 min,取下冷却静置2 h,加氨缓冲溶液10 mL、铬黑T指示剂少许、95%乙醇5 mL,摇匀,再用EDTA标准溶液滴定至试液由红色变为天蓝色为终点,记下用量 V_1(mL)。

(3)另取一个锥形瓶加入适量纯水,投刚果红试纸一片,滴加1∶4盐酸溶液至试纸呈蓝色,再过量滴入2~3滴。由滴定管准确加入与(2)步骤等量的钡镁混合剂,然后加氨缓冲溶液10 mL、铬黑T指示剂少许、95%乙醇5 mL,摇匀,再用EDTA标准溶液滴定至试液由红色变为蓝色为终点,记下用量 V_2(mL)。

(4)再取一个锥形瓶加入与(2)步骤等体积的试样浸出液,加入氨缓冲溶液5 mL,摇匀后加入铬黑T指示剂少许、95%乙醇5 mL,充分摇匀,用EDTA标准溶液滴定至试液由红色变为亮蓝色为终点,记下用量 V_3(mL)。

(5)硫酸根的含量按下式计算

$$b(SO_4^{2-}) = \frac{(V_3 + V_1 - V_2)c(\mathrm{EDTA})\dfrac{V_W}{V_S}(1 + 0.01\omega) \times 1\,000}{m_s}$$

$$W(SO_4^{2-}) = b(SO_4^{2-}) \times 10^{-3} \times 0.096 \times 100 \quad (\%) \qquad (12\text{-}11)$$

或

$$W(SO_4^{2-}) = b(SO_4^{2-}) \times 96 \quad (\mathrm{mg/kg}\ 土)$$

式中 $b(SO_4^{2-})$——硫酸根的质量摩尔浓度,mmol/kg土;

$W(SO_4^{2-})$——硫酸根的含量,%或mg/kg土;

V_1——浸出液中钙镁与钙镁合剂对EDTA标准溶液的用量,mL;

V_2——用同体积钙镁合剂(空白)对EDTA标准溶液的用量,mL;

V_3——同体积浸出液中钙镁对EDTA标准溶液的用量,mL;

0.096——硫酸根的摩尔质量,kg/mol。

计算准确至0.01 mmol/kg土和0.001%或1 mg/kg土,平行滴定误差不大于0.1 mL,

取算术平均值。

2. 比浊法测定

1)试剂配制

(1)配制悬浊液稳定剂:将含浓盐酸 3 mL、95% 乙醇 100 mL、纯水 300 mL、氯化钠 25 g 的混匀的溶液与 50 mL 甘油均匀混合。

(2)配制结晶氯化钡:将氯化钡结晶体过筛,取粒径在 0.6 ~ 0.85 mm 之间的晶粒。

(3)配制硫酸根标准溶液:取预先在 105 ~ 110 ℃温度下烘干的无水硫酸钠 0.147 g,用纯水通过漏斗冲洗入 1 000 mL 容量瓶溶解,再用纯水稀释至 1 000 mL。

2)比浊法测定

(1)标准曲线的绘制:先用移液管吸取硫酸根标准溶液 5 mL、10 mL、20 mL、30 mL、40 mL 分别注入 100 mL 容量瓶中,并均用纯水稀释至 100 mL,制成硫酸根含量分别为 0.5 mg/100 mL、1.0 mg/100 mL、2.0 mg/100 mL、3.0 mg/100 mL、4.0 mg/100 mL 的标准系列。然后分别移入烧杯,各加悬浊液稳定剂 5.0 mL 和一量匙的氯化钡结晶,置于磁力搅拌器上搅拌 1 min,以纯水为参比,在光电比色计上用紫色滤光片(如用分光光度计,则用 40 ~ 50 mm 的波长)进行比浊,在 3 min 内每隔 3 s 测读一次悬浊液吸光值,取稳定后的吸光值。再以硫酸根含量为纵坐标,相对应的吸光值为横坐标,绘制标准曲线。

(2)硫酸根含量的测定:用移液管吸取试样浸出液 100 mL(硫酸根含量大于 4 mg/mL 时,应少取浸出液而用纯水稀释至 100 mL)置于烧杯中,按(1)的标准系列溶液加悬浊液稳定剂等一系列步骤进行,以同一试样浸出液为参比,测定悬浊液的吸光值,取稳定后的读数,由标准曲线查得相应的硫酸根的含量(mg/100 mL)。

(3)硫酸根的含量按下式计算

$$W(SO_4^{2-}) = \frac{m(SO_4^{2-})\dfrac{V_W}{V_S}(1+0.01\omega)\times 100}{m_s\times 10^3}\quad(\%)$$

$$W(SO_4^{2-}) = W(SO_4^{2-})\%\times 10^6\quad(\text{mg/kg 土})\tag{12-12}$$

$$b(SO_4^{2-}) = (SO_4^{2-}\%/0.096)\times 1\,000$$

式中　$W(SO_4^{2-})$——硫酸根的含量,% 或 mg/kg 土;

$b(SO_4^{2-})$——硫酸根的质量摩尔浓度,mmol/kg 土;

$m(SO_4^{2-})$——标准曲线查得的 SO_4^{2-} 含量,mg;

$W(SO_4^{2-})\%$——硫酸根含量以小数计;

0.096——硫酸根的摩尔质量,kg/mol。

计算准确至 0.01 mmol/kg 土和 0.001% 或 1 mg/kg 土。

(五)钙离子的测定

1. 试剂配制

(1)配制 2 mol/L 氢氧化钠溶液:取 8 g 氢氧化钠溶于 100 mL 纯水中。

(2)配制钙指示剂:取 0.5 g 钙指示剂与 50 g 预先烘焙的氯化钠一起置于研钵中研细混合均匀,贮于棕色瓶中,保存在干燥器内。

(3)配制 EDTA 标准溶液:同硫酸根测定。

(4)配制1:4盐酸溶液:同硫酸根测定。

2. 钙离子测定

钙离子测定通常采用EDTA络合容量法。

(1)用移液管吸取试样浸出液25 mL,置于锥形瓶中,投刚果红试纸一片,滴入1:4盐酸溶液至试纸变为蓝色为止。煮沸除去二氧化碳。

(2)冷却后,加入2 mol/L氢氧化钠溶液2 mL(控制pH≈12)摇匀。放置1~2 min后,加钙指示剂少许,加5 mL 95%乙醇,用EDTA标准溶液滴定至试液由红色变为浅蓝色为终点,记下用量。

(3)钙离子含量按下式计算

$$b(Ca^{2+}) = \frac{V(EDTA)c(EDTA)\frac{V_W}{V_S}(1+0.01\omega)\times 1\,000}{m_s}$$

$$W(Ca^{2+}) = b(Ca^{2+})\times 10^{-3}\times 0.040\times 100 \quad (\%) \tag{12-13}$$

$$W(Ca^{2+}) = b(Ca^{2+})\times 40 \quad (mg/kg\ 土)$$

式中 $b(Ca^{2+})$——钙离子的质量摩尔浓度,mmol/kg土;

$W(Ca^{2+})$——钙离子的含量,%或mg/kg土;

$V(EDTA)$——EDTA标准溶液用量, mL;

$c(EDTA)$——EDTA标准溶液浓度,mol/L;

0.040——钙离子的摩尔质量,kg/mol。

计算准确至0.01 mmol/kg土和0.001%或1 mg/kg土,需平行滴定,偏差不大于0.1mmol/kg时,取算术平均值。

(六)镁离子的测定

镁离子测定采用EDTA络合容量法。实际上是先测定钙、镁离子的总含量再减去钙含量,所以用EDTA络合容量法测定镁离子含量,必须同时测定钙离子的含量。镁离子测定所用的试剂包括EDTA络合容量法所用试剂和钙离子测定所用的试剂。

(1)用移液管吸取试样浸出液25 mL置于锥形瓶中,加入氨缓冲溶液5 mL,摇匀后加入铬黑T指示剂少许、95%乙醇5 mL,充分摇匀,用EDTA标准溶液滴定至试液由红色变为亮蓝色为终点,记下EDTA标准溶液用量。

(2)用移液管吸取第(1)条中土的浸出液等体积的试样浸出液,按钙离子测定的步骤进行操作,记下滴定钙离子对EDTA标准溶液的用量。

(3)镁离子含量按下式计算

$$b(Mg^{2+}) = \frac{(V_2-V_1)c(EDTA)\frac{V_W}{V_S}(1+0.01\omega)\times 1\,000}{m_s}$$

$$W(Mg^{2+}) = b(Mg^{2+})\times 10^{-3}\times 0.024\times 100 \quad (\%) \tag{12-14}$$

$$W(Mg^{2+}) = b(Mg^{2+})\times 24 \quad (mg/kg\ 土)$$

式中 $b(Mg^{2+})$——镁离子的质量摩尔浓度,mmol/kg土;

$W(Mg^{2+})$——镁离子的含量,%或mg/kg土;

V_2——钙、镁离子对 EDTA 标准溶液用量，mL；

V_1——钙离子对 EDTA 标准溶液用量，mL；

c(EDTA)——EDTA 标准溶液浓度，mol/L；

0.024——镁离子的摩尔质量，kg/mol。

计算准确至 0.01 mmol/kg 土和 0.001% 或 1 mg/kg 土，需平行滴定，偏差不应大于 0.1 mL，取算术平均值。

（七）原子吸收分光光度测定

低含量钙、镁离子的测定可用原子吸收法或火焰光度计法，原子吸收分光光度计已普遍应用，且其操作快速、简便，灵敏度比火焰光度计法高，这里介绍该法。

1. 试剂配制

（1）配制钙离子标准溶液：取预先在 105 ~ 110 ℃ 温度下烘干的分析纯碳酸钙 0.249 7 g置于烧杯中，加入少量稀盐酸至完全溶解，然后移入 1 000 mL 容量瓶中，用纯水冲洗烧杯并稀释至 1 000 mL，贮于塑料瓶中。

（2）配制镁离子标准溶液：取光谱纯金属镁 0.001 g，置于烧杯中，加入少量稀盐酸至完全溶解，然后用纯水冲洗入 1 000 mL 容量瓶，并稀释至 1 000 mL，贮于塑料瓶中。

（3）配制 3.5% 氯化镧溶液：取光谱纯的氯化镧 13.4 g，溶于 100 mL 纯水中。

2. 钙、镁离子原子吸收分光光度测定

（1）绘制标准曲线。

配制标准系列：取 50 mL 容量瓶 6 个，准确加入 $\rho(Ca^{2+})$ 为 100 mg/L 的标准溶液 0、1 mL、3 mL、5 mL、7 mL、10 mL（相当于 0 ~ 20 mg/L Ca^{2+}）和 $\rho(Mg^{2+})$ 为 100 mg/L 的标准溶液 0、0.5 mL、1 mL、2 mL、3 mL、5 mL（相当于 0 ~ 10 mg/L Mg^{2+}），再各加入 5% 氯化镧溶液 5 mL，最后用纯水稀释至刻度。

标准曲线绘制：分别选用钙和镁的空心阴极灯。钙离子（Ca^{2+}）波长为 422.7 nm，镁离子（Mg^{2+}）波长为 285.2 nm，以空气—乙炔燃气等为工作条件，按原子吸收分光光度计的使用说明书操作，分别测定钙和镁的吸收值。以吸收值为纵坐标，相应浓度为横坐标，分别绘制钙、镁的标准曲线；或采用最小二乘法建立回归方程，回归方程的相关系数 γ 应满足 $1 > \gamma > 0.999$ 的要求。

（2）试样测定：用移液管吸取一定量的试样浸出液（钙浓度小于 20 mg/L，镁浓度小于 10 mg/L），置于 50 mL 容量瓶中，加入 5% 氯化镧溶液 5 mL，用纯水稀释至 50 mL。然后依据绘制标准曲线的工作条件，按原子吸收分光光度计的使用说明书操作，分别测定钙和镁的吸收值，并用测得的钙、镁吸收值从标准曲线查得相应的钙、镁离子浓度，或由回归方程求得。

（3）钙、镁离子含量按下式计算

$$W(Ca^{2+}) = \frac{\rho(Ca^{2+}) V_C \dfrac{V_W}{V_S}(1 + 0.01\omega) \times 100}{m_s \times 10^3}$$

或

$$W(Ca^{2+}) = (Ca^{2+}\%) \times 10^6 \quad (\text{mg/kg 土}) \tag{12-15}$$

$$W(Mg^{2+}) = \frac{\rho(Mg^{2+}) V_C \frac{V_W}{V_S}(1 + 0.01\omega) \times 100}{m_s \times 10^3}$$

或 $$W(Mg^{2+}) = b(Mg^{2+}\%) \times 10^6 \quad (mg/kg\ 土)$$

$$b(Ca^{2+}) = (Ca^{2+}\% / 0.040) \times 1\ 000 \quad (mg/kg\ 土)$$

$$b(Mg^{2+}) = (Mg^{2+}\% / 0.024) \times 1\ 000 \quad (mg/kg\ 土)$$

式中 $\rho(Ca^{2+})$——由标准曲线查得的钙离子浓度,mg/L;

$\rho(Mg^{2+})$——由标准曲线查得的镁离子浓度,mg/L;

V_C——测定溶液定容体积,50 mL;

10^3——将毫克换算成克。

计算准确至0.01 mmol/kg土和0.001%或1 mg/kg土。

(八)火焰光度计法测定钠、钾离子

火焰光度计法是利用火焰使原子激发,产生电子跃迁,并释放能量产生特征谱线的原理。由于激发的能量较低,仅有碱金属与碱土金属等能用此方法激发,所产生的发射光谱经滤光片用光电池和检流计来测其发射强度。常用来测定钠、钾的含量,尤其是当它们含量较低时,该法优于其他方法。用火焰光度计法测定钠离子和钾离子,激发状况的变化是导致误差的重要原因,所以在试验过程中必须使激发状况稳定。试液中其他成分的干扰也是产生误差的原因。因此,绘制标准曲线时,配制标准溶液所用的盐类应与土样的主要盐类一致。

1.试剂配制

(1)配制钠标准溶液:取预先在550 ℃温度下灼烧过的氯化钠0.254 2 g,在少量纯水中溶解后,冲洗入1 000 mL容量瓶中,用纯水稀释至1 000 mL,贮于塑料瓶中。

(2)配制钾标准溶液:取预先在105~110 ℃温度下烘干的氯化钾0.190 7 g,溶解于少量纯水中,再用纯水稀释至1 000 mL,贮于塑料瓶中。

2.钠、钾离子测定

(1)绘制标准曲线。配制标准系列:取50 mL容量瓶6个,准确加入钠标准溶液和钾标准溶液各0、1 mL、5 mL、10 mL、15 mL、25 mL。各用纯水稀释至50 mL,此系列相应浓度范围为$\rho(Na^+)$0~50 mg/L,$\rho(K^+)$0~50 mg/L。

先按火焰光度计说明书操作,分别用钠滤光片和钾滤光片,逐个测定其吸收值。然后以吸收值为纵坐标,相应钠离子、钾离子浓度为横坐标,分别绘制钠、钾的标准曲线,也可用最小二乘法建立回归方程。

(2)试样测定:用移液管吸取一定量试样浸出液(以不超出标准曲线浓度范围为准),置于50 mL容量瓶中,用纯水稀释至50 mL,依据绘制标准曲线的工作条件,按火焰光度计使用说明书操作分别用钠滤光片和钾滤光片测定其吸收值,并用测得的钠、钾吸收值,从标准曲线查得相应的钠、钾离子浓度。

(3)钠离子和钾离子含量按下式计算

$$W(Na^+) = \frac{\rho(Na^+) V_C \frac{V_W}{V_S}(1 + 0.01\omega) \times 100}{m_s \times 10^3}$$

或
$$W(Na^+) = (Na^+\%) \times 10^6 \quad (mg/kg\ 土) \tag{12-16}$$

$$W(K^+) = \frac{\rho(K^+) V_C \dfrac{V_W}{V_S}(1 + 0.01\omega) \times 100}{m_s \times 10^3}$$

或
$$W(K^+) = (K^+\%) \times 10^6 \quad (mg/kg\ 土)$$

$$b(Na^+) = (Na^+\%/0.023) \times 100 \quad (mg/kg\ 土)$$

$$b(K^+) = (K^+\%/0.039) \times 100 \quad (mg/kg\ 土)$$

式中　$W(Na^+)$、$W(K^+)$——试样中钠、钾离子的含量，%或 mg/kg 土；

$b(Na^+)$、$b(K^+)$——试样中钠、钾离子的质量摩尔浓度，mmol/kg 土；

0.023、0.039——钠、钾离子的摩尔质量，kg/mol。

三、中溶盐测定

土中的中溶盐是对土中所含的石膏($CaSO_4 \cdot 2H_2O$)而言，测定结果一般以烘干土(温度 105 ~ 110 ℃)中所含的石膏($CaSO_4 \cdot 2H_2O$)的重量百分数表示。

中溶盐测定一般采用水浸法和酸浸法。水浸法较为费时，且难以溶解完全，所以常用酸浸法。

酸浸法利用稀盐酸为浸出剂，使土中石膏全部溶解，然后利用氯化钡为沉淀剂，使浸提出的碳酸根沉淀为硫酸钡，沉淀物经过滤、洗涤后灼烧至恒量，将硫酸钡的质量换算成石膏的含量。

用盐酸浸提石膏时，若土中含有碳酸钙，应加酸待溶液澄清后立即用倾析法过滤，再加酸处理土样，反复进行至无二氧化碳气泡产生为止。静置过夜后过滤。试验过程中，滤纸灰化时，不应出现明火燃烧，以免沉淀飞出损失。同时，灰化要充分，以免残留的碳素使硫酸钡还原为硫化钡。为了避免发生这种反应，高温炉灼烧时的温度以不超过 600 ℃为宜。

土中易溶盐含量较高时，应对测定结果加以校正，即减去易溶盐中硫酸根的含量。

(一)试剂配制

(1)配制 0.25 mol/L(HCl)溶液：取浓盐酸 20.8 mL，用纯水稀释至 1 000 mL。

(2)配制 1∶1盐酸溶液：取 1 份浓盐酸和 1 份纯水相互混合均匀。

(3)配制 10%氢氧化铵溶液：取浓氨水 31 mL，用纯水稀释至 1 000 mL。

(4)配制 10%氯化钡溶液：取 10 g 氯化钡溶于少量纯水中，稀释至 1 000 mL。

(5)配制 1%硝酸银溶液：溶解 0.5 g 硝酸银于 50 mL 纯水中，再加数滴浓硝酸酸化，贮于棕色滴瓶中。

(6)配制甲基橙指示剂：取 0.1 g 甲基橙溶于 100 mL 水中，贮于滴瓶中。

(二)中溶盐(石膏)测定

(1)试样制备：将潮湿试样捏碎摊开于瓷盘中，除去试样中杂质(如植物根茎叶等)，置于阴凉通风处晾干，然后用四分法选取试样约 100 g，置于玛瑙研钵中研磨，使其全部通过 0.5 mm 筛备用。

(2)取已制备好的风干试样 1 ~ 5 g，准确至 0.000 1 g，放入 200 mL 烧杯中，缓慢地加入0.25 mol/L(HCl)50 mL边加边搅拌。如试样含有大量碳酸盐,应继续加盐酸至无气泡产生为止,放置过夜。另取此风干试样5 g,准确至0.01 g,测定其含水率。

(3)过滤溶液,沉淀用0.25 mol/L(盐酸溶液)淋洗至最后滤液中无硫酸根离子为止(取最后的滤液于试管中,加少许氯化钡溶液,应无白色浑浊),即得酸浸出液(滤液)。

(4)收集滤液于烧杯中,将其浓缩至约150 mL,冷却后,加甲基橙指示剂,用10%氨水溶液中和至溶液呈黄色为止,再用1:1盐酸溶液调至红色后,多加10滴,加热煮沸,在搅拌下趁热缓慢滴加10%氯化钡溶液,直至溶液中硫酸根离子沉淀完全,并少有过量为止(让溶液静置、澄清后,沿杯壁滴加氯化钡溶液,如无白色浑浊生成,表示已沉淀完全)。置于水浴锅上,在60 ℃下保持2 h。

(5)用致密定量滤纸过滤,并用热的纯水洗涤沉淀,直到最后洗液无氯离子为止(用1%硝酸银检验,应无白色浑浊)。

(6)用滤纸包好洗净的沉淀,放入预先已在600 ℃温度下灼烧至恒量的瓷坩埚中,置于电炉上灰化滤纸(不得出现明火燃烧)。然后移入高温炉中,控制在600 ℃灼烧1 h,取出放于石棉网上稍冷,再放入干燥器中冷却至室温,用分析天平称量,准确至0.000 1 g。再将其放入高温炉中控制600 ℃灼烧30 min,取出冷却、称量。如此反复操作至恒量为止。

(7)另取1份试样按第二部分中方法测定易溶液盐中的硫酸根离子,并求出浸出液中硫酸根含量 $W(SO_3^{2-})_w$。

(8)中溶盐含量按下式计算

$$W(SO_4^{2-})_b = \frac{(m_2 - m_1) \times 0.411\,4 \times (1 + 0.01\omega) \times 100}{m_s} \tag{12-17}$$

$$W(CaSO_4 \cdot 2H_2O) = [W(SO_4^{2-})_b - W(SO_4^{2-})_w] \times 1.792\,2$$

式中 $W(CaSO_4 \cdot 2H_2O)$——中溶盐(石膏)含量(%);

$W(SO_4^{2-})_b$——酸浸出液中硫酸根的含量(%);

$W(SO_4^{2-})_w$——水浸出液中硫酸根的含量(%);

m_1——坩埚的质量,g;

m_2——坩埚加沉淀物的质量,g;

m_s——风干试样的质量,g;

ω——风干试样含水率(%);

0.411 4——由硫酸钡换算成硫酸根($SO_4^{2-}/BaSO_4$)的因数;

1.792 2——由硫酸根换算成硫酸钙($CaSO_4 \cdot 2H_2O/SO_4^{2-}$)的因数。

计算至0.01%。如果试验前试样预先进行洗盐,则式中的 $W(SO_4^{2-})_w$ 项应舍弃不计。

四、难溶盐测定

土中难溶盐主要是指钙、镁的碳酸盐,在土中通常起胶结作用。难溶盐含量对土的物理、力学性质影响较大。通常,随着土中碳酸盐含量的增加,土壤的亲水性减小,强度和渗透性增大。土中难溶盐加强土粒之间的联结,使土体具有较高的力学稳定性和强度。

测定土中碳酸钙的方法主要有中和法、碱吸收法和气量法。中和法适用于难溶盐含量高的土，碱吸收法适用于较精密的测定，这两种方法各具有其局限性。而气量法操作简便，能满足土中难溶盐实际含量的测定范围，因而采用较普遍。其方法原理是将土中的碳酸钙用盐酸分解，测定二氧化碳的含量（以重量表示），以此计算出碳酸钙的含量。测定结果以烘干土所含碳酸钙的重量百分数表示。

难溶盐测定需用到 1∶3的盐酸溶液（盐酸∶纯水 =1∶3）和 0.1% 甲基红溶液。试验中应注意以下关键步骤：

（1）试验前应检查试验装置是否漏气。读数时应尽量保持三管水面齐平。气量法受温度影响显著，因此试验中应避免用手直接接触广口瓶、量管等器皿，以免人的体温影响气体体积。

（2）试样的制备与中溶盐（石膏）试验相同。

（3）安装好二氧化碳约测计（见图 12-2）。将加有微量盐酸和 0.1% 甲基红溶液的红色水溶液注入量管中，使移动管和二量管三管水面齐平，同时处于量管零刻度处。

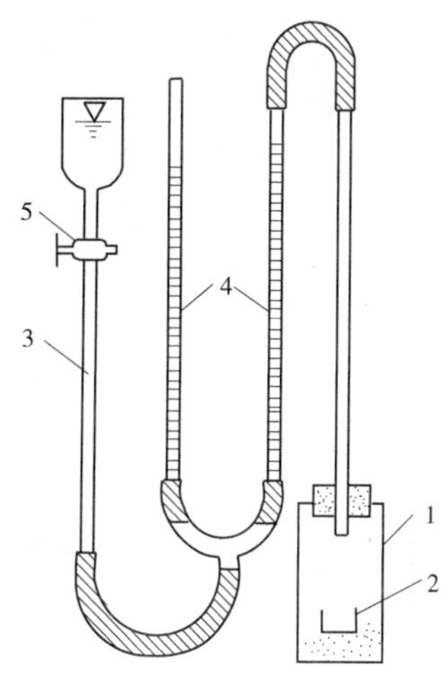

1—广口瓶；2—坩埚；3—移动管；
4—量管；5—阀门

图 12-2　二氧化碳约测计

（4）称预先在 105 ~ 110 ℃温度下烘干的试样 1 ~ 5 g 放入约测计的广口瓶中，瓷坩埚中注入适量 1∶3盐酸溶液，小心地移入广口瓶中放稳，盖紧广口瓶塞，打开阀门，上下移动移动管，使移动管和二量管三管水面齐平。

（5）将移动管下移，观察量管的右肢水面是否平稳，如果水面下降很快，则表示漏气，应仔细检查各接头并用热石蜡密封，直至不漏气为止。

（6）三管水面齐平后，关闭阀门，记下量管的右肢起始水位读数。

（7）用长柄瓶夹夹住广口瓶颈部，轻轻摇动，使瓷坩埚中盐酸溶液倾出，与瓶中试样充分反应。当量管的右肢水面受到二氧化碳气体压力而下降时，打开阀门，使量管左右肢水面保持同一水平，静置 10 min，至量管的右肢水面稳定后再移动移动管使三管水面齐平，记下量管右肢的最终水位读数，同时记录试验时的水温和大气压力。

(8)重复以上步骤进行空白试验,并从试祥产生的二氧化碳体积中减去空白试验值。

(9)难溶盐(碳酸钙)含量按下式计算

$$W(CaCO_3) = \frac{V(CO_2)\rho(CO_2) \times 2.272}{m_d \times 10^6} \times 100 \tag{12-18}$$

式中 $W(CaCO_3)$——碳酸钙含量(%);

$V(CO_2)$——二氧化碳体积, mL;

$\rho(CO_2)$——试验时的水温和大气压力下的二氧化碳密度,μg/mL 时,由规范所列二氧化碳比重表查得;

2.272——由二氧化碳换算成碳酸钙($CaCO_3/CO_2$)的因数;

m_d——试样干质量,g;

10^6——将微克换算成克数。

气量法的计算是以测量产生的二氧化碳体积为基础的,它与测量时的温度和大气压力关系密切。式(12-18)仅适用于大气压力大于或等于98.925 kPa 范围,《土工试验规程》(SL 237—1999)中提供了该范围内的二氧化碳密度。对地处海拔高的地区,大气压力一般小于98.925 kPa,遇此情况则按下式计算

$$W(CaCO_3) = \frac{M(CaCO_3)n(CO_2) \times 100}{m_d}$$

$$n(CO_2) = \frac{PV(CO_2)}{RT} \tag{12-19}$$

式中 $M(CaCO_3)$——碳酸钙摩尔质量,$M(CaCO_3) = 100$ g/mol;

$n(CO_2)$——二氧化碳物质的量,mol;

P——试验时大气压力,kPa;

T——试验时水温($T = 273 + ℃$),K;

R——摩尔气体常数,8 314 kPa · mL/(mol · K)。

五、有机质测定

土中有机质是以碳、氮、氢、氧为主体,还有少量硫、磷以及其他金属元素等组成的有机化合物的通称。一般认为,土中有机质含量较高时,其工程性质欠佳。表现为含水率高、干密度小、孔隙比大、压缩性高、承载力小等。工程建设中对填筑土料的有机质的含量是有限制性规定的。

土中有机质含量的测定方法很多,如质量法、容量法、比色法、双氧水氧化法等。《土工试验方法标准》(GB/T 50123—1999)和《土工试验规程》(SL 237—1999)中推荐采用重铬酸钾容量法。

重铬酸钾容量法是通过强氧化剂重铬酸钾加热来氧化有机质,以氧化剂的消耗量测算有机质含量。其工作原理是用过量的重铬酸钾 - 硫酸溶液,在加热条件下氧化土中有机质,剩余的重铬酸钾则用硫酸亚铁或硫酸亚铁铵的标准溶液滴定,从而得到氧化有机质的重铬酸钾的消耗量,根据重铬酸钾的消耗量乘上换算系数,便可计算出土中有机质的含量。由于重铬酸钾容量法的氧化能力有一定限度,该方法适用于有机质含量不超过150

g/kg(15%)的土。

有机质测定需用到重铬酸钾标准溶液、硫酸亚铁标准溶液，其配制和标准溶液的标定参考《土工试验规程》(SL 237—1999)，试验中应注意以下关键步骤：

(1)用分析天平精确称取已除去植物根系并过 0.15 mm 筛的风干试样 0.1～0.5 g(精确至 0.000 1 g，土中有机碳含量小于 8 mg 时)，放入干燥的试管底部，用滴定管缓慢滴入重铬钾标准溶液 10.00 mL，摇匀，在试管口插一小漏斗。

(2)将试管插入铁丝笼中，放入 190 ℃左右的油浴锅内，试管内的液面应低于油面，控制在 170～180 ℃的温度范围，从试管内溶液沸腾时开始计时，煮沸 5 min，取出稍冷。

(3)将试管内溶液倒入锥形瓶中，用纯水洗净试管底部，并使试液控制在 60 mL，加入邻菲锣琳指示剂 3～5 滴，用硫酸亚铁标准溶液滴定至溶液由黄色经绿色突变为橙红色时为终点，记下硫酸亚铁标准溶液的用量，准确至 0.01 mL。

(4)试验同时，按以上步骤操作，以纯砂代替试样进行空白试验。

(5)有机质含量按下式计算

$$W_u = \frac{0.003 \times 1.724 \times C_F \times (V_2 - V_1)}{m_s} \tag{12-20}$$

式中　W_u——有机质含量(%)；

C_F——硫酸亚铁标准溶液浓度，mol/L；

V_2——测定试样时硫酸亚铁标准溶液用量，mL；

V_1——空白试验时硫酸亚铁标准溶液用量，mL；

0.003——1/4 硫酸亚铁标准溶液浓度时的摩尔质量，kg/mol；

1.724——有机碳换算成有机质的经验系数。

六、酸碱度(pH 值)测定

酸碱度(pH 值)是溶液中氢离子浓度的负对数，即 $pH = -\lg[H^+]$，是标志溶液酸碱度的一项通用指标。酸碱度的范围为 0～14。

土壤酸碱度是反映土的理化特性和工程性质的一项重要的指标。当 pH > 7 时，土呈碱性，此时，土粒表面易于形成扩散双电层，使土呈较高的分散性、塑性较大、抗剪强度低、遇水膨胀、失水收缩的特性。当 pH < 7 时，土呈酸性，此时，土粒扩散双电层受到限制，土粒之间通过带正电的边、角与带负电的基面的相互吸引，形成较牢固的连接。酸性土具有较高的力学强度，压缩性低，对混凝土有一定的腐蚀作用。

酸碱度的测定有电测法、比色法，具体操作步骤详见《土工试验规程》(SL 237—1999)。测试中应注意以下要点：

(1)电测法采用酸度计(pH 计)，它是一种直接测读 pH 值的电位计。常用的指示电极是玻璃电极，参比电极是甘汞电极。比色法采用氢离子浓度比色测定计，需用硫酸钡作为保证试剂。以上两种测试方法中，电测法更为方便、准确，是目前常用的方法。

(2)土悬液的土水比例对测定结果有较大的影响。土水比例究竟用多大比较适宜，目前尚无统一结论，国内外以用土水比例 1∶5较多。

(3)在测定试样悬液之前，按酸度计使用说明，用标准缓冲溶液进行标定。

第十三章 特殊土的性质指标及其室内测定

第一节 湿陷性黄土有关试验

一、概 述

湿陷性黄土占我国黄土地区总面积的60%以上,而且又多出现在地表上层,多属晚新世(Q_3)和后更新世(Q_4)。湿陷性黄土泛指饱和的、结构不稳定的黄色土。其在自重压力或自重压力与附加压力的作用下,受水浸湿后,结构迅速破坏,发生显著下沉的现象。湿陷性黄土地基的这种特性会给结构物带来不同程度的危害,使路基及结构物大幅度沉降、折裂、倾斜,甚至严重影响其安全和使用。湿陷性黄土主要具有以下特点:颜色呈棕黄、灰黄或黄褐色,天然剖面上垂直裂隙发育,孔隙比一般较大,常具有肉眼可见的大孔隙;颗粒组成以粉粒(0.05~0.005 mm)为主,其含量可达50%以上;含碳酸盐或硫酸盐成分,有时含有钙质结核;水理性敏感,受水浸湿后易产生附加沉陷。

天然黄土在一定压应力下充分浸水后,其结构迅速破坏而发生显著附加下沉的现象称为湿陷。湿陷是黄土区别于其他类土的一个非常重要的特性,它受黄土的微结构、物质成分、孔隙比、含水率、压应力等因素的影响。通常用湿陷系数、湿陷起始压应力和湿陷起始含水率来反映黄土的湿陷变形特征。黄土湿陷性问题一直是黄土地区的一个典型的工程地质问题,近年来,对黄土的湿陷机理的研究越来越成为学术界和工程界关注的焦点。为了搞清这个问题,前人做了大量卓有成效的工作,取得了大量理论性及应用性的研究成果,但由于黄土材料的特殊性和复杂性,使得到目前对黄土的湿陷机理的看法尚不一。在黄土湿陷性方面的研究多为一般定性的认识,而有关定量的研究则比较欠缺。目前,关于黄土湿陷机理的观点有加固凝聚力理论、黏土粒膨胀理论、抗剪强度理论、盐的溶解理论、毛细管理论、结构理论、脉动液化理论、微结构不平衡吸力理论等。其中,加固凝聚力理论认为土体在水膜楔入和胶结物溶解的作用下,土体因为其加固凝聚力和颗粒结构受到了破坏而发生湿陷;结构理论强调湿陷性主要是由黄土具有的特殊粒状架空结构体系所决定的;黏土粒膨胀理论强调应该注意到湿陷性黄土中除有结晶胶结物外,还存在具有原始凝聚力的纯黏性胶结物;抗剪强度理论的依据是交换和扩散作用,认为湿陷性黄土在浸水过程中,不仅存在水的楔入劈开作用,而且也存在着交换和扩散作用,黏土粒间的联结强度随着含水量的增大而降低,交换和扩散作用对于连结的减弱起着较大的影响;盐的溶解理论认为湿陷性是由于盐的溶解使结构失去了胶结作用而产生的;脉动液化理论认为自重湿陷是由于地球脉动引起饱和黄土层的液化,进而导致蠕动而产生湿陷变形;微结构不平衡吸力理论认为,湿陷过程就是由于水的楔入作用导致结构吸力丧失和湿吸力产生而引起的微结构重建动力与重建阻力间的动态对抗过程,也是微结构重建动力对土体微结

构的改造过程。总之,对黄土微观结构及物质成分的特殊性与复杂性目前已基本达到共识,而在黄土发生湿陷的过程中,对黄土湿陷性与其各种物理指标之间关系的定量化研究则仍然有待于在今后的科研与工程实践中不断地研究和验证。

湿陷性黄土地基处理的目的是改善土的性质,减少土的渗水性、压缩性,控制其湿陷性的发生,部分或全部消除其湿陷性。当然,由于黄土的成因、区域的不同,再由于地区沉积的年代不同,其厚度、等级、类别也各不同。在明确地基湿陷性黄土层的厚度,湿陷性的等级的前提下,采取必要的措施,对地基进行处理,满足黄土地基在使用、安全等方面的要求。为了确保湿陷性黄土地区路基与结构物安全与正常使用,根据现场工程地质、水文地质、气候条件等特点,常需对黄土地基进行处理。湿陷性黄土地基处理的方法很多,但没有一个是万能的。在不同的地区,根据不同的地基土质和不同的结构物,地基处理应选用不同的处理方法。所采用的有垫层法、强夯法、灰土桩挤密法、深层搅拌桩法、振冲碎石桩法和预见浸水法等。在勘察设计阶段,经过现场取样,对试验数据进行分析,判定属于自重湿陷性黄土还是非自重湿陷性黄土,以及湿陷性黄土层的厚度、湿陷等级、类别后,通过经济分析比较,综合考虑工艺环境、工期等诸多方面的因素,选择一个最合适的地基处理方法,经过优化设计后,确保处理后的地基满足具有足够的承载力和变形条件的要求。

湿陷性黄土在垂直荷载和水的作用下,通常有三种变形:即压缩变形、湿陷变形及渗透溶滤变形。湿陷起始压力是黄土在受水浸湿后开始产生湿陷时的相应压力,从实质上说,它相当于黄土受水浸湿后的残余结构强度。黄土浸水后,当外界压力在土粒间所引起的剪应力小于它的残余结构强度时,土体只发生压密变形,而不会发生湿陷变形;当外界压力超过土的残余结构强度时,土体的结构单元将发生错动以致破坏,开始湿陷。

黄土的湿陷性压缩试验有单线法和双线法两种,由于浸水和加荷程序不同,在湿陷的产生和发展过程方面也存在着差别。

单线法是在某一压力下压缩稳定后才浸水的,由此得出的湿陷系数是直接的,它的受力和湿陷过程比较符合地基的实际情况。因此,单线法的试验结果易于取得试验者的认同。

双线法是在土体饱和状态下逐级加荷的,土的结构在荷重逐渐增大的过程中逐步破坏,它类似于饱和土的压缩过程。双线法由于浸水时间长,土中可溶盐和某些胶体的溶滤作用进行得比较充分,在试验过程中自然包含了部分渗透溶滤变形。另外,在第一级加荷稳定之后,当做一个土样进行试验的两个试件,由于仅其中的一个试件浸水,而另外一个不浸水,这样以来,试验过程中的两个试件就不可能保持相同的密度。换句话来说,这种试验的结果不能代表同一个土样的实际情况。双线法测得的湿陷系数 δ_s 一般偏大,而湿陷起始压力 P_{sh} 则往往偏小。

从理论上和质控试验结果分析,单线法比双线法更符合黄土的湿陷变形的实际情况。如果试验时所取的 5 个以上试件的土质均均匀,可以得出比较切合实际的试验结果。但是,在实际工作中要取 5 个以上土质均匀的环刀试件,往往是相当困难的,特别是垂直裂隙发育、结构松散、土质不均匀的土样更加难以控制。而双线法由于只需要两个环刀试件,对密度差值的控制较为容易,试验结果也较有规律性。从试验的取样和操作上分析,双线法具有方法简便、工作量小、对比性强等优点。因此,目前在我国的实际生产中,双线法仍然得到很广泛的使用。

湿陷系数及湿陷起始压力与土的成因、地理位置、地貌特征及气候条件等因素有关，但作为土工试验来说，主要的影响因素是土的密度、天然含水量等试样指标间的差异，在进行湿陷性试验时应根据现行规范要求予以控制。

湿陷性黄土在外界压力作用下，压力(P)与湿陷系数(δ_s)的关系曲线如图13-1所示。

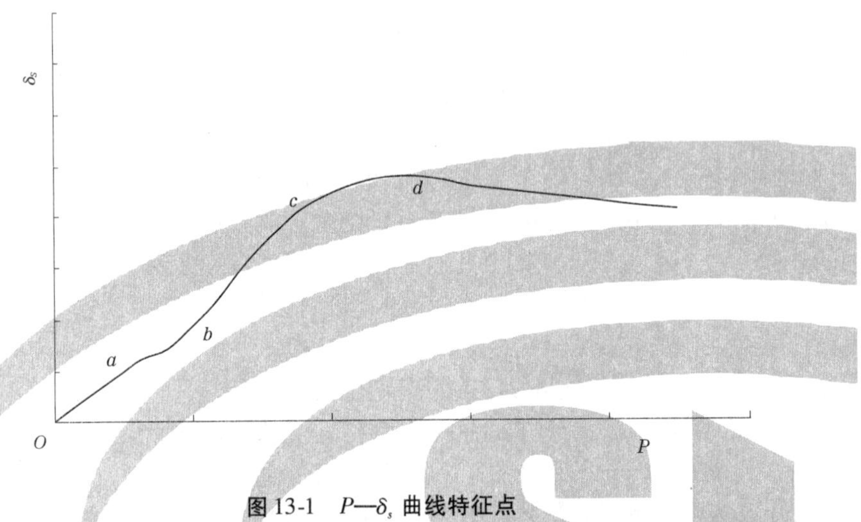

图13-1 $P—\delta_s$ 曲线特征点

根据有关研究成果，$P—\delta_s$ 曲线可依据其变形特点，划分为4个发展阶段(见图13-1)：

(1)附加压缩变形阶段(oa 阶段)：这一阶段一般是一条直线，它表示浸水后，外界压力在土粒间所引起的剪应力小于土的残余结构强度，试件尚未出现土结构的破坏。

(2)开始湿陷变形阶段(ab 阶段)：这一阶段外界压力超过了土的残余结构强度，土粒间的联结被破坏，微小的压力增量即可产生较大的变形，反映了黄土湿陷变形的特征。

(3)显著湿陷变形阶段(bc 阶段)：这一阶段土体迅速湿陷变形，曲线变化斜率达到最大值，图形再次成为直线关系。

(4)湿陷衰退变形阶段(cd 阶段)：随着试件显著湿陷的继续发展，试样在外荷载作用下逐步增大了其密实度，降低了其湿陷性，曲线将不可能沿着 bc 继续发展，而是降低了变形幅度，沿着 cd 段进行变形。特别是湿陷系数达到最大特征点 d 点以后，利用室内试验求得的湿陷系数就会变小，直到土体完全丧失湿陷性。

$P—\delta_s$ 曲线上 oab 段的长度及斜率的大小与土的湿陷性和加荷增量有关。湿陷性强的黄土，线段 oab 较短，斜率较大；湿陷性弱的黄土，线段 oab 较长，斜率较小。如果加荷增量较小，则曲线上的试验点较多，oa 段与 ab 段的特征点就较明显，a、b 两点也就越靠近。如果加荷增量较大，则曲线上的试验点就较少，曲线上的特征点不明显，绘制曲线时的随意性就较大。尤其是当加荷增量大于 ab 段对应的压力增量时，曲线上的 ab 段就不能正确地描绘出来。

而现有的研究成果表明，利用现场载荷试验确定的湿陷起始压力反求的 $P—\delta_s$ 曲线上的对应点均分布于 ab 段范围内。因此说，加荷增量的大小对正确判定湿陷起始压力有着较大的关系。为此，对于湿陷性较强的黄土，在进行湿陷性试验时，oab 段范围内每级加荷增量不应大于25 kPa；对于湿陷性较弱的黄土，也不宜大于50 kPa。

前面从理论上对部分影响湿陷性试验结果的因素进行了定性分析，可是黄土的湿陷机理远不是这样简单，在黄土的湿陷性试验中对试验结果有影响的因素相当复杂多样。

二、试验原理及方法

黄土湿陷是黄土在一定的压力、浸水及渗流长期作用下，产生压缩、湿陷及渗透溶滤变形的全过程。规程采用单线法（实际荷载法）测定黄土的湿陷性指标。在初步勘察阶段或取多个试样有困难时也允许采用双线法进行试验。

单线法：单线法需取5个环刀试样，要求含水量均匀一致，环刀试样间密度差值小于等于0.03 g/cm³，均在天然湿度下分级加荷，分别加至不同的规定压力，下沉稳定后浸水至湿陷稳定为止。最后绘制 $P—\delta_s$ 曲线（见图13-2），在曲线上求得湿陷起始压力。

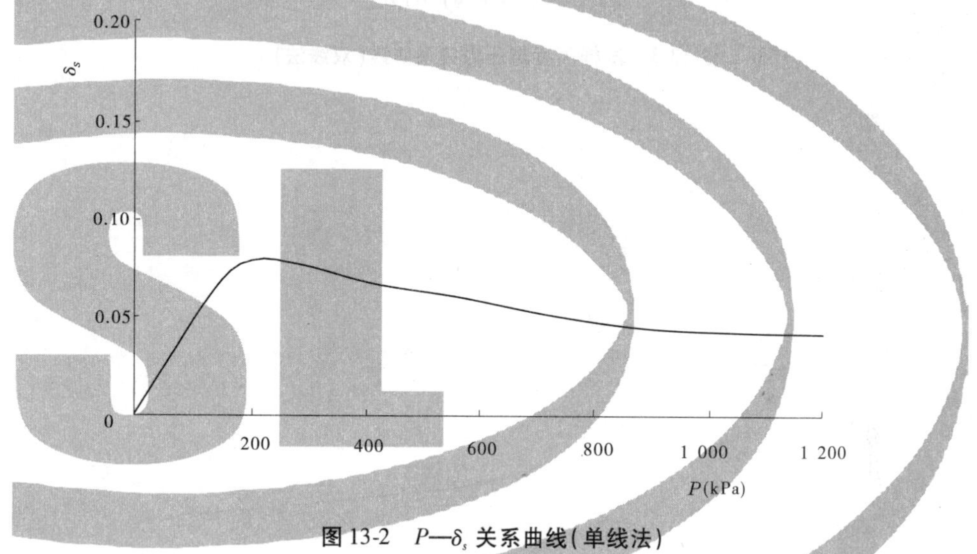

图13-2　$P—\delta_s$ 关系曲线（单线法）

双线法：双线法需取两个环刀，环刀试样间密度差值小于等于0.03 g/cm³，分别在天然湿度下和浸水饱和后做压缩试验，利用两条压缩曲线的变形差绘制 $P—\delta_s$ 曲线（见图13-3、图13-4），在曲线上求得湿陷起始压力。

试验方法的选择：单线法较双线法更符合地基实际情况，从理论上讲单线法比双线法好。但单线法需取5个环刀试样，对普通工程勘察来说，取土量大，试验烦琐，并且有时很难满足试验要求。

三、试验目的及标准

（一）试验目的

本试验的目的是测定黄土变形和压力间的关系，以计算压缩变形系数、湿陷变形系数、渗透溶滤变形系数、自重湿陷系数等黄土压缩性指标。测定项目根据未处理的和预先浸水处理过的场地工程的实际情况，选定试验程序来确定。通过对湿陷性黄土地基的湿陷性以及湿陷机理分析，对湿陷类别和等级的判别，提出对湿陷性黄土地基处理的方法及质量检测与控制施工中的建议。分析不同深度黄土的湿陷系数、湿陷起始压应力、湿陷峰

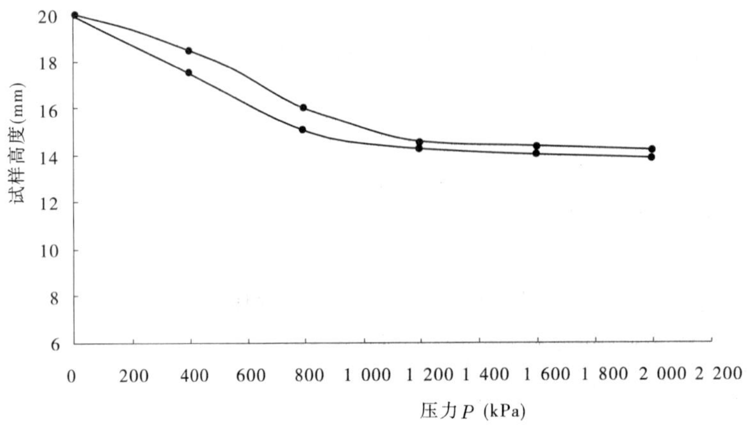

图 13-3　试样高度与压力关系曲线(双线法)

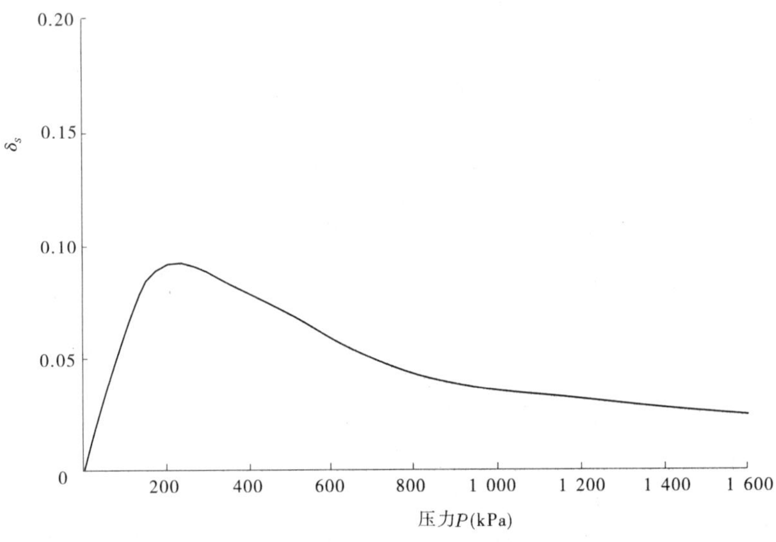

图 13-4　P—δ_s 关系曲线(双线法)

值压应力,从而为当地湿陷性黄土地基处理提供了重要依据。

(二)试验标准

SL 237—1999、GB 50025—2004 等标准中规定了试验的方法。

四、主要仪器

室内试验:杠杆式固结仪、天平、环刀、透水石等。

现场试验:承压板、载荷设备、观测设备等。

五、试验步骤要点及注意事项

测定黄土湿陷性的试验,可分为室内压缩试验、现场静载荷试验和现场试坑浸水试验三种。

(一)室内压缩试验

采用室内压缩试验测定黄土的湿陷系数 δ_s、自重湿陷系数 δ_{zs} 和湿陷起始压力 P_{sh} 时，均应符合下列要求：

(1)土样的质量等级应为Ⅰ级不扰动土样。

(2)环刀面积不应小于 5 000 mm^2，使用前应将环刀洗净风干，透水石应烘干冷却。

(3)在黄土湿陷性试验中，开土这一环节非常重要。开土时必须严格控制密度 ρ 差值小于等于 0.03 g/cm^3，严禁开土时来回刮环刀表面，遇有虫孔，应轻轻补孔，遇有树根要小心剔除，且勿使土扰动，否则，试验数据将误差较大，有时甚至无法使用。

(4)加荷前，应将环刀试样保持天然湿度；透水板的湿度应接近试样的天然湿度。

(5)试样浸水宜用蒸馏水。

(6)第一级压力下的变形调整：由于切取试样时环刀表面不平或安装时仪器接触不好等，加压后两个环刀产生一定的变形差异，在第一级压力变形稳定后将两个百分表读数调整一致，这样就避免了人为因素对试验结果的影响。

(7)试样浸水前和浸水后的稳定标准，应为每小时的下沉量不大于 0.01 mm。

(8)施加 1 kPa 的预压力使试样与仪器上、下各部件接触，并调整变形测量计的零位或初始值。

测定湿陷系数还应符合下列要求：

(1)分级加荷至试样的规定压力，下沉稳定后，试样浸水饱和，附加下沉稳定，试验终止。

(2)在 0～200 kPa 压力以内，每级增量宜为 50 kPa；大于 200 kPa 压力，每级增量宜为 100 kPa。

(3)测定湿陷系数 δ_s 的试验压力，应自基础底面（如基底标高不确定时，自地面下 1.5 m）算起：基底下 10 m 以内的土层应用 200 kPa，10 m 以下至非湿陷性黄土层顶面，应用其上覆土的饱和自重压力（当大于 300 kPa 压力时，仍应用 300 kPa）；当基底压力大于 300 kPa 时，宜用实际压力。对压缩性较高的新近堆积黄土，基底下 5 m 以内的土层宜用 100～150 kPa 压力，5～10 m 和 10 m 以下至非湿陷性黄土层顶面，应分别用 200 kPa 和上覆土的饱和自重压力。

测定自重湿陷系数还应符合下列要求：

(1)分级加荷，加至试样上覆土的饱和自重压力，下沉稳定后，试样浸水饱和，附加下沉稳定，试验终止。

(2)试样上覆土的饱和密度，可按下式计算

$$\rho_s = \rho_d\left(1 + \frac{S_r e}{d_s}\right) \tag{13-1}$$

式中　ρ_s——土的饱和密度，g/cm^3；

ρ_d——土的干密度，g/cm^3；

S_r——土的饱和度，可取 $S_r = 85\%$；

e——土的孔隙比；

d_s——土粒比重。

测定湿陷起始压力还应符合下列要求:

(1)可选用单线法压缩试验或双线法压缩试验。

(2)从同一土样中所取环刀试样,其密度差值不得大于0.03 g/cm^3。

(3)在0~150 kPa压力以内,每级增量宜为25~50 kPa,大于150 kPa压力每级增量宜为50~100 kPa。

(4)单线法压缩试验不应少于5个环刀试样,均在天然湿度下分级加荷,分别加至不同的规定压力,下沉稳定后,各试样浸水饱和,附加下沉稳定,试验终止。

(5)双线法压缩试验应按下列步骤进行:

①应取2个环刀试样,分别对其施加相同的第一级压力,下沉稳定后应将2个环刀试样的百分表读数调整一致,且调整时应考虑各仪器变形量的差值。

②应将上述环刀试样中的一个试样保持在天然湿度下分级加荷,加至最后一级压力,下沉稳定后,试样浸水饱和,附加下沉稳定,试验终止。

③应将上述环刀试样中的另一个试样浸水饱和,附加下沉稳定后,在浸水饱和状态下分级加荷,下沉稳定后继续加荷,加至最后一级压力,下沉稳定,试验终止。

④当天然湿度的试样在最后一级压力下浸水饱和,附加下沉稳定后的高度与浸水饱和试样在最后一级压力下的下沉稳定后的高度不一致,且相对差值不大于20%时,应以前者的结果为准,对浸水饱和试样的试验结果进行修正;如相对差值大于20%时,应重新试验。

(二)现场静载荷试验

在现场测定湿陷性黄土的湿陷起始压力,可采用单线法静载荷试验或双线法静载荷试验,并应分别符合下列要求。

(1)单线法静载荷试验:在同一场地的相邻地段和相同标高,应在天然湿度的土层上设3个或3个以上静载荷试验,分级加压,分别加至各自的规定压力,下沉稳定后,向试坑内浸水至饱和,附加下沉稳定后,试验终止。

(2)双线法静载荷试验:在同一场地的相邻地段和相同标高,应设2个静载荷试验。其中一个应设在天然湿度的土层上,分级加压,加至规定压力,下沉稳定后,试验终止;另一个应设在浸水饱和的土层上,分级加压,加至规定压力,附加下沉稳定后,试验终止。

在现场采用静载荷试验测定湿陷性黄土的湿陷起始压力时,尚应符合下列要求:

(1)承压板的底面积宜为0.50 m^2,试坑边长或直径应为承压板边长或直径的3倍,安装载荷试验设备时,应注意保持试验土层的天然湿度和原状结构,压板底面下宜用10~15 mm厚的粗、中砂找平。

(2)每级加压增量不宜大于25 kPa,试验终止压力应不小于200 kPa。

(3)每级加压后,按每隔15 min、15 min、15 min、15min各测读1次下沉量,以后为每隔30 min观测1次,当连续2 h内,每1 h的下沉量小于0.10 mm时,认为压板下沉已趋稳定,即可加下一级压力。

(4)试验结束后,应根据试验记录,绘制判定湿陷起始压力的$P—s_s$曲线图。

(三)现场试坑浸水试验

在现场采用试坑浸水试验确定自重湿陷量的实测值时,应符合下列要求:

(1)试坑宜挖成圆(或方)形,其直径(或边长)不应小于湿陷性黄土层的厚度,并且不应小于10 m;试坑深度宜为0.50 m,最深不应大于0.80 m。坑底宜铺100 mm厚的砂、砾石。

(2)在坑底中部及其他部位,应对称设置观测自重湿陷的深标点,设置深度及数量宜按各湿陷性黄土层顶面深度及分层数确定。在试坑底部,由中心向坑边以不少于3个方向,均匀设置观测自重湿陷的浅标点;在试坑外沿浅标点方向在10~20 m范围内设置地面观测标点,观测精度为±0.10 mm。

(3)试坑内的水头高度不宜小于300 mm,在浸水过程中,应观测湿陷量、耗水量、浸湿范围和地面裂缝。湿陷稳定可停止浸水,其稳定标准为最后5 d的平均湿陷量小于1 mm/d。

(4)设置观测标点前,可在坑底面打一定数量及深度的渗水孔,孔内应填满砂砾。

(5)试坑内停止浸水后,应继续观测不少于10 d,且连续5 d的平均下沉量不大于1 mm/d,试验终止。

六、数据处理及结果评定

(一)单线法压缩试验

(1)湿陷系数δ_s值应按下式计算

$$\delta_s = \frac{h_1 - h_2}{h_0} \tag{13-2}$$

式中　h_1——保持天然湿度和结构的试样,加至一定压力时,下沉稳定后的高度,mm;

h_2——上述加压稳定后的试样,在浸水(饱和)作用下,附加下沉稳定后的高度,mm;

h_0——试样的原始高度,mm。

(2)自重湿陷系数可按下式计算

$$\delta_{zs} = \frac{h_z - h_z'}{h_0} \tag{13-3}$$

式中　h_z——保持天然湿度和结构的试样,加压至该试样上覆土的饱和自重压力时,下沉稳定后的高度,mm;

h_z'——上述加压稳定后的试样,在浸水(饱和)作用下,附加下沉稳定后的高度,mm;

h_0——试样的原始高度,mm。

(3)溶滤变形系数δ_{wt}可按下式计算

$$\delta_{wt} = \frac{h_2 - h_3}{h_0} \tag{13-4}$$

式中　h_3——保持天然湿度和结构的试样,加至一定压力时,下沉稳定后的高度,mm;

h_2——上述加压稳定后的试样,在浸水(饱和)作用下,附加下沉稳定后的高度,mm;

h_0——试样的原始高度,mm。

(4)以压力为横坐标,各湿陷系数为纵坐标,绘制压力与湿陷系数关系曲线。

(二)双线法压缩试验

(1)以试样高度 h 为纵坐标,压力 P 为横坐标,绘制试样高度 h 与 P 关系曲线。在同一压力 P 下,两曲线纵坐标之差值 $\Delta h_p'$ 即为该压力下的湿陷变形量。

(2)计算某一压力下的湿陷系数:

$$\delta_s = \frac{h_p - h_p'}{h_0} \tag{13-5}$$

式中 h_p——在某一压力下天然含水率试样压缩曲线的纵坐标,mm;

h_p'——在同压力下浸水后试样压缩曲线的纵坐标,mm;

h_0——试样的原始高度,mm。

(3)以压力为横坐标,各湿陷系数为纵坐标,绘制压力与湿陷系数关系曲线。

(4)双线法试验的误差问题。应采用单线法,当取多个试样有困难时,允许采用双线法。然而,在实际生产过程中发现,采用这两种不同的试验方法所测定的湿陷系数 δ_s 或湿陷起始压力 P_{sh} 是不同的,有时甚至存在着较大的差异。因此,如何正确地选择试验方法与能否提供可靠的试验结果摆到了同样的位置上。

试验结果的修正:用单线法测定的湿陷起始压力,从理论上和试验结果来说比双线法更接近黄土的变形实际情况,因此在双线法试验中,保持天然含水量施加压力的试样,在最后一级压力下稳定后应浸水饱和,计算其湿陷系数。这个湿陷系数与在饱和状态下最后一级压力与天然湿度下最后一级压力之间的湿陷系数值是不一致的,通常情况下前者小于后者,也有后者小于前者的情况。出现这种情况的原因是:①预先浸水使土样强度降低,当实际压力大于或小于结构强度时,浸水破坏的湿陷变形值可能偏大、偏小。②试验土样的不均匀或试验过程中的误差。为了使双线法测得的结果符合实际情况,可用不浸水试样最后一级压力下浸水饱和的湿陷变形结果(单线法)来修正浸水饱和试样各级压力下的变形稳定值。

(三)黄土湿陷性评价

1. 黄土湿陷性的判定

黄土的湿陷性,应按室内浸水(饱和)压缩试验,在一定压力下测定的湿陷系数 δ_s 进行判定,并应符合下列规定:

(1)当湿陷系数 δ_s 值小于0.015时,应定为非湿陷性黄土;

(2)当湿陷系数 δ_s 值等于或大于0.015时,应定为湿陷性黄土。

2. 湿陷性黄土的湿陷程度划分

湿陷性黄土的湿陷程度,可根据湿陷系数 δ_s 值的大小分为下列三种:

(1)当 $0.015 \leq \delta_s \leq 0.03$ 时,湿陷性轻微;

(2)当 $0.03 < \delta_s \leq 0.07$ 时,湿陷性中等;

(3)当 $\delta_s > 0.07$ 时,湿陷性强烈。

3. 湿陷性黄土场地的湿陷类型

湿陷性黄土场地的湿陷类型,应按自重湿陷量的实测值 Δ'_{zs} 或计算值 Δ_{zs} 判定,并应符

合下列规定：

（1）当自重湿陷量的实测值 Δ'_{zs} 或计算值 Δ_{zs} 小于或等于 70 mm 时，应定为非自重湿陷性黄土场地；

（2）当自重湿陷量的实测值 Δ'_{zs} 或计算值 Δ_{zs} 大于 70 mm 时，应定为自重湿陷性黄土场地；

（3）当自重湿陷量的实测值和计算值出现矛盾时，应按自重湿陷量的实测值判定。

4. 湿陷性黄土场地自重湿陷量的计算

湿陷性黄土场地自重湿陷量的计算值 Δ_{zs} 应按下式计算

$$\Delta_{zs} = \beta_0 \sum_{i=1}^{n} \delta_{zsi} h_i \tag{13-6}$$

式中　δ_{zsi}——第 i 层土的自重湿陷系数；

h_i——第 i 层土的厚度，mm；

β_0——因地区土质而异的修正系数，在缺乏实测资料时，可按下列规定取值：陇西地区取 1.50，陇东—陕北—晋西地区取 1.20，关中地区取 0.90，其他地区取 0.50。

自重湿陷量的计算值 Δ_{zs} 应自天然地面（当挖、填方的厚度和面积较大时，应自设计地面）算起，至其下非湿陷性黄土层的顶面止，其中自重湿陷系数 δ_{zs} 值小于 0.015 的土层不累计。

5. 湿陷性黄土地基受水浸湿饱和湿陷量的计算

湿陷性黄土地基受水浸湿饱和，其湿陷量的计算值 Δ_{zs} 应符合下列规定：

（1）湿陷量的计算值 Δ_s 应按下式计算

$$\Delta_s = \sum_{i=1}^{n} \beta \delta_{si} h_i \tag{13-7}$$

式中　δ_{si}——第 i 层土的湿陷系数；

h_i——第 i 层土的厚度，mm；

β——考虑基底下地基土的受水浸湿可能性和侧向挤出等因素的修正系数，在缺乏实测资料时，可按下列规定取值：基底下 0 ~ 5 m 深度内，取 $\beta = 1.50$，基底下 5 ~ 10 m 深度内，取 $\beta = 1$，基底下 10 m 以下至非湿陷性黄土层顶面，在自重湿陷性黄土场地，可取工程所在地区的 β_0 值。

（2）湿陷量的计算值 Δ_s 的计算深度，应自基础底面（如基底标高不确定时，自地面下 1.50 m）算起；在非自重湿陷性黄土场地，累计至基底下 10 m（或地基压缩层）深度止；在自重湿陷性黄土场地，累计至非湿陷黄土层的顶面止。其中湿陷系数 δ_s（10 m 以下为 δ_{zs}）小于 0.015 的土层不累计。

6. 湿陷性黄土的湿陷起始压力

湿陷性黄土的湿陷起始压力 P_{sh} 值，可按下列方法确定：

（1）当按现场静载荷试验结果确定时，应在 P—s_s（压力与浸水下沉量）曲线上，取其转折点所对应的压力作为湿陷起始压力值。当曲线上的转折点不明显时，可取浸水下沉量（s_s）与承压板直径（d）或宽度（b）之比值等于 0.017 所对应的压力作为湿陷起始压力值。

(2)当按室内压缩试验结果确定时,在 $P—\delta_s$ 曲线上宜取 $\delta_s=0.015$ 所对应的压力作为湿陷起始压力值。

7. 湿陷性黄土地基的湿陷等级

应根据湿陷量的计算值和自重湿陷量的计算值等因素。

8. 地基的湿陷量

为了正确反映湿陷性黄土地层的湿陷程度,并联系结构物和地基实际合理地采用有效的防护措施,可用地基内各土层的湿陷系数求得地基的计算湿陷量 Δ_s(m)。

$$\Delta_s = \sum \delta_{s_i} \cdot h_i \tag{13-8}$$

式中 δ_{si}——地基内第 i 层湿陷性黄土的湿陷系数;

h_i——第 i 层湿陷性黄土的厚度,m。

湿陷性黄土地基的定性指标并不代表地基的真实湿陷量。由于我国黄土的湿陷性上部土层比下部土层大,而地基上部土层受水浸湿的可能性较大。因此,在上面公式中地基的计算湿陷土层厚度一般定为从基底算起至其下 5 m 为止。由于被地下水浸泡的那部分黄土层一般不具有湿陷性,当 5 m 内已见地下水,则算至平均年地下水位为止。在 5 m 深度内如有非湿陷性黄土层,则不将此层土的湿陷量累计在内。湿陷性黄土地基的湿陷等级越高,浸水后可能产生的湿陷量就越大,对结构物的危害也越大,因此设计措施要求也越高。

另外,我国建筑规范还规定当基底下面土层包含有自重湿陷性黄土,可按下式判别是否属自重湿陷性地基

$$\Delta_{zs} = \sum \delta_{zsi} \cdot h_i \tag{13-9}$$

式中 Δ_{zs}——地基的计算自重湿陷量,m;

δ_{zsi}——第 i 层土在上覆土的饱和自重压力下,测得自重湿陷系数;

h_i——第 i 层湿陷性黄土的厚度,m。

第二节 膨胀性土的室内测定

膨胀性土通常是指所有具有显著膨胀或收缩特性的膨胀土、裂隙土、红黏土等,表示黏性土膨胀和收缩特性的指标主要有自由膨胀率、有荷(无荷)膨胀量、膨胀力和收缩系数等。

膨胀性土的测定试验主要有自由膨胀率试验、膨胀率试验、膨胀力试验、收缩试验等。

一、自由膨胀率试验

自由膨胀率是反映土的膨胀性的重要指标之一,是土颗粒从极干燥状态到极饱和状态所呈现的最大的体积变化。《膨胀土地区建筑技术规范》(GB 50112—2013)中规定,具有地形平缓,无明显自然陡坎,裂隙发育,有光滑面和擦痕,在自然条件下呈坚硬或硬塑状态等地质、地貌特征,且土的自由膨胀率大于等于 40% 的黏性土,应判定为膨胀土。可见,自由膨胀率是室内判别膨胀土的唯一依据。

土的自由膨胀率与土的黏土矿物成分、结构、颗粒组成、黏粒(包括胶粒)含量、化学成分等有着密切关系。同时,研究表明,自由膨胀率指标与土的塑性指数、阳离子交换量和比表面积也存在一定的关系。鉴于该项试验简单易行、便于室内大量试验、出成果较快等优点,目前,工程中主要以自由膨胀率指标判别膨胀性土,但也有人认为自由膨胀率的试验方法比较粗糙,影响试验成果的因素较多,试验的重复性较差。不过,大家也都注意到如果控制好以下几个关键步骤,其成果仍是相对稳定的。

(一)试样制备

自由膨胀率试验中的土样制备至关重要。首先是土样过筛的孔径问题。国内大多数采用0.5 mm 的筛孔径,但也有用0.1~1.0 mm 的。用不同孔径过筛的试样进行比较试验,结果显示过筛孔径越小,10 mm 容积的土越轻,测出的自由膨胀率越小。因此,《土工试验方法标准》(GB/T 50123—1999)和《土工试验规程》(SL 237—1999)中规定以过0.5 mm筛孔作为标准,这与界限含水率等物理性试验的备样标准一致,可增强试验成果的可比性与相关性。此外,土样的分散程度也会引起成果的差异,因此规程还规定土样要求充分分散,并按四分法取样。

试样干燥一般有风干、低温烘干和标准烘干(105~111 ℃)几种。风干和低温烘干费工费时,且干燥程度难以掌控,而采用标准烘干,土中有机质和某些胶结物会因高温作用影响到分散度。比较试验表明,烘干温度越高,成果的差异也越大。但当自由膨胀率大于40%时,不同烘干法所得的结果差值多数在5%以内;反之,差值更小。因此,规程建议用标准烘干法。

(二)试验测量问题

自由膨胀率试验是以试样的体积变化为测量标准的,土样干燥体积的量取偏紧密或偏松散均会影响自由膨胀率的测量结果。为消除这一因素影响,规程规定将无颈漏斗放在支架上,漏斗下口应对准量土杯中心并保持10 mm 距离,两次倒入的方法进行测量且差值不得大于0.1g。量土杯的内径统一规定为20 mm,高度略大于内径,使在装土刮平时避免或减轻自重和振动的影响。

(三)量筒的选择

为提高测量精度,《土工试验方法标准》(GB/T 50123—1999)和《土工试验规程》(SL 237—1999)将以往100 mL 量筒修改为50 mL 的量筒,并规定试验前必须进行刻度校正。

(四)关于搅拌与浸泡时间问题

搅拌的目的是使悬液中土粒分散,充分吸水膨胀。《膨胀土地区建筑技术规范》(GB 50112—2013)中规定,应在量筒内注入30 mL 纯水,并加入5 mL 浓度为5%的分析纯氯化钠溶液。应将量土杯中试样倒入量筒内,用搅拌器搅拌悬液,上近液面,下至筒底,上下搅拌各10次,用纯水清洗搅拌器及量筒壁,使悬液达50 mL。待悬液澄清后,应每隔2 h测读一次土面高度(估读0.1 mL)。直至两次读数差值不大于0.2 mL,可认为膨胀稳定,土面倾斜时,读数可取其中值。

(五)凝聚剂的加法

黏土颗粒在悬液中有时有长期浑浊的现象,为了加速试验,可采用加凝聚剂的办法。有的单位对加与不加凝聚剂进行了比较试验,结果表明,对自由膨胀率影响不大,但测试时间却相差很大。实际上对不同性质的土,加与不加以及浓度大小是有不同反映的。如对含钠盐的土,由于悬液碱化,不加凝聚剂很难聚沉,但加入过量的氯化钠又会使试验读数偏小;相反,非碱性膨胀土,如加入过量或过浓的氯化钠,则又会使土粒生成疏松的网状结构,使试验读数偏大。又如,某些含盐土,因本身在水溶液中高价阳离子的碳酸盐类很快发生聚沉,所以就不必再加凝聚剂。为了增强试验成果的可比性,《土工试验方法标准》(GB/T 50123—1999)和《土工试验规程》(SL 237—1999)中统一规定,一律采取加凝聚剂的方法,标准为5 mL浓度为5%的氯化钠溶液。如果更换浓度和用量,应对成果加以说明。

二、膨胀率试验

膨胀率是指试样在有侧限条件下膨胀的增量与试样初始高度之比。膨胀率试验分无荷膨胀率和有荷膨胀率两种。

(一)无荷膨胀率试验

1. 环刀尺寸

环刀尺寸对膨胀率是有一定影响的。在统一的膨胀稳定标准下,试样的膨胀量随试样高度的增加而减小,随直径的增大而增大,但是高度过小和直径过大会造成制样困难。由不同尺寸的试样进行的比较试验表明,当高度为10~20 mm、直径为58~61.8 mm时,膨胀稳定时间比较接近。因此,《土工试验方法标准》(GB/T 50123—1999)中规定,试样高度统一为20 mm、直径61.8 mm。

2. 透水石的处理

膨胀率与土的自然状态关系密切。试样的起始含水率、干密度都直接影响试验成果。为了防止透水石的水分影响试验成果,规范要求透水石应先烘干,再埋置在切削试祥剩余的碎土中1 h,使其大致具备与试样相同的湿度。同时,考虑到滤纸吸水和吸水后的变形问题,不采用垫滤纸的办法。

3. 试验用水问题

试验用水的成分、离子浓度(pH值)及水温对膨胀率也有一定的影响。资料显示,水溶液成分不同,交换离子容量越高的土,其膨胀率也越大;而当水溶液成分相同时,膨胀性随溶液的浓度增长而减弱。为了增强可比性,规范规定膨胀率试验必须采用蒸馏水。

4. 稳定标准和时间

比较试验成果显示,6 h内,膨胀变形不超过0.01 mm时,计算的膨胀率相差0.1%。因此,初步选用6 h内变形不超过0.01 mm作为无荷膨胀率试验的稳定标准。

(二)有荷膨胀率试验

1. 试验仪器

有荷膨胀率试验目前应用比较普遍的仍然是固结仪。对于在较小荷载下膨胀性较强的土,要特别注意浸水后试样从环刀内挤冒出来,使压缩仪失去平衡。因此,要随时注意调节杠杆水平,保持其原压力不变。

固结仪在不同压力下的仪器变形可利用原有的变形校正曲线予以校正。

2. 试验过程

试验过程中应注意保持试样始终浸在水中。为此,要求注水至土样顶面以上5 mm。

为了方便排气,应采取逐步加水。

试验中试样压缩和膨胀均可能发生,安装百分表时应将指针调至量程的一半位置,以适应变形发展。

3. 荷重施加方法

有荷膨胀率试验需要预先对试样进行固结,通常根据试样的软硬程度采用一次性加荷或分级加荷的方法。

预固结的稳定标准和具体操作可参考固结试验操作程序。

4. 膨胀稳定时间问题

《土工试验方法标准》(GB/T 50123—1999)规定,试样固结完成后,向固结仪内注入纯水,并保持水面高于试样 5 mm,浸水后每 2 h 测读一次,直至两次读数差值不超过 0. 01 mm 时,认为试样此时膨胀已趋于稳定,测记读数后即可结束试验。

《土工试验规程》(SL 237—1999)的稳定标准与国标一致,但是在试样膨胀稳定后,采取分级卸荷的方法,测读各级荷载条件下的膨胀率,并由此可得不同上覆荷载条件下的膨胀率。

此外,上述标准或规程均要求测定试样试验前、试验后的含水率,计算试样孔隙比、饱和度,作为判断试样是否已充分吸水膨胀的依据。

三、膨胀力试验

膨胀力是胀缩性黏土在一定的约束条件下,遇水膨胀所产生的对外界约束作用的抗力。伴随膨胀力的解除,土体发生膨胀变形,它常使建筑物地基或其上的建筑物等遭受巨大的破坏。根据实测,当不允许土体发生膨胀时,部分强膨胀土的膨胀力高达 2 ~ 3 MPa,所以对膨胀力的测定是有现实意义的。

(一)试验方法和仪器

测试膨胀力的方法有多种,国内外采用最多的是加荷平衡法——即以外力平衡内力的方法,此外,还有图解法以及先膨胀后压回的方法等。《土工试验方法标准》(GB/T 50123—1999)和《土工试验规程》(SL 237—1999)均规定采用加荷平衡法。

加荷平衡法仍使用固结仪,在试验过程中应注意以下操作要点。

1. 仪器调平

膨胀力试验所用的固结仪一般可以按照固结试验方法进行仪器调平,需要注意的是,调平压力既不可过大,导致试样受压,又不可过小,使得试样帽与试样接触不良。

2. 平衡荷载

试验开始后,随着膨胀变形的增大,应随时增大平衡荷载。通常采用加铁砂的方法,在倾倒铁砂的过程中,应保持铁砂均匀下落,并避免产生较大的冲击力。在施力的过程中,还应随时观测量表读数,避免产生过压现象。

(二)平衡法的容许变形标准

在荷载平衡法试验中,平衡不及时或加了过量的压力都会影响到土的膨胀潜势的发挥。研究表明:膨胀力随允许变形值的增大而增加。当允许变形值由 0. 01 mm 增至 0. 1 mm时,膨胀力将提高 50% 左右。因此,有人认为为了提高试验质量,允许变形量应限制到0.005 mm。但由于仪器本身的变形和量测精度不够,加之由此引起操作上的困难,所以规范规定允许变形值为0.01 mm,并要求对变形比较大的仪器(如固结仪),在施加平衡荷重时,应注意使量表指针不要退回到初读数,而是指向与压力相对应的仪器变形位置。同时,还规定在加荷平衡时指针应指向小于应平衡位置0.01 mm的范围内,目的是为等待压缩稳定和为累积仪器变形留有余地。

(三)稳定时间的确定

在稳定时间问题上,研究表明,达到最大膨胀力的时间一般并不长,浸水后的3~5 h内变化较大,以后则趋于平缓。因此,规定加荷平衡后2 h不再膨胀作为稳定标准。

四、收缩试验

黏性土在土体水分蒸发的过程中,体积减小的现象称为收缩。收缩试验主要是测试土体的线缩率、体缩率和收缩系数。

土的收缩过程大致可分为三个阶段:直线收缩阶段,其斜率为收缩系数;曲线过渡阶段,随土质不同曲率各异;近水平直线阶段,此时土体积基本上不再收缩。引起收缩的原因常认为系土壤吸力作用。

(一)试验仪器

《土工试验方法标准》(GB/T 50123—1999)和《土工试验规程》(SL 237—1999)均规定采用收缩仪。工程中也有采用直接量测的方法。例如,将原状土切削成立方体或长方体,以量测各个棱边长变化,或在土块四周和上端安装量表,观察整体收缩变形量。

(二)操作注意事项

土体的收缩与土样的含水率关系密切,因此实验室环境温度和湿度对试验成果的影响较大,虽然目前标准和规范中只规定室温不得超过30 ℃,但根据笔者的经验,实验室室温控制在(26 ±1)℃,相对湿度控制在60%~80%为宜。

第三节　冻土有关试验

近几十年,随着现代测试技术的发展以及工程冻土学科的进步,国内外有关冻土的室内外试验技术研究也广泛地开展起来。在国际上,有些国家结合本国发展的需要,设立了相应的研究机构,如美国陆军寒区研究和工程实验室、北海道大学低温科学研究所等低温实验室等。这些机构都相应地提出过冻土的测试标准。

我国20世纪50年代开始,针对工程冻土问题,中科院冰川冻土所等单位在多年研究的基础上进行了测试技术的研究。1999年以我国国情和多年来冻土试验比较成熟的经验为基础在修订的《土工试验方法标准》(GB/T 50123—1999)中增加了冻土试样的物理性试验,这是我国第一部有关冻土物理性试验的国家标准。作为水利部行业标准《土工试验规程》(SL 237—1999)也规定了有关冻土的试验方法。

本节主要根据我国水利部行业标准《土工试验规程》(SL 237—1999),介绍冻土的室内试验方法。

冻土的室内试验包括融土的常规试验和冻土的物理力学试验。常规土工试验在本书

前面几章做了详细的介绍,在这部分中将重点介绍冻土含水率试验、未冻含水率试验、冻土密度试验、冻结温度试验、冻胀量试验和冻土的导热系数试验。

一、冻土含水率试验

冻土含水率的测定方法很多,诸如烘干法、联合测试法、电导率法、导热系数法、微波法以及中子法等,这些方法各有其优缺点。《土工试验规程》(SL 237—1999)规定的标准测定方法是烘干法。用烘干法测定冻土含水率所使用的仪器、设备简单,购置成本低,试验方法易于掌握,直观性强。

试验中需要注意以下方面:

(1)对于易分散的层状和网状结构的黏质土、砂土要采用联合法测试。

(2)由于冻土很不均匀,含水率的变化会很大。为了保证试验结果的准确可靠,应选择具有代表性的试样,且试样的质量应较多,《土工试验规程》(SL 237—1999)规定不少于50 g。

二、未冻含水率试验

目前测定未冻含水率的方法有许多种,诸如量热法、微波法、核磁共振法等。它们分别以热量平衡、微波吸收、核磁共振等原理为依据。试验的目的是测定试样在不同初始含水率状态时的冻结温度,推算未冻含水率,而且试验本身也是研究冻土中水的成冰规律的一种重要手段。量热法是一种经典的方法,其试验原理明确,具有一定的准确度,但操作及计算较繁;其他方法大都需要复杂而昂贵的仪器,一般单位难以采用。

《土工试验规程》(SL 237—1999)采用的方法是依据未冻含水率与负温为指数函数的规律,通过测定不同初始含水率的冻结温度(冰点),利用双对数关系计算出未冻含水率的两点法。该法能满足试验准确度的要求,同时,与冻结温度试验方法相同。这种方法适用于黏质土和砂质土。

未冻含水率试验应注意的问题是,试验中应分别采用试验土样的液限和塑限作为初始含水率,分别测定在该两个界限含水率时的冻结温度。

三、冻土密度试验

冻土密度试验应根据冻土的特点和试验条件选用。《土工试验规程》(SL 237—1999)中常用的方法有浮称法、联合测定法、环刀法和充砂法。浮称法用于表面无显著孔隙的冻土;联合测定法用于砂质土和层状、网状结构的冻土;环刀法用于温度高于 -3 ℃的黏质和砂质冻土;充砂法用于表面有明显孔隙的冻土。

冻土密度试验应注意以下问题:

(1)冻土密度与孔隙度、含水率、土体骨架的矿物成分以及组构有关。土在冻结时由于析冰和水结冰时体积膨胀,使土体体积增大(冻胀),所以密度减小。土在冻结时,不同时间、不同地点的冻土密度可能有很大差别,为提高测试精度,采取冻土试样时尽量大些,一般土样质量为1 000~3 000 g,可以得到可靠的试验结果,尤其是成分不均匀的冻土更是如此。

(2)测定冻土密度的关键是准确测定试样的体积。

(3)冻土密度试验应在负温环境下进行。无负温环境时,应采取保温措施和快速测试,切忌在试验过程中冻土表面发生融化现象,以免改变冻土的体积。

四、冻结温度试验

土的起始冻结温度是初始含水率相对应的冻结温度,是判断土是否处于冻结状态的重要指标。对于一种特定的土来讲,其起始冻结温度并不是一个常数,是随土中含水率的变化而变化的。测量起始冻结温度的方法有量热法、电势测量法、电阻测量法和脉冲核磁共振法等。除量热法外,其余三种方法不但可以测定起始冻结温度,而且可以连续测定含水率变化情况下土的冻结温度;但量热法具有投资省、操作简便等优点,现已纳入《土工试验规程》(SL 237—1999)中,这种方法适用于原状、扰动黏性土和砂性土。

冻结温度试验应注意以下问题:

(1)采用量热法,需要零温瓶和低温瓶。若采用贝克曼温度计(分辨度为0.05 ℃、量程为 -10 ~ +20 ℃)测温,则可省略零温瓶、数字电压表和热电偶。试验持续时间不长,一般在1 ~2 h内即可结束,且试验本身对低温环境的温度值并无精确要求,所以可用天然冰加食盐的办法来制造低温环境,无条件时,可不购置冰箱。

(2)土中的液态水变成固态冰这一结晶过程大致要经历三个阶段:先形成很小的分子集团,称为结晶中心或称生长点(germs);再由这种分子集团生长变成稍大一些团粒,称为晶核(nuclei),最后由这些小团粒结合或生长,产生冰晶(ice crystal)。冰晶生长的温度称为水的冻结温度或冰点。结晶中心是在比冰点更低的温度下才能形成,所以土中水冻结的时间过程一般须经历过冷、跳跃、恒定和递降四个阶段。见图13-5。

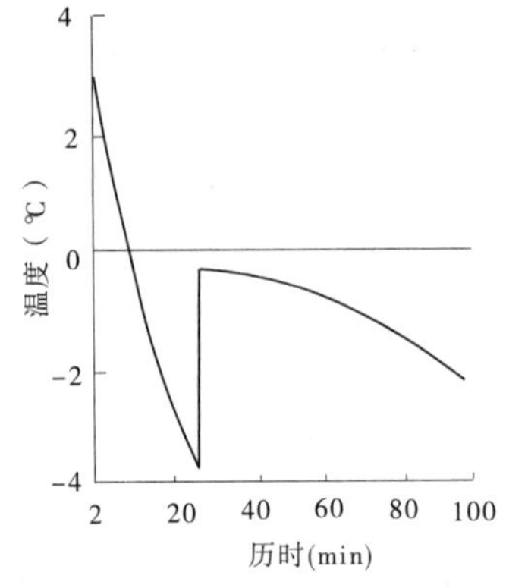

图13-5 土中水冻结的时间过程

土中水的过冷及其持续时间主要取决于土中含水率和冷却速度。土温接近0 ℃时,土中水可长期处于不结晶状态。土温低于0 ℃且快速冷却时,过冷温度高且结束时间早。当土中含水率低于塑限后,过冷温度降低。室内试验中,当土的含水率大于塑限时,土柱试样端面温度控制为 -4 ℃,一般过冷时间在半小时之内即可结束。

五、冻胀量试验

土体不均匀冻胀是季节冻土区工程大量破坏的重要因素之一。各项工程在开展之前,首先应对工程所在地区的土体作出冻胀敏感性评价,以便采取相应措施,确保工程构筑物的安全可靠。由于原状土和扰动土的结构差异较大,为了正确评价冻胀敏感性,一般应采用原状土进行试验。若条件不允许,非采用扰动土不可时,应在试验报告中予以说明。《土工试验规程》(SL 237—1999)与目前美国、俄罗斯等国所用方法基本一致,所得数据用于评价该种土的冻胀量略偏大,从工程设计上偏安全。这种方法适用于原状、扰动

黏土和砂土。

冻胀量试验中应注意以下问题：

(1)土体冻胀量是土质、温度和外载条件的函数。当土质已确定且不考虑外载时，温度条件就至关重要。其中起主导作用的因素是降温速度。冻胀量与降温速度大致呈抛物线型关系。考虑到自然界地表温度是逐渐下降的，因此在试验中要注意控制降温速度。试验中规定底板温度黏土以 0.3 ℃/h、砂土以 0.2 ℃/h 的速度下降，是照顾各类土的特点并处于试验所得冻胀量较大的情况。

(2)试验中要注意水源的补给，根据自然条件不同分封闭和敞开系统两种方法。衔接的多年冻土地区及地下水位较深的季节冻土地区，无外界水源(大气降雨、人工给排水)补给条件地区，可视为封闭系统；而由水源补给条件的地区，可视为敞开系统。

《土工试验规程》(SL 237—1999)中所列出的方法是敞开系统，若采用封闭系统试验，可将供水系统关闭。

六、冻土的导热系数试验

导热系数的测定方法分两大类：稳定态法和非稳定态法。稳定态法测定时间较长，但试验结果的重复性较好；非稳定态法具有快速特点，但结果重复性较差。《土工试验规程》(SL 237—1999)采用稳态比较法，采用导热系数稳定的石蜡作为标准原件，认为其导热系数是稳定的。

导热系数试验中应注意以下问题：

(1)试验操作中要注意铜板的平整，而且要与试样紧密接触，否则会影响试验结果。

(2)基于稳定态的比较法应遵循测点温度不随时间而变化的原则，在实际操作中是很难做到测点温度绝对不变的，因此规定连续 3 次同一测点温差值 <0.1 ℃则认为已满足方法原理。

上述的 6 种试验方法所需要的仪器、试验步骤、计算和制图按《土工试验规程》(SL 237—1999)中的 034 ~ 039 的规定进行。

第四节　分散性土鉴定试验步骤和计算

一、定　义

分散性土是指土颗粒能在水中散凝呈悬浮状态，被雨水或渗流冲蚀带走而引起土体破坏的土。

二、分散性土性状

(1)自然界某些黏土，可称为分散性土，具有被水冲蚀的现象，甚至比细砂或粉土还严重。

(2)这些黏土的分散性质主要是由于土颗粒之间的排斥力超过了相吸力(范德华力)。故一旦接触水，土体的表面土粒逐渐依次脱落，成为悬液。如属流动水，分散土粒即被带走。

(3)这些黏土的主要特点在于孔隙水中钠离子数量较多。钠促使土粒周围双电层水膜厚度增加,因此土粒间相吸力减小。

(4)促使黏土分散性管涌的另一个主要原因是,水库蓄水所含不溶解盐类的总量。该总量越低,土坝土料的分散性管涌可能性越大,这是产生离子的"解吸附作用"之故。

(5)可交换钠离子百分比 *ESP* 为

$$ESP = \frac{\overline{Na^+}}{CEC}(100) \tag{13-10}$$

式中 $\overline{Na^+}$——可交换钠离子数量,以 100 g 干土内毫克当量计;

CEC——可交换的离子总量。

当土料 $ESP = 7 \sim 10$ 时,土属中等分散性;但当库水中含盐量较低时,也会引起管涌;当土料 $ESP \geqslant 15$ 时,即有严重管涌的可能性。

(6)具有较高 *ESP* 值的土坝,当发生集中渗流时,有两种可能的后果:①如渗水流速极慢,由于流道四周土的膨胀,流道会逐渐被封闭;②如渗水初速较快,分散土粒被陆续带走,流道的扩大比土膨胀所引起的封闭快,于是最终导致管涌失事。

(7)*ESP* 值与其他常规土工试验所得指标之间无一定的关系。但是经验表明,管涌失事的土料一般属中等塑性(液限 $w_L = 30\% \sim 50\%$),少数也有属高塑性者。

(8)具有高 *ESP* 值,而且分散性极强的土,所含黏土一般均属蒙脱土,某些伊利土也有高度分散性,一般来讲,高岭土 *ESP* 值不高,管涌失事极少。

三、分散性土调查与评判

(1)收集分散性土分布区水文、气象、气候资料,调查土壤类型,盐碱土分布情况,植物生长情况,土壤水和潜水状况,自然冲蚀和工程受损破坏情况以及防治分散性土灾害的工程措施与效果。

(2)查明分散性土形成的地质背景和特征,黏土矿物成分、化学成分、结构、构造、含盐类型、水盐动态及其与分散性土形成的关系。

(3)研究地表水、地下水和土壤的水盐动态规律及其与分散性的关系。

(4)分散性土的判定应以野外调查为主,结合室内试验综合判定,并应符合以下鉴定试验的有关规定。

应根据分散性土的矿物成分和化学成分、环境水的化学成分等评价分散性土的分散性及其对工程的影响,提出防治与处理措施的建议。

四、分散性土鉴定

分散性土目前有四种鉴定方法:针孔冲刷试验、孔隙水可溶盐试验、双比重计分散度试验、碎块试验。

(一)针孔冲刷试验

(1)将土样制成 1.5 in($1\ \text{in} = 2.54 \times 10^{-2}\ \text{m}$)厚,放置在针孔试验设备中固定好,在土样中间部位刺一个直径为 1 mm 的细孔。

(2)安装好所有仪器设备部件,施加 50 mm 水头。

(3)在常水头作用下,蒸馏水流过土样 1 mm 直径的细孔,观测 5 ~ 10 min 之间出来的水是否带有颜色。

(4)对于分散性土,5 ~ 10 min 之间出来的水带有颜色,且细孔很快被冲蚀扩大;对于非分散性土,即使在 380 mm 水头作用下,出水还是洁净的,而且没有冲蚀现象。

针孔试验评价土的分散性标准见表 13-1。

表 13-1　针孔试验评价土的分散性标准

分散性	试验水头(mm)	试验持续时间(min)	最终孔径 dz(mm)	出水浑浊情况
高分散性土	50	10	$dz \geqslant 3.0$	很浑浊
分散性土	50	10	$2.0 \leqslant dz < 3.0$	很浑浊
过渡型土	180	10	$1.5 \leqslant dz < 2.0$	浑浊
非分散性土	1 020	≥5	$dz < 1.5$	微浑浊

针孔冲刷试验示意如图 13-6 所示。

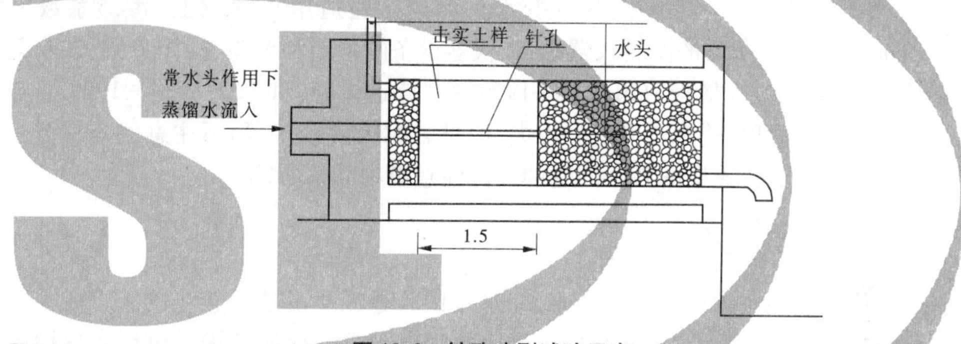

图 13-6　针孔冲刷试验示意

(二)孔隙水可溶盐试验

土与蒸馏水拌和到接近液限的稠度,再用真空法将孔隙水汲出。测定孔隙水中四种金属阳离子(钙、镁、钠和钾)总量,称为 *TDS*,以每升中毫克当量计(mg/L)。可交换钠离子百分数 $PS = n(\text{Na}^+)/TDS \times 100\%$,判定指标 $PS > 60\%$ 为分散性土。

(三)双比重计分散度试验

该法也称 SCS(即美国土壤保持局)法,其主要步骤是对土样进行两次比重计试验。第一次使用化学分散剂与机械振动,得曲线 1;第二次不使用化学分散剂及机械振动,得曲线 2。两曲线的分歧即代表土的自然界的分散性。分散百分比的定义是这两曲线在颗粒大小为 0.005 mm 处的百分数之比,分散性土的该比值通常大于 50%。

(四)碎块试验

将 1/4 ~ 3/8 in 的一块土,放在盛蒸馏水约 150 mL 的烧杯中,观察 5 ~ 10 min,视黏土粒转入胶体悬液的情况,分成下列四个等级:

等级 1——没有反应,土块在杯底塌散;

等级 2——微有反应,土块表面附近水有浑浊;

等级 3——中等反应,容易辨别悬液中的胶体;

等级 4——强烈反应,杯底有一薄层胶体沉淀,整杯水浑浊。

第十四章　土的力学性质指标及其室内测定

第一节　渗透试验

由于影响渗透系数的因素十分复杂,如土的颗粒组成、胶体含量、结构状态、密度、土粒和水的矿物成分等,都足以影响它的正确测定。当前室内和现场用的各种方法所测定的渗透系数仍然是一个比较粗略的数值,实际上渗透系数的测定方法,仍处于研究和改进之中。

目前室内渗透试验方法有常水头渗透试验和变水头渗透试验。常水头渗透试验适用于粗粒土(渗透系数 k 大于 10^4cm/s),变水头渗透试验适用于细粒土(渗透系数 k 为 $10^4 \sim 10^7$cm/s)。试验所需的主要仪器设备、仪器设备的检定和校验、操作步骤、试验记录及成果整理见《土工试验规程》(SL 237—1999)中“渗透试验(SL 237—014—1999)”。

渗透试验设备简单,技术难度看似不大,但是影响因素较多,稍不注意就容易引起较大测量误差。影响试验成果的几个问题的具体注意事项如下所述。

一、试验方法的选择

常水头试验适用于渗透性较大的土,变水头试验适用于渗透性较小的土。对于常水头试验,其试样容器的内径应大于试样中最大粒径的10倍,以避免因沿试样容器周围部分试样的孔隙较大而使周围部分流量变大所引起的试验误差。

二、试样的选择和切取

试样要有一定的代表性,能较准确反应工程实际。对于天然地基土,在不同程度上都存在非均质和各向异性,因此试验中应考虑渗流方向。

用原状样进行试验时,环刀切样操作至关重要。只有土样侧面保持为直顺的圆柱面时,才能杜绝试样边界的绕渗现象。一般来说,直接用手按压环刀的做法是不可取的,切样时应该使用保证环刀垂直下压的辅助工具。

三、试验用水

水中含气对渗透系数的影响主要是由于水中气体分离,形成气泡堵塞土的孔隙,致使渗透系数逐渐减小。因此,试验中要求用无气水,最好利用实际作用于土中的天然水,这一点较难做到。试验要求所用的纯水应先进行脱气,脱气的方法是:先将水煮沸,然后降低压力,冷却;也可用抽气方法。试验时规定水温应高于试样的温度,一般试验时水温宜高于室温3～4 ℃,目的也是避免低温水进入较高温度的试样时,水将因温度升高分解出气泡,而堵塞孔隙。有些试验人员嫌麻烦,未按此要求执行,将引起测得的渗透系数偏低。

四、试样的饱和

土样的饱和度愈小，土的孔隙内残留气体愈多，使土的有效渗透面积减小。同时，由于气体因孔隙水压力的变化而胀缩，使饱和度的影响成为一个不定的因素，为了保持试验精度，要求试样必须充分饱和。实践证明，真空抽气饱和法是有效的方法。为了使试样充分饱和，可在三轴仪中用反压力方法进行渗透试验。

试验系统的管路及透水石中的气泡要排除干净，容器及管路连接要保持密封良好，不得有漏水。

五、关于试验成果的取值

当 $k = A \times 10^{-n}$（n 值为常数）时，一个试样多次测定的取值应在连续测定 6 次后，取同次方的 A 值最大和最小之差值不大于 2.0 的四个以上的结果，取其平均值作为试样在某一孔隙比下的平均渗透系数。试验时应将试样控制在设计要求的孔隙比下测定其渗透系数，否则试验结果将无实用意义。若试样孔隙比控制在需要值有困难时，可进行不同孔隙比下的渗透试验，测得孔隙比与渗透系数的关系曲线，供查取任意孔隙比下的渗透系数。

六、异常情况处理

对于渗透系数低于 10^{-7} cm/s 的情况，会遇到两个问题：一是试验开始数日后，仍不见出水口出水，解决的方法是可用注射器自渗透仪的出水口向渗透仪内注入一些水，以减少等待出水的时间；二是室内空气很干燥时，变水头管中水分快速蒸发会明显加快变水头管水位下降速度，致使测得的渗透系数偏大，解决的办法是可在变水头管的上端装一个透气的小塞或干棉花球。

第二节　固结试验

土的压缩是指土体在压力作用下体积缩小的现象。土的固结则是指饱和土在外力作用下，随着土的排水，体积逐渐减小的全过程。土的固结试验方法是基于太沙基固结理论建立的，目的是测定试样在侧限与轴向排水条件下的在压力作用下的压缩特性，以便计算土的压缩系数 α_v、压缩指数 C_c、回弹指数 C_s、压缩模量 E_s、固结系数 C_v 以及原状土的先期固结压力 p_c 等，所得的各项指标用以判断土的压缩性及压缩过程和计算土工建筑物与地基的沉降及沉降过程。

试验所需的主要仪器设备、仪器设备的检定和校验、操作步骤、试验记录及结果整理见《土工试验规程》（SL 237—1999）中“固结试验（SL 237—015—1999）”。

影响固结试验成果的几个问题如下所述。

一、试样尺寸

试样尺寸包括试样大小和径高比。天然沉积土层通常是非均质而成层的，因此在水平方向有较大的透水性,其固结速率和孔隙水压力的消散较均质土要快。如试样较薄时,成层性起的作用就显著,这样用时间平方根法推求的固结系数 C_v 可能变小。

二、环刀侧壁摩擦

试样侧面与环刀间的摩擦是这种试验的主要机械误差,该摩擦抵消了部分上覆荷载使试样上的有效应力减小而导致一定的试验误差。因此,可在环刀内壁涂润滑油减小摩擦。

三、试样的扰动

原状试样被扰动,会模糊土的应力历史,因此除取土及运送过程中要尽可能减少振动外,制备试样时要特别仔细。不允许直接将环刀压入土样,应用钢丝锯按略大于环刀的尺寸沿土样外缘切削,待土样直径接近环刀内径时,再轻轻地压下环刀。在削两端余土时,不要用刀反复来回涂抹,最好用钢丝锯慢慢地一次削去。

四、加荷等级

试验中采用荷载比为1($\frac{P_2-P_1}{P_1}=1$)不符合现场实际加荷情况,固结试验计算所得的沉降量通常与实测沉降量相差较大。对塑性较大的黏土或结构强度小、密度低的软土,表现明显。

五、加荷时间

加荷时间取决于试样的透水性。加荷时间不同,试验所得的压缩指数是接近的,但是对先期固结压力的影响较大。

第三节　土的直剪试验

直剪试验是测定土体抗剪强度的一种常用方法。一般将从地基中某位置取出的土样或以扰动土制备的试样,用不同的垂直压力作用于试样上,然后施加剪切力,测取剪应力与位移的关系曲线,从曲线上求出试样的极限剪应力作为该垂直压力下的抗剪强度;并通过几个试样的抗剪强度确定强度包络线得出抗剪强度参数 c、φ 值。

试验所需的主要仪器设备、仪器设备的检定和校验、操作步骤、试验记录及成果整理见《土工试验规程》(SL 237—1999)中“直接剪切试验(SL 237—021—1999)”。

直剪试验中应注意的几个问题如下所述。

一、垂直压力的大小

黏性土的抗剪强度与垂直压力的关系并不完全符合库仑定律的直线关系。对于正常固结土,在一般压力下,可以认为是直线关系;而对于超固结土,在选择垂直压力时,应考虑先期固结压力的影响,当设计压力小于先期固结压力时,施加的垂直压力应不大于先期固结压力;当设计压力大于先期固结压力时,施加的垂直压力应大于先期固结压力。

垂直压力的施加方式：一次施加或分级施加对土的压缩是有影响的，其塑性指数愈大，影响也愈大。所以，对于低含水率、高密度的黏性土，应一次施加；对于松软的黏土，为防试样挤出，垂直压力宜分级施加。

二、固结稳定标准

对于固结快剪和慢剪试验，在每级垂直压力下应压缩到主固结完成，标准中规定的稳定标准为每小时垂直变形不大于0.005 mm，实际操作时，也可以用时间平方根法和时间对数法来确定。

如果固结是在另外的仪器上进行的，必然会产生试样的回弹、吸水和扰动。操作时应注意，试样推入剪切盒后，一定要先施加垂直压力，待垂直变形达到规定稳定标准后才能进行剪切。

三、剪切速率

剪切速率是影响土的抗剪强度的一个重要因素，主要表现在以下两个方面：一是影响孔隙水压力的产生、传递与消散，影响试样的排水固结强度。二是对黏滞阻力的影响，剪切速率高，黏滞阻力增大，表现出较高的抗剪强度；反之，黏滞阻力减小，所得的强度降低。快剪试验应在3 ~5 min内剪损，目的就是为了在剪切过程中尽量避免试样的排水固结。然而，对于高含水率、低密度或透水性大的土，即使再加快剪切速率，也难免产生排水固结，所以建议采用三轴仪测定不排水强度。

四、破坏值的选定

对具有明显峰值或稳定值的，取峰值或稳定值作为抗剪强度值；对无峰值或无稳定值的，则以选定一个约定的剪应力作为抗剪强度值。一般最大位移为试样直径的1/15 ~ 1/10，对于直径61.8 mm的试样，其最大剪切位移为4 ~6 mm，所以规定取剪切位移为4 mm对应的剪应力为抗剪强度值，同时要求试验的剪切位移达6 mm。

实际上，以剪切位移作为选值标准，虽然方法简单，但理论上不太严格，因各种土破坏时的剪切位移是不完全相同的，即使同一种土，在不同的垂直压力作用下，破坏剪切位移也是不相同的。因此，只有在破坏值难于选取时，才采用此法。

第四节　三轴压缩试验

三轴压缩试验是测定土的抗剪强度的一种方法，目的就是根据莫尔—库仑破坏准则测定土的强度参数：凝聚力和内摩擦角。通常是用3 ~4个圆柱形试样，分别在不同的恒定周围压力下，施加轴向压力，进行剪切至破坏；然后根据莫尔－库仑理论，求得抗剪强度参数。

土的抗剪强度是土体抗破坏的极限能力。当土体内的剪应力达到土体的抗剪强度时，必然引起土体的破坏，因此如何确定土体的强度就很重要。土的强度受许多因素影响，如土的类型、密度、含水率及受力条件、应力历史等。

试验所需的主要仪器设备、仪器设备的检定和校验、操作步骤、试验记录及结果整理见《土工试验规程》(SL 237—1999)中“三轴压缩试验(SL 237—017—1999)”。

影响试验成果的几个问题如下所述。

轴向加荷速率即剪切应变速率,是三轴压缩试验中的一个重要问题,它不仅关系到试验的历时,而且影响试验成果。对于不固结不排水试验,因不测孔隙水压力,在通常的速率范围内对强度影响不大。在固结不排水试验中,对不同的土类应选择不同的剪切应变速率,目的是使剪切过程中形成的孔隙水压力均匀增长,所测得的结果比较符合实际的孔隙水压力。三轴固结不排水试验中,在试样底部测定孔隙水压力,在剪切过程中,试样剪切区的孔隙水压力是通过试样或滤纸条逐渐传递到试样底部的,需要一定时间。若剪切应变速率较快,试样底部的孔隙水压力将产生明显的滞后,测得的数值偏低。由于黏土和粉土的渗透系数不同,所以需要规定不同的剪切应变速率。固结排水试验的剪切应变速率对试验结果的影响,主要反映在剪切过程中是否存在孔隙水压力,剪切应变速率较快,孔隙水压力得不到完全消散,就不能得到真实的有效强度指标,所以一定要选择缓慢的剪切应变速率。

绘制应力圆时,需根据破坏标准选取代表试样破坏时的应力,对破坏值的选择是正确选用抗剪强度参数的关键。从实践情况来看,以主应力差的峰值作为破坏标准是可行的,而且易被接受。然而,有些土类很难选择到明显的峰值,因为不同土类的破坏特性不同,不能用一种标准来选择破坏值。当主应力差无峰值时,采用应变为15%时的主应力差作为破坏值。以上两种方法也是国际上普遍采用的标准。目前,也有绘制有效应力路径来表示试样的破坏过程。所谓有效应力路径是指三轴试验过程中试样的应力应变轨迹,可用总应力或有效应力表示,实用上常以$\frac{\sigma'_1-\sigma'_3}{2}$为纵坐标、$\frac{\sigma'_1+\sigma'_3}{2}$为横坐标表示。用有效应力路径表示试样的破坏过程,有助于分析剪切过程中发生的变化,如剪胀性、土体的超固结程度。为了能正确选取强度参数,在提供三轴试验成果时,应根据工程的具体要求或按土的实际破坏特征取值。

在进行固结不排水和排水试验中,为了加速试样的固结,一般在试样外贴滤纸条。关于滤纸条的贴法,大约有以下几种:①覆盖面积达侧面的50%以上,上下连续的滤条;②上下均与透水板相连的滤条;③滤条下部与透水板相连,而上部与透水板断开约1/4试样高度;④上下均与透水板相连,但中部间断1/4试样高度。通过试验比较认为,为了加速试样固结,建议采用上下均与透水板相连的滤条的方式;如对试样施加反压力或测定孔隙水压力,则滤条的上、下部与透水板不相连为好,以防反压力和孔隙水压力量测直接连通。

三轴试验中试样是用橡皮膜与液体隔离的,橡皮膜对试验的影响包括两方面:一方面是它的约束作用使试样的强度增大;另一方面是膜的渗漏改变试样的含水率。对于第一个问题,国内外都做过研究,结论不一致。实际上影响究竟多大,应根据试验所用的土质和精确度要求,以及橡皮膜本身性能而定。实践证明,土的脆性破坏影响高于塑性破坏,不仅影响强度值,而且影响试样的破坏方式。在实际工程中是否进行校正,必须按试验的目的与要求确定。校正的方法有计算法和实测法两种,参考有关文献。对于第二个问题,

根据研究,对周围压力不大的常规短期(如一日内完成)试验可不考虑。若精确度要求高的长期试验,可在试样外套两层橡皮膜,校正其约束作用的影响。

第五节　土的振动三轴试验

土的振动三轴试验又称动力三轴试验,试验目的是测定饱和土在动应力作用下的应力、应变和孔隙水压力变化过程,通过试验确定土的动剪切模量、阻尼比和动强度等。

采用标准:《土工试验规程》(SL 237—1999)书中 263 ~ 276 页及条文说明 649 ~ 652 页。

一、动模量、阻尼比和动强度的定义

(一)动模量

动模量的定义为引起单位动应变所需的动应力。

1. 动剪切模量

动剪切模量计算式为

$$G_d = \frac{\tau_d}{\gamma_d} \tag{14-1}$$

式中　G_d——动剪切模量,kPa;

τ_d——动剪应力,kPa;

γ_d——动剪应变。

2. 动压缩模量

动压缩模量计算式为

$$E_d = \frac{\sigma_d}{\varepsilon_d} \tag{14-2}$$

式中　E_d——动压缩模量,kPa;

σ_d——动轴应力,kPa;

ε_d——动轴应变。

已知土的泊松比μ、G_d 和 E_d 以及 γ_d 和 ε_d 可相互换算,有如下关系:

$$G_d = \frac{E_d}{2(1+\mu)} \tag{14-3}$$

$$\gamma_d = (1+\mu)\varepsilon_d \tag{14-4}$$

式中符号含义同前。

测定动模量的方法是将动荷载施加于试样上,同时记录动应力和动应变,某一循环的动应力与同一循环的动应变之比即可得动模量,见图 14-1(a)。

另外,测定小应变时的动模量可通过物探试验,直接测定土的剪切波速 v_s,用下式计算剪切模量 G

$$G = \rho v_s^2 \tag{14-5}$$

式中　G——剪切模量,kPa;

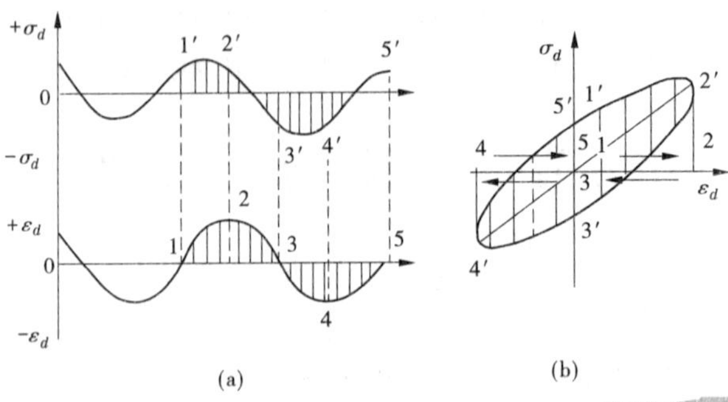

图 14-1　应力—应变记录曲线和滞回圈

ρ——土的密度,g/cm^3;

v_s——剪切波速,m/s。

(二)阻尼比

阻尼比定义为土的阻尼系数与临界阻尼系数之比。阻尼比可衡量一周循环荷载内土吸收能量的特性,吸收能量大小可用图 14-1(b)滞回圈面积表示。阻尼比 D 按下式计算

$$D = \frac{1}{4\pi}\frac{A_c}{A_T} \tag{14-6}$$

式中　A_c——滞回圈面积;

A_T——△122′面积。

另一种常用的计算小应变时阻尼比的方法为自由振动法,如图 14-2 所示,用下式计算阻尼比

$$D = \frac{1}{2\pi}\frac{1}{N}\ln\frac{A_1}{A_{n+1}} \tag{14-7}$$

式中　D——阻尼比;

N——计算所取的振动次数;

A_1——停止激振后第 1 周的振幅,mm;

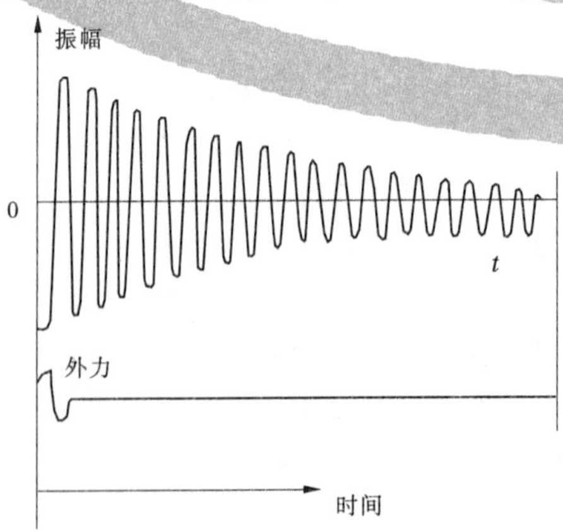

图 14-2　振幅随时间的衰减曲线

A_{n+1}——停止激振后第 $n+1$ 周的振幅,mm。

(三)动强度

土在动荷载作用下,土的应力、应变及孔隙压力随时间(振动次数)而变。动强度是经一定振动次数后试样达到破坏的振动剪应力,振动剪应力与破坏周数的关系曲线称为动强度曲线,见图14-3。对某一定密度的土,作用的动剪应力大,达到破坏的振动次数少;动剪应力小,振动次数多。破坏标准有应变标准、孔压标准和极限平衡标准等,不同破坏标准得到不同的动强度和动强度指标。

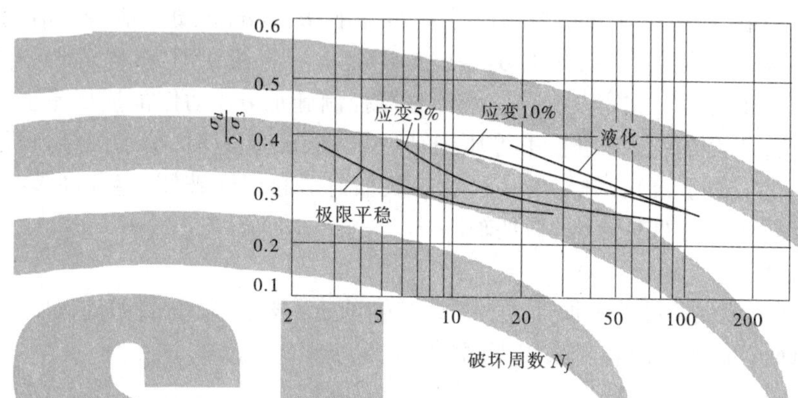

图14-3　不同破坏标准的动剪应力比与破坏周数的关系

二、土动三轴试验操作要点

(一)准备工作

(1)检查土动三轴仪各组成部分,确认激振系统、静力系统及量测系统都能正常工作。对各种仪表、传感器等要经常校核和定期标定。

(2)明确试验参数,包括试样密度、固结压力及固结应力比等。

(二)试样制备

试样制备的要求和方法与静三轴试验相同。原状样制备按《土工试验规程》(SL 237—1999)4.1.2条规定进行,扰动样制备(击实法)按《土工试验规程》(SL 237—1999)4.1.3条规定进行,砂土试样制备按《土工试验规程》(SL 237—1999)4.1.5条规定进行。对于水力充填法修建的尾矿坝、灰坝等,常要求进行充填土试样制备(土膏法),应按《土工试验规程》(SL 237—1999)4.1.4条规定进行。

动三轴试验中经常要求测定松软地基土的动强度指标,这些试样密度很低。制备低密度试样是费事又耗时的工作,试验者必须保持耐心和细心。由于在相同的固结条件下,试样动强度取决于试样的密度、饱和度和均匀程度,因此对制样环节的控制就直接影响到试验的质量。同一干密度各组试验的试样,宜一批制备,其密度、含水率、击实过程、饱和过程及试样静置时间等都应大致相近。

(三)试样饱和

试样饱和过程也与静三轴试验相同。视土样类型不同,可分别采用抽气饱和、水头饱和、二氧化碳饱和、反压饱和等方法,具体操作细节详见《土工试验规程》(SL 237—1999)

4.2条。

(四)试样固结

动三轴试验通常要求在三个不同的主应力比下进行固结。对于有伺服控制加载系统的新型土动三轴仪来说,只要试验前按试验的要求进行设置(如设定 K 值、加荷级数、荷载增量大小,各级荷载增量持续时间等),试验机即可自动完成试样的固结。

国内尚有许多单位使用电磁单向激振式动三轴仪,这类仪器在固结阶段是由手工操作的。在进行等压固结($\sigma_1/\sigma_3=1$)时,动三轴加压方式与静三轴略有不同。静三轴的加压活塞与试样为点接触,加围压 σ_3 时轴压 σ_1 也同步加上,$\sigma_1=\sigma_3$。动三轴由于活塞与试样相连,σ_1 与 σ_3 需分开施加,一般先加 σ_3,在加 σ_3 之前应将活塞固定,以免加 σ_3 时试样受挤压向上变形而破坏。加完 σ_3,由荷载传感器控制施加 σ_1,动作衔接尽量要快。加荷完毕,松开活塞,开始固结。在进行不等压固结($K=\sigma_1/\sigma_3>1$)时,要求固结过程尽量保持 K 值大致不变。对于松软试样,为了避免一次加荷引起试样破坏,应分许多级加荷逐步固结。每级固结时先加围压 σ_3,后加轴压 σ_1。

(五)施加动应力

固结完成后,在不排水条件下施加动应力。动三轴试验主要分为两类,即动强度试验及模量和阻尼比试验。两类试验各自采用不同的方式和步骤施加动应力。

1. 动强度试验

对制样密度和固结应力比均相同的一组试样(一般不少于4个),分别设定大小不同的动应力 σ_{d1}、σ_{d2}、σ_{d3}、σ_{d4},启动激振力并同时打开记录仪,记录应力、应变和孔压的变化过程线。当应变达到应变破坏标准(通常规定应变达5%)或孔压达到侧压($u_d=\sigma_3$)时,即切断激振力并停止记录。由于施加的动应力愈大,试样发生破坏的周数愈小。为能较好地绘制 $\sigma_d/2-N_f$ 关系曲线,最理想的情况是这4个试样发生破坏的周数大致能分别落在4~6周、10~15周、20~30周、50~70周的范围内。若动应力设置过大或过小,就得不到满意的效果,出现这种情况时则必须增补试验。根据试验计划要求,对于不同的制样密度和不同的固结应力比,重复上述试验步骤。具体操作细节详见《土工试验规程》(SL 237—1999)4.5条。

2. 模量和阻尼比试验

在同一个试样上动应力由小到大逐级施加,振动时记录动应力、动应变和动孔压。每级动应力的振动次数不要超过10次。第1级动应力在可能正确测读的条件下设定较小的值,后一级设定可比前一级大1倍。当应变波形明显不对称或孔压较大时,停止试验。根据试验计划要求,对不同的制样密度和不同的固结应力比,重复上述试验步骤。具体操作细节详见《土工试验规程》(SL 237—1999)4.6条。

(六)资料整理

1. 动强度试验

需要提供的资料包括动强度曲线(即轴向动应力与破坏周数关系曲线)、动孔压和动应变随时间(周数)发展的过程线、动强度指标(包括总应力动强度指标 c_d、ϕ_d 及有效应力动强度指标 c'_d、ϕ'_d)。在土动力学中,常用的破坏标准有三种:极限平衡标准、液化标准和应变标准。因此,动强度曲线和动强度指标应针对三个不同的破坏标准分别提供。

具体步骤详见《土工试验规程》(SL 237—1999)5.1条。

2. 模量和阻尼比试验

需要提供的资料包括动应力与动应变关系曲线、动模量比(E_d/E_o)与动应变 ε_d 关系、最大压缩模量 E_o 与有效平均固结应力 σ_o 的关系、阻尼比 D 与动应变 ε_d 关系曲线等。具体步骤详见《土工试验规程》(SL 237—1999)5.2条。

因资料整理内容多,涉及数据量浩大,用人工完成几乎是不可能的。目前各种类型的土动三轴仪在数据采集和资料整理方面大多均可由计算机完成。

三、试验人员技术培训

土动三轴仪特别是国外进口的土动三轴仪属于精密仪器设备,价格昂贵。土动三轴仪的试验技术较复杂,要求试验人员掌握的技术知识也相对较多。据了解,近年来国内有不少高等学校和科研院所从国外进口了许多先进的土力学试验设备。但是其中有相当一部分设备由于在技术人员培训方面没有跟上,未能发挥应有的效益,甚至有的设备由于使用操作不当而造成严重的损坏。大家应从以上情况吸取教训,引以为戒。因此,从事土动力学试验工作的人员事先应接受专门的技术培训。

第六节　反滤料试验

反滤料试验的目的是确定在渗透水流作用下,被保护土的反滤层土样的合理级配。其适用于无黏性土。

试验所需的主要仪器设备、仪器设备的检定和校验、操作步骤、试验记录及成果整理见《土工试验规程》(SL 237—1999)中“反滤料试验(SL 237—057—1999)”。

反滤料试验应注意以下问题:

(1)室内反滤料试验中,由于考虑到其装样、饱和及测试方式与渗透变形近似,利用垂直渗透变形仪能达到反滤料试验的要求,故直接采用垂直渗透变形仪进行反滤料试验。

(2)反滤料试验中,对于各层反滤料和被保护土料在试验前后均应进行颗粒分析,在同一颗粒分析坐标纸上绘制各层反滤料和被保护土料试验前后的颗粒分析曲线。根据曲线,确定被保护土层中带出的土量,从而判断所选定的反滤料是否能满足反滤要求。

第七节　其他力学性质试验

一、加州承载比试验(California Bearing Ratio Test)

承载比是路基和路面材料的强度指标,是柔性路面设计的主要参数之一。其试验原理是通过测定土承受标准贯入探头贯入土中时土相应的承载力,求取扰动土的承载比 *CBR* 值。*CBR* 值是指采用标准尺寸的贯入杆贯入试样中2.5 mm时所需的荷载强度和相同贯入量时标准荷载强度的比值。不同贯入量时的标准荷载强度与标准荷载值如表14-1所示。

试验所使用的仪器设备、试验方法、试验步骤、成果整理详见《土工试验规程》(SL 237—1999)中“承载比试验(SL 237—012—1999)”。

表 14-1 不同贯入量时的标准荷载强度与标准荷载值

贯入量(mm)	标准荷载强度(kPa)	标准荷载(kN)
2.5	7 000	13.7
5.0	10 500	20.3
7.5	13 400	26.3
10.0	16 200	31.3
12.5	18 300	36.0

(一)试验中应注意的问题

(1)进行承载比试验时,贯入试验前一般将试样浸泡 4 d 作为设计状态,以模拟试件在使用过程中的最不利情况。国外也是以 4 d 作为浸水时间的。也可以根据不同地区、不同地形的排水条件和路面结构等适当改变浸水方法和浸水时间,使承载比试验更符合实际情况。

(2)为了模拟地基土的上覆压力,在浸水膨胀和贯入试验时,试样表面须加荷载块,以施加与实际荷载或设计荷载相同的力。但对于黏性土来说,当上覆压力很大时,荷载块所产生的作用无法达到要求。规程中规定了加 4 块荷载块的标准方法。

(3)在加荷装置上安装好贯入杆后,为了使贯入杆端面与试样表面充分接触,在贯入杆上施加 45 N 的预压力。施加的预压力作为试验时的零荷载,并以该状态的贯入量为零点。如绘制的压力和贯入量关系曲线的起始段呈反弯,则表示试验开始时贯入杆端面与试样表面没有完全接触,所以要对曲线进行修正。

(二)*CBR* 值的应用

(1)承载比试验成果在应用于公路、机场跑道设计时,可根据土的类别求出跑道或路面的总厚度。

(2)我国柔性路面的设计往往以回弹模量值作为设计参数的居多,但目前在该项设计中有采用承载比试验的趋势,特别是科研单位,近几年对回弹模量和 *CBR* 值的关系开展了大量的比较试验,为广泛进行承载比试验积累资料和经验。

(3)承载比试验的缺点是试验费时,成果比较分散。

二、回弹模量试验

(1)本试验的目的是通过对试样进行规定压力下的加载和卸载,测定土的回弹变形量,以确定土的回弹模量值。

(2)本试验采用杠杆压力仪法和强度仪法。杠杆压力仪法用于含水率较大、硬度较小的试样。

(3)本试验适用于不同含水率和不同干密度的细粒土。

（一）杠杆仪法

试验所需的主要仪器设备、仪器设备的检定和校验、操作步骤、试验记录及成果整理见《土工试验规程》（SL 237—1999）中“回弹模量试验（SL 237—013—1999）杠杆仪法”。

（二）强度仪法

试验所需的主要仪器设备、仪器设备的检定和校验、操作步骤、试验记录及成果整理见《土工试验规程》（SL 237—1999）中“回弹模量试验（SL 237—013—1999）强度仪法”。

（三）应注意的问题

在试验过程中应注意的问题有：

（1）室内回弹模量试验中，特别是在加压的初始阶段，试样的回弹变形很小，相应的估读误差较大，所以测定变形的量表一定要采用千分表。由加载开始时的土样塑性变形，得出的承载板上的压力 P 与相应压力 l 的回弹变形曲线有可能与纵坐标相交于原点以下，如以读数值计算回弹变形，其中就会包含一部分塑性变形。因此，要对读数进行校正，即将 $P-l$ 曲线的直线段延长与纵坐标相交点作为原点。

（2）室内强度仪法测试回弹模量中，加压后由于试样的微小变形会使测力计发生轻度卸压。对于较硬的土，该卸载很小可忽略不计。当试样较软时，应稍摇动手柄，补上卸掉的微小压力。

三、孔隙水压力消散试验

本试验使试样受各向等压作用或在 K_0（K_0 是指有侧限条件下，侧向无变形）条件下受轴向压力作用，测定孔隙水压力的消散过程，从中确定孔隙水压力消散系数 C'_V、消散度 D_c 及孔隙水压力系数 B、$\overline{B}$。其中，B 是等压力下孔隙水压力系数，$\overline{B}$ 是 K_0 条件下孔隙水压力系数。

消散系数 C'_V 主要用于估算施工期土坝或地基土体中的孔隙水压力，对控制合理的施工进度、保证土坝或地基的稳定有重要意义。

本试验适用于饱和度大于85%的原状黏质土及含水率大于最优含水率的击实黏质土，也可用于用充填法制备的试样。

试验所需的主要仪器设备、仪器设备的检定和校验、操作步骤、试验记录及成果整理见《土工试验规程》（SL 237—1999）中“孔隙水压力消散试验（SL 237—019—1999）”。

（一）应注意的事项

（1）测定黏质土的孔隙水压力消散通常历时较长，宜采用长期稳定、体积因数小、灵敏度高的压力传感器。为了保证测试结果的可靠性，对传感器性能应当经常检验（主要是自检）。

（2）试验前要细心排除透水石连通至孔压传感器之间的管路以及环刀和橡皮膜之间等处的气泡，否则将产生较大试验误差。

（3）对于软弱的土样特别是用充填法制备的土样，施加的第一级压力应当尽量小，而且此级压力应视为一个预压阶段的压力，其间测试结果不宜采用。待此级孔隙压力消散完成后，后续施加的各级压力才可视为正式试验的压力。

(二)试验误差

常见的误差来源有:

(1)系统排除气泡不彻底会直接影响孔压变化过程。

(2)环刀切样操作不当使环刀与试样之间存在间隙。

(3)有些试样在消散初期孔压变化太快,人工读数跟不上。

四、无侧限抗压强度试验

本试验测定饱和软黏土的无侧限抗压强度及灵敏度。

试验取得的土性参数对软土地基上各类工程的设计和施工有重要意义。

(一)应注意的事项

(1)有些结构性黏土试样重塑后特别软,要注意脱模后轻拿轻放。

(2)若天气干燥,试样侧面也要抹凡士林,以防水分蒸发。

(3)土样重塑操作中要注意土样中不能存在大的气泡。

(4)试样重塑后应立即试验,不可在保湿容器中久放后再进行试验。

(二)试验误差

不按上述注意事项操作均可能导致明显的误差:违反(1)、(3)会导致强度偏低,违反(2)、(4)可导致强度偏高。

五、排水反复直剪试验

本试验用应变控制式直剪仪在慢速(排水)条件下,对试样反复剪切至剪应力达到稳定值,以测求土的残余抗剪强度参数 c'_r 和 φ'_r。这些土性参数对滑坡治理工程和基岩含有软弱夹层的水利工程或岩土工程设计有重要意义。

试验对象一般为滑带土及岩石软弱夹层中的黏质土,分为原状样和人工制备液限样两种。

试验所需的主要仪器设备、仪器设备的检定和校验、操作步骤、试验记录及成果整理见《土工试验规程》(SL 237—1999)中“排水反复直接剪切试验(SL 237—022—1999)”。

(一)注意事项

(1)目前使用的直剪仪的垂直加压杠杆,有采用刀口接触传力和轴承接触传力两种型式。对于前者,在施加垂直压力的操作中,有些操作人员时常忘记检查杠杆上的刀口是否接触在正确位置,忽视这一环节将会导致垂直压力产生大的偏差。因此,要切记安装试样时要低下头来对加压杠杆进行检查,保证刀口放在正确的位置上。

(2)试验前要细心调整蜗轮蜗杆的初始位置,粗心大意会导致试验失败甚至是仪器损坏。

(3)采用四联电动直剪仪时,要注意保持四台直剪仪同时工作的协调性。使用数据采集系统时,要合理设置初始化条件,保持整个试验系统的协调性。

(4)做液限状态土膏试验时,将环刀中试样推入剪切盒的操作要谨慎小心,避免试样滑落。试样固结时,垂直荷载一定要从小到大分级施加至预定值,每级荷载下试样变形稳定后,方可施加下一级荷载。否则,土膏易从透水石与剪切盒之间的缝隙中挤出,使试验

失败。

（二）试验误差

不按上述(1)、(4)注意事项操作均可能导致明显的误差。

注:工程实际中的大位移剪切是单方向的,本试验中的大位移剪切是正反两方向累计的,两者之间存在很大差别。

六、无黏性土休止角试验

本试验测定无黏性土在风干状态或水下状态的休止角。该参数对散体物料堆放仓库或堆放场地以及碎石场、排土场等类工程的设计有一定意义。

试验所需的主要仪器设备、仪器设备的检定和校验、操作步骤、试验记录及成果整理见《土工试验规程》(SL 237—1999)中"无黏质土休止角试验(SL 237—023—1999)"。

（一）注意事项

(1)倒砂的操作要细心和耐心。

(2)提升圆盘的速度要慢而均匀。

（二）试验误差

倒砂速度过快、提升圆盘用力过猛均会造成砂的密度不均匀,影响到测量结果的正确性。

七、静止侧压力系数试验

本试验用侧压力仪进行排水固结试验,测定侧向有效应力与轴向有效应力,计算土的静止侧压力系数。该参数用于确定天然土层的水平向应力,并用于计算挡土结构物的静止侧向土压力。

试验所需的主要仪器设备、仪器设备的检定和校验、操作步骤、试验记录及成果整理见《土工试验规程》(SL 237—1999)中"静止侧压力系数试验(SL 237—028—1999)"。

（一）注意事项

(1)侧压力仪使用前要做认真的检查。

(2)传感器和显示仪表使用前要做认真的校验。

（二）试验误差

未按注意事项(1)、(2)操作均可给试验结果带来明显误差。

八、弹性模量试验

本试验用应力控制式三轴仪,用轴向反复加荷、卸荷的方法确定土的弹性变形,计算土的弹性模量。该参数可用于估算迅速加荷情形下地基的初期沉降。

本试验适用于饱和的黏质土和砂质土。

试验所需的主要仪器设备、仪器设备的检定和校验、操作步骤、试验记录及成果整理见《土工试验规程》(SL 237—1999)中"弹性模量试验(SL 237—023—1999)"。

（一）注意事项

(1)试样的扰动对试验结果有很大影响,要保证试验结果有实用意义,使用高质量的原状试样是根本前提。

(2)试验前准备好分级加压所需的砝码。

(3)为了避免手忙脚乱,试验宜由2人分工协作,并建议使用有呼叫功能的电子计时器(如文曲星等)。

(二)试验误差

(1)本试验操作频繁,且时间间隔较短。手忙脚乱是容易引起试验误差的主要来源之一。

(2)试验节奏的快慢对试样结果影响很大,节奏放慢会导致测得的弹性模量明显偏低。

九、土的变形参数试验

本试验通过各向等压固结试验和等有效平均正应力的排水剪试验,测定土的应力应变关系,计算土的体变模量和剪切模量,为土工数值计算提供计算参数。

试验所需的主要仪器设备、仪器设备的检定和校验、操作步骤、试验记录及成果整理见《土工试验规程》(SL 237—1999)中“土的变形参数试验(SL 237—030—1999)”。

(一)注意事项

(1)试样饱和应采用反压饱和法,以便于各级压力施加后,监测孔压消散的程度。

(2)试验前要精心计划好所需施加的各级围压和各级轴压的大小,并准备好与轴压增量相应的砝码。围压的选择应与工程实际相适应,最大围压宜大于设计荷载。

(3)由于围压和轴压应同时施加,故宜安排2人配合操作。

(4)剪切模量试验时,如果土比较软弱,固结阶段应分级进行。

(5)如进行三轴等平均主应力拉伸试验,则需在加压活塞杆与压盖之间安装一个连接附件。

(二)试验误差

K_0 固结阶段及排水等平均主应力试验均需围压和轴压同时施加,人手不够或操作不熟练均会出现手忙脚乱,造成大的误差。

(三)其他说明

应当指出,本项试验所指的土的变形参数是针对非线性 $K-G$ 模型的。实际上土工计算中常用的还有非线性 $E-\mu$ 模型及 $E-B$ 模型。为求得这两种模型对应的参数,只需进行常规的固结排水三轴压缩试验。相应的试验资料整理步骤详见《土工试验规程》(SL 237—1999)的附录a及《土工试验规程》中174~180页)。

十、单轴抗拉强度试验

本试验对圆柱形或长方形试样逐级施加轴向拉力,使试样达到断裂破坏,测得单轴抗拉强度,可供分析土体表层开裂时参考使用。试验方法分为立式和卧式两种。

试验所需的主要仪器设备、仪器设备的检定和校验、操作步骤、试验记录及成果整理见《土工试验规程》(SL 237—1999)中“单轴抗拉强度试验(SL 237—031—1999)”。

（一）注意事项

（1）试样养护时间长短会影响土体抗拉强度的大小，试验者可根据具体情况规定统一的标准。

（2）试样两端与端板的胶结质量直接关系到试验的成败，要选择合适的黏合剂，还要注意掌握胶结的操作细节。

（3）应变控制拉伸试验时，测力计最大读数不易读取，接近破坏时要密切观察。

（二）试验误差

（1）压制试样操作的随意性、养护时间长短的随意性均可引起试验误差，克服的办法是试验者应视具体情况，规定适当的标准。

（2）应变控制拉伸试验时未捕捉到测力计最大读数，必然导致较大误差。为了提高准确度，有条件的单位可使用电测法并进行数据自动采集。

（3）应力控制拉伸试验时，破坏荷载往往不明确。为了提高准确度，只能在接近破坏时减小荷载增量。

第三篇　土工合成材料

第十五章　土工合成材料的技术发展和现状

第一节　发展简史

土工合成材料(geosynthetics)是以高分子聚合物原材料为基础制成的用于岩土工程的各类产品的统称,也指这些产品的工程应用技术。产品包括透水的土工织物、基本不透水的土工膜、土工复合材料和土工特种材料等四大类,品种有数百种之多。土工合成材料随化学工业聚合物的发展和工程拓展而兴起,其应用技术则依赖于岩土力学基本原理。该学科的创始人之一的 Dr. J. P. Giroud 曾誉其为"可能是岩土工程历史上的一次重要革命"。

土工合成材料开始应用的确切年代已难以考证。但从部分早期有里程碑意义的工程事例可窥其梗概。大约从 20 世纪 30 年代,聚氯乙烯(PVC)土工膜已被用于游泳池防渗;美国垦务局 1953 年开始用聚乙烯(PE)膜于渠道防渗;原苏联也较早地在渠系上铺设低密度聚乙烯(LDPE)膜;1992 年意大利为修理 1964 年建成的高 174 m 的 Alpe Gera 混凝土坝的渗漏,在坝面上游铺设了厚度为 2.2 mm 的 PVC 膜。1958 年美国佛罗里达州在海岸块石护坡下展铺土工织物作反滤护垫,迄今被认为是近代土工织物应用的发端。特别值得一提的是,荷兰 1952 ~ 1953 年遭遇特大风暴,造成重大生命财产损失,灾后启动著名的三角洲工程,据统计,该项目动用了早期的土工织物达 1 000 m^2,大大推动了土工织物的发展。继后的 1968 年,荷兰又开发研制成双层土工织物缝制成的、用于护岸的混凝土模袋(fabriform)。

1968 年,法国 Rhone Poulenc 公司首创无纺土工织物,可替代传统的砂砾料用作反滤层,使土工织物的应用领域广为拓展;20 世纪 80 年代初,英国 Mercer 发明了以聚合物制成的、至今仍为土加筋的最佳材料的土工格栅(geogrid);70 年代末,在瑞典 Kjellman 倡议研制的排水纸板(cardboard wicks)的基础上开发的塑料排水带(prefabricated strip drain),无需砂料,可替代砂井广泛用于加速软基排水固结。此外,以有纺织物制成的大直径(3 ~5 m)、大长度(数十米至百米)的土工管袋(geotube),可以容纳疏浚泥沙、淤泥等物,脱水固结,形成的连续大体积条带土管袋,既可以作为岸边的防冲障墙,也可以建成河工丁坝、顺坝,乃至围垦造地,或兴建人工岛。20 世纪 80 年代后期,荷兰、德国、法国、美国和日本相继以高强有纺土工织物在开底船上制成大体积土工包(geocontainer,有的单个体积达到2 000 ~ 3 000 m^3)容纳废弃物、疏浚土料等(土工包或堤前预制)。土工包封闭后,靠 GPS 定位系统运到指定水域开启船底投放,修成水下稳定平台、防波堤,或控制海底侵蚀和建造潜坝结构(Sill structure)等。为改善生态、保护环境,以热黏性树脂为原材料制成的各种三维土工网垫相继问世,可用于坡面植草,甚至光秃岩坡也能披上绿衣。当今环保问题受到高度重视,不仅防渗材料的土工膜及应用技术有了很大的改进,也促成了另一种防渗材料GCL(土工合成材料膨润土垫)的研制成功,广泛结合土工膜构成垃圾填埋场的防渗系统。近来逐渐推广至水工防渗,用于渠道、水池和人工湖景区等。

土工合成材料有人称其为木材、水泥和钢筋之外的第四种主要建筑材料。它们的应用满足了解决岩土工程主要涉及的土体稳定、变形和渗流三大方面问题的需要。归纳起来,它们具有以下一些工程中经常要求处理的功能:

(1)反滤功能。

(2)排水功能。

(3)隔离功能(例如铁道土地基与轨下道渣间铺放土工织物,即可避免道渣碎石压入地基或地基细土粒被吸入道渣,延长路基使用年限)。

(4)加筋功能(广泛被用于兴建陡坡,加固软地基和建造加筋土挡墙等)。

(5)防渗功能。

(6)防护功能(例如江河湖海堤坝的防浪防冲,道路的防裂,岸坡及挡墙的防冻胀)。

(7)包容功能(利用该材料制成大容积包、管袋和小包、箱笼等,容纳散粒料筑造堤坝,围垦造地等)。

一种土工合成材料常常具备多种功能,设计时固然应满足其主要功能,也需要兼顾其次要功能。土工合成材料与土构成了复合土体,分析研究其应力应变性状,主要以土力学、水力学和工程地质等原理为基础,结合考虑聚合物特性及其与土的相互作用。目前许多设计方法已取得共识,但由于复合体中材料共同工作的机理尚未全部认识,部分验算模式犹待改进。

第二节　我国土工合成材料技术的进程与现状

20世纪70年代末,改革开放政策改变了我国长期与国外隔绝的局面,为对外科技交流开辟了畅通道路。经过了20余年的发展,在生产单位、科研教学机构和产品制造厂家的共同努力下,特别是1984年年底跨行业的“土工织物科技情报协作网”的成立,土工合成材料技术开始与国际接轨,至今已建立起有相当规模的行业队伍,使科研、生产和应用都达到一定水平。发展进程和现状如下所述。

一、发展进程

该技术在我国的进展可归纳为四个阶段。

(一)自发应用时期

早在20世纪60年代,山东打渔张灌区、河南人民胜利渠即采用塑料薄膜作渠道防渗,后推广用于蓄水池、水库等水工建筑物防漏;1965年辽宁桓仁水电站用沥青聚氯乙烯膜为混凝土支墩坝上游面止裂防漏;1976年江苏长江岸边的嘶马以扁丝土工织物结合混凝土块压重,制成软体沉排防治江岸冲塌;同一时期江都西闸,也以类似软体排解决了地面防冲问题。这一时期的特点,是个别工程应用该材料,既无一定规格的产品,也无定型的设计方法,纯属按既往岩土工程经验,群众性自发应用。

（二）技术引进时期

改革开放为国内外技术交流创造了机遇。20 世纪 80 年代初，铁道科学研究院首先接受了美国杜邦公司赠送的 20 000 m^2 的纺黏无纺土工织物，试用于治理铁道长期存在的翻浆冒泥病害，成功率达 90% 以上，这算是我国采用正规土工合成材料的开端。在进口产品启发下，由我国纺织院校的倡导，开始了迄今用途最广的针刺无纺织物的试生产。虽然当时已有美、奥、法等国的厂商常驻我国，但进口货价昂贵，加之外汇困难，大大促进了国产产品的发展壮大。

20 世纪 80 年代初由日本引进了塑料排水带。天津一航局科研所、华东水利学院和天津航务局合作仿制了国产排水带。首先在塘沽新港东突堤应用达 48 万 m^2 的面积，替代了袋装砂井。后来又发展了真空预压法，至 1988 年，采用量已超过 1 000 万 m^2。

同一时期引进了土工模袋，首用于江苏泰州船闸引航道，由无锡毛纺织染厂将其国产化。1988 年浙江海宁钱塘江口强涌潮区在水流流速为 8.3 m/s 的情况下也用其作为海塘护岸。后来在该产品的基础上发展了铰链式模袋，可容许一定移动而适应地基变形。

1983 年又引进了加筋技术和加筋土工格栅。到 20 世纪 90 年代中期，自行研究出国产化产品。

20 世纪 80 年代初还引进了低压排水、输水塑料管材，有地面软管和地埋式硬管，在我国北方水源紧缺地区得到迅速推广。

在此期间，受国外技术和产品的启发，材料的制造、测试和应用研究以及设计有较大的进展。先后研制成测试材料物理性、力学性、水力学性和耐久性诸方面的设备，并制定出相关的测试规程（尽管规格相当不统一）。在产品方面，除少数特殊材料外，大多已满足国内需要，研究成针刺无纺织物的加工工序和规格优选、PP 和编织物的防老化、防静电和防滑移，研制成材料的黏结剂等。研究了织物的孔径测定、反滤准则、路基翻浆冒泥机理与防治、织物切断土中毛细作用的探讨、道路的防裂、土工膜治理膨胀土、离心机试验研究和以有限元方法分析土体加筋等。在技术教育方面，多所重点高校开始培养土工合成材料硕士、博士研究生，开设该技术课程。从 1984 年底，不定期出版内部刊物《土工合成材料科技通讯》，迄今已发行 182 期。1986 年在天津召开了首届"全国土工合成材料学术会议"，有多位国内外专家列席。以后该会议的每四年举行一次，迄今已召开过 6 次。

（三）组织建立时期

1984 年底，在时任河北省水利厅副厅长、水利专家刘宗耀同志的倡导和岩土界著名教授黄文熙、卢肇钧院士等的支持下，成立了"土工织物技术情报网"。继后，又在水利学会和水力发电学会下建立了相应的三级学组和二级专业委员会。由于土工合成材料技术有跨行业性质，故经过多年申请，终于经民政部批准，于 1995 年正式成立全国性的中国土工合成材料工程协会，由水利部领导。

另外，早在 1986 年，我国即有三位代表参加了由国际土工合成材料学会（IGS）主办的、在维也纳召开的第三届国际土工合成材料学术会议。通过申请，IGS 于 1990 年正式接纳我国为该组织的第 6 个国家会员国，建立了国际学会中国委员会（CCIGS），负责国际沟通和技术交流。

在这一时期，土工合成材料的新产品的应用领域继续扩大，如引进土工管袋，用于环保围堤;以土工袋取代草包用于防汛抢险;以土工膜作浅层(例如小于15 m)垂直防渗幕代替混凝土防渗墙;以土工织物及玻纤网防止道路开裂;用泡沫塑料板材EPS治理冻胀;借土工格室在沙漠地区固砂筑路,铺软式排水管改善软基,以及推广土工植被网改善环境与生态等,都取得有效成果。

(四)步入标准化时期

1998年是个不平凡的年份,当年广大军民战胜了历史上的特大洪水。时任国家总理的朱镕基同志在视察抗洪斗争中,目睹该材料在防汛抢险中发挥了显著作用,故在汛后多次书面指示中,要求在修复水毁堤坝工程中优先考虑使用该材料与技术,并制定相应标准将产品价格压低下来。由水利部率先编制了土工合成材料应用技术规范,结束了我国土工合成材料无标准的状态。继后国家标准和铁路、公路、水运的行业技术标准随之发布;产品标准和材料测试标准紧随其后发布。1998年年底,土工合成材料及技术步入规范化时期。

二、现状概述

迄今涉及该领域的基本情况如下所述。

(一)中国土工合成材料工程协会

中国土工合成材料工程协会属国家一级协会,是具有独立法人资格的社会组织。协会共设置土工合成材料加筋、防渗与排水、测试、环境土工等四个专业委员会,以及专家委员会与工作委员会。主要由产品原料企业、产品制造企业、仪器设备制造企业,高等学校,各行业设计院及科研机构,工程技术服务机构等近300家会员单位组成。协会每4年召开一届会员代表大会暨全国土工合成材料学术会议,截止目前共召开了九届全国土工合成材料学术会议、五届加筋土学术研讨会、四届防渗排水学术研讨会、七届全国测试技术研讨会、三届全国环境岩土工程与土工合成材料学术研讨会等学术会议,组织或参与了10余项相关国家及行业规范标准的编制工作。

(二)相关技术标准

目前,已形成比较完整的土工合成材料应用标准体系。现行的主要相关技术标准包括《土工合成材料应用技术规范》(GB/T 50290—2014)、《土工合成材料测试规程》(SL 235—2012)等。

第十六章　土工合成材料的原材料和常用产品

第一节　土工合成材料名称由来

土工合成材料早期的产品比较单一，主要有由原材料制成纤维，而后再加工成透水片材的土工织物（俗称土工布）和经过吹塑或压延工艺而成的基本不透水片材的土工膜以及部分组合产品。故以往称这类材料为土工织物、土工膜和相关产品（geotextile、geomembrane and related products）。随着工程建设需要和制造技术发展，产品种类不断扩展，即使如此累赘的名称也难以涵盖众多产品内容，1990 年在新加坡召开的第五届 IGS 学术讨论会上遂决定改名为现今的公认名称：土工合成材料。

第二节　产品原材料

原材料高分子聚合物是由一种或几种低分子化合物，通过化学聚合反应，以共价键相互结合而生成的高分子化合物，它们的相对分子质量一般都大于 5 000。聚合物与化学成分相同的低分子化合物相比，它们的强度、弹性和塑性好，有较佳的工程特性。不过，聚合物产品的性能不仅与其化学成分有关，而且受分子量、支化、交联、结晶、取向、添加剂和加工工艺的重要影响。故生产过程还要根据工程需要合理安排。最常见的原材料见表 16-1。

表 16-1　常见的原材料聚合物

聚合物名称	代号	聚合物名称	代号
聚丙烯	PP	聚酯	PET
聚乙烯	PE	聚酰胺	PA
高密度聚乙烯	HDPE	氯化聚乙烯	CPE
聚氯乙烯	PVC	聚苯乙烯	EPS

第三节　产品分类

土工合成材料发展至今，品种已不胜枚举，有学者曾做过粗略统计，指出其产品已达 600 种以上。按我国国标《土工合成材料应用技术规范》（GB 50290—2014）建议，所有产品可归纳为四大类，如图 16-1 所示。

- 土工合成材料
  - 土工织物
    - 机织土工织物
      - 长丝机织土工织物
      - 短纤纱机织土工织物
      - 裂膜丝机织土工织物
      - 单丝机织土工织物
      - 交织机织土工织物
    - 针织土工织物
      - 长丝针织土工织物
      - 短纤纱针织土工织物
      - 裂膜纱针织土工织物
    - 非织造土工织物
      - 短纤非织造土工织物
      - 长丝非织造土工织物
  - 土工膜
    - 聚乙烯(PE)土工膜
      - 低密度聚乙烯(LDPE)土工膜
      - 中密度聚乙烯(MDPE)土工膜
      - 高密度聚乙烯(HDPE)土工膜
      - 乙烯—酸乙烯共聚物(EVA)土工膜
    - 聚氯乙烯(PVC)土工膜
      - 单层聚氯乙烯(PVC)土工膜
      - 双层聚氯乙烯(PVC)土工膜
    - 氯化聚乙烯(CPE)土工膜
  - 土工复合材料
    - 复合土工膜
      - 一布一膜复合土工膜
      - 二布一膜复合土工膜
      - 三布二膜复合土工膜及其他
    - 复合土工织物
      - 非织造/机织复合土工织物
      - 非织造/针织复合土工织物
      - 非织造/加筋复合土工织物
    - 复合土工带、管、板等
      - 复合排水带
      - 复合排水管
      - 复合排水板
  - 土工特种材料
    - 土工网
    - 土工格栅
    - 土工格室
    - 土工带
    - 土工模袋
    - 土工管袋
    - 土工包
    - 土工网垫
    - 土工织物膨润土垫(GCL)
    - 泡沫塑料板块等(EPS)

图16-1 土工合成材料的种类

第四节　产品概述

土工织物为透水性材料。按制造方法不同。分为机织、针织和非织造土工织物。机织和针织产品合称为织造型土工织物,国外称为有纺织物(woven geotextile);非织造型织物亦称无纺织物(non－woven geotextile)。国内用量最大的为扁丝(裂膜丝)织造型土工织物,约占土工织物总量的50%;短纤针刺无纺织物居第二位,占30%～35%;纺黏型无纺织物约占10%;长丝机织和针织土工织物数量较少。

土工膜是一种由聚合物或沥青制成的相对不透水的薄片。所用原材料大多为聚乙烯和聚氯乙烯。为了保护其不受破坏,提高其与土之间的摩擦系数以及便于排走通过膜片的渗水(膜本身有缺陷微孔,或焊接、黏结不密等),常在其一侧或两侧复合土工织物,而形成一布一膜、二布一膜,乃至三布二膜的复合土工膜。

土工复合材料是由两种或两种以上的单一材料结合成的产品。上述复合土工膜即为一例。此外,尚有土工织物与土工织物复合,土工织物与土工带、土工管和土工板材的各种复合制品。通过材料复合,可以制成满足工程需要的各种产品。为此,土工复合材料的创新和发展最为活跃。例如,以无纺织物作为滤膜的各类排水材(塑料排水带、滤水管、软式排水管、速排龙等);最新开发的无纺织物与经编格栅复合成的既能加筋又能排水的加筋土工织物;用于防堵的细丝无纺织物和旨在加强的粗丝无纺织物复合成的双层织物等。土工特种材料是为工程特定需要而开发的形形色色的产品,名目繁多。例如,用于土加筋的土工格栅(geogrid)、用于排水的土工网(geonet)、利用其侧向约束作用以固定散粒土的土工格室(geocell)、以织物代替模板用于护坡的土工模袋(fabriform)、由热塑性材料制成的用于防冲和美化景观的三维结构网(mattress)以及主要用于垃圾场防渗的土工织物膨胀土垫(GCL)等。

第十七章　土工合成材料的基本功能和工程应用

第一节　基本功能

土工织物、土工膜、土工复合材料和土工特种材料的每一类产品都具有一种或多种物理性能和力学性能。归纳起来,它们的基本功能有以下七种。

一、反滤功能(filtration)

材料让液体(水流)顺畅通过的同时,不允许骨架土颗粒随水流流失的作用。此种功能是保持土体结构稳定性的关键要求。图17-1是利用无纺土工织物建造土坝黏土斜墙过渡层反滤的示意图。

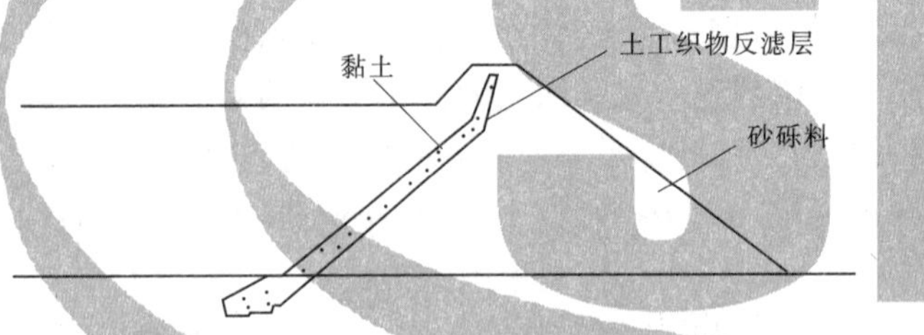

图17-1　土坝斜墙土工织物反滤层

二、排水功能(drainage)

材料让水流沿其平面方向排走的能力。它可作为传统排水材料砂砾料的替代料。无纺土工织物和复合排水材料有此功能。图17-2是挡土墙背部利用无纺土工织物或复合

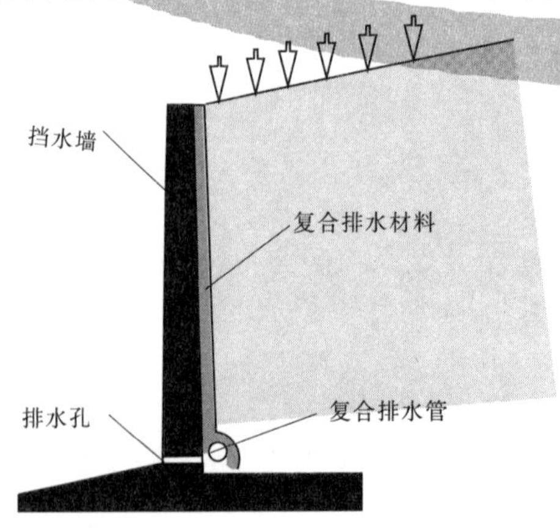

图17-2　挡土墙背后的土工合成材料排水

排水材料排除地下水的示意图。

三、隔离功能(separation)

将两种不同的材料分隔使其不混合的功能,例如将铁路轨道下道渣碎石和地基细粒土隔开。用于隔离的材料常为土工织物或土工膜。通过隔离可保持介质和结构的完整性和稳定性。图 17-3 是地基有无隔离层的比较示意图。

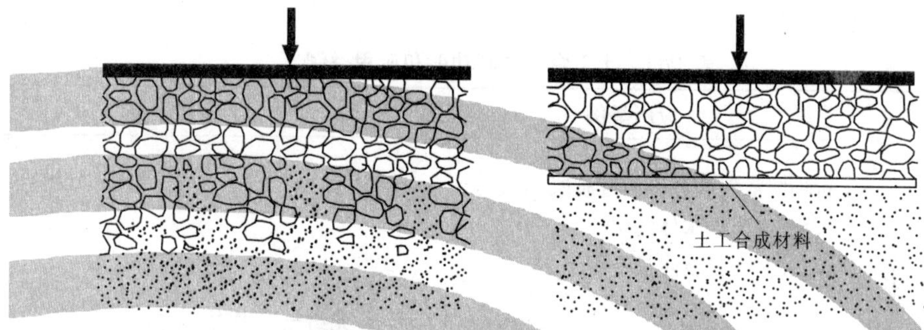

图 17-3　软土地基有无隔离层的比较示意

四、加筋功能(reinforcement)

将材料按要求置于土内,依靠材料与周围土之间的界面摩阻力限制土体侧向移动,以增加土体承载力的作用。常用的加筋材料有土工格栅、土工织物和土工加筋带等。加筋主要用于软土地基加固、建造陡坡和加筋土挡墙等。

五、防护功能(protection)

利用合成材料防护岩土体免受环境导致破坏的作用。例如,在堤坝临水岸坡铺上用土工织物抵抗水流冲刷;将材料铺于道路防止路面反射裂缝;也用于土体防冻和景观绿化等。常用的防护材料有土工织物、土工模袋、土工网和三维植被网垫等。

六、防渗功能(waterproofing)

利用材料阻隔液(水)体或防止其流失的作用。常用的防渗材料有土工膜、复合土工膜和 GCL 等。

七、包容功能(geosystem)

以高强土工织物缝制成袋、长管袋或大体积包裹体,内填土体或废料,或以土工网等扎成的箱笼,内充石块等功能。这类产品有土工袋(geobag)、土工管袋(geotube)、土工包(geocontainer)和土工箱笼(gabion)等。利用它们可以建堤坝、人工岛、结合疏浚围垦土地岸边防护以及处理废料垃圾等。

以上七种功能几乎适应了岩土工程设计与施工的全部需要,因此土工合成材料的工程应用领域十分广阔。

第二节　工程应用举例

上节列举的是土工合成材料的各项单一功能,为了特定需要,可以制造出满足多功能的产品,即复合材料,这是当前材料发展的趋势。为此,它们在水利、电力、铁道、交通、海港、矿山、建筑、环保乃至军工等凡是涉及土建工程的各个领域内皆有用武之地,表17-1是部分举例,可供参考。

表17-1　土工合成材料功能和应用举例

功能	应用举例	主要产品
反滤	1. 土石坝防渗斜墙和心墙过渡层 2. 土石坝、堤内排水体滤层 3. 江、河、湖、海岸坡防护下滤层 4. 水闸下层护坦、海漫下面滤层 5. 灰坝、尾矿坝初级坝上游坡面滤层 6. 挡土墙背后填土排水系统滤层 7. 地下或道旁排水暗沟四周滤层 8. 水井或减压井周边滤层 9. 公路、机场基层与面层间的滤层 10. 铁道道渣和地基间的隔离层	无纺土工织物 有纺土工织物
排水	1. 土坝内部的垂直排水和水平排水 2. 防渗土工膜后排水层 3. 土体中的排水层 4. 处理软土地基采用的塑料排水带 5. 挡墙后填土排水层 6. 地下洞室和交通隧道的周壁排水 7. 球场、运动场地基排水 8. 地基中切断毛细水防盐碱化和防冻胀隔层	无纺土工织物(较厚的) 塑料排水带(外包无纺土工织物) 软式排水管(外包无纺土工织物) 各种复合排水材料(大多与无纺土工织物复合)
隔离	1. 分隔土石坝中不同材料的隔层 2. 裂隙岩基或砂砾石地基筑堤坝时的地面隔层 3. 铁道道渣和地面隔层 4. 公路、机场、停车场地基和面层间的隔层 5. 石笼、砂袋和土袋与软基间隔层 6. 人工填土、堆石等材料堆场和地基间隔层 7. 水中抛石底部隔层 8. 临时和无铺面道路碎石层下垫层	土工织物 土工膜(包括织物涂塑膜)

续表 17-1

功能	应用举例	主要产品
加筋	1. 软基上筑堤时的地基加固 2. 填土坡和开挖坡的边坡加筋 3. 加筋挡土墙 4. 建造陡坡 5. 建造加筋土桥台、墩台 6. 防止柔性路面发生反射裂缝 7. 提高路肩填土压实度 8. 防止路堤和桥台处的跳台 9. 沙漠地带筑路固沙	有纺土工织物、无纺土工织物 土工加筋带 土工格栅(包括各种经编格栅) 土工网 土工隔室(包括塑料片材和高强织物隔室)
防护	1. 江、河、湖、海岸坡防护 2. 保护坡面、防止冲刷 3. 防止表面水入渗 4. 防止土体冻胀 5. 防止地下工程施工对邻近建筑物影响 6. 防止机器基础振动波 7. 防止垃圾场淋滤液及有毒气体污染环境	土工织物 土工模袋(土工织物制成) 土工管、袋(土工织物制成) 三维植物网垫 聚苯乙烯板材 土工膜 土工合成材料膨润土垫(常称 GCL,大多数由两层土工织物间夹膨润土制成)
防渗	1. 土石坝防渗斜墙和心墙 2. 水库库区防渗 3. 地基垂直防渗墙 4. 地基水平防渗铺盖 5. 水池、渠道防渗 6. 碾压混凝土坝上游面防渗 7. 输水管道防渗 8. 地下室防渗、建筑物防渗 9. 屋面防漏 10. 垃圾坑防淋滤液渗入地下水	土工膜 土工织物涂塑土工膜 GCL 复合土工膜
包容	1. 建丁坝、顺坝 2. 建防波堤 3. 建围堤造地 4. 防治崩岸 5. 建人工岛 6. 建水下平台 7. 环保疏浚 8. 深海投放垃圾	有纺织物 无纺织物 土工膜 土工网 土工格栅 涂塑金属丝箱笼

第十八章 土工合成材料的性能测试综述

第一节 测试目的和内容

和任何工程材料一样,欲将其正确应用于工程结构,首先要掌握其反映工程性能的定量指标,这些指标需要通过相应的测试来获取。土工合成材料的性能指标有两方面的用途:其一是根据工程需要,对照指标来优选适用产品;其二是将测试指标通过规定的处理作为计算指标应用于工程设计。

土工合成材料性能指标就其反映的性状可以分为两类:一类是单纯表明材料本身的特性,例如材料的比重、产品的厚度等,它们可作为选料的依据,可称为基本指标,生产厂家应该直接提供。另一类是材料产品在应用中与周围土体相互作用的反映,例如摩擦系数是材料与周围介质接触面间共同工作的表现;再如土工织物的淤堵特性也取决于周围土体与材料孔径分布间的配合关系。这一类指标可称为功能指标,它们需要以选用材料结合工程实际土料,在模拟材料预期工况条件下测定,产品厂家无法提供,只能由设计单位自己测试,或根据合理途径来确定。

土工合成材料种类甚多,反映它们的力学性能的指标不一,要求进行不同项目的测试,但归纳起来,一般的测试项目可分为四大类:即物理性指标、力学性指标、水力学性指标和耐久性指标。各类中具体项目见表18-1。有专门要求的应额外设计相应的测试方法。

表18-1 土工合成材料性能的主要测试项目

测试项目		测试方法	说明
物理性	土工织物厚度(mm)	测厚仪测2 kPa压力下厚度	尚应测定不同法向压力时的厚度
	土工膜厚度(mm)	厚度测量仪,施加压力0.5~1.0N	
	单位面积重量(g/m^2)	称重法	
	等效孔径O_{95}(mm)	干筛法	它表示织物试样的表观最大孔径
力学性	拉伸强度(kN/m)	试验机	
	握持强力(N)	试验机	夹具钳口窄于样条宽
	撕裂强力(N)	梯形撕裂法,试验机	土工织物边缘有裂口继续抗撕能力
	刺破强力(N)	平头刚性顶杆顶破	模拟织物遇坚棱石块等的抗破坏能力
	胀破强度(kPa)	胀破仪,施液压	模拟织物受基土反力时抗胀破的能力

续表 18-1

测试项目		测试方法	说明
力学性	界面摩擦系数	直剪摩擦仪	确定材料与土或其他材料的界面抗剪强度
	拉拔摩擦系数	拉拔试验箱,加法向压力拉拔	确定材料从土中拔出时的抗力
	顶破强力(N)	顶压杆或圆球顶杆顶破,试验机	圆柱(CBR)顶破及圆球顶破
	落锥穿透孔径(mm)	落锥仪	落锥从试样面之上 500 mm,高度处自由落下穿透试样的孔洞大小
	剥离强度(kN/m)	试验机	
	塑料排水带(板)拉伸试验(kN/条)	试验机	
	塑料排水带(板)芯板压屈强度(MPa)	试验机	
	土工膜拉伸强度(MPa)	试验机	哑铃形试样
	扁平耐压力(kN/m)	试验机	软式透水管径向压缩某应变时所能产生的抵抗力
	管材环刚度(kN/m^2)	试验机	
水力学性	垂直渗透系数 k_v(cm/s)	垂直渗透试验仪,测垂直于试样的渗透系数	
	平面渗透系数 k_h(cm/s)	水平渗透试验仪,测沿试样平面的渗透系数	
	梯度比 GR	梯度比渗透仪	
	土工合成材料膨润土垫(GCL)渗透试验	柔壁渗透仪	
	塑料排水带(板)通水量试验(cm^3/s)	立式或卧室通水量测试仪	
	土工膜耐静水压力(MPa)	耐静水压力仪	模拟土工膜及土工复合品受水压力的作用
耐久性	荧光紫外灯老化	人工老化箱照射试样	估计材料受荧光紫外灯一定时间后的性能改变
	氙弧灯老化	人工老化箱照射试样	估计材料受氙弧灯一定时间后的性能改变
	其他特殊试验(抗酸碱、抗高低温等)	根据需要,专门设计试验方法	估计不同环境条件下材料性能改变

注:具体测试方法可参考《土工合成材料测试规程》(SL/T 235—2012)。

第二节 测试方法和标准

土工合成材料的性能测试目前还没有公认的标准方法,现有的一些方法大多移植于其他专业已建立的技术标准,例如岩土工程、纺织工业及高分子化学工程等。国外为了发展该国土工合成材料专业,相关单位制订了相应标准。国际上著名的标准有:美国 ASTM 标准(美国材料与试验学会)、GRI 标准(土工合成材料研究院)、FHWA 标准(美国联邦公路局)、德国 DIN 标准(德国标准化研究所)以及国际 ISO 标准(国际标准化组织)等。大体上说,除少数项目外,上述的各种标准方法相当接近,只是在试样尺寸、变形速率等方面略有差异而已。

我国不同系统也先后制定了测试标准,水利部于 2012 年颁布了水利行业标准《土工合成材料测试规程》(SL 235—2012)。该标准是由南京水利科学研究院主编,邀请了 10 家单位,参考 ASTM、ISO、DIN 和 FWHA 等标准编写而成,本教材介绍的各项试验方法均以该标准为依据。

第三节 取样和试样制备

用做试验的试样从厂家送交的产品中按 5% 的数量抽检,不得少于 1 件,并且样品沿其径向的长度应不小于 1 m,其面积应不少于 2 m^2;试样剪取距样品边缘应不少于 100 mm,从样品中裁剪试样应具有代表性,不同试样应避免位于同一纵向和横向位置上,即采用梯形取样法,如果不可避免(如卷装,幅宽较窄),应在测试报告中注明情况。裁切试样时尚应注意以下事项:

(1)裁样前应有计划,对织物可先剪成尺寸较要求稍大的块片,然后再修成精确尺寸。

(2)剪成的试样应予编号,有特殊情况应做记录。

由于土工合成材料产品均匀性较差,同一批产品甚至同一样品的不同部位,性能指标都会有差异。为了尽量减少测试结果再受外界其他影响,要求将试样先在规定的标准状态下静置 24 h:温度为(20 ± 2)℃,相对湿度为(60 ± 10)% 和 1 个标准大气压。如确认材料不受环境影响,可免去上述调湿处理。试验记录中应标明试验时的温度和湿度。

仪表使用时应检查是否工作正常、进行零点调整量程范围选择。量程选择宜使试样最大测试值在满量程的 10% ~90% 范围内。

第四节 试验成果整理

为得到更有代表性的材料性能指标值,许多试验要求多个试样的平行测定,然后求出其统计值(如单位面积质量测定,要求不少于 10 块试样的平行试验,详见上述测试规程)。平行试验成果的统计指标按以下公式计算。

一、算术平均值

如果某试验平行进行,取得了 N 个数据,其中第 i 个试样的测试值为 X_i,则该试验成果的平均值为:

$$\overline{X} = \frac{\sum_{i=1}^{n} X_i}{N} \tag{18-1}$$

二、标准差(σ)和变异系数(C_v)

为了评价算术平均值的可靠性,需要计算出标准差(均方差)σ 和变异系数 C_v。

$$\sigma = \pm\sqrt{\frac{\sum_{i=1}^{n}(X_i - \overline{X})^2}{n-1}} \tag{18-2}$$

$$C_v = \frac{\sigma}{\overline{X}} \times 100\% \tag{18-3}$$

一般要求参加统计的数据不少于 6 个,如发现数据中有偏离平均值较大的数值,应认真进行分析,若是因为试验错误造成,应予删除,并补做试验;若系材料不均匀所致,应予保留。

三、变异性(不均匀性)评价

可借变异系数 C_v 对材料性状的不均匀性作初步评价,见表 18-2。

表 18-2　材料的不均匀性评价

变异系数 C_v	$C_v<0.1$	$0.1\leqslant C_v<0.2$	$0.2\leqslant C_v<0.3$	$0.3\leqslant C_v\leqslant0.4$	$C_v>0.4$
变异性(不均匀性)	很低	低	中等	高	很高

第五节　测试指标、合格指标和容许指标

对于测试指标、合格指标和容许指标应严加区分,它们的含义可简述如下。

一、测试指标

它们是通过以下各项试验测定,并经上述统计后所得指标,应该为厂家提供的质检指标,或由业主单位测得的功能性指标以及由质检单位抽检确认的指标。

二、合格指标

合格指标是指送检样品,经具有检测资质单位通过法定标准的试验方法得到的测试指标,即符合规定要求的那些指标,规定要求由设计单位或颁布的有关规范规定。

三、容许指标

材料实际应用于工程,在施工过程中和在长期工作中会受到某些外界影响或材料本身时间效应作用,其性能将有所改变,如材料的拉伸强度下降、土工织物的渗透性减小等。故将材料测试指标用于设计时,需要考虑上述影响而对该指标作合理折减,折减后的指标值称容许指标。用于折减的系数大于 1,类似于常规的安全系数,可称材料安全系数(以区别于传统工程设计中的工程安全系数)。另外,材料的安全系数常按不同影响因素给

出,故又常称为折减系数或分项系数。上述诸系数应依照材料实际工作情况测定,不过,按此行事常费时费事,而且费用昂贵,故现有资料分别给出了它们一般的可能变化范围,可以据实合理选用。

(一)容许强度

加筋材料(土工格栅等)的容许强度 T_a 应根据其实测抗拉强度 T,通过下式计算确定

$$T_a = \frac{T}{RF_{CR} \cdot RF_{iD} \cdot RF_D} = \frac{T}{RF} \tag{18-4}$$

式中 RF_{CR}——考虑材料蠕变影响的折减系数;

RF_{iD}——考虑材料在施工过程中受损伤的强度折减系数;

RF_D——考虑材料长期老化的强度折减系数;

RF——综合强度折减系数。

式(18-4)用于各种加筋材料,式中各系数的具体数值可按加筋材料的原材料、产品类别和填土情况等从《水利水电工程土工合成材料应用技术规范》合理选用。规范中规定式中的 RF 值宜为2.5~5.0。

(二)容许渗透性指标

与上述容许强度的修正类似,土工织物用于渗流问题时,也要对其渗流测试指标作不同影响因素的修正,例如对试验得到的测试指标导水率 ψ_{ult}(类似于渗透系数,见后),用于设计时,其容许指标 ψ_a 应由下式确定

$$\psi_a = \left(\frac{1}{FS_{SCB} \cdot FS_{in} \cdot FS_{CR} \cdot FS_{CC} \cdot FS_{BC}}\right)\psi_{ult} \tag{18-5}$$

式中 FS_{SCB}——考虑织物被土粒淤堵的折减系数;

FS_{CR}——考虑蠕变织物孔径减小的折减系数;

FS_{in}——考虑周边材料挤入织物开孔的折减系数;

FS_{CC}——考虑化学淤堵的折减系数;

FS_{BC}——考虑生物淤堵的折减系数。

式中的各项折减系数从前述规范合理选用。

注意:上述的折减系数均应由设计部门根据工程情况确定。

第六节 几个专用单位

表示测试指标结果的基本物理量涉及到时间、长度和质量三方面的单位,对于土工合成材料,其中的时间仍以秒计量,但涉及长度和质量,却有本专业的特定表示方法,举例说明如下所述。

一、材料厚度

土工膜和土工织物厚度一般以密尔(mil)计量,1 mil = 0.001 in = 0.025 mm,例如20密尔的土工膜厚0.5 mm。

二、纤维直径

纤维直径或其纤度常以旦尼尔(denier,简称“旦”)或特克斯(tex,简称“特”)表示,它们的定义为:长度9 000 m的纤维重量为1 g时,其纤度$\lambda_f = 1$旦,故9 000 m长纤维的克重数即为其旦数;长度1 000 m的纤维重量为1 g时,其纤度$\lambda_f = 1$特。由此可见

$$1\text{旦} = \frac{1}{9}\text{特} = 0.111\text{特} \tag{18-6}$$

纤维长度为L(m)、重量为g(g)时,纤维的λ_f(denier)可按下式计算

$$\lambda_f = \frac{g}{L} \times 9\ 000 \tag{18-7}$$

若已知纤维材料密度G_f(g/cm^3)和纤度λ_f(denier),则不难求得其直径d_f(μm)如下

$$d_f = 11.894\sqrt{\frac{\lambda_f}{G_f}} \tag{18-8}$$

三、强度和模量

通常材料的抗拉强度指单位横截面面积所能承受的拉应力,以kN/m^{2}或kg/cm^{2}等表示,但土工织物等厚度很薄,而且在受拉力时厚度将变化,难以测准,故在本行业中,涉及它们的抗拉强度T时,大多指材料单位宽度能够承受的拉力,单位采用kN/m或N/cm。

与其相应,材料的抗拉模量单位也以kN/m或N/cm等计量。

第十九章　材料的各项性能试验

本教材介绍的各项试验方法主要依据水利部发布的《土工合成材料测试规程》(SL 235—2012)。这里对每项试验简要阐明项目名称、试验目的、试验原理和计算、试验方法以及需要补充的内容等,详细的操作步骤请参考该试验规程。

第一节　材料的物理性指标测试

一、材料的比重(G_s)

土工合成材料产品由各种不同的高分子原材料制成,它们的比重即为原材料的比重,通常可以从高分子材料表查用,以下是几种常见原材料的比重。

聚丙烯(PP)	$G_s=0.91$
聚乙烯 (PE)	$G_s=0.91\sim0.925$
高密度聚乙烯(HDPE)	$G_s=0.940\sim0.968$
聚氯乙烯(PVC)	$G_s=1.39$
聚酯(PET)	$G_s=1.30\sim1.39$
聚酰胺(PA) - (尼龙6)	$G_s=1.12\sim1.14$

有的高分子材料比重小于1,需注意它们在水中会漂浮。

二、厚度(δ)

(一)土工织物的厚度

材料的厚度指其顶面至底面间的垂直距离,常以mm表示。量测厚度用电子测厚仪或厚度测定仪,如图19-1所示。无纺织物呈蓬松状,测厚时试样夹在二平行刚性平面之间,并施加2 kPa的压力。

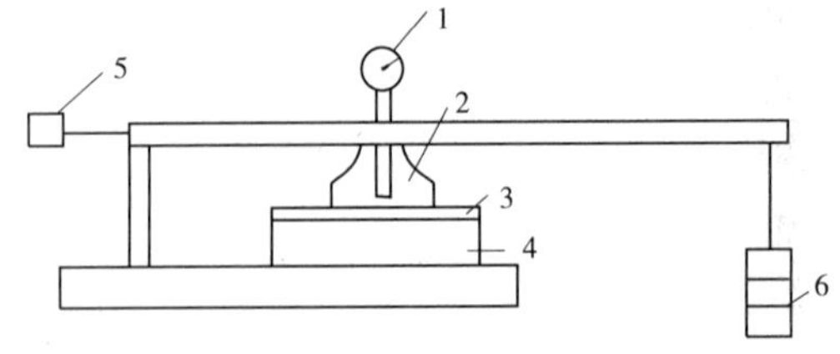

1—百分表;2—压块;3—试样;4—基准板;5—平衡锤;6—砝码图

图19-1　厚度测定仪

无纺土工织物用在工程中将受到不同的法向压力,厚度减薄,其渗透性也随之减少,为此,尚要求测定不同的压力下(常取2～200 kPa)厚度随之变化的压缩曲线,即厚度—

压力关系曲线,如图 19-2 所示。

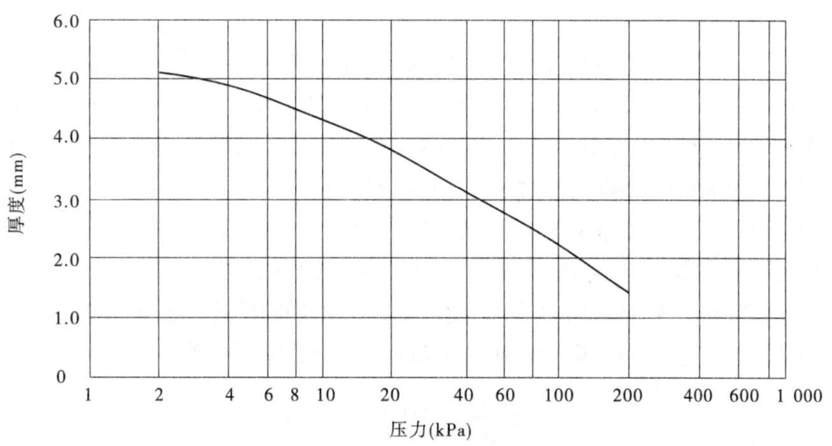

图 19-2　无纺土工织物的厚度—压力关系

根据材料厚度可以计算其单位面积重量,而厚度又直接与产品的抗拉强度有关,无纺土工织物的厚度还涉及其水平渗透性。

(二)土工膜的厚度

土工膜的厚度是指一定压力下没有压花和波纹的土工薄膜、薄片样品的厚度,以单位 mm 表示。

测量值的传递输出可以采用机械法(千分尺)、光学法、电学法。国内一般采用机械法测量。

试验时:将试样自然平放在测量面均为平面时,每一测量面直径应为 2.5 ~ 10 mm;试样施加的压力宜为 0.5 ~ 1.0 N;当测量仪上测量面为凸面,下测量面为平面时,上测量面的曲率半径应为 15 ~ 50 mm,下测量面的直径应不小于 5 mm,测量面对试样施加的压力应为 0.1 ~ 0.5 N;平缓放下测头,试样受到规定压力,读数稳定后记录读数。

对于具有粗糙度表面的土工膜厚度测量,可参照美国标准 ASTM D5994 进行测量。

三、单位面积重量(质量)(G)

单位面积重量指在单位面积(1 m^2)时材料所具有的重量,通常以 g/m^2 表示。该指标由称重法测定,试样面积应为 100 cm^2,试样的裁剪和测量应准确至 1 mm。假如试样面积为 A(cm^2),相应重量为 M(g),则单位面积重量 G(g/m^2)按下式计算:

$$G = \frac{M}{A} \times 10\ 000 \tag{19-1}$$

为使试验成果更有代表性,规范要求进行不少于 10 块相同试样的平行试验,然后求出平均值。

单位面积重量是材料的基本物理性指标,它关系到材料的厚度和强度等各方面性能,也是优选材料时的基本规格之一。

四、等效孔径(O_{95})

等效孔径指土工织物的表观最大孔径,以 mm 表示。与天然土是由无数直径(d)大小不等的土粒组成类似,土工织物也包含无数尺寸不同的孔径开孔(O_e),我国国家标准规定,织物允许5%的颗粒(以重量计)通过(筛布)的(即95%的颗粒不能通过)的那个孔径记为 O_{95}。各国的规定不尽相同,有的采用 O_{98} 或 O_{90} 等。

我国采用干筛法测定织物的等效孔径,即以待测织物作为筛底布,准备好几组已知粒径范围的粒组(可选用玻璃珠或球形砂粒),例如0.063 ~0.075 mm、0.075 ~0.090 mm、…的各粒组,每次将一粒组粒料称50 g投入筛内,放在摇筛机上振摇10 min,得到留在筛上的粒料重量为 m_{r1},则可计算出该粒组的筛余率(留筛率)R_1 如下:

$$R_1 = \frac{m_{r1}}{50} \times 100\% \tag{19-2}$$

同法可得其他粒组的筛余率 R_2、R_3、…。为防止筛布被土粒堵塞,故每换一次粒组,换用同种试样的新筛布,据此可以绘制平均粒径 d 与相应筛余率的 $d—R$ 关系曲线,如图19-3所示。其中的 d 为各粒组的粒径平均值,如 $d_1 = \frac{1}{2}(0.063 + 0.075) = 0.069$ (mm)。图中对应于筛余率为95%的粒径(即孔径)即为 O_{95},如图19-3得到的等效孔径 $O_{95} = 0.10$ mm。

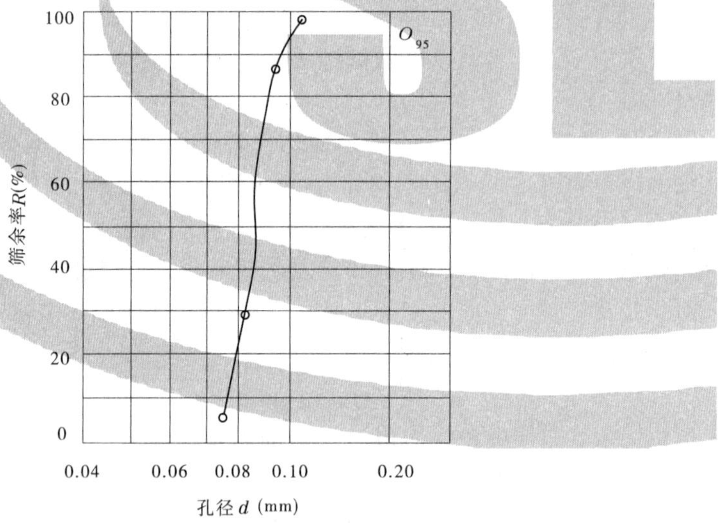

图19-3 孔径分布曲线

等效孔径 O_{95} 是土工织物用做反滤料时选料所依据的主要指标。

顺便指出,测定土工织物孔径尚有湿筛法、动力水筛法和显微镜测读法等。ISO标准规定用湿筛法,该法与干筛法基本相似,只是筛分时往织物和粒组上洒水,目的是消除振筛时的静电吸附效应。

第二节　材料的力学性能指标测试

一、拉伸强度(T)

材料的拉伸强度(T)指其在拉力机上拉伸时单位宽度(1 m)所能承受的最大拉力，以kN/m 表示。用条样法进行测试时，水利部规程规定，条样宽度有两种，一种宽度为5 cm，称窄条，另一种宽度为20 cm，称宽条，考虑到试验成果受试样尺寸效应影响，通常成果以kN/5 cm 或 kN/20 cm 表示。

条样拉伸试验结果常绘制成拉力—拉应变($T—\varepsilon$)关系曲线，如图 19-4 所示。曲线峰值点的拉力为拉伸强度，对应的应变称破坏应变。

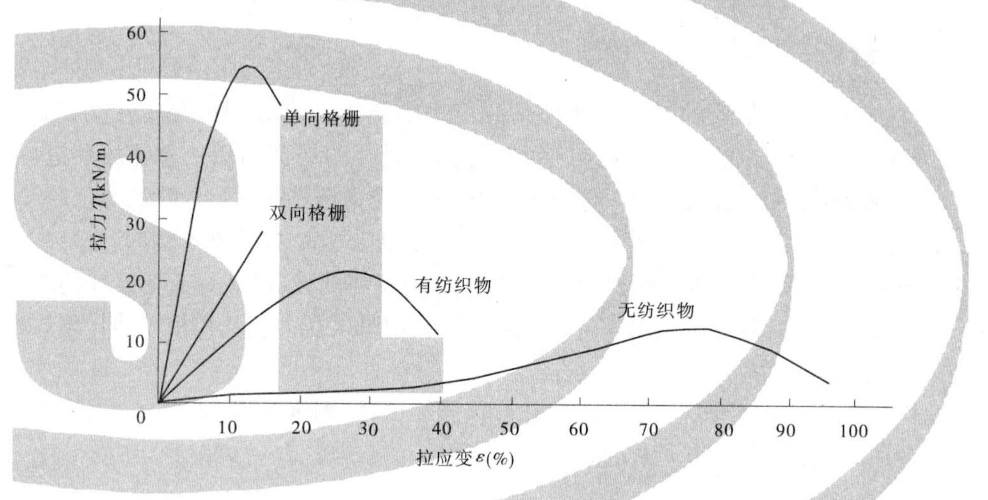

图 19-4　土工合成材料典型的拉伸试验过程

土工织物有明显的各向异性，一般经向的抗拉强度较高，故试验时应分别测得经向(机器向)与纬向(横机器向)的抗拉强度和破坏应变。

$T—\varepsilon$ 曲线一般是非线性的，故材料的拉伸模量不是一个常量，考虑该特点，按拉伸曲线确定模量有三种方法：

(1)初始拉伸模量(E_i)。当拉伸曲线初始段为直线时，如图 19-5(a)所示，取初始直线段斜率为初始模量。

(2)偏移拉伸模量(E_0)。当拉伸曲线初始段坡度很小，继而接近于直线，则取直线段的斜率为偏移模量，如图 19-5(b)所示。

(3)割线拉伸模量(E_s)。当拉伸曲线始终为非线性，则可从原点和曲线上一点连成直线，取该直线的斜率为割线模量，如图 19-5(c)所示。曲线上一点位置的选取按设计要求确定，如果定在应变为 10% 处，可表示为 E_{s10}。

土工合成材料用做加筋、隔离或包容等功能时，拉伸强度和拉伸应变是设计中必然涉及的指标；用做反滤或垫层时，也要具有承受施工应力的能力。可见，拉伸强度和应变

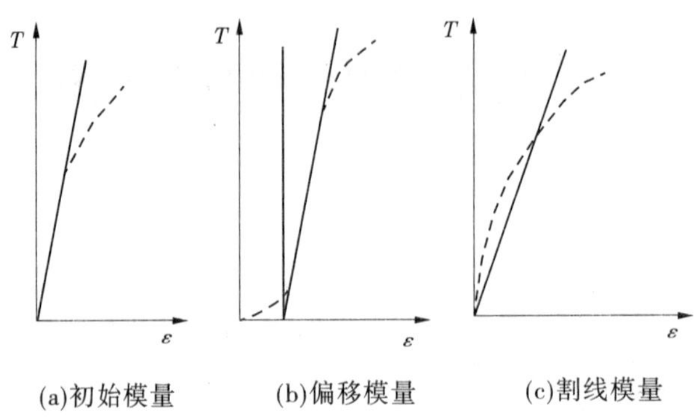

图 19-5　拉伸模量表示法

是材料最基本和最重要的力学性指标。

二、握持强力(T_{gr})

材料的握持强力是反映其分散集中荷载能力的指标。它表现的是一个力,以 N 表示,在现场铺设土工合成材料时,施工人员只能抓住材料的局部面积从事铺放及拖拉,要求材料不得因局部受拉而破坏,拉伸试验是为模拟该受力条件而设计。

试验时除夹具夹持的面积不同外,握持试验与拉伸试验的操作基本相同,规定的试样尺寸如图 19-6 所示,图中阴影面积为夹具位置,如同拉伸试验,以夹具夹住试样的规定位置,开动机器,在规定速率下持续拉伸,直至破坏,读出最大拉力(N)和相应伸长率。最大拉力 T_{gr}即为握持强力。

规程规定,除测量干试样的强度外,还应以同样试样,测定其湿态时的相应强度。

握持强力一般不是设计指标,仅供不同织物比选时参考。

三、梯形撕裂强力(T_t)

材料的梯形撕裂强力反映其已有裂口尚能承受撕拉的能力,以最大撕裂力(N)表示。该试验用于评价现场铺放土工织物等材料时,材料已有切口处抵抗继续撕裂的能力。试验在拉力机上进行,方法和条样法拉伸试验类似,试样如图 19-7 所示。先在试样上画好两根对称夹持线(图中虚线),形成梯形;再在试样一侧两线端的中心点以刀或剪刀切割一个长度为 15 mm 的切缝;再将两夹持线分别和拉力机的上、下夹具边缘夹齐,然后开动拉力机,连续拉伸直至破坏,测出最大拉力,即为撕裂强度 T_t(N)。

撕裂强度一般不是设计指标,仅供评价和评比材料之用。

四、胀破强度(P_b)

胀破强度指材料抵抗土体挤压或水压力顶胀的能力,P_b 为压力值,以 kPa 表示,该试验模拟凹凸不平地基上的土工织物受土粒间土的顶挤作用或土工膜受水压力的作用。有代表性的是莫任试验(Mullen test),试验仪器如图 19-8 所示。试验时,圆形试样平放在高弹性人工橡胶薄膜之上,二者一同紧夹在环形夹具之内。按一定速率将液体从环下压入,

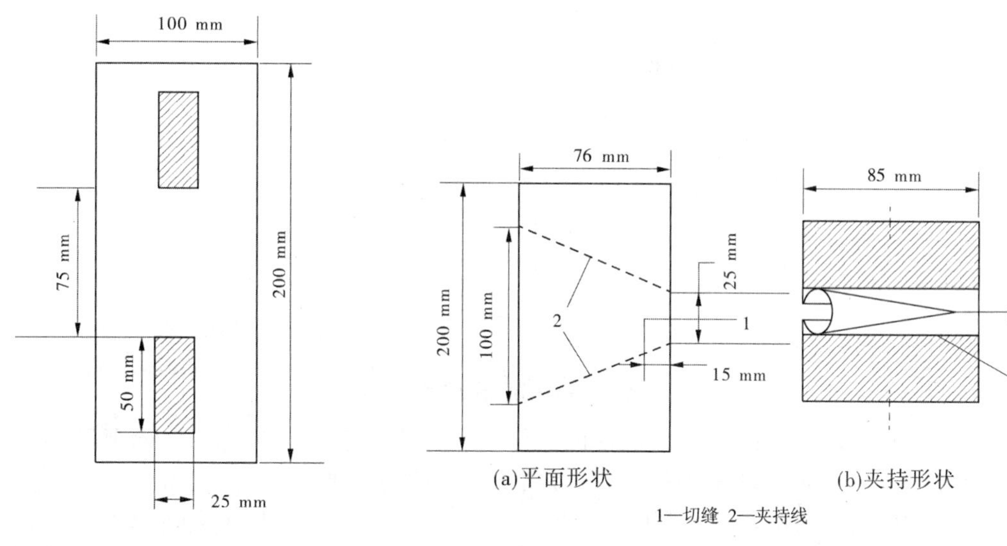

图 19-6 握持试样

图 19-7 梯形撕裂试样

橡胶膜连同试样顶胀，见图 19-8 。继续加压至试样胀破，测记破坏时的液压值为 P_t，扩张膜片所需的压力为 P_m，胀破压力 P_b 按下式计算

$$P_b = P_t - P_m \tag{19-3}$$

式中 P_m——试验时使膜片扩张到与试样破裂时相同形状所需的压力，即校正压力。

应该用试验用膜片事先通过率定试验，得出膜片扩张至不同形状时所需压力的率定曲线备用。

胀破强度一般仅供材料评价，不作设计之用，但有时对于土工织物或土工膜，也要校核其抗胀破能力。

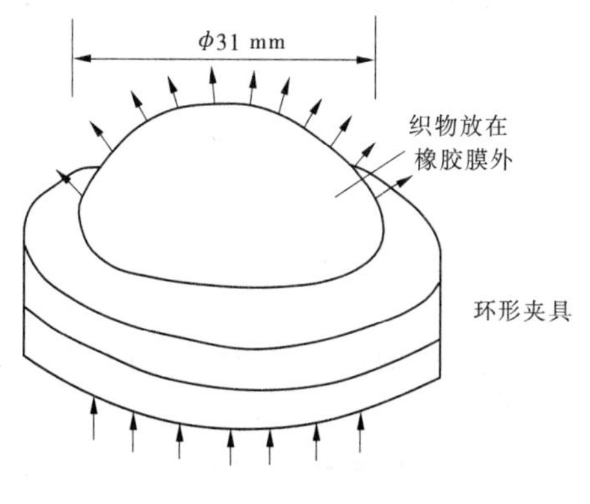

图 19-8 胀破试验

五、顶破强力(T_p)

顶破强力也是通过模拟试验测定材料抵抗集中法向荷载能力的指标。顶破力单位以 N 表示。该试验模拟在凹凸不平地基上有尖棱石块顶刺织物或土工膜的情况。随顶刺杆端部形状不同，分圆球顶破和 CBR 顶破等试验，圆球顶破试验如图 19-9 所示。

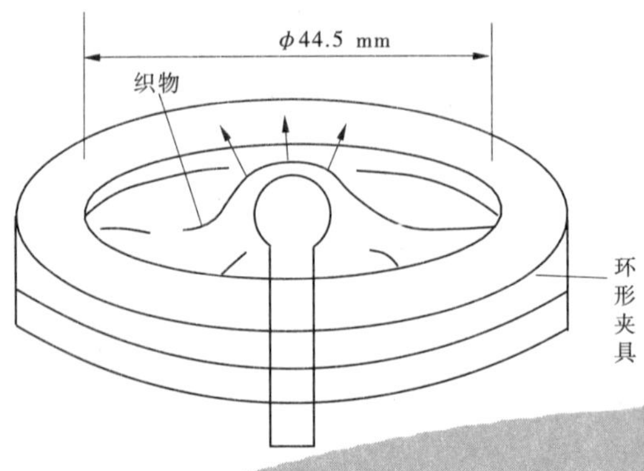

图 19-9　圆球顶破试验

试样紧夹在环形夹具内,具球状端的压杆对准试样中心,按规定速率法向顶压,圆球直径为 25 ±0.02 mm。测出圆球顶破试样所需的力即为顶破强力 T_p。CBR 顶破试验示意见图 19-10,方法与前者类似,CBR 试验筒借用了土工试验中的加州承载力比(California Bearing Ratio)试验筒。该试验在公路部门用于评价地基承载力,这里借用 CBR 试验的土料筒作为土工织物的支撑体,另外压杆端部为圆形平面。

顶破强力仅作为评价材料的指标。

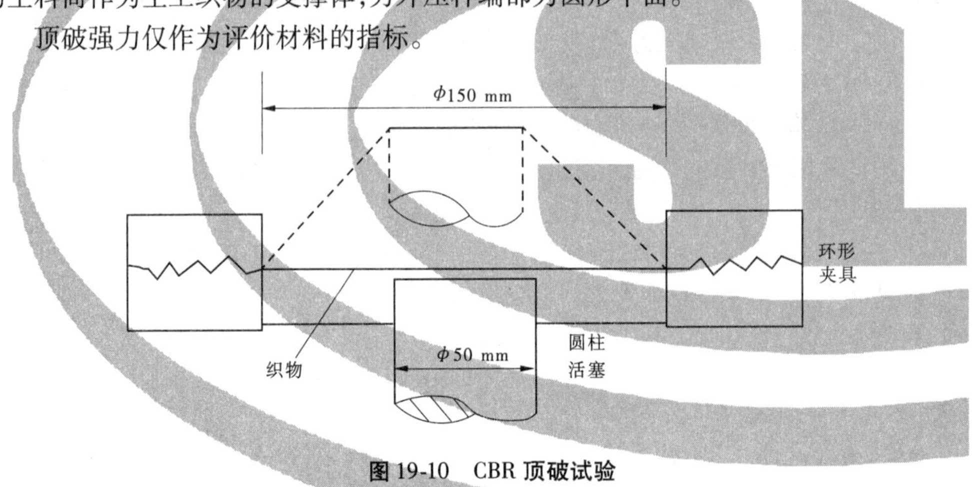

图 19-10　CBR 顶破试验

六、直剪摩擦系数(f_d)

直剪摩擦系数是借类似于土工直剪仪的仪器测得的土工合成材料和周围土接触界面间的强度指标,为一无因次数。

直剪摩擦试验规定了用土工直剪试验技术测试土与土工织物或土工膜之间界面摩擦阻力的方法,适用于各种土性和状态的土与各种类型的土工织物和土工膜,也适用于这些材料之间;但不适用于土工格栅等材料。

图 19-11 为直剪仪器剪切盒示意。下盒中放木块,将待测试样(如土工织物)平下盒顶缘予以固定。试验时,上盒内充填现场土料,并在其上施加压力 P_1,再往下盒侧向缓慢施加水平推力,直至上、下盒产生一定相对位移而破坏,测记破坏时的推力 f_d,算出抗剪力 $\tau_{f1} = \frac{f_d}{A}$($A$ 为下盒空腔面积,即剪切面积)。如上步骤,再每次换一同种新试样,分别施加

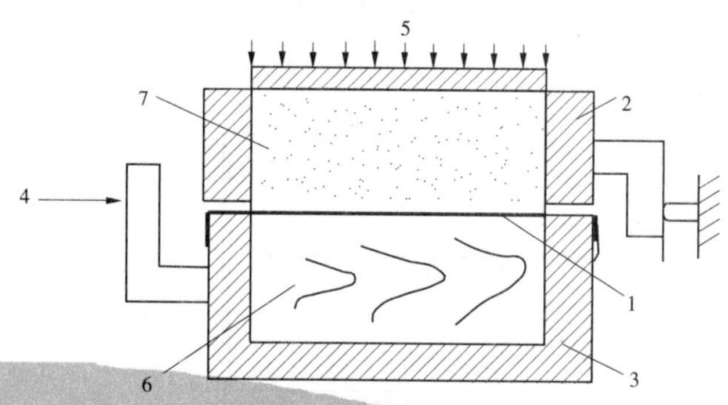

1—试样;2—上盒;3—下盒;4—水平推力;5—法向压力;6—硬木;7—土

图 19-11　直剪试验

垂直压力 P_2、P_3、…(一般总共作 3 次即可)得到相应剪切力 τ_{f2}、τ_{f3}、…,将所得到的几组(P、τ_f)绘在直角坐标图中,通过诸点的连线近似为一直线。直剪摩擦系数 f_d 按下式计算:

$$f_d = \frac{\tau_f}{P} \tag{19-4}$$

直剪摩擦系数是验算土工合成材料铺放在斜坡上时其稳定安全系数和其他类似情况时的重要计算指标。表 19-1 是部分参考值。

表 19-1　土工合成材料的界面摩擦系数(参考值)

土工合成材料			黏土	砂壤土	细砂	粗砂	砾石	混凝土块	砂岩	塑料薄膜(mm)		
										0.06	0.12	0.24
塑料薄膜(mm)	0.06	干	0.14	0.17	0.22	0.15	0.25	0.27	0.18	0.15	0.19	0.21
		湿	0.13	0.19	0.23	0.16	0.22	0.27	0.16	0.14	0.16	0.20
	0.12	干	0.14	0.22	0.34	0.28	0.34	0.27	0.26	0.19	0.22	0.36
		湿	0.12	0.24	0.34	0.30	0.30	0.27	0.25	0.16	0.19	0.32
	0.24	干	0.13	0.24	0.40	0.39	0.38	0.29	0.32	0.21	0.36	0.39
		湿	0.12	0.26	0.41	0.41	0.37	0.28	0.29	0.20	0.32	0.36
有纺土工织物		干	0.27	0.30	0.35	0.35	0.20	0.29	0.17	0.14	0.19	0.17
		湿	0.30	0.32	0.37	0.37	0.23	0.29	0.18	0.12	0.17	0.16
无纺土工织物(g/m^2)	250	干	0.45	0.40	0.42	0.40	0.45	0.39	0.39	0.15	0.14	0.14
		湿	0.41	0.43	0.42	0.43	0.42	0.41	0.40	0.14	0.13	0.13
	300	干	0.48	0.47	0.54	0.44	0.46	0.40	0.30	0.16	0.15	0.14
		湿	0.45	0.48	0.55	0.47	0.44	0.41	0.42	0.16	0.14	0.14
	400	干	0.55	0.45	0.52	0.57	0.57	0.57	0.58	0.16	0.16	0.13
		湿	0.51	0.46	0.54	0.57	0.53	0.58	0.59	0.14	0.14	0.12

七、拉拔摩擦系数(f_P)

拉拔摩擦系数是利用拉拔试验箱测取的土工合成材料与其两侧土体接触面间的强度

指标,为一无因次数。它与直剪摩擦系数的差别是该系数反映材料两侧受剪,而非直剪的一侧受剪。拉拔试验示意如图 19-12 所示。

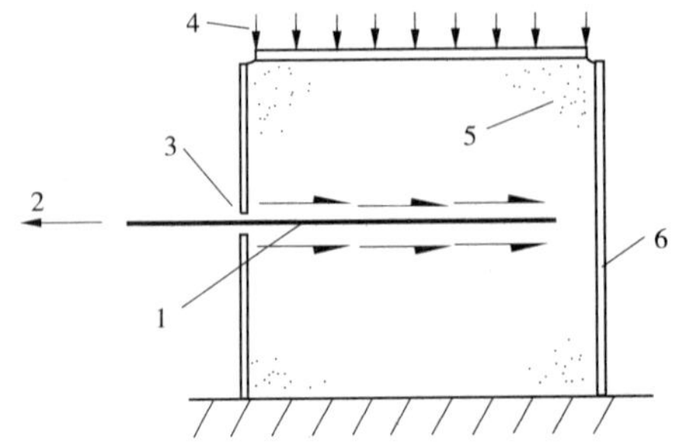

1—试样;2—拉力;3—缝隙;4—法向压力;5—土;6—试验箱

图 19-12　拉拔试验

拉拔试验方法也与直剪法类似,即改变几次法向压力 P,每次换一新试样,缓慢施加水平力拉伸,得到拉拔破坏时的水平拉力 T_P,计算出每次试验的抗拔力 τ_P:

$$\tau_P = \frac{T_P}{2BL} \tag{19-5}$$

式中　L——埋在土内试样的长度;

B——埋在土内试样的宽度。

同样,将 3 ~4 组试验得到的数据(P,τ_P)点绘于直角坐标图中,通过各点的连线近似为直线,抗拔摩擦系数 f_P 按下式计算:

$$f_P = \frac{\tau_P}{P} \tag{19-6}$$

拉拔摩擦试验与直剪摩擦试验虽然作法十分相似,一般认为强度发挥机理却有不同。在直剪试验中,试样与周围土的相对位移近似平移,剪切面上的剪切力较均匀;而在拉拔试验中,靠近拔出端处的剪应力和拉伸变形均较大,距水平力着力点的远端剪应力与变形均渐减乃至于零,应力与变形分布不均。另外,拉拔试验至破坏要求的水平位移一般较大,促使接触面附近土粒的定向性更高。通常两者中抗拔摩擦系数较小。

抗拔摩擦系数一般用于加筋土工程中验算结构的内部稳定性。

八、刺破强力

刺破强力在直径 8 mm 的平头顶杆垂直顶刺试样过程中的最大刺破力,刺破强力以单位为 N 表示。

试验设备:试验机荷载指示值或记录值准确至 1%,顶杆位移准确至 1 mm,应具有等速加荷功能,并能记录加荷过程中的应力—应变曲线,行程应大于 100 mm;环形夹具内径为 45 mm,其中心应在顶杆的轴线上,底座高度大于顶杆长度,有足够的支撑力和稳定性;平头顶杆直径为 8 mm,顶端边缘倒成 45°、深 0.8 mm 的倒角,平头。

每组试样数量应不少于 5 个。试样尺寸应在 ϕ100 mm 左右,根据夹具而定。

具体试验步骤及计算方法详见《土工合成材料测试规程》(SL 235—2012)“16. 刺破

试验”。

九、落锥试验

落锥试验是落锥从试样面之上 500 mm,高度处自由落下穿透试样的孔洞大小,以落锥穿透孔径(mm)表示。在现场工程施工过程中,大颗粒或抛石掉落或刺进土工织物等材料而损坏它。

该试验是测试各类土工织物、土工膜及片状土工复合材料抵抗冲击穿透的性能指标,是土工合成材料质量的实用性指标。试验时将将仪器安置好,并调整垂直度;将试样放入环形夹具内(内径 150 mm),使试样在自然状态下夹紧夹具;将安装好试样的夹具安放在仪器上,将落锥安装就位(落锥质量 1 000 g,顶角 45°,直径 50 mm);让落锥自由落下;取下落锥,在自重下将量锥放入破洞,10 s 后测量破洞直径,准确至 1 mm。测量值应是在量锥处于垂直位置时的最大可见直径。

该试验与国家标准《土工布及其有关产品　动态穿孔试验落锥法》(GB/T 17630—1998)不同的是:对落锥的锥角及仪器的垂直度提出了技术要求。

十、接缝拉伸强度

接缝强度由缝合或接合两块或多块平面结构材料所形成的联结处的最大抗拉伸力,以单位 kN/m 表示。该试验用于评价各类土工织物、土工膜及片状土工复合材料等两块或多块缝合的接缝处抵抗外界力的能力。

试验机应具有等速拉伸功能,夹具宽度不小于 210 mm。

每块试样长度不少于 200 mm,最终宽度 200 mm,每组试样数量不少于 5 个。

具体试验步骤及计算方法详见《土工合成材料测试规程》(SL 235—2012)“18. 接缝拉伸试验”。

十一、剥离强度

剥离强度是指粘贴在一起的材料,从接触面进行单位宽度剥离时所需要的最大力,以单位 kN/m 表示。它反应材料的黏结强度。

试验机应具有等速拉伸功能,夹具夹持面应平行并能防止试样滑动。

每块试样尺寸长度 200 mm,宽度 50 mm,每组试样数量不少于 5 个。

具体试验步骤及计算方法详见《土工合成材料测试规程》(SL 235—2012)“19. 剥离试验”。

十二、土工膜拉伸强度

土工膜拉伸强度是指将制成的哑铃型的试样在试验机上拉伸时所能承受的最大拉力,以单位 MPa 表示。

试验机应具有等速拉伸功能,夹具夹持面应平行并能防止试样滑动。

试样为哑铃形,每组试样数量不少于 5 个。

具体试验步骤及计算方法详见《土工合成材料测试规程》(SL 235—2012)“25. 土工

膜拉伸试验”。

十三、管材环刚度试验

管材环刚度是指用管材在恒速变形时所测得的力值和变形确定环刚度。根据管材的公称直径确定平板的压缩速度,用两个相互平行的平板垂直方向对试验施加压力。在变形时产生反作用力,用管试样截面直径方向变形量为0.03 d(试样内径)时的力值计算环刚度。

具体试验步骤及计算方法详见《土工合成材料测试规程》(SL 235—2012)“29. 管材环刚度试验”。

第三节　材料的水力学性能指标测试

一、垂直渗透系数(k_v)、透水率(ψ)和流率(q/A)

垂直渗透系数是反映水流法向通过织物平面时的透水性指标,试验方法和土工试验中的相仿,采用垂直渗透试验仪进行。该试验系按达西(Darcy)定律设计而成:

$$v = ki \tag{19-7}$$

$$i = \frac{\Delta h}{\delta}$$

$$Q = vA = kiA \tag{19-8}$$

式中　v——在层流状态时,水在均匀透水介质中的流速;

k——渗透系数;

i——水力降度;

A——与水流方向垂直的过水面积;

Δh——上、下游水头差;

δ——被水流通过的织物厚度。

图19-13是垂直渗透仪示意。图中标号2的试样面积为A,厚度为δ,标号4的Δh为上、下游稳定水位差,上、下游水位始终保持不变,故称常水头试验。在试验历时t内,从溢水口3流出的水量为Q,则由式(19-8)可反算出织物的垂直渗透系数k_{vT}为

$$k_{vT} = \frac{Q\delta}{A\Delta ht} \tag{19-9}$$

式中　T——试验时的水温;

Q——测得的水量。

渗透系数一般应表示为标准温度20 ℃时的数值k_{v20},可从k_{vT}修正而得:

$$k_{v20} = \frac{\eta_T}{\eta_{20}} k_{vT} \tag{19-10}$$

式中　η_T、η_{20}——纯水在T ℃和20 ℃时的动力黏滞系数,可从物理手册中查用。

透水率ψ的计算。从式(19-9)看出,k_{vT}计算与织物厚度δ有关,而该厚度随织物所

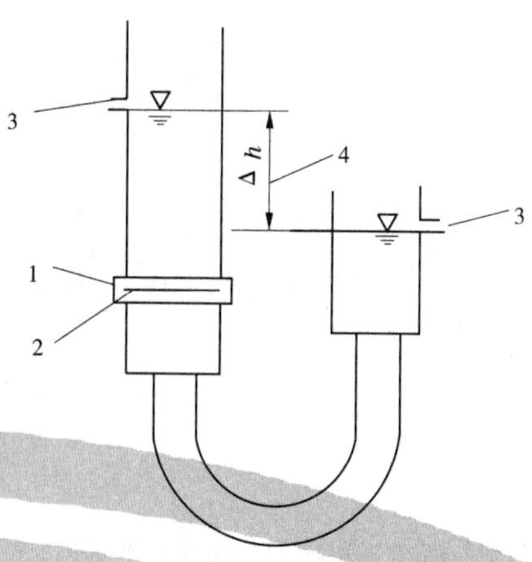

1—试样夹持器;2—试样;3—溢水口;4—水位差

图 19-13　垂直渗透仪

受法向压力而变化,也不易测准,为回避计算中涉及厚度δ,定义了另一个渗透性指标$\psi=\frac{k_v}{\delta}$,称透水率,按式(19-9):

$$\psi=\frac{k_v}{\delta}=\frac{Q}{A\Delta ht}\quad(\text{单位为 s}^{-1})\tag{19-11}$$

从式(19-11)可知,透水率表示在单位水头时,通过单位面积、单位时间内的渗流量。表示单位为$\frac{1}{时间}$。

流率 q/A 在比较不同材料的渗透性时,有时也采用一个方便的指标,称流率(flow rate),它表示在某水头差 Δh(cm)时,单位时间 t(1 s),流过材料单位面积 A(1 cm^2)的渗透量:

$$q/A=k_v(\frac{\Delta h}{\delta})\quad(\text{单位}\frac{L}{t})\tag{19-12}$$

式中　L——长度,cm;

δ——单位时间的渗流量。

以上三种指标是计算渗流量和选用透水材料及反滤料时需要用到的指标。

二、平面渗透系数(K_h)、导水率(θ)

平面渗透系数可称水平渗透系数,指水流经织物平面方向流动时的透水性指标,常水头平面渗透仪装置示意如图 19-14 所示。试验原理仍按达西定律设计。

试验时可模拟工程条件往试样施加法向压力,根据上述定律,可直接得出 k_{h20}:

$$k_{h20}=\frac{QL}{\delta Bt(\Delta h)}\cdot\frac{\eta_T}{\eta_{20}}\tag{19-13}$$

式中,L、B 分别为试样在水流方向和垂直于水流方向的长度和宽度。

与前述定义 ψ 的原因相同,对平面渗透也定义了另一个指标 θ,称导水率。

$$\theta=\delta\cdot K_h\tag{19-14}$$

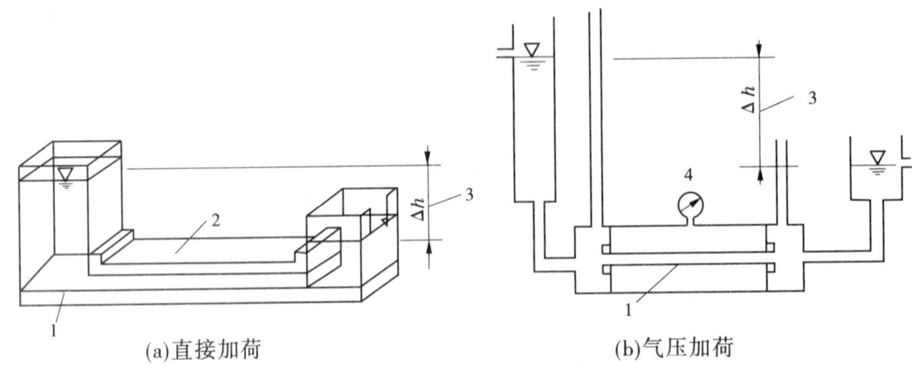

(a)直接加荷　　(b)气压加荷

1—试样;2—加荷板;3—水位差;4—压力表

图 19-14　平面渗透仪

K_h 和 θ 也是渗流计算和选料需要用到的指标,它们和前述垂直渗透指标的具体应用参见技术规范。

三、梯度比 *GR*——判断织物淤堵可能性试验

梯度比(gradient ratio)是用于评价无纺土工织物用做反滤料长期工作条件下会不会被土体中的细颗粒淤堵失效的定量试验,试验特点是一般在24 h即可得到评价指标。该试验于1977年首先由美国军部工程师团建议。试验装置类似于土工反滤料试验仪,如图19-15所示。

图19-15中将有待选用的试样固定在标号4处,上覆现场土料,试样下为透水料,从装置顶部不断供给无空气水。先控制通过土料的水力梯度 $i=1$,待各测压管水位稳定,每隔一定时段,测记各测压管水位,连续测记24 h。按此计算测压管间的水力梯度。梯度比由下式定义:

$$GR = \frac{i_L}{i_u} \tag{19-15}$$

$$i_L = \frac{\Delta h_L}{\delta + 25} \tag{19-16}$$

$$i_u = \frac{\Delta h_u}{50} \tag{19-17}$$

式中　i_L——下部水力梯度,即水流从管 2^* 位置流到织物试样底面处的梯度;

i_u——上部水力梯度,即水流从管 4^* 位置流到管 2^* 位置的梯度;

Δh_L——试样底与管 2^* 间,即管 1^* 与管 2^* 间的水头差;

h_u——管 4^* 和管 2^* 间的水头差;

50——二管间的垂直距离,mm;

δ——织物厚度,mm。

工程师团建议,当 $GR \leqslant 3$,织物长期工作中可能不会被淤堵,一般该判别用于 $k \geqslant 10^{-5}$ cm/s 的被保护土。如果 $k < 10^{-5}$ cm/s,则建议用现场土和拟选织物进行长期模拟淤

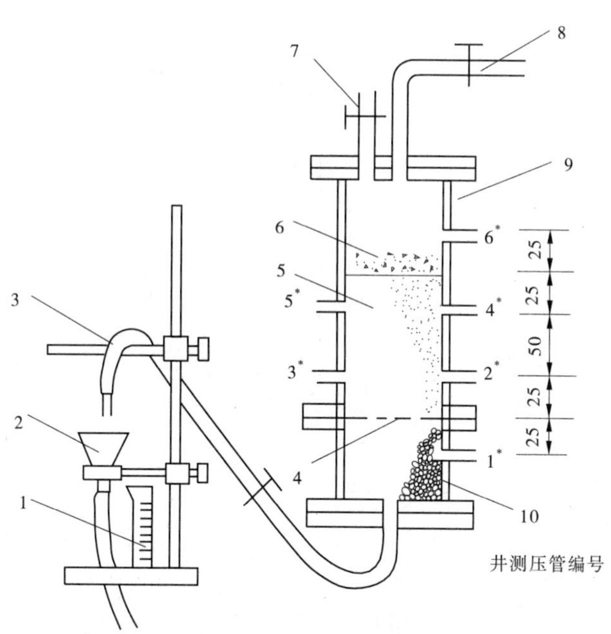

1—量筒;2—漏斗集水管;3—调节水头用软管;4—土工织物;5—土样;
6—缓冲砂砾;7—溢水管;8—供水管;9—渗透仪;10—透水粗料
1*～6*—试验筒旁侧安装测压管的位置

图 19-15 梯度比试验装置

堵试验。防淤堵的选料要求详见《水利水电工程土工合成材料应用技术规范》。

四、土工膜的垂直渗透系数(k_m)

土工膜是一种透水性很低,可视为基本不透水材料,为了评价其防渗性能,也常要求测定其渗透性,对于土工膜的渗透机理,学术界至今存在争议。水渗过土工膜可能是基于扩散方式,而非重力流,但我国目前的测试规范所列方法仍以达西定律为基础,测试仪器如图 19-16 所示,按该装置,土工膜试样固定在标号 8 处,试样容器 10 和连通管内部充满无空气水。体变管的上部充油,试验时通过气源 1 和调压阀 3 逐渐加压,由于有水渗过土工膜,体变管内的油面下降,油面下降速率稳定后,开始测读和记录体变管读数。油面下降相应的体积即为通过试样的渗出水量。设在时段 t 内渗出水量为 Δw,则与式(19-9)相同,土工膜的渗透系数 k_m,经过水温修正后可由下式计算:

$$k_{m20} = \frac{\Delta W\delta}{A\Delta ht} \cdot \frac{\eta_T}{\eta_{20}} \tag{19-18}$$

式中 Δh——土工膜两侧水位差;

其他符号意义同前。

土工膜的渗透系数供计算铺膜工程的渗流量。对完整的土工膜其渗透系数不大于 10^{-11} cm/s,但因膜生产时难免留有疵点(包括针孔和孔洞),加上现场焊接时会出现漏焊及焊接不佳,或多或少出现渗漏,故对于大面积计算,常将渗透系数折减(例如 $k \geqslant 10^{-9}$

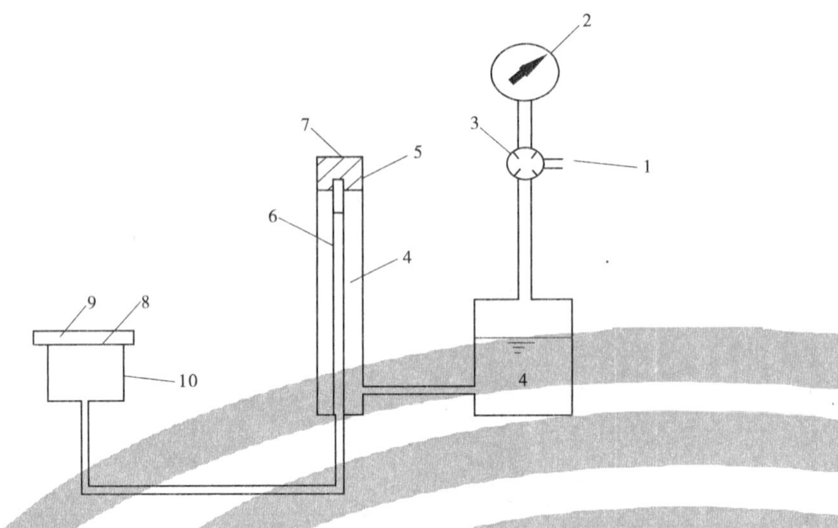

1—气源;2—压力表;3—调压阀;4—水;5—油;
6—滴定管,7—体变管;8—土工膜;9—透水板;10—试样容器

图 19-16 抗渗仪

cm/s 或更大考虑),有的设计规范建议考虑膜上有一定量孔洞,再进行渗量估算。

考虑到土工膜透水性极小,按上述试验方法需要借助较大作用水压力方能产生渗量,这样容易导致膜试样破裂。加上据以计算的渗量甚少,还补偿不了蒸发损失,量测渗量难以准确,美、欧国家常改用水蒸气传输法量测,简称 WVT 法(Water Vapor Transmission),该法已列入标准 ASTM E96。WVT 法试验如图 19-17 所示。

将待测膜试样密封在一只小铝杯上,令膜一侧的相对湿度约为 50%,另一侧利用干燥剂使相对湿度为 0,两侧相对湿度之差引起膜上水蒸气压力差,趋使水蒸气穿透土工膜。水蒸气压力 P 与相对湿度 H 间有下列关系

$$P = p_s H \tag{19-19}$$

式中 p_s——饱和时的水蒸气压力,它是温度的函数。

试验中测出水蒸气传输率 WVT,它表示单位时间透过单位面积土工膜的水蒸气质量。按国际单位制,它的表示单位是 g/(m^2 · d) (1 g/(m^2 · d) ≈1.16 ×10^{-8} kg/ (m^2 · s))。

试验的理论基础是反映气体渗透规律的费克(Fick)方程:

$$\text{WVT} = \frac{M}{At} = D_s \cdot \Delta p / T_g \tag{19-20}$$

式中 M——透过土工膜的水蒸气质量,kg;

A——土工膜面积,m^2;

t——时间,s;

D_s——土工膜的水蒸气扩散系数,s;

Δp——膜两侧水蒸气压力差,Pa;

T_g——土工膜厚度,m。

吉劳德和博纳帕特(Bonaparte)建议了下列关系式:

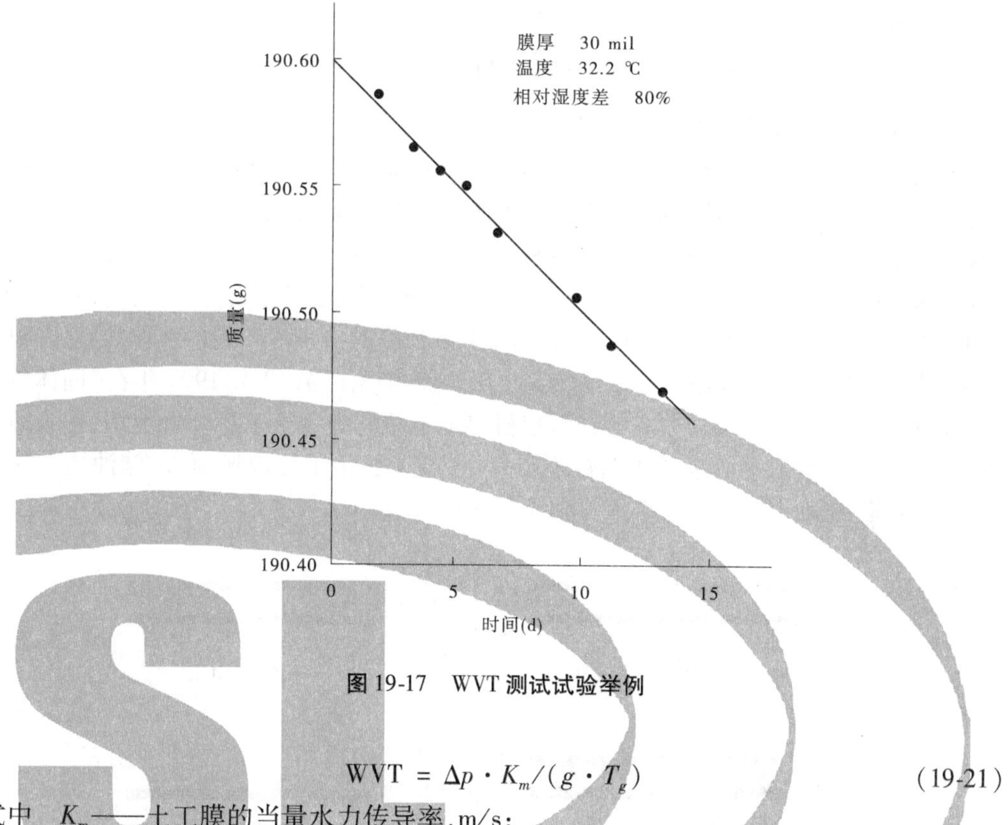

图 19-17　WVT 测试试验举例

$$WVT = \Delta p \cdot K_m / (g \cdot T_g) \tag{19-21}$$

式中　K_m——土工膜的当量水力传导率，m/s；

g——重力加速度，m/s^2；

其他符号意义同前。

【算例】　在室温 32.2 ℃时作 WVT 试验，膜两侧相对湿度差为 80%，膜厚 30 mil。测得水蒸气传输率为 3.08 $g/(m^2 \cdot d)$，求土工膜的当量水力传导率（渗透系数）。

解：首先将各数据单位转化为国际单位制

$$WVT = 3.08\ g/(m^2 \cdot d) = 3.08 \times 1.16 \times 10^{-8} = 3.57 \times 10^{-8}(kg/(m^2 \cdot s))$$

$$T_g = 30\ mil = 30 \times 0.025\ 4 \times \frac{1}{1\ 000} = 7.6 \times 10^{-4}(m)$$

先求 32.2 ℃饱和蒸气压力

32 ℃时饱和蒸气压力：$p_s = 4\ 760$ Pa

33 ℃时饱和蒸气压力：$p_s = 5\ 030$ Pa

借插入法可得 32.2 ℃时饱和蒸气压力：$p_s = 4\ 820$ Pa

试验时水蒸气压力差：

$$\Delta p = p_s \cdot H = 4\ 820 \times 0.8 = 3\ 856\ (Pa)$$

重力加速度 $g = 9.81\ m/s^2$

将以上各值代入式(19-21)得：

$$K_m = WVT \cdot g \cdot T_g / \Delta p = 3.57 \times 10^{-8} \times 9.81 \times 7.6 \times 10^{-4} / 3\ 856$$

$$= 6.9 \times 10^{-14}(m/s) = 6.9 \times 10^{-12}(cm/s)$$

五、土工合成材料膨润土垫(GCL)的渗透性

(一)GCL 产品简介

土工合成材料膨润土垫(geosynthetic clay liner,简称 GCL)是在 20 世纪 80 年代首先由美国研制成的用于垃圾场的垫层防渗新型材料(产品为 claymax),目前各国已有多种品牌产品问世。它们是由两层土工合成材料(土工织物或土工膜)之间夹封膨润土粉末(或膨润土粒,以钠基土最佳,也有钙基土),通过针刺,缝合或胶黏合而成的复合片材,如图 19-18 所示。GCL 浸水后体积膨胀,靠其在上下片材的挤压下形成透水性甚小的薄片,其防渗性可相当于 50 cm 或更厚的压实黏土层。美国环保局(EPA)1993 年在《固体废体处置设施准则》中,规定无论是单层或双层衬垫都推荐它们与土工膜结合使用,作为防渗衬垫的次防渗层材料。后来其用途被逐步拓展,现在已用于垃圾场顶盖、储油罐防渗垫层、蓄水池垫层、地下防渗墙及渠道衬砌等。

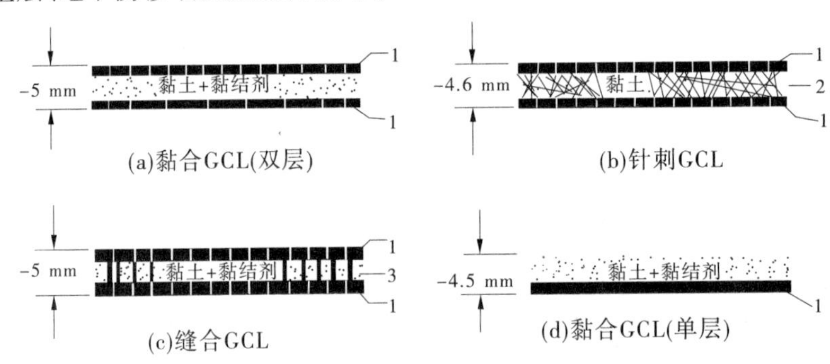

1—土工织物;2—针刺;3—缝合

图 19-18 GCL 的结构组成

(二)GCL 产品特性

GCL 既然是几种材料的复合产品,故其特性涉及个别材料的性能,现综述如下:

(1)物理性。包括膨润土类型、厚度、单位面积重量、黏结剂或联结方式、上下覆盖料和含水率等。

(2)力学性。包括上下覆盖料的抗拉强度、表面和内部抗剪强度、抗刺破强度等。

(3)水力学性。膨润土的膨胀性和水化特性、吸湿性、渗透性和变形后的渗透性等。特别要提醒,用蒸馏水水化 GCL 变形最大,而用碳水化合物和非极性液体(如机油等),则几乎无水化膨胀,故采用 GCL 时,要求先以水予以水化。

(4)耐久性。包括冻融性、胀缩性、吸附性等。

上述 GCL 的各组成材料的特性对产品的综合性状皆有不同程度的影响,它们的测试和要求应由生产厂家严格控制,以保证产品的规定质量。用户关心的是产品的综合性能,除因特殊要求需要抽检上述某些性能指标,通常在许可条件下,应测试其防渗性或其渗透系数。

(三)渗透性测试简介

试验旨在测定 GCL 的防渗性能。由于 GCL 在压力下厚度有变化,又不易测准,故一

般试验仪给出通过试样的流率，如能准确确定试样的厚度 δ，则可借式（19-12）将流率换算成渗透系数 k_v。

GCL 的渗透试验依据《土工合成材料测试规程》（SL 235—2012）“30. 土工合成材料膨润土垫（GCL）渗透试验、利用柔壁渗透仪”进行测定。试验仪器示意见图 19-19。

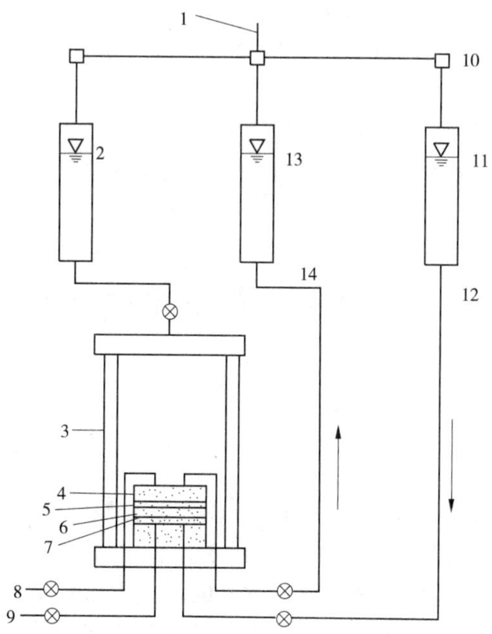

1—压力源；2—压力库；3—压力室；4—止水圈；5—乳胶膜；6—GCL 试样；7—透水石；8—排气管；9—管路；10—调压器；11—进水库；12—进水管；13—尾水库；14—出水管

图 19-19　渗透仪和试验装置

试验简况见下：

（1）试样：直径 100 mm，切割试样前，先将切割线附近喷湿，以防试样中膨润土漏失。装样时不让其上下覆盖织物接触，为的是防止产生绕流。

（2）滤纸与透水石：试样上下覆盖滤纸和透水石，见图 19-19，要求它们的透水性远大于试样。

（3）装样：试样被封闭在乳胶膜内，上下以止水圈密封，膜与试样内的膨润土接触，见图 19-19。

（4）压力：压力室控制液压为 550 kPa，为使试样充分饱和，往试样内施加反压力 515 kPa，静置 48 h，待试样固结。故试样所受有效固结压力 $p_c = 550 - 515 = 35$ (kPa)。

（5）试验：试验时，从进水管 12 增大试样底面压力至 530 kPa，则在压力差 $\Delta p = 15$ kPa（530 kPa − 515 kPa）作用下产生自下而上的渗流。试样边缘的膨润土与乳胶膜内壁接触受到 20 kPa（550 kPa − 530 kPa）的侧压力，防止了水流沿试样缘的绕流渗漏。

（6）流率计算：取试样最后 8 h 内至少 3 次入流量和出流量的平均值 $\overline{Q}$（要求入流量与出流量之比在 0.75 ~ 1.25 范围内）作依据，计算流率为：$q = \overline{Q}/(At)$，其中 t 为渗流历时，A 为渗水面积，$A = 0.007\ 85\ \mathrm{m}^2$。

六、土工膜耐静水压力试验

土工膜耐静水压力指对试样施加液压扩张直至破坏过程中的最大液压,耐静水压力以单位 kPa 或 MPa 表示。

该试验模拟土工膜及土工复合品受水压力的作用。

试验仪器为耐静水压力仪,夹具内径为 30.5 mm 的环形夹具,液压系统液体压入速率为 100 mL/min。

每个试样直径不小于 55 mm,每组试样数量不少于 10 个。

具体试验步骤及计算方法详见《土工合成材料测试规程》(SL 235—2012)“20. 土工膜耐静水压力试验”。

第四节　材料的耐久性能指标测试

一、抗紫外线性能——老化试验

(一)老化现象及防治

土工合成材料是高分子聚合物产品,它们在贮运、施工和长期工作期间会因各种原因引起质变,使性能恶化,此种现象称为老化。材料老化有多种表现:外观变色、表面龟裂、脆化、丧失光泽、分子量下降等,其中最具重要意义的是其力学性能衰变,如材料的抗拉强度和破坏应变均明显降低,不同程度地影响到工程的正常运行。

高分子材料的老化或衰变是物理老化和化学老化的组合效应。物理老化是材料力图从制造时的非平衡状态恢复到平衡状态所导致,它们不会造成分子价键的破坏。相反,化学老化却会引起大分子主键、分子间交联被剪断和侧基的化学反应,造成材料力学性能变坏,终至破坏。为此,在工程应用中要特别注意化学老化的负面影响。高分子材料的衰变受多种因素作用,包括吸水膨胀、析出破坏、生物破坏,而最重要的是紫外线照射和氧化降解。

紫外线照射造成的光衰变和氧化衰变是土工合成材料老化的最重要元凶。太阳辐射到地球大气层的光是连续光谱,由于大气过滤,达到地表的实际是波长为 290 ~ 400 nm 的紫外光,它会引起材料的光氧老化,加上温度造成的热氧老化,它们的总能量明显高于土工合成材料一些化学键的键能。高分子材料具有一定的分子结构,其中某些部分具有弱键,这些弱键就成为化学反应的突破口。以此为起点,引发系列效应,致使材料分子发生变化,相对分子质量下降或引起交联、材料性能变坏,以致无法发挥其预期功能。

防止老化在于采取有效措施,阻止或减缓导致老化的内因,使其结构稳定化。严格来说,老化必不可免,所有措施无非是滞后其发展进程。防老化措施应从两方面着手:一是加强材料本身的抗老化能力,二是在使用过程中给予保护。材料抗老化最简单有效的方法是往其中掺入添加剂。例如纯净的聚丙烯因其碳原子上存在易于移动的氢原子,不能用于室外。但若在其中掺入水扬酸苯醋和炭黑,借其吸收紫外线和遮蔽作用以及它们具有许多自由电子,就可以阻止高分子材料的降解而使其结构稳定。

在使用过程中，土工合成材料对周围环境影响很敏感。材料的衰变破坏需要能量，日光、热和氧会提供能量，其中以日光为最。高温时比低温时衰变快。材料外露，氧供应量高，日光照射强，比隐蔽时的衰变快。为此，无论在储运、施工和长期运营中，都要注意对材料的保护。最一般的要求是材料铺设后，要尽快在其上覆盖土料，厚度不小于约 30 cm；材料在水下，由于供氧仅是暴露于大气的约 1/8，故材料为水覆盖，氧化衰变比较慢。不在土中或水中的土工合成材料，例如放在混凝土坝和砌石坝上游面的防渗层土工膜，也要以适当的防老化涂料保护，如用水泥砂浆或薄层混凝土。

（二）抗紫外线（UV）性能试验

试验方法分两类。一种是自然气候暴露试验，即户外试验，是利用暴露架将材料置于天然气候中长期受外界条件作用。另一类是室内光源人工加速耐候试验。它是利用人工方法模拟和强化自然气候中的光、热、氧、湿气等的老化破坏环境因素，特别是光的老化作用。模拟光包括氙弧灯、荧光紫外灯和开放式碳弧灯。让材料在人工试验箱内被照射达规定时间，然后测试材料性能在照射前后的变化。

（1）荧光紫外灯老化试验。荧光紫外灯老化试验是通过拥有荧光紫外光源和水蒸气冷凝装置的试验仪器对土工合成材料进行人工照射老化，测试老化试验过程前后试样的强度或其他特性来确定土工合成材料及其相关产品老化程度的一种试验方法，适用于各类土工合成材料。试验方法详见《土工合成材料测试规程》（SL 235—2012）“34. 荧光紫外灯老化试验”。

（2）氙弧灯法老化试验。氙弧灯法老化试验是通过氙弧灯老化仪对土工合成材料进行人工照射老化，测试老化试验过程前后试样的强度或其他特性来确定土工合成材料及其相关产品老化程度的一种试验方法，适用于各类土工合成材料。试验方法详见《土工合成材料测试规程》（SL 235—2012）“35. 氙弧灯法老化试验”。

（三）材料抗紫外线性能评价

材料的抗 UV 性能按上述试验结果评价。应该说在材料暴露过程中的所有变化都可以作为评价指标，例如外观变化（变色、龟裂）、化学变化（氧化物、羰基等指标）以及物理力学性能变化（抗拉强度、延伸率等）。不过，对于实际工程，人们常以材料力学性质的变化给予评价，由设计单位提出要求。这样的评价常常有两种方法：

（1）规定材料在人工老化箱中照射一定时间（例如 500 h）后，其力学性能（例如抗拉强度、延伸率等）的降低不大于某百分率（如 30%，即强度保持率≥70%），即采用老化系数 K 来反映：

$$K = \frac{f}{f_0} \tag{19-22}$$

式中　f_0、f——试样老化前后的性能测试值。

（2）材料经某规定照射时间（不多于 2 500 h）后的性能保留率。不难看出人工模拟试验结果与自然老化还无法直接对比，即是说例如人工老化箱内材料被照射 1 h 相当于在天然日光下暴晒多久，尚不能建立起相关关系。但试验结果毕竟可以作为评价材料抗拒老化的相对指标。

二、其他耐久性试验

影响材料耐久性的因素还很多,例如材料埋在土内,会与土中的酸、碱、其他化学成分接触,也可能受到高温、干旱影响。可以根据具体情况设计相应的合理试验,得到试验前后试样的物理性、力学性等的变化,如质量变化、尺寸变化、强度变化和延伸率变化等,参考式(19-22)得出相应的评价指标来。

第五节　特种土工合成材料的性能指标测试

一、土工格栅的拉伸强度

土工格栅的抗拉强度试验的目的是通过试验确定它们的抗拉能力。以单位 kN/m 表示。试验宽度根据土工格栅类型的不同选择单肋法、多肋法,土工试样格栅试样如下:长度方向包含 2 个完整单元,并且试样长度应不小于 100 mm。每组试样数量不少于 5 个。

试样尺寸如图 19-20 所示。

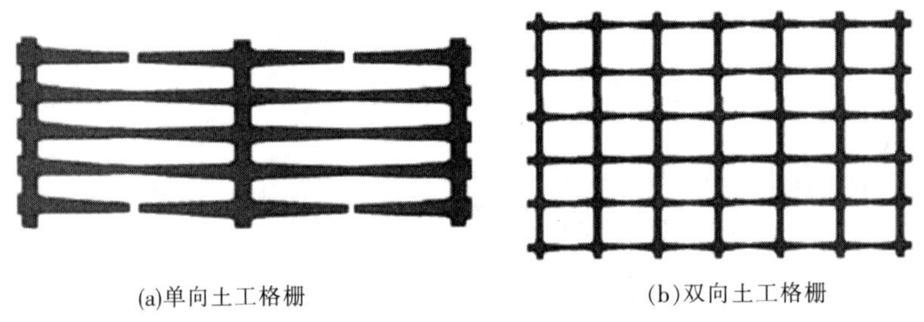

(a)单向土工格栅　　(b)双向土工格栅

图 19-20　土工格栅试样示意图

具体试验步骤及计算方法详见《土工合成材料测试规程》(SL 235—2012)“22. 土工格栅拉伸试验”。

二、塑料三维土工网垫拉伸强度

塑料三维土工网垫是一种新型土木工程材料,属于国家高新技术产品目录中新型材料技术领域重复各材料中的增强体材料。是用于边坡绿化并保护边坡的一种土工合成材料。拉伸强度是指材料拉伸时能承受塑性变形的最大应力,以单位 kN/m 表示。

每组试样数量不少于 5 个,试样形状尺寸为长度 200 mm,宽度为 200 mm。

具体试验步骤及计算方法详见《土工合成材料测试规程》(SL 235—2012)“23. 塑料三维土工网垫拉伸试验”。

三、塑料排水带(板)试验

塑料排水带是在不同断面形状(见图 19-21)、具有纵向连续沟槽塑料芯材外包裹薄型无纺土工织物而成的复合排水材料。它们靠插带机被垂直向插入地基之中。为发挥其排水功能,一要保证其纵向有要求的通水能力,二要在地基中承受法向压力时,芯材不致

被压屈而使沟槽破坏影响通水。

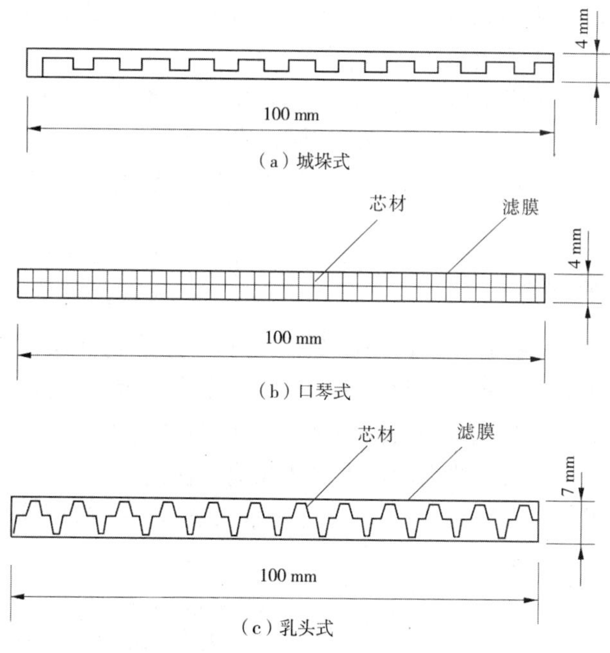

图 19-21　塑料排水带断面

(一)塑料排水带(板)拉伸试验

塑料排水带(板)拉伸强度是指将宽条试样放入夹具中测试其成承受的最大拉力,单位为 kN/条。

试验设备:试验机应具有等速拉伸功能(精度 1%、伸长量测量读数准确至 1 mm,还应记录拉力—伸长量曲线)。

每组试样数量不少于 5 个,试样形状尺寸当宽度不大于 200 mm 时试样取塑料排水带(板)的整条宽度;当宽度大于 200 mm 时试样取 200 mm。计量长度为 100 mm,试样长度宜为 200 mm。

具体试验步骤及计算方法详见《土工合成材料测试规程》(SL 235—2012)“24. 塑料排水带(板)拉伸试验”。

(二)塑料排水带(板)通水量试验

塑料排水带(板)通水量是塑料排水带(板)在一定侧向压力作用下,最后稳定的单位水利梯度单位时间排水带(板)的通水能力。通水量以 Q 表示,单位为 cm^3/s。

试验设备:立式或卧式通水量测试仪。

试样制备:在样品上,沿排水带(板)长度方向不同位置剪取试样 2 块,其受压部分的有效长度为 40 cm,加上两段安装长度共约 44 cm。试验前试样应在水中浸泡 24 h,水温宜为 20 ± 2 ℃。

具体试验步骤及计算方法详见《土工合成材料测试规程》(SL 235—2012)“26. 塑料排水带(板)通水量试验”。

(三)塑料排水带(板)芯板压屈试验

塑料排水带(板)芯板压屈试验压强度是排水带(板)的芯带在外力的作用下抵抗压裂、倾倒破坏的能力。压屈强度单位MPa。

试验仪器为具有等速加压功能的试验机,变形测量应准确至0.01 mm。

每组试样数量应不少于5个。圆形试样面积应为5 000 mm^2(直径79.8 mm)。

具体试验步骤及计算方法详见《土工合成材料测试规程》(SL 235—2012)"27.塑料排水带(板)芯板压屈试验"。

四、软式透水管试验

软式透水管是由高强螺旋圈状钢丝作支撑,外包土工织物滤层及强力合成纤维外保护层而成的管状排水材料,如图19-22所示。故影响其工作性能的因素有:透水管的抗拉强度、管断面的抗压扁能力(压扁后会减小过水断面)和管外滤层土工织物的滤土排水能力。抗拉强度和土工织物的反滤性能可借前述相应方法测试,不再赘述。软式透水管的抗压扁能力用扁平耐压力来反映,扁平耐压力是软式透水管径向压缩某应变时所能产生的抵抗力。

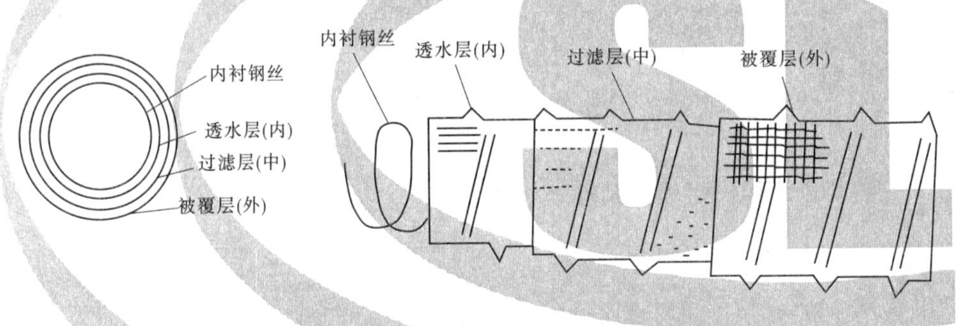

图19-22 软式透水管构造

软式透水管扁平耐压力试验仪器为具有等速加压功能的试验机。试验每组数量不少于3个,试样管径不大于250 mm,长度为250 mm,管径大于250 mm时,试样长度至少应与管径成1∶1比例。

具体试验步骤及计算方法详见《土工合成材料测试规程》(SL 235—2012)"28.软式透水管扁平耐压力试验"。

规程规定,需用同样的不少于3个管试样作平行试验,分别计算各个不同应变时扁平耐压力,并计算不同应变时扁平耐压力的平均值。

五、土工膜焊缝的现场质量检验

(一)土工膜的现场拼接

现场铺设土工膜都需要将它们拼接成整体。拼接方法一般分黏结法和热熔焊接法。

(1)黏结法。黏结法又有溶液黏结和黏结剂黏结。前者是将化学溶剂涂在待粘两片膜的接触面上,叠合后用辊子加压黏合。后者是用化学黏结剂将两片搭接面粘在一起,搭接宽度约为10 cm。这类方法一般人工完成,效率低,仅用于膜黏结的局部修补。

(2)热熔焊接法。热熔焊接法是借某种手段将热量传送到两片膜的接触面,使膜面熔化,再予加压,使焊面处几个密尔厚度内的膜材产生分子渗透和交换,熔为一体。这是当前土工膜施工焊接的主要方法。热熔焊接中无论是热楔熔焊法或热空气熔焊法的焊缝都有单线焊缝和双线焊缝之分。双线焊缝较为普遍,该法是两道焊缝之间有宽 10 ~ 15 mm 的部分未焊,即预留的空腔,以便于借压缩空气或带色水充入其中检查焊缝的密闭性。

(二)焊缝质量检验

质量检验包括三方面内容:目测、焊缝检漏和抽样检查。

1. 目测检查

目测检查包括焊缝均匀性、有无漏焊、烫伤及褶皱等缺陷检查,检查后应做好记录及标示。

2. 焊缝检漏

焊缝检漏的常用方法有真空法和充气法。

(1)真空法。检查设备由真空吸盘、真空泵和真空表组成。吸盘顶面为透明有机玻璃,底面敞开,有边缘及密封衬垫。检查方法是:先将待检接缝处刷净,涂些肥皂水,将吸盘紧压其上,抽真空至负压为(-0. 02 ~ -0. 03) MPa。停止抽气,静观 30 s。如接缝漏气,则空气将通过漏缝内钻,使肥皂水形成气泡,吸盘内真空度下降。记录漏缝位置和标示。这种方法适用于单线焊缝和局部检测。

(2)充气(气压)法。此法用于双线焊缝检漏。检查方法是:先将待检段两端封死,用打气筒往两焊线间的空腔内充气,充气压力为(0.05 ~0.2) MPa,充气后静观 30 s,如果压力下降,表明漏气。

3. 抽样检查

抽检是从目测合格的部位取样送检,取样频率视铺膜面积而定,一般是每 1 000 m^2 取一个样。用试样作拉伸试验,要求其抗拉强度为母材的 75% ~95%,由设计要求确定,且断裂位置不得在焊缝上。

附录1 土工合成材料常用名词术语中英文对照

acrylic resin 丙烯酸树脂
additive 外加剂
ageing 老化
anti-ageing agent 抗老化剂
antistatic device 抗静电装置
apparatus for measuring thickness 厚度测定仪
apparent opening size(AOS) 表观孔径
ball burst test 球形胀破试验
biaxial tensile test 双向拉伸试验
blinding 闭塞
blocking 阻塞
burst strength 胀破强度
California Bearing Ratio(CBR) 加州承载比
carbon black 碳黑(防老化剂)
chlorinated polyethylene(CPE) 氯化聚乙烯
chlorisulfonated polyethylene (CSPS) 氯磺化聚乙烯
clamp 夹具
clogging 淤堵
coefficient of friction 摩擦系数
coefficient of permeability 渗透系数
coefficient of variation 变异系数
cone drop test 落锤试验
confining pressure 侧限压力
continuous filament 长丝
creep 蠕变
creep limit strength 蠕变极限强度
cross machine direction (CD) 横机向
deaired water 无空气水
Darcy's law 达西定律
Denier 旦尼尔(旦)(9 000 m长纤维重1 g时的细度)
DIN 德国工业标准
direct shear test 直剪试验
drainage 排水

dry sieving 干筛
durability 耐久性
equivalent opening size（EOS） 等效孔径
elongation 伸长、伸长率
epoxy 环氧树脂
ethylene 乙烯
expanded polystyrene（EPS） 聚苯乙烯泡沫塑料
fibre 纤维
fibrillated yarn 裂膜丝
filtration 过滤
flat yarn 扁丝
flow rate 流率
gabion （石）笼（俗称“格宾”）
geocell 土工室
geocomposite 土工复合材料
geogrid 土工格栅
geolock 土工锁（板）
geomembrane 土工膜
geonet 土工网
geosynthetics 土工合成材料
geosynthetic clay liner（GCL） 土工合成材料膨润土垫
geotextile 土工织物
grab tensile test 握持拉伸试验
gradient ratio（GR） 梯度比
high density polyethylene（HDPE） 高密度聚乙烯
hydraulic gradient 水力梯度
puncture test 刺破试验
hydrodynamic sieving 动力水筛法
hypalon 硫化塑料、海帕龙
incision 切口
in-plane permeability 平面渗流
isobutylene 异丁烯
in-soil test 土内试验
knitted fabric 针织物
laminar flow 层流
leachate （垃圾场）淋滤液
machine direction（MD） 机器向（经向）
mass per unit area 单位面积质量

melt bonding　热熔黏合
mil　密耳(1 mil = 0.025 mm)
modulus　模量
monoaxial　单向
monofilament　单丝
Mullen burst test　莫任胀破试验
multifilament　复丝
needle-punched　针刺的
non-woven　无纺(织物)
nylon　尼龙
neoprene　氯丁橡胶
overlap　搭接
peak value strength　峰值强度
percent open area(POA)　开孔面积百分率
permittivify　透水率
polyamide（PA）　聚酰胺
polyester（PET）　聚酯
polyethylene（PE）聚乙烯
polymer　聚合物
polyolefin　聚烯烃
polypropylene（PP）　聚丙烯
polyethylene terephthylete　聚对二苯二甲酸乙二酯
polyvinyl chloride（PVC）　聚氯乙烯
porosity　孔隙率
prefabricated strip drain　排水带
propylene　丙烯
pull-out test　拉拔试验
peel test　剥离试验
reflective crack　反射裂缝
reinforced earth　加筋土
reinforcement　加筋(作用)
residual strength　残余强度
rupture elongation　断裂延伸率
seam strength　接缝强度
separation　隔离(作用)
shear strength　抗剪强度
slit film yarn　切膜扁丝
specimen　试样

split yarn 裂膜丝
spun-bonded fabric 纺黏织物
standard deviation 标准差
staple 短纤
stitching 缝接
strip tensile test 条带拉伸试验
synthetic rubber 合成橡胶
tape filament 扁丝
tearing strength 撕裂强度
tex 特(1 000 m 长纤维重 1 g 时的细度)
thermoplastics 热塑(性)塑料
transducer 传感器
transmissivity 导水率
trapezoidal tearing test 梯形撕裂试验
transverse permeability 垂直渗透性
turbulent flow 紊流
ultraviolet light (UV) 紫外线光
UV degradation 紫外光降解
UV stabilizer 抗紫外光稳定剂
vinylon 维尼龙
warp 径向
waterproofing 防水
water vapor transmission test (WVT) 水蒸气传输试验
webbing 条带编织物
weft 纬向
wet sieving 湿筛法
woven geofexfile 有纺织物
wrinkle 褶皱
welding 焊接
wide strip tensile test 宽条拉伸试验
xenon device 氙灯装置

附录2 国内外有关土工合成材料机构

AASHTO (American Association of State Highway and Transportation Officials) 美国州公路与运输管理人员协会

ASCE(American Society for Civil Engineering) 美国土木工程学会

ASTM(American Society for Testing and Materials) 美国材料与试验学会

BS(British Standard) 英国标准

BSI(British Standard Institution) 英国标准学会

CCIGS(Chinese Chapter of IGS) 国际土工合成材料学会中国委员会

CTAG(Chinese Technical Association of Geosynthefics) 中国土工合成材料工程协会

DGEG(Deutsches Gesellschaft fur Erd-und Grundbau) 德国土力学和地基学会

DIBT 德国建筑研究所

DHL(Delft Hydraulics Laboratory) 代尔夫特水力实验室(荷兰)

EPA(Environmental Protection Agency) 美国环境保护局

FHWA(Federal Highway Administration) 美国联邦公路管理局

GRI(Geosyntheftic Research Institute) 土工合成材料研究院(美国)

ISO(International Standard Organization) 国际标准化组织

ISSMGE(International Society of Soil Mechanics and Geotechnical Engineering) 国际土力学及岩土工程学会

JIS(Japanese Industrial Standard) 日本工业标准

LCPC 法国道桥研究所

RILEM 国际材料与结构试验研究协会

TRRL(Transport and Road Research Laboratory) 英国运输和道路研究实验所

USACE(U. S. Army Corps of Engineers) 美国陆军工程师团

USBR(U. S. Bureau of Reclamation) 美国垦务局

EES(U. S. Army Corps of Engineers-Waterway Experimental Station) 美国陆军工程师团水道试验站